manuales

CIENCIA Y TECNOLOGÍA

de la Universidad de Málaga

RAMÓN FERNÁNDEZ FERIA
RAÚL FERNÁNDEZ MATEO

MÉTODOS MATEMÁTICOS AVANZADOS EN INGENIERÍA Y CIENCIA APLICADA

COMPLEMENTADOS CON SOLUCIONES NUMÉRICAS

UNIVERSIDAD DE MÁLAGA
2025

© Los autores

© UMA Editorial. Universidad de Málaga
Bulevar Louis Pasteur, 30 (Campus de Teatinos)
29071 Málaga
www.umaeditorial.uma.es

Imagen de la cubierta: Los autores

Diseño de la colección: Tadigra
Maquetación: Los autores

ISBN: 978-84-1335-456-9
Depósito legal: MA 1918-2025

Impresión: Podiprint
Impreso en España - Printed in Spain

Esta obra también está disponible en formato electrónico.

Esta editorial es miembro de la UNE, lo que garantiza
la difusion y comercialización de sus publicaciones a
nivel nacional.

Índice general

PREÁMBULO

Este libro está fundamentalmente enfocado a la resolución analítica de ecuaciones diferenciales, especialmente en derivadas parciales, mediante métodos matemáticos que, aunque muy potentes y extraordinariamente útiles a juicio de los autores, no se suelen tratar en las asignaturas básicas de las titulaciones de grado en ingeniería o de cualquier otra disciplina científica al requerir un conocimiento previo de cálculo y de ecuaciones diferenciales ordinarias. Estos métodos son:

- El método de las características, que además es crucial para clasificar las ecuaciones en derivadas parciales;

- El método de semejanza, que aprovecha las invariancias o simetrías de las ecuaciones;

- El método de separación de variables, que genera soluciones en series de autofunciones, y

- El método de perturbaciones, que utiliza técnicas asintóticas para obtener soluciones aproximadas.

Los distintos métodos se presentan de una manera didáctica y enfocada a su aplicación a la resolución de problemas de interés en diferentes ámbitos de la ingeniería y de la ciencia aplicada en su sentido más amplio, comenzando con ejemplos sencillos para introducir cada método. Algunos de estos métodos también se aplican a la resolución analítica de ecuaciones algebraicas e integrales de interés.

Los casos estudiados se describen con la claridad y el detalle suficientes para que cualquier estudiante en los últimos cursos de un grado, o que esté cursando un máster, de ingeniería, física, o cualquier otra disciplina que utilice ecuaciones diferenciales, los pueda seguir sin dificultad y pueda aplicar los métodos matemáticos descritos a cualquier otro problema de su interés. El libro será también útil a investigadores y egresados en general de esas titulaciones para resolver problemas matemáticos complejos que les surjan en su actividad profesional o académica.

En muchos de los ejemplos se comparan las soluciones analíticas con resultados numéricos, obtenidos en su mayoría con el software Comsol Multiphysics®, para el mismo problema físico, pero sin las simplificaciones que permiten la obtención de una solución analítica, de manera que queden patentes las virtudes y las limitaciones de las soluciones analíticas obtenidas. Se describen también con suficiente detalle los procedimientos de obtención de los resultados numéricos para que el lector los pueda reproducir. Al final de cada sección principal hay un apartado de ejercicios propuestos que complementan y amplían los ejemplos resueltos en esa sección.

Los ejemplos tratados en el libro cubren problemas de casi todas las ramas de la ingeniería y de la física, incluyendo también problemas de otras disciplinas científicas como la química y la biología, e incluso del mundo de la economía y las finanzas, la sociología, etc. En definitiva, de cualquier disciplina cuyas leyes estén gobernadas por ecuaciones diferenciales, especialmente en derivadas parciales, incluyendo siempre una breve descripción de la teoría que hay detrás de esas ecuaciones, con referencias para que quien esté interesado pueda profundizar sobre los fenómenos que describen y explican las ecuaciones matemáticas que se resuelven.

Nuestro agradecimiento a Aurora M. Cid por su minuciosa revisión gramatical del texto.

Queremos también dedicar este libro a la memoria de Amable Liñán, quien introdujo en la comunidad científica de España algunos de los métodos descritos en este libro, contribuyendo notablemente a su desarrollo, muy especialmente al método de perturbaciones y a su aplicación a los procesos de combustión.

Noviembre de 2025

Ramón Fernández Feria
ramon.fernandez@uma.es

Raúl Fernández Mateo
rfernandez12@us.es

1. MÉTODO DE LAS CARACTERÍSTICAS. CLASIFICACIÓN DE LAS ECUACIONES EN DERIVADAS PARCIALES

Se comienza con el método de las características porque, además de proporcionar una potente herramienta para resolver analítica o numéricamente cierto tipo de ecuaciones en derivadas parciales (EDPs), es fundamental para clasificarlas; es decir, para conocer el tipo, naturaleza y estructura de sus soluciones. Este conocimiento previo es de enorme relevancia para utilizar cualquiera de los métodos matemáticos que se describen y analizan en este libro. En el presente capítulo se describirá con detalle el método de las características para los distintos tipos de EDPs, se aplicará a algunos problemas físicamente relevantes, comparando las soluciones obtenidas con este método con soluciones numéricas en algunos casos, y se resumirán las estructuras de las soluciones típicas de los diferentes tipos de EDPs. Para profundizar más sobre la teoría general de las ecuaciones en derivadas parciales se puede consultar el volumen II del texto clásico de Courant y Hilbert (1989).

1.1. ECUACIONES EN DERIVADAS PARCIALES DE PRIMER ORDEN

Como se verá en esta sección, toda ecuación en derivadas parciales que solo contenga derivadas de primer orden se puede reducir a un conjunto de ecuaciones diferenciales ordinarias utilizando el denominado método de las características. Para introducir el método se comenzará con las ecuaciones en derivadas parciales más sencillas posibles, las ecuaciones casi lineales de primer orden.

1.1.1. Ecuaciones casi lineales

1.1.1.1. Dos variables independientes

Por simplicidad, se considerará primero la ecuación casi lineal de primer orden para una función u que solo depende de dos variables independientes, x e y:

$$A(x,y,u)\frac{\partial u}{\partial x} + B(x,y,u)\frac{\partial u}{\partial y} = C(x,y,u)\,, \tag{1.1}$$

donde A, B y C son funciones arbitrarias de sus argumentos. Más adelante se generalizará el método para un número arbitrario de variables independientes. Como condición de contorno se suele utilizar el valor de u conocido en una cierta curva Γ del plano (x,y),

$$u = u_0(x,y) \quad \text{en} \quad \Gamma(x,y) = 0\,. \tag{1.2}$$

El problema (1.1)-(1.2) se suele denominar *problema de Cauchy*. Para simplificar la notación, en lo que sigue se indicarán con subíndices las derivadas parciales; por ejemplo, $\partial u/\partial x$ se escribirá u_x.

El método de las características consiste en buscar curvas (denominadas características), en este caso en el plano (x,y), a lo largo de las cuales se puede resolver el problema sin tener que calcular derivadas parciales. Si estas curvas existen, a lo largo de ellas el problema solo contendría derivadas totales y se reduciría a un problema de ecuaciones diferenciales ordinarias. Para ver si esto es posible, supongamos que partimos de un punto (x_0, y_0) de la curva Γ, donde la función u es conocida (ver Fig. 1.1), y avanzamos un intervalo infinitesimal (dx, dy) para calcular el valor de u en un punto cercano, $u(x_0 + dx, y_0 + dy) = u_0(x_0, y_0) + du$, donde du viene dado por

$$du = u_x dx + u_y dy\,. \tag{1.3}$$

Eliminando u_y entre (1.1) y (1.3) se obtiene

$$(A - B\frac{dx}{dy})u_x + B\frac{du}{dy} = C\,. \tag{1.4}$$

Si se toma $dx = 0$, du/dy es igual a u_y y la ecuación (1.4) se reduce a la original (1.1). Sin embargo, si se elige apropiadamente dx y dy, de manera que

$$\frac{dx}{dy} = \frac{A}{B}\,, \tag{1.5}$$

el término con u_x en (1.4) desaparece, obteniéndose

$$B\frac{du}{dy} = C\,. \tag{1.6}$$

Las ecuaciones (1.5) y (1.6) permiten obtener numéricamente la solución del problema de Cauchy (1.1)-(1.2) en todo el plano sin tener que calcular derivadas parciales partiendo de

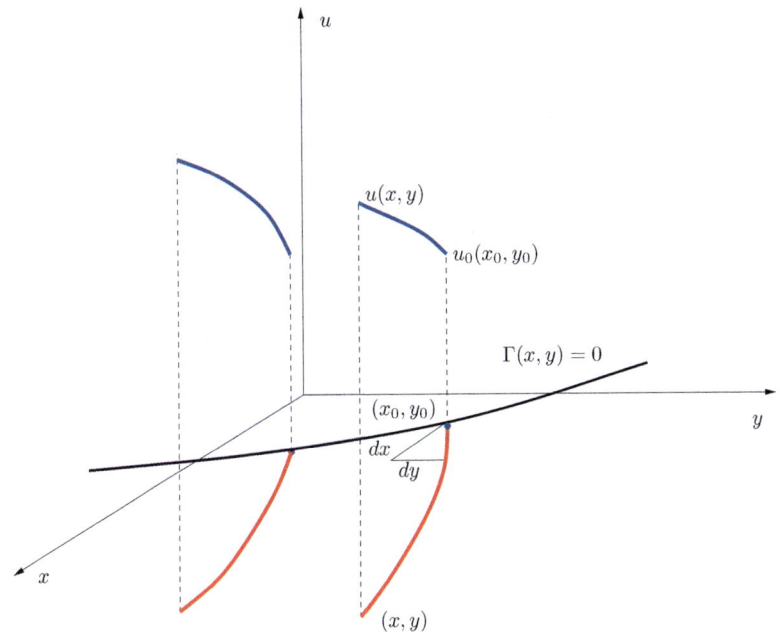

Figura 1.1: Curvas características en el espacio (x, y, u) (curvas azules), solución del problema de Cauchy (1.1)-(1.2), obtenidas a lo largo de las características en el plano (x, y) (curvas rojas), comenzando desde la condición de contorno en la curva $\Gamma(x, y) = 0$ (curva negra).

cada punto de la curva $\Gamma(x, y) = 0$. Por ejemplo, si se parte del punto (x_0, y_0) de la curva $\Gamma(x, y) = 0$ donde $u = u_0(x_0, y_0)$ es conocida (ver Fig. 1.1), se evaluarían en ese punto las funciones A, B y C. Se avanzaría un intervalo infinitesimal dy y se calcularía el punto siguiente usando $dx = (A/B)dy$, en donde $u = u_0 + du$, con $du = (C/B)dy$. En este nuevo punto $(x_0 + dx, y_0 + dy)$ se volvería a calcular A, B y C, y se continuaría el procedimiento para calcular los valores de u a lo largo de la curva definida por (1.5) que pasa por el punto (x_0, y_0). El método numérico se repetiría para todos los puntos de la curva Γ que fuesen necesarios. Obsérvese que el procedimiento no funcionaría en los puntos de Γ en los que su pendiente dy/dx fuese igual a B/A. En esos puntos el problema de Cauchy no estaría bien puesto y no tendría solución en su entorno.

Las curvas definidas en el espacio (x, y, u) por las ecuaciones (1.5)-(1.6), que de forma compacta se pueden escribir como

$$\frac{dx}{A} = \frac{dy}{B} = \frac{du}{C} \, , \tag{1.7}$$

se denominan curvas características de la ecuación en derivadas parciales (1.1). La proyección de estas curvas en el plano x, y, dadas por la ecuación (1.5), se conocen como las curvas características base, o simplemente como las *características* de la ecuación (1.1) (curvas rojas

en la Fig. 1.1). El método descrito para resolver esta ecuación, bien sea numéricamente como se ha descrito arriba, o analíticamente como se verá más abajo, se llama *método de las
características*.

Desde un punto de vista físico, la solución $u(x, y)$ descrita anteriormente se *propaga* a
partir de la función $u_0(x, y)$, conocida sobre la curva Γ, a lo largo de las características mediante la ecuación (1.7). Imagínese, por ejemplo, que y es el tiempo y se conoce $u = u_0(x)$
en el instante inicial $y = 0$. Si la función C fuese además nula, la ecuación (1.6) sería $du = 0$ y
la forma inicial de u, $u_0(x)$, se propagaría idénticamente a sí misma con velocidad $dx/dy =
A/B$. Es decir, tendríamos una onda plana propagándose en la dirección x con la veloci-
dad A/B (algunos ejemplos se verán en §1.1.2). Las soluciones de la ecuación (1.1) tienen,
por tanto, una naturaleza *ondulatoria*, en el sentido de que se propagan de acuerdo con la
ecuación (1.6) a través de las características (1.5) partiendo de una *condición inicial* $u_0(x, y)$
definida en alguna curva Γ. En general, como se verá más adelante en este capítulo, todas
las ecuaciones en derivadas parciales denominadas hiperbólicas (las cuales incluyen todas
las ecuaciones en derivadas parciales de primer orden, como se verá en esta sección) tienen
esta naturaleza *ondulatoria*, relacionada con el hecho de que las características son reales y
el problema de Cauchy tiene solución (si la curva Γ no es tangente a las características).

Una consecuencia de lo anterior es que si el valor inicial de u tiene una discontinuidad en
algún punto de Γ, esta discontinuidad se propaga a lo largo de la característica que pasa por
dicho punto. Físicamente, discontinuidades tales como ondas de choque en gases se propagan a lo largo de las características de las ecuaciones en derivadas parciales que gobiernan
el movimiento del gas (ver §1.3.5).

El procedimiento numérico descrito anteriormente para resolver la ecuación (1.1) por el
método de las características [es decir, a través de las ecuaciones (1.7)] es, claramente, un
método simple de Euler. Este procedimiento numérico se puede hacer todo lo sofisticado y
preciso que se desee ya que, en definitiva, la resolución de la ecuación original en derivadas
parciales (1.1) se ha reducido a la resolución de un sistema de ecuaciones diferenciales ordinarias. Para ello se puede expresar más apropiadamente el sistema de ecuaciones definiendo
una *variable auxiliar* t mediante

$$dt = \frac{dx}{A} = \frac{dy}{B} = \frac{du}{C} \; ; \tag{1.8}$$

es decir, se tiene el siguiente sistema autónomo de ecuaciones diferenciales ordinarias para
las variables dependientes x, y y u:

$$\frac{dx}{dt} = A(x, y, u) \,, \tag{1.9}$$

$$\frac{dy}{dt} = B(x, y, u) \,, \tag{1.10}$$

$$\frac{du}{dt} = C(x, y, u) \,. \tag{1.11}$$

La condición de contorno (1.2) se puede expresar mediante la condición *inicial* en $t = 0$

$$x = x_0(s) \,, \quad y = y_0(s) \,, \quad u = u_0(s) \quad \text{en} \quad t = 0 \,, \tag{1.12}$$

donde $[x_0(s), y_0(s), u_0(s)]$ describe, a través del parámetro s, la curva Γ' en el espacio (x, y, u) dada por $u = u_0(x, y)$ en $\Gamma(x, y) = 0$; es decir, Γ es la proyección de Γ' sobre el plano (x, y) (en muchas ocasiones se puede tomar la variable independiente x o la y como parámetro, $s \equiv x$ o $s \equiv y$). De forma general, la solución del sistema (1.9)-(1.11) se puede expresar como

$$x = x(t; s), \quad y = y(t; s), \quad u = u(t; s). \tag{1.13}$$

Para resolver este problema se dispone de toda la poderosa y bien establecida teoría de sistemas autónomos de ecuaciones diferenciales ordinarias (ver, por ejemplo, Simmons, 1977, cap. 8), junto con métodos numéricos muy precisos y rápidos. Eliminando los parámetros t y s se obtiene una superficie $F(x, y, u) = 0$ en el espacio (x, y, u) que nos proporciona la solución deseada, $u = u(x, y)$, explícita o implícitamente.

Evidentemente, lo más interesante sería poder resolver analíticamente las ecuaciones (1.7) o (1.8), lo cual sería posible dependiendo de cómo sean las funciones A, B y C. Si las funciones A, B y C son particularmente simples, a veces se pueden integrar directamente las dos ecuaciones (1.7), sin necesidad de introducir la variable auxiliar t. En este caso la solución vendría dada por las curvas características

$$F_1(u, x, y) = \alpha, \quad F_2(u, x, y) = \beta, \tag{1.14}$$

donde F_1 y F_2 serían funciones conocidas, con α y β constantes de integración. La curva que pasa por cada punto (1.12) verificaría las relaciones $\alpha = F_1[u_0(s), x_0(s), y_0(s)]$ además de $\beta = F_2[u_0(s), x_0(s), y_0(s)]$, con lo cual α y β serían funciones del parámetro s. En otras palabras, el conjunto de curvas (1.14) tiene que formar una superficie para que sea solución de (1.1). Por tanto, α y β tienen que estar necesariamente relacionadas entre sí, y la solución general de la ecuación (1.1) se puede obtener imponiendo que α sea una función arbitraria de β:

$$\alpha = G(\beta) \quad \text{o} \quad F_1(u, x, y) = G[F_2(u, x, y)], \tag{1.15}$$

donde la función arbitraria G quedaría fijada por la condición de contorno. De forma incluso más general, la solución se puede escribir como

$$F(\alpha, \beta) = 0 \quad \text{o} \quad F[F_1(u, x, y), F_2(u, x, y)] = 0, \tag{1.16}$$

siendo F una función arbitraria de sus argumentos, que sería fijada por la condición de contorno del problema de Cauchy.

1.1.1.2. Superficies ortogonales

Una aplicación directa del método de las características anterior es la obtención de las superficies ortogonales a una familia de superficies dada. Sea la familia de superficies en el espacio tridimensional

$$f(x, y, z) = K, \tag{1.17}$$

donde f es una función conocida y K la constante que define cada superficie de la familia. La dirección normal a esas superficies en cada punto viene dada por el gradiente de f, es decir, por el vector $\nabla f = (f_x, f_y, f_z)^T$.[1] Si $z = u(x,y)$ es una superficie ortogonal a (1.17), su gradiente tiene que ser perpendicular a ∇f. Escribiendo la superficie ortogonal buscada como $g(x,y,z) \equiv z - u(x,y) = 0$, $\nabla g = (-u_x, -u_y, 1)^T$, y de la relación de perpendicularidad $(\nabla f) \cdot (\nabla g) = 0$[2] se llega a la siguiente EDP casi lineal de primer orden para $u(x,y)$:

$$f_x u_x + f_y u_y = f_z \,, \tag{1.18}$$

donde f_x, f_y y f_z son funciones conocidas de x, y y $z = u$.

Aplicando el método de las características (1.7), e identificando u con z, la solución de (1.18) para u viene dada por las ecuaciones diferenciales ordinarias

$$\frac{dx}{f_x} = \frac{dy}{f_y} = \frac{dz}{f_z} \,, \tag{1.19}$$

que proporcionan las curvas características, en este caso curvas ortogonales a las superficies (1.17). Si es posible hallar integrales analíticas de estas ecuaciones, las correspondientes expresiones (1.15) o (1.16)proporcionan la forma general de las superficies ortogonales a la familia (1.17). En particular, dada una condición de Cauchy en una determinada curva sobre una superficie de la familia, fijada por un valor de la constante K, este conjunto de curvas características forman, de acuerdo con (1.15) o (1.16), una superficie en el espacio (x,y,z) que es ortogonal a la superficie elegida de la familia.

Como ejemplo sencillo se considera la familia de esferas de radio K centradas en el origen, $f(x,y,z) = x^2 + y^2 + z^2 = K^2$. Del gradiente $\nabla f = (2x, 2y, 2z)^T$, las ecuaciones (1.18) y (1.19) se escriben

$$x u_x + y u_y = z \,, \tag{1.20}$$

$$\frac{dx}{x} = \frac{dy}{y} = \frac{dz}{z} \,. \tag{1.21}$$

Dos integrales de estas últimas ecuaciones son

$$\frac{y}{x} = \alpha \,, \quad \frac{z}{x} = \beta \,,$$

por lo que la forma general de la familia de superficies ortogonales a la familia de esferas se puede escribir como

$$F\left(\frac{y}{x}, \frac{z}{x}\right) = 0 \,,$$

donde F es una función arbitraria de sus argumentos. De forma algo más restringida se podría escribir como $z = x\, G(y/x)$, con G arbitraria. Por ejemplo, el caso particular $z = y$, correspondiente a $G(\xi) = \xi$, o plano bisectriz del diedro formado por los planos $y = 0$ y $z = 0$. También sería perpendicular a las esferas cualquier otro plano que contenga el eje x, $z = ay$, correspondiente a $G(\xi) = a\xi$, etc.

---

[1]El superíndice T denota traspuesto, y se usa aquí porque se supone que la forma matricial natural de un vector es la de un vector columna.

[2]Se usa la notación habitual del producto escalar mediante el símbolo '·'.

1.1.1.3. Más de dos variables independientes

La generalización del método anterior para resolver una ecuación casi lineal de primer orden en derivadas parciales con n variables independientes, $(x_1, x_2, \ldots, x_n)$, es inmediata. Sea la ecuación

$$\sum_{k=1}^{n} a_k \frac{\partial u}{\partial x_k} = a_0 \,, \tag{1.22}$$

donde $a_0, a_1, \ldots, a_n$, son funciones de x_1, x_2, ..., x_n y u. En general, se estaría interesado en encontrar soluciones de la ecuación (1.22) que en una cierta variedad $(n-1)$-dimensional Γ del espacio $(x_1, \ldots, x_n)$, definida por $\Gamma(x_1, \ldots, x_n) = 0$, tenga un valor $u_0(x_1, \ldots, x_n)$ conocido (problema de Cauchy). Definiendo la variable auxiliar t, la solución de este problema es equivalente a encontrar las curvas características, que vienen dadas por la solución del sistema autónomo de ecuaciones diferenciales ordinarias

$$\frac{dx_k}{dt} = a_k \,, \quad k = 1, 2, \ldots, n \,, \tag{1.23}$$

$$\frac{du}{dt} = a_0 \,, \tag{1.24}$$

y que satisfacen las condiciones iniciales $(t = 0)$

$$x_k = x_{k0}(s_1, s_2, \ldots, s_{n-1}) \,, \quad k = 1, 2, \ldots, n \,, \tag{1.25}$$

$$u = u_0(s_1, s_2, \ldots, s_{n-1}) \,. \tag{1.26}$$

Es decir, la solución de (1.23)-(1.24) sería una variedad n-dimensional en el espacio de $n + 1$ dimensiones $(x_1, \ldots, x_n, u)$ generada por las curvas características que parten de la variedad $(n - 1)$-dimensional Γ' de dicho espacio definida por las ecuaciones (1.25)-(1.26) [Γ' tiene como proyección sobre el subespacio $(x_1, \ldots, x_n)$ la variedad Γ].

La solución tendría la forma general

$$x_k = x_k(t; s_1, s_2, \ldots, s_{n-1}) \quad , \quad k = 1, 2, \ldots, n \,, \tag{1.27}$$

$$u = u(t; s_1, s_2, \ldots, s_{n-1}) \,. \tag{1.28}$$

Eliminando los parámetros $t, s_1\ s_2, \ldots, s_{n-1}$, se obtendría la solución $u = u(x_1, \ldots, x_n)$ buscada.

1.1.2. Ecuación de las ondas cinemáticas

Existen muchos procesos en un medio continuo en los que alguna magnitud, cuya densidad se designará mediante la variable u, se propaga como una onda. Considerando que el problema es unidimensional, de manera que $u = u(x, t)$, donde x es la coordenada espacial y t el tiempo, la conservación de la magnitud cuya densidad es u se escribe

$$\frac{\partial u}{\partial t} + \frac{\partial Q}{\partial x} = 0 \,, \tag{1.29}$$

siendo Q el flujo por unidad de tiempo de dicha magnitud; es decir, Q/u es la velocidad a la que se convecta. Suponiendo que Q solo depende de u, $Q = Q(u)$, la ecuación anterior se puede escribir como

$$u_t + c(u)u_x = 0\,, \tag{1.30}$$

donde

$$c(u) = \frac{dQ}{du}\,, \tag{1.31}$$

y se ha vuelto a usar la notación de subíndices para las derivadas parciales. La ecuación (1.30) se denomina ecuación (unidimensional) de *ondas cinemáticas*, siendo la ecuación más simple que describe el comportamiento físico de una onda y también la ecuación en derivadas parciales más sencilla que se pueda escribir. Una ecuación como (1.30) describe, por ejemplo, el tráfico de vehículos, considerado como un continuo, en una autopista sobrecargada, donde $u(x,t)$ sería el número de coches por unidad de longitud y Q el número de coches que cruzan una posición x dada por unidad de tiempo. Si el tramo de carretera considerado no tiene entradas ni salidas, los coches se conservan [ecuación (1.29)], y es también razonable suponer que Q solo depende de la densidad de coches u, donde la función $Q(u)$ se podría obtener experimentalmente. Otros problemas físicos gobernados aproximadamente por la ecuación (1.30) son las ondas asociadas a las avenidas en ríos y canales largos, donde u sería la sección de agua en el canal en la posición x y en el instante t; también, el problema similar del flujo de un glaciar, así como otros problemas de procesos de transporte de sustancias en sustratos fluidos o porosos de interés en ingeniería química.

Aplicando (1.7), las curvas características de (1.30) vendrían dadas por el siguiente sistema de ecuaciones diferenciales ordinarias:

$$\frac{dt}{1} = \frac{dx}{c(u)} = \frac{du}{0}\,, \tag{1.32}$$

cuya solución general es, de acuerdo con (1.14) y (1.15),

$$u = \alpha\,, \quad x - c(\alpha)t = \beta\,, \quad \alpha = f(\beta)\,, \tag{1.33}$$

o

$$u = f[x - c(u)t]\,, \tag{1.34}$$

donde f es una función arbitraria. Dada una condición inicial en $t = 0$,

$$u(0, x) = u_0(x)\,, \tag{1.35}$$

se tendría que $f(x) = u_0(x)$; es decir,

$$u = u_0[x - c(u)t]\,. \tag{1.36}$$

Esta solución representa una onda plana que se propagan desde la condición inicial $u_0(x)$ con una velocidad $c(u)$ que varía con el valor de la propia solución u, pero con u constante a lo largo de las características e igual a su valor inicial.

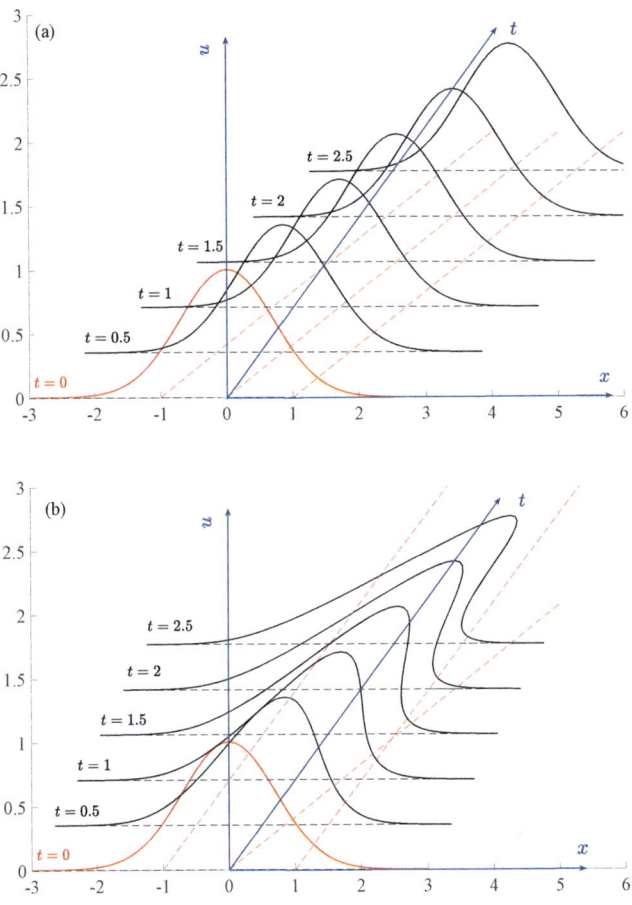

Figura 1.2: Soluciones de (1.30) en distintos instantes t con la condición inicial $u_0(x) = e^{-x^2}$ (en rojo) para $c = 1$ (a) y para $c = u$ (b). Se muestran también con trazo discontinuo en rojo las características en el plano (x, t) que pasan por $x_0 = -1, 0$ y 1.

En al figura 1.2 se representan las soluciones para los casos con $c = 1$ y $c = u$ con la misma condición inicial $u_0 = e^{-x^2}$. Se han dibujado las soluciones para distintos instantes t utilizando como parámetro la coordenada x de la condición inicial x_0. La característica que pasa por x_0 es

$$x = c[u(x_0)]t + x_0, \quad u = u_0(x_0) = e^{-x_0^2}, \tag{1.37}$$

ya que u permanece constante a lo largo de la característica e igual a su valor en x_0. Para representar la solución, se barre en el parámetro x_0 para las distintas características, representándose en la figura la solución para distintos valores de t.

El caso más sencillo es aquel con c constante, pues la ecuación de ondas es lineal y sus soluciones son ondas que se propagan con velocidad constante en todos sus puntos, manteniendo su forma inicial para todo instante: $u = u_0(x - ct)$. Como se aprecia en la Fig. 1.2 (a) para $c = 1$, el valor de u permanece constante en $x = t + x_0$ para todo x_0. Por el contrario, si c es función de u, la onda se distorsiona al propagarse [caso con $c = u$ en la Fig. 1.2(b)]: los puntos cerca de $x_0 = 0$ que tiene más velocidad se propagan más rápidamente, de tal forma que las zonas donde u decrece con x van adquiriendo una inclinación mayor, mientras que en las zonas donde u crece con x van disminuyendo su inclinación. Más tarde o más temprano la pendiente en la zona donde u decrece (zona de *compresión* si u fuese una densidad másica) aumenta tanto que se hace infinita en algún punto. A partir de ese instante la función se hace multievaluada en un cierto intervalo de x, como se aprecia en la Fig. 1.2 (b) para $t \geq 1,5$. Se ve en esa figura que este fenómeno está asociado al cruce de algunas características, de manera que la información proveniente de distintos valores iniciales de u se entrelazan. Evidentemente, esto no es físicamente posible y lo que ocurre en realidad es que antes de que la pendiente de u se haga infinita, el modelo $Q = Q(u)$ utilizado, y por tanto $c(u)$, deja de ser válido; o, lo que es más probable, que sea necesario añadir algún término no incluido en la ecuación que llega a ser importante cuando los gradientes de c se hacen muy grandes (ver §1.1.4). Para solventar esta dificultad sin tener que cambiar de ecuación, lo que se hace es suponer que se produce una discontinuidad en la onda a partir del instante en que se cruzan dos características y la pendiente de u se hace infinita en algún punto. Esta discontinuidad, también llamada *onda de choque*, evita que u sea multievaluada a partir de ese instante, y se propaga también con las características, como se describe en el siguiente apartado. Primeramente se demuestra en §1.1.3 que, efectivamente, funciones $u(x, t)$ que presentan un salto en algún punto $x = s(t)$ pueden ser soluciones matemáticamente válidas de la ecuación (1.30), tanto como lo puedan ser las soluciones continuas.

1.1.3. Onda de choque

Para sustituir físicamente la parte multievaluada de la función u por una discontinuidad hay que situarla en alguna posición $x = s(t)$ que varía con el tiempo. Para ello se recurre a la forma integral de la ecuación de conservación (1.29), integrándola entre dos puntos genéricos $x = x_1$ y $x = x_2$,

$$\frac{d}{dt} \int_{x_1}^{x_2} u\,dx + Q(u_2, x_2, t) - Q(u_1, x_1, t) = 0\,, \tag{1.38}$$

donde u_1 y u_2 son los valores de u en (x_1, t) y (x_2, t), respectivamente, se ha tenido en cuenta que x_1 y x_2 no dependen de t y se ha sacado fuera de la integral la derivada temporal. Si se supone que $x_1 < s(t) < x_2$, la expresión anterior se puede escribir como

$$\frac{d}{dt} \int_{x_1}^{s(t)} u\,dx + \frac{d}{dt} \int_{s(t)}^{x_2} u\,dx = Q(u_1, x_1, t) - Q(u_2, x_2, t)\,, \tag{1.39}$$

de donde

$$U u(s^-, t) + \int_{x_1}^{s(t)} u_t dx - U u(s^+, t) + \int_{s(t)}^{x_2} u_t dx = Q(u_1, x_1, t) - Q(u_2, x_2, t), \quad (1.40)$$

siendo $U = ds/dt$, mientras que $u(s^-, t)$ y $u(s^+, t)$ son los valores de u para $x \to s$ por la izquierda y por la derecha, respectivamente. Suponiendo que u es continua y con derivadas continuas fuera de $x = s(t)$, haciendo $x_1 \to s^-$ y $s^+ \leftarrow x_2$, las integrales de la expresión anterior se anulan y se llega a la siguiente expresión para el salto de las magnitudes u y Q a través de la discontinuidad

$$U [u_1(t) - u_2(t)] = Q(u_1) - Q(u_2), \quad (1.41)$$

donde se ha supuesto, como anteriormente, que Q solo depende de u, siendo u_1 y u_2 los valores de u justo a la izquierda y justo a la derecha de la discontinuidad. Esto implica que la ecuación (1.29), y por tanto la (1.30), admite soluciones con una discontinuidad en $x = s(t)$ siempre que se mueva con una velocidad que satisface la siguiente relación:

$$U = \frac{ds}{dt} = \frac{Q(u_1) - Q(u_2)}{u_1 - u_2}. \quad (1.42)$$

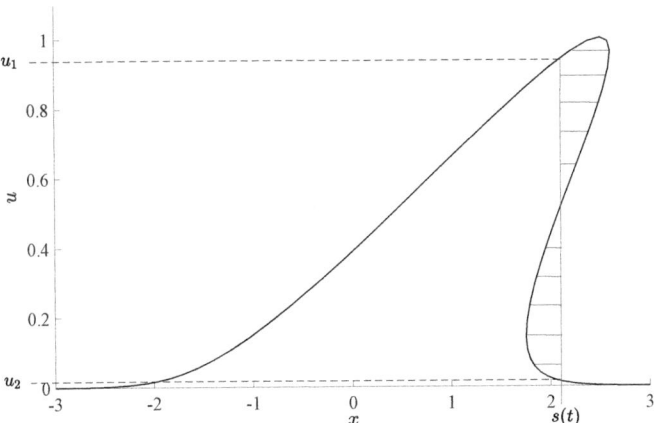

Figura 1.3: Esquema de la posición de la onda de choque $x = s(t)$ para el último instante ($t = 2{,}5$) representado en la Fig. 1.2 (b).

Como las expresiones anteriores están derivadas del principio de conservación de la magnitud representada por la densidad u, la posición de la discontinuidad $x = s(t)$ en cada instante es tal que corta a la función multievaluada dejando el mismo área ($\int u dx$) entre la curva $u(x,t)$ y la discontinuidad tanto a su derecha como a su izquierda. Esta circunstancia se ilustra en la Fig. 1.3 con el último instante de $u(x,t)$ representado en la Fig. 1.2 (b) para $c(u) = u$ y $u_0 = e^{-x^2}$. Esta técnica para situar la onda de choque, aunque general e intuitiva, no es fácil de aplicar analíticamente, salvo para formas particulares de la función $c(u)$. Por ejemplo, siempre que $Q(u)$ sea una función cuadrática,

$$Q(u) = a_0 + a_1 u + a_2 u^2\,, \quad c(u) = \frac{dQ}{du} = a_1 + 2a_2 u\,, \tag{1.43}$$

la expresión (1.42) queda en la forma simple

$$U = \frac{1}{2}(c_1 + c_2)\,, \tag{1.44}$$

donde $c_1 = c(u_1)$ y $c_2 = c(u_2)$. Una función cuadrática del flujo Q es apropiada en muchos problemas en los que u varía relativamente poco alrededor de un determinado valor, por lo que la primera expresión en (1.43) serían los tres primeros términos de un desarrollo en serie de Q en torno a ese valor. Para estos casos, la solución general (1.36)-(1.37) permite obtener fácilmente U en términos del parámetro x_0. Así, escribiendo $c[u(x_0)] = c[u_0(x_0)] = f(x_0)$, donde f es una función conocida de la condición inicial y de la forma de $c(u)$,

$$U = \frac{1}{2}(c_1 + c_2) = \frac{1}{2}\left[f(x_{0_1}) + f(x_{0_2})\right]\,, \tag{1.45}$$

siendo x_{0_1} y x_{0_2} los valores de x_0 correspondientes a las características a cada lado de la discontinuidad en cada instante t. Como comparten (se cortan en) el mismo valor de $x = s(t)$, de acuerdo con (1.37) están relacionados mediante $x_{0_1} + f(x_{0_1})t = x_{0_2} + f(x_{0_2})t$. De esta expresión se pueden obtener los valores de t para los que existe una onda de choque,

$$t = \frac{x_{0_1} - x_{0_2}}{f(x_{0_2}) - f(x_{0_1})}\,. \tag{1.46}$$

En particular, el valor inicial de comienzo de la onda de choque, $t = t_{oi}$, corresponde con la aparición de un punto de pendiente infinita en $u(x,t)$, por lo que, al ser un solo punto, proviene de una única característica, $x_{0_1} = x_{0_2} \equiv x_{0_i}$. Desarrollando f en serie en torno a x_{0_1}, $f(x) = f(x_{0_1}) + f'(x_{0_1})(x - x_{0_1}) + \ldots$, haciendo $x = x_{0_2}$, sustituyendo en (1.46) y hallando el límite cuando $x_{0_2} \to x_{0_1} = x_{0_i}$, se llega a

$$t_{oi} = -\frac{1}{f'(x_{0_i})}\,. \tag{1.47}$$

Para hallar x_{0_i} y, en general, los parámetros x_{0_1} y x_{0_2} correspondientes a los extremos de la discontinuidad en cada instante, se tiene en cuenta que la expresión (1.45) está derivada para una relación lineal entre c y u [segunda ecuación en (1.43)], por lo que la regla de que la onda de choque corta a la multievaluada u en dos regiones de igual área (Fig. 1.3) se aplica también a $c(u)$. Por otro lado, la recta vertical que representa la onda de choque en la Fig. 1.3

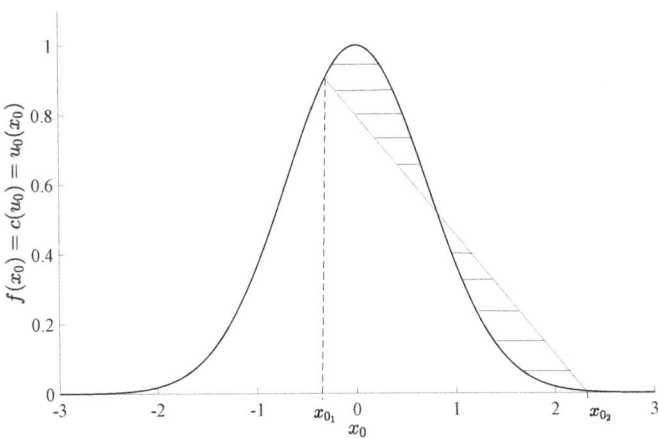

Figura 1.4: Esquema de la obtención de los extremos de la onda de choque mediante secantes que cortan a la condición inicial $f(x_0) = e^{-x_0^2}$ en porciones de igual área.

proviene, a través de las características, de otra recta que corta a la condición inicial $c[u_0(x_0)]$ en dos puntos con abcisas x_{0_1} y x_{0_2} que separa dos regiones también del mismo área, como se representa en la Fig. 1.4 para el ejemplo con $c = u$. Esto es así porque, de acuerdo con (1.37), la solución en el instante t se obtiene trasladando cada punto de la condición inicial $c = f(x_0)$ una distancia $f(x_0)t$, de manera que la recta entre x_{0_1} y x_{0_2} en la figura 1.4 se transforma en la discontinuidad de la figura 1.3 en $x = s$, con los mismos valores de u_1 y u_2 (y en este caso también de c_1 y c_2 al ser $c = u$). Por lo tanto, todos los posibles valores de x_{0_1} y x_{0_2} que pueden dar lugar a una discontinuidad en algún instante se obtienen cortando la parte descendiente de $f(x_0)$ con secantes que dejan porciones de igual área, como se ilustra en la figura 1.4. Matemáticamente,

$$\frac{1}{2} \left[f(x_{0_1}) + f(x_{0_2}) \right] (x_{0_2} - x_{0_1}) = \int_{x_{0_1}}^{x_{0_2}} f(x_0) dx_0 . \tag{1.48}$$

El inicio de la discontinuidad corresponde a la secante con mayor pendiente que cumple la propiedad de igualdad de áreas. Si $f(x_0)$ tiene un punto de inflexión en su parte descendente, como ocurre en el ejemplo que se está considerando, el inicio de la onda de choque ocurre cuando la recta es tangente a dicho punto de inflexión, dejando áreas nulas a cada lado con la curva. Es decir, x_{0_i} es la solución de $f''(x_0) = 0$ en la parte descendente de la curva. Con este valor se obtiene, de la ecuación (1.47), el instante de aparición de la onda de choque t_{oi}. La posición de la onda de choque $x = s(t)$ se obtiene de

$$s(t) = x_{0_1}(t) + f[x_{0_1}(t)]t , \quad s(t) = x_{0_2}(t) + f[x_{0_2}(t)]t , \tag{1.49}$$

que junto con (1.48) constituye un sistema de tres ecuaciones para $s(t)$, $x_{0_1}(t)$ y $x_{0_2}(t)$. Una vez resueltas estas ecuaciones, los valores de c a ambos lados de la onda de choque son

$c_1(t) = f[x_{0_1}(t)]$ y $c_2(t) = f[x_{0_2}(t)]$. Finalmente, de la relación (lineal) entre c y u se obtiene u_1 y u_2 en los extremos de la discontinuidad en $x = s(t)$. Un procedimiento para resolver estas ecuaciones es comenzar con $t = t_{oi}$ y $x_{0_1} = x_{0_2} = x_{0_i}$ y avanzar en t calculando $x_{0_1}(t)$ y $x_{0_2}(t)$ de la resolución conjunta de las ecuaciones (1.46) y (1.48) para cada t, obteniéndose posteriormente $s(t)$ de cualquiera de las dos relaciones (1.49).

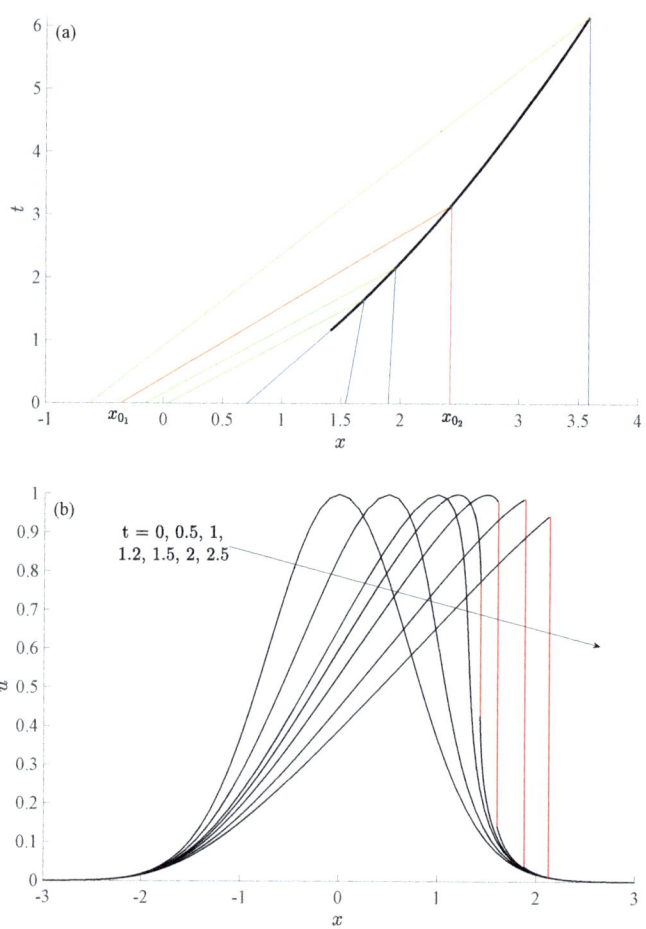

Figura 1.5: (a): Posición de la onda de choque $s(t)$ (línea gruesa negra) para el caso considerado en la Fig. 1.2(b), junto con algunas características que la propagan partiendo de los valores de $x_{0_1}(t)$ y $x_{0_2}(t)$ calculados (como se marca para un par de características en rojo). (b): Perfiles de u para distintos t, con la onda de choque trazada en trazo rojo para $t > t_{oi} \simeq 1{,}166$.

En el ejemplo que se está considerando con $c = u$ y $f(x_0) = e^{-x_0^2}$ [ver Figs. 1.2(b), 1.3 y

1.4], se tiene

$$x_{0_i} = \frac{1}{\sqrt{2}} \simeq 0{,}707\,, \quad t_{oi} = \frac{e^{x_{0_i}^2}}{2x_{0_i}} = \frac{e^{1/2}}{\sqrt{2}} \simeq 1{,}166\,, \quad s_i \equiv s(t_{0i}) \simeq 1{,}414\,. \quad (1.50)$$

Las ecuaciones (1.46) y (1.48) en este caso se escriben

$$t = \frac{x_{0_2} - x_{0_1}}{e^{-x_{0_1}^2} - e^{-x_{0_2}^2}}\,, \qquad (1.51)$$

$$\left[e^{-x_{0_1}^2} + e^{-x_{0_2}^2}\right](x_{0_2} - x_{0_1}) = \sqrt{\pi}\left[\mathrm{erf}(x_{0_2}) - \mathrm{erf}(x_{0_1})\right]\,, \qquad (1.52)$$

donde

$$\mathrm{erf}(z) = \frac{2}{\sqrt{\pi}} \int_0^z e^{-t^2}\,dt \qquad (1.53)$$

es la función error,[3] ecuaciones que se resuelven para $t \geq t_{oi} \simeq 1{,}166$ usando el código fsolve de MATLAB (R2023a). En la Fig. 1.5 se representa, por un lado, la posición de la onda de choque $s(t)$ junto con algunas de las características que la propagan, partiendo de algunos de los correspondientes x_{0_1} y x_{0_2} calculados con el procedimiento descrito arriba, y, por otro lado, perfiles de u para distintos tiempos, sin onda de choque cuando $t < t_{oi} \simeq 1{,}166$ y con ella para valores de $t > 1{,}166$. La discontinuidad se marca en la Fig. 1.5(b) con una línea vertical roja entre $u_1(t) = e^{-[x_{0_1}(t)]^2}$ y $u_2(t) = e^{-[x_{0_2}(t)]^2}$.

1.1.4. Estructura de la onda de choque. Ecuación de Burgers

En los procesos físicos reales en medios continuos no existen ondas de choque de espesor nulo como las descritas y obtenidas en el apartado anterior, en las que el gradiente de u en la discontinuidad es infinito. Las ondas de choque *reales* son regiones muy delgadas con gradientes muy elevados de las magnitudes físicas en relación al resto del medio, pero con una estructura continua y con gradientes finitos. El ejemplo paradigmático, del que procede la denominación onda de choque, es el de la dinámica de gases.[4] En muchas aplicaciones es suficiente con describir cómo se propaga la discontinuidad, sin analizar qué ocurre realmente en su interior, como se ha hecho en el ejemplo simple del apartado anterior de una onda cinemática (un ejemplo físicamente más relevante en el ámbito de la dinámica de gases se verá en §1.3.7). En cambio, a veces es necesario conocer la estructura interna de la onda de choque. Para ello hay que añadir términos *difusivos* a la ecuación de ondas.

Continuando con el ejemplo simple de ondas cinemáticas de los apartados anteriores, se considerará a continuación la denominada ecuación de Burgers, que añade un término difusivo a la ecuación de ondas cinemáticas (1.30) con $c(u) = u$,

$$u_t + u u_x = \nu u_{xx}\,, \qquad (1.54)$$

---

[3]Para las propiedades de la función error ver, por ejemplo, F. W. J. Olver, Lozier, Boisvert, y Clark (2010), cap. 7.

[4]Para una introducción a la dinámica de gases se puede consultar, por ejemplo, el libro clásico de Liepmann y Roshko (1957); para una buena exposición de las ondas de choque, en general, el capítulo 7 de Thompson (1972), y para su estructura matemática Millán Barbany (1975), caps. II y IV.

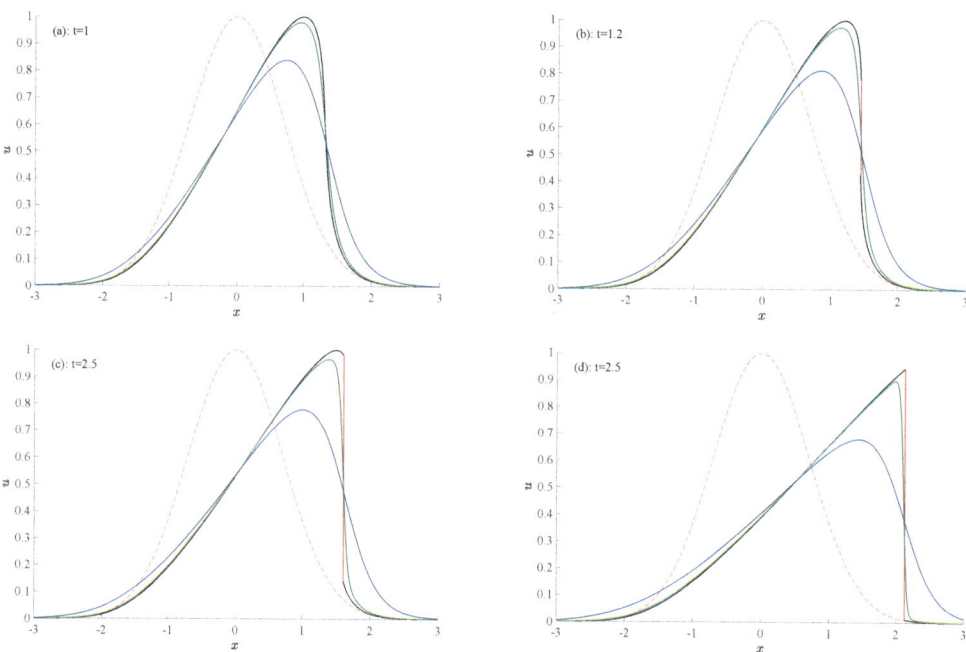

Figura 1.6: Comparación entre las soluciones de la ecuación (1.54) para $\nu = 0$, obtenidas analíticamente por el método de las características (líneas negras con la discontinuidad en rojo, si la hubiera), y las obtenidas numéricamente para $\nu = 0{,}01$ (líneas verdes) y $\nu = 0{,}1$ (líneas azules), en los instantes $t = 1$ (a), $t = 1{,}2$ (b), $t = 1{,}5$ (c) y $t = 2{,}5$ (d). Como referencia se incluye la condición inicial con líneas de trazos.

donde $\nu > 0$ es un coeficiente de difusión. Es la ecuación más sencilla posible que combina los efectos no lineales (convectivos) y difusivos en la propagación de una onda. Como ocurre con la ecuación de ondas cinemáticas, esta ecuación se ha utilizado para modelar de manera sencilla multitud de fenómenos, comenzando por los trabajos pioneros de Bateman de 1915 y de Burgers de 1948 en dos problemas muy diferentes de dinámica de fluidos, además de muchas otras aplicaciones, por lo que existen diversas e ingeniosas técnicas para su solución (ver, por ejemplo, Whitham, 1974, cap. 4, tanto para algunos datos históricos como para una descripción de sus soluciones y aplicaciones). Algunas soluciones analíticas obtenidas por diferentes métodos se verán en los próximos capítulos, pero no en esta sección porque el nuevo término añadido al lado derecho de (1.54) tiene derivadas de segundo orden, que se considerarán en la siguiente sección 1.2.1 y en los siguientes capítulos. Además, este nuevo término transforma la ecuación en *parabólica* y no se puede resolver por el método de las características (ver §1.2.2). Aquí solo se utilizará esta ecuación para presentar soluciones numéricas de ondas no lineales que desarrollan en su propagación ondas de choque con estructura continua, para compararlas con las soluciones discontinuas de la sección anterior, y para introducir brevemente una técnica numérica.

En particular, se resuelve numéricamente la ecuación (1.54) con la misma condición inicial que en la figuras 1.2(b)-1.5, junto con dos condiciones de contorno en $x \pm \infty$:

$$u(x,0) = u_0(x) = e^{-x^2}, \quad u(\pm\infty, t) = 0. \tag{1.55}$$

Como se muestra en la Fig. 1.6, la solución numérica con $\nu > 0$ no presenta la discontinuidad de la solución analítica considerada anteriormente, pues el término difusivo de la derecha de ecuación (1.54) proporciona un espesor finito a la onda de choque, que ahora tiene una estructura con derivadas continuas. Para $\nu = 0{,}01$ la solución numérica se ajusta bastante bien a la solución analítica de (1.30), tanto cuando existe discontinuidad como cuando no la hay, pero a medida que ν crece ($\nu = 0{,}1$ en la figura) la solución de (1.54) se va alejando de la solución analítica de la ecuación (1.30), y si existe onda de choque se va difuminando con el resto de la onda. El punto de inflexión de la onda de choque *continua* ($\nu \neq 0$) coincide aproximadamente con la posición de la discontinuidad cuando $\nu = 0$.

La solución numérica de (1.54) se ha obtenido con un método *upwind* para tratar las derivadas del término convectivo uu_x, muy apropiado para resolver numéricamente problemas hiperbólicos o *casi* hiperbólicos (como es este problema para $\nu = 0$ o para ν muy pequeño), en los que la información se propaga como ondas a lo largo de las características. Por el contrario, si se utilizara un esquema centrado para discretizar uu_x, que no tendría en cuenta la dirección de las características, la resolución numérica de estos problemas suele ser inestable (ver, por ejemplo, Leveque, 2002, cap. 4). Para obtener las soluciones numéricas de la Fig. 1.6 se ha utilizado un esquema numérico explícito de primer orden en t y de segundo orden en x, es decir,

$$\frac{u_i^{n+1} - u_i^n}{\Delta t} + \frac{(u_i^{n+1} + u_i^n)(u_i^n - u_{i-1}^n)}{2\Delta x} = \nu \frac{u_{i+1}^n - 2u_i^n + u_{i-1}^n}{(\Delta x)^2}, \tag{1.56}$$

para los nodos interiores $i = 2, \ldots, N$, con $N = 5\,000$ en el intervalo $-6 \leq x \leq 6$ ($\Delta x = 12/N$) y con $\Delta t = 0{,}3(\Delta x)^2/\nu$.

1.1.5. Ecuación general de primer orden.

El método de las características descrito anteriormente se puede utilizar para integrar cualquier ecuación de primer orden en derivadas parciales, transformándola en un sistema de ecuaciones diferenciales ordinarias sobre las características. Para demostrarlo, primeramente se supone, por simplicidad, que la función u solo depende de dos variables independientes (x, y), considerando la ecuación diferencial en derivadas parciales

$$F(x, y, u, u_x, u_y) = 0, \tag{1.57}$$

donde F es cualquier función diferenciable. Para simplificar la notación y también para destacar que F es una función arbitraria de 5 variables independientes, se define $p = u_x$ y $q = u_y$, de manera que la ecuación (1.57) se escribe $F(x, y, u, p, q) = 0$. En general, se está interesado en la solución de (1.57) que satisface una condición de contorno de tipo Cauchy, en la que u es conocida en una curva Γ del plano (x, y),

$$u = u_0(x, y) \quad \text{en} \quad \Gamma(x, y) = 0 \,. \tag{1.58}$$

Como en el caso de la ecuación casi lineal nos preguntamos si, partiendo de esta curva, existe solución y si esta se puede construir en todo el dominio del plano donde esté definida sin tener que calcular las derivadas parciales p y q de forma aproximada [por ejemplo, por diferencias finitas, como en (1.56)]. Partiendo de un punto (x, y) de la curva Γ, la solución en un punto cercano separado por (dx, dy) se pueda obtener mediante $u(x + dx, y + dy) = u_0(x, y) + du$, siendo

$$du = u_x dx + u_y dy = p dx + q dy \,. \tag{1.59}$$

Si s es un parámetro que define la posición a lo largo de la curva Γ, como $u = u_0(s)$, $x = x_0(s)$ e $y = y_0(s)$ son funciones conocidas sobre la curva, la relación

$$\frac{du}{ds} = p\frac{dx}{ds} + q\frac{dy}{ds} \tag{1.60}$$

proporciona una ecuación para p y q que, junto con la ecuación original (1.57), permite obtener p y q en cualquier punto de la curva Γ y, por tanto, obtener $u(x + dx, y + dy)$ explícitamente, sin tener que calcular derivadas parciales de forma aproximada.

Sin embargo, para poder seguir el procedimiento, se necesita calcular p y q en $(x+dx, y+dy)$, que se obtienen de

$$dp = p_x dx + p_y dy \qquad \text{y} \qquad dq = q_x dx + q_y dy \,, \tag{1.61}$$

donde p_x, p_y, q_x y q_y son las derivadas parciales de p y q con respecto a x e y, que por la igualdad de las derivadas cruzadas satisfacen

$$p_y = u_{xy} = q_x = u_{yx} \,. \tag{1.62}$$

Se necesitan por tanto 3 relaciones adicionales para obtener las derivadas parciales p_x, p_y, q_x y q_y en el punto (x, y) de la curva Γ que nos permitan calcular p y q en $(x + dx, y + dy)$. Dos de ellas se obtienen derivando la ecuación original $F(x, y, u, p, q) = 0$ con respecto a x e y,

$$F_x + pF_u + p_x F_p + q_x F_p = 0 \,, \tag{1.63}$$

$$F_y + qF_u + p_y F_p + q_y F_q = 0 \,. \tag{1.64}$$

Pero se necesitaría una más para poder seguir con el procedimiento de integración sin necesidad de calcular derivadas parciales numéricamente. Esto se puede evitar eligiendo adecuadamente la dirección de integración dy/dx. En efecto, si se intercambia en las ecuaciones (1.63) y (1.64) q_x por p_y teniendo en cuenta la relación (1.62), y se elimina p_y y q_y usando (1.61), se obtiene

$$F_x + pF_u + p_x \left(F_p - F_q \frac{dx}{dy} \right) + F_q \frac{dp}{dy} = 0 \,, \tag{1.65}$$

$$F_y + qF_u + q_x \left(F_p - F_q \frac{dx}{dy} \right) + F_q \frac{dq}{dy} = 0 \,. \tag{1.66}$$

Así, si se elige

$$\frac{dy}{dx} = \frac{F_q}{F_p} \tag{1.67}$$

para que desaparezcan de esas relaciones las derivadas parciales p_x y q_x, las ecuaciones (1.65) y (1.66) se pueden escribir como

$$-\frac{dp}{dy} = \frac{F_x + pF_u}{F_q} \,, \tag{1.68}$$

$$-\frac{dq}{dy} = \frac{F_y + qF_u}{F_q} \,, \tag{1.69}$$

que permiten calcular p y q en el punto $(x + dx, y + dy)$ directamente si la dirección de integración satisface (1.67).

La ecuación (1.67) define las características de (1.57), a lo largo de las cuales se puede integrar resolviendo el sistema de ecuaciones diferenciales ordinarias (1.59), (1.68) y (1.69). En forma compacta se pueden escribir como

$$\frac{dx}{F_p} = \frac{dy}{F_q} = \frac{du}{pF_p + qF_q} = \frac{-dp}{F_x + pF_u} = \frac{-dq}{F_y + qF_u} \,. \tag{1.70}$$

Estas son las ecuaciones características de (1.57). Obviamente, contienen como caso particular las ecuaciones características de la ecuación casi lineal (1.7): Si se hace $F = Ap + Bq - C$, se tiene $F_p = A$, $F_q = B$, $pF_p + qF_q = pA + Bq = C$, $F_x = F_y = F_u = 0$, recuperándose (1.7). Los dos primeros términos de (1.70) definen las características en el plano (x, y), mientras que el conjunto de los tres primeros términos proporcionan las curvas características en el espacio (x, y, u). Como, en general, F_p y F_q dependen además de p y de q, las características y las curvas características no se pueden obtener sin que se conozcan las variaciones de p y q sobre esas curvas. Esta información se obtiene de los dos últimos términos de (1.70). La resolución analítica o numérica del problema es totalmente análoga al caso casi lineal descrito anteriormente. Conocido u sobre Γ, que en forma paramétrica se puede escribir como

$$x = x_0(s), \quad y = y_0(s), \quad u = u_0(s), \tag{1.71}$$

se puede evaluar p y q sobre Γ a partir de (1.57) y (1.60), obteniéndose

$$p = p_0(s), \quad q = q_0(s). \tag{1.72}$$

Tomando un punto (x, y) de Γ y procediendo a lo largo de la característica que pasa por ese punto se puede ir calculando paso a paso los valores de u (además de p y q) a lo largo de la característica. Esta operación se repite para todos los puntos sobre Γ que se desee, obteniéndose la solución a lo largo de las correspondientes características. Por supuesto, el método falla cuando Γ es tangente en algún punto a la curva característica que pasa por dicho punto, en cuyo caso el problema de Cauchy no está bien puesto en el entorno de ese punto.

Como en el caso lineal, desde una perspectiva computacional es conveniente definir una variable auxiliar t de tal forma que se obtiene el siguiente sistema autónomo de 5 ecuaciones diferenciales ordinarias para (x, y, u, p, q):

$$\frac{dx}{dt} = F_p \,, \tag{1.73}$$

$$\frac{dy}{dt} = F_q \,, \tag{1.74}$$

$$\frac{du}{dt} = pF_p + qF_q \,, \tag{1.75}$$

$$\frac{dp}{dt} = -(F_x + pF_u) \,, \tag{1.76}$$

$$\frac{dq}{dt} = -(F_y + qF_u) \,, \tag{1.77}$$

con la condición *inicial*$(t = 0)$ dada por (1.71) y (1.72). Debe observarse que aunque $x_0(s)$, $y_0(s)$ y $u_0(s)$ pueden ser arbitrarias [con tal de que la curva característica de la ecuación no sea tangente en ningún punto a dicha curva en el espacio (x, y, u)], $p_0(s)$ y $q_0(s)$ no son independientes, ya que deben satisfacerse las ecuaciones (1.57) y (1.60). En general, uno puede imponer tres funciones arbitrarias del conjunto $[x_0(s), y_0(s), u_0(s), p_0(s), q_0(s)]$ como condiciones iniciales, mientras que las otras dos deben ser tales que se cumplan (1.57) y (1.60).

El procedimiento anterior se puede generalizar para cualquier número de variables independientes, para lo cual es conveniente utilizar una notación vectorial más compacta. Sea la ecuación en derivadas parciales

$$F(u, \mathbf{x}, \mathbf{k}) = 0 \,, \tag{1.78}$$

donde F es una función diferenciable, $\mathbf{x} \equiv (x, ..., x_n)$ es un punto (vector) en un espacio n-dimensional y $\mathbf{k} \equiv \boldsymbol{\nabla} u = (\partial u/\partial x, ..., \partial u/\partial x_n)$ (el carácter vectorial se especifica usando símbolos en negrita). El gradiente de (1.78) se puede escribir como

$$\mathbf{0} = \boldsymbol{\nabla} F = F_\mathbf{x} + \boldsymbol{\nabla}\mathbf{k} \cdot F_\mathbf{k} + \boldsymbol{\nabla}u F_u = F_\mathbf{x} + \boldsymbol{\nabla}\mathbf{k} \cdot F_\mathbf{k} + \mathbf{k}F_u \,, \tag{1.79}$$

donde $F_\mathbf{x} \equiv (\partial F/\partial x_1, ..., \partial F/\partial x_n)$ y $F_\mathbf{k} \equiv (\partial F/\partial k_1, ..., \partial F/\partial k_n)$ (obsérvese que, aunque F es una función escalar, el carácter vectorial de $F_\mathbf{x}$ y $F_\mathbf{k}$ lo especifica el subíndice en negrita). De acuerdo con (1.73) y (1.74), el vector $F_\mathbf{k}$ define las características:

$$\dot{\mathbf{x}} \equiv \frac{d\mathbf{x}}{dt} = F_\mathbf{k} \,, \tag{1.80}$$

donde, para simplificar, se usará la notación en la que un punto encima de una letra indica su derivada con respecto al parámetro t. Las restantes ecuaciones características se obtienen proyectando los gradientes sobre las características utilizando el *producto escalar*, que se especifica, como es habitual, con un punto entre dos magnitudes vectoriales o tensoriales (nótese que $\nabla \mathbf{k}$ es un tensor de dimensión $n \times n$):

$$\dot{\mathbf{k}} = \dot{\mathbf{x}} \cdot \nabla \mathbf{k} = F_{\mathbf{k}} \cdot \nabla \mathbf{k}, \tag{1.81}$$

$$\dot{u} = \dot{\mathbf{x}} \cdot \nabla u, \tag{1.82}$$

que utilizando (1.79) y (1.80) se escriben

$$\dot{\mathbf{k}} = -(F_{\mathbf{x}} + \mathbf{k} \cdot F_u), \tag{1.83}$$

$$\dot{u} = \mathbf{k} \cdot F_{\mathbf{k}}. \tag{1.84}$$

Obviamente, el sistema de $2n + 1$ ecuaciones diferenciales ordinarias (1.80), (1.83) y (1.84) se reduce al sistema (1.73)-(1.77) en el caso bidimensional, donde $\mathbf{x} = (x, y)$ y $\mathbf{k} = (p, q)$.

Las características (1.80) se suelen denominar también *trayectorias* o *rayos* por su equivalencia con la mecánica clásica y con la óptica geométrica, como se verá en los ejemplos descritos a continuación.

1.1.6. Ecuación de Hamilton-Jacobi para una masa puntual en un potencial estacionario

En la formulación de Hamilton de la mecánica clásica, la dinámica de un sistema está definida por la función de energía total o *hamiltoniano* H (ver, por ejemplo, Goldstein, 2006, cap. 8). En el caso del movimiento de una partícula de masa puntual m en un potencial W que no depende del tiempo, la función H, que depende de la posición $\mathbf{x}$ y de la cantidad de movimiento $\mathbf{k}$ de la partícula, viene dada por

$$H(\mathbf{x}, \mathbf{k}) = \frac{\mathbf{k} \cdot \mathbf{k}}{2m} + W(\mathbf{x}), \tag{1.85}$$

donde el primer término es la energía cinética de la partícula y el segundo su energía potencial. Esta función es una constante del movimiento, $H = E =$ constante, cuando el potencial W no depende del tiempo.[5] Utilizando la función característica de Hamilto, $u(\mathbf{x})$, cuyo gradiente es igual a la cantidad de movimiento en el presente caso,

$$\nabla u = \mathbf{k}, \tag{1.86}$$

la ecuación (1.85) con $H = E$ se convierte en una ecuación en derivadas parciales de primer orden, no lineal, para $u(\mathbf{x})$:

$$F(u, \mathbf{k}, \mathbf{x}) \equiv \frac{(\nabla u) \cdot (\nabla u)}{2m} + W(\mathbf{x}) - E = 0. \tag{1.87}$$

---

[5]Para el caso general de un potencial que depende del tiempo, ver ejercicio propuesto 13 en §1.1.9.

Esta es la denominada *ecuación de Hamilton-Jacobi* para una partícula en un potencial $W(\mathbf{x})$ que no depende del tiempo.

Resolviendo esta ecuación para u por el método de las características descrito anteriormente, es decir, aplicando (1.80), (1.83) y (1.84) a la ecuación (1.87), se obtiene

$$\dot{\mathbf{x}} = \frac{\mathbf{k}}{m} , \tag{1.88}$$

$$\dot{\mathbf{k}} = -\boldsymbol{\nabla} W , \tag{1.89}$$

$$\dot{u} = \frac{\mathbf{k} \cdot \mathbf{k}}{m} = 2(E - W) . \tag{1.90}$$

La primera de estas ecuaciones describe la trayectoria de la partícula, definida por su velocidad $\mathbf{v} = \mathbf{k}/m$. Cada trayectoria es por tanto una curva característica de la ecuación (1.87), aquella correspondiente a una determinada condición inicial $\mathbf{x}(t = 0) = \mathbf{x}_0$. La velocidad (más bien, la cantidad de movimiento) viene determinada por la segunda ecuación característica (1.89), que es la segunda ley de Newton, o relación entre la variación de la cantidad de movimiento de la partícula a lo largo de la característica y la fuerza $-\boldsymbol{\nabla} W$ sobre ella asociada al potencial W. Obsérvese que esta formulación deja patente que el tiempo t en la mecánica no es más que un parámetro que ayuda a resolver matemáticamente las ecuaciones por el método de las características, pero que es físicamente irrelevante.

Hamilton tuvo la gran intuición de introducir la función característica para relacionar la mecánica con la óptica, dándose cuenta de la equivalencia entre las trayectorias de las partículas en la mecánica y los rayos luminosos en la óptica geométrica (ver apartado siguiente), formulando una teoría unificada a través de u. Esta función característica, que en óptica se denomina *eikonal*, le da significado a la tercera ecuación característica (1.90), que en mecánica no tenía un sentido evidente, pero que en óptica geométrica proporciona los frentes de onda. Esta equivalencia entre mecánica y óptica en términos de u fue el germen de la mecánica cuántica en la formulación de De Broglie y Schrödinger, entre otros, y la formulación de Hamilton-Jacobi también creó el marco matemático adecuado para la formulación de la relatividad general de Einstein [para más detalles ver, por ejemplo, Avery (1975), cap. 1 y Goldstein (2006), cap. 10].

1.1.6.1. Ejemplo con potencial $W = Kxy$

Como ejemplo sencillo de la ecuación de Hamilton-Jacobi, se considera el movimiento de una masa puntual m en el potencial bidimensional

$$W(x, y) = Kxy , \tag{1.91}$$

siendo K una constante. El hamiltoniano (1.85) sería

$$H = \frac{1}{2m}(k_x^2 + k_y^2) + Kxy , \tag{1.92}$$

y la ecuación de Hamilton-Jacobi (1.87)

$$\frac{1}{2m}(u_x^2 + u_y^2) + Kxy - E = 0, \quad \text{con} \quad u_x = k_x, \quad u_y = k_y. \tag{1.93}$$

(Obsérvese que el subíndice de la función característica u representa derivada parcial, mientras que en k representa la coordenada correspondiente del vector $\mathbf{k} = \nabla u$.)

Las ecuaciones características (1.88)-(1.90) serían

$$\frac{dx}{dt} = \frac{k_x}{m}, \quad \frac{dy}{dt} = \frac{k_y}{m}, \tag{1.94}$$

$$\frac{dk_x}{dt} = -Ky, \quad \frac{dk_y}{dt} = -Kx, \tag{1.95}$$

$$\frac{du}{dt} = 2(E - Kxy). \tag{1.96}$$

Las ecuaciones para la posición (x, y) y cantidad de movimiento (k_x, k_y) de la partícula se resuelven más fácilmente definiendo las variables

$$\eta = x + y, \quad \xi = x - y, \quad k_\eta = k_x + k_y, \quad k_\xi = k_x - k_y. \tag{1.97}$$

En efecto, en estas nuevas variables, las ecuaciones (1.94) y (1.95) se escriben

$$\frac{d\eta}{dt} = \frac{k_\eta}{m}, \quad \frac{d\xi}{dt} = \frac{k_\xi}{m}, \tag{1.98}$$

$$\frac{dk_\eta}{dt} = -K\eta, \quad \frac{dk_\xi}{dt} = K\xi, \tag{1.99}$$

y dividiendo para eliminar dt,

$$\frac{dk_\eta}{d\eta} = -mK\frac{\eta}{k_\eta}, \quad \frac{dk_\xi}{d\xi} = mK\frac{\xi}{k_\xi}, \tag{1.100}$$

ecuaciones que se pueden integrar fácilmente,

$$k_\eta = \sqrt{C_1 - mK\eta^2}, \quad k_\xi = \sqrt{C_2 + mK\xi^2},$$

donde C_1 y C_2 son constantes de integración. Sustituyendo estas expresiones en las ecuaciones diferenciales (1.98), también se pueden integrar explícitamente:

$$\arctan\frac{\eta}{\sqrt{A^2 - \eta^2}} = \omega t + \varphi_1, \quad \text{arctanh}\frac{\xi}{\sqrt{B^2 + \xi^2}} = \omega t + \varphi_2, \tag{1.101}$$

donde φ_1 y φ_2 son dos nuevas constantes arbitrarias y se han definido las constantes

$$\omega = \sqrt{\frac{K}{m}}, \quad A^2 = \frac{C_1}{mK}, \quad B^2 = \frac{C_2}{mK}. \tag{1.102}$$

Las expresiones (1.101) se pueden escribir de forma más conveniente como

$$\eta = A\,\mathrm{sen}(\omega t + \varphi_1)\,, \quad \xi = B\,\mathrm{senh}(\omega t + \varphi_2)\,. \tag{1.103}$$

Por tanto, las trayectorias de la partícula, o curvas características en el plano (x, y) de la EDP de primer orden (1.93), vienen dadas en función del *parámetro* t por

$$x(t) = \frac{\eta(t) + \xi(t)}{2} = \frac{1}{2}[A\,\mathrm{sen}(\omega t + \varphi_1) + B\,\mathrm{senh}(\omega t + \varphi_2)]\,, \tag{1.104}$$

$$y(t) = \frac{\eta(t) - \xi(t)}{2} = \frac{1}{2}[A\,\mathrm{sen}(\omega t + \varphi_1) - B\,\mathrm{senh}(\omega t + \varphi_2)]\,, \tag{1.105}$$

donde A, B, φ_1 y φ_2 son constantes arbitrarias, cuyos valores vendrán dados por condiciones iniciales para fijar una trayectoria. Las componentes η y ξ de la cantidad de movimiento son

$$k_\eta = \sqrt{mK}\,A\cos(\omega t + \varphi_1)\,, \quad k_\xi = \sqrt{mK}\,B\cosh(\omega t + \varphi_2)\,, \tag{1.106}$$

de donde

$$k_x(t) = \frac{k_\eta(t) + k_\xi(t)}{2} = \frac{\sqrt{mK}}{2}[A\cos(\omega t + \varphi_1) + B\cosh(\omega t + \varphi_2)]\,, \tag{1.107}$$

$$k_y(t) = \frac{k_\eta(t) - k_\xi(t)}{2} = \frac{\sqrt{mK}}{2}[A\cos(\omega t + \varphi_1) - B\cosh(\omega t + \varphi_2)]\,. \tag{1.108}$$

Finalmente, la ecuación (1.96) también se puede integrar fácilmente una vez sustituidas las expresiones (1.104)-(1.105), para así obtener $u(x, y)$ paramétricamente en función de t y de las constantes de integración. Pero no es inmediato escribir esa función explícitamente en función de x e y eliminando t y los demás parámetros.

El cambio de variables (1.97) es una transformación canónica del hamiltoniano (1.92) (ver, por ejemplo, Goldstein, 2006, Cap. 9), que en este caso simplifica la obtención de la solución del problema al permitir separar las variables en las ecuaciones diferenciales ordinarias (1.94)-(1.95), resultando las dos ecuaciones (1.100) que son fáciles de integrar. Esta separación de variables es más evidente en el hamiltoniano y en la ecuación de Hamilton-Jacobi. Así, en las variables η y ξ, $W = K(\eta^2 - \xi^2)/4$ y (1.92) se escribe

$$H = \frac{1}{4m}k_\eta^2 + \frac{K}{4}\eta^2 + \frac{1}{4m}k_\xi^2 - \frac{K}{4}\xi^2\,, \tag{1.109}$$

con términos en η y ξ claramente separados. Lo mismo ocurre con la ecuación de Hamilton-Jacobi (1.93), que, utilizando la regla de la cadena para obtener $u_x = u_\eta + u_\xi$ y $u_y = u_\eta - u_\xi$, se escribe

$$\frac{1}{m}u_\eta^2 + \frac{K}{4}\eta^2 + \frac{1}{m}u_\xi^2 - \frac{K}{4}\xi^2 - E = 0\,. \tag{1.110}$$

Aunque a esta EDP no se le puede aplicar el método de separación de variables considerado en el capítulo 3, pues su solución no se puede escribir como una función de solo η multiplicada por otra función de solo ξ, es decir, $u(\eta, \xi) = F(\eta)G(\xi)$, sí que se puede obtener una solución de la forma $u(\eta, \xi) = F(\eta) + G(\xi)$, no necesariamente única pues la ecuación no es lineal. Sustituyendo, se tiene

$$\frac{1}{m}F'^2 + \frac{K}{4}\eta^2 - E = -\frac{1}{m}G'^2 + \frac{K}{4}\xi^2 = \lambda,$$

donde las primas significan derivadas totales con respecto a las correspondientes variables y λ es una constante arbitraria, pues cada lado de la primera igualdad depende solo de una de las variables, por lo que ambos lados deben ser constantes. Tanto la ecuación diferencial ordinaria para $F(\eta)$ como la de $G(\xi)$ se pueden integrar, de manera que u se escribe, salvo una constante irrelevante, como

$$u(\eta, \xi) = F(\eta) + G(\xi) = \frac{\sqrt{mK}}{4}\left[\eta\sqrt{\lambda_2 - \eta^2} + \lambda_2 \arctan\frac{\eta}{\sqrt{\lambda_2 - \eta^2}}\right.$$

$$\left. + \xi\sqrt{\xi^2 - \lambda_1} - \lambda_1 \ln\left(\xi + \sqrt{\xi^2 - \lambda_1}\right)\right], \tag{1.111}$$

con

$$\lambda_1 = \frac{4\lambda}{K}, \quad \lambda_2 = \frac{4(\lambda + E)}{K}.$$

Esta solución proporciona explícitamente u en función de x e y tras utilizar la transformación canónica (1.97), que no sería trivial de obtener integrando la ecuación característica original (1.96) para du/dt eliminando t de (1.104)-(1.105). De aquí la importancia de elegir convenientemente las coordenadas (canónicas en este ejemplo de mecánica clásica).

1.1.7. Óptica geométrica

La ecuación de las ondas electromagnéticas en un determinado medio (y también de las ondas sonoras en un determinado medio, particularmente un fluido) se puede escribir en términos de cualquier componente cartesiana del campo eléctrico o del magnético ϕ (o del potencial de velocidad en el caso de las ondas sonoras) como [ver, por ejemplo, Jackson (1975), cap.7; Lighthill (1978)]

$$\phi_{tt} - c_n^2 \nabla^2 \phi = 0, \tag{1.112}$$

donde $c_n(\mathbf{x}, t)$ es la velocidad de propagación de las ondas en el medio en cuestión. Aunque el método que se describe a continuación es válido para la propagación de ondas en cualquier medio continuo no uniforme y, por tanto, para describir tanto la óptica geométrica como la acústica geométrica, aquí nos centraremos en la primera, de forma que escribiremos $c_n(\mathbf{x}, t) \equiv c/n(\mathbf{x}, t)$, donde c es la velocidad de la luz en el vacío y $n(\mathbf{x}, t) \geq 1$ el *índice de refracción* del medio (ver ejercicio propuesto 15 en §1.1.9 para un ejemplo de acústica geométrica)

La ecuación (1.112) es un caso particular de las ecuaciones casi lineales de segundo orden que se considerarán de forma general en §1.2.1. Se verá que (1.112) es una ecuación *hiperbólica*, que se puede resolver por el método de las características, y que para c_n constante (n

constante) su solución se puede escribir como una superposición de ondas planas mono-cromáticas en la forma (ver §1.2.4.1)

$$\phi = a e^{i(\mathbf{k}\cdot\mathbf{x}-\omega t)} \, , \tag{1.113}$$

donde la amplitud $a(\mathbf{k}, \omega)$ se obtiene de las condiciones iniciales y/o de contorno, $\mathbf{k}$ es el vector de onda y ω es la frecuencia, relacionada con c_n y $\mathbf{k}$ mediante la relación de dispersión

$$\omega^2 - k^2 c_n^2 = 0 \, . \tag{1.114}$$

Cuando c_n depende de $\mathbf{x}$ y de t, la solución (1.113) no es válida. Sin embargo, se puede cons-truir una solución que en primera aproximación es similar a la onda plana (1.113) en el de-nominado límite de la óptica geométrica. Es decir, cuando las variaciones de c_n con $\mathbf{x}$ y t son muy suaves, de forma que c_n permanece aproximadamente constante en longitudes del orden de la longitud de onda $\lambda \equiv 2\pi/k$, y en intervalos de tiempo del orden del período $2\pi/\omega$:

$$\frac{2\pi}{\omega} \ll \left| \frac{\partial \ln c_n}{\partial t} \right|^{-1} \equiv \tau \, , \qquad \lambda = \frac{2\pi}{k} \ll |\boldsymbol{\nabla} \ln c_n|^{-1} \equiv l \, , \tag{1.115}$$

donde τ es un tiempo característico y l una longitud característica de las variaciones de c_n en el medio.

Así, suponiendo que se satisfacen las condiciones (1.115), se escribe la solución de (1.112) en la forma

$$\phi(\mathbf{x}, t) = a(\mathbf{x}, t) e^{i\Psi(\mathbf{x}, t)} \, . \tag{1.116}$$

Por identificación con la solución básica (1.113), se definen las funciones $\mathbf{k}$ y ω como

$$\mathbf{k} \equiv \boldsymbol{\nabla}\Psi \qquad \text{y} \qquad \omega \equiv -\frac{\partial \Psi}{\partial t} \, , \tag{1.117}$$

que sustituidas en (1.112) proporcionan la ecuación

$$(c_n^2 k^2 - \omega^2)a + \frac{\partial^2 a}{\partial t^2} - c_n^2 \nabla^2 a^2 = i \left[2\omega \frac{\partial a}{\partial t} + a \frac{\partial \omega}{\partial t} + 2c_n^2 \mathbf{k} \cdot \boldsymbol{\nabla}a + c_n^2 a \boldsymbol{\nabla} \cdot \mathbf{k} \right] \, , \tag{1.118}$$

$$1 \quad , \quad 1 \quad , \quad \frac{1}{(\omega\tau)^2} \quad , \quad \frac{\lambda^2}{l^2} \quad , \quad \frac{1}{\omega\tau} \quad , \quad \frac{1}{\omega\tau} \quad , \quad \frac{\lambda}{l} \quad , \quad \frac{\lambda}{l} \, ,$$

donde también se han escrito debajo de la ecuación los órdenes de magnitud de los distintos términos relativos al primer término de la ecuación, suponiendo que $c_n^2 k^2 \sim \omega^2$. Por consi-guiente, en el orden más bajo (orden cero) se tiene formalmente la misma ecuación que la de dispersión en las ondas planas:

$$\omega^2 = k^2 c_n^2 \, . \tag{1.119}$$

En el siguiente orden,

$$2\omega \frac{\partial a}{\partial t} + a \frac{\partial \omega}{\partial t} + 2c_n^2 \mathbf{k} \cdot \boldsymbol{\nabla}a + c_n^2 a \boldsymbol{\nabla} \cdot \mathbf{k} = 0 \, , \tag{1.120}$$

y, por último,

$$\frac{\partial^2 a}{\partial t} - c_n^2 \nabla^2 a^2 = 0\,. \tag{1.121}$$

Utilizando (1.117), la ecuación (1.119) constituye una ecuación en derivadas parciales de primer orden, no lineal, para $\Psi(\mathbf{x}, t)$:

$$\left(\frac{\partial \Psi}{\partial t}\right)^2 = c_n^2(\mathbf{x}, t)(\nabla \Psi) \cdot (\nabla \Psi)\,. \tag{1.122}$$

Por simplicidad, se considerará el caso más habitual con c_n independiente del tiempo. Esto implica que ϕ se tiene que poder escribir como producto de una función de x por otra de t. Es decir, a no puede depender del tiempo y Ψ debe escribirse como suma de una función de x más otra de t. Como, por otra parte, de la ecuación (1.119) ω no puede depender del tiempo, la función Ψ se puede escribir como

$$\Psi = u(\mathbf{x}) - \omega t\,, \tag{1.123}$$

donde ω es una constante. La solución de ϕ es pues de la forma

$$\phi = a(\mathbf{x})e^{i[u(\mathbf{x}) - \omega t]} = a(\mathbf{x})e^{ik_0[u(\mathbf{x})/k_0 - ct]}\,, \qquad \mathbf{k} = \nabla u\,, \tag{1.124}$$

siendo $c = \omega/k_0$ la velocidad de propagación en el vacío. A la función $u(\mathbf{x})$ (o, a veces, a u/k_0) se le suele denominar eikonal, y representa los frentes de onda; es decir, las superficies $u(\mathbf{x}) = $ constante están en fase y constituyen los frentes de las ondas. Esta función satisface la ecuación diferencial [sustituyendo (1.123) en la ecuación (1.122)]

$$(\nabla u) \cdot (\nabla u) = \frac{c^2 k_0^2}{c_n^2} = (k_0 n)^2\,, \quad n = n(\mathbf{x})\,, \tag{1.125}$$

mientras que (1.120) se escribe

$$2\mathbf{k} \cdot \nabla a + a \nabla \cdot \mathbf{k} = 0\,, \qquad \mathbf{k} = \nabla u\,. \tag{1.126}$$

La ecuación (1.125) se resuelve por el método de las características. Aplicando (1.80), (1.83) y (1.84) a la ecuación (1.125), las ecuaciones características son:

$$\dot{\mathbf{x}} = 2\mathbf{k}\,, \tag{1.127}$$

$$\dot{\mathbf{k}} = 2N\nabla N\,, \tag{1.128}$$

$$\dot{u} = 2k^2 = 2N^2\,, \tag{1.129}$$

donde se ha definido

$$N = nk_0 = |\mathbf{k}| = k\,. \tag{1.130}$$

Obsérvese que el punto denota ahora la derivada con respecto a un parámetro a lo largo de las características que no es el tiempo t de la ecuación de ondas (1.112). Como se desprende de las ecuaciones, el parámetro tiene dimensiones de longitud al cuadrado, y se designará por s en los ejemplos de esta aproximación de óptica geométrica que se verán más adelante. La primera de estas ecuaciones dice que las características son tangentes en todos sus puntos a $\mathbf{k} = \nabla u$; es decir, son perpendiculares a los frentes de onda $u = $ constante y, por tanto, constituyen los rayos de luz.

Una vez obtenidos los frentes de onda y los rayos luminosos, se puede obtener la amplitud $a(\mathbf{x})$ a lo largo de las características proyectando su variación temporal sobre las características y usando (1.126):

$$\dot{a} = \dot{\mathbf{x}} \cdot \nabla a = 2\mathbf{k} \cdot \nabla a = -a\nabla \cdot \mathbf{k}. \tag{1.131}$$

Para poder resolver esta ecuación hace falta una ecuación para la divergencia de $\mathbf{k}$, $\nabla \cdot \mathbf{k}$, a lo largo de las características. Sin embargo, es más fácil obtener una ecuación para el tensor $\nabla \mathbf{k}$ y después hallar su traza:

$$\dot{\nabla \mathbf{k}} = \dot{\mathbf{x}} \cdot \nabla \nabla \mathbf{k} = 2\mathbf{k} \cdot \nabla \nabla \mathbf{k},$$

$$\nabla \nabla k^2 = \nabla(2\mathbf{k} \cdot \nabla \mathbf{k}) = 2\nabla \mathbf{k} \cdot \nabla \mathbf{k} + 2\mathbf{k} \cdot \nabla \nabla \mathbf{k},$$

$$\dot{\nabla \mathbf{k}} = \nabla \nabla k^2 - 2\nabla \mathbf{k} \cdot \nabla \mathbf{k} = \nabla \nabla N^2 - 2\nabla \mathbf{k} \cdot \nabla \mathbf{k}. \tag{1.132}$$

Simplemente conociendo $N(\mathbf{x})$, es decir, el índice de refracción $n(\mathbf{x})$ y el número de onda k_0 en el vacío (o la frecuencia de la onda ω o su longitud de onda λ), el sistema cerrado de ecuaciones (1.127)-(1.132) permite obtener $\mathbf{x}, \mathbf{k}, u, a$ y $\nabla \mathbf{k}$ (17 magnitudes escalares en total en 3 dimensiones, 10 en dos dimensiones) a lo largo de las características.

La integración del sistema de ecuaciones (1.127)-(1.132) a veces da lugar a superficies donde $\mathbf{k}$ se anula, a partir de las cuales ya no es posible continuar de acuerdo con (1.127). En realidad, lo que ocurre es que la aproximación de la óptica geométrica deja de valer antes de llegar a estas superficies (denominadas *cáusticos*), debido a que la hipótesis $2\pi/k \ll l$ deja de ser válida. Existen métodos aproximados (asintóticos) para resolver la ecuación de ondas de la forma (1.122) en las proximidades de estos cáusticos y así poder seguir con la óptica geométrica una vez *saltado el escollo*.[6] Estos cáusticos son los equivalentes, en la óptica geométrica, a las ondas de choque en la dinámica de gases.

1.1.7.1. Ejemplo bidimensional

Como ejemplo sencillo de aplicación del método anterior, la Fig. 1.7 muestra los resultados de la propagación en un medio bidimensional con $N(\mathbf{x})$ dado por

$$N(x, y) = k_0 n(x, y) = k_0 e^{\epsilon(x^2+y^2)}. \tag{1.133}$$

---

[6]Aunque no se va a considerar aquí ningún ejemplo concreto de cáustico, sí conviene comentar que el procedimiento aproximado para su tratamiento analítico es similar al considerado en §4.5.4 para solventar las singularidades que aparecen cuando se utiliza el método WKB.

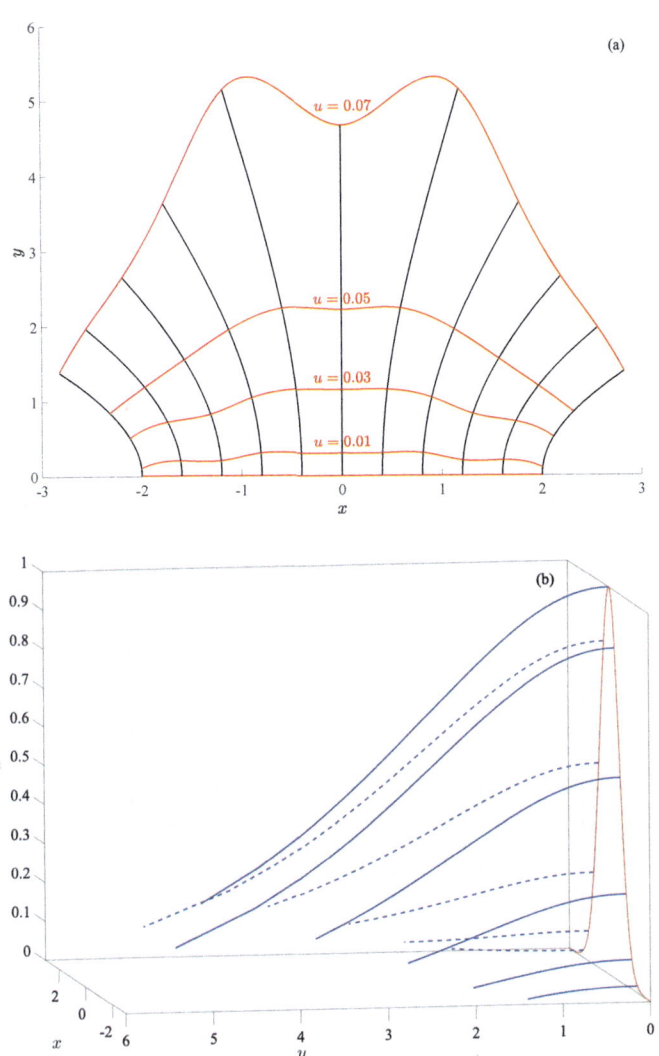

Figura 1.7: (a): Rayos (líneas negras) y frentes de onda (líneas rojas) para una onda plana que parte de $y = 0$ en un medio bidimensional con $N(\mathbf{x})$ dado por (1.133), para $\epsilon = 0{,}1$ y $k_0 = 1$. (b): Amplitud a de la onda a lo largo de los rayos representados en (a), partiendo de una amplitud inicial $a = a_0 = e^{-x_0^2}$ en $y = 0$ (línea roja), donde x_0 es la x inicial del correspondiente rayo.

En particular, se considera la propagación de una onda que parte plana desde $y = 0$, es decir, con $\mathbf{k} = k_0 \mathbf{e}_y$ y $u = \mathbf{k} \cdot \mathbf{x} = k_0 y$ desde $y = 0$. En este caso, las ecuaciones (1.127)-(1.129) se escriben:

$$\frac{dx}{ds} = 2k_x\,, \quad \frac{dy}{dt} = 2k_y\,,$$

$$\frac{dk_x}{ds} = 4\epsilon k_0^2 x e^{2\epsilon(x^2+y^2)}\,, \quad \frac{dk_y}{dt} = 4\epsilon k_0^2 y e^{2\epsilon(x^2+y^2)}\,,$$

$$\frac{du}{ds} = 2k_0^2 e^{2\epsilon(x^2+y^2)}\,,$$

donde $\mathbf{k} = \{k_x, k_y\}$, con las condiciones 'iniciales' para $s = 0$[7]

$$x = x_0\,, \quad y = 0\,, \quad k_x = 0 \quad k_y = k_0\,, \quad u = 0 \quad \text{en} \quad s = 0\,.$$

En la Fig. 1.7(a) se representan los rayos correspondientes a 11 valores de x_0 entre -2 y 2 para $k_0 = 1$ y $\epsilon = 0,1$, además de varios frentes de ondas hasta $u = 0,07$. El sistema de 5 ecuaciones diferenciales ordinarias se ha integrado para cada x_0 utilizando el código ode45 de MATLAB (R2023a). Con este programa también se han integrado numéricamente las ecuaciones (1.131) y (1.132), aplicadas a este ejemplo, para la amplitud a y para las 4 componentes de $\nabla \mathbf{k}$ sobre las características, partiendo en $t = 0$ ($y = 0$) de una amplitud inicial $a = e^{-x_0^2}$ y con todas las derivadas parciales de $\mathbf{k}$ nulas. Estas 5 ecuaciones adicionales en este ejemplo son:

$$\frac{da}{ds} = -a(k_{x,x} + k_{y,y})\,,$$

$$\frac{dk_{x,x}}{ds} = 4\epsilon k_0^2(1 + 4\epsilon x^2)e^{2\epsilon(x^2+y^2)} - 2(k_{x,x}^2 + k_{x,y}k_{y,x})\,,$$

$$\frac{dk_{x,y}}{ds} = 16\epsilon^2 k_0^2 xy e^{2\epsilon(x^2+y^2)} - 2(k_{x,x}k_{x,y} + k_{x,y}k_{y,y})\,,$$

$$\frac{dk_{y,x}}{ds} = 16\epsilon^2 k_0^2 xy e^{2\epsilon(x^2+y^2)} - 2(k_{x,x}k_{y,x} + k_{y,x}k_{y,y})\,,$$

$$\frac{dk_{y,y}}{ds} = 4\epsilon k_0^2(1 + 4\epsilon y^2)e^{2\epsilon(x^2+y^2)} - 2(k_{y,y}^2 + k_{x,y}k_{y,x})\,,$$

donde los subíndices detrás de las comas representan derivadas parciales de k_x y k_y. En la Fig. 1.7(b) se muestran los resultados para la amplitud a sobre los rayos de la Fig. 1.7(a).

Un ejemplo de aplicación de la óptica geométrica de gran interés físico se verá a continuación.

1.1.8. Deflexión de la luz en el campo gravitatorio de una masa puntual

De acuerdo con la teoría de la relatividad general de Einstein, las trayectorias de los frentes de las ondas electromagnéticas siguen, en el límite de altas frecuencias, *líneas nulas* del espacio-tiempo, es decir, *líneas de universo* $x^a(\tau)$ tales que $ds/d\tau = |\dot{x}| = \sqrt{g_{ab}(x)\dot{x}^a\dot{x}^b} = 0$, donde x^a, con $a = 1, 2, 3, 4$, son las coordenadas espacio-temporales y g_{ab} la métrica del

---

[7]Ver nota explicativa tras la ecuación (1.130) sobre el parámetro s que recorre las características.

espacio-tiempo o campo gravitatorio (para una breve introducción a la relatividad general ver, por ejemplo, Rovelli, 2021, especialmente §10.3 para el presente problema). Este resultado está de acuerdo con el principio de Fermat, por el que rayos de luz siguen trayectorias que minimizan el tiempo que tardan en recorrer la distancia entre la fuente emisora y el receptor; pero, en la teoría de Einstein, los rayos de luz se deflectan incluso en el vacío por el efecto de la gravedad, curvándose cuando pasan cerca de una gran masa. Así, por ejemplo, un rayo de luz emitido por una estrella se curva cuando pasa cerca del sol, de manera que su posición aparente varía dependiendo de lo cerca que pase del sol el rayo de luz observado desde la tierra. Como se verá más abajo, el rayo de luz se curva hacia el sol, por lo que la posición aparente de la estrella se aleja del sol. Este y otros fenómenos asociados a la deflexión de la luz por cuerpos masivos se suelen agrupar bajo la denominación de lentes gravitacionales (ver, por ejemplo, Falco, Schneider, y Ehlers, 1999).

Para cuantificar de la forma más sencilla posible este efecto de la deflexión de la luz por un cuerpo masivo, se considera el campo gravitatorio de una masa puntual M situada en el origen de coordenadas. La métrica g_{ab} correspondiente fue obtenida por Schwarzschild, siendo la primera solución exacta que se encontró de las ecuaciones del campo gravitatorio de Einstein. Para el problema matemático que aquí nos interesa basta saber que, de acuerdo con esta métrica de Schwarzschild, y en primera aproximación, el efecto de la curvatura del espacio-tiempo generada por una masa puntual sobre la propagación de los rayos de luz se puede obtener sin más que analizar su propagación en un medio cuyo índice de refracción viene dado por

$$n(\mathbf{x}) = 1 - \frac{2}{c^2}\Phi(\mathbf{x}) \,, \tag{1.134}$$

donde

$$\Phi(\mathbf{x}) = -\frac{GM}{r} \,, \quad r = |\mathbf{x}| \,, \tag{1.135}$$

es el potencial gravitatorio newtoniano generado por una masa puntual M en el origen de coordenadas, siendo $G = 6{,}67430 \times 10^{-11}$ N m^2/kg^2 la constante de gravitación universal. Este resultado es válido en primera aproximación en el límite $|\Phi| \sim GM/r \ll c^2$; es decir, para una distancia de la masa puntual $r \gg GM/c^2$. Teniendo en cuenta que la masa del sol es $M \simeq 1{,}989 \times 10^{30}$ kg y $c = 299792458$ m/s, para que esta teoría sea aplicable a la deflexión de la luz por el sol se tiene que cumplir que r sea mucho mayor que 1477 m, una distancia muchísimo menor que el radio del sol ($R \approx 7 \times 10^8$ m), por lo que la aproximación sería de sobra válida incluso para cualquier rayo de luz que rozase la corona solar (a pesar de que se está suponiendo que toda la masa del sol está concentrada en un punto, la aproximación funciona muy bien, como lo corroboran los datos experimentales de la deflexión de la luz por el sol; ver más abajo).

Por lo tanto, para analizar la deflexión de la luz por una masa puntual se requiere resolver la ecuación de ondas (1.112) para cualquier componente del campo eléctromagnético ϕ, con la velocidad de propagación

$$c_n = \frac{c}{n} = \frac{c}{1 + \dfrac{2GM}{c^2 r}} \,, \tag{1.136}$$

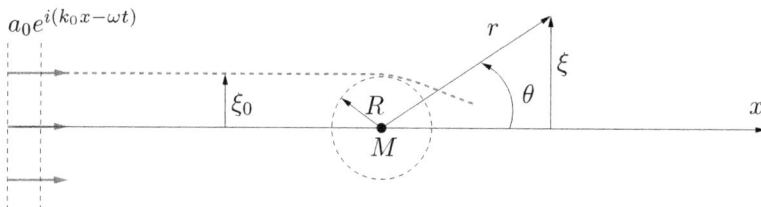

Figura 1.8: Esquema del problema de una onda electromagnética inicialmente plana que se propaga en el campo gravitatorio de una masa puntual M.

y la condición de contorno correspondiente a una onda plana muy lejos de la masa puntual situada en el origen de coordenadas, que se acerca propagándose en la dirección x, por ejemplo. De acuerdo con (1.136), la luz viaja más despacio y se deflecta cerca de la masa puntual, tanto más cuanto más pequeño sea r. Como el potencial solo depende de r, utilizar coordenadas esféricas parecería lo más apropiado. Sin embargo, por la condición de contorno, el problema tiene simetría axial (ver Fig. 1.8), y es más conveniente utilizar coordenadas cilíndricas (ξ, x), con lo que la formulación matemática del problema para $\phi(\xi, x, t)$ sería la siguiente [ver ecuación (A.19) en el Apéndice A.2 para $\nabla^2\phi$ en coordenadas cilíndricas, donde las coordenadas r y z son ahora ξ y x, respectivamente, y no hay dependencia de ϕ con θ por ser el problema axilsimétrico]:

$$\frac{\partial^2 \phi}{\partial t^2} - \frac{c^2}{\left(1 + \dfrac{2GM}{c^2 r}\right)^2}\left[\frac{1}{\xi}\frac{\partial}{\partial \xi}\left(\xi\frac{\partial \phi}{\partial \xi}\right) + \frac{\partial^2 \phi}{\partial x^2}\right] = 0\,,\tag{1.137}$$

$$\phi = a_0 e^{i(k_0 x - \omega t)}\quad \text{para}\quad x \to -\infty\,,\tag{1.138}$$

con

$$r = \sqrt{\xi^2 + x^2}\,,\qquad k_0 = \frac{\omega}{c}\,,\tag{1.139}$$

donde por simplicidad se ha supuesto que la luz que se acerca desde $x \to -\infty$ es monocromática, de frecuencia ω, e intensidad a_0, ambas constantes conocidas. Con cualquier otro espectro de frecuencias de la luz incidente la solución se obtendría por superposición debido a la linealidad del problema y, por supuesto, habría que tomar la parte real (o imaginaria) de la solución compleja obtenida.

La resolución numérica de este problema es prácticamente inabordable, pues la disparidad de escalas entre la longitud de onda en el espectro visible y el radio del sol es inmensa (ver más abajo). Como se verá, la deflexión de la luz es de apenas un segundo de grado, imposible de capturar resolviendo (1.137)-(1.139) numéricamente. Pero es precisamente esta disparidad de escalas la que hace que la aproximación de la óptica geométrica sea prácticamente exacta (errores del orden de 10^{-21}, como se verá a continuación).

Como el índice de refracción no depende del tiempo, de acuerdo con (1.124) la solución en la aproximación de óptica geométrica se escribe

$$\phi(\xi, x, t) = a(\xi, x)e^{i[u(\xi, x) - \omega t]}, \quad k_\xi = \frac{\partial u}{\partial \xi}, \quad k_x = \frac{\partial u}{\partial x}. \tag{1.140}$$

Teniendo en cuenta que ahora

$$N = k_0 n = k_0 \left(1 + \frac{2GM}{c^2\sqrt{\xi^2 + x^2}}\right), \tag{1.141}$$

las ecuaciones características (1.127)-(1.129) son

$$\frac{d\xi}{ds} = 2k_\xi, \quad \frac{dx}{ds} = 2k_x, \tag{1.142}$$

$$\frac{dk_\xi}{ds} = -2k_0^2 \frac{2GM}{c^2} \frac{\xi}{(\xi^2 + x^2)^{3/2}} \left(1 + \frac{2GM}{c^2\sqrt{\xi^2 + x^2}}\right), \tag{1.143}$$

$$\frac{dk_x}{ds} = -2k_0^2 \frac{2GM}{c^2} \frac{x}{(\xi^2 + x^2)^{3/2}} \left(1 + \frac{2GM}{c^2\sqrt{\xi^2 + x^2}}\right), \tag{1.144}$$

$$\frac{du}{ds} = 2k_0^2 \left(1 + \frac{2GM}{c^2\sqrt{\xi^2 + x^2}}\right)^2, \tag{1.145}$$

con las condiciones 'iniciales' para $s = 0$ correspondientes a $x = x_0 \to -\infty$ que resultan de comparar (1.138) con (1.140),

$$\xi = \xi_0, \quad x \to x_0, \quad k_\xi = 0, \quad k_x = k_0, \quad u = k_0 x_0, \tag{1.146}$$

donde ξ_0 es la posición radial del rayo de luz en $x \to -\infty$ (ver Fig. 1.8). Variando ξ_0 se tienen las trayectorias de los distintos rayos, así como su vector de onda $\mathbf{k} = \{k_\xi, k_x\}$ y la función eikonal u a lo largo de estos rayos.

De acuerdo con (1.115), la aproximación de la óptica geométrica es válida si la longitud de onda satisface

$$\lambda \simeq \frac{2\pi}{k_0} \ll \left|\frac{\partial n}{\partial r}\right|^{-1} = \frac{c^2 r^2}{2GM}.$$

Para r igual al radio del sol R, el lado derecho vale alrededor de $1{,}7 \times 10^{14}$ m, extraordinariamente mayor que la longitud de onda de cualquier radiación visible (por ejemplo, para la luz verde, $\lambda = 550$ nm $= 5{,}5 \times 10^{-7}$ m), y la aproximación es extremadamente precisa. No solo existe esta enorme disparidad entre λ y la longitud característica de variación de n. La deflexión de la luz, o variación de ξ a lo largo del rayo, es también muy pequeña comparada con esa longitud y también con R, que es la longitud característica tanto de x como de ξ_0. Por ello es conveniente cuantificar el orden de magnitud de este $\Delta\xi$ para adimensionalizarlo correctamente, pues de lo contrario no se va a ver la deflexión. Sabiendo que tanto ξ como x son del orden de R, que $k_x \sim k_0$ y que k_ξ parte de cero, de (1.142) y (1.143) se tiene que

$$\Delta s \sim \frac{R}{k_0}\,, \quad |k_\xi| \sim (\Delta s)k_0^2\frac{GM}{c^2} \sim k_0\frac{GM}{c^2 R}\,, \quad |\Delta\xi| \sim (\Delta s)|k_\xi| \sim \frac{GM}{c^2}\,.$$

Conviene, por tanto, definir el parámetro adimensional

$$\epsilon = \frac{2GM}{c^2 R}\,, \tag{1.147}$$

que es muy pequeño en el caso solar que nos ocupa ($\epsilon \simeq 4{,}2202 \times 10^{-6}$), así como definir las siguientes variables adimensionales de orden unidad:

$$S = \frac{sk_0}{R}\,, \quad z = \frac{x}{R}\,, \quad y = \frac{\xi - \xi_0}{\epsilon R}\,, \quad k_z = \frac{k_x}{k_0}\,, \quad k_y = \frac{k_\xi}{\epsilon k_0}\,, \quad U = \frac{u}{k_0 R}\,. \tag{1.148}$$

Usando estas variables, y definiendo también

$$Y_0 = \frac{\xi_0}{R}\,, \tag{1.149}$$

que es la posición radial normalizada del rayo incidente, las ecuaciones (1.142)-(1.146) se escriben

$$\frac{dy}{dS} = 2k_y\,, \quad \frac{dz}{dS} = 2k_z\,, \tag{1.150}$$

$$\frac{dk_y}{dS} = -2\frac{Y_0 + \epsilon y}{[(Y_0 + \epsilon y)^2 + z^2]^{3/2}}\left(1 + \frac{\epsilon}{\sqrt{(Y_0 + \epsilon y)^2 + z^2}}\right)\,, \tag{1.151}$$

$$\frac{dk_z}{dS} = -2\epsilon\frac{z}{[(Y_0 + \epsilon y)^2 + z^2]^{3/2}}\left(1 + \frac{\epsilon}{\sqrt{(Y_0 + \epsilon y)^2 + z^2}}\right)\,, \tag{1.152}$$

$$\frac{dU}{dS} = 2\left(1 + \frac{\epsilon}{\sqrt{(Y_0 + \epsilon y)^2 + z^2}}\right)^2\,; \tag{1.153}$$

con las condiciones de contorno en $S = 0$,

$$y = 0\,, \quad z = z_0\,, \quad k_y = 0\,, \quad k_z = 1\,, \quad U = z_0\,. \tag{1.154}$$

Se observa que, aparte de z_0, que es un parámetro irrelevante que no afecta a la solución si se toma suficientemente lejos de -1, el problema solo depende de dos parámetros, Y_0 y ϵ; es decir, la deflexión de un rayo solo depende de la distancia adimensional al eje x que tiene inicialmente y del parámetro ϵ definido en (1.147). En la Fig. 1.9 se presentan los resultados obtenidos integrando numéricamente las ecuaciones (1.150)-(1.154) desde $z_0 = -15$ para distintos valores de $Y_0 \geq 1$ y el valor de ϵ para el sol ($\epsilon = 4{,}2202 \times 10^{-6}$).

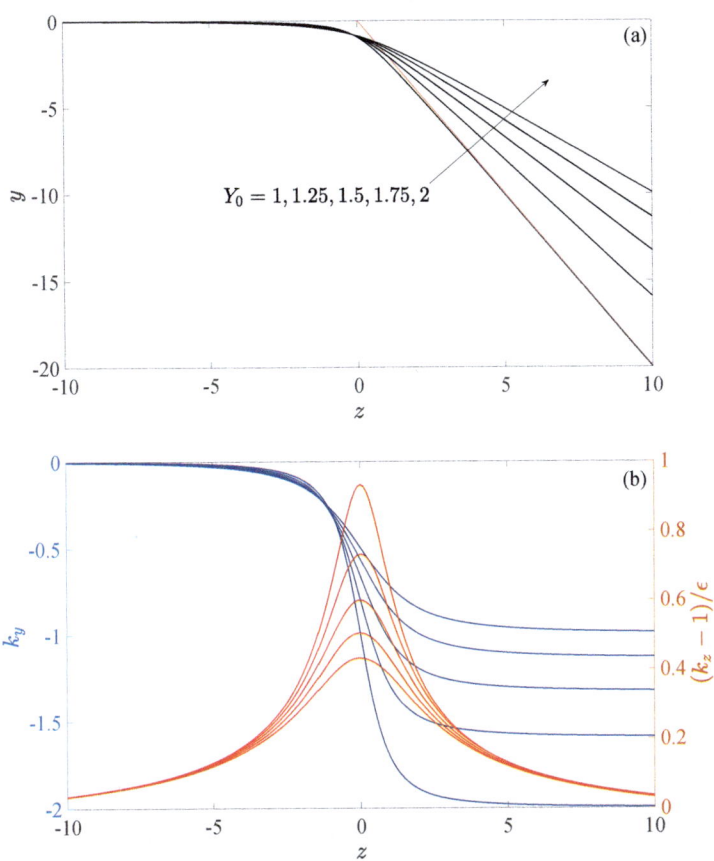

Figura 1.9: (a): Trayectorias adimensionales de los rayos de luz para distintos valores de Y_0. La línea fina roja corresponde a la pendiente final del rayo con máxima deflexión ($Y_0 = 1$). (b): Valores de k_y (curvas azules, escala a la izquierda) y de $(k_z - 1)/\epsilon$ (curvas rojas, escala a la derecha) correspondientes a los rayos representados en (a). $\epsilon = 4{,}2202 \times 10^{-6}$.

Obviamente, la máxima deflexión se produce para $Y_0 = 1$, correspondiente a un rayo que pasa justo por encima de la corona solar ($\xi_0 = R$). El ángulo máximo de deflexión, o máximo del ángulo que forma el rayo incidente con el rayo después de pasar por el sol, se puede calcular de la pendiente final de la curva $y(z)$ con $Y_0 = 1$, representada en la Fig. 1.9(a) con una línea roja fina. Resulta ser $y_p \equiv (dy/dz)_{z \to \infty, Y_0=1} \simeq -2$.

Este resultado, obtenido aquí numéricamente, se puede obtener analíticamente considerando el límite $\epsilon \to 0$ de las ecuaciones características. Efectivamente, haciendo explícitamente $\epsilon = 0$, las ecuaciones (1.151)-(1.144) se reducen a

$$\frac{dk_y}{dS} = -\frac{2Y_0}{(Y_0^2 + z^2)^{3/2}} \,, \quad \frac{dk_z}{dS} = 0 \,. \tag{1.155}$$

De la segunda de estas ecuaciones se tiene $k_z = 1$, que sustituida en la segunda de (1.151) proporciona $z = z_0 + 2S$. Sustituyendo a su vez esta expresión de z en la ecuación para k_y en (1.155) e integrando se tiene

$$k_y = \frac{z_0}{Y_0 \sqrt{Y_0^2 + z_0^2}} - \frac{2S + z_0}{Y_0 \sqrt{Y_0^2 + (2S + z_0)^2}} \,.$$

Haciendo $z_0 \to -\infty$ para que la solución no dependa de z_0, en el límite $z \to \infty$, que equivale a $S \to \infty$, se obtiene, en primera aproximación

$$k_y \to -\frac{2}{Y_0} \,,$$

que sustituida en (1.150) proporciona el resultado obtenido numéricamente:

$$\frac{dy}{dz} = \frac{k_y}{k_z} \to -\frac{2}{Y_0} \,; \quad \text{y, para } Y_0 = 1 \,, \quad y_p \to -2 \,.^8 \tag{1.156}$$

Teniendo en cuenta el cambio de variables (1.148), el ángulo máximo de deflexión α_d vendría dado entonces por

$$\tan(\pi - \alpha_d) = \epsilon y_p \,, \quad \alpha_d \simeq -\epsilon y_p \simeq 2\epsilon = \frac{4GM}{c^2 R} \,, \tag{1.157}$$

que es el resultado que obtuvo analíticamente Einstein en 2016, confirmado experimentalmente por la expedición de Eddington en 2019. Como se puede apreciar, este ángulo es extremadamente pequeño: $\alpha_d \simeq 8{,}43 \times 10^{-6}$, que en grados serían unos $1{,}75$ segundos de grado. De hecho, si se representaran los rayos en la escala real de las ecuaciones (1.142)-(1.146), es decir, ξ vs. x, la deflexión sería absolutamente inapreciable. Análogamente, si se representara k_ξ y k_x en vez de lo dibujado en en la Fig. 1.9(b), k_ξ sería prácticamente nulo en todo el rayo y k_x no se distinguiría de la unidad. Pero, para una estrella emisora de la luz muy alejada del sol, esta pequeña deflexión sí que genera una desviación apreciable en su posición aparente, y por ello pudo ser medida con mucha precisión por el equipo de Eddington aprovechando un eclipse solar, siendo una de las pruebas más importantes sobre la validez de la teoría de la relatividad general de Einstein, y quizá la más espectacular de cualquier otra teoría en la historia.

---

[8]En el ejercicio 4 de §4.2.3 se propone hallar los siguientes órdenes para $\epsilon \ll 1$ de esta aproximación aplicando el método de perturbaciones a las ecuaciones (1.150)-(1.154).

1.1.9. Ejercicios propuestos

1. Obtener por el método de las características la forma general de la familia de superficies ortogonales a los paraboloides de revolución alrededor del eje z dados por $x^2 + y^2 = Kz$. Hallar también la superficie de esa familia que pasa por la curva del paraboloide dada por $x^2 + y^2 = R^2$, $z = R^2/K$.

2. Escribir la ecuación general que debe satisfacer cualquier superficie ortogonal al elipsoide

$$\frac{x^2}{a^2} + \frac{y^2}{b^2} + \frac{z^2}{c^2} = 1 \,.$$

Describir algunos casos particulares.

3. Hallar por el método de las características las soluciones generales de las siguientes ecuaciones casi lineales de primer orden:

   a)
$$x u_x + y u_y = u \,,$$

   b)
$$u u_x + u_y = y \,,$$

   c)
$$yz u_x - xz u_y + xy(x^2 + y^2) u_z = u \,.$$

4. Hallar la solución general de la ecuación

$$2y u_x - x u_y = xy(2y^2 - x^2) \,,$$

   así como las soluciones particulares para las siguientes condiciones de contorno:

   a)
$$u = x^2 \quad \text{en} \quad y = 1 \quad \forall x \,,$$

   b)
$$u = x \quad \text{en} \quad y = 0 \quad \forall x \,.$$

5. Resolver por el método de las características los siguientes problemas de Cauchy asociados a ecuaciones casi lineales de primer orden:

   a)
$$u_x + x^2 u_y = -yu \,, \quad u = f(y) \quad \text{en} \quad x = 0 \,,$$

   donde $f(y)$ es una función conocida;

   b)
$$u_x + u_y + xy u_z = u^2 \,, \quad u = x^2 \quad \text{en} \quad y = z \,;$$

c)

$$yzu_x - xzu_y + xy(x^2 + y^2)u_z = u, \quad u = x^2 + y^2 \quad \text{en} \quad z = 0.$$

6. Hallar mediante el método de las características las soluciones analíticas de los siguientes problemas de propagación de ondas cinemáticas gobernados por una ecuación casi lineal de primer orden. Representarlas gráficamente para distintos tiempos y compararlas con las obtenidas en §1.1.2 (Fig. 1.2).

   a)
   $$u_t + u_x = u^2, \quad u(0,x) = e^{-x^2}.$$

   b)
   $$tu_t + xu_x = u, \quad u(0,x) = e^{-x^2}.$$

   c)
   $$u_t + uu_x = t, \quad u(0,x) = e^{-x^2}.$$

   d)
   $$u_t + u\,x^2\,t\,u_x = 0, \quad u(0,x) = e^{-x^2}.$$

7. Un modelo simple de la evolución de la densidad de una población $u(t,x)$, donde u es la densidad de la población en el tiempo t con una edad comprendida entre x y $x+dx$, viene dado por la EDP casi lineal de primer orden

$$u_t + u_x = -m(x)u,$$

donde $m(x)$ es la tasa de mortalidad en función de la edad. Esta ecuación expresa la ley de conservación de la población, cuya variación en un cierto dt, $u_t dt$, más la contribución de los individuos que se hacen más viejos en ese intervalo temporal, $u_x dx$, es igual al decrecimiento debido a los fallecimientos, $-m(x)u(t,x)dt$. La solución debe satisfacer la condición inicial

$$u(0,x) = f(x),$$

siendo $f(x)$ la distribución inicial de la población en función de su edad, y la condición de contorno en términos de la edad

$$u(t,0) = \int_0^\infty n(x)u(t,x)dx,$$

donde $n(x)$ es la tasa de natalidad en función de la edad (obviamente, $n(x) = 0$ por encima de una edad finita, pero se toma el límite ∞ en la integración por simplicidad). Esta condición tiene en cuenta los nuevos individuos engendrados por todos los existentes en ese instante, que van incrementando la población con edad cero a lo largo del tiempo.

Hallar la solución de este problema por el método de las características y discutirla en términos de $m(x)$ y $n(x)$. Una vez obtenida la solución general debe observarse que la condición inicial se aplica para $x > t$, mientras que la condición de contorno en $x = 0$ se aplica para $x < t$.

8. La transferencia de calor entre dos cables superconductores paralelos separados por un aislante se puede modelar mediante la siguiente EDP casi lineal de primer orden (López, 1999, §III.3):

$$c(u)\frac{\partial u}{\partial t} + \frac{k(u)}{x}\frac{\partial u}{\partial x} = 0\,,$$

donde $u(x,t)$ es la temperatura entre los conductores, $c(u)$ un calor específico promedio y $k(u)$ una conductividad térmica, ambas funciones de u conocidas. Hallar:

    a) Solución general $u(x,t)$;

    b) Solución particular suponiendo que la temperatura del primer conductor ($x = 0$) es conocida, $u(0,t) = u_1(t)$. ¿Cuánto vale la temperatura del segundo conductor, $u_2(t) = u(L,t)$?

9. Sea el campo vectorial radial

$$\mathbf{F}(\mathbf{x}) = u(\mathbf{x})\mathbf{x}\,,$$

donde $u(\mathbf{x})$ es una función escalar arbitraria y $\mathbf{x}$ el vector posición. Tanto para el caso bidimensional ($\mathbf{x} = x\mathbf{e}_x + y\mathbf{e}_y$) como para el tridimensional ($\mathbf{x} = x\mathbf{e}_x + y\mathbf{e}_y + z\mathbf{e}_z$) hallar mediante el método de las características la función u más general posible que hace que $\mathbf{F}$ satisfaga los siguientes requisitos:

    a) $\mathbf{F}$ sea irrotacional, $\nabla \wedge \mathbf{F} = \mathbf{0}$; hallar también mediante el método de las características el correspondiente potencial $\phi(\mathbf{x})$, $\nabla\phi = \mathbf{F}$;

    b) $\mathbf{F}$ sea solenoidal, $\nabla \cdot \mathbf{F} = 0$; hallar también el correspondiente potencial vector $\mathbf{A}(\mathbf{x})$, $\nabla \wedge \mathbf{A} = \mathbf{F}$;

    c) ambas condiciones a la vez, hallando los correspondientes potencial y potencial vector.

10. Hallar por el método de las características la solución general de la siguiente ecuación en derivadas parciales de primer orden no lineal para $u(x,y)$:

$$u_x u_y = u\,.$$

Resolver los problemas de Cauchy asociados a las condiciones de contorno siguientes y representar gráficamente las soluciones obtenidas.

    a)

$$u = 1 \quad \text{en} \quad xy = 1\,.$$

    b)

$$u = y \quad \text{en} \quad x = 1\,.$$

11. Hallar por el método de las características la solución general de la siguiente ecuación en derivadas parciales de primer orden no lineal:

$$(xp + u)^2 = q\,, \quad \text{donde} \quad p = u_x\,, \ q = u_y\,.$$

Una forma particular de la solución se puede obtener fácilmente suponiendo que $u(x,y) = v(x) + w(y)$ e integrando dos ecuaciones diferenciales ordinarias de primer orden para v y w. Obtener las funciones $v(x)$ y $w(y)$ y comprobar que la correspondiente solución $u = v + w$ es un caso particular de la solución general de la ecuación obtenida por las características.

12. Resolver por el método de las características la ecuación de Hamilton-Jacobi (1.87) para el movimiento de una masa puntual m en el campo gravitatorio de una gran masa M situada en el origen de coordenadas, con un potencial

$$W(\mathbf{x}) = W(r) = -G\frac{mM}{r}\,,$$

donde r es la distancia al origen y G la constante de gravitación universal. Este es el bien conocido *problema de Kepler*, y para escribir la ecuación de Hamilton-Jacobi conviene utilizar coordenadas polares (cilíndricas en el plano del movimiento) (r, θ) teniendo en cuenta que el hamiltoniano se puede escribir como

$$H = \frac{1}{2m}\left(k_r^2 + \frac{1}{r^2}k_\theta^2\right) - G\frac{mM}{r}\,,$$

con las componentes del vector $\mathbf{k}$ dadas por $k_r = m\dot{r}$ y $k_\theta = mr^2\dot{\theta}$, y utilizando la función característica $u(r, \theta)$ definida como $\partial u/\partial r = k_r$ y $\partial u/\partial \theta = k_\theta$.

Una vez escritas las ecuaciones características, intentar resolverlas *separando* las variables en la forma $u(r, \theta) = R(r) + \Phi(\theta)$.

13. Si el potencial W en el que se mueve una partícula de masa puntual m dependiera también del tiempo, $W = W(\mathbf{x}, t)$, el hamiltoniano H dependería explícitamente del tiempo y la ecuación de Hamilton-Jacobi para la función principal de Hamilton $S(\mathbf{x}, t)$ sería diferente de (1.87) (ver, por ejemplo, Goldstein, 2006, cap. 10):

$$H(\mathbf{x}, \mathbf{k}, t) + \frac{\partial S}{\partial t} \equiv \frac{(\boldsymbol{\nabla}S)\cdot(\boldsymbol{\nabla}S)}{2m} + W(\mathbf{x}, t) + \frac{\partial S}{\partial t} = 0\,, \quad \boldsymbol{\nabla}S = \mathbf{k}\,. \tag{1.158}$$

En el caso de potencial estacionario, la energía total se conserva ($H = E =$ constante) y esta ecuación se reduce a (1.87) haciendo $S(\mathbf{x}, t) = u(\mathbf{x}) - Et$, donde u es la función característica de Hamilton considerada en §1.1.6.

Resolver mediante el método de las características la EDP de primer orden (1.158) para S, obteniendo las ecuaciones generales del movimiento de una masa puntual sometida a un potencial no estacionario $W(\mathbf{x}, t)$.

Considerar el caso particular del movimiento unidimensional en la dirección x de una masa puntual m sometida a los siguientes potenciales dependientes del tiempo:

a) $W(x,t) = Kxt^2$;

b) $W(x,t) = Kx\cos(\omega t)$,

donde K y ω son constantes. Obtener en ambos casos las trayectorias $x(t)$ y las cantidades de movimiento $k(t)$ explícitamente.

14. Utilizar los resultados del ejercicio 13 sobre las características de la ecuación de Hamiltoin-Jacobi no estacionaria para escribir las ecuaciones del movimiento de una partícula de masa puntual m en un potencial radial dado, en coordenadas esféricas, por $W(r,t) = -K(t)/r$, donde la función $K(t)$ varía (lentamente) con el tiempo y r es la coordenada radial.

15. La propagación de ondas sonoras en un medio fluido no uniforme está gobernada por la siguiente ecuación para las perturbaciones de la presión ϕ [la presión es $p(\mathbf{x},t) = p_0(\mathbf{x}) + \phi(\mathbf{x},t)$, siendo $p_0(\mathbf{x})$ la presión del medio no perturbado y $|\phi| \ll p_0$; ver, por ejemplo, Fernández Feria (2005), cap. 25]:

$$\phi_{tt} - a_0^2(\mathbf{x})\nabla^2\phi = 0\,,$$

donde a_0 es la velocidad del sonido en el medio, que depende de la posición $\mathbf{x}$ a través de las variaciones de las magnitudes fluidas no perturbadas, y donde se ha despreciado en el lado derecho un término proporcional al gradiente de ϕ para simplificar, ya que solo afecta ligeramente a la amplitud de la onda propagada, no a las características ni a los frentes de onda en la aproximación de la acústica geométrica que se quiere analizar aquí.

Aplicar el procedimiento de la óptica geométrica de §1.1.7 a la ecuación de ondas anterior en el supuesto de que la onda sonora, inicialmente plana en $x = 0$, se propaga en la atmósfera, donde se supone que las magnitudes fluidas solo varían en la dirección vertical z. En particular, suponer que la temperatura decrece linealmente con la altura, por lo que

$$a_0(z) = \sqrt{c^2 - dz}\,,$$

donde c y d son constantes, con $0 \le z \le L$ y $c^2 > dL$, siendo c la velocidad del sonido a nivel del suelo $z = 0$.

Obtener y resolver las ecuaciones características en el plano (x,z) equivalentes a (1.127)-(1.129) para los rayos $\mathbf{x}(s) = [x(s), z(s)]$, el vector de ondas $\mathbf{k}(s) = [k_x(s), k_z(s)]$ y la eikonal, o frentes de ondas, $u(s)$, con $\mathbf{k} = \nabla u$, en el límite de la acústica geométrica, donde se supone que la solución es de la forma $\phi(x,z,t) = A(x,z)e^{i[u(x,z)-\omega t]}$, para una onda monocromática de frecuencia ω que en $x = 0$ es plana, $\phi = A_0 e^{i(k_0 x - \omega t)}$, con $k_0 = \omega/c$. Es decir, las ecuaciones características resultantes hay que resolverlas con la condición inicial (en $s = 0$): $x = 0$, $z = z_0$, $k_x = k_0$, $k_z = 0$, $u = k_0 x$.

Obtener la condición que debe satisfacer la constante d para que la aproximación de la acústica geométrica sea válida. Comprobar que esa condición se cumple para las ondas sonoras audibles [frecuencias $f = \omega/(2\pi)$ entre 20 y 20000 Hz] y la distribución de temperatura típica en la troposfera ($c = 340$ m/s, $d \simeq 2{,}6$ m/s^2, con $L \approx 10$ km).

Dibujar los rayos para distintos valores de z_0, $0 \leq z_0 \leq L$, junto con los frentes de ondas, para una onda sonora incidente de frecuencia $10\,000$ Hz, $L = 10$ km (troposfera) y valores típicos de los demás parámetros para la troposfera dados arriba.

1.2. ECUACIONES CASI LINEALES DE SEGUNDO ORDEN

1.2.1. Características

Se ha visto en la sección anterior (§1.1) que la integración de las ecuaciones en derivadas parciales de primer orden siempre se puede hacer de forma sistemática por el método de las características, es decir, siempre tienen un carácter que más abajo se denominará hiperbólico, con soluciones tipo ondas que se propagan a lo largo de las características desde una condición *inicial*. Esto no se puede generalizar a la integración de las ecuaciones de mayor orden, o de sistemas de varias ecuaciones en derivadas parciales, que no siempre se puede hacer por el método de las características. Sin embargo, la naturaleza de las soluciones de estas ecuaciones viene determinada por una generalización del método considerado en la §1.1 basado en el cálculo de las características de las ecuaciones. Por tanto, el método de las características, aunque no siempre proporcione la solución de la ecuación, sí que permite clasificarlas de forma fundamental.

Para fijar ideas nos centraremos aquí en la ecuación casi lineal de segundo orden para una función u con solo dos variables independientes x e y,

$$Au_{xx} + 2Bu_{xy} + Cu_{yy} = D\,, \tag{1.159}$$

donde A, B, C y D son funciones de x, y, u, u_x y u_y, y donde, como anteriormente, los subíndices x e y representan diferenciación con respecto a esas variables. Aunque en la sección §1.3.1 se considerará el sistema general de ecuaciones en derivadas parciales, esta ecuación es bastante general, pues son muchos los procesos en todas las ramas de la física y de la ingeniería, e incluso en la biología y en la economía, que se pueden modelar mediante una ecuación de la forma (1.159) para diferentes funciones A, B, C y D. Es además una ecuación que históricamente ha servido para entender en general la naturaleza de las soluciones de las ecuaciones en derivadas parciales.

Como en §1.1, se buscarán soluciones $u(x, y)$ al problema de Cauchy correspondiente a la ecuación (1.159). Es decir, soluciones que parten de valores conocidos de u en una curva $\Gamma(x, y) = 0$ del plano (x, y), y ahora también de su derivada en la dirección normal a la curva, $\partial u/\partial n$, pues la ecuación es de segundo orden. Para averiguar si es posible una solución a este problema se procederá a derivarla partiendo de la curva Γ mediante un procedimiento similar a los descritos en §1.1, es decir, utilizando el método de las características.

Si $[x = x_0(s), y = y_0(s)]$ es la forma paramétrica de la curva Γ, donde s es un parámetro que recorre la curva, las condiciones de contorno se pueden escribir $u = u_0(s)$ y $\partial u/\partial n =$

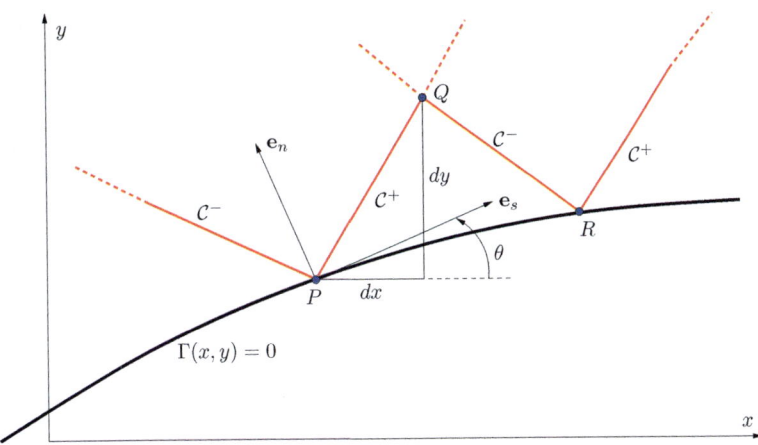

Figura 1.10: Esquema de las características (líneas rojas) en el plano (x, y) que parten de dos puntos P y R de la curva $\Gamma(x, y) = 0$ donde se especifica la condición de contorno.

$u_1(s)$, donde u_0 y u_1 son funciones conocidas de s. Como $\partial u/\partial s = u_0'(s)$ a lo largo de Γ, se pueden calcular, en principio, las derivadas parciales u_x y u_y en cualquier punto (x, y) de la curva Γ. En particular, si se escribe $p = u_x$ y $q = u_y$ para simplificar la notación, estas derivadas parciales se obtendrían de la resolución del siguiente sistema de dos ecuaciones algebraicas lineales para cada punto P de Γ, de coordenadas (x_P, y_P) y correspondiente a un valor s del parámetro (ver Fig. 1.10):

$$\frac{\partial u}{\partial s} = u_0'(s) = p\cos\theta + q\sin\theta \,, \tag{1.160}$$

$$\frac{\partial u}{\partial n} = u_1(s) = -p\sin\theta + q\cos\theta \,, \tag{1.161}$$

donde $\theta(x_P, y_P) = \theta(s)$ es el ángulo que forma la pendiente de Γ en ese punto, cuya tangente viene dada por $\tan\theta(s) = y_P'(s)/x_P'(s)$.

Conocidos u, p y q en P, si se quiere *propagar* la solución a partir de la curva Γ, se debe poder calcular u, p y q en un punto Q cercano a P de coordenadas $(x_Q, y_Q) = (x_P + dx, y_P + dy)$. Para ello, se escribe

$$du = p\,dx + q\,dy \,, \tag{1.162}$$

$$dp = r\,dx + s\,dy \,, \tag{1.163}$$

$$dq = s\,dx + t\,dy \,, \tag{1.164}$$

donde $r \equiv u_{xx}$, $s \equiv u_{xy} = u_{yx}$ y $t \equiv u_{yy}$. La ecuación (1.162) proporciona automáticamente el valor de u en Q, ya que p y q son conocidos en todo punto P. En cambio, r, s y t no son conocidos en P, por lo que no podemos calcular p y q en Q a partir de (1.163) y (1.164). Ahora bien, una relación entre r, s y t en P proviene de la propia ecuación diferencial (1.159), que se puede escribir como

$$Ar + 2Bs + Ct = D \,. \tag{1.165}$$

Pero se necesitan otras dos relaciones más para resolver las tres incógnitas y así obtener dp y dq. La pregunta es la misma que se hacía en §1.1 para las EDP de primer orden: ¿es posible calcular dp y dq sin tener que calcular las derivadas parciales r, s y t eligiendo adecuadamente dx y dy? Para comprobar si es posible, o, en todo caso, cuándo es posible, se sustituye r y t de (1.163) y (1.164) en la ecuación (1.165),

$$A\frac{dp}{dx} + C\frac{dq}{dy} - \left(A\frac{dy}{dx} - 2B + C\frac{dx}{dy} \right) s = D \,. \tag{1.166}$$

Claramente, si se elige dx y dy de forma que se anula lo que hay dentro del paréntesis, es decir, si dx y dy satisfacen

$$A(dy)^2 - 2B(dy)(dx) + C(dx)^2 = 0 \,, \tag{1.167}$$

desaparecen las derivadas parciales de segundo orden r, s y t. Para esos valores de dx y dy, se tiene la siguiente relación entre dp y dq:

$$A(dp)(dy) + C(dq)(dx) = D(dx)(dy) \,. \tag{1.168}$$

Por tanto, si la pendiente de PQ, dy/dx, viene dada por la ecuación cuadrática

$$A\left(\frac{dy}{dx} \right)^2 - 2B\frac{dy}{dx} + C = 0 \,. \tag{1.169}$$

se pueden calcular dp y dq, pues la ecuación (1.169) tiene, en principio, dos soluciones (dos direcciones dy/dx) que proporcionan dos ecuaciones de la forma (1.168) diferentes para determinar dp y dq, como se describe más abajo.

Las ecuaciones (1.169) y (1.168) se denominan relaciones características de la ecuación casi lineal de segundo orden (1.159). Las curvas en el plano (x, y) que son tangentes en todos sus puntos a las direcciones características se llaman curvas características base, o, simplemente, características de la ecuación en derivadas parciales (1.159).

Como (1.169) es una ecuación cuadrática, sus soluciones serán reales o complejas conjugadas dependiendo del signo de su discriminante

$$\Delta = B^2 - AC \,. \tag{1.170}$$

Suponiendo que $\Delta > 0$, la ecuación (1.169) proporciona dos familias de características reales. Si P y R son dos puntos cercanos de Γ, a partir de cada uno de ellos se pueden construir las dos características dadas por las dos soluciones de (1.169), que se designan mediante $\mathcal{C}^+$ y $\mathcal{C}^-$ en el esquema de la Fig. 1.10. Si la característica $\mathcal{C}^+$ que pasa por P y la característica $\mathcal{C}^-$ que pasa por R intersectan en el punto Q, los valores de p y q sobre Q se pueden calcular a partir de las relaciones características a lo largo de P y Q. Para ello se escribe (1.168) en forma de diferencias finitas a lo largo de esas dos características:

$$A_P(p_Q - p_P)(y_Q - y_P) + B_P(q_Q - q_P)(y_Q - y_P) = D_P(x_Q - x_P)(y_Q - y_P), \quad \text{(1.171)}$$

$$A_R(p_Q - p_R)(y_Q - y_R) + B_R(q_Q - q_R)(y_Q - y_R) = D_R(x_Q - x_R)(y_Q - y_R), \quad \text{(1.172)}$$

donde los subíndices denotan los puntos en los que las diferentes cantidades son evaluadas. Estas dos ecuaciones permiten calcular los valores de p y q sobre Q. Repitiendo el procedimiento para otros puntos cercanos de la curva Γ, se puede resolver el problema de Cauchy para la ecuación (1.159). Este procedimiento es el método de las características aplicado a una EDP casi lineal de segundo orden con $\Delta > 0$.

El método anterior no vale cuando Γ es tangente en algún punto a alguna de las características, ya que p y q, y por tanto u y $\partial y/\partial n$ en Γ, vendrían relacionados por (1.168) y no se podrían asignar arbitrariamente. Luego es un requisito indispensable para que el problema de Cauchy planteado tenga solución que Γ no sea tangente en ningún punto a las correspondientes características que pasan por ese punto.

Por otra parte, el procedimiento anterior deja de valer si el discriminante (1.170) no es positivo a lo largo de Γ. En particular, cuando Δ se anula en algún punto de Γ, las dos familias de características colapsan en una en dicho punto, por lo que no se puede construir el punto Q intersección de dos características. Si $\Delta < 0$, las soluciones de (1.169) serían complejas y, aunque la ecuación (1.169) seguiría siendo válida, la intersección de las características próximas construidas a partir de Γ sería también compleja, con lo que el método no proporcionaría una solución de u en las cercanías de Γ en el plano real (x, y), que es donde se busca la solución.

1.2.2. Clasificación de las ecuaciones en derivadas parciales

El hecho de que el método de las características no sirva para resolver cierto tipo de ecuaciones diferenciales en derivadas parciales no debe ser considerado simplemente como la incapacidad de una cierta técnica para resolver unas ecuaciones, sino que es algo más profundo que tiene que ver con la *naturaleza* de las ecuaciones diferenciales. Es algo relacionado con el hecho de si tiene sentido o no plantear un problema de Cauchy para ciertos tipos de ecuaciones diferenciales en derivadas parciales. Esto da lugar a que una ecuación en derivadas parciales se pueda clasificar de acuerdo con la naturaleza de sus características. Por ejemplo, si A, B y C son funciones de x e y solamente, y son por tanto independientes de u, p y q, la ecuación (1.159) se denomina de tipo **hiperbólico, parabólico** o **elíptico** en una cierta región del plano si Δ en esa región es positivo, cero o negativo, respectivamente. Si Δ cambia de signo en dicha región, la ecuación es de tipo mixto. Por otro lado, si A, B y C dependen además de u, p y q, la situación es mucho más compleja, ya que Δ no se puede calcular a menos que se conozca la solución de la ecuación diferencial. Para un problema de Cauchy, sin embargo, como los valores de u, p y q sobre la línea inicial Γ son conocidos, la ecuación puede ser clasificada como hiperbólica, parabólica o elíptica en las proximidades de cada punto P de Γ dependiendo del signo de Δ.

La clasificación anterior carecería de interés si un cambio en las variables independientes, por ejemplo de (x, y) a (α, β), cambiara el tipo de la ecuación; si fuese así la clasificación no reflejaría la naturaleza de la ecuación, ya que dependería también del sistema de coordenadas usado para escribirla. Se demostrará a continuación que la clasificación anterior no se ve afectada por un cambio de variables independientes.

Considérese la transformación de coordenadas

$$x = x(\alpha, \beta) , \quad y = y(\alpha, \beta) , \tag{1.173}$$

cuyo Jacobiano es distinto de cero en la región de interés,

$$J \equiv x_\alpha y_\beta - x_\beta y_\alpha \neq 0 , \tag{1.174}$$

de manera que se puede invertir,

$$\alpha = \alpha(x, y) , \quad \beta = \beta(x, y) , \tag{1.175}$$

asegurando también que no es multievaluada en la región considerada. Aplicando la regla de la cadena se pueden obtener las derivadas de u con respecto a x e y en términos de las derivadas con respecto a α y β:

$$u_x = u_\alpha \alpha_x + u_\beta \beta_x , \tag{1.176}$$

$$u_y = u_\alpha \alpha_y + u_\beta \beta_y , \tag{1.177}$$

$$u_{xx} = u_\alpha \alpha_{xx} + u_\beta \beta_{xx} + u_{\alpha\alpha} \alpha_x^2 + 2u_{\alpha\beta} \alpha_x \beta_x + u_{\beta\beta} \beta_x^2 , \tag{1.178}$$

$$u_{xy} = u_\alpha \alpha_{xy} + u_\beta \beta_{xy} + u_{\alpha\alpha} \alpha_x \alpha_y + u_{\alpha\beta}(\alpha_x \beta_y + \alpha_y \beta_x) + u_{\beta\beta} \beta_x \beta_y , \tag{1.179}$$

$$u_{yy} = u_\alpha \alpha_{yy} + u_\beta \beta_{yy} + u_{\alpha\alpha} \alpha_y^2 + 2u_{\alpha\beta} \alpha_y \beta_y + u_{\beta\beta} \beta_y^2 . \tag{1.180}$$

Sustituyendo en (1.159) se obtiene

$$A' u_{\alpha\alpha} + 2B' u_{\alpha\beta} + C' u_{\beta\beta} = D' , \tag{1.181}$$

donde

$$A' = A\alpha_x^2 + 2B\alpha_x \alpha_y + C\alpha_y^2 , \tag{1.182}$$

$$B' = A\alpha_x \beta_x + B(\alpha_x \beta_y + \alpha_y \beta_x) + C\alpha_y \beta_y , \tag{1.183}$$

$$C' = A\beta_x^2 + 2B\beta_x \beta_y + C\beta_y^2 , \tag{1.184}$$

$$D' = D - A(u_\alpha \alpha_{xx} + u_\beta \beta_{xx}) - 2B(u_\alpha \alpha_{xy} + u_\beta \beta_{xy}) - C(u_\alpha \alpha_{yy} + u_\beta \beta_{yy}) . \tag{1.185}$$

En estas nuevas coordenadas, el discriminante es

$$\Delta' = B'^2 - A'C' , \tag{1.186}$$

que, usando (1.182)- (1.184), está relacionado con (1.174) mediante

$$\Delta' = J^2 \Delta . \tag{1.187}$$

Como $J \neq 0$, Δ y Δ' tienen el mismo signo, y si $\Delta = 0$ también lo es Δ'. Por lo tanto, el criterio de clasificación anterior es independiente del sistema coordenado usado para representar la ecuación diferencial.

1.2.3. Transformaciones y formas canónicas

En lo que resta de esta sección se considerarán ecuaciones casi lineales de segundo orden en el sentido estricto, es decir, ecuaciones de la forma (1.159) en las que las funciones A, B y C no dependen de u, u_x y u_y, pero, en general, sí el término independiente D:

$$A(x,y)u_{xx} + 2B(x,y)u_{xy} + C(x,y)u_{yy} = D(x,y,u,u_x,u_y).$$ (1.188)

Aunque obviamente esta ecuación es más restringida que (1.159), sigue englobando a muchas de las más importantes de la física y de la ingeniería, como la ecuación de ondas, las ecuaciones de Laplace y Poisson, las ecuaciones del calor y de la difusión, etc. Tiene la particularidad de que puede transformarse, dependiendo de que sea hiperbólica, parabólica o elíptica, en tres formas canónicas muy simples, cuyas soluciones generales pueden expresarse también en una forma bastante sencilla, como se verá a continuación.

Considérese una transformación de las variables independientes como la dada por las ecuaciones (1.173)-(1.185), pero de tal forma que $A' = C' = 0$. Es decir,

$$A\alpha_x^2 + 2B\alpha_x\alpha_y + C\alpha_y^2 = 0,$$ (1.189)

$$A\beta_x^2 + 2B\beta_x\beta_y + C\beta_y^2 = 0.$$ (1.190)

Estas son dos ecuaciones en derivadas parciales de primer orden que definen la transformación de coordenadas. En términos de α y β, la ecuación (1.188) quedaría tan simple como

$$B'u_{\alpha\beta} = D'.$$ (1.191)

Las ecuaciones (1.189) y (1.190) determinan dos familias de curvas en el plano (x,y) que son, precisamente, las dos familias de características de la ecuación diferencial. En efecto, la pendiente de una curva $\alpha = $ constante es, por definición,

$$\frac{dy}{dx} = -\frac{\alpha_x}{\alpha_y},$$ (1.192)

que sustituyendo en (1.189) queda

$$A\left(\frac{dy}{dx}\right)^2 - 2B\frac{dy}{dx} + C = 0,$$ (1.193)

que es la ecuación de las características de la ecuación diferencial. Lo mismo ocurre para las curvas $\beta = $ constante. Ahora bien, la ecuación (1.193) tiene dos soluciones distintas solo si $\Delta \neq 0$, por lo que la ecuación (1.188) puede simplificarse a la forma (1.191) si la ecuación es hiperbólica o elíptica. Además, como $\Delta' \neq 0$, B' es también distinto de cero, y (1.191) se puede escribir como

$$u_{\alpha\beta} = F(\alpha,\beta,u,u_\alpha,u_\beta).$$ (1.194)

Esta es la **forma canónica** de la ecuación en derivadas parciales (1.188) si $\Delta \neq 0$, cuando se escribe en coordenadas características. La transformación que satisface (1.189) y (1.190) se suele llamar también **transformación canónica** o **de Legendre**.

Debe observarse que los argumentos anteriores son también válidos para la ecuación más general (1.159); la única dificultad estriba en que al depender A, B y C también de u, u_x y u_y, las ecuaciones (1.189) y (1.190) que definen la transformación no pueden resolverse sin el previo conocimiento de la solución u.

Cuando $\Delta < 0$, las características son complejas y, por tanto, las funciones $\alpha(x, y)$ y $\beta(x, y)$ definidas por (1.189) y (1.190) son también complejas. Como A, B y C son reales, esas relaciones se verifican también por las funciones complejas conjugadas de α y β, que designaremos por α^* y β^*, respectivamente. En particular, α^* satisface

$$A\alpha_x^{*2} + 2B\alpha_x^*\alpha_y^* + C\alpha_y^{*2} = 0 \,. \tag{1.195}$$

Es decir, α^* y β difieren, como mucho, en una constante. Para expresar (1.194) en términos de variables reales, es conveniente introducir la nueva transformación

$$\alpha = \xi + i\eta \quad , \quad \beta = \xi - i\eta \,, \tag{1.196}$$

donde $\xi(x, y)$ y $\eta(x, y)$ son funciones reales. Como el Jacobiano de la transformación es no nulo, se puede invertir,

$$\xi = \frac{1}{2}(\alpha + \beta) \quad , \quad \eta = \frac{1}{2i}(\alpha - \beta) \,. \tag{1.197}$$

En términos de ξ y η, la ecuación en forma canónica (1.194) toma la forma real

$$u_{\xi\xi} + u_{\eta\eta} = F(\xi, \eta, u, u_\xi, u_\eta) \,, \tag{1.198}$$

que es la *forma canónica de la ecuación elíptica casi lineal*.

Cuando $\Delta > 0$, α y β son reales, no siendo necesaria esta transformación posterior. Sin embargo, es costumbre utilizar una transformación similar a (1.196),

$$\alpha = \xi + \eta \quad , \quad \beta = \xi - \eta \,, \tag{1.199}$$

mediante la cual la ecuación (1.194) se escribe

$$u_{\xi\xi} - u_{\eta\eta} = F(\xi, \eta, u, u_\xi, u_\eta) \,, \tag{1.200}$$

que es una manera más usual que (1.194) de escribir la *forma canónica de la ecuación hiperbólica casi lineal*.

Finalmente, para $\Delta = 0$, solo hay una familia de características. Si se toma $C' = 0$ en (1.184), de forma que $\beta(x, y)$ satisface (1.190), y si α es una función cualquiera de x e y que satisface (1.174), se tiene, de (1.186), que $B' = 0$, ya que si Δ' y C' son nulos, también lo tiene que ser B', mientras que A' es distinta de cero. Por tanto, la ecuación (1.188) queda

$$u_{\alpha\alpha} = F(\alpha, \beta, u, u_\alpha, u_\beta) \,, \tag{1.201}$$

donde F es D'/A'. Esta es la *forma canónica de la ecuación parabólica casi lineal*.

1.2.4. Soluciones de ecuaciones lineales de segundo orden típicas

1.2.4.1. Ecuación de ondas

La ecuación hiperbólica (1.194) o (1.200) más sencilla posible, con $F = 0$, es la denominada ecuación de ondas unidimensional homogénea,

$$u_{\alpha\beta} = 0 \quad \text{o} \quad u_{\xi\xi} - u_{\eta\eta} = 0\,, \tag{1.202}$$

donde ξ es el tiempo y η una coordenada espacial (esta sería la ecuación adimensional, con velocidad de propagación de las ondas $c = 1$; ver más abajo). En las coordenadas características α y β es muy fácil obtener la solución general de esta ecuación, pues toda función que solo dependa de α, o solo dependa de β, es solución de $u_{\alpha\beta} = 0$. Así, la solución general de (1.202) es

$$u = \phi_-(\alpha) + \phi_+(\beta) = \phi_-(\xi + \eta) + \phi_+(\xi - \eta)\,, \tag{1.203}$$

donde ϕ_- y ϕ_+ son funciones arbitrarias y se ha hecho uso de (1.199). Se han expresado con subíndices $-$ y $+$ porque representan onda planas unidimensionales, una que se propaga hacia la izquierda y la otra hacia la derecha, respectivamente. En efecto, para $\xi + \eta =$ constante, ϕ_- permanece constante, mientras que para $\xi - \eta =$ constante, ϕ_+ permanece constante, representando estos valores constantes de la solución los frentes de ondas que se propagan hacia la izquierda y hacia la derecha, respectivamente. Esta es la clásica *solución de D'Alembert* de la ecuación de ondas, donde la forma particular de las ondas ϕ_- y ϕ_+ vendrá dada por las condiciones iniciales y/o de contorno en cada situación concreta (ver ejemplo más abajo).

Por extensión, la solución de la ecuación de ondas tridimensional homogénea, que (utilizando t para el tiempo y x para las tres coordenadas espaciales) se puede escribir como

$$u_{tt} - c^2\nabla^2 u = 0\,, \tag{1.204}$$

donde c es la velocidad de propagación (que aquí se supone constante), sería una superposición de funciones arbitrarias ϕ de la forma

$$u(\mathbf{x}, t) = \phi(\mathbf{e} \cdot \mathbf{x} - ct)\,, \tag{1.205}$$

donde e es un vector unitario en cualquier dirección. Las diferentes funciones ϕ representan ondas planas, perpendiculares a la dirección e, que permanecen constantes a lo largo de $\mathbf{e} \cdot \mathbf{x} - ct =$ constante, y cuya forma depende de las condiciones iniciales o de la condiciones de contorno, o de ambas. Cuando estas condiciones actúan como una fuente de ondas monocromáticas, es decir, con una sola frecuencia ω, se suele escribir en términos del vector de onda $\mathbf{k} = (\omega/c)\mathbf{e}$,

$$u(\mathbf{x}, t) = \phi(\mathbf{k} \cdot \mathbf{x} - \omega t) = \Re\left[ae^{i(\mathbf{k}\cdot\mathbf{x}-\omega t)}\right]\,, \tag{1.206}$$

donde a es, en general, una constante compleja que depende de ω y/o de k. Obsérvese que, sustituyendo en la ecuación (1.204), se tiene que k debe satisfacer la relación de dispersión

$$\mathbf{k} \cdot \mathbf{k} \equiv k^2 = \omega^2/c^2\,, \tag{1.207}$$

tal como se ha definido $\mathbf{k}$. Para cualquier otra condición de contorno, debido a la linealidad del problema, la solución siempre se puede expresar como una superposición (una serie de Fourier) de funciones (1.206) con diferentes frecuencias ω y sus correspondientes vectores de onda.

Como se ha dicho, la forma concreta de la función ϕ vendría dada por las condiciones iniciales y/o de contorno. La forma exponencial compleja de la derecha de (1.206) es apropiada cuando estas condiciones se desarrollan en serie de Fourier, con lo que la constante a para cada ω se obtendría del coeficiente de la serie de Fourier para la correspondiente frecuencia ω, o para el número de onda k, dependiendo de las condiciones frontera.

Por ejemplo, considérese de nuevo, por simplicidad, el caso unidimensional

$$u_{tt} - c^2 u_{xx} = 0 , \tag{1.208}$$

en el que las ondas se generan en $x = 0$ por una fuente conocida $f(t)$,

$$u(0,t) = f(t) , \quad u_t(0,t) = f'(t) .$$

Aplicando estas condiciones de contorno a la solución general $u = \phi_-(x+ct) + \phi_+(x-ct)$ se tiene que, salvo una constante irrelevante, $\phi_-(\tau) = f(\tau/c)$ y $\phi_+(\tau) = f(-\tau/c)$, de manera que

$$u(x,t) = \frac{1}{2} f\left(t + \frac{x}{c}\right) + \frac{1}{2} f\left(t - \frac{x}{c}\right) ;$$

es decir, la fuente $f(t)$ en $x = 0$ genera una onda hacia la izquierda y otra hacia la derecha, ambas con la misma forma f que las origina pero con la mitad de intensidad. Si la fuente $f(t)$ se escribe como una superposición de componentes con distintas frecuencias ω_j, es decir, se escribe como una serie de Fourier dada por

$$f(t) = \Re\left[\sum_j C_j e^{i\omega_j t}\right] , \tag{1.209}$$

donde C_j son constantes (complejas) conocidas, la solución anterior se convierte en una superposición de ondas monocromáticas con frecuencias ω_j, hacia la izquierda y hacia la derecha, de intensidades $C_j/2$:

$$u(x,t) = \Re\left\{\sum_j \frac{C_j}{2}\left[e^{i(\omega_j t + k_j x)} + e^{i(\omega_j t - k_j x)}\right]\right\} , \tag{1.210}$$

donde $k_j = \omega_j/c$ son los correspondientes números de ondas, con longitudes de onda $\lambda_j = 2\pi/k_j$.

Si c no es constante en la ecuación (1.208), sino, por ejemplo, una función de x, $c = c(x)$, pero manteniendo la condición de contorno (1.209), la solución anterior dejaría de ser válida, aunque se puede seguir escribiendo como una superposición de ondas monocromáticas de la forma

$$u_j(x,t) = a_j(x)e^{i\omega_j t} ,$$

donde, como se ha hecho anteriormente, habría que considerar la parte real. Sustituyendo en la ecuación (1.208), las funciones $a_j(x)$ satisfacen la ecuación

$$a_j'' + k_j^2 a_j = 0\,, \qquad k_j^2(x) = \frac{\omega_j^2}{c^2(x)}\,, \tag{1.211}$$

con las condiciones de contorno $a_j(0) = C_j$ y $a_j'(0) = i\omega_j C_j$ (obsérvese que para c constante la ecuación anterior tiene dos soluciones independientes con $k_j = \pm\omega_j/c$, correspondientes a las dos ondas en (1.210) para cada ω_j).

Aparte de los ejemplos de óptica y acústica geométrica descritos más arriba, otras soluciones de la ecuación de ondas, o similares, se verán en §§ 1.2.6, 2.4.2.1, 3.4, 4.4.4, 4.4.5.

1.2.4.2. Ecuación de Laplace

De forma similar a (1.202), la ecuación elíptica (1.198) más simple posible, con $F = 0$, es la *ecuación de Laplace*,

$$u_{\xi\xi} + u_{\eta\eta} = 0\,, \tag{1.212}$$

donde ξ y η suelen ser ambas coordenadas espaciales. Aunque ahora las coordenadas características $\alpha = \xi + i\eta$ y $\beta = \xi - i\eta$ son complejas al ser $\Delta < 0$, la solución general de esta ecuación se obtiene también de forma directa considerando la forma canónica $u_{\alpha,\beta} = 0$:

$$u = f(\alpha) + g(\beta) = f(\xi + i\eta) + g(\xi - i\eta)\,, \tag{1.213}$$

donde f y g son funciones arbitrarias. Es decir, cualquier función analítica de la variable compleja $\xi + i\eta$, o de su conjugada $\xi - i\eta$, es solución de la ecuación de Laplace en dos dimensiones. De hecho, no pueden ser cualesquiera, pues se busca una solución real, por lo que $g(\xi - i\eta)$ debe ser la compleja conjugada de $f(\xi + i\eta)$, para que la suma de ambas sea dos veces la parte real de f (o de g). De una forma más general, como la ecuación es lineal, la parte real, o la parte imaginaria, o una combinación de ellas, de cualquier función analítica en la variable compleja es solución de (1.212), siendo esta la forma más general de expresar la solución general de la ecuación de Laplace en el plano. La forma particular de estas funciones, o de la función de la variable compleja de la que se obtiene la solución real mediante su parte real o imaginaria, que constituye la solución buscada, se obtiene de las condiciones de contorno (ver ejemplo más abajo).

Obviamente, un problema de Cauchy, donde las condiciones están dadas en una curva a partir de la cual la solución se propaga a lo largo de las características, no está bien planteado (no tiene solución) con la ecuación de Laplace, ni con ninguna otra ecuación elíptica. De acuerdo con la fórmula integral de Cauchy (ver, por ejemplo, Butkov, 1968, cap. 2), los valores de una función analítica están determinados en un punto del plano complejo si, y solo si, los valores de la función, o de sus derivadas normales, se especifican en un contorno cerrado que rodea a ese punto. Por tanto, para determinar las función f (o g) en el dominio del plano donde esté definida la ecuación de Laplace es necesario poner condiciones de contorno tipo Dirichlet o tipo Neumann en todo el contorno del dominio de integración. Esto es así también para la ecuación de Laplace en más de dos dimensiones, donde desgraciadamente ya no se puede usar la variable compleja y la sencillez de la solución general (1.213). En general, esto es válido para cualquier ecuación elíptica: para que tenga una solución se debe especificar condiciones de contorno tipo Dirichlet o tipo Neuman en todo el contorno del dominio donde esté definida la ecuación.

Como ejemplo típico de un problema gobernado por la ecuación de Laplace se considerara aquí el **movimiento bidimensional, incompresible y potencial de un fluido**, para el que tanto su *potencial de velocidad* $\phi(x, y)$ como su *función de corriente* $\psi(x, y)$ satisfacen la ecuación de Laplace (ver, por ejemplo, Fernández Feria, 2005, cap. 21):

$$\phi_{xx} + \phi_{yy} = 0, \quad \psi_{xx} + \psi_{yy} = 0, \tag{1.214}$$

$$v_x = \frac{\partial \phi}{\partial x} = \frac{\partial \psi}{\partial y}, \quad v_y = \frac{\partial \phi}{\partial y} = -\frac{\partial \psi}{\partial x}, \tag{1.215}$$

donde v_x y v_y son las componentes de la velocidad en las direcciones x e y, respectivamente, en términos de las derivadas parciales de ϕ y de ψ. El denominado *potencial complejo*

$$u(\mathsf{z}) = \phi(x, y) + i\psi(x, y), \quad \mathsf{z} = x + iy, \tag{1.216}$$

también satisface la ecuación de Laplace en la forma canónica compleja $u_{zz^*} = 0$. Por consiguiente, cualquier función analítica[9] de la variable compleja $u(\mathsf{z})$ puede representar un movimiento fluido bidimensional, potencial e incompresible, basta con que cumpla las condiciones de contorno del movimiento en el que se esté interesado.

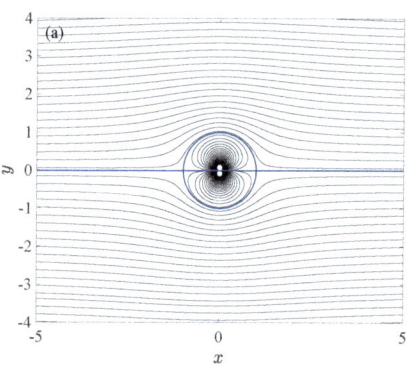
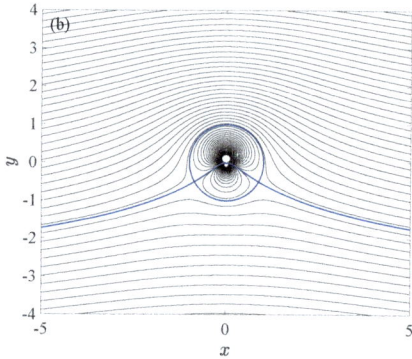

Figura 1.11: Isocontornos (líneas de corriente) de la función $\psi(x, y)$ dada por (1.218) para $\Gamma = 0$ (a) y para $\Gamma/(4\pi a U) = 1/2$ (b), con $U = 1$ y $a = 1$. Con línea gruesa azul se representan los isocontornos correspondientes a $\psi = 0$.

---

[9]Obsérvese que, de acuerdo con las expresiones (1.215) para las componentes de la velocidad, la parte real ϕ e imaginaria ψ de la función u satisfacen las condiciones de Cauchy-Riemann, necesarias para que $u(\mathsf{z})$ sea una función analítica (o diferenciable) en el plano complejo. Ver §1.3.2.

Por ejemplo, la función de la variable compleja z

$$u(z) = U \left(z + \frac{a^2}{z^2} \right) + \frac{i\Gamma}{2\pi} \ln z \,, \qquad (1.217)$$

donde U, a y Γ son constantes, representa el movimiento potencial sobre un cilindro circular de radio a de una corriente que se aproxima desde el infinito con velocidad U en la dirección x, para cualquier valor de Γ. Para verlo simplemente hay que comprobar que la función de corriente, o parte imaginaria ψ de la función u,

$$\psi(x, y) = \Im[u(z)] = U y \left(1 - \frac{a^2}{x^2 + y^2} \right) + \frac{\Gamma}{2\pi} \ln(x^2 + y^2) \,, \qquad (1.218)$$

cumple las condiciones de contorno. En efecto, para $x^2 + y^2 = a^2$ la función ψ es constante, por lo que la superficie del cilindro de radio a es una línea de corriente (el fluido no atraviesa esa superficie). Por otro lado, teniendo en cuenta que

$$v_x = \frac{\partial \psi}{\partial y} = U \left(1 - \frac{a^2}{x^2 + y^2} \right) + \frac{2U a^2 y^2}{(x^2 + y^2)^2} + \frac{\Gamma y}{\pi(x^2 + y^2)} \,, \qquad (1.219)$$

$$v_y = -\frac{\partial \psi}{\partial x} = -\frac{2U a^2 x y}{(x^2 + y^2)^2} - \frac{\Gamma x}{\pi(x^2 + y^2)} \,, \qquad (1.220)$$

se tiene que $v_x \to U$ y $v_y \to 0$ para $x^2 + y^2 \to \infty$, es decir, la velocidad del fluido que se aproxima al cilindro lejos de este vale U en la dirección de x, para cualquier valor de Γ. Como ψ satisface la ecuación de Laplace, por provenir de la parte imaginaria de una función analítica de la variable compleja [es fácil de comprobar diferenciando (1.218)], si cumple las condiciones de contorno del movimiento potencial de una corriente paralela al eje x alrededor de un cilindro circular de radio a, es la única solución general de este problema por ser un problema lineal. Las soluciones para los distintos valores de la *circulación* Γ se diferencian en los puntos de remanso (puntos con $v_x = v_y = 0$) sobre la superficie del cilindro, que están en el eje x solo cuando $\Gamma = 0$. En la Fig. 1.11 se representan las líneas de corriente, o isocontornos de ψ, para $\Gamma = 0$ y para $\Gamma = 2\pi a U$. Solo aquellas fuera del círculo de radio a son físicamente relevantes en este problema.

Otros ejemplos de soluciones de la ecuación de Laplace en dos y tres dimensiones se verán en §§ 2.4.2.1, 3.8 , 3.10, y de otra ecuaciones elíptica de segundo orden en § 4.3.7.

1.2.4.3. Ecuación de difusión

Finalmente, la versión más sencilla de la ecuación parabólica (1.201) es la *ecuación de difusión* (también llamada *ecuación del calor*) unidimensional,

$$u_{\alpha\alpha} = u_\beta \,, \qquad (1.221)$$

donde β es el tiempo y α una coordenada espacial (son variables adimensionales, pues el coeficiente de difusión se ha tomado la unidad). Como ya se comentó más arriba, un problema de Cauchy con esta ecuación no tiene solución al disponerse solo de una característica

($\Delta = 0$). Para que esta ecuación, y cualquier otra EDP parabólica de segundo orden, tenga solución se necesita una condición *inicial* en un cierto $\beta = \beta_0$, y una condición de contorno en todo el contorno del dominio de la variable α.

Para fijar ideas y ver la naturaleza de las soluciones de las ecuaciones parabólicas, consideramos el ejemplo más sencillo de la difusión en un medio infinito ($-\infty \le \alpha \le +\infty$) y homogéneo de una determinada sustancia (u sería su concentración, masa por unidad de longitud en este caso, pero adimensional) cuando en el instante inicial ($\beta = 0$) se deposita una cantidad Q de la sustancia localizada singularmente en $\alpha = 0$. Es decir, las condiciones de contorno e inicial para la ecuación (1.221) en este caso serían

$$u(\beta, \pm\infty) = 0\,, \quad u(0, \alpha) = Q\delta(\alpha)\,, \tag{1.222}$$

donde $\delta(x)$ es la *función delta de Dirac*, que satisface $\int_{-\infty}^{\infty} \delta(x)dx = 1$.[10] De acuerdo con la conservación de la masa, la solución debe verificar, para todo instante $\beta \ge 0$,

$$\int_{-\infty}^{\infty} u(\beta, \alpha)d\alpha = \int_{-\infty}^{\infty} u(0, \alpha)d\alpha = \int_{-\infty}^{\infty} Q\delta(\alpha)d\alpha = Q\,.$$

Matemáticamente, esta relación proviene de integrar la ecuación (1.221) en todo el dominio $-\infty < \alpha < \infty$, sabiendo que u y u_α se anulan en los extremos, por lo que la derivada temporal de la integral de u se anula y, por tanto, permanece constante en el tiempo β, e igual a la integral de su valor inicial.

Como se verá en §2.1.1.2, este problema admite una *solución de semejanza*, de la forma

$$\frac{\sqrt{\beta}}{Q}\, u(\beta, \alpha) = f(\eta)\,, \quad \text{con} \quad \eta = \frac{\alpha}{\sqrt{\beta}}\,. \tag{1.223}$$

Aunque la solución se verá con todo detalle en §2.1.2.1, para el presente propósito basta comprobar que sustituyendo (1.223) en (1.221) esta ecuación se reduce a una ecuación diferencial ordinaria para la función $f(\eta)$:

$$f'' + \frac{1}{2}\eta f' + \frac{1}{2}f = 0\,. \tag{1.224}$$

La solución que satisface las condiciones de contorno e inicial se puede escribir, en la variable original u, como [ver ecuación (2.31), teniendo en cuenta que aquí $\nu = 1$]

$$u(\beta, \alpha) = \frac{Q}{2\sqrt{\pi\beta}}e^{-\frac{\alpha^2}{4\beta}}\,. \tag{1.225}$$

Así, la distribución singular inicial $u = Q\delta(\alpha)$ en $\alpha = 0$ se *difunde* con el tiempo a regiones $|\alpha| > 0$, donde u era cero, de manera que, en un tiempo β, u es significativamente distinto de cero hasta una distancia $|\alpha| \sim \sqrt{\beta}$, decayendo exponencialmente a cero para distancias

---

[10]Para un estudio detallado de esta y otras propiedades de la función delta de Dirac se puede consultar el excelente *librito* de Lighthill (1958).

mayores. Todas estas distribuciones espaciales de u para cada instante son *auto-semejantes*, en el sentido de que se auto-modelan de acuerdo con la variable de semejanza $\eta = \alpha/\sqrt{\beta}$ (ver Fig. 2.2 en §2.1.2.1 para una descripción gráfica de la solución).

La solución (1.225) con $Q = 1$ se suele denominar *solución fundamental* de la ecuación de difusión o del calor (1.221), correspondiente a una condición inicial dada por una función delta de Dirac. Se llama así porque la solución del problema (1.221)-(1.222) con cualquier otra condición inicial,

$$u(0, \alpha) = u_0(\alpha)\,, \tag{1.226}$$

donde $u_0(\alpha)$ es una función arbitraria, pero acotada exponencialmente (que satisface $|u_0(\alpha)| \leq Ae^{a|\alpha|}$, $\forall\, a$, A y α) para que u pueda cumplir las condiciones de contorno $u(\beta, \pm\infty) = 0$, se puede escribir como

$$u(\beta, \alpha) = \int_{-\infty}^{\infty} u_0(\alpha_0)\, u_f(\beta, \alpha - \alpha_0)\, d\alpha_0\,, \tag{1.227}$$

donde u_f es la solución fundamental (1.225) (con $Q = 1$). La demostración es fácil de ver teniendo en cuenta que si $u(\beta, \alpha)$ es una solución de la ecuación de difusión (1.221), también lo es $u(\beta, \alpha - \alpha_0)$,[11] por lo que (1.227) satisface la ecuación (1.221), y que $\lim_{\Delta \to 0} \left[e^{-(\alpha-\xi)^2/\Delta}/\sqrt{\pi\Delta} \right] \to \delta(\alpha - \xi)$ es una de las definiciones de la función delta de Dirac, por lo que cumple la condición inicial (1.226).

Esta solución se puede ampliar a cualquier **ecuación parabólica con coeficientes constantes** como

$$u_\beta = au_{\alpha\alpha} + bu_\alpha + cu\,, \tag{1.228}$$

siendo a, b y c constantes reales conocidas, con condiciones de contorno e inicial

$$u(\beta, \pm\infty) = 0\,, \quad u(0, \alpha) = u_0(\alpha)\,. \tag{1.229}$$

Pues si se hace el cambio de variables

$$u(\beta, \alpha) = \exp\left[-\frac{b}{2a}\alpha + \left(c - \frac{b^2}{4a} \right)\beta \right] v(\tau, \alpha) \qquad \text{con} \quad \tau = a\beta\,, \tag{1.230}$$

$v(\tau, \alpha)$ satisface

$$v_\tau = v_{\alpha\alpha}\,, \quad v(\tau, \pm\infty) = 0\,, \quad v(0, \alpha) = e^{\frac{b}{2a}\alpha} u_0(\alpha)\,, \tag{1.231}$$

y se puede aplicar el resultado (1.227). Por tanto, la solución de (1.228)-(1.229) se escribe

$$u(\beta, \alpha) = e^{-\frac{b}{2a}\alpha} e^{\left(c - \frac{b^2}{4a} \right)\beta} \int_{-\infty}^{\infty} e^{\frac{b}{2a}\alpha_0} u_0(\alpha_0) \frac{1}{\sqrt{4\pi a\beta}} e^{-\frac{(\alpha-\alpha_0)^2}{4a\beta}}\, d\alpha_0\,. \tag{1.232}$$

Aparte de § 2.1.1.2, donde se obtendrá la solución fundamental (1.225), otras soluciones de la ecuación de difusión o del calor, no necesariamente de semejanza, se verán en §§ 2.1.2.3, 2.4.2.2, 2.4.3, 3.1, 3.3, 4.2.2, 4.5.5, y soluciones de otras ecuaciones parabólicas en §§ 1.2.7, 4.3.6.

---

[11] De hecho, también lo es $u(\beta - \beta_0, \alpha - \alpha_0)$ para cualquier par de constantes β_0 y α_0.

1.2.5.   Solución general de la ecuación hiperbólica con coeficientes constantes

Cuando la ecuación (1.188) es hiperbólica ($\Delta > 0$) con coeficientes A, B y C constantes y D es una función solo de x e y, es fácil hallar su solución general en forma cerrada pues las características son rectas en el plano (x, y). En efecto, de la ecuación característica (1.193) se obtiene

$$\frac{dy}{dx} = \frac{B}{A} \pm \sqrt{B^2 - AC} \equiv \left\{ \begin{array}{c} a \\ b \end{array} \right. , \tag{1.233}$$

donde las pendientes a y b son constantes reales y distintas pues $\Delta = B^2 - AC > 0$. Las características son rectas con esas pendientes y las coordenadas canónicas se pueden definir como

$$\alpha = y - ax , \quad \beta = y - bx . \tag{1.234}$$

Por lo tanto, la ecuación (1.188) se escribe en la forma canónica (1.194),

$$u_{\alpha\beta} = -\frac{D(x, y)}{A(a - b)^2} \equiv F(\alpha, \beta) , \tag{1.235}$$

donde F solo depende de α y β a través de $D(x, y)$ y las relaciones (1.234).

De acuerdo con lo visto en §1.2.4.1, la solución general de la ecuación homogénea (con $F = 0$) viene dada por (1.203); es decir, $u_H(x, y) = f(y - ax) + g(y - bx)$, donde f y g son dos funciones arbitrarias de sus respectivos argumentos. Como el problema es lineal, para obtener la solución general de la ecuación no homogénea solo hay que añadir una solución particular, que se obtiene por simple integración del término no homogéneo:

$$u(x, y) = f(y - ax) + g(y - bx) + \int^{\alpha} d\alpha \int^{\beta} d\beta \, F(\alpha, \beta) . \tag{1.236}$$

Las funciones f y g son fijadas por dos condiciones de contorno.

Como ejemplo ilustrativo, considérese el problema de Cauchy para la EDP de segundo orden hiperbólica y homogénea ($D = 0$)

$$u_{xx} - 3u_{xy} + 2u_{yy} = 0 , \tag{1.237}$$

con condiciones de contorno

$$u = -x^2 \quad \text{y} \quad u_y = 0 \quad \text{para} \quad y = 0 , \quad \forall x . \tag{1.238}$$

De acuerdo (1.233), las características son rectas con pendientes -1 y -2, y la solución general de la ecuación se escribe

$$u(x, y) = f(y + x) + g(y + 2x) . \tag{1.239}$$

De las condiciones de contorno en $y = 0$,

$$f(x) + g(2x) = -x^2 , \quad f'(x) + g'(2x) = 0 , \tag{1.240}$$

donde las primas significan derivadas de las funciones f y g en relación a sus argumentos, x y $2x$ respectivamente. Derivando la primera condición con respecto a x,

$$f'(x) + 2g'(2x) = -2x,$$

y sumándola a la segunda multiplicada por -2 proporciona $f'(x) = 2x$. Es decir, $f(x) = x^2 + c_1$, con c_1 una constante arbitraria. Sustituyendo esta función f en la segunda condición (1.240),

$$2x + g'(2x) = 0, \quad \text{o} \quad \xi + g'(\xi) = 0, \quad \text{con} \quad \xi = 2x,$$

de donde

$$g(\xi) = -\frac{\xi^2}{2} + c_2,$$

siendo c_2 otra constante arbitraria. La solución (1.239) sería por tanto $u(x, u) = (y + x)^2 - (y + 2x)^2/2 + c$, siendo la constante $c = c_1 + c_2$ arbitraria. Pero, de la primera condición de contorno (1.238), c debe ser nula, quedando la solución del problema de Cauchy (1.237)-(1.238)

$$u(x, u) = (y + x)^2 - \frac{(y + 2x)^2}{2}.$$

1.2.6. Ondas planas en un medio muy dispersivo

La propagación de una onda plana y monocromática $u(x, t)$ en un medio con índice de refracción $n(x)$ queda descrita por la ecuación y condiciones de contorno (ver § 1.2.4.1)

$$u_{tt} - \left(\frac{c}{n(x)}\right)^2 u_{xx} = 0,$$

$$u(x, t) = u_0 \cos(k_0 x - \omega t), \quad u_x(x, t) = k_0 u_0 \,\text{sen}(k_0 x - \omega t), \quad \text{para} \quad x \to -\infty,$$

siendo c la velocidad de propagación cuando $n = 1$, ω la frecuencia del la onda incidente y k_0 su número de onda, con $k_0 = \omega/c$. Cuando $n(x)$ varía en una escala comparable con la longitud de onda $\lambda = 2\pi/k_0$, la segunda relación (1.115) no se satisface y no se puede aplicar la aproximación de la óptica geométrica, no quedando más remedio que la resolución numérica del problema (salvo quizá para alguna función $n(x)$ muy particular) por el método de las características o por cualquier otro procedimiento numérico. Aquí se va a comparar la solución numérica por el método de las características para una cierta función $n(x)$ con la obtenida por elementos finitos con un software comercial. Pero antes, como siempre, es conveniente adimensionalizar el problema para simplificar.

Definiendo las variables adimensionales (pero manteniendo la misma notación)

$$u \leftarrow \frac{u}{u_0}, \quad x \leftarrow k_0 x, \quad t \leftarrow \omega t,$$

el problema anterior se escribe

$$u_{xx} - n^2 u_{tt} = 0, \tag{1.241}$$

$$u(x, t) = \cos(x - t), \quad u_x(x, t) = \text{sen}(x - t), \quad \text{para} \quad x \to -\infty \quad \text{y} \quad \forall t. \tag{1.242}$$

1.2.6.1. Solución por el método de las características

De acuerdo con lo visto en § 1.2.1, comparando la ecuación (1.241) con (1.159), donde ahora la variable independiente y es el tiempo t, se tiene, de la expresión (1.170), que $\Delta = n^2(x) > 0$, por lo que la ecuación es hiperbólica en todo el dominio, como ya se sabía. Las dos características, solución de la ecuación (1.169), son

$$\frac{dt}{dx} = \pm\, n\,. \tag{1.243}$$

Definiendo

$$g(x) = \int^x n(x)dx\,, \tag{1.244}$$

las características se pueden expresar de manera algebraica pues n es una función conocida de x. Las ecuaciones (1.168) para $p = u_x$ y $q = u_t$ sobre ellas se escriben

$$dp - ndq = 0 \quad \text{sobre} \quad t - g(x) = \text{constante} = \beta \quad (\mathcal{C}^+)\,, \tag{1.245}$$

$$dp + ndq = 0 \quad \text{sobre} \quad t + g(x) = \text{constante} = \alpha \quad (\mathcal{C}^-)\,, \tag{1.246}$$

siendo α y β las coordenadas características. Dado que β es constante sobre la característica $\mathcal{C}^+$, la ecuación (1.245) se puede escribir como $p_\alpha - nq_\alpha = 0$, pues solo α varía a lo largo de $\mathcal{C}^+$. Análogamente, la ecuación sobre la característica $\mathcal{C}^-$ se puede escribir como $p_\beta + nq_\beta = 0$. Es ilustrativo también escribir la ecuación (1.241) en la forma canónica (1.194), en términos de las coordenadas canónicas α y β:

$$u_{\alpha\beta} = \frac{n'}{4n^2}\left(u_\alpha - u_\beta\right)\,, \tag{1.247}$$

donde $n' = dn/dx$ y se ha hecho uso de $\alpha_x = -\beta_x = n$ y $\alpha_t = \beta_t = 1$. Esta ecuación, sin embargo, no ofrece ventajas sobre (1.241) para la integración del problema por el método de las características.

Aunque las características de la ecuación (1.241) son analíticas, las ecuaciones $p_\alpha - nq_\alpha = 0$ y $p_\beta + nq_\beta = 0$ para p y q sobre ellas no se pueden integrar analíticamente, como ocurre, por ejemplo, con los invariantes de Riemann que se describen más adelante en § 1.3.5 para un problema similar, que proporcionan una solución algebàica del problema hiperbólico. Ahora no hay más remedio que resolver las ecuaciones características (1.245)-(1.246) numéricamente.

Para ello se comienza con la condición de contorno en un valor $x = x_0\ (< 0)$ suficientemente alejado de $x = 0$ para que $n(x_0) \simeq 1$. En este x_0 se conoce u, p y q de las condiciones de contorno,

$$u = \cos(x_0 - t)\,, \quad p = u_x = \text{sen}(x_0 - t)\,, \quad q = u_t = -\,\text{sen}(x_0 - t)\,,$$

de donde se puede calcular u en un punto cercano $x = x_0 + \Delta x$, $\Delta x \ll 1$,

$$u(x + \Delta x, t) = u(x_0, t) + p(x_0, t)\Delta x\,,$$

para el intervalo de valores de t que se desee, por ejemplo $t_1 \leq t \leq t_2$. Obsérvese que el segmento $[x = x_0, t_1 \leq t \leq t_2]$ del plano (x, t) es la 'curva' Γ del plano desde donde arranca la solución del problema de Cauchy (1.241)-(1.242) que se está resolviendo. Para proseguir con el cálculo de u en $x = x_0 + 2\Delta x$ hay que obtener p y q en $x = x_0 + \Delta x$ utilizando las ecuaciones características (1.245) y (1.246). Para tal fin se trazan 'hacia atrás' las características que pasan por el punto $(x_0 + \Delta x, t)$ mediante la discretización de (1.243), utilizando $n(x_0 + \Delta x)$, hasta que cortan a Γ en los puntos (x_0, t^{+}) y (x_0, t^{-}). Con estos valores se discretizan las ecuaciones (1.245) y (1.246), respectivamente, para obtener p y q en $(x_0 + \Delta x, t)$. Como t^{+} y t^{-} no tienen por qué coincidir con los valores de t en los que se ha discretizado el intervalo $[t_1, t_2]$, se utiliza un procedimiento de interpolación para calcular p y q en (x_0, t^{+}) y (x_0, t^{-}). El procedimiento se continua con sucesivos Δx para obtener la solución $u(x, t)$ en la región del plano (x, t) en la que se propague la onda desde Γ.[12]

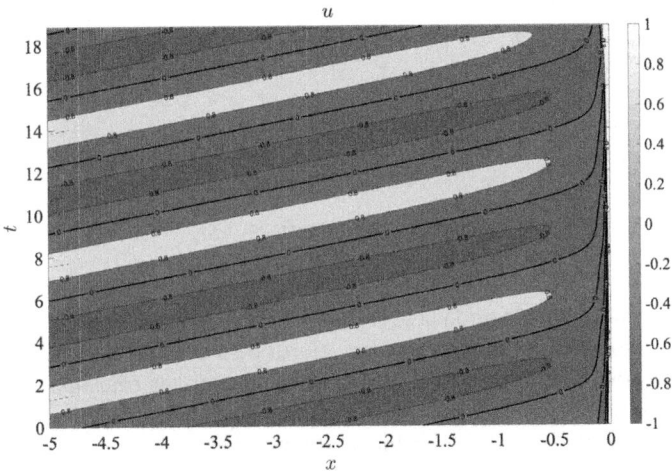

Figura 1.12: Isocontornos de $u(x, t)$ obtenidos resolviendo numéricamente (1.241)-(1.242) mediante el método de las características con $n(x)$ dado por (1.248) desde $x_0 = -5$.

En la figura 1.12 se representan isocontornos de $u(x, t)$ obtenidos de esta forma para el índice de refracción

$$n(x) = 1 + \frac{e}{x^2}, \tag{1.248}$$

con $e = 0{,}3$, comenzando desde Γ dado por el segmento del plano (x, t) $[x_0 = -5, -4\pi \leq t \leq 6\pi]$, con $\Delta x = 5 \times 10^{-3}$ y discretizando el intervalo temporal en 629 instantes. Se observa que la onda se propaga prácticamente sin variar su amplitud y velocidad hasta $x \simeq -1{,}5$. A partir de aquí la onda se va atenuando y va disminuyendo su velocidad (obsérvese que la pendiente de los isocontornos $u = 0$ aumentan) hasta desvanecerse al llegar a las

---

[12]Para más detalles sobre la implementación numérica del método de las características, con un número arbitrario de características y para ecuaciones no lineales, ver § 1.3.3.

proximidades de $x = 0$, donde $n(x)$ es singular y la velocidad de propagación se anula. De hecho, el método de las características deja de funcionar antes de que la onda se extinga en $x = 0$ porque la pendiente de las características se hace infinita.

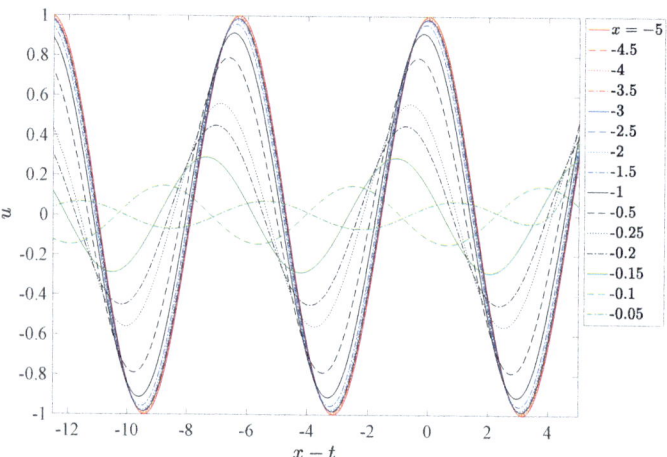

Figura 1.13: La misma solución $u(x, t)$ de la Fig. 1.12 pero representando u en función de $x - t$ en distintas posiciones $x =$ constante.

Este comportamiento de la onda al aproximarse a $x = 0$ se aprecia mejor en la Fig. 1.13, donde se representan en función de $x - t$ los valores de u para distintas localizaciones $x =$ constante. Se observa que hasta $x = -1,5$ la onda se propaga casi inalterada (las curvas rojas y azules, correspondientes a valores de x entre -5 y $-1,5$, son casi coincidentes). Para $x \gtrsim -1,5$, la amplitud de la onda va disminuyendo más rápidamente, y también su velocidad (las curvas se van desplazando hacia la izquierda), hasta que en $x = -0,05$ la amplitud y la velocidad son ya muy pequeñas. Obviamente, esta región de atenuación de la onda sería mayor si se hubiese tomado una valor de e mayor en el índice de refracción (1.248).

Finalmente, la figura 1.14 muestra este comportamiento de la onda desde otro punto de vista, representando las ondas en función de x para varios instantes. Se observa cómo la amplitud de la onda disminuye de forma relativamente brusca al acercarse a $x = 0$ hasta que la onda *desaparece* (no se representa para $x < -0,05$ porque el método numérico deja de ser preciso).

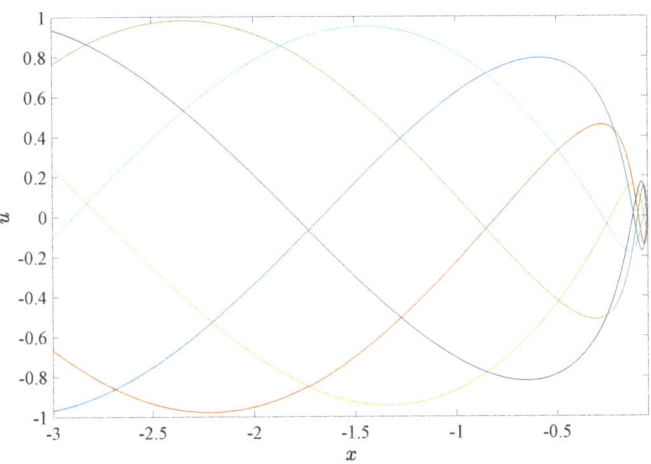

Figura 1.14: $u(x, t)$ en función de x en 6 instantes entre $t = 0$ y $t = 2\pi$ para el mismo de la Fig. 1.12.

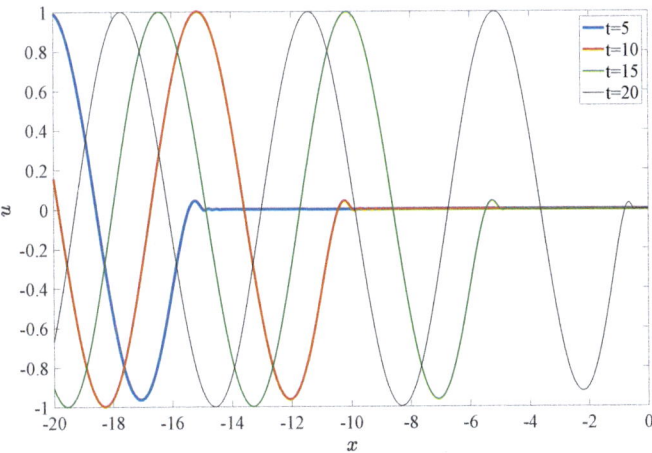

Figura 1.15: Resultados numéricos obtenidos con el paquete 'EDPs formuladas mediante coeficientes' del software comercial COMSOL Multiphysics (v: 6.2) en 4 instantes del transitorio en el que una onda incidente desde $x_0 = -20$ con la condición de contorno (1.242) avanza sobre un medio con $u = u_t = 0$.

1.2.6.2. Comparación con la solución numérica por elementos finitos

La solución anterior, obtenida (numéricamente) mediante el método de las característi-cas, se compara en este apartado con la calculada resolviendo la ecuación (1.241) mediante la técnica numérica de elementos finitos implementada en el paquete de 'EDPs formuladas mediante coeficientes' del software comercial COMSOL Multiphysics (v: 6.2). A diferencia del método de las características, que se adapta a la naturaleza de las ecuaciones hiperbólicas y solo necesita la imposición de condiciones de contorno (y/o iniciales) en una única curva Γ del plano (x, t) — en las Figs. 1.12-1.14, las condiciones de contorno (1.242) implementadas en el segmento $\Gamma = [x_0 = -5, t_1 \leq t \leq t_2]$ — para luego propagarse a todo el dominio de integración, en el método de elementos finitos hay que imponer dos condiciones iniciales (en $t = 0$) y dos condiciones de contorno, una en cada extremo del dominio, $x = x_0$ y $x = 0$. Obviamente, esto ocasiona algunas inconveniencias numéricas.

En primer lugar, se genera un transitorio en el que la condición de contorno impuesta en $x = x_0$ se va propagando por el dominio sin 'perturbar', en el que se han definido unas condiciones iniciales [aquí se utilizarán $u(x, 0) = u_t(x, 0) = 0$], hasta que la onda y, por tanto, la información sobre la condición de contorno en $x = x_0$, recorre todo el dominio y se llega a la solución permanente buscada, que el método de las características obtiene directamente para todo t desde el frente de onda inicial impuesto en Γ, como se ha visto más arriba. Un ejemplo de este avance transitorio de la onda inicial por el medio sin perturbar se muestra en la Fig. 1.15, donde se ha comenzado desde $x_0 = -20$ con las condiciones de contorno (1.242). Ha sido necesario imponerlas en un x_0 más alejado de $x = 0$ que en las figuras anteriores obtenidas mediante las características porque el método numérico resuelve en cada instante todo el dominio espacial, desde x_0 hasta 0, y si el índice de refracción en la posición donde se coloca la onda plana (1.242) no es prácticamente la unidad la onda se ve distorsionada por la influencia de $n(x)$ en todo el dominio, y también por la condición de contorno que se utilice en $x = 0$.

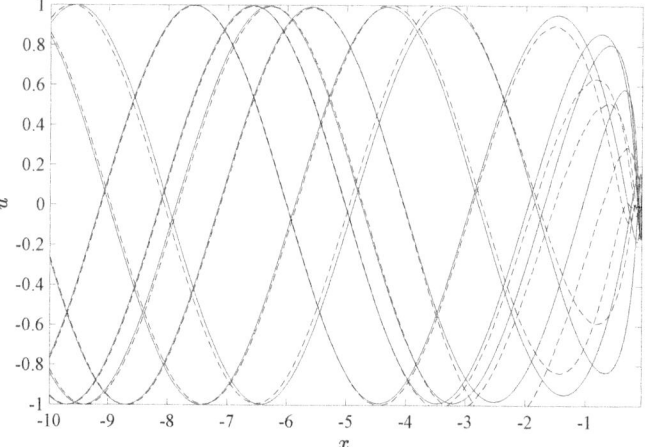

Figura 1.16: Comparación entre la onda obtenida por las características (líneas continuas) y la obtenida por elementos finitos (líneas de trazos) en varios instantes para algunos de los casos representados en la Fig. 1.14, pero ahora obtenidas desde $x_0 = -20$.

Y este es precisamente el otro, y principal, inconveniente del método numérico, la necesidad de una condición de contorno en el otro extremo del dominio. En los resultados mostrados en las Figs. 1.15-1.16 se ha usado una condición de flujo nulo, $u_x = 0$, impuesta en $x = -0{,}01$ para evitar la singularidad en $x = 0$. La ecuación se ha integrado con un $\Delta x = 0{,}1$ de base en el dominio de integración $[-20 \leq x \leq -0{,}01]$, pero con una reducción progresiva cerca de $x = 0$, hasta llegar a un mínimo de $\Delta x = 0{,}005$ en $x = -0{,}01$. Para el avance temporal se ha utilizado un $\Delta t = 0{,}001$. La Fig. 1.16 compara los resultados obtenidos con COMSOL con los calculados mediante el método de las características en algunos de los casos representados en la Fig. 1.14, ahora obtenidos desde $x_0 = -20$. Se observa que los resultados se ajustan bastante bien lejos de $x = 0$.[13] Pero las diferencias comienzan a ser importantes a medida que la onda se acerca al origen. Como se ha comentado, la condición de contorno en $x \to 0$ utilizada en el método de elementos finitos implementado en COMSOL afecta a la propagación de la onda de manera innecesaria, pues el problema hiperbólico de Cauchy no la necesita.

En definitiva, se comprueba con este ejemplo que en problemas bidimensionales gobernados por ecuaciones hiperbólicas un procedimiento numérico basado en el método de las características suele ser más simple, más eficiente y más preciso que cualquier otro. Esto no quiere decir que sea siempre así, y de hecho no lo es en problemas con más de dos variables independientes, donde la implementación numérica del método de las características suele ser más ineficiente y engorrosa. En cualquier caso, el método de las características ofrece la posibilidad de soluciones analíticas en muchos problemas de interés y siempre es una guía para la correcta resolución numérica de cualquier EDP por cualquier método numérico (ver, por ejemplo, § 1.1.4).

1.2.7. Ecuación de Black-Scholes: Precio de activos financieros

Como ejemplo de una ecuación parabólica que se puede reducir a la ecuación de difusión mediante un cambio de variables, y por tanto resolver en términos de la solución fundamental de dicha ecuación de forma similar a como se ha hecho con la ecuación parabólica de coeficientes constantes (1.228), se considera la ecuación de Black-Scholes para una función $u(x,t)$:

$$u_t + \frac{1}{2}\sigma^2 x^2 u_{xx} + r x u_x - r u = 0 \,, \quad 0 \leq x < \infty \,, \quad 0 \leq t \leq T \,, \tag{1.249}$$

con condiciones *final* y de contorno

$$u(T,x) = \text{máx}(x - K, 0)\,, \quad u(t,0) = 0\,. \tag{1.250}$$

Aunque no se pone contorno en $x \to \infty$, para utilizar luego una solución de la forma (1.227) lo único que se exige es que la condición inicial (en este caso final) sea tal que la integral en (1.227) no diverja, como es el caso en este problema.

---

[13]Téngase en cuenta que es difícil ajustar en ambos casos el mismo instante de la onda incidente en $x = x_0$, pues cuando se utilizan los elementos finitos hay que esperar a que transcurra el transitorio inicial; ver Fig. 1.15.

El modelo de Black-Scholes descrito por esta ecuación[14] permite estimar el valor $u(x, t)$ de una opción de compra o venta (en el mercado europeo) de un activo financiero (una acción, por ejemplo) en función del precio de mercado del activo x en el tiempo t, siendo $t = 0$ el tiempo actual y $t = T$ el tiempo final de expiración de la opción de compra o venta. Esta estimación depende del tipo de interés (sin riesgo) $r > 0$, de la volatilidad $\sigma > 0$ del activo, o desviación estándar de los rendimientos de las acciones, que es una variable aleatoria ($\sigma = 0$ quiere decir que el incremento del valor será del r % con completa certeza), y del precio base del activo K, que está definido como parte del contrato de compra o venta. La condición final en (1.250) corresponde a una opción de compra: si el precio del activo en el tiempo estipulado T es menor que K, $x(T) < K$, el activo no tiene valor porque se podría comprar en el mercado libre por un precio más favorable; pero si $x(T) > K$, el activo se puede revender inmediatamente en el mercado de valores por un precio mayor que K. La ecuación de Black-Scholes (1.249) se resuelve hacia atrás en el tiempo con esta condición final y lo que más interesa saber es el valor teórico o precio *justo* del activo en el instante actual $u(0, x)$ en función del precio del mercado x; es decir, el precio por encima del cual no se pueden obtener beneficios sin incurrir en riesgo de pérdidas. Para cada tiempo $t \in [0, T]$ se puede determinar el precio justo (o sin riesgo) en función de x, $u(t, x)$, resolviendo (1.249)-(1.250).

1.2.7.1. Solución analítica

Si los coeficientes r y σ son constantes, la ecuación (1.249) se puede transformar en una ecuación de difusión en un dominio *espacial* entre $-\infty$ y $+\infty$ y con una condición *inicial*, como en (1.221)-(1.222), mediante el cambio de variables

$$\beta = \frac{1}{2}\sigma^2(T - t), \quad \alpha = \ln \frac{x}{K} + \left(r - \frac{1}{2}\sigma^2\right)(T - t), \quad v = \frac{u}{K}e^{r(T-t)}, \qquad (1.251)$$

que transforma el problema (1.249)-(1.250) en

$$v_\beta = v_{\alpha\alpha}, \qquad (1.252)$$

$$v(0, \alpha) = \text{máx}[e^\alpha - 1, 0] \equiv v_0(\alpha), \quad v(\beta, -\infty) = 0. \qquad (1.253)$$

Este cambio de variables es similar al (1.230) para la ecuación parabólica general de coeficientes constantes, solo que en la ecuación (1.249) los coeficientes de las derivadas de u con respecto a la variable *espacial* x dependen de x, pero de forma homogénea, y por eso se transforma también la x, con un logaritmo para que además $x = 0$ corresponda a $\alpha \to -\infty$ y se pueda usar la solución (1.227). Por otro lado, la nueva variable *temporal* β ahora aumenta desde $\beta = 0$, donde se tiene la condición final para $t = T$, que se convierte en inicial, hasta $\beta = \sigma^2 T/2$, correspondiente a $t = 0$, que como se ha explicado arriba es el instante actual, donde principalmente se desea obtener la solución.

Obsérvese que las nuevas variables son todas adimensionales, pues tanto r como σ^2 tienen dimensiones del inverso del tiempo, mientras que x y u tienen las mismas dimensiones

---

[14]Para su derivación y más detalles ver, por ejemplo, Capiński y Kopp (2012).

que el precio K. Además, el problema (1.252)-(1.253) no contiene parámetro alguno, por lo que su solución $v(\beta, \alpha)$ es universal: no depende del caso particular que se esté consideran-do ni tampoco de las unidades que se utilicen para el tiempo y para el precio, da igual usar años y dólares, que microsegundos y yenes, por ejemplo. Una vez que se obtenga $v(\beta, \alpha)$, deshaciendo el cambio de variables (1.251), se puede expresar la solución en las unidades que se desee utilizando r, σ y K en dichas unidades (típicamente años para el tiempo y la moneda usada en el mercado financiero para el precio).

De acuerdo con (1.227), la solución de este problema se puede escribir como

$$v(\beta, \alpha) = \int_{-\infty}^{\infty} v_0(\alpha_0) \frac{1}{\sqrt{4\pi\beta}} e^{-\frac{(\alpha-\alpha_0)^2}{4\beta}} \, d\alpha_0 \; ; \tag{1.254}$$

es decir

$$v(\beta, \alpha) = \frac{1}{\sqrt{4\pi\beta}} \int_{0}^{\infty} (e^{\alpha_0} - 1) e^{-\frac{(\alpha-\alpha_0)^2}{4\beta}} \, d\alpha_0 \, , \tag{1.255}$$

donde se ha tenido en cuenta que, de acuerdo con la condición inicial, $v_0(\alpha_0) = 0$ para $\alpha_0 < 0$. Ambos términos del integrando, el multiplicado por e^{α_0} y el afectado por la unidad, se pueden poner en términos de integrales solo de $e^{-z^2/2}$ mediante los cambios de variables de integración

$$z = \frac{\alpha + 2\beta - \alpha_0}{\sqrt{2\beta}} \quad \text{y} \quad z = \frac{\alpha - \alpha_0}{\sqrt{2\beta}} \, ,$$

respectivamente, quedando

$$v(\beta, \alpha) = \frac{1}{\sqrt{2\pi}} e^{\alpha+\beta} \int_{-\infty}^{(\alpha+2\beta)/\sqrt{2\beta}} e^{-z^2/2} dz - \frac{1}{\sqrt{2\pi}} \int_{-\infty}^{\alpha/\sqrt{2\beta}} e^{-z^2/2} dz \, . \tag{1.256}$$

Así, la solución se escribe, como es tradicional en este problema, en términos de la *función de distribución acumulativa de la distribución normal estándar*,

$$\mathcal{N}(\xi) \equiv \frac{1}{\sqrt{2\pi}} \int_{-\infty}^{\xi} e^{-z^2/2} dz \, , \tag{1.257}$$

como

$$v(\beta, \alpha) = e^{\alpha+\beta} \mathcal{N}[(\alpha + 2\beta)/\sqrt{2\beta}] - \mathcal{N}(\alpha/\sqrt{2\beta}) \, . \tag{1.258}$$

La función $\mathcal{N}$ es monótona creciente desde $\mathcal{N}(-\infty) = 0$ hasta $\mathcal{N}(\infty) = 1$. Para los cálculos es más común usar la función error erf, relacionada con $\mathcal{N}$ mediante

$$\mathcal{N}(\xi) = \frac{1}{2}[1 + \text{erf}(\xi/\sqrt{2})] \, , \qquad \text{erf}(\xi) \equiv \frac{2}{\sqrt{\pi}} \int_{0}^{\xi} e^{-z^2} dz \, . \tag{1.259}$$

En términos de las variables originales y utilizando la notación estándar en el modelo de Black-Scholes (excepto que en vez de la variable x se suele utilizar S para el precio),

$$u(t, x) = x\mathcal{N}(d_1) - Ke^{-r(T-t)}\mathcal{N}(d_2) \, , \tag{1.260}$$

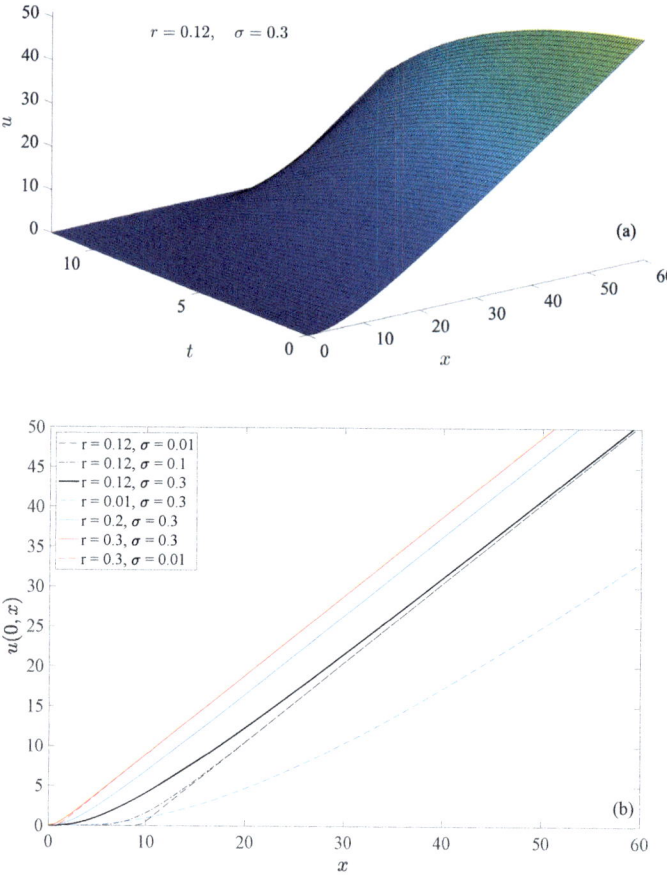

Figura 1.17: (a): $u(t, x)$ dado por (1.260)-(1.261) para $r = 0{,}12$, $\sigma = 0{,}3$, $T = 12$ y $K = 40$. (b): $u(0, x)$ dado por la fórmula de Black-Scholes (1.262)-(1.263) correspondiente a la figura (a) (linea gruesa negra) y para otros valores de r y σ indicados en la leyenda, todos con $T = 12$ y $K = 40$.

con

$$d_1 = \frac{\ln \frac{x}{K} + \left(r + \frac{\sigma^2}{2}\right)(T - t)}{\sigma\sqrt{T - t}} , \quad d_2 = d_1 - \sigma\sqrt{T - t} . \tag{1.261}$$

Para $t = 0$,

$$u(0, x) = x\mathcal{N}(d_{10}) - Ke^{-rT}\mathcal{N}(d_{20}) , \tag{1.262}$$

con

$$d_{10} = \frac{\ln \frac{x}{K} + \left(r + \frac{\sigma^2}{2}\right) T}{\sigma \sqrt{T}} \,, \quad d_{20} = d_{10} - \sigma \sqrt{T} \,, \tag{1.263}$$

que es la *fórmula de Black-Scholes*. Obsérvese que para $x \to \infty$, $\mathcal{N}(d_i) \to 1$, $i = 1, 2$, y $u(0, x) \to x - Ke^{-rT}$, que es consistente con el modelo, pues si uno invierte $x - Ke^{-rT}$, al interés fijo r, el valor después de un tiempo T es $e^{rT}(x - Ke^{-rT}) = e^{rT}x - K$, siendo $e^{rT}x$ el valor del activo en el tiempo T si el interés r es constante.

La figura 1.17 muestra algunos resultados obtenidos con las formulas analíticas anteriores. Se observa en la Fig. 1.17(b) que el valor en $t = 0$ obviamente crece con el tipo de interés r para todo precio x y varía relativamente poco con la volatilidad σ, tanto menos cuanto mayor es x.

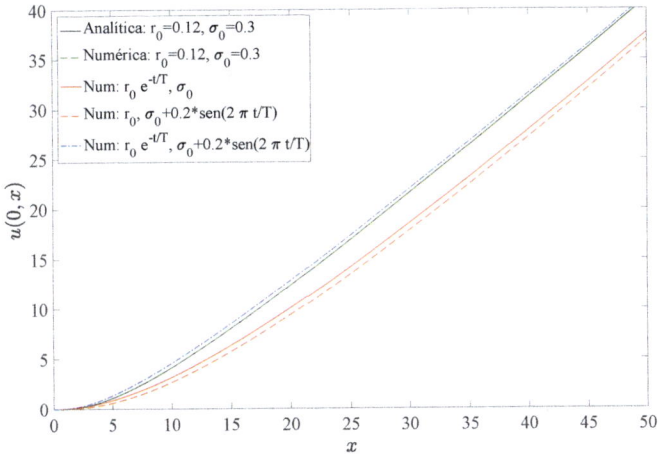

Figura 1.18: $u(0, x)$ obtenidos numéricamente para r y σ variables con el tiempo de acuerdo con las funciones especificadas en la leyenda. Se incluye también la comparación entre la solución numérica y la analítica para los valores constantes de r y σ en torno a los cuales varían temporalmente (las dos curvas coinciden y no se distinguen en la figura). Todas las soluciones son para $T = 12$ y $K = 40$.

1.2.7.2. Comparación con la solución numérica para r y σ variables

Si los parámetros r y σ que aparecen en la ecuación de Black-Scholes (1.249) no fuesen constantes, no habría más remedio que resolver la ecuación numéricamente. La figura 1.18 muestra algunos resultados numéricos de $u(0, x)$ cuando r y σ dependen del tiempo y los compara con la solución analítica anterior para valores similares, pero constantes, de esos parámetros.

Para la resolución numérica se usa el paquete de EDPs formuladas mediante coeficientes del software comercial COMSOL Multiphysics (v: 6.2). Todos los casos de la Fig. 1.18 son para

$K = 40$ y $T = 12$, y se han resuelto en el intervalo $0 \le x \le 120$ con 120 elementos en x, concentrados cerca de $x = 0$, con un incremento de tiempo controlado por la física y partiendo de la condición final (1.250) en $t = T$ *avanzando* hacia $t = 0$.

Primero se compara en la Fig. 1.18 la solución analítica con la numérica para $r = r_0 = 0,12$ y $\sigma = \sigma_0 = 0,3$, que no se pueden distinguir en la figura, validando así la integración numérica. Las expresiones $r(t)$ y $\sigma(t)$ utilizadas en las simulaciones numéricas corresponden a un decaimiento del tipo de interés a lo largo del período T y a una fluctuación de la volatilidad alrededor de σ_0:

$$r = r_0 e^{-t/T}, \qquad \sigma = \sigma_0 + 0,2\,\mathrm{sen}(2\pi t/T)\,.$$

El valor del activo u baja tanto si el decaimiento de r o la fluctuación de sigma actúan por separado, pero curiosamente aumenta ligeramente cuando ambos efectos actúan conjuntamente.

1.2.8.   Ejercicios propuestos

1. En ausencia de cargas eléctricas, el potencial eléctrico ϕ, definido como $\mathbf{E} = -\boldsymbol{\nabla}\phi$, donde $\mathbf{E}$ es el campo eléctrico, satisface la ecuación de Laplace, $\nabla^2\phi = 0$ (ver, por ejemplo, Jackson, 1975, §1.7). Por lo tanto, en dos dimensiones, se puede utilizar el resultado general de §1.2.4.2 para obtener $\phi(x,y)$ como la parte real (o la imaginaria) de una función diferenciable en la variable compleja $z = x + iy$ que satisfaga las condiciones de contorno apropiadas.

   Utilizando este resultado, encontrar el potencial eléctrico fuera de un cilindro conductor de radio a, en cuya superficie se supone que $\phi = 0$, inmerso en un campo eléctrico que lejos del cilindro es uniforme en la dirección x, dado por $\mathbf{E} = E_0\mathbf{e}_x$. Para ello buscar una función analítica compleja $u(z)$ cuya parte real $\phi(x,y)$ satisfaga las dos condiciones de contorno: $\phi = 0$ para $x^2 + y^2 = a^2$ y $\phi \to -E_0 x$ para $x^2 + y^2 \to \infty$.

   Demostrar también que la parte imaginaria $\psi(x,y)$ de la función $u(z)$, que por supuesto debe satisfacer también la ecuación de Laplace $\nabla^2\psi = 0$, representa las líneas del campo eléctrico; es decir, que el campo eléctrico resultante es tangente a las líneas $\psi = $ constante.

2. Hallar la solución del siguiente problema de Cauchy para una ecuación hiperbólica con coeficientes constantes no homogénea:

$$u_{xy} - 3u_{xy} + 2u_{yy} = x^2 + y^2 + 3xy\,,$$

$$u = u_y = 1 \quad \text{para} \quad y = 0\,, \quad \forall x\,.$$

3. Aplicando el método descrito al final de § 1.2.4.3, obtener la solución del siguiente problema gobernado por una ecuación parabólica lineal:

$$\frac{\partial u}{\partial t} = u + \frac{\partial^2 u}{\partial x^2}\,, \quad u(t, \pm\infty) = 0\,, \quad u(0,x) = e^{-x^2}\,.$$

Con la solución obtenida hallar también una aproximación analíticamente más simple para t muy grande.

Por otro lado, comprobar que la ecuación admite soluciones del tipo

$$u(t, x) = f(\zeta), \quad \text{con} \quad \zeta = x - ct,$$

donde c es una constante. Hallar la ecuación diferencial ordinaria que debe satisfacer $f(\zeta)$ y escribir la solución para $c \geq 2$. ¿Tiene alguna relación esta solución de semejanza con forma de onda viajera [ver § 2.4.2.2] con la solución obtenida anteriormente?

1.3. SISTEMAS DE ECUACIONES CASI LINEALES DE PRIMER ORDEN

1.3.1. Características

La clasificación hecha en la sección anterior (en particular, en § 1.2.2) de las ecuaciones diferenciales en derivadas parciales no es exclusiva de las ecuaciones casi lineales de segundo orden con dos variables independientes, sino que es extensible a cualquier ecuación, o sistema de ecuaciones, en derivadas parciales de cualquier orden y número de variables independientes. Para tratar en general este problema basta con considerar un sistema de n de ecuaciones casi lineales de primer orden, ya que cualquier ecuación de orden arbitrario se puede escribir como un conjunto de ecuaciones de primer orden. Así, por ejemplo, la ecuación de segundo orden (1.159) se puede escribir como un sistema de tres ecuaciones de primer orden para las variables dependientes $u(x, y)$, $p(x, y) = \partial u/\partial x$ y $q(x, y) = \partial u/\partial y$:

$$\frac{\partial u}{\partial x} = p, \quad \frac{\partial u}{\partial y} = q, \quad A\frac{\partial p}{\partial x} + 2B\frac{\partial p}{\partial y} + C\frac{\partial q}{\partial y} = D. \tag{1.264}$$

Por simplicidad se considerará el sistema de ecuaciones casi lineales de primer orden con **solo dos variables independientes**,

$$\sum_{j=1}^{n} \left[a_{ij}\frac{\partial u_j}{\partial x} + b_{ij}\frac{\partial u_j}{\partial y} \right] = c_i, \quad i = 1, \ldots, n, \tag{1.265}$$

donde a_{ij}, b_{ij} y c_i son funciones de u_i, x e y, mientras que las variables dependientes que se desean determinar, $u_1, u_2, \ldots, u_n$, son funciones de x e y. Para estudiar este sistema de ecuaciones es conveniente utilizar una notación vectorial, con los vectores columna $\mathbf{u} = [u_i]$ y $\mathbf{c} = [c_i]$, y las matrices cuadradas $\mathsf{A} = [a_{ij}]$ y $\mathsf{B} = [b_{ij}]$. Con esta notación (1.265) se escribe

$$\mathsf{A} \cdot \mathbf{u}_x + \mathsf{B} \cdot \mathbf{u}_y = \mathbf{c}, \tag{1.266}$$

donde de nuevo se han usado los subíndices x e y para indicar las derivadas parciales con respecto a esas variables. Como anteriormente, se buscará solución en el plano (x, y) que satisface la condición *inicial* dada por un valor conocido de la función vectorial $\mathbf{u}$ en una curva Γ del dicho plano; es decir, el problema de Cauchy para un sistema de ecuaciones en derivadas parciales de primer orden. La ecuación (1.266) es similar a la ecuación (1.1), lo cual sugiere un método de solución similar. La pregunta que se hace uno es la misma: si se conoce $\mathbf{u}$ en un punto $P(x, y)$, ¿cómo se determinaría $\mathbf{u}$ en un punto cercano $Q(x + dx, y + dy)$ sin tener que calcular las derivadas parciales $\mathbf{u}_x$ y $\mathbf{u}_y$?

La variación en $\mathbf{u}$ correspondiente a un pequeño cambio en x e y es

$$d\mathbf{u} = \mathbf{u}_x dx + \mathbf{u}_y dy \, . \tag{1.267}$$

Despejando $\mathbf{u}_y$ y sustituyendo en (1.266), se obtiene

$$\left(A - B \, \frac{dx}{dy} \right) \cdot \mathbf{u}_x + B \cdot \frac{d\mathbf{u}}{dy} = \mathbf{c} \, , \tag{1.268}$$

que es equivalente a la ecuación (1.4). Allí se elegía dx/dy de forma que desapareciera el término en u_x. Sin embargo, aquí no es posible tomar dx/dy tal que $A - B \, dx/dy = 0$, ya que eso implicaría que dx/dy tendría que satisfacer n^2 ecuaciones lineales, dando lugar a n^2 soluciones, y solo pueden existir, a lo sumo, n características para determinar las n incógnitas $\mathbf{u}$ en el punto cercano Q. Lo que se hace es multiplicar la ecuación (1.268) por un vector $\boldsymbol{\lambda} = [\lambda_i]$ y elegirlo de forma que

$$\boldsymbol{\lambda}^T \cdot \left(A - B \, \frac{dx}{dy} \right) = 0 \, . \tag{1.269}$$

Esta expresión constituye un sistema de n ecuaciones lineales para las n componentes del vector $\boldsymbol{\lambda}$. Como el sistema es homogéneo, tendrá soluciones solo para aquellos valores de dx/dy que satisfacen

$$\det \left[A - B \, \frac{dx}{dy} \right] = 0 \, . \tag{1.270}$$

Por lo tanto, hay n direcciones características (n soluciones dx/dy, funciones de x e y) a lo largo de las cuales, de acuerdo con (1.268) y (1.269), se tiene

$$\boldsymbol{\lambda}^T \cdot B \cdot \frac{d\mathbf{u}}{dy} = \boldsymbol{\lambda}^T \cdot \mathbf{c} \, , \tag{1.271}$$

donde $\boldsymbol{\lambda}$ es el autovector asociado a cada autovalor dx/dy. La ecuación (1.271) constituye, pues, una relación característica a lo largo de cada una de las direcciones características obtenidas mediante (1.270).

Obviamente, el método solo se puede utilizar para resolver analítica o numéricamente el sistema de ecuaciones a partir de una condición de contorno en la que $\mathbf{u}$ está fijado en una cierta curva $\Gamma(x, y) = 0$ (problema de Cauchy) si todas las raíces de (1.270) son reales y distintas, en cuyo caso el sistema de ecuaciones en derivadas parciales se denomina hiperbólico. Si la ecuación (1.270) no tuviera raíz real alguna, el sistema de ecuaciones se denomina elíptico, con todas las direcciones características y relaciones características complejas, no teniendo solución un problema de Cauchy. Si algunas de las raíces reales fuesen iguales, el problema de Cauchy tampoco estaría bien puesto y no se podría resolver por el método de las características. El sistema puede ser híbrido, con raíces reales y complejas, y tampoco se podría resolver por el método de las características.

El método se puede extender fácilmente a sistemas de EDPs de primer orden con **más de dos variables independientes** (ver, por ejemplo, Courant y Hilbert, 1989, vol. II, cap. VI). Sin embargo, a diferencia de una sola EDP de primer orden, donde el método de las características aplicado a una ecuación con más de dos variables independientes no es sustancialmente más complejo que cuando solo hay dos (ver §1.1.1.3), la implementación del método a un sistema como el (1.266) con más de dos variables independientes sí que se complica bastante algebraicamente y muy rara vez permiten una solución analítica del problema. Además, como método numérico, el método de las características deja de ser competitivo con respecto a otros métodos para resolver estos sistemas de ecuaciones cuando tienen más de dos variables independientes.

1.3.2. Ecuaciones de Cauchy-Riemann

Como ejemplo de aplicación elemental del método de las características anterior a un sistema de EDPs de primer orden se consideran las ecuaciones (o condiciones) de Cauchy-Riemann para dos funciones que se designarán por $\phi(x, y)$ y $\psi(x, y)$:

$$\phi_x = \psi_y\,, \qquad \phi_y = -\psi_x\,. \tag{1.272}$$

Como se verá, este sistema no es hiperbólico, sino elíptico, con características complejas. Pero, aparte de ser un ejemplo sencillo que permite ilustrar fácilmente el procedimiento descrito en §1.3.1, aunque las características no sean reales, la solución mediante las características tiene la enorme relevancia de demostrar una de las propiedades fundamentales de las funciones analíticas de la variable compleja.

Si se define

$$\mathbf{u} = \left(\begin{array}{c} \phi \\ \psi \end{array} \right)\,, \quad A = \left(\begin{array}{cc} 1 & 0 \\ 0 & 1 \end{array} \right)\,, \quad B = \left(\begin{array}{cc} 0 & -1 \\ 1 & 0 \end{array} \right)\,, \tag{1.273}$$

la ecuación (1.272) se escribe

$$A \cdot \mathbf{u}_x + B \cdot \mathbf{u}_t = 0\,. \tag{1.274}$$

Las direcciones características vienen dadas por (1.270),

$$\det\left[A - B\,\frac{dx}{dy} \right] = \det\left[\begin{array}{cc} 1 & \frac{dx}{dy} \\ -\frac{dx}{dy} & 1 \end{array} \right] = 0\,, \quad \frac{dx}{dy} = \pm i\,. \tag{1.275}$$

Es decir, las dos características son complejas conjugadas,

$$\mathcal{C}^+ : \quad x - iy = \alpha\,; \quad \mathcal{C}^- : \quad x + iy = \beta\,, \tag{1.276}$$

con α y β constantes complejas. Los correspondientes autovectores $\boldsymbol{\lambda}$ vienen dados por (1.269),

$$\boldsymbol{\lambda}^T \cdot \left(\mathsf{A} - \mathsf{B}\,\frac{dx}{dy} \right) = (\lambda_1, \lambda_2) \cdot \left(\begin{array}{cc} 1 & \pm i \\ \mp i & 1 \end{array} \right) = 0 \,, \tag{1.277}$$

que, haciendo $\lambda_2 = 1$ (el sistema es homogéneo y se puede elegir una de las componentes de $\boldsymbol{\lambda}$), proporciona

$$\boldsymbol{\lambda}^+ = \left(\begin{array}{c} i \\ 1 \end{array} \right) \,, \quad \boldsymbol{\lambda}^- = \left(\begin{array}{c} -i \\ 1 \end{array} \right) \,. \tag{1.278}$$

Finalmente, las dos ecuaciones características (1.271) son ahora

$$\mathcal{C}^+ : \quad \frac{d}{dy}(\phi - i\psi) = 0 \quad \text{sobre} \quad x - iy = \alpha \,, \tag{1.279}$$

y

$$\mathcal{C}^- : \quad \frac{d}{dy}(\phi + i\psi) = 0 \quad \text{sobre} \quad x + iy = \beta \,. \tag{1.280}$$

La ecuación (1.280) dice que la combinación de ϕ y ψ dada por $f \equiv \phi + i\psi$ permanece constante cuando β es constante, es decir, no es una función de x e y por separado, sino de la variable $z \equiv \beta = x + iy$. Análogamente, (1.279) dice que $f^* \equiv \phi - i\psi$ es una función de $z^* \equiv \alpha = x - iy$. Por tanto, cualquier par de funciones $\phi(x, y)$ y $\psi(x, y)$ que satisfagan las ecuaciones (condiciones) de Cauchy-Riemann (1.272) constituyen la parte real e imaginaria de alguna función de la variable compleja $f(z)$. Esta función $f(z)$ es analítica (o diferenciable con respecto a la variable compleja z), pues las condiciones (1.272) aseguran que la derivada parcial de $\phi + i\psi$ es la misma en cualquier dirección del plano complejo $z = x + iy$. Por otro lado, si se halla la derivada parcial de la primera ecuación en (1.272) con respecto a x y la derivada parcial con respecto a y de la segunda, y se elimina ψ_{xy}, se tiene que ϕ debe satisfacer la ecuación de Laplace, $\phi_{xx} + \phi_{yy} = 0$. De la misma manera, derivando la primera con respecto a y y la segunda con respecto a x se obtiene la misma ecuación para ψ, $\psi_{xx} + \psi_{yy} = 0$. Es decir, las condiciones de Cauchy-Riemann (1.272) implican que ambas funciones son *potenciales* (satisfacen la ecuación de Laplace). Los resultados de esta sección corroboran, obviamente, lo visto en §1.2.4.2; a saber, que la solución general de la ecuación de Laplace en dos dimensiones se puede escribir como la parte real, o la parte imaginaria, de cualquier función analítica de la variable compleja.

1.3.3. Integración numérica de sistemas de EDPs totalmente hiperbólicos por el método de las características

Es evidente que el método de las características es especialmente útil cuando posibilita la obtención de soluciones analíticas de ecuaciones, o sistemas de ecuaciones, en derivadas parciales. Pero, desgraciadamente, esto es solo posible en problemas muy particulares, algunos de cuyos ejemplos físicamente más relevantes se describen a lo largo de este capítulo. En el caso de EDPs de primer orden, ya se ha visto que, aunque no sea posible obtener una solución analítica cerrada, el problema se reduce a resolver numéricamente un sistema de EDOs, que a efectos prácticos es casi como disponer de una solución analítica. En cambio, para sistemas de mayor orden o, en general, para un sistema de EDPs de primer orden como el (1.266), la resolución numérica por el método de las características se complica debido a que para obtener la solución en un punto hay que resolver numéricamente ecuaciones sobre distintas características que confluyen en ese punto (como en el ejemplo de § 1.2.6). En esta sección se va a describir un esquema general de integración numérica de un sistema de EDPs como (1.266) totalmente hiperbólico por el método de las características.

(a)   (b)

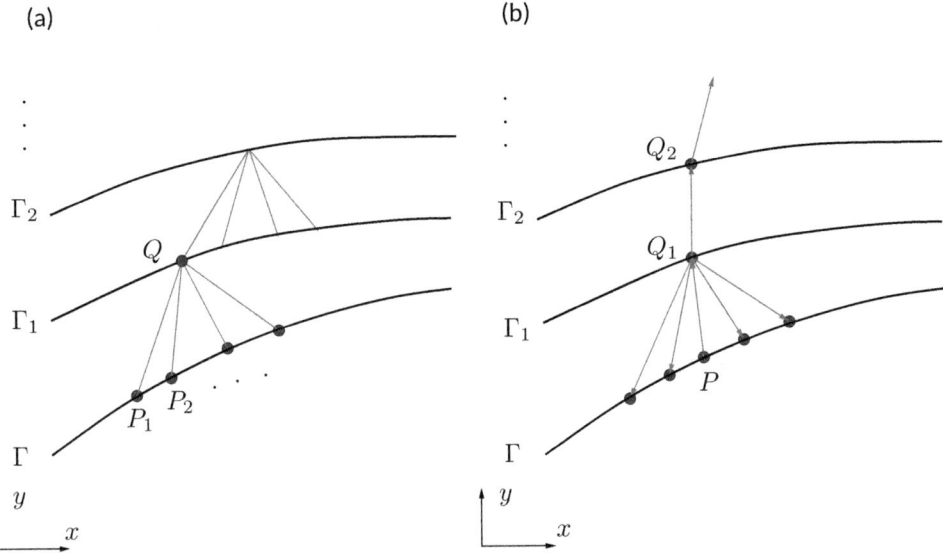

Figura 1.19: Esquema de la integración numérica por el método de las características cuando A, B y c en (1.266) solo dependen de x e y (a), y cuando además dependen de la solución $\mathbf{u}$ (b).

Si el sistema de ecuaciones (1.266) es lineal, es decir, si A, B y c son funciones solo de x e y, la ecuación (1.271) proporciona explícitamente n ecuaciones diferenciales para las n características en el plano (x, y). Así, si se conoce $\mathbf{u}$ en una cierta curva Γ sobre el plano (que no sea tangente a ninguna característica) y se quiere conocer $\mathbf{u}$ en un punto Q próximo a Γ, la ecuación (1.271), que se puede escribir como

$$\boldsymbol{\lambda}^T \cdot \text{B} \cdot d\mathbf{u} = \boldsymbol{\lambda}^T \cdot \mathbf{c}\, dy\,, \tag{1.281}$$

proporciona n ecuaciones algebraicas lineales[15] para los valores de las n componentes de $\mathbf{u}$, u_j, en el punto Q, en función de los valores de $\mathbf{u}$ en los n puntos P_i de intersección con la curva Γ de las n características que pasan por Q. Para proceder numéricamente de forma

---

[15]Ecuaciones en diferencias similares a (1.171)-(1.172), pero allí eran para las derivadas parciales de u, p y q, que serían componentes de $\mathbf{u}$ si (1.159) se escribiera como (1.264).

sistemática, se toma una curva Γ_1 próxima a Γ y, para cada punto Q de Γ_1 que se estime necesario, se trazan hacia atrás las n características que pasan por él para obtener los puntos P_i, $i = 1, 2, \ldots, n$, de intersección con Γ [ver Fig. 1.19(a)]. Como en estos puntos se conoce $\mathbf{u}$, se pueden escribir n ecuaciones algebraicas lineales para las n componentes de $\mathbf{u}$ en el punto Q usando (1.281). Una vez que la solución $\mathbf{u}$ se ha obtenido en un número suficiente de puntos de la curva Γ_1, el procedimiento se repite para sucesivas curvas $\Gamma_2, \Gamma_3, \ldots$, que se elegirán de manera que no sean tangentes a ninguna característica.

Si A, B y c son también funciones de $\mathbf{u}$, el procedimiento numérico se complica debido a que no se pueden trazar las características que pasan por Q sin conocer el valor de $\mathbf{u}$ en dicho punto, que es lo que se quiere obtener. Se puede utilizar, sin embargo, algún procedimiento iterativo, como por ejemplo el que se describe a continuación. Se toman una serie de curvas $\Gamma_1, \Gamma_2, \ldots$ en donde se quiere determinar la solución [ver Fig. 1.19(b)]. Los puntos Q_i de estas curvas en donde se va a calcular $\mathbf{u}$ se toman como aquellos que genera la intersección de una de las características (por ejemplo, en muchas ocasiones se puede usar la característica correspondiente a las trayectorias o a los rayos) que pasa por cada punto P de la curva inicial Γ sobre las curvas Γ_i (por supuesto Γ_i no es nunca tangente a ninguna característica). En estos puntos de intersección Q_i se toma, como primera iteración, el valor de $\mathbf{u}$ del punto del que procede. Así, $\mathbf{u}_{Q_1}^{(1)} = \mathbf{u}_P$, donde el superíndice denota la iteración. Con este valor inicial de $\mathbf{u}$ se trazan las n características que pasan por Q_i resolviendo (1.270), y se hallan sus intersecciones con la curva Γ_{i-1}. Como en estos puntos de intersección ya se conoce $\mathbf{u}$ (bien porque sea la curva inicial Γ, o bien porque ya se ha resuelto el problema hasta Γ_{i-1}), se pueden escribir las n ecuaciones lineales algebraicas (1.281) que proporcionan un valor corregido $\mathbf{u}^{(2)}$ de la solución $\mathbf{u}$. Con este nuevo valor de $\mathbf{u}$ se calculan las características corregidas, y el proceso se repite hasta que converja con la precisión deseada.

Este método proporciona la solución en una malla (que puede ser tan fina como se quiera) compuesta por las curvas Γ_i, que se eligen de forma que nunca sean tangentes a las características y que no corten a Γ, y por las curvas generadas por una determinada característica (por ejemplo, las trayectorias), partiendo de puntos de la curva inicial Γ. La solución en puntos distintos a los que se generan con esta malla se puede obtener por interpolación.

Antes de analizar algunas soluciones analíticas clásicas de sistemas de EDPs de primer orden por el método de las características, se verá a continuación un ejemplo sencillo de implementación del procedimiento numérico anterior basado en el método de las características para un sistema de dos EDPs lineales. El procedimiento numérico es generalmente más eficiente que cualquier otro en problemas bidimensionales como (1.266),[16] incluso para sistemas no lineales con muchas ecuaciones y, por consiguiente, con muchas características sobre las que discretizar las ecuaciones (1.281).Sin embargo, como se comentó en §1.3.1, para problemas tridimensionales gobernados por sistemas hiperbólicos de EDPs, aunque el método de las características también se puede aplicar para implementar un procedimiento numérico similar al descrito arriba, el método numérico deja de ser competitivo con respecto a otras técnicas numéricas (ver, por ejemplo, Anderson, 1990, §10.10 y siguientes). A pesar de ello, siempre es conveniente tener en cuenta el método de las características como guía para

---

[16]Ver, por ejemplo, § 1.2.6.2.

la correcta implementación de cualquier procedimiento numérico para resolver un sistema hiperbólico de EDPs.

1.3.4. Transferencia de calor entre una corriente fluida uniforme y un medio poroso

Si se desprecia la conducción de calor dentro de cada fase, el problema unidireccional viene gobernado por las siguientes EDPs lineales para las temperaturas adimensionales $T(x,t)$ y $T_p(x,t)$ del fluido y del sólido del medio poroso, respectivamente:[17]

$$\frac{\partial T}{\partial t} + \frac{\partial T}{\partial x} = -\Lambda(T - T_p), \quad \frac{\partial T_p}{\partial t} = \Lambda_p(T - T_p), \quad t \geq 0, \quad 0 \leq x \leq 1, \quad (1.282)$$

donde se ha supuesto que la velocidad del líquido es constante (se ha usado, junto con el espesor del medio poroso, para escalar las variables adimensionales, por eso todas las derivadas parciales aparecen multiplicadas por la unidad). Λ y Λ_p son coeficientes adimensionales de transferencia de calor entre las dos fases. Se quiere resolver este problema con las condiciones (iniciales y de contorno)

$$T(x,0) = T_p(x,0) = 0,^{[18]} \quad T(0,t) = T_1. \quad (1.283)$$

Si se define el vector, $\mathbf{u} = (T, T_p)^T$, las ecuaciones (1.282) se pueden escribir como

$$\mathsf{A} \cdot \mathbf{u}_x + \mathsf{B} \cdot \mathbf{u}_t = \mathbf{c}, \quad (1.284)$$

con

$$\mathsf{A} = \begin{pmatrix} 1 & 0 \\ 0 & 0 \end{pmatrix}, \quad \mathsf{B} = \begin{pmatrix} 1 & 0 \\ 0 & 1 \end{pmatrix}, \quad \mathbf{c} = \begin{pmatrix} -\Lambda(T - T_p) \\ \Lambda_p(T - T_p) \end{pmatrix}. \quad (1.285)$$

La curva Γ en el plano (x,t) donde está definida la condición de contorno (1.283) está constituida por los semiejes $t = 0$ para $0 \leq x \leq 1$ y $x = 0$ para $t \geq 0$.

De acuerdo con (1.270), las dos características vienen dadas por

$$\det\left[\mathsf{A} - \mathsf{B}\frac{dx}{dy}\right] = \det\begin{bmatrix} 1 - \frac{dx}{dt} & 0 \\ 0 & -\frac{dx}{dt} \end{bmatrix} = 0, \quad (1.286)$$

que proporciona dos familias de rectas en el plano (x,t),

$$\mathcal{C}^+ : \quad \frac{dx}{dt} = 1; \quad \mathcal{C}^- : \quad \frac{dx}{dt} = 0. \quad (1.287)$$

Las dos características son reales y el sistema es hiperbólico, susceptible de ser resuelto por el método de las características. Obviamente, se podría haber llegado a la misma conclusión

---

[17] Schumann (1929).

[18] Obsérvese que T y T_p son realmente diferencias de temperaturas, con respecto a la temperatura inicial, adimensionales.

utilizando la correspondiente ecuación de segundo orden en la que solo interviene una de las variables. Por ejemplo, derivando con respecto a t la primera ecuación en (1.282) y sustituyendo la segunda y luego otra vez la primera sin derivar, se llega a la siguiente ecuación de segundo orden para T:

$$\frac{\partial^2 T}{\partial t^2} + \frac{\partial^2 T}{\partial t \partial x} = -(\Lambda + \Lambda_p)\frac{\partial T}{\partial t} - \Lambda_p \frac{\partial T}{\partial x}.$$

Utilizando la notación de (1.159), $A = 1$, $B = 1/2$ y $C = 0$, por lo que el discriminante (1.170) es $\Delta = 1/4 > 0$ y la ecuación es hiperbólica, con características dadas por (1.169) (ahora x es t e y es x):

$$\left(\frac{dx}{dt}\right)^2 - \frac{dx}{dt} = 0 \quad \rightarrow \quad \left(\frac{dx}{dt}\right)^+ = 1, \quad \left(\frac{dx}{dt}\right)^- = 0,$$

que coinciden con (1.287).

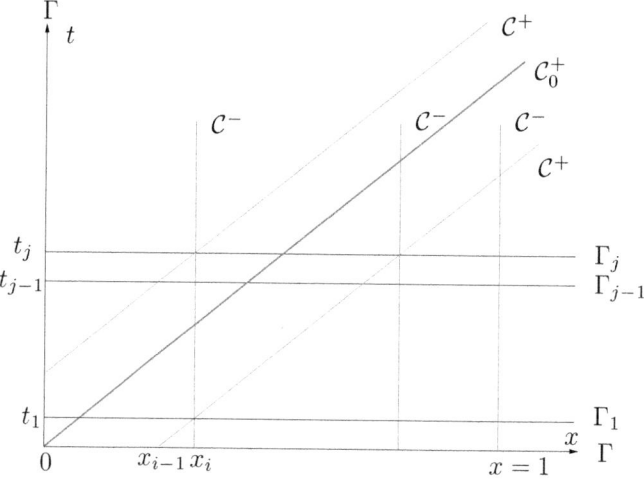

Figura 1.20: Esquema de las características y de la integración numérica de (1.289) y (1.290).

Volviendo al sistema (1.282), de acuerdo con (1.269), los dos autovectores correspondientes son

$$\mathcal{C}^+: \quad \boldsymbol{\lambda} = \begin{pmatrix} 1 \\ 0 \end{pmatrix}; \quad \mathcal{C}^-: \quad \boldsymbol{\lambda} = \begin{pmatrix} 0 \\ 1 \end{pmatrix}, \tag{1.288}$$

de manera que las dos ecuaciones características (1.271) para este problema son

$$\mathcal{C}^+: \quad \frac{dT}{dt} = -\Lambda(T - T_p) \quad \text{sobre} \quad x = t + x_0^+, \tag{1.289}$$

$$\mathcal{C}^-: \quad \frac{dT_p}{dt} = \Lambda_p(T - T_p) \quad \text{sobre} \quad x = x_0^-, \tag{1.290}$$

donde los parámetros x_0^+ y x_0^- definen cada una de las dos familias de características. Estas dos ecuaciones características son bastante evidentes a la vista de las ecuaciones (1.282), pues el lado izquierdo de la primera es la variación de T para un observador que se mueve en rectas del plano (x, t) dadas por $dx/dt = 1$, mientras que el lado izquierdo de la segunda, la derivada parcial de T_p con respecto a t, evidentemente es la variación de T_p para un observador que se mueve sobre rectas $dx/dt = 0$.

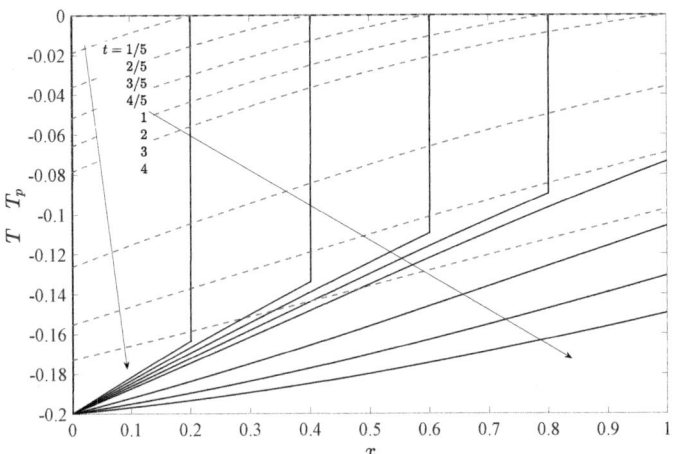

Figura 1.21: Perfiles de T (líneas continuas) y de T_p (líneas discontinuas) para $t = 1/5, 2/5, 3/5, 4/5, 1, 2, 3$ y 4, obtenidas resolviendo numéricamente (1.289) y (1.290) por el método de las características con $\Delta x = \Delta t = 10^{-3}$, para $\Lambda = 1, \Lambda_p = 1/2$ y $T_1 = -0,2$.

Para implementar numéricamente las ecuaciones (1.289) y (1.290) sobre las características es conveniente tomar $\Delta x = \Delta t$ para que la malla sea equiespaciada en x y en t y así no tener que interpolar al integrar (1.289) sobre las características $\mathcal{C}^+$ (ver Fig. 1.20). Se usan, por ejemplo, $N + 1$ nodos entre $0 \leq x \leq 1$, que se designan por $x_i = (i - 1)\Delta x$, con $\Delta_x = 1/N$ e $i = 1, 2, \ldots, N + 1$. Llamando $t_j = (j - 1)\Delta t = (j - 1)/N, j = 1, 2, \ldots$ a los sucesivos instantes de tiempo, y T_i^j y $T_{p,i}^j$ a los correspondientes valores de T y T_p en (x_i, t_j), la forma discreta de las ecuaciones (1.289) y (1.290) sobre las características para cada $j > 1$ se puede escribir como (con errores de primer orden en $\Delta x = \Delta t = 1/N$)

$$\mathcal{C}^+ : \quad \frac{T_i^j - T_{i-1}^{j-1}}{\Delta t} = -\Lambda(T_{i-1}^{j-1} - T_{p,i-1}^{j-1}), \quad i = 1, 2, \ldots, N + 1, \quad j > 1,$$

$$\mathcal{C}^- : \quad \frac{T_{p,i}^j - T_{p,i}^{j-1}}{\Delta t} = \Lambda_p(T_i^{j-1} - T_{p,i}^{j-1}), \quad i = 1, 2, \ldots, N + 1, \quad j > 1,$$

y, de las condiciones de contorno (1.283),

$$T_i^1 = T_{p,i}^1 = 0, \quad i = 2, \ldots, N + 1,$$

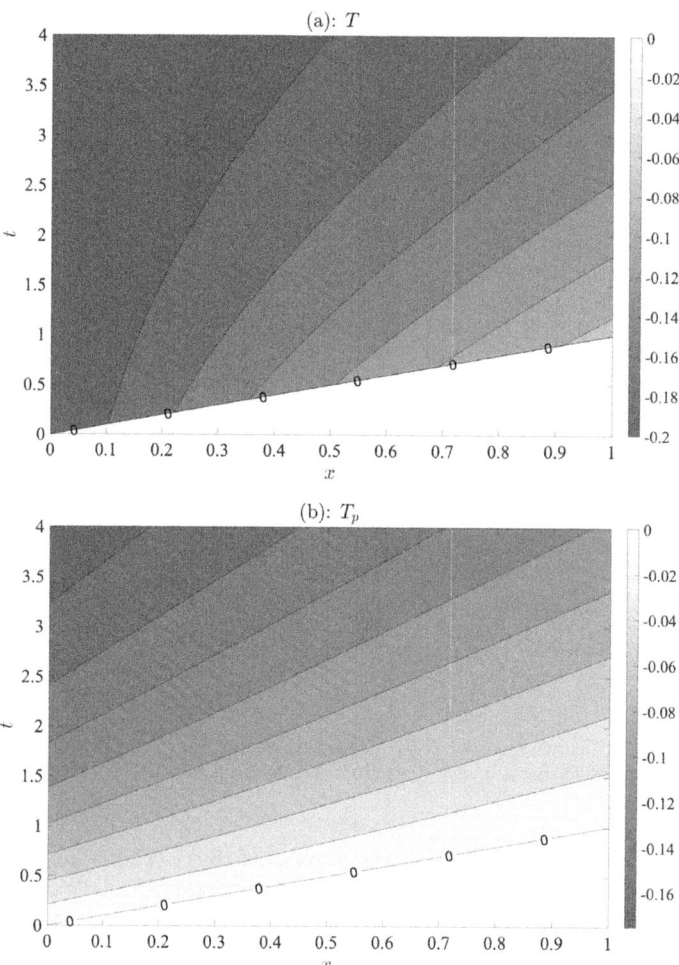

Figura 1.22: Isocontornos de T (a) y de T_p (b) en el plano (x, t) correspondientes a los perfiles representados en la Fig. 1.21. La característica $\mathcal{C}_0^+$, correspondiente a $x = t$, queda marcada con los valores nulos de T y T_p.

y para $\quad i = 1, \quad T_i^j = T_{i-1}^j = T_1, \quad T_{p,i}^j = T_{p,i-1}^j = 0, \quad j = 1, 2, \ldots$.

La figura 1.21 muestra perfiles de T y T_p en función de x para distintos valores de t obtenidos mediante este procedimiento numérico con $N = 1000$ y los valores de los parámetros $\Lambda = 1$, $\Lambda_p = 1/2$ y $T_1 = -0{,}2$. En la Fig. 1.22 se representan los isocontornos de T y T_p en el plano (x, t) para estos mismos valores de los parámetros y $t \leq 4$.

De las ecuaciones características (1.289) y (1.290) se desprende claramente (ver también Fig. 1.20) que tanto T como T_p permanecen en sus valores iniciales $T = T_p = 0$ para $x \geq t$, pues las características $\mathcal{C}^+$ y $\mathcal{C}^-$ que se cortan en esa región proceden todas de esa condición inicial en la curva Γ, por lo que nada cambia en un punto x hasta que la característica $\mathcal{C}_0^+$ que parte del origen, $x = t$, llega hasta ese punto. Esto se ve muy claramente en los isocontornos de la Fig. 1.22. Además, como se aprecia en la Fig. 1.21, la temperatura del líquido para cada $t < 1$ salta en el frente $x = t$, que avanza en el medio poroso por la característica $\mathcal{C}_0^+$,[19] de forma discontinua desde la temperatura que haya alcanzado en ese punto $x = t$ por transferencia de calor con el sólido hasta la temperatura inicial del sólido y del líquido $T = 0$, para permanecer luego constante en ese valor hasta $x = 1$. Esta discontinuidad u onda de choque se *suavizaría* si se hubiera tenido en cuenta en (1.282) la conducción de calor del líquido, que suele ser poco importante en comparación con la transferencia de calor líquido-sólido, salvo en las proximidades de la discontinuidad. La discontinuidad también se aprecia claramente en los isocontornos de T en la Fig. 1.22(a), que arrancan con pendiente discontinua de la característica $x = t$ correspondiente al frente de avance. Esta discontinuidad no se produce en la temperatura del sólido, pero, como se aprecia en la Fig. 1.21, sí que existe una discontinuidad en la pendiente de $T_p(x)$ en $x = t$ para $t < 1$, que también se suavizaría si se hubiera tenido en cuenta la conducción de calor en la ecuación del sólido. Para $t \geq 1$, una vez que el frente del líquido que parte con temperatura T_1 en $x = 0$ haya atravesado el medio poroso, la solución es continua para T, T_p y sus derivadas en todo el dominio $0 \leq x \leq 1$. Al final, para $t \to \infty$, T y T_p tienden a la temperatura del líquido a la entrada T_1.

1.3.5. Movimiento unidimensional isentrópico de un gas

Los ejemplos más clásicos de fenómenos físicos gobernados por sistemas de EDPs completamente hiperbólicos, que se pueden resolver por el método de las características de forma analítica en diversas situaciones, se encuentran en la dinámica de fluidos ideales. Particularmente simples son el movimiento unidimensional isentrópico de un gas, originalmente analizado por Bernhard Riemann, y el problema matemáticamente análogo del movimiento ideal de un líquido en un canal bidimensional.[20] Aquí se considerará el primero de ellos de forma general en la formulación característica (1.270)-(1.271) y se aplicará a un ejemplo concreto, cuya solución analítica simple obtenida por el método de las características se comparará con la solución numérica de las ecuaciones completas de Navier-Stokes. El problema análogo del movimiento de un líquido en un canal bidimensional se deja como ejercicio propuesto 4 en §1.3.8.

Las ecuaciones que describen la evolución en el tiempo t y en la coordenada espacial x de la densidad ρ, la velocidad u y la presión p del movimiento unidireccional e isentrópico de un gas perfecto son (conservación de la masa, cantidad de movimiento y entropía):

$$\rho_t + u\rho_x + \rho u_x = 0 \,. \tag{1.291}$$

$$\rho u_t + \rho u u_x + p_x = 0 \,, \tag{1.292}$$

---

[19] Como ya se ha comentado, una particularidad del método de las características es que si la solución presenta discontinuidades, estas se propagan a través de las características; ver también §§ 1.1.1, 1.3.6.2, 1.3.7.1.

[20] Ver, por ejemplo, Fernández Feria (2005), caps. 24 y 26.

$$\frac{p}{\rho^\gamma} = \text{constante}\,, \tag{1.293}$$

donde γ es una constante de orden unidad (relación de calores específicos). La última ecuación también se puede escribir como

$$\frac{\partial p}{\partial \rho} = \gamma \frac{p}{\rho} \equiv c^2\,, \tag{1.294}$$

siendo $c(x,t)$ la velocidad del sonido del gas, que se puede utilizar como variable dependiente en lugar de u (ver más abajo).

Utilizando (1.294) para escribir en términos de la densidad el término de presión en (1.292), $p_x = c^2 \rho_x$, y siguiendo la notación de (1.266), el sistema de ecuaciones anterior se puede escribir como

$$A \cdot \mathbf{u}_t + B \cdot \mathbf{u}_x = \mathbf{0}\,, \tag{1.295}$$

con

$$\mathbf{u} = \begin{pmatrix} \rho \\ u \end{pmatrix}\,, \tag{1.296}$$

$$A = \begin{pmatrix} 1 & 0 \\ 0 & \rho \end{pmatrix}\,, \qquad B = \begin{pmatrix} u & \rho \\ c^2 & \rho u \end{pmatrix}\,, \tag{1.297}$$

y $\mathbf{c} = \mathbf{0}$. Sustituyendo $\mathbf{u}_t$ de $d\mathbf{u} = \mathbf{u}_x dx + \mathbf{u}_t dt$ en (1.295), se tiene

$$\left(B - A \frac{dx}{dt}\right) \cdot \mathbf{u}_x + A \cdot \frac{d\mathbf{u}}{dt} = 0\,. \tag{1.298}$$

Por tanto, las características vienen dadas por

$$\det \left(B - A \frac{dx}{dt}\right) = 0\,, \tag{1.299}$$

que proporciona dos características reales y distintas (el sistema es siempre hiperbólico):

$$\frac{dx}{dt} = u \pm c\,. \tag{1.300}$$

A lo largo de estas características $\mathbf{u}$ satisface la ecuación

$$\boldsymbol{\lambda}^T \cdot A \cdot \frac{d\mathbf{u}}{dt} = 0\,, \tag{1.301}$$

siendo $\boldsymbol{\lambda}^T \equiv [\lambda_1\,,\ \lambda_2]$ solución de

$$\boldsymbol{\lambda}^T \cdot \left(B - A \frac{dx}{dt}\right) = 0\,. \tag{1.302}$$

Para las dos características (1.300), el cociente λ_1/λ_2 viene dado, respectivamente, por

$$\frac{\lambda_1}{\lambda_2} = \pm c\,, \tag{1.303}$$

de forma que las dos ecuaciones características (1.301) son:

$$c\frac{d\rho}{dt} + \rho\frac{du}{dt} = 0 \quad \text{sobre} \quad \frac{dx}{dt} = u + c \quad (\mathcal{C}^+)\,, \tag{1.304}$$

$$-c\frac{d\rho}{dt} + \rho\frac{du}{dt} = 0 \quad \text{sobre} \quad \frac{dx}{dt} = u - c \quad (\mathcal{C}^-)\,. \tag{1.305}$$

Estas ecuaciones diferenciales se suelen escribir en función de los denominados *invariantes de Riemann*, que no son otra cosa que funciones que se conservan a lo largo de las características $\mathcal{C}^+$ y $\mathcal{C}^-$. Para ello se sustituyen las coordenadas (x, y) por coordenadas (α, β) a lo largo de las características. Es decir, se definen las nuevas coordenadas

$$\alpha = \alpha(x, t)\,, \tag{1.306}$$

$$\beta = \beta(x, t)\,, \tag{1.307}$$

de tal forma que cuando $\alpha = $ constante se recorre una característica $\mathcal{C}^-$ ($dx/dt = u - c$), mientras que $\beta = $ constante corresponde a una característica $\mathcal{C}^+$ ($dx/dt = u + c$). Así, por definición de α y β,

$$\frac{dx}{dt} = u + c = -\frac{\beta_t}{\beta_x} = \frac{x_\alpha}{t_\alpha}\,, \tag{1.308}$$

$$\frac{dx}{dt} = u - c = -\frac{\alpha_t}{\alpha_x} = \frac{x_\beta}{t_\beta}\,, \tag{1.309}$$

donde las últimas igualdades de las dos expresiones anteriores se obtienen de $dx/dt = x_\alpha/t_\alpha$ cuando $\beta = $ constante, y análogamente cuando $\alpha = $ constante. Las ecuaciones (1.304) y (1.305) junto con (1.308)-(1.309) se pueden escribir como

$$c\rho_\alpha + \rho u_\alpha = 0\,, \tag{1.310}$$

$$-c\rho_\beta + \rho u_\beta = 0\,, \tag{1.311}$$

$$x_\alpha = (u + c)t_\alpha\,, \tag{1.312}$$

$$x_\beta = (u - c)t_\beta\,, \tag{1.313}$$

donde se ha tenido en cuenta que sobre $\beta = $ constante (característica $\mathcal{C}^+$) las variaciones de ρ y u son variaciones con respecto a α, y análogamente en $\mathcal{C}^-$.

Se buscan funciones $r(u, \rho)$ y $s(u, \rho)$ (invariantes de Riemann) que sean constantes en $\mathcal{C}^+$ y $\mathcal{C}^-$, respectivamente. De la ecuación (1.310), $r = u + g$, donde

$$g_\alpha = \frac{c\rho_\alpha}{\rho}\,, \tag{1.314}$$

puesto que $r_\alpha = 0$, es decir, $r =$ constante, sobre la característica $\mathcal{C}^+$ ($\beta =$ constante). Por otro lado, de (1.311), $s = -u+g$. Es habitual escribir los invariantes de Riemann de la siguiente forma:

$$2r(\alpha) = u + g = u + \int_{\rho_0}^{\rho} \frac{c(\rho')}{\rho'} d\rho' = \text{const.} \quad \text{sobre} \quad \beta = \text{const.} \quad (\mathcal{C}^+), \qquad (1.315)$$

$$2s(\beta) = g - u = \int_{\rho_0}^{\rho} \frac{c(\rho')}{\rho'} d\rho' - u = \text{const.} \quad \text{sobre} \quad \alpha = \text{const.} \quad (\mathcal{C}^-), \qquad (1.316)$$

donde ρ_0 es una densidad de referencia. En el caso de un gas perfecto, la función $c(\rho)$ es [ver (1.293)-(1.294)]

$$c = \sqrt{\gamma \frac{p}{\rho}} = \sqrt{\gamma A \rho^{\gamma-1}}, \qquad (1.317)$$

donde $A = p/\rho^\gamma$ es una constante. Sustituyendo en (1.315)-(1.316),

$$r = \frac{u}{2} + \frac{\sqrt{A\gamma}}{\gamma - 1}\left(\rho^{(\gamma-1)/2} - \rho_0^{(\gamma-1)/2}\right) = \frac{u}{2} + \frac{c - c_0}{\gamma - 1}, \qquad (1.318)$$

$$s = -\frac{u}{2} + \frac{\sqrt{A\gamma}}{\gamma - 1}\left(\rho^{(\gamma-1)/2} - \rho_0^{(\gamma-1)/2}\right) = -\frac{u}{2} + \frac{c - c_0}{\gamma - 1}. \qquad (1.319)$$

Es decir, $g = \frac{2}{\gamma-1}(c - c_0)$. De estas expresiones está claro que si en vez de (ρ, u) se utiliza (c, u) como variables dependientes, el problema se reduce a

$$\frac{u}{2} + \frac{c}{\gamma - 1} = \text{constante} \quad \text{sobre} \quad \frac{dx}{dt} = u + c \quad (\mathcal{C}^+), \qquad (1.320)$$

$$\frac{u}{2} - \frac{c}{\gamma - 1} = \text{constante} \quad \text{sobre} \quad \frac{dx}{dt} = u - c \quad (\mathcal{C}^-). \qquad (1.321)$$

En muchas situaciones de interés se tiene que el movimiento del gas se produce hacia una región que inicialmente está en reposo y con propiedades uniformes, $u = 0$ y $\rho = \rho_0$. Los invariantes de Riemann de las características $\mathcal{C}^+$ o $\mathcal{C}^-$ que provienen de esa región son especialmente simples y, consecuentemente, la solución del problema se simplifica enormemente. Por ejemplo, si la región está a la derecha, $s = 0$ en las características $\mathcal{C}^-$ que provienen de esa región, de forma que $u = g$. Por tanto, en las características $\mathcal{C}^+$ que se cruzan con esas $\mathcal{C}^-$, $2r = u + g = 2u = 2g = $ constante, con lo que c es también constante y las características $\mathcal{C}^+$ tienen pendiente constante en esa región de cruce, $dx/dt = u + c = $ constante. Análogamente se tendría si la región uniforme y en reposo estuviera a la izquierda: $r = 0$ en las características $\mathcal{C}^+$ que provienen de esa región, con $u = -g$, y con $2s = -u + g = -2u = 2g = $ constante en las características $\mathcal{C}^-$ que se cruzan con ellas, que por tanto tendrían pendiente constante, $dx/dt = u - c = $ constante. Estas regiones del movimiento del gas en las que alguno de los invariantes de Riemann se anula se denominan *ondas simples*. En el apartado siguiente se considerarán las ondas simples de expansión y de compresión que se producen por el movimiento de un pistón, comparando la solución analítica obtenida mediante el método de las características con la solución numérica de las ecuaciones completas de Navier-Stokes.

1.3.6. Ondas no lineales generadas por el movimiento de un pistón

Una onda simple está siempre en contacto con alguna zona en reposo y uniforme del gas, que a su vez está delimitada por características C^+ o/y C^-. Un ejemplo típico donde se producen ondas simples es en el movimiento de un gas en un conducto provocado por el desplazamiento de un pistón, si inicialmente el gas se encuentra en reposo y con densidad uniforme y, por supuesto, se desprecia el efecto de la fricción de acuerdo con las ecuaciones (1.291)-(1.293). Se utilizará este ejemplo para analizar los dos tipos básicos de ondas simples no lineales: ondas de expansión y ondas de compresión.

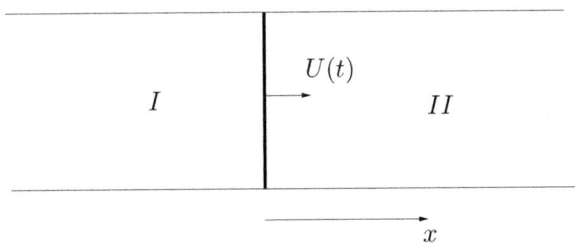

Figura 1.23: Esquema del problema del pistón.

Considérese un tubo que inicialmente contiene un gas en reposo con densidad y presión uniformes ρ_0 y p_0. Un pistón, inicialmente en $x = 0$, se pone en movimiento en $t = 0$ hacia $x > 0$ con velocidad $U(t)$. No todas las partes del gas se ven afectadas por el movimiento del pistón instantáneamente, sino que sendas ondas avanzan desde el pistón hacia ambos lados del mismo y solo las partículas fluidas que han sido alcanzadas por el frente de estas ondas se ven perturbadas de su estado de reposo inicial. En la región del gas de la cual se aleja el pistón (región I en la Fig. 1.23) se produce una onda de expansión, cuyo frente de onda se propaga a la velocidad del sonido $c_0 = \sqrt{\gamma p_0/\rho_0}$ correspondiente al gas en reposo, de acuerdo con la característica C_0^- que sale de $(x = 0, t = 0)$ con pendiente $dx/dt = -c_0$ (ver §1.3.6.1 más abajo). En la región hacia la cual avanza el pistón (región II) se produce una onda de compresión, que generalmente termina desarrollando una onda de choque en su interior, como se verá en la §1.3.6.2.

1.3.6.1. Onda de expansión

Se considerará el caso en el que la velocidad del pistón, originalmente en reposo, aumenta hacia un máximo U_F en un cierto tiempo T. En un diagrama (x, t), la trayectoria del pistón sería como la que se indica con la curva azul en la Fig. 1.24: la pendiente dx_p/dt del pistón iría creciendo desde cero en el origen hasta que alcanza un máximo en el punto F, a partir del cual la trayectoria es rectilínea.

Como todas las características C^+ que parten de $x < 0$ son rectas de pendiente c_0 (no se dibujan en la Fig. 1.24 para no complicar el esquema), con el mismo invariante de Riemann $r = 0$, en todo el gas a la izquierda del pistón (región I de la Fig. 1.23) se tiene $g = -u$. En

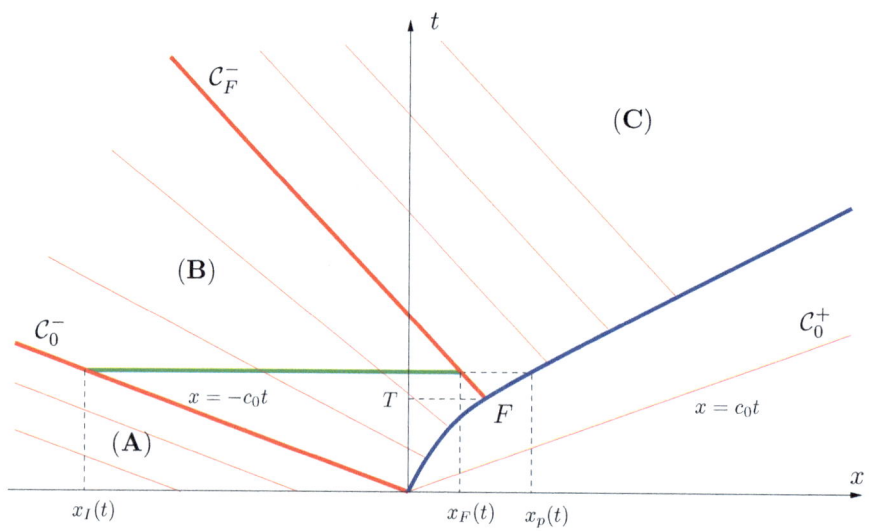

Figura 1.24: Esquema de las características de la onda de expansión.

la región **(A)** de la Fig. 1.24 a la izquierda de la característica $\mathcal{C}_0^-$ que pasa por el origen, al ser $s = 0$ para todas las características $\mathcal{C}^-$ que pasan por el eje $t = 0$ para $x < 0$, se tiene además que $g = u$. Por tanto, en la región **(A)** el gas está todavía sin perturbar: $u = g = 0$, $\rho = \rho_0$. En la región **(B)** entre $\mathcal{C}_0^-$ y la característica $\mathcal{C}_F^-$ que pasa por el punto F, se tiene que, sobre las características $\mathcal{C}^-$, $-u + g = 2g = -2u = $ constante; es decir, $u = U$, $g = \frac{2}{\gamma-1}(c - c_0) = -U$. Estas características son por tanto rectas de pendiente

$$\frac{dx}{dt} = u - c = U - c_0 + \frac{\gamma-1}{2}U = \frac{\gamma+1}{2}U - c_0\,, \qquad (\mathcal{C}^-)\,, \qquad (1.322)$$

que nunca se cortan si U no decrece ($dU/dt \geq 0$). Así, la solución en esta región se puede expresar en términos del parámetro τ (tiempo asociado al movimiento del pistón) de la siguiente forma:

$$x - x_p(\tau) = \left(\frac{\gamma+1}{2}U(\tau) - c_0\right)(t - \tau)\,, \quad x_p(\tau) \equiv \int_0^\tau U(t)dt\,, \qquad (1.323)$$

$$u = U(\tau)\,, \qquad (1.324)$$

$$c = c_0 - \frac{\gamma+1}{2}U(\tau)\,, \qquad (1.325)$$

$$\frac{\rho}{\rho_0} = \left[1 - \frac{(\gamma-1)U(\tau)}{2c_0}\right]^{\frac{2}{\gamma-1}}\,, \qquad (1.326)$$

$$p = p_0(\rho/\rho_0)^\gamma\,. \qquad (1.327)$$

Es decir, para cada valor de τ, en el punto x correspondiente a cada instante $t \geq \tau$ dado por (1.323), la velocidad, densidad y presión vienen dadas por (1.324), (1.326) y (1.327), respectivamente.

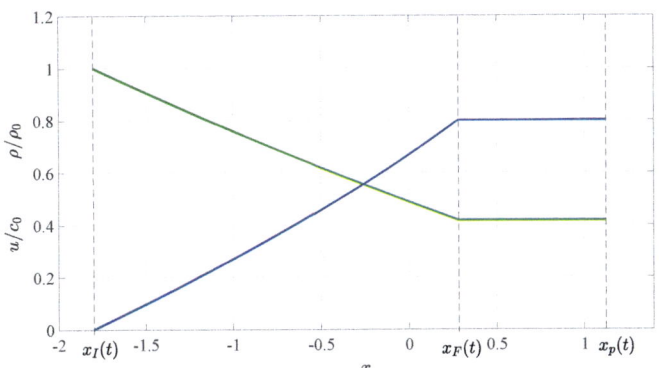

Figura 1.25: Perfiles de velocidad (azul) y densidad (verde) adimensionales de una onda de expansión originada por un pistón que se mueve con velocidad $U/c_0 = t/t_0$ hasta $t_F/t_0 = 0{,}8$ y luego permanece con velocidad constante para $t > t_F$. El instante representado es $t/t_0 = 1{,}8$ y la coordenada x es adimensional, escalada con $c_0 t_0$ (el tiempo característico t_0 es arbitrario y no aparece en la representación adimensional; ver §1.3.7.1).

Esta región **(B)** constituye una onda simple de expansión que se propaga hacia $x < 0$ con velocidad $(\gamma+1)U/2 - c_0$ sobre cada característica, *informando* al fluido del movimiento del pistón. Como cada nueva posición del pistón se propaga a una velocidad menor que la anterior (si U va aumentando), la información no se cruza. Para cada instante $t > T$, la extensión espacial de esta onda es $x_F(t) - x_I(t)$ (ver Fig. 1.24), donde $x_F(t)$ se obtiene de (1.323) haciendo $U = U_F$, $\tau = T$, mientras que $x_I(t) = -c_0 t$ es el valor de x correspondiente a la característica con $U = 0$, $\tau = 0$, que va informando a la región del gas en reposo **(A)** del movimiento del pistón. Detrás de esta onda simple [región **(C)** en la Fig. 1.24], las expresiones (1.323)-(1.327) siguen siendo válidas, pero en ellas $U = U_F =$ constante (las características $\mathcal{C}^-$ son todas paralelas a $\mathcal{C}_F^-$). Por tanto, después de pasar la onda, el gas queda con una velocidad U_F constante y con una densidad y una presión uniformes dadas por (1.326)-(1.327) con $U = U_F$.

Como ejemplo de esta estructura, la Fig. 1.25 muestra los perfiles de velocidad y densidad (adimensionales) en un determinado instante para el caso en el que U crece linealmente con el tiempo hasta t_F y luego permanece constante, ejemplo que se considerará con más detalle en § 1.3.7.1. Obsérvese cómo la onda simple de expansión se extiende desde $x_I(t) = -c_0 t$ hasta $x_F(t)/(c_0 t_0) = (t_F/t_0)^2/2$ y luego las propiedades permanecen constantes hasta $x_p(t)$. Estos perfiles de las distintas magnitudes a lo largo del tubo para cada t se obtienen explícitamente despejando τ en (1.323) para cada t y sustituyendo en (1.324)-(1.327), como se verá en § 1.3.7.1 para este ejemplo con aceleración inicial constante del pistón. Alternativamente, si no se puede despejar el parámetro τ porque $U(t)$ tiene una expresión más compleja, se puede usar τ como parámetro para representar las distintas magnitudes en función de x para cada t, con $\tau \leq t$.

Se debe observar de (1.326) que si la velocidad del pistón supera $U_e = 2c_0/(\gamma-1)$, el gas no puede seguir al pistón, pues la densidad se anula y ya no queda gas que expandir detrás del pistón (el gas queda completamente enrarecido y, obviamente, tampoco vale la presente formulación del fluido como medio continuo). Esta velocidad, denominada *velocidad de escape*, es realmente muy alta ($U_e = 5c_0$ para $\gamma = 1{,}4$), pero si se supera, de acuerdo con la presente solución, densidad y velocidad permanecen constante (0 y U_e, respectivamente) detrás de la característica $\mathcal{C}^-$ correspondiente a $U = U_e$ en (1.323), independientemente de cómo evolucione el pistón posteriormente.

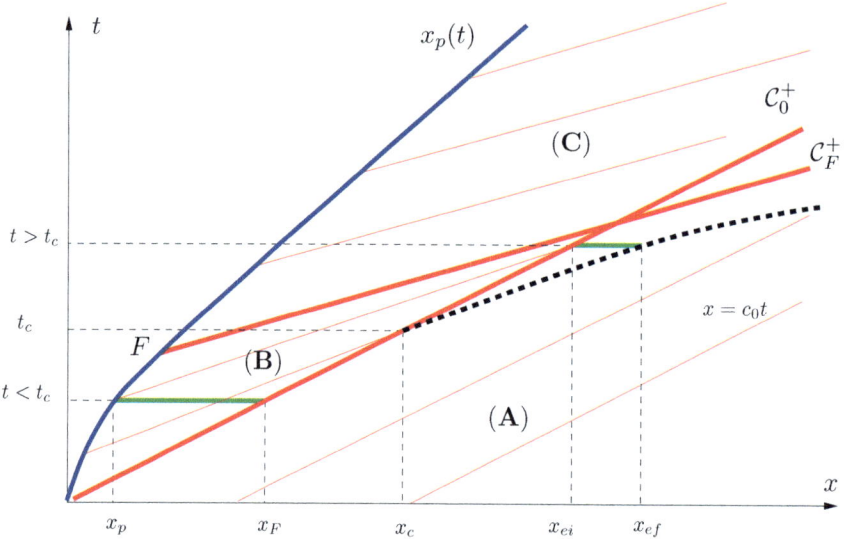

Figura 1.26: Esquema de las características de la onda de compresión, con la línea gruesa de trazos mostrando la trayectoria de la onda de choque.

1.3.6.2. Onda de compresión. Onda de choque

En la zona de compresión a la derecha del pistón (región II de la Fig. 1.23), el invariante de Riemann $s = 0$, pues todas las características $\mathcal{C}^-$ que parten de $x > 0$ son rectas de pendiente $-c_0$. Es decir, $g = \frac{2}{\gamma-1}(c - c_o) = u$. Existen tres regiones, **(A)**, **(B)** y **(C)** similares a las de la zona de expansión (ver Fig. 1.26). En la región **(A)**, las características $\mathcal{C}^+$ son rectas de pendiente c_0, con lo que el gas permanece sin perturbar. En la región **(B)** se tiene que $u + g = 2u = $ constante sobre las características $\mathcal{C}^+$. Es decir, $u = U$ y $c = c_0 + \frac{\gamma-1}{2}U$, con lo que la pendiente de estas características es

$$\frac{dx}{dt} = u + c = c_0 + \frac{\gamma + 1}{2}U \qquad (\mathcal{C}^+). \tag{1.328}$$

Por tanto, opuestamente a la onda de expansión, las pendientes crecen desde c_0 hasta $c_0 + \frac{\gamma+1}{2}U_F$ y llegan a cortarse. En otras palabras, a medida que la velocidad del pistón crece, la *información* viaja más deprisa y puede llegar a *cruzarse* con la que ha salido del pistón en instantes anteriores. Como el cruce de dos características implica que en un mismo punto el fluido tiene, por ejemplo, dos velocidades distintas (le ha llegado al mismo tiempo informaciones que salieron en tiempos distintos del pistón, con velocidades distintas), la situación es físicamente imposible.

Lo que ocurre en realidad es que entre las dos envolventes de las características que se cruzan se forma una onda de choque o discontinuidad que separa mediante un salto finito de entropía dos regiones de flujo isentrópico gobernadas por las ecuaciones (1.291)-(1.293). La situación es análoga a la descrita en §§1.1.2 y 1.1.3 para las ondas cinemáticas. Después de que se corten las dos primeras características [punto (t_c, x_c) en la Fig. 1.26, que es un punto cúspide de corte de las dos envolventes], el perfil de velocidad para $t \geq t_c$ pasa de tener una pendiente infinita en $x = x_c$ y $t = t_c$ a adquirir una forma multievaluada, similar a la parte de compresión de algunos de los perfiles que se muestran en la Fig. 1.2(b) después de que se crucen las características. Para un instante $t > t_c$ esto ocurre en un intervalo entre x_{ei} y x_{ef} (ver Fig. 1.26). Realmente lo que ocurre es que hay un cambio brusco en el perfil velocidad que no puede ser descrito por las ecuaciones isentrópicas (1.291)-(1.293) de partida, ya que los procesos disipativos que se han despreciado son importantes en esa región. Generalmente el problema se simplifica considerando ese cambio brusco como una discontinuidad que se sitúa en una posición $x_o(t)$ entre $x_{ei}(t)$ y $x_{ef}(t)$ tal que se satisfacen las *relaciones de Rankine-Hugoniot* entre las magnitudes fluidas a ambos lados de la discontinuidad. El cálculo exacto de la evolución de la posición de la discontinuidad, u onda de choque, y del salto de las propiedades de acuerdo con las relaciones de Rankine-Hugoniot es complejo y queda fuera del propósito de este ejemplo, que es el de ilustrar la aplicación del método de las características a un sistema de EDPs de primer orden.[21] De forma aproximada, la discontinuidad se coloca en una posición tal que el área a cada lado de la curva multievaluada de la velocidad $u(x)$ para cada instante $t > t_c$ es la misma (ver ejemplo más abajo y, también, la discusión en §1.1.3 para las ondas cinemáticas).

1.3.7. Ondas no lineales de expansión y compresión generadas por un pistón con aceleración constante

1.3.7.1. Solución analítica por el método de las características

Como ejemplo ilustrativo se considerará el caso en el que el pistón se mueve con una aceleración constante hasta un determinado instante y luego se desplaza con velocidad constan-

---

[21]Véase, por ejemplo, Millán Barbany (1975), §18, o Courant y Friedrichs (1976), cap. III.

te. Se utilizarán variables adimensionales escaladas con la velocidad del sonido y la densidad del gas no perturbado, c_0 y ρ_0, y como tiempo característico el intervalo de aceleración t_0, pero manteniendo los mismos símbolos para las magnitudes adimensionales. Es decir,

$$t \leftarrow \frac{t}{t_0}, \quad u \leftarrow \frac{u}{c_0}, \quad x \leftarrow \frac{x}{c_0 t_0}, \quad \rho \leftarrow \frac{\rho}{\rho_0}, \tag{1.329}$$

con la velocidad adimensional del pistón

$$U(t) \leftarrow \frac{U}{c_0} = \begin{cases} t, & t \leq t_F \\ t_F, & t > t_F \end{cases}. \tag{1.330}$$

En la zona de expansión, la característica (1.323) viene dada por

$$x = x_p(\tau) + \left(\frac{\gamma+1}{2}U(\tau) - 1\right)(t-\tau), \tag{1.331}$$

con

$$x_p(\tau) \leftarrow \frac{x_p}{c_0 t_0} = \begin{cases} \tau^2/2, & \tau \leq t_F \\ t_F/2 + t_F(\tau - t_F), & \tau > t_F \end{cases}, \tag{1.332}$$

sobre la cual [ver (1.324) y (1.326)]

$$u = U(\tau), \quad \rho = \left(1 - \frac{\gamma-1}{2}U(\tau)\right)^{\frac{2}{\gamma-1}}. \tag{1.333}$$

Aunque es fácil representar u y ρ en función de x para cada instante t barriendo el parámetro τ desde 0 a t, en este caso se puede escribir una solución explícita eliminando τ entre (1.331) y $u = U(\tau)$ para el período de aceleración del pistón, en el que $U(\tau) = \tau$; es decir, para $t \leq t_F$:

$$u(x,t) = \frac{1}{\gamma}\left[1 + \frac{\gamma+1}{2}t - \sqrt{\left(1 + \frac{\gamma+1}{2}t\right)^2 - 2\gamma(x+t)}\right], \quad x \leq \frac{t^2}{2}, \tag{1.334}$$

y con ρ sustituyendo esta expresión de u en el lugar de U.

En la zona de compresión [$x \geq x_p(t)$], la característica (1.328) viene dada por

$$x = x_p(\tau) + \left(\frac{\gamma+1}{2}U(\tau) + 1\right)(t-\tau), \tag{1.335}$$

sobre la cual

$$u = U(\tau), \quad \rho = \left(1 + \frac{\gamma-1}{2}U(\tau)\right)^{\frac{2}{\gamma-1}}. \tag{1.336}$$

Igual que antes, para el período $\tau \leq t_F$ de aceleración constante, $U(\tau) = \tau$, es posible escribir una expresión explícita para u:

$$u(x,t) = \frac{1}{\gamma}\left[\frac{\gamma+1}{2}t - 1 + \sqrt{\left(\frac{\gamma+1}{2}t - 1\right)^2 + 2\gamma(t-x)}\right], \quad x \geq \frac{t^2}{2}. \tag{1.337}$$

De esta expresión se desprende que la pendiente $\partial u / \partial x$ se hace infinita en el instante $t = 2/(\gamma + 1)$ en $x = 2/(\gamma + 1)$, donde $u = 0$. Es decir, el tiempo (adimensional) t_c a partir del cual se produce una onda de choque en la onda de compresión, y la correspondiente posición (adimensional) x_c, en este caso vienen dados por

$$t_c = \frac{2}{\gamma + 1}, \quad x_c = \frac{2}{\gamma + 1}, \tag{1.338}$$

suponiendo que $t_F > t_c$ para que valga la expresión (1.337).

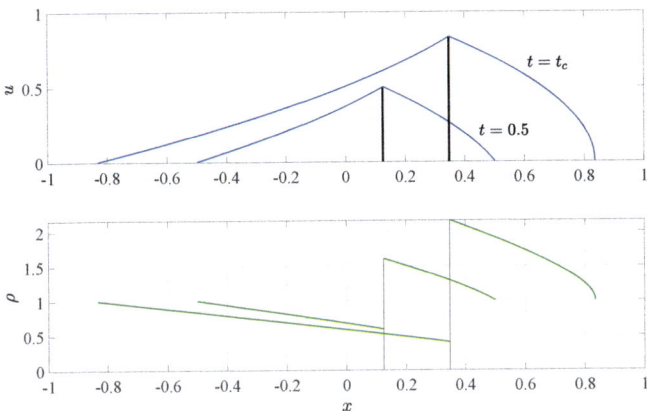

Figura 1.27: Perfiles adimensionales de velocidad (en azul, arriba) y de densidad (en verde, abajo) para una velocidad del pistón dada por (1.330) con $t_F = 0{,}9$ en dos instantes de tiempo, $t = 0{,}5$ y $t = t_c \simeq 0{,}833$ ($\gamma = 1{,}4$). Las líneas verticales negras marcan la posición $x_p(t)$ del pistón.

En la figuras 1.27 y 1.28 se representan varios perfiles de velocidad y de densidad (adimensionales) en las zonas de expansión y compresión para distintos instantes cuando $t_F = 0{,}9$ (es decir, la velocidad final del pistón llega a ser el $90\,\%$ de la velocidad del sonido del medio no perturbado), incluyendo el instante $t = t_c$, aproximadamente igual a $0{,}833$ para $\gamma = 1{,}4$, y por tanto, menor que t_F. Para este instante se observa que la velocidad llega a cero con pendiente infinita en la zona de compresión. Para $t > t_c$ los perfiles son multievaluados en la zona de compresión, y se coloca una onda de choque en una posición $x_o(t)$ tal que separa regiones de igual área en la zona multievaluada del perfil de u (se representan las discontinuidades con líneas rojas encima de los perfiles multievaluados tanto de u como de ρ). Para $t > t_F$ se observa que tanto la velocidad como la densidad del gas permanecen constantes en las inmediaciones del pistón. Concretamente entre la característica $\mathcal{C}_F^-$ y la posición del pistón $x_p(t)$ en la zona de expansión (ver Fig. 1.24), con $u = U_F = t_F$ y ρ dada por (1.333) para esta velocidad, mientras que en la zona de compresión esto ocurre entre la posición del pistón $x_p(t)$ y la característica $\mathcal{C}_F^+$ (ver Fig. 1.26), también con $u = U_F$ y ρ dada por (1.336) para esta velocidad. Una vez que se cortan las características $\mathcal{C}_F^+$ y $\mathcal{C}_0^+$ en la zona de compresión (ver Fig. 1.26), la onda de choque se genera en esta región de densidad

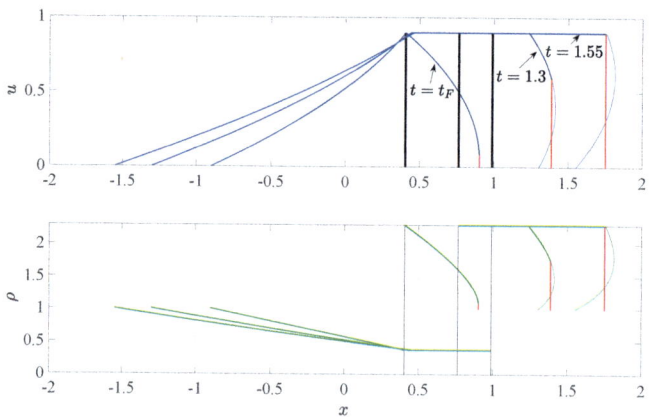

Figura 1.28: Como en la Fig. 1.27 pero en los instantes $t = t_F = 0{,}9$, $t = 1{,}3$ y $t = 1{,}55$. Las líneas verticales rojas marcan aproximadamente la posición de la onda de choque.

y velocidad constantes detrás del pistón, como por ejemplo, para $t = 1{,}55$ en la Fig. 1.28, análogamente a como ocurriría si la velocidad del pistón fuese constante desde el principio, siendo la velocidad adimensional (es decir, el número de Mach) de la onda de choque $U_o = (\gamma + 1)U_F/4 + \sqrt{1 + [(\gamma + 1)U_F/4]^2}$.[22]

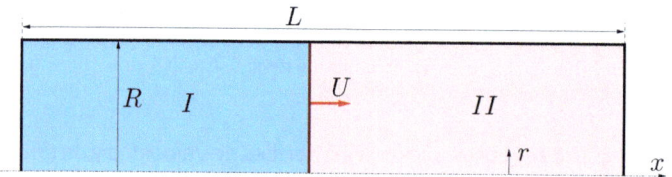

Figura 1.29: Esquema del problema del pistón axilsimétrico resuelto numéricamente.

1.3.7.2. Comparación con la solución numérica

Para tener una idea del grado de validez de la solución analítica anterior en la aproximación de movimiento ideal, se compara en esta sección con la solución numérica para un fluido *real*, utilizando las ecuaciones completas de Navier-Stokes. Para ello se considera una cámara cilíndrica de radio $R = 10$ m y longitud $L = 50$ m (ver Fig. 1.29) que inicialmente está rellena de aire ($\gamma = 1{,}4$) en reposo, en condiciones atmosféricas, $p_0 = 10^5$ Pa y $\rho_0 = 1{,}2$ kg/m^3 ($c_0 = 341{,}57$ m/s). El pistón, inicialmente en reposo en $x = 0$, se pone en movimiento con una aceleración constante $a = 12\,000$ m/s^2 (es decir, el tiempo característico es $t_0 = c_0/a = 0{,}0285$ s) hasta que alcanza una velocidad de $0{,}9\,c_0$ en $t = 0{,}02565$ s.

---

[22]Ver, por ejemplo, Fernández Feria (2005), p. 466.

A partir de ese instante, la velocidad del pistón permanece constante, reproduciendo así el movimiento del pistón con el que se ha obtenido la solución analítica mostrada (adimensionalmente) en las Figs. 1.27 y 1.28. Se utilizarán luego las mismas magnitudes adimensionales que en la solución analítica.

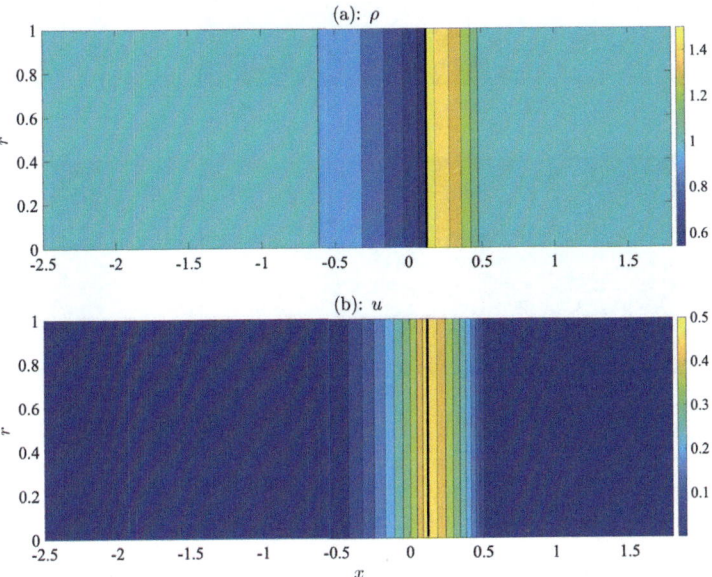

Figura 1.30: Isocontornos de densidad (a) y de velocidad axial (b) adimensionales en el plano (x, r) obtenidos numéricamente para $t = 0,5$. La coordenada radial r está adimensionalizada con el radio del conducto R, en vez de con $c_0 t_0$ usado para la coordenada axial x. Las líneas verticales negras gruesas marcan la posición x_p del pistón en ese instante.

Para la resolución numérica se utiliza el software comercial COMSOL Multiphysics (v: 6.2). En particular, el módulo CFD para flujos con altos números de Mach. Se resuelven las ecuaciones no estacionarias de continuidad, cantidad de movimiento y energía axisimétricas en coordinadas cilíndricas (r, x), tomando las propiedades del aire (viscosidad, conductividad térmica, etc.) en función de la temperatura, y utilizando las ecuaciones de estado para la entalpía, $h = c_p T$, y la de los gases perfectos, $p/\rho = R_g T$, siendo T la temperatura, con $c_p = 1005,4$ J/(kg K) y la constante del gas $R_g = 287$ J/(kg K). Se utiliza un sistema de referencia no inercial ligado al pistón, incluyendo los correspondientes términos de aceleración del sistema de referencia en las fuerzas másicas de las ecuaciones y con las condiciones de contorno de la velocidad del pistón en las paredes del contorno. Todas las paredes sólidas, incluyendo el pistón, se suponen aisladas térmicamente, mientras que en el eje del cilindro se pone una condición de simetría axial. Se utiliza una malla adaptativa, que se refina en función de los gradientes de velocidad para capturar correctamente la onda de choque

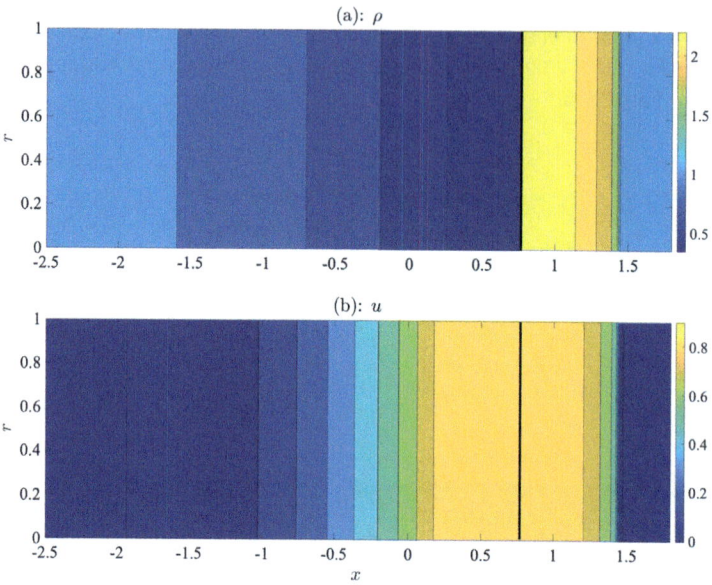

Figura 1.31: Como en la Fig. 1.30 pero para el instante $t = 1{,}3$.

cuando se produce. También se refina en la pared del cilindro para obtener con precisión la capa límite. El elemento más pequeño de la malla es del orden de $10^{-6}R$ en la capa límite y alrededor de $10^{-4}L$ en el refinamiento de la onda de choque. El incremento de tiempo se ajusta automáticamente para cumplir la condición CFL en cada paso temporal.

Las figuras 1.30 y 1.31 muestran los isocontornos en el plano (x, r) de la densidad ρ y de la componente axial u de la velocidad en dos instantes. Todas las variables se han adimensionalizado como en §1.3.7.1 [ver ecuación (1.329)], excepto la distancia radial r, que no existía en el movimiento unidimensional de la solución analítica y aquí se ha escalado con el radio del conducto. Lo primero que se aprecia en estas figuras es que la solución es también prácticamente unidireccional (la componente radial de la velocidad es prácticamente nula en todo el dominio). Solo en la capa límite a lo largo de la pared del conducto ($r = 1$) la componente u de la velocidad depende de r para hacerse nula en la pared. Pero, debido a que el número de Reynolds es muy alto, en torno a 10^8,[23] dependiendo de la velocidad del pistón, la capa límite es tan delgada que no se aprecia en las figuras. Por este motivo se muestra en la Fig. 1.32 un perfil radial de la velocidad axial u en escala logarítmica, donde se observa que la velocidad pasa de cero en la pared a su valor constante que se alcanza en la sección correspondiente del conducto en una longitud adimensional del orden de 10^{-4},

---

[23] $Re \sim c_0 R/\nu \simeq 3 \times 10^8$, donde ν es la viscosidad cinemática del aire.

es decir, del orden de $Re^{-1/2}$, como predice la teoría de la capa límite laminar.[24] La figura sirve también para corroborar que el mallado en esa capa límite tan fina es suficiente para capturar apropiadamente la variación radial de u cerca de la pared del conducto.

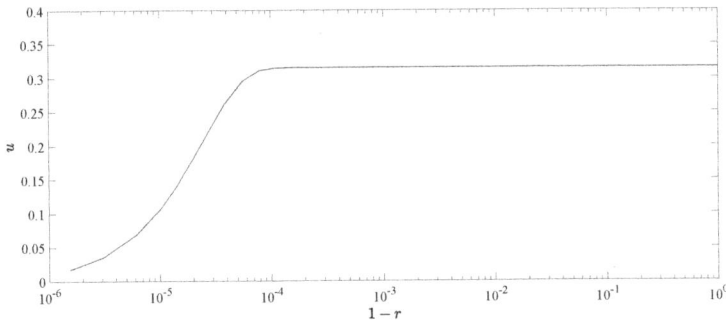

Figura 1.32: Perfil radial de la velocidad axial adimensional u para $t = 0,5$ y $x = 0,305$. La escala logarítmica de $1 - r$ muestra la capa límite cerca de la pared, donde u pasa de cero en la pared ($r = 1$) hasta un valor constante mucho antes de que se alcance el eje del conducto ($r = 0$).

En la Fig. 1.30 se representan los isocontornos para $t = 0,5$, mostrando gradientes bastante suaves, pues es anterior al instante t_c ($\simeq 0,833$) a partir del cual la solución analítica experimenta una discontinuidad en la zona de compresión. La solución numérica también empieza a mostrar soluciones con una región delgada de fuerte gradiente en la zona de compresión a partir de $t = t_c$, es decir, presenta una onda de choque, como la que se aprecia cerca de $x = 1,5$ en la Fig. 1.31 para el instante $t = 1,3$.

Estos detalles de la solución numérica se distinguen mucho mejor en la Fig. 1.33, donde se muestran los perfiles de la velocidad a lo largo del eje del conducto para 5 instantes de tiempo, que se corresponden con los de las Figs. 1.27 y 1.28 para los perfiles de u obtenidos analíticamente, que también se incluyen en esta figura para compararlos con la solución numérica. Debido a la difusión axial, tanto viscosa como térmica, las discontinuidades de la solución ideal se transforman en la solución numérica en regiones finitas con gradientes fuertes de la velocidad (y de todas las demás magnitudes fluidas), con una estructura que se extiende de manera apreciable en la dirección axial, muy similar a lo que se vio con la solución de la ecuación de Burgers en la Fig. 1.6. Otras diferencias reseñables entre la solución analítica ideal y la solución numérica en la Fig. 1.33 son la región de velocidad prácticamente constante en la zona de expansión que presenta la solución numérica tras el pistón cuando la velocidad de este se acerca a su máximo, y el movimiento ondulante del fluido que se observa en la solución numérica en la región de compresión delante del pistón cuando ya se mueve con velocidad constante para $t > t_F$, diferencias que obviamente se deben a la difusión viscosa y térmica axial, ausentes en la teoría ideal. Pero, a grandes rasgos, la solución

[24]Ver, por ejemplo, Fernández Feria (2005), cap. 27.

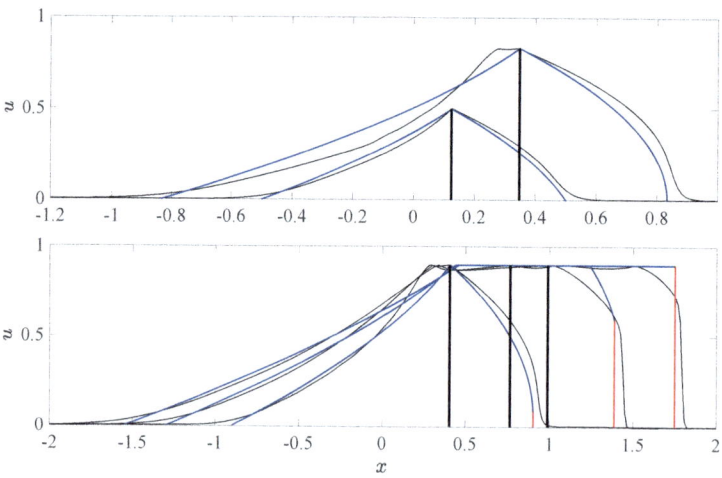

Figura 1.33: Perfiles adimensionales de la velocidad en el eje obtenidos numéricamente (líneas negras finas) comparados con los obtenidos analíticamente y representados con curvas azules (y rojas si presentan discontinuidad) en la Fig. 1.27 (arriba) y en la Fig. 1.28 (abajo), para los instantes de tiempo que se indican en esas figuras ($t = 0{,}5$ y t_c arriba, y $t = t_F$, $1{,}3$ y $1{,}55$ abajo). Las líneas verticales negras gruesas marcan la posición $x_p(t)$ del pistón.

analítica captura extraordinariamente bien el movimiento real del fluido, especialmente en la región de expansión y en relación a la posición de la onda de choque a medida que el pistón avanza.

1.3.8.   Ejercicios propuestos

1. Resolver mediante el método de las características el sistema de ecuaciones de ondas lineales

$$v_t = u_x \,,$$

$$u_t = c^2(x)v_x \,,$$

definido en el dominio $t > 0$, $-\infty < x < \infty$, siendo $c(x)$ una velocidad de propagación conocida, con las condiciones iniciales

$$u(x,0) = U(x)\,, \qquad v(x,0) = V(x)\,.$$

Representar la solución para $c(x) = \tanh(x) + 2$ y $U(x) = V(x) = e^{-x^2}$.

2. Dos especies químicas A y B son transportadas por una corriente fluida unidireccional (por ejemplo en un conducto) mientras que sus concentraciones varían por descomposición de A en B a un ritmo proporcional a la concentración de A. Si $\alpha(x,t)$ y $\beta(x,t)$ son las concentraciones de A y B, respectivamente, en cada posición x e instante t, y

se supone que la velocidad U del fluido en la dirección x es constante y conocida, las ecuaciones que gobiernan la evolución de estas concentraciones se pueden aproximar por las ecuaciones

$$\alpha_t + U\alpha_x = -k\alpha\,,$$

$$\beta_t + U\beta_x = k\alpha\,,$$

donde k es la constante de la velocidad de reacción química de descomposición de A en B.

Escribir las ecuaciones características de este sistema de EDPs de primer orden para α y β. Obsérvese que en la primera ecuación solo interviene α y se puede resolver independientemente, para luego resolver la segunda.

Obtener la solución con la condición inicial genérica

$$\alpha(x,0) = f(x)\,, \quad \beta(x,0) = g(x)\,,$$

con f y g funciones conocidas. Particularizar para $f(x) = \alpha_0 e^{-x^2/\epsilon}$ y $g(x) = 0$ y representar gráficamente la solución en sucesivos instantes para $U = 1$, $\alpha_0 = 1$ y diversos valores de k y ϵ.

3. Cuando ρ, p y u varían muy poco en relación a sus respectivos valores de equilibrio, ρ_0, p_0 y u_0, las ecuaciones de la sección 1.3.5 describen la propagación de ondas sonoras planas (*planas* porque solo se considera una variable espacial cartesiana x y el tiempo t). Usando ahora ρ y u para designar estas pequeñas perturbaciones en torno a sus valores de equilibrio, es decir, $\rho - \rho_0$ pasa a ser ρ, $p - p_0 \to p$ y $u - u_0 \to u$, las ecuaciones (lineales) para $\rho(x,t)$ y $u(x,t)$ se escriben (válidas en primera aproximación para $|\rho| \ll \rho_0$ y $|u| \ll c_0$)

$$\rho_t + u_0\rho_x + \rho_0 u_x = 0\,,$$

$$\rho_0 u_t + \rho_0 u_0 u_x + c_0^2 \rho_x = 0\,,$$

donde $c_0 = \sqrt{\gamma p_0/\rho_0}$ es la velocidad del sonido en el medio no perturbado.

a) Hallar las ecuaciones características del sistema de EDPs anterior y obtener una solución general del problema analíticamente.

b) Para el caso en el que el medio no perturbado está en reposo ($u_0 = 0$), hallar la solución para una onda sonora originada por un pistón que se mueve en torno a $x = 0$ de acuerdo con $x = X(t)$, donde X es una función conocida que satisface la condición $|dX/dt| \ll c_0$. Hallar la solución de u y de ρ tanto para la onda sonora que se propaga hacia la derecha ($x > X$) como para la que se propaga hacia la izquierda ($x < X$). Simplificar la solución teniendo en cuenta que, de acuerdo con la condición anterior, $|X(t)| \ll c_0 t$. Comparar con (y deducir de) la solución obtenida en § 1.3.6 para el problema no lineal.

c) Particularizar la solución anterior para un movimiento armónico del pistón con frecuencia ω y amplitud A, $X(t) = A\,\mathrm{sen}(\omega t)$, $A\omega \ll c_0$.

4. El movimiento ideal de un líquido en un canal bidimensional horizontal viene descrito por las ecuaciones [ver, por ejemplo, Fernández Feria (2005), cap. 24; también §2.1.2.4 más abajo, ecuaciones (2.48)-(2.49)]

$$u_t + uu_x + 2cc_x = 0,$$

$$2c_t + 2uc_x + cu_x = 0,$$

donde $u(x,t)$ es la componente horizontal de la velocidad del líquido promediada verticalmente y $c(x,t) = \sqrt{gh}$, siendo g la aceleración de la gravedad y $h(x,t)$ la altura del líquido en el canal.

Hallar las ecuaciones características de este sistema de ecuaciones en derivadas parciales de primer orden para u y c (o, de forma alternativa, para u y h). Demostrar que el sistema es siempre hiperbólico e integrar las ecuaciones características. Comprobar que la solución es análoga a la obtenida en §1.3.5 para el movimiento unidimensional e ideal de un gas cuando se escribe en términos de u y de c la solución de aquella sección.

Aplicar la solución obtenida por el método de las características al problema de la rotura de una presa considerado más adelante en §2.1.2.4, y comparar la solución obtenida con el método de las características con la obtenida en aquella sección por el método de semejanza.

2. MÉTODO DE SEMEJANZA.
INVARIANCIA DE LAS ECUACIONES FRENTE A GRUPOS
DE TRANSFORMACIONES

El método de semejanza utiliza las posibles invariancias (también llamadas simetrías) de una ecuación diferencial frente a grupos de transformaciones para *reducir su orden*, simplificando así su solución y, eventualmente, posibilitando una solución analítica. El método se basa en la *teoría de Lie*, quien introdujo el estudio sistemático de grupos continuos de transformaciones para la integración de ecuaciones diferenciales ordinarias (EDOs) basándose en las propiedades infinitesimales del grupo, demostrando que el conocimiento del grupo de transformaciones conduce inmediatamente a la solución de una ecuación diferencial ordinaria de primer orden (al menos en términos de una *cuadratura* o integral), y a una reducción del orden en una ecuación de mayor orden o en un sistema de EDOs.

La teoría tiene su aplicación quizá más relevante a las ecuaciones en derivadas parciales, reduciendo el número de variables independientes. En los casos más favorables reduce la EDP a una EDO gobernada por solo una variable independiente, combinación de las variables independientes originales que son invariantes frente a la transformación. La denominación de *semejanza* del método hace especial referencia a este último caso, donde la solución de la EDP para los diferentes valores de las variables independientes originales son *auto-semejantes* en relación a la combinación de las mismas dada por la invariancia, o variable de semejanza de la que solo depende la EDO a la que se ha reducido la EDP.

Las *soluciones de semejanza* de ciertos problemas físicos gobernados por EDPs ya se conocían antes de la teoría de grupos de Lie, y estaban basadas principalmente en el análisis dimensional físico de las ecuaciones. Por ello se comienza con un repaso del análisis dimensional, que proporciona un caso particular de invariancia que permite la reducción y simplificación de la descripción de cualquier fenómeno físico. Si el fenómeno está gobernado por EDPs, en algunas ocasiones el análisis dimensional puede conducir a una solución de semejanza. Pero estas invariancias dimensionales constituyen un conjunto muy reducido de todos los posibles grupos de transformaciones de Lie. Por ello se continua con un resumen de las propiedades infinitesimales de los grupos uniparamétricos de transformaciones, que son la base del método que se analiza en este capítulo. Se verá que la invariancia frente a un grupo de transformaciones de Lie conduce a la consideración de una condición de superficie invariante para la construcción de la solución, que se corresponde con la solución de una EDP casi lineal de primer orden, como las analizadas en la § 1.1.1 mediante el método de las características. El método de semejanza está así muy relacionado con el método de las características del capítulo anterior, siendo una herramienta fundamental para la implementación del método de semejanza. Posteriormente se introduce el método general de Lie para la resolución de ecuaciones diferenciales ordinarias y de ecuaciones en derivadas parciales. Todo ello se ilustrará con ejemplos de interés en la ingeniería y la ciencia aplicada.

Aunque no se abordará todo el formalismo matemático general de la teoría de Lie, los ejemplos se expondrán con el suficiente detalle y profundidad para que sirvan de modelo en la aplicación del método a cualquier ecuación diferencial. Además, como en los restantes capítulos del libro, se compararán las soluciones analíticas obtenidas con soluciones numéricas en algunos ejemplos para entender y apreciar mejor sus rangos de validez. Para ampliar conocimiento en los detalles matemáticos formales de la aplicación de la teoría de Lie a las ecuaciones diferenciales se pueden consultar, por ejemplo, el texto clásico de Bluman y Cole (1974) o el más detallado de P. J. Olver (1986) y, para profundizar en la relación entre análisis dimensional y soluciones de semejanza, el extraordinario libro de Barenblatt (1996).

2.1. ANÁLISIS DIMENSIONAL E INVARIANCIA

2.1.1. Teorema *pi* de Buckingham

Sea u una propiedad de un cierto fenómeno físico que depende de (está gobernada por) n parámetros o variables $a_1, \ldots, a_n$ mediante una cierta relación f,

$$u = f(a_1, \ldots, a_n). \tag{2.1}$$

La función o relación f puede ser conocida (por ejemplo, una ecuación diferencial con sus condiciones de contorno) o desconocida, y las cantidades $u, a_1, \ldots, a_n$ tienen en general dimensiones (aunque alguna pueda ser adimensional), incluyendo también lo que comúnmente se denominan variables 'independientes', como el tiempo o las coordenadas espaciales.

De todos los parámetros a_i, habrá $k \leq n$ que son dimensionalmente independientes, por ejemplo, $a_1, \ldots a_k$. Es decir, si se cambiara el sistema de unidades en el que se miden las diferentes magnitudes físicas, los valores numéricos de $a_1, \ldots a_k$ varían de forma independiente, mientras que los valores numéricos de las restantes cantidades no. El número k dependerá de la naturaleza del problema. Por ejemplo, en un problema mecánico, se puede elegir como cantidades dimensionalmente independientes un parámetro relacionado con una masa, m, otro con una longitud, l, y otro con una velocidad, U, pero si se le añade a esta terna una fuerza, F, ya no es dimensionalmente independiente, pues las dimensiones de F son las mismas que las de la combinación mU^2/l. Así, en un problema de naturaleza mecánica, $k = 3$, y las dimensiones de toda cantidad son combinaciones de las dimensiones de longitud, tiempo y masa, que se denotarán mediante L, T y M, respectivamente. Para designar dimensiones se suelen usar corchetes: $[m] = M$, $[l] = L$, $[U] = LT^{-1}$, $[F] = MLT^{-2}$, etc.; o, como se ha comentado antes, $[F] = [m][U]^2[l]^{-1}$. En un problema de naturaleza mecánica, se pueden tomar como parámetros dimensionalmente independientes tres que contengan una longitud, un tiempo y una masa en sus unidades de forma tal que las unidades de cada uno no se puedan poner como combinación de las unidades de los otros dos. En un problema puramente cinemático se tiene que $k = 2$, pues solo hay dos dimensiones independientes, L y T. En un fenómeno termodinámico, $k = 4$ y a las dimensiones básicas L, T y M hay que añadir la temperatura, θ, o cualquier otra magnitud que la contenga (por ejemplo, un calor específico o una conductividad térmica). En un problema magneto-termo-hidrodinámico, $k = 5$, teniéndose que añadir la dimensión de la carga eléctrica, C, o de otra magnitud como la corriente eléctrica o el potencial eléctrico.[1] Etcétera.

Si se han elegido $a_1, \ldots, a_k$, como parámetros dimensionalmente independientes, las dimensiones de las restantes magnitudes se pueden escribir como

$$[u] = [a_1]^{b_{0,1}} \ldots [a_k]^{b_{0,k}},$$

$$[a_{k+1}] = [a_1]^{b_{k+1,1}} \ldots [a_k]^{b_{k+1,k}},$$

$$\vdots$$

$$[a_n] = [a_1]^{b_{n,1}} \ldots [a_k]^{b_{n,k}},$$

donde las potencias $b_{i,j}$ son números racionales que se encuentran fácilmente por comparación de las unidades de cada parámetro (por ejemplo, poniendo todas ellas en función de las unidades básicas L, T, M, ...; se verán varios ejemplos más abajo). Se puede por tanto definir una serie de parámetros adimensionales, que tradicionalmente se designan con la letra griega π,[2] de la siguiente forma:

$$\pi = \frac{u}{a_1^{b_{0,1}} \ldots a_k^{b_{0,k}}}, \quad \pi_1 = \frac{a_{k+1}}{a_1^{b_{k+1,1}} \ldots a_k^{b_{k+1,k}}}, \quad \ldots \quad \pi_{n-k} = \frac{a_n}{a_1^{b_{n,1}} \ldots a_k^{b_{n,k}}},$$

de manera que la relación (2.1) se puede escribir como

$$\pi = \phi(a_1, \ldots, a_k; \pi_1, \ldots, \pi_{n-k}), \tag{2.2}$$

donde ϕ es una función relacionada con f sustituyendo las nuevas magnitudes adimensionales y despejando π.

---

[1]Ver, por ejemplo, el apéndice de Jackson (1975) para una breve discusión sobre las dimensiones y unidades en electromagnetismo.

[2]Así se denominaron en el artículo original de Buckingham de 1914. Ver, por ejemplo, los textos clásicos de Bridgman (1963) y Palacios (1964) para este y otros muchos detalles sobre el análisis dimensional.

El teorema *pi* de Buckingham se basa en la invariancia de cualquier ley física frente al sistema de unidades utilizado. Si, por ejemplo, en la relaciones (2.1) y (2.2) se pasa de medir la masa en gramos a medirla en kilogramos, toda magnitud que contenga la dimensión de masa cambiará, y las restantes no. En particular, las magnitudes adimensionales π serán siempre invariantes frente a cualquier cambio de sistema de unidades, pero las dimensionales no. Por lo tanto, la función ϕ no puede depender de $a_1, \dots, a_k$, y la relación (2.1) se reduce a

$$\pi = \phi(\pi_1, \dots, \pi_{n-k}). \tag{2.3}$$

Así, el número de parámetros o variables de los que depende cualquier magnitud física se puede reducir de n a $n - k$ si se utilizan variables adimensionales. Esta reducción es algo más fundamental que simplemente una simplificación del problema, pues nos dice que el fenómeno físico en cuestión realmente no está gobernado por (2.1), sino por una cierta combinación de los parámetros que satisface (2.3), que contiene un número más reducido de parámetros adimensionales. Esta es la base de la semejanza física, y del modelado usando tanto prototipos experimentales como simulaciones numéricas. Para ambos modelados es fundamental el análisis dimensional previo.

La reducción es más dramática cuando $k = n$, pues en este caso la ley física se reduce a $\pi =$ constante, o, en las variables originales, $u =$ constante $\times a_1^{b_{0,1}} \dots a_k^{b_{0,k}}$. Así, con un solo experimento, o una simulación numérica, se puede hallar la constante adimensional que gobierna el problema, que será válida para cualquier otro sistema físicamente semejante (que incluye la semejanza geométrica, esencial para el modelado).

Se verán a continuación unos ejemplos ilustrativos. El primero de ellos se incluye simplemente para familiarizarse con las distintas dimensiones físicas y con la técnica de adimensionalización descrita arriba. El segundo está enfocado a ilustrar cómo el análisis dimensional puede a veces dar lugar a la identificación de *variables de semejanza* que permiten reducir un problema gobernado por EDPs a la resolución de EDOs. En el tercer ejemplo esto no ocurre, pero se verá en §2.1.2 que una invariancia de escala adicional a la invariancia dimensional sí que permitirá esta reducción del problema. En aquella sección se expondrá de forma general la técnica de invariancia de escala para obtener soluciones de semejanza de EDPs y se resolverán por el método de semejanza los dos últimos ejemplos mencionados, además de otros.

2.1.1.1. Magnitudes de Planck

Se denominan magnitudes, o escalas de longitud, tiempo y masa, de Planck aquellas que resultan directamente de las tres constantes más universales de la física. A saber, la velocidad de la luz, $c = 299792458$ m/s, la constante de gravitación universal, $G = 6{,}67430 \times 10^{-11}$ N m^2/kg^2, y la constante de Planck h, aunque se suele usar la constante de Planck reducida, $\hbar = h/(2\pi) = 1{,}054571817 \times 10^{-34}$ J s. La primera es fundamental en la teoría del campo electromagnético de Maxwell y, junto con la segunda, son las dos constantes fundamentales de la teoría de la relatividad de Einstein, especial y general, esta última conteniendo formalmente la teoría de la gravedad de Newton como límite asintótico, aunque con un significado físico completamente distinto. La tercera es la constante fundamental de la mecánica cuántica.

Para determinar las magnitudes de Planck solo hay que combinar esas tres constantes en grupos que tengan unidades de longitud, tiempo y masa, respectivamente. Sabiendo que $[c] = LT^{-1}$, que $[G] =$ [fuerza][distancia]^2/[masa]$^2 = L^3 M^{-1} T^{-2}$ y que $[\hbar] =$ [energía]/[frecuencia] $= ML^2 T^{-1}$, para hallar la longitud de Planck se tiene

$$[l_P] = L = [c]^{a_1}[G]^{a_2}[\hbar]^{a_3} = L^{a_1}T^{-a_1}L^{3a_2}M^{-a_2}T^{-2a_2}M^{a_3}L^{2a_3}T^{-a_3}.$$

Igualando las potencias de L, T y M se tienen tres ecuaciones algebraicas lineales de las que resulta $a_1 = -3/2$ y $a_2 = a_3 = 1/2$. Por lo tanto,

$$l_P = \sqrt{\frac{G\hbar}{c^3}} \simeq 1{,}6162 \times 10^{-35}\,\text{m}\,. \qquad (2.4)$$

Del mismo modo, la escala temporal de Planck se obtiene de

$$[t_P] = T = [c]^{b_1}[G]^{b_2}[\hbar]^{b_3} = L^{b_1}T^{-b_1}L^{3b_2}M^{-b_2}T^{-2b_2}M^{b_3}L^{2b_3}T^{-b_3}\,,$$

de donde $b_1 = -5/2, b_2 = b_3 = 1/2$, y

$$t_P = \sqrt{\frac{G\hbar}{c^5}} \simeq 5{,}391247 \times 10^{-44}\,\text{s}\,. \qquad (2.5)$$

Por último, la masa de Planck se deriva de

$$[m_P] = M = [c]^{c_1}[G]^{c_2}[\hbar]^{c_3} = L^{c_1}T^{-c_1}L^{3c_2}M^{-c_2}T^{-2c_2}M^{c_3}L^{2c_3}T^{-c_3}\,,$$

de donde $c_1 = c_3 = 1/2, c_2 = -1/2$, y

$$m_P = \sqrt{\frac{c\hbar}{G}} \simeq 2{,}176434 \times 10^{-8}\,\text{kg}\,. \qquad (2.6)$$

Como se ve, estas magnitudes son extremadamente pequeñas, especialmente l_P y t_P, y por ello estas escalas son irrelevantes en problemas cotidianos. De hecho son la escala espacial y la escala temporal más pequeñas posibles, proporcionando una idea de las escalas en las que los efectos cuánticos empiezan a ser importantes en la estructura del espacio-tiempo y, por tanto, en las que la teoría actual de la gravitación de Einstein dejaría de valer, porque habría que *cuantizar* el espacio-tiempo, o campo gravitatorio, y en las que la mecánica cuántica actual también dejaría de valer porque habría que integrar en ella el campo gravitatorio.

Para completar las tres escalas anteriores se suele definir también una temperatura y una carga eléctrica de Planck, donde, además de las tres constantes anteriores, se tienen en cuenta otras dos constantes universales: la constante de Boltzmann $k_B = 1{,}380649 \times 10^{-23}$ J/K, que relaciona la energía interna con la temperatura (o la presión, volumen y temperatura de un gas con el número de moléculas) y la permitividad eléctrica del vacío $\varepsilon_0 =$

$8,8541878 \times 10^{-12}$ C/(V m),[3] que relaciona el campo de desplazamiento eléctrico con el campo eléctrico en el vacío. Estas dos nuevas magnitudes permiten ilustrar otras dos dimensiones independientes a L, T y M, como son la temperatura (absoluta) θ y la carga eléctrica C. Teniendo en cuenta que $[k_B] = ML^2T^{-2}\theta^{-1}$, para hallar la temperatura de Planck se tiene que

$$[T_P] = \theta = [c]^{d_1}[G]^{d_2}[\hbar]^{d_3}[k_B]^{d_4} =$$

$$= L^{d_1}T^{-d_1}L^{3d_2}M^{-d_2}T^{-2d_2}M^{d_3}L^{2d_3}T^{-d_3}M^{d_4}L^{2d_4}T^{-2d_4}\theta^{-d_4} \,,$$

de donde $d_1 = 5/2, d_2 = -1/2, d_3 = 1/2, d_4 = 1$, y

$$T_P = \sqrt{\frac{c^5\hbar}{Gk_B^2}} \simeq 1{,}416784 \times 10^{32}\,\text{K}\,. \tag{2.7}$$

Finalmente, sabiendo que $[\epsilon_0] = C^2M^{-1}L^{-3}T^2$, la carga eléctrica de Planck se deriva de

$$[q_P] = C = [c]^{e_1}[G]^{e_2}[\hbar]^{e_3}[k_B]^{e_4}[\varepsilon_0]^{e_5} =$$

$$= L^{e_1}T^{-e_1}L^{3e_2}M^{-e_2}T^{-2e_2}M^{e_3}L^{2e_3}T^{-e_3}M^{e_4}L^{2e_4}T^{-2e_4}\theta^{-e_4}C^{2e_5}M^{-e_5}L^{-3e_5}T^{2e_5} \,,$$

por lo que $e_1 = 1/2, e_2 = 0, e_3 = 1/2, e_4 = 0, e_5 = 1/2$, y

$$q_P = \sqrt{c\hbar\varepsilon_0} \simeq 5{,}290818 \times 10^{-19}\,\text{C} \simeq 3{,}3\,e\,, \tag{2.8}$$

donde e es la carga eléctrica (con signo negativo) del electrón, o carga eléctrica elemental, que a veces se toma como constante universal en vez de ε_0.

2.1.1.2. Difusión unidimensional desde una fuente singular: Análisis dimensional y semejanza

Considérese la difusión unidimensional en la dirección x de una determinada sustancia en un medio infinito, uniforme y en reposo, a partir de una masa Q de dicha sustancia colocada singularmente en el plano $x = 0$ en $t = 0$. En este instante inicial, la concentración u (masa por unidad de longitud en este caso) de la sustancia es nula en el resto del dominio. La ecuación y las condiciones de contorno e inicial que gobiernan la evolución espacial y temporal de la concentración u son las siguientes:[4]

$$u_t = \nu u_{xx}\,, \quad t \geq 0\,, \quad -\infty < x < \infty\,, \tag{2.9}$$

$$u(\pm\infty, t) = 0\,, \quad u(x, 0) = Q\delta(x)\,, \tag{2.10}$$

---

[3]Con unidades de Coulomb/(Voltio metro), o, dado que V=J/C, se podría expresar como C^2/(J m).

[4]Para las condiciones de validez de esta ecuación ver, por ejemplo, Bird, Stewart, y Lightfoot (1978), §18.1, o Fernández Feria (2005), §§6.3 y 6.4.

donde ν es el coeficiente de difusión y $\delta(x)$ la función delta de Dirac. Por conservación de la masa [es decir, integrando la ecuación entre $x = -\infty$ y $x = +\infty$, teniendo en cuenta que $u_x(\pm\infty, t)$ también se anula], la solución debe cumplir

$$\int_{-\infty}^{\infty} u(x,t)dx = \text{constante} = \int_{-\infty}^{\infty} u(x,0)dx = \int_{-\infty}^{\infty} Q\delta(x)dx = Q. \qquad (2.11)$$

La solución de (2.9)-(2.10) se obtendrá en §2.1.2.1. Aquí solo se va a ver cómo se puede reducir el problema mediante el análisis dimensional. Está claro que u, además de la posición x y del tiempo t, es una función solo de ν y Q:

$$u = u(x, t, \nu, Q). \qquad (2.12)$$

Por tanto, como se deben elegir tres magnitudes dimensionalmente independientes para adimensionalizar el problema, una de ellas tiene que ser una de las dos variables independientes, por ejemplo t, que se elige junto con ν y Q. Las dimensiones de u, Q y ν son $[u] = ML^{-1}$, $[Q] = M$ y $[\nu] = L^2T^{-1}$. Así que

$$[u] = ML^{-1} = [t]^{a_1}[\nu]^{a_2}[Q]^{a_3} = T^{a_1}L^{2a_2}T^{-a_2}M^{a_3},$$

de manera que $a_1 = a_2 = -1/2$ y $a_3 = 1$, resultando la magnitud adimensional

$$\pi_u = u\frac{\sqrt{\nu t}}{Q}. \qquad (2.13)$$

De forma similar,

$$[x] = L = [t]^{b_1}[\nu]^{b_2}[Q]^{b_3} = T^{b_1}L^{2b_2}T^{-b_2}M^{b_3},$$

resultando $b_1 = b_2 = 1/2$ y $b_3 = 0$ y se puede definir

$$\pi_x = \frac{x}{\sqrt{\nu t}}. \qquad (2.14)$$

Luego, de acuerdo con el teorema pi de Buckingham, la expresión (2.12) se reduce a $\pi_u = \pi_u(\pi_x)$. Es decir, utilizando la notación $\eta \equiv \pi_x$ y $f \equiv \pi_u$,

$$u = \frac{Q}{\sqrt{\nu t}}f(\eta), \quad \text{con} \quad \eta = \frac{x}{\sqrt{\nu t}}. \qquad (2.15)$$

De esta manera, la invariancia dimensional anticipa que la EDP (2.9) se puede reducir a una EDO utilizando la variable de semejanza η para la función f, ambas provenientes de la reducción del problema (2.9)-(2.10) mediante el uso de las variables adimensionales (2.13) y (2.14). La EDO resultante y su solución se verán más abajo en § 2.1.2.1.

La razón física de esta reducción reside en la ausencia de una longitud característica en el problema con la que adimensionalizar la coordenada espacial x, por lo que hay que recurrir a la otra variable independiente t para adimensionalizarla. Más concretamente, si en vez de una longitud infinita el problema tuviera una longitud l finita en la dirección x (pero con las mismas condiciones de contorno en los extremos) habría que incluirla en la relación (2.12). Sería natural seleccionarla para adimensionalizar las otras variables y parámetros, de manera que en vez de (2.15) se tendría

$$\frac{ul}{Q} = g\left(\frac{x}{l}, \frac{\nu t}{l^2}\right), \tag{2.16}$$

para una cierta función g. Sin embargo, esta elección de l como magnitud dimensionalmente independiente resulta inapropiada, pues en el límite $x/l \to 0$ la función g no tendría un límite definido, ya que sería físicamente razonable suponer que el problema seguiría dependiendo de la variable independiente x, aunque no del parámetro l. Esto sugiere seguir utilizando las anteriores magnitudes dimensionalmente independientes para adimensionalizar u, x y l, quedando

$$\frac{u\sqrt{\nu t}}{Q} = g\left(\frac{x}{\sqrt{\nu t}}, \frac{l}{\sqrt{\nu t}}\right). \tag{2.17}$$

En cualquier caso, tanto en (2.16) como en (2.17) la solución de semejanza (2.15) se ha destruido por la presencia de la longitud finita l. La solución de semejanza (2.15) corresponde al límite $l/\sqrt{\nu t} \to \infty$ en (2.17), en el supuesto de que la dependencia de la función g con $l/\sqrt{\nu t}$ desaparece en este límite: $g(x/\sqrt{\nu t}, \infty) = f(x/\sqrt{\nu t})$. La existencia de una solución, que se obtendrá en § 2.1.2.1, corrobora este supuesto, pues el problema (2.9)-(2.10) es lineal y su solución única.

Es evidente que esta reducción de una EDP a una EDO mediante análisis dimensional es posible solo en casos muy especiales e idealizados. Pero, como se verá en lo que sigue, puede ocurrir que, aunque el análisis dimensional no proporcione una reducción de la EDP a una EDO, sí que exista solución de semejanza de la EDP, proveniente de alguna otra invariancia de la ecuación, adicional a la invariancia dimensional. Por ejemplo, podría ocurrir (que no es el caso en este ejemplo) que el límite $l/\sqrt{\nu t} \to \infty$ de g en (2.17) no tendiera a una función independiente de $l/\sqrt{\nu t}$, sino, por ejemplo, a una cierta potencia de este parámetro, de manera que la dependencia con la longitud l permaneciera incluso cuando crece sin limite. Esto destruiría la solución de semejanza del problema. Al menos esta circunstancia haría desaparecer la solución de semejanza de *primera especie*, basada en el análisis dimensional. Pero, como se verá más abajo, podría ocurrir que el problema tuviera alguna otra invariancia, no predecible mediante el análisis dimensional, que permitiera una solución de semejanza de *segunda especie*. La nueva variable de semejanza, que no provendría del análisis dimensional, contendría también la longitud l, incluso en el límite $x/l \to 0$. Para una discusión más detallada ver § 2.1.2 más abajo.

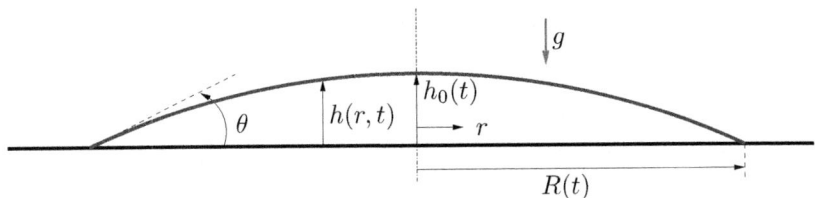

Figura 2.1: Esquema del movimiento axilsimétrico de una gota sobre una superficie.

2.1.1.3. Movimiento de una gota sobre una superficie horizontal

Un volumen V de un líquido con densidad ρ y viscosidad μ se dispersa sobre una superficie horizontal por acción de la gravedad, de aceleración g. Suponiendo que, tras un transitorio inicial, el líquido adquiere una forma de gota axilsimétrica, con un radio R que crece con el tiempo t y una altura máxima h_0 que disminuye con t, la altura h de cada punto de la superficie entre la gota y el aire depende, además del radio r y del tiempo t, de los parámetros físicos involucrados en el proceso:

$$h = h(r, t, g, V, \rho, \mu, \sigma, \theta), \tag{2.18}$$

donde σ es la tensión superficial de la interfaz líquido-aire y θ su ángulo de contacto con la superficie sólida (ver Fig. 2.1).

En este caso hay una longitud característica clara, $V^{1/3}$, por lo que no es necesario utilizar el tiempo para adimensionalizar como en el ejemplo anterior. (Las longitudes R y h_0 son funciones desconocidas del tiempo t y de los mismos parámetros de los que depende h, salvo r.) Si se eligen ρ y g como las otras dos magnitudes dimensionalmente independientes, con dimensiones $[\rho] = ML^{-3}$ y $[g] = LT^{-2}$, ya que son los parámetros que previsiblemente más van a afectar a la dispersión de la gota movida por la gravedad, teniendo en cuenta que las dimensiones del resto de parámetros y variables son $[r] = L$, $[t] = T$, $[\mu] = ML^{-1}T^{-1}$, $[\sigma] = MT^{-2}$ y que θ es ya adimensional, el teorema π nos dice que, en términos de variables y parámetros adimensionales, la expresión (2.18) se reduce a

$$\frac{h}{V^{1/3}} = f\left(\frac{r}{V^{1/3}}, \frac{tg^{1/2}}{V^{1/6}}, \frac{\mu}{\rho V^{1/2} g^{1/2}}, \frac{\sigma}{\rho g V^{2/3}}, \theta\right). \tag{2.19}$$

Los parámetros adimensionales asociados a μ y σ son los inversos de un número de Reynolds y de un número de Bond de este problema, $\mu/(\rho V^{1/2} g^{1/2}) = Re^{-1}$ y $\sigma/(\rho g V^{2/3}) = B^{-1}$, respectivamente. Incluso si $Re \gg 1$ y $B \gg 1$, de forma que la función f solo dependa, en primera aproximación, de los dos primeros parámetros adimensionales y θ, el análisis dimensional no predice una solución de semejanza de primera especie, aunque reduce notoriamente la dependencia de h a solo dos variables independientes adimensionales, $r/V^{1/3}$ y $tg^{1/2}/V^{1/6}$.

Sin embargo, se verá en §2.1.2.6 que si el efecto de la tensión superficial es despreciable en el problema ($B \gg 1$), pero la viscosidad es muy relevante en el proceso de dispersión de la gota, sí que existe una solución de semejanza de segunda especie asociada a otra invariancia de las ecuaciones que lo gobiernan, distinta de la invariancia dimensional. Como se verá, las variables de semejanza resultantes de esta nueva invariancia están asociadas a las longitudes $R(t)$ y $h_0(t)$, que dependen del tiempo. Desde un punto de vista asintótico, esto significa que en los límites anteriores, en el que $\sigma/(\rho g V^{2/3})$ y θ sí *desaparecen* del problema, el parámetro $\mu/(\rho V^{1/2} g^{1/2})$ no desaparece del problema, incluso si tiende a infinito, con el límite de la función f en (2.19) proporcional a una cierta potencia de este parámetro, lo cual genera una variable de semejanza de segunda especie no predicha por el análisis dimensional. Todo esto se discutirá a continuación de forma más general.

2.1.2. Invariancia de las ecuaciones en derivadas parciales frente a un escalado de las variables

En el ejemplo §2.1.1.2 se ha visto que simplemente utilizando el análisis dimensional es posible encontrar una variable de semejanza, combinación de las variables independientes que intervienen en un problema gobernado por una EDP, que permite reducir el problema a la resolución de una EDO. Esta reducción es un caso particular de otras similares que se pueden conseguir haciendo uso de invariancias frente a una familia (o grupo) de transformaciones de cambio de escala de las variables involucradas en el problema. Por ejemplo, en un problema como el de la difusión unidimensional analizado en §2.1.1.2, que solo contiene una variable dependiente y dos independientes, la familia de transformaciones de cambio de escala más general se podría escribir como

$$x^* = \alpha x \,, \quad t^* = \beta t \,, \quad u^* = \gamma u \,, \tag{2.20}$$

donde las variables (x, t, u) se transforman en (x^*, t^*, u^*) a través de las constantes positivas α, β y γ. Si la formulación matemática del problema no cambia cuando se escribe en las variable con asterisco, para valores arbitrarios de los parámetros α, β y γ, se dice que el problema es invariante frente al grupo *triparamétrico* de transformaciones (2.20). La situación más común es que estas invariancias, si existen, lo sean frente a un grupo *uniparamétrico*. Así, en el caso de la transformación (2.20), lo más habitual es que si existe invariancia esta ocurra para β y γ funciones particulares de α, que quedaría como único parámetro del grupo de transformaciones que dejaría invariante la formulación del problema (ver, por ejemplo, § 2.1.2.1 más abajo y, de forma más general, § 2.2).

Como se ha dicho, la invariancia dimensional es un caso muy particular de la invariancia frente a una transformación de cambio de escala como (2.20), y corresponde a constantes α, β y γ relacionadas entre sí por las transformaciones que experimentan las variables del sistema cuando se utiliza un sistema de unidades distinto para medir las magnitudes físicas. La familia de transformaciones (2.20) es mucho más general y, como se verá a continuación, la invariancia frente a una transformación de este tipo puede proporcionar una solución de semejanza en problemas en los que el análisis dimensional no predice reducción alguna de las variables independientes.

Si la solución de semejanza de un problema gobernado por EDPs proviene de una reducción a EDOs obtenida mediante análisis dimensional, a esta solución se le suele denominar *solución de semejanza de primera especie*. En cambio, si la reducción no la predice el análisis dimensional, sino que proviene de la invariancia frente a un escalado de las variables más general, la solución se suele denominar *solución de semejanza de segunda especie*. Como se ha comentado en los ejemplos de las secciones anteriores, estas soluciones de semejanza de segunda especie generalmente indican que las funciones de los parámetros adimensionales que proporciona el análisis dimensional carecen de un límite definido cuando el parámetro particular que debería simplificar el problema tiende a cero o a infinito (se verán algunos ejemplos más en lo que sigue; para más detalles, ver, por ejemplo, Barenblatt, 1996, 2003, 2014).

También conviene comentar aquí que un grupo de transformaciones de escalado de las variables como el (2.20) es, a su vez, un caso muy particular de los grupos de transformaciones de Lie, que se considerarán en §2.2 y en secciones posteriores para su uso en la reducción de ecuaciones diferenciales en general, y en la reducción de EDPs en particular (§ 2.4).

2.1.2.1. Difusión unidimensional desde una fuente singular: Solución fundamental de la ecuación de difusión

Para ilustrar la solución de semejanza de primera especie, y su relación con un escalado más general como el (2.20), se considera el ejemplo de la difusión unidimensional analizado dimensionalmente en § 2.1.1.2.

Sustituyendo la transformación (2.20) en (2.9)-(2.11) se tiene

$$\frac{\beta}{\gamma} u_{t^*}^* = \nu \frac{\alpha^2}{\gamma} u_{x^* x^*}^* , \quad t^* \geq 0 , \quad -\infty < x^* < \infty , \tag{2.21}$$

$$u^*(\pm\infty, t^*) = 0 , \quad \int_{-\infty}^{\infty} \frac{1}{\gamma\alpha} u^* dx^* = Q , \tag{2.22}$$

donde en vez de la condición en $t = 0$ se ha utilizado la condición integral equivalente (2.11), en la que se ve más claramente la transformación de la función delta $[\delta^*(x^*) = \delta(x)/\alpha$, para que $\int_{-\infty}^{\infty} \delta^*(x^*) dx^* = 1]$. Por lo tanto, el problema es efectivamente invariante frente a (2.20), si $\beta = \alpha^2$ y $\gamma = \alpha^{-1}$. Es decir, el problema (2.9)-(2.11) es invariante frente al grupo uniparamétrico (solo el parámetro α) de transformaciones de escala

$$x^* = \alpha x , \quad t^* = \alpha^2 t , \quad u^* = \alpha^{-1} u .^5 \tag{2.23}$$

Así, si $u = \omega(x, t)$ es una solución de (2.9)-(2.11), $u^* = \omega(x^*, t^*) = \omega(\alpha x, \alpha^2 t)$ es una solución de (2.21)-(2.22), siendo $u^* = \alpha^{-1} u$, de donde

$$\alpha^{-1}\omega(x, t) = \omega(\alpha x, \alpha^2 t) , \tag{2.24}$$

---

[5]Es fácil demostrar que esta transformación cumple los requisitos para que sea un grupo uniparamétrico de transformaciones de Lie, tal como se define más adelante en §2.2.

para cualquier solución $\omega(x,t)$ de (2.9)-(2.11). Esta es la condición de invariancia de las superficies $u = \omega(x,t)$ en el espacio (x,t,u) para que sean solución del problema.

Si se elige en vez de x la variable $z = x/\sqrt{t}$, que es invariante frente a la transformación (2.23), y se define $f(z,t) = \sqrt{t}\,\omega(x,t)$, la condición (2.24) implica

$$\alpha\,\omega(\alpha x, \alpha^2 t) = \omega(x,t) = \frac{1}{\sqrt{t}}f(z,t) = \frac{\alpha}{\sqrt{\alpha^2 t}}f(z,\alpha^2 t) = \frac{f(z,\alpha^2 t)}{\sqrt{t}}\,.$$

Es decir, $f(z,t) = f(z,\alpha^2 t)$ para cualquier α, lo cual implica que f no depende de t, llegándose a la siguiente forma invariante, o de semejanza, de la solución

$$u = \omega(x,t) = \frac{1}{\sqrt{t}}f(z)\,, \qquad z = \frac{x}{\sqrt{t}}\,, \tag{2.25}$$

que coincide formalmente con la solución de semejanza (2.15), a la que se llegó mediante análisis dimensional. La forma (2.15) tiene la ventaja de que además es adimensional, lo cual simplifica el problema reduciendo *también* el número de parámetros, no solo el número de variables independientes que posibilita la reducción de la EDP a una EDO.

Utilizando la forma de semejanza adimensional (2.15), teniendo en cuenta que

$$u_t = -\frac{1}{2t}\frac{Q}{\sqrt{\nu t}}[f(\eta) + \eta f'(\eta)]\,, \quad u_{xx} = \frac{Q}{\sqrt{\nu t}}\frac{1}{\nu t}f''(\eta)\,,$$

donde las primas significan derivadas totales con respecto a la nueva variable independiente η, y sustituyendo en (2.9)-(2.11), el problema se reduce a la resolución de la siguiente EDO para $f(\eta)$

$$f'' + \frac{1}{2}\eta f' + \frac{1}{2}f = 0\,, \tag{2.26}$$

con las condiciones

$$f(\pm\infty) = 0\,, \qquad \int_{-\infty}^{\infty} f(\eta)d\eta = 1\,, \tag{2.27}$$

donde la variable t, y todos los parámetros, han desaparecido. Obsérvese que la condición inicial para f coincide con la de contorno para $\eta \to \infty$, y por ello es necesaria la condición integral de f para tener en cuenta el efecto del parámetro Q: recuérdese que este requisito integral de f es consecuencia directa de la condición inicial a través de la integración de la propia ecuación (conservación de la masa).

La EDO (2.26) se integra fácilmente una vez,

$$f' + \frac{1}{2}\eta f = K\,, \tag{2.28}$$

siendo K una constante de integración. Esta es una ecuación lineal de primer orden, cuya solución general de la ecuación homogénea es

$$f(\eta) = Ce^{-\eta^2/4}\,, \tag{2.29}$$

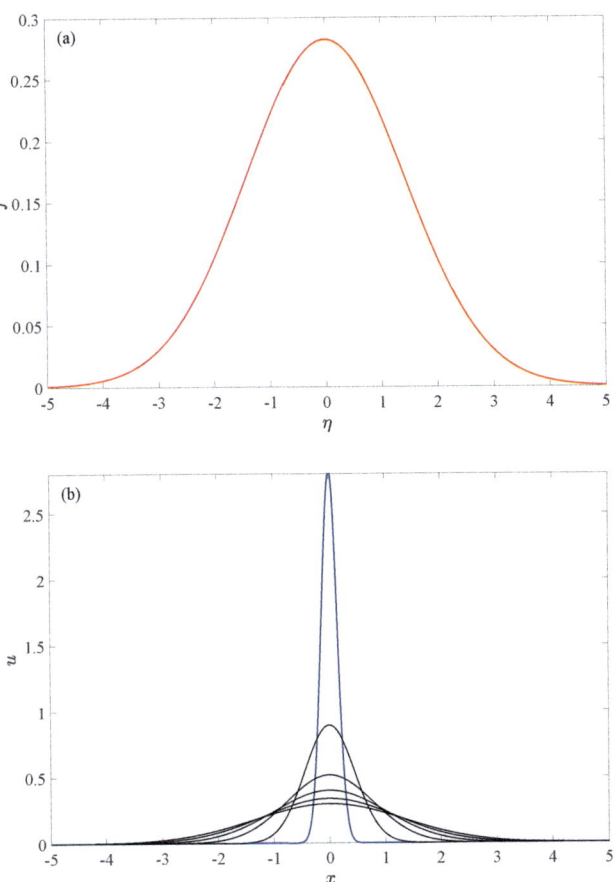

Figura 2.2: (a): Solución $f(\eta)$ dada por (2.30). (b): Soluciones autosemejantes $u(x,t)$ correspondientes dadas por (2.31) para $\nu = 1$, $Q = 1$ y varios instantes: $t = 0{,}01$ (curva azul) y $t = 0{,}1, 0{,}3, 0{,}5, 0{,}7, 0{,}9$ (curvas negras).

con C otra constante de integración. La solución particular se halla fácilmente por el método de variación de la constante C,[6] resultando ser $Ke^{-\eta^2/4} \int^{\eta} e^{\eta^2/4} d\eta$, que no se anula para $\eta \to \pm\infty$, salvo que la constante K sea cero, por lo que la solución general de (2.28) es la de la homogénea (2.29). Teniendo en cuenta que

$$\int_{-\infty}^{\infty} e^{-z^2} dz = \sqrt{\pi}\,,$$

---

[6]Para esta y otras técnicas elementales relacionadas con la resolución de ecuaciones diferenciales ordinarias se puede consultar, por ejemplo, el excelente libro de Simmons (1977).

de la condición integral en (2.27) se tiene que $C = 1/(2\sqrt{\pi})$, y la solución finalmente queda

$$f(\eta) = \frac{1}{2\sqrt{\pi}}e^{-\eta^2/4}\,, \tag{2.30}$$

que está representada en la Fig. 2.2(a). En las variables originales [ver (2.15)] la solución se escribe

$$u(x,t) = \frac{Q}{2\sqrt{\pi\nu t}}\,e^{\frac{-x^2}{4\nu t}}\,. \tag{2.31}$$

La solución de semejanza (2.31) con $Q = 1$ es la denominada *solución fundamental* de la ecuación de difusión (o ecuación del calor), que como se vio en §1.2.4.3 sirve para obtener la solución de otros problemas gobernados por la ecuación de difusión, amén de otras ecuaciones parabólicas. Es el prototipo de cualquier otra solución de difusión, donde una distribución inicial en la variable espacial, en este caso concentrada en una delta de Dirac, se *difunde* espacialmente a medida que el tiempo avanza a un ritmo proporcional a la raíz cuadrada del coeficiente de difusión por el tiempo, $\sqrt{\nu t}$. En este caso la solución es de semejanza (y de primera especie) porque no existe longitud característica; en otras palabras, la fuente de masa está concentrada en una longitud l_f mucho más pequeña que el tamaño L del recipiente donde se produce la difusión, y se está considerando la solución en una región cuya longitud l en la dirección x es también mucho más pequeña que L. Es decir, se está considerando el límite asintótico *intermedio* $l_f \ll l \ll L$ (ver §2.1.2.2 más abajo).

Los perfiles de la concentración u en función de x para los distintos instantes t [Fig. 2.2(b)] son *autosemejantes*, en el sentido de que se obtienen mediante el grupo de transformaciones relacionadas con las variables de semejanza, o invariantes, (2.15) a partir de la solución *congelada* $f(\eta)$, que es una función única para toda posición y tiempo [Fig. 2.2(a)].

2.1.2.2. Difusión unidimensional desde una fuente finita: Comparación de la solución numérica con la de semejanza

Como se acaba de comentar, la solución de semejanza anterior es una solución idealizada para una fuente inicial concentrada (de hecho singular) en una longitud $l_f \to 0$ en un medio infinito, $L \to \infty$. Si l_f y L son finitas, como ocurre en situaciones reales, la solución de semejanza es aproximadamente válida cuando la longitud característica l de la solución, que de acuerdo con la variable de semejanza es del orden de $\sqrt{\nu t}$, satisface

$$l_f \ll l \sim \sqrt{\nu t} \ll L\,.$$

Es decir, es válida para tiempos suficientemente grandes para que se *pierda memoria* de los detalles de la condición inicial y la vea como una fuente singular, pero no tan grandes como para que llegue a los bordes del dominio con un valor de u no infinitesimal. Este último requisito no suele ser tan crítico en situaciones reales y por ello se va a explorar en esta sección cómo se llega a la solución de semejanza cuando inicialmente se tiene una fuente finita de espesor l_f.

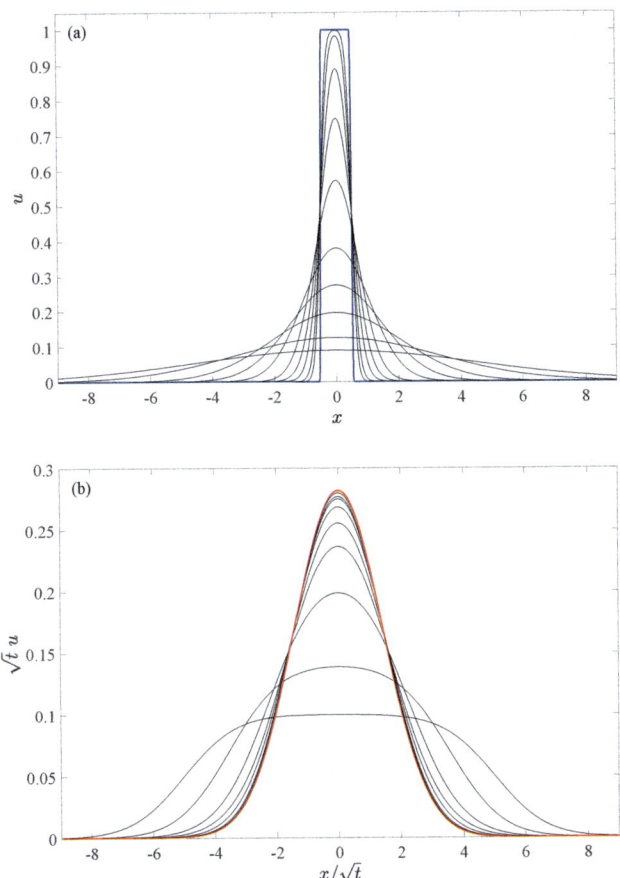

Figura 2.3: Solución numérica del problema (2.32)-(2.34) con $\nu = Q = 1$, $L = 50$ y $l_f = 0,5$ para los instantes $t = 0,01, 0,02, 0,05, 0,1, 0,2, 0,5, 1, 2, 5$ y 10 (curvas negras). En (a) se representa u versus x para los distintos instantes, siendo la curva azul gruesa la condición inicial ($t = 0$), mientras que en (b) se dibuja $\sqrt{t}\,u$ versus $x/\sqrt{t}$, con la curva roja gruesa la solución de semejanza (2.31).

Para ello se va a resolver numéricamente el problema

$$u_t = \nu u_{xx}\,, \quad t \geq 0\,, \quad -L < x < L\,, \tag{2.32}$$

$$u(\pm L, t) = 0\,, \quad u(x, 0) = Q\,h(x)\,, \tag{2.33}$$

donde $h(x)$ es la función rectangular

$$h(x) = \left\{ \begin{array}{ll} 1 & -l_f \leq x \leq l_f\,, \\ 0 & x < -l_f\,, \quad x > l_f\,, \end{array} \right. \tag{2.34}$$

pero *redondeada* (con derivadas continuas) en $x = \pm l_f$ para evitar problemas numéricos [ver curva azul en la Fig. 2.3(a)]. La resolución numérica se realiza mediante el paquete de 'EDPs formuladas mediante coeficientes' del software comercial COMSOL Multiphysics (v: 6.2), en un dominio de integración con $L = 50$ y una fuente rectangular con $l_f = 0{,}5$.

La figura 2.3 muestra la solución u para $\nu = 1$ y $Q = 1$ en distintos instantes de tiempo. En la Fig. 2.3(a) se observa cómo la forma rectangular de la distribución inicial de masa (en azul) rápidamente se difunde por el dominio. En la Fig. 2.3(b) se representa la solución en la forma de semejanza (2.15) para los mismos valores de t. En los instantes iniciales la solución difiere notablemente de la de semejanza, pero ya para $t = 1$ la solución prácticamente coincide con la de semejanza (2.31) (dibujada en trazo rojo grueso). Es decir, para t de orden unidad la solución ya ha perdido memoria de la condición inicial y ha evolucionado hacia la solución universal de semejanza. El borde externo del dominio está demasiado lejos para que afecte a la solución incluso para el tiempo máximo representado ($t = 10$; para este tiempo y para $t = 5$ la soluciones numéricas son indistinguibles de la de semejanza en la figura).

2.1.2.3. Problema de Rayleigh

Otro ejemplo clásico de solución de semejanza de primera especie de un proceso difusivo, en este caso de cantidad de movimiento, es el denominado problema de Rayleigh.

Considérese un volumen fluido en reposo en el semi-espacio $y \geq 0$, limitado por una placa plana en $y = 0$. En un cierto instante $t = t_0$ la placa se pone en movimiento paralelamente a sí misma en la dirección x con velocidad V constante de forma instantánea. Este movimiento de la placa se transmite por viscosidad al fluido, que se moverá con una velocidad $u(y, t)$ en la dirección x gobernada por la misma ecuación de difusión (2.9) (pero en otro dominio espacial y usando ahora una coordenada distinta para seguir la notación más estándar; ver, por ejemplo, Fernández Feria (2005), §14.1.4):

$$u_t = \nu u_{yy}\,, \quad t \geq t_0\,, \quad 0 \leq y < \infty\,, \tag{2.35}$$

donde ahora ν es la viscosidad cinemática, o coeficiente de difusión de cantidad de movimiento. Las condiciones de contorno e inicial son:

$$u(0, t) = V\,, \quad u(\infty, t) = 0\,, \quad u(y, t_0) = 0\,. \tag{2.36}$$

Obviamente este problema es una idealización de un proceso físico que podría consistir en el movimiento de una placa plana de longitud característica l y espesor $h \ll l$ en un medio fluido homogéneo y en reposo contenido en un recipiente cuya longitud característica sea $L \gg l$. Cuando la placa se mueve paralelamente a sí misma y ha alcanzado una velocidad constante V, el movimiento fluido incompresible sobre una de sus caras estará gobernado por (2.35)-(2.36) en una región alejada de los bordes de la placa una distancia mucho mayor que h (por eso $h \ll l$) siempre que la placa permanezca a distancias mucho mayores que l de cualquier contorno del medio fluido originalmente en reposo ($l \ll L$).

Sin pérdida de generalidad se puede suponer que $t_0 = 0$, pues el cambio de variable $t \to t - t_0$ no modifica las ecuaciones (2.35)-(2.36). Por tanto, la velocidad del fluido u

depende solo de las dos variables independientes y y t, y de los dos únicos parámetros del problema:

$$u = u(y, t, V, \nu) \,.$$

Por otro lado, si se define $v = u/V$, la ecuación para v no se modifica y el parámetro V desaparece del problema, pues la condición de contorno en $y = 0$ se transforma en $v(0, t) = 1$. Consecuentemente,

$$v = \frac{u}{V} = f(y, t, \nu) \,. \tag{2.37}$$

Como ocurre con el ejemplo anterior, para adimensionalizar el problema necesariamente se tiene que utilizar una de las dos variables independientes como una de las dos magnitudes dimensionalmente independientes (obsérvese que el problema es puramente cinemático, con dimensiones L y T). Si se elige t y ν, la invariancia dimensional reduce (2.37) a

$$\frac{u}{V} = f\left(\frac{y}{\sqrt{\nu t}}\right) \,. \tag{2.38}$$

Definiendo la variable de semejanza

$$\eta = \frac{y}{\sqrt{\nu t}} \,, \tag{2.39}$$

y sustituyendo en la ecuación y en las condiciones de contorno e inicial, la función $f(\eta)$ satisface

$$f'' + \frac{1}{2}\eta f' = 0 \,, \quad f(0) = 1 \,, \quad f(\infty) = 0 \,. \tag{2.40}$$

Las dos condiciones de contorno y la condición inicial para $u(y, t)$ se han reducido a solo dos condiciones de contorno para $f(\eta)$. Si no fuese así, el problema no tendría solución de semejanza, pues la ecuación (2.40) es de segundo orden y solo admite dos condiciones de contorno.

Al no contener explícitamente la variable dependiente f, la ecuación lineal de segundo orden (2.40) es fácil de resolver mediante el cambio de variable $p = f'$, que la reduce a una de primer orden para p.[7] Integrando a su vez esta ecuación diferencial ordinaria de primer orden para p, que es de variables separadas, se obtiene $p(\eta) = f'(\eta) = K \exp(\eta^2/4)$, siendo K una constante de integración. Integrando otra vez, la solución que satisface las condiciones de contorno se puede escribir como

$$\frac{u}{V} = f(\eta) = \operatorname{erfc}\left(\frac{\eta}{2}\right) \,, \tag{2.41}$$

donde erfc es la función error complementaria,

$$\operatorname{erfc}(z) \equiv 1 - \operatorname{erf}(z) = 1 - \frac{2}{\sqrt{\pi}} \int_0^z e^{-\xi^2} d\xi \,, \tag{2.42}$$

---

[7]Como se verá en §2.3.2.3, esta reducción de orden está asociada a una invariancia de la ecuación frente a una traslación de la variable independiente de la EDO de segundo orden.

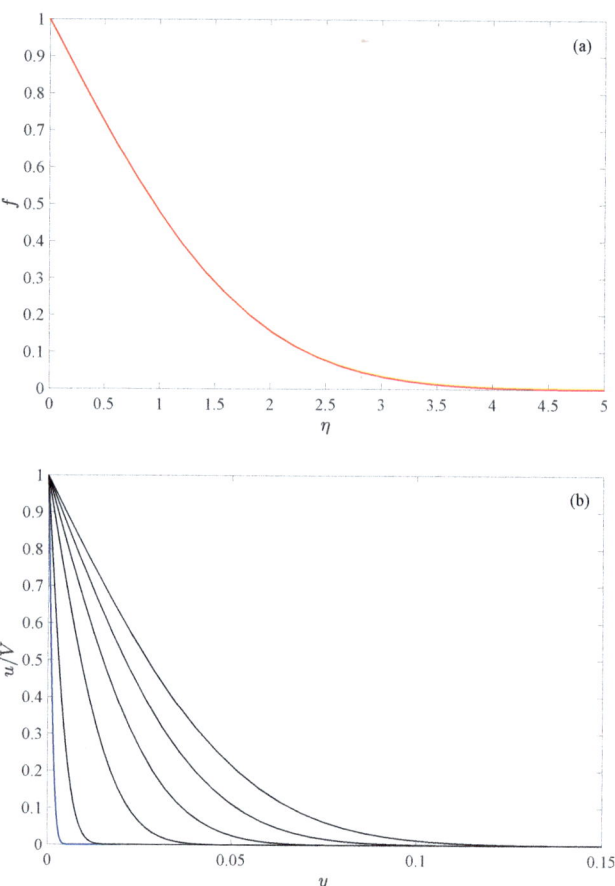

Figura 2.4: (a): Solución $f(\eta)$ dada por (2.41). (b): Soluciones autosemejantes $u(y,t)/V$ versus y dadas por (2.43) para $\nu = 10^{-6}$ (agua en SI) y varios instantes, $t = 1$ (curva azul) y $t = 10, 90, 250, 490, 810$ (curvas negras).

con erfc(0)=1 y erfc(∞)=0, siendo erf la función error. Esta solución se representa en la Fig. 2.4(a).

En las variables originales,

$$u = V \operatorname{erfc}\left(\frac{y}{2\sqrt{\nu t}}\right), \qquad (2.43)$$

que es la solución de semejanza de Rayleigh. De acuerdo con esta solución, el valor $u = V$ en el contorno $y = 0$ se difunde con el tiempo a regiones $y > 0$ donde u era cero, de manera que, en un tiempo t, la velocidad $u \sim V$ ha llegado hasta una distancia $y \sim \sqrt{\nu t}$, decayendo exponencialmente a cero para distancias mayores (esta longitud $l_\nu = \sqrt{\nu t}$ se suele denominar longitud de influencia viscosa). Varios perfiles de u en función de y para distintos valores del tiempo se representan en la Fig. 2.4(b).

Esta solución de semejanza de Rayleigh aparece en otros problemas de difusión que son físicamente muy diferentes. Por ejemplo, el de la difusión magnética que se plantea como ejercicio 2 de §2.1.3.

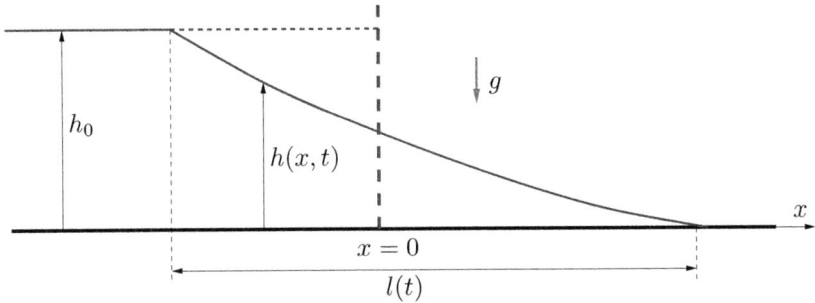

Figura 2.5: Esquema del problema de la rotura de una presa.

2.1.2.4. Rotura de una presa: Solución de semejanza

Como ejemplo algo más complejo, gobernado por dos EDPs, pero también con solución de semejanza de primera especie, se considera el problema de la rotura de una presa.

Se desea averiguar la evolución de una capa líquida bidimensional, inicialmente en reposo con una altura h_0 constante sobre una superficie horizontal en la región $-\infty < x \le 0$, cuando la 'presa' que la retiene en $x = 0$ desaparece instantáneamente en $t = 0$, de manera que para $t > 0$ el líquido se desparrama violentamente desde la región $x < 0$ hasta la región $x > 0$, que inicialmente no contenía líquido (ver Fig. 2.5). En el supuesto de que la fricción sea despreciable, la altura h del líquido y su velocidad u promediada verticalmente satisfacen las ecuaciones y condiciones iniciales siguientes:[8]

$$\frac{\partial u}{\partial t} + u \frac{\partial u}{\partial x} + g \frac{\partial h}{\partial x} = 0, \tag{2.44}$$

$$\frac{\partial h}{\partial t} + u \frac{\partial h}{\partial x} + h \frac{\partial u}{\partial x} = 0, \tag{2.45}$$

$$h = \begin{cases} h_0 & \text{en} \quad t = 0 \quad \text{si} \quad x \le 0 \\ 0 & \text{en} \quad t = 0 \quad \text{si} \quad x > 0 \end{cases}, \qquad u = 0 \quad \text{en} \quad t = 0, \tag{2.46}$$

siendo g la aceleración debida a la gravedad. De hecho, el problema se simplifica si se utiliza la velocidad de propagación de las ondas de superficie libre,[9]

$$c = \sqrt{gh}, \tag{2.47}$$

---

[8]Para más detalles sobre las condiciones de validez de las ecuaciones ver, por ejemplo, Fernández Feria (2005), cap. 24.

[9]Ver también §4.1.4.5.

en vez de h, quedando

$$\frac{\partial u}{\partial t} + u\frac{\partial u}{\partial x} + 2c\frac{\partial c}{\partial x} = 0\,, \tag{2.48}$$

$$2\frac{\partial c}{\partial t} + 2u\frac{\partial c}{\partial x} + c\frac{\partial u}{\partial x} = 0\,, \tag{2.49}$$

$$c = \begin{cases} c_0 \equiv \sqrt{gh_0} & \text{en} \quad t=0 \quad \text{si} \quad x \leq 0 \\ 0 & \text{en} \quad t=0 \quad \text{si} \quad x > 0 \end{cases}\,, \qquad u = 0 \quad \text{en} \quad t = 0\,. \tag{2.50}$$

En estas variables desaparece g del problema y se tiene que c y u dependen de

$$c = c(x,t,c_0) \quad \text{y} \quad u = u(x,t,c_0)\,. \tag{2.51}$$

Hay dos dimensiones independientes, L y T, pero solo hay un parámetro, c_0, así que hay que utilizar x o t como magnitud dimensionalmente independiente para adimensionalizar, además de c_0. Por tanto, la invariancia dimensional proporciona las siguientes relaciones

$$\pi_c \equiv \frac{c}{c_0} = \pi_c\left(\frac{x}{c_0 t}\right)\,, \quad \text{y} \quad \pi_u \equiv \frac{u}{c_0} = \pi_u\left(\frac{x}{c_0 t}\right)\,. \tag{2.52}$$

Es decir, el análisis dimensional predice que el problema se puede reducir a EDOs que dependen solo de la variable

$$\eta = \frac{x}{c_0 t} = \frac{x}{\sqrt{gh_0}\, t}\,, \tag{2.53}$$

debiendo tener una solución de semejanza, de primera especie en este caso, que depende solo de esa variable de semejanza. En efecto, si por simplicidad en la notación se definen las variables adimensionales

$$\alpha = \frac{u}{c_0} \quad \text{y} \quad \beta = \frac{c}{c_0}\,, \tag{2.54}$$

en vez de llamarlas π_u y π_c como en (2.52), sustituyendo en (2.48)-(2.50) el problema se reduce a

$$(\alpha - \eta)\alpha' + 2\beta\beta' = 0\,, \tag{2.55}$$

$$2(\alpha - \eta)\beta' + \beta\alpha' = 0\,, \tag{2.56}$$

$$\alpha(\pm\infty) = 0\,, \quad \beta(-\infty) = 1\,, \quad \beta(\infty) = 0\,, \tag{2.57}$$

donde las primas significan derivadas (totales) con respecto a η. Que el problema no tuviera una longitud característica en la dirección x, salvo la $l(t)$ desconocida y dependiente del tiempo, esquematizada en la Fig. 2.5, dejaba ya intuir la existencia de esta solución de semejanza, donde, en este caso, el análisis dimensional proporciona que $l(t) \propto c_0 t$.

Multiplicando (2.55) por $2\beta'$, (2.56) por α' y restando, se llega a

$$\beta\left(4\beta'^2 - \alpha'^2\right) = 0\,. \tag{2.58}$$

Como $\beta \neq 0$ (excepto en el frente móvil del líquido), se tiene que

$$\beta' = \pm\frac{1}{2}\alpha'\,. \tag{2.59}$$

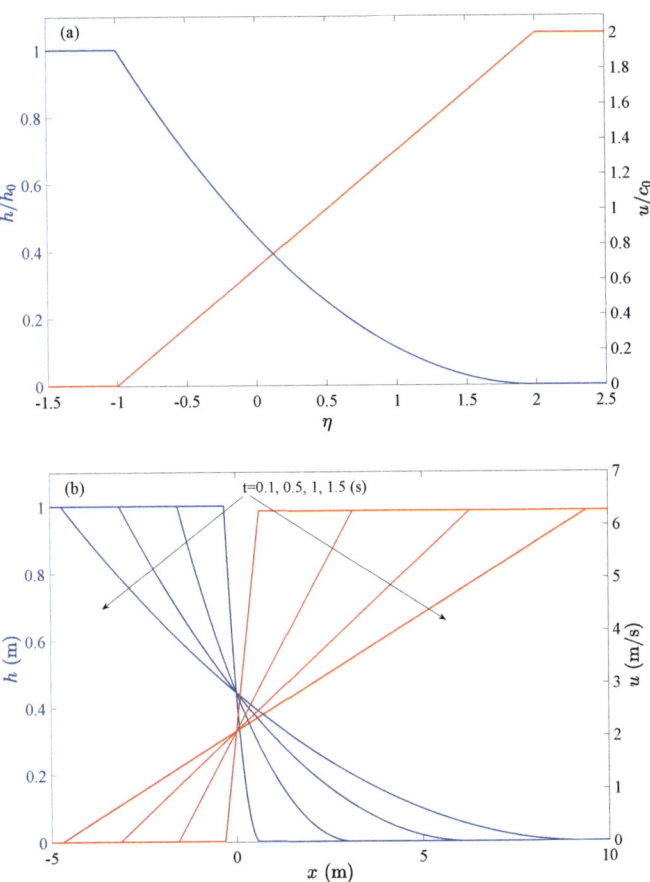

Figura 2.6: (a): Solución de semejanza (2.64) para h/h_0 (azul) y u/c_0 (rojo). (b): Perfiles de $h(x)$ (líneas azules) y de $u(x)$ (líneas rojas) correspondientes a $h_0 = 1$ m con $g = 9{,}81$ m/s^2 para distintos valores del tiempo t.

De los dos signos posibles se elige el negativo dado que uno espera que $\partial u/\partial x > 0$ y $\partial c/\partial x < 0$, pues u crece con x y h decrece con x. Sustituyendo en (2.55), se obtiene

$$\alpha'(\alpha - \eta - \beta) = 0\,. \tag{2.60}$$

Dado que $\alpha' \neq 0$, se tiene

$$\alpha - \eta - \beta = 0 \qquad \text{o, derivando,} \qquad \alpha' - 1 - \beta' = 0\,, \tag{2.61}$$

que, junto con (2.59) (con signo negativo), se llega a las dos ecuaciones

$$\frac{d\alpha}{d\eta} = \frac{2}{3}\,, \qquad \frac{d\beta}{d\eta} = -\frac{1}{3}\,. \tag{2.62}$$

La integración de estas dos ecuaciones, junto con la primera en (2.61), proporciona

$$\alpha = C_1 + \frac{2}{3}\eta\,, \qquad \beta = C_1 - \frac{1}{3}\eta\,, \tag{2.63}$$

donde C_1 es una constante de integración. Despejando η en β y sustituyendo en α, $\alpha = 3C_1 - 2\beta$, y de la condición inicial (2.57) para $\eta \to -\infty$ ($\alpha = 0$ con $\beta = 1$), se tiene $C_1 = 2/3$. En definitiva, la solución buscada es

$$\alpha = \frac{u}{c_0} = \frac{2}{3}\left(1 + \eta\right)\,, \qquad \beta = \frac{c}{c_0} = \sqrt{\frac{h}{h_0}} = \frac{1}{3}\left(2 - \eta\right)\,. \tag{2.64}$$

Se observa que la zona perturbada de la lámina líquida, es decir, la onda generada tras la rotura de la presa, se extiende desde $\eta = -1$, donde u es cero, hasta $\eta = 2$, donde h se anula. Fuera de esta región, $h = h_0$ y $u = 0$ para $\eta \leq -1$, y $h = 0$ y $u = 2c_0$ para $\eta \geq 2$ [ver Fig. 2.6(a)].

En las variables físicas originales, la solución de semejanza (2.64) se escribe

$$u = \frac{2}{3}\left(c_0 + \frac{x}{t}\right)\,, \qquad c = \sqrt{gh} = \frac{1}{3}\left(2c_0 - \frac{x}{t}\right)\,. \tag{2.65}$$

La onda se extiende desde $x = -\sqrt{gh_0}\,t$ hasta $x = 2\sqrt{gh_0}\,t$, es decir, tiene una extensión $l(t) = 3\sqrt{gh_0}\,t$ en cada instante t, que, obviamente, está de acuerdo con el escalado de la variable de semejanza (2.53). Se observa además que, para $x = 0$, $u = 2c_0/3$ y $c = 2c_0/3$, lo cual implica que la altura h en la posición donde estaba la presa ($x = 0$) es siempre $4h_0/9$ para todo $t > 0$, con una velocidad $u = 2\sqrt{gh_0}/3$. En la figura 2.6(b) se representan perfiles de h y de u para varios instantes.

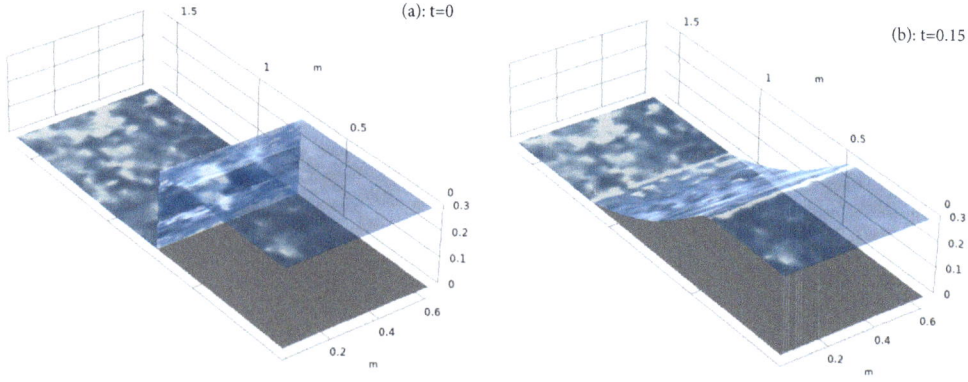

Figura 2.7: Instantáneas de la altura de la superficie libre del agua inicial (a), en reposo con $h_0 = 0,3$ m en una porción de un canal bidimensional, y en $t = 0,15$ s (b) tras la *rotura de la presa* situada en $x = 0,7$ m. Solución obtenida numéricamente con COMSOL Multiphysics (v: 6.2) (más detalles en el texto).

2.1.2.5. Rotura de una presa: Comparación de la solución de semejanza con resultados numéricos

En esta sección se compara la solución de semejanza (2.65) con resultados obtenidos mediante la resolución numérica de las ecuaciones del movimiento de un líquido con superficie libre en la aproximación de aguas someras; es decir, promediadas verticalmente como en las ecuaciones (2.44)-(2.45), pero incluyendo el efecto de la fricción con las paredes sólidas [también llamadas ecuaciones de Saint-Venant; ver, por ejemplo, Chanson (2004), §16.2]. En particular, se resuelve el movimiento de un volumen de agua inicialmente en reposo con una altura de $0,3$ m en una porción de $0,7$ m de longitud en un canal rectangular (o un tanque) de $1,6$ m de longitud y $0,6$ m de ancho [ver Fig. 2.7(a)] utilizando el paquete de ecuaciones de Saint-Venant, explícito en el tiempo, del software comercial COMSOL Multiphysics (v: 6.2). En $t = 0$ se libera el agua retenida en reposo en la primera porción del canal con una altura $h_0 = 0,3$ m, que se desparrama por el resto del canal por acción de la gravedad. La figura 2.7(b) muestra la superficie libre del agua obtenida numéricamente en el instante $t = 0,15$ s tras la rotura de la presa. La resolución numérica se realiza con elementos finitos utilizando la 'malla extremadamente fina' (celdas triangulares de unos $2,5$ mm de lado) del dominio bidimensional del canal, con un incremento temporal controlado por la física.

La figura 2.8 compara los resultados numéricos para la altura h y la velocidad u en la dirección longitudinal del canal (x) en su sección central (a $0,3$ m de los bordes laterales) con la solución de semejanza (2.65) para varios instantes después de la rotura. Se observa que la solución de semejanza para h se ajusta bastante bien a la solución numérica para todo t y x, algo peor cerca del suelo (debido al efecto de la fricción) y cerca de h_0. En cambio, la velocidad lineal u de la solución de semejanza, aunque se ajusta igual de bien que h detrás del frente de rotura, en la parte frontal, donde las velocidades son muy altas y la lámina de agua es muy delgada, la velocidad obtenida numéricamente deja de crecer linealmente antes de que h se anule, llegando a ser bastante menor que la obtenida con la solución de semejanza. Obviamente, esto es debido a la fricción viscosa, que es muy importante cerca del suelo, donde además las velocidades son las más altas. De hecho, la velocidad de semejanza cuando $h \rightarrow 0$ llega a ser $u \rightarrow 2c_0$, claramente una idealización inalcanzable en la práctica. Pero sorprende que la u obtenida numéricamente siga el patrón lineal de la solución de semejanza incluso bastante mas allá de c_0 [marcado con una línea de trazos en la Fig. 2.8(b)] a medida que t crece. Una indicación de la importancia de la fricción cerca del suelo es que el frente de la onda con $h = 0$ se localiza siempre detrás del valor $x = 2tc_0$ que predice la solución de semejanza.

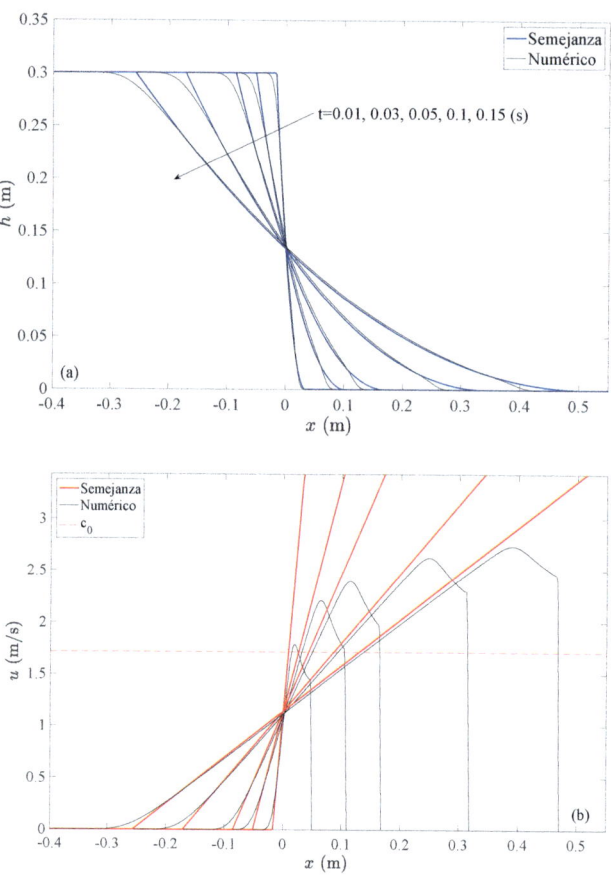

Figura 2.8: Comparación de la variación con x de la altura h (a) y de la velocidad u (b) obtenidas con la solución de semejanza (2.65) (líneas gruesas, azules para h y rojas para u) con la solución obtenida numéricamente (lineas negras finas) para los distintos valores del tiempo t indicados en (a). $h_0 = 0,3$ m y $g = 9,81$ m/s². La línea a trazos en (b) representa $c_0 = \sqrt{gh_0} \simeq 1,72$ m/s.

2.1.2.6. Movimiento de una gota sobre una superficie horizontal (continuación)

Se vio en la sección 2.1.1.3 que el análisis dimensional aplicado al movimiento por gravedad de una gota líquida sobre una superficie (ver Fig. 2.1) no proporciona una variable de semejanza con la que reducir las ecuaciones que gobiernan la posición de la superficie libre $h(r, t)$, incluso si se desprecia el efecto de la tensión superficial. Es decir, no existe solución de semejanza de primera especie. Sin embargo, se verá a continuación que, en el límite en el que el movimiento del líquido está dominado por las fuerzas viscosas, sí que existe una solución de semejanza de segunda especie como consecuencia de otra invariancia de las ecuaciones que gobiernan este problema, diferente de la invariancia asociada al análisis dimensional.

En el límite de capa líquida delgada con fuerzas viscosas dominantes y en ausencia de tensión superficial, la ecuación de lubricación de Reynolds proporciona la siguiente EDP para $h(r,t)$:[10]

$$r\frac{\partial h}{\partial t} - \frac{\rho g}{3\mu}\frac{\partial}{\partial r}\left(rh^3\frac{\partial h}{\partial r}\right) = 0,\tag{2.66}$$

donde los diferentes parámetros están definidos en §2.1.1.3. Esta ecuación se debe resolver con las condiciones de contorno

$$h[R(t),t] = 0, \quad h(0,t) \neq \infty,\tag{2.67}$$

donde el radio (desconocido) de la gota $R(t)$ debe satisfacer

$$2\pi \int_0^{R(t)} rhdr = V.\tag{2.68}$$

No se impone una condición inicial pues la solución de semejanza buscada será válida para tiempos suficientemente grandes para que no dependa de los detalles de la condición inicial (ver discusión en § 2.1.2.2 para un problema similar). De hecho, el modelo anterior es válido para $h_0(t)/R(t) \ll 1$ junto con $\rho h_0^2(t)\dot{R}(t)/(\mu R(t)) \ll 1$, donde $\dot{R} = dR/dt$, y ambas condiciones implican que el tiempo debe ser lo suficientemente grande como para que la solución $h(r,t)$ buscada haya *perdido memoria* de las particularidades de la condición inicial (estas condiciones que debe satisfacer el tiempo t se darán cuantitativamente en función de los datos más abajo, una vez obtenida la solución). La única información de la condición inicial que permanece en la solución de semejanza es el volumen inicial del líquido V.

Considérese la familia de transformaciones uniparamétricas de cambio de escala

$$r^* = \alpha r, \quad t^* = \alpha^a t, \quad h^* = \alpha^b h,\tag{2.69}$$

donde a y b son constantes a determinar. Sustituyendo en (2.66) y (2.68) [las condiciones (2.67) son siempre invariantes con respecto a (2.69), independientemente de los valores de a y b]

$$\alpha^{-1-b+a}r^*\frac{\partial h^*}{\partial t^*} - \alpha^{1-4b}\frac{\rho g}{3\mu}\frac{\partial}{\partial r^*}\left(r^*h^{*3}\frac{\partial h^*}{\partial r^*}\right) = 0,\tag{2.70}$$

$$\alpha^{-2-b}2\pi \int_0^{R(t)} r^*h^*dr^* = V.\tag{2.71}$$

Luego el problema permanece invariante frente a este grupo de transformaciones si $a = 8$ y $b = -2$. Por tanto, dos grupos invariantes, en los que se podrán basar las nuevas variables de semejanza que reduzcan (2.66) a una EDO, son $r/t^{1/8}$ y $ht^{1/4}$. De acuerdo con la física del problema, esto significa que $R(t) \propto t^{1/8}$ y $h_0(t) \propto t^{-1/4}$ (ver más abajo para las constantes de proporcionalidad). Para simplificar aún más el problema, se definen las siguientes

---

[10]Ver, por ejemplo, Fernández Feria (2005), cap. 16.

variables de semejanza adimensionales, que reducirán también el número de parámetros a un mínimo:

$$\eta = \frac{r}{At^{1/8}}\,, \quad H = \frac{h}{Bt^{-1/4}} = H(\eta)\,, \tag{2.72}$$

con

$$A = \left[\frac{4\rho g}{3\mu}\left(\frac{V}{2\pi}\right)^3\right]^{1/8}, \quad B = \left(\frac{3\mu V}{8\pi\rho g}\right)^{1/4}. \tag{2.73}$$

Usando estas variables el problema (2.66)-(2.68) se reduce a una EDO no lineal de segundo orden con dos condiciones de contorno y una relación integral:

$$\frac{d}{d\eta}\left(\frac{1}{2}\eta^2 H + \eta H^3 \frac{dH}{d\eta}\right) = 0\,, \tag{2.74}$$

$$H(\eta_f) = 0\,, \quad H(0) \neq \infty\,, \quad \int_0^{\eta_f} \eta H d\eta = 1\,, \tag{2.75}$$

donde el radio adimensional de la gota η_f, en el que se anula H, satisface la última condición en (2.75). Obsérvese que el problema no tiene ningún parámetro, luego la solución de semejanza que se obtiene a continuación es universal.

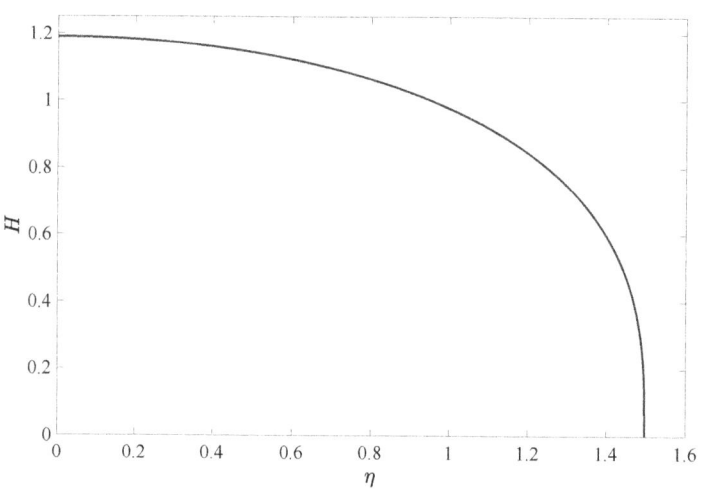

Figura 2.9: Solución de semejanza (2.76) con (2.77).

La ecuación (2.74) se integra una vez,

$$\frac{1}{2}\eta^2 H + \eta H^3 H' = \text{constante}\,,$$

siendo la constante de integración nula para que la solución no diverja en $\eta = 0$. La ecuación resultante se puede integrar también fácilmente pues es de variables separadas,

$$H^2 dH = -\frac{1}{2}\eta d\eta \,,$$

cuya solución que satisface $H(\eta_f) = 0$ es

$$H(\eta) = \left[\frac{3}{4}\left(\eta_f^2 - \eta^2\right)\right]^{1/3} . \tag{2.76}$$

Finalmente, η_f satisface

$$\int_0^{\eta_f} \left[\frac{3}{4}\left(\eta_f^2 - \eta^2\right)\right]^{1/3} \eta d\eta = 1 \,,$$

de donde

$$\eta_f = \frac{2^{11/8}}{3^{1/2}} \simeq 1{,}5 \,. \tag{2.77}$$

Esta solución de semejanza se representa en la Fig. 2.9.

Teniendo en cuenta que, de esta solución de semejanza, $H(0) = [3\eta_f^2/4]^{1/3} = 2^{1/4}$, de las definiciones (2.72)-(2.73) se desprende que el radio y la altura máxima de la gota evolucionan en el tiempo de acuerdo con

$$R(t) = \left(\frac{1024\rho g V^3}{243\pi^3 \mu}\, t\right)^{1/8} \,, \quad h_0 = h(0,t) = \left(\frac{3\mu V}{4\pi\rho g}\frac{1}{t}\right)^{1/4} . \tag{2.78}$$

Utilizando estas expresiones, las dos condiciones de validez de (2.66) comentadas más arriba, es decir, $h_0(t)/R(t) \ll 1$ y $\rho h_0^2(t)\dot{R}(t)/(\mu R(t)) \ll 1$, implican que

$$t \gg \frac{\mu}{\rho g V^{1/3}} \quad \text{y} \quad t \gg \left(\frac{\rho V}{\mu g}\right)^{1/3} \,, \tag{2.79}$$

respectivamente. Estas dos condiciones son difíciles de compatibilizar en la práctica. Además el efecto de la tensión superficial se ha despreciado (ver §2.1.1.3), lo que limita aún más la aplicabilidad física de esta simple solución analítica. Pero esto no desmerece para que siga siendo un ejemplo sencillo y muy ilustrativo de una solución de semejanza de segunda especie.

2.1.3. Ejercicios propuestos

1. Resolver el problema de difusión con simetría esférica desde una fuente de masa puntual Q en el origen de coordenadas. Obtener primero las variables de semejanza mediante análisis dimensional, análogamente a como se hizo en §2.1.1.2 para el caso unidimensional, donde ahora u tiene dimensiones de masa (de la sustancia difundida) por

unidad de volumen y $u = u(r, t, \nu, Q)$, siendo r la coordenada radial. Resolver luego por el método de semejanza, análogamente a como se hizo en §2.1.2.1, el siguiente problema:

$$\frac{\partial u}{\partial t} = \frac{\nu}{r^2} \frac{\partial}{\partial r} \left(r^2 \frac{\partial u}{\partial r} \right), \quad t \geq 0, \quad 0 \leq x < \infty, \qquad (2.80)$$

$$u(\infty, t) = 0, \quad u(0, t) \neq \infty, \quad u(r, 0) = Q\delta(\mathbf{x}), \qquad (2.81)$$

donde $\delta(\mathbf{x})$ es la función delta de Dirac en tres dimensiones, que si solo depende de la coordenada radial esférica sería $\delta(\mathbf{x}) = \delta(r)/(4\pi r^2)$, de manera que

$$\int_0^\infty dr \int_0^\pi r d\theta \int_0^{2\pi} r \operatorname{sen} \theta d\varphi \, \delta(\mathbf{x}) = 1 \,.^{11}$$

2. Considérese un medio conductor semi-infinito y en reposo situado en $y > 0$. La difusión del campo magnético en la dirección $y > 0$ cuando en $t = 0$ se establece de manera instantánea un campo magnético en la dirección x de intensidad B_0 viene gobernada por la ecuación (ver, por ejemplo, Jackson, 1975, §10.3)

$$\frac{\partial B}{\partial t} = \chi \frac{\partial^2 B}{\partial y^2}, \quad t > 0, \quad x > 0,$$

donde $B(y, t)$ es la componente del campo magnético en la dirección x, t es el tiempo y χ es la difusividad magnética, $\chi = 1/(\mu\sigma)$, siendo μ la permeabilidad magnética y σ la conductividad eléctrica. La condición inicial y las condiciones de contorno son:

$$B(x, 0) = 0 \quad \text{para} \quad x > 0; \quad B(0, t) = B_0 \quad \text{para} \quad t > 0; \quad B(x \to \infty, 0) \to 0.$$

Demostrar mediante análisis dimensional que este problema tiene solución de semejanza de primera especie. Hallar la variable de semejanza adimensional, reducir el problema a una EDO de segundo orden con dos condiciones de contorno y obtener su solución.

3. La concentración $u(x, y)$ de una sustancia que se difunde en la dirección y y se convecta en la dirección x con una velocidad proporcional a la coordenada y en el dominio bidimensional ($0 \leq x \leq \infty, 0 \leq y \leq \infty$) viene gobernada por la ecuación

$$\omega y \frac{\partial u}{\partial x} = \nu \frac{\partial^2 u}{\partial y^2},$$

donde ω y ν son constantes con dimensiones del inverso del tiempo y de una longitud al cuadrado dividida por el tiempo, respectivamente. Se quiere resolver esta ecuación

---

[11] Ver §A.3 para un resumen de las coordenadas esféricas.

con las condiciones de contorno de concentración unidad (la variable u es ya adimensional) en la entrada $x = 0$, con adsorción completa en la pared $y = 0$ y variación nula de la concentración en $y \to \infty$:

$$u(0,y) = 1\,, \quad u(x,0) = 0\,, \quad \left.\frac{\partial u}{\partial y}\right|_{y=\infty} = 0\,.$$

a) Demostrar que el análisis puramente dimensional no proporciona una reducción de las variables independientes y, por tanto, una solución de semejanza de primera especie.

b) Sin embargo, el problema sí que es invariante frente a un grupo de transformaciones de cambio de escala y tiene una solución de semejanza de segunda especie. Demostrar que es así, encontrar la variable de semejanza de la que solo depende u y resolver la EDO correspondiente.[12]

4. Las ecuaciones de la capa límite de Prandtl para un movimiento fluido incompresible sobre una placa plana semi-infinita se pueden escribir como (ver, por ejemplo, Fernández Feria, 2005, §27.3)

$$\frac{\partial u}{\partial x} + \frac{\partial v}{\partial y} = 0\,, \tag{2.82}$$

$$u\frac{\partial u}{\partial x} + v\frac{\partial u}{\partial y} = \nu\frac{\partial^2 u}{\partial y^2}\,, \tag{2.83}$$

donde u y v son las componentes de la velocidad en la dirección de la placa (x) y normal a ella (y), respectivamente, que satisfacen las condiciones de contorno

$$u(x,0) = v(x,0) = 0\,, \quad u(x,\infty) = U\,, \quad u(0,y) = U\,, \tag{2.84}$$

siendo U la velocidad lejos de la placa y ν la viscosidad cinemática.

Demostrar mediante análisis dimensional que el problema no tiene una solución de semejanza de primera especie, pero que sí admite una solución de semejanza de segunda especie asociada a una invariancia frente a un grupo uniparamétrico de transformaciones de cambio de escala de las cuatro variables x, y, u y v. Comprobar que, de acuerdo con esa invariancia, el problema tiene solución en términos de la variable de semejanza (adimensional)

$$\eta = \frac{y}{\sqrt{\nu x/U}}\,, \tag{2.85}$$

junto con

$$u = U f_1(\eta)\,, \quad v = \sqrt{\frac{U\nu}{x}} f_2(\eta)\,. \tag{2.86}$$

---

[12]Este problema y su solución de semejanza es una versión simplificada de un problema físico algo más complejo que se considera en §4.3.6 y se resuelve aproximadamente por el método de perturbaciones.

Escribir las dos EDOs y las condiciones de contorno que satisfacen las funciones $f_1(\eta)$ y $f_2(\eta)$.

Comprobar también que definiendo la función

$$f(\eta) = \int_0^\eta f_1(\eta)d\eta \quad \text{o} \quad f_1 = f', \tag{2.87}$$

y haciendo

$$f_2 = \frac{1}{2}(\eta f' - f), \tag{2.88}$$

la EDO correspondiente a la EDP (2.82) se satisface idénticamente y las dos EDPs (2.82)-(2.83) se reducen así a la resolución de una única ecuación diferencial ordinaria, la denominada ecuación de Blasius,

$$2f''' + f''f = 0, \tag{2.89}$$

que hay que resolver con tres condiciones de contorno para f que se derivan de (2.84) y de las definiciones (2.85)-(2.88):

$$f(0) = f'(0) = 0, \quad f'(\infty) = 1. \tag{2.90}$$

Para la resolución de este ejercicio se puede consultar el problema de capa límite más complejo considerado en §2.4.5. El problema de Basius (2.89)-(2.90) se puede reducir aún más, a la resolución de una sola EDO de primer orden, mediante el uso de invariancias adicionales a las descritas arriba para las EDPs (ver § 2.3.2.7).

5. La ecuación de Tricomi,

$$y\frac{\partial^2 u}{\partial x^2} + \frac{\partial^2 u}{\partial y^2} = 0, \tag{2.91}$$

es una EDP de tipo *mixto* que modela, entre otros problemas, el movimiento bidimensional transónico de un gas alrededor de un perfil aerodinámico.[13]

Demostrar que es invariante frente a un grupo uniparamétrico de transformaciones de cambio de escala. Encontrar las variables de semejanza y escribir la ecuación diferencial ordinaria en la que se transforma (2.91). Distinguir los casos con $y > 0$ e $y < 0$ y hallar las soluciones generales de las correspondientes EDOs.

---

[13]Ver, por ejemplo, von Mises (2004), Art. 25. Se dice que la EDP es de tipo mixto porque es elíptica para $y > 0$, hiperbólica para $y < 0$ y parabólica para $y = 0$. En el movimiento fluido compresible transónico, $y > 0$ correspondería a la región subsónica (número de Mach menor que la unidad, $M < 1$), , $y < 0$ a la región supersónica ($M > 1$) e $y = 0$ a la transición (continua) entre ambos regímenes del movimiento compresible ($M = 1$).

2.2. GRUPOS UNIPARAMÉTRICOS DE TRANSFORMACIONES

El estudio general de las invariancias de las ecuaciones diferenciales, tanto ordinarias como en derivadas parciales, está basada en la teoría de los grupos de transformaciones de Lie. En esta sección se resume la teoría y sus resultados principales, incluyendo algunos ejemplos prácticos al final, de manera que se pueda aplicar de forma general a la reducción de EDOs y de EDPs, que se abordará en §2.3 y §2.4, respectivamente, a través de ejemplos detallados de interés en la ingeniería y la ciencia aplicada, siguiendo el principal objetivo de este libro. Para detalles matemáticos más formales de la teoría de grupos de Lie aplicada a la reducción de ecuaciones diferenciales se puede consultar, por ejemplo, Bluman y Anco (2002), cap. 2.[14]

Aunque los grupos de transformaciones considerados por Lie y por otros matemáticos posteriores son más amplios, aquí solo se considerarán transformaciones con un solo parámetro α. En dos dimensiones, serían de la forma

$$x^* = X(x, y; \alpha), \quad y^* = Y(x, y; \alpha), \tag{2.92}$$

donde las funciones X e Y transforman los puntos del plano (x, y) en los puntos (x^*, y^*), siendo α un parámetro continuo. Cada valor de α determina una transformación, y se dice que (2.92) constituye un grupo continuo y uniparamétrico de transformaciones si (i) la sucesión de dos transformaciones es equivalente a otra transformación dada por las mismas funciones, (ii) existe la transformación identidad para un cierto valor $\alpha = \alpha_0$, de manera que (x, y) y (x^*, y^*) coinciden para $\alpha = \alpha_0$ y, (iii) cada transformación tiene su inversa.

Dado que, para $\alpha = \alpha_0$, $x = X(x, y; \alpha_0)$ e $y = Y(x, y; \alpha_0)$, las expansiones de las funciones X e Y en el entorno de $\alpha = \alpha_0$ se pueden escribir como

$$x^* = x + \left(\frac{\partial X}{\partial \alpha}\right)_{\alpha=\alpha_0} (\alpha - \alpha_0) + \dots, \tag{2.93}$$

$$y^* = y + \left(\frac{\partial Y}{\partial \alpha}\right)_{\alpha=\alpha_0} (\alpha - \alpha_0) + \dots. \tag{2.94}$$

Definiendo

$$\xi(x, y) \equiv \left(\frac{\partial X}{\partial \alpha}\right)_{\alpha=\alpha_0} \quad \text{y} \quad \eta(x, y) \equiv \left(\frac{\partial Y}{\partial \alpha}\right)_{\alpha=\alpha_0}, \tag{2.95}$$

para valores de α suficientemente cercanos a α_0, las coordenadas del punto imagen se pueden escribir como la transformación de primer orden

$$x^* = x + \xi(x, y)(\alpha - \alpha_0), \tag{2.96}$$

[14]La teoría de los grupos de transformaciones de Lie no solo sirve para reducir y resolver ecuaciones diferenciales, sino que ha resultado ser mucho más relevante en algunas ramas de la física, dando lugar a las denominadas teorías 'gauge', que analizan las invariancias de algunas teorías físicas frente a ciertas familias de transformaciones que forman un grupo de Lie. Estas invariancias revelan simetrías de las ecuaciones que han sido extraordinariamente importantes, por ejemplo, en el desarrollo de la teoría cuántica de campos, entre otras teorías físicas (ver, por ejemplo, Penrose, 2006).

$$y^* = y + \eta(x,y)(\alpha - \alpha_0)\,, \tag{2.97}$$

que se conoce como una transformación infinitesimal, siendo las funciones $\xi(x,y)$ y $\eta(x,y)$ sus coeficientes. Si se aplica esta transformación infinitesimal dos veces, de manera que (x,y) se transforma en (x^*, y^*), y este último en (x^{**}, y^{**}), se tiene que

$$x^{**} = x + \xi(x^*, y^*)(\alpha - \alpha_0)\,, \tag{2.98}$$

$$y^{**} = y + \eta(x^*, y^*)(\alpha - \alpha_0)\,, \tag{2.99}$$

siendo el punto (x^{**}, y^{**}) también una imagen del punto original (x,y) debido a la propiedad (i) del grupo de transformaciones. De esta manera se puede avanzar con pasos infinitesimales desde el punto (x,y) hasta sus puntos imágenes más remotos.

La transformación infinitesimal (2.96)-(2.97) se puede considerar como el esquema de diferencias finitas de primer orden (algoritmo de Euler de diferencias finitas) del siguiente sistema de dos ecuaciones diferenciales ordinarias y autónomas de primer orden:

$$\frac{dx}{\xi(x,y)} = \frac{dy}{\eta(x,y)} = d\alpha\,. \tag{2.100}$$

Evidentemente, este sistema autónomo de EDOs en la variable independiente α también se puede escribir como la ecuación diferencial ordinaria $dy/dx = \eta(x,y)/\xi(x,y)$, donde las funciones $\xi(x,y)$ y $\eta(x,y)$ son los coeficientes de la transformación infinitesimal (2.96)-(2.97). La trayectoria a través del punto (x,y) que satisface estas ecuaciones son todos los puntos imágenes del punto (x,y), también llamada *órbita* de (x,y). Cualquier otro punto de esta órbita tiene la misma órbita, así que se puede hablar de las órbitas del grupo (2.96)-(2.97).

2.2.1.   Grupo invariante. Coordenadas canónicas

Un grupo invariante es una función $u(x,y)$ que permanece invariable frente a la transformación:

$$u(x^*, y^*) \equiv u[X(x,y;\alpha), Y(x,y;\alpha)] = u(x,y)\,. \tag{2.101}$$

Por lo tanto, u es constante a lo largo de cada órbita del grupo.

Como la ecuación (2.101) debe ser independiente del parámetro α, pues no aparece en la parte derecha, diferenciando con respecto a α, usando (2.96)-(2.97) y particularizando para $\alpha = \alpha_0$, se tiene que

$$\xi(x,y)u_x + \eta(x,y)u_y = 0\,. \tag{2.102}$$

De acuerdo con los resultados de §1.1.1, las características de la EDP lineal de primer orden para la función $u(x,y)$ (2.102) vienen dadas por (2.100), siendo la solución general de (2.102) una función arbitraria de cualquier solución de la EDO $dy/dx = \eta(x,y)/\xi(x,y)$. Esta función constituye el grupo invariante más general de la transformación, que, como se acaba de ver, es tal que u permanece constante a lo largo de las características de (2.102), u órbitas de (2.96)-(2.97).

Es conveniente definir el operador que define la transformación infinitesimal (2.96)-(2.97), o generador infinitesimal U, como

$$U \equiv \xi \frac{\partial}{\partial x} + \eta \frac{\partial}{\partial y} \,, \qquad (2.103)$$

de manera que, de acuerdo con (2.102), para un grupo invariante u se tiene $Uu = 0$. El operador U representa las variaciones con respecto al grupo infinitesimal.

Sea $\phi(x, y) = c$ una familia uniparamétrica de curvas en el plano, donde c es el parámetro que identifica cada una de las curvas de la familia. Se dice que esta familia es invariante frente al grupo de transformaciones (2.96)-(2.97) si la imagen de cada curva es otra curva de la familia. Es decir, para cada valor de α los puntos imagen (x^*, y^*) satisfacen

$$\phi(x^*, y^*) \equiv \phi[X(x, y; \alpha), Y(x, y; \alpha)] = c^* \,, \qquad (2.104)$$

donde $\phi(x, y) = c$ y el parámetro c^* depende, en general, de c y de α. Diferenciando con respecto a α y particularizando para $\alpha = \alpha_0$, para que la familia de curvas sea invariante, ϕ tiene que satisfacer la ecuación

$$\xi(x, y)\phi_x + \eta(x, y)\phi_y = \left(\frac{\partial c^*}{\partial \alpha}\right)_{\alpha = \alpha_0} \,, \qquad (2.105)$$

donde el lado derecho es una función de c. Como la representación de la familia de curvas no es única, siempre se puede elegir para que el segundo miembro sea simplemente la unidad. En efecto, llamando al lado derecho de (2.105) $F(c)$, y dado que $\phi(x, y) = c$, esa ecuación se puede escribir como

$$\xi(x, y)\phi_x + \eta(x, y)\phi_y = F(\phi) \,. \qquad (2.106)$$

Sea $\psi(x, y) = c_1$ otra representación paramétrica de la misma familia de curvas, por lo que $\psi = G(\phi)$ para alguna función G, y así $c_1 = G(c)$ para que sea la misma familia de curvas. De la ecuación (2.106) se tiene

$$\xi\psi_x + \eta\psi_y = (\xi\phi_x + \eta\phi_y)\frac{dG}{d\phi} = \frac{dG}{d\phi}F(\phi) \,. \qquad (2.107)$$

Si se elige la función G tal que $G(\phi) = \int d\phi / F(\phi)$, se tiene que

$$\xi\psi_x + \eta\psi_y = 1 \,. \qquad (2.108)$$

Dado un grupo uniparamétrico de transformaciones (2.92), se definen las coordenadas canónicas (r, s), donde r y s son funciones de las coordenadas originales, $r = r(x, y)$ y $s = s(x, y)$, como aquellas en las que el grupo se reduce a una identidad para la coordenada r y a una traslación para la coordenada s:

$$r^* = r \,, \quad s^* = s + \beta \,, \qquad (2.109)$$

donde β es el parámetro de la transformación en estas nuevas coordenadas. La identidad corresponde a $\beta = \beta_0 = 0$.

Claramente, la coordenada r es tal que su valor permanece constante en cada órbita del grupo, pues no se modifica mediante la transformación. Es decir, $r(x, y)$ es un grupo invariante y satisface la ecuación ((2.102):

$$\xi(x, y)r_x + \eta(x, y)r_y = 0 \,. \tag{2.110}$$

Así, $r(x, y)$ es cualquier función de la solución de la ecuación característica

$$\frac{dx}{\xi(x, y)} = \frac{dy}{\eta(x, y)} \,. \tag{2.111}$$

Por otro lado, la coordenada s representa una familia de curvas invariantes de la transformación, pues $s^*(x^*, y^*) = s(x, y) + \beta$, de manera que si $s(x, y)$ es constante (por ejemplo, c), también lo es su imagen, $s^*(x^*, y^*) = c + \beta$. Por tanto, $s(x, y)$ se obtiene de la ecuación (2.108):

$$\xi s_x + \eta s_y = 1 \,; \tag{2.112}$$

es decir, resolviendo las dos ecuaciones diferenciales ordinarias

$$\frac{dx}{\xi(x, y)} = \frac{dy}{\eta(x, y)} = \frac{ds}{1} \,. \tag{2.113}$$

En términos del operador de la transformación infinitesimal U, las coordenadas canónicas (r, s) son aquellas que satisfacen

$$Ur = 0 \,, \quad Us = 1 \,. \tag{2.114}$$

Los coeficientes en coordenadas canónicas de la transformación infinitesimal son $\xi(r, s) = 0$ y $\eta(r, s) = 1$. Está claro de (2.109), como también de la ecuación característica (2.100) para este caso,

$$\frac{dr}{0} = \frac{ds}{1} = d\beta \,, \tag{2.115}$$

que en estas coordenadas las órbitas del grupo en el plano (r, s) son rectas "verticales", $r = $ constante, variando solo s a lo largo de esas rectas cuando se obtienen las imágenes de cualquier punto: $(r_0, s_0) \to (r_0, s_0 + \beta)$. Consecuentemente, el operador U_c en coordenadas canónicas se reduce a la derivada en la dirección s:

$$U_c f(r, s) = \frac{\partial f}{\partial s} \,. \tag{2.116}$$

2.2.2. Generalización a n coordenadas

Todos los resultados anteriores se pueden generalizar formalmente a un espacio de n dimensiones sin dificultad utilizando notación vectorial.

Si $\mathbf{x} \equiv (x_1, \ldots, x_n)^T$ es el vector posición, el grupo uniparamétrico de transformaciones de Lie se escribe

$$\mathbf{x}^* = \mathbf{X}(\mathbf{x}; \alpha), \qquad (2.117)$$

con transformación infinitesimal

$$\mathbf{x}^* = \mathbf{x} + \boldsymbol{\xi}(\mathbf{x})(\alpha - \alpha_0), \qquad (2.118)$$

donde

$$\boldsymbol{\xi}(\mathbf{x}) \equiv \left(\frac{\partial \mathbf{X}}{\partial \alpha} \right)_{\alpha = \alpha_0}, \qquad (2.119)$$

y con el generador infinitesimal

$$U = \boldsymbol{\xi}(\mathbf{x}) \cdot \boldsymbol{\nabla} = \xi_i(\mathbf{x}) \frac{\partial}{\partial x_1} + \cdots + \xi_i(\mathbf{x}) \frac{\partial}{\partial x_n}. \qquad (2.120)$$

Una función $u(\mathbf{x})$ es invariante si $u(\mathbf{x}^*) = u(\mathbf{x})$. Satisface la EDP lineal de primer orden

$$U u(\mathbf{x}) = \boldsymbol{\xi}(\mathbf{x}) \cdot \boldsymbol{\nabla} u = 0, \qquad (2.121)$$

cuyas características, de acuerdo con los resultados de §1.1.1.3, vienen dadas por

$$\frac{dx_1}{\xi_1} = \cdots = \frac{dx_n}{\xi_n} = \frac{du}{0}. \qquad (2.122)$$

Así, el grupo invariante más general de la transformación es una función arbitraria de las $n - 1$ integrales (soluciones independientes) de las n EDOs a la izquierda de $du/0$.

Una familia de 'superficies' en el espacio de n dimensiones $\psi(\mathbf{x}) = c$ es invariante si $\psi(\mathbf{x}^*) = \psi(\mathbf{x}) +$ constante, y satisface $U\phi(\mathbf{x}) = 1$.

Las coordenadas canónicas de la transformación son $\mathbf{r} = \mathbf{r}(\mathbf{x})$ tales que

$$U r_i = 0, \quad i = 1, \ldots, n-1 \quad \text{y} \quad U r_n = 1. \qquad (2.123)$$

En términos de ellas, la transformación infinitesimal se escribe

$$r_i^* = r_i, \quad i = 1, \ldots, n-1 \quad \text{y} \quad r_n^* = r_n + \alpha, \qquad (2.124)$$

y el generador infinitesimal del grupo uniparamétrico de Lie en estas coordenadas canónicas es

$$U_c = \frac{\partial}{\partial r_n}. \qquad (2.125)$$

2.2.3. Grupo extendido: Transformación de la derivada

Volviendo a las dos dimensiones, dada una curva C en el plano, se puede obtener la imagen C^* de esa curva con respecto al grupo de transformaciones (2.92) para un valor dado de α sin más que aplicar la transformación a cada punto (x, y) de C. Se verá más adelante que para aplicar la teoría de Lie a las ecuaciones diferenciales ordinarias, cuyas soluciones son curvas en el plano, uno está interesado no solo en la imagen de cada punto de la curva, sino también en la de su pendiente. Es decir, en obtener también la pendiente $\dot{y}^* \equiv dy^*/dx^*$ de C^* a partir de la pendiente $\dot{y} \equiv dy/dx$ de C.

Para ello se aplica la transformación (2.92) a un punto cercano a (x, y):

$$x^* + dx^* = X(x + dx, y + dy; \alpha), \quad y^* + dy^* = Y(x + dx, y + dy; \alpha). \tag{2.126}$$

Desarrollando en serie de Taylor las funciones X e Y, y quedándose con el primer orden en dx y dy, se llega a

$$dx^* = X_x dx + X_y dy, \quad dy^* = Y_x dx + Y_y dy, \tag{2.127}$$

o

$$\dot{y}^* = \frac{dy^*}{dx^*} = \frac{Y_x + Y_y \dot{y}}{X_x + X_y \dot{y}} \equiv Z(x, y, \dot{y}; \alpha). \tag{2.128}$$

Esta ecuación, junto con las (2.92), proporciona un grupo uni-extendido de transformaciones para x, y e $\dot{y}$ (el prefijo *uni* se debe a que solo se ha extendido a la derivada primera; más adelante se extenderá a derivadas de mayor orden). Con él se consigue la imagen de elementos de líneas, consistentes en puntos (x, y) en los que se asientan los elementos y en sus pendientes $\dot{y}$. Al igual que en (2.92), $\alpha = \alpha_0$ corresponde a la identidad, $\dot{y} = Z(x, y, \dot{y}; \alpha_0)$.

Para obtener el coeficiente $\eta_1(x, y, \dot{y})$ de la correspondiente transformación infinitesimal para la derivada, equivalente a las transformaciones infinitesimales (2.96)-(2.97) para las coordenadas, se expande Z en torno a α_0,

$$\dot{y}^* = \dot{y} + \eta_1(x, y, \dot{y})(\alpha - \alpha_0), \quad \text{con} \quad \eta_1 \equiv \left(\frac{\partial Z}{\partial \alpha}\right)_{\alpha = \alpha_0}. \tag{2.129}$$

Utilizando la definición (2.128) de Z, junto con las definiciones (2.95) de ξ y de η y que, de las relaciones de indentidad $x = X(x, y; \alpha_0)$ e $y = Y(x, y; \alpha_0)$ para $\alpha = \alpha_0$, se tiene $X_x = 1$, $X_y = 0$, $Y_x = 0$ e $Y_y = 1$. Combinando estas relaciones se llega a

$$\eta_1(x, y, \dot{y}) = \eta_x + \eta_y \dot{y} - \dot{y}(\xi_x + \xi_y \dot{y}) \equiv \frac{d\eta}{dx} - \dot{y}\frac{d\xi}{dx}, \tag{2.130}$$

donde se ha utilizado la derivada total $d/dx = \partial/\partial x + \dot{y}\partial/\partial y$ a lo largo de la curva $y = y(x)$ simplemente para simplificar la expresión, de manera que sea más fácil de recordar. Pero lo importante es que la expresión del coeficiente η_1 para la transformación infinitesimal de la derivada se obtiene directamente de las funciones ξ y η.

Esta expresión se podría haber obtenido más fácilmente aplicando la transformación infinitesimal (2.96)-(2.97) a los elementos dx y dy,

$$dx^* = dx + d\xi(\alpha - \alpha_0)\,, \tag{2.131}$$

$$dy^* = dy + d\eta(\alpha - \alpha_0)\,, \tag{2.132}$$

donde $d\xi$ y $d\eta$ son las *diferencias* entre los valores de las respectivas funciones en los puntos extremos del elemento de línea, $(x+dx, y+dy)$ y (x, y). Dividiendo y quedándose solo con el primer orden en $\alpha - \alpha_0$, se llega a

$$\dot{y}^* \equiv \frac{dy^*}{dx^*} = \frac{\dot{y} + \frac{d\eta}{dx}(\alpha - \alpha_0)}{1 + \frac{d\xi}{dx}(\alpha - \alpha_0)} = \dot{y} + \left(\frac{d\eta}{dx} - \dot{y}\frac{d\xi}{dx}\right)(\alpha - \alpha_0) \equiv \dot{y} + \eta_1(\alpha - \alpha_0)\,, \tag{2.133}$$

de donde resulta (2.130). Esta derivación *infinitesimal* tiene la ventaja de que se puede extender más fácilmente que la anterior para hallar la transformación de la derivada k−ésima de un punto (x, y) de una curva C, $y^{(k)} \equiv d^k y/dx^k$, para obtener la derivada k−ésima del punto imagen (x^*, y^*) en la curva imagen C^*. En efecto, como

$$dy^{(k)*} = dy^{(k)} + d\eta_k(\alpha - \alpha_0)\,, \tag{2.134}$$

junto con (2.131) se tiene que

$$y^{(k+1)*} \equiv \frac{dy^{(k)*}}{dx^*} = \frac{y^{(k+1)} + \frac{d\eta_k}{dx}(\alpha - \alpha_0)}{1 + \frac{d\xi}{dx}(\alpha - \alpha_0)} = y^{(k+1)} + \left(\frac{d\eta_k}{dx} - y^{(k+1)}\frac{d\xi}{dx}\right)(\alpha - \alpha_0)\,, \tag{2.135}$$

con lo que el coeficiente de la transformación infinitesimal para la derivada $k+1$−ésima es

$$\eta_{k+1} = \frac{d\eta_k}{dx} - y^{(k+1)}\frac{d\xi}{dx}\,, \tag{2.136}$$

que es una función de $x, y, \dot{y}, y^{(2)}, \ldots, y^{(k)}$, siendo

$$\frac{d\eta_k}{dx} = \frac{\partial\eta_k}{\partial x} + \frac{\partial\eta_k}{\partial y}\dot{y} + \frac{\partial\eta_k}{\partial\dot{y}}y^{(2)} + \cdots + \frac{\partial\eta_k}{\partial y^{(k)}}y^{(k+1)}\,. \tag{2.137}$$

2.2.4. Ecuación diferencial ordinaria de primer orden invariante

Un invariante de un grupo uni-extendido es una función $u(x, y, \dot{y})$ cuyo valor en el punto imagen de $(x, y, \dot{y})$ coincide con su valor en el punto fuente:

$$u(x^*, y^*, \dot{y}^*) = u(x, y, \dot{y})\,. \tag{2.138}$$

Utilizando el grupo infinitesimal de transformaciones (2.96), (2.97) y (2.129), derivando parcialmente la expresión anterior con respecto a α en $\alpha = \alpha_0$ y teniendo en cuenta que no depende de α, se obtiene la siguiente ecuación lineal de primer orden para u,

$$\xi u_x + \eta u_y + \eta_1 u_{\dot{y}} = 0\,. \tag{2.139}$$

Por analogía con el operador U (2.103), se define el generador infinitesimal $\dot{U}$ de la transformación infinitesimal extendida como

$$\dot{U} \equiv \xi \frac{\partial}{\partial x} + \eta \frac{\partial}{\partial y} + \eta_1 \frac{\partial}{\partial \dot{y}} \,, \tag{2.140}$$

de manera que un grupo invariante u satisface $\dot{U}u = 0$. La solución de (2.139) por el método de las características se obtiene de las dos EDOs

$$\frac{dx}{\xi(x,y)} = \frac{dy}{\eta(x,y)} = \frac{d\dot{y}}{\eta_1(x,y,\dot{y})} \,, \tag{2.141}$$

donde η_1 viene dado por (2.130). Como se vio en la §1.1.1, la solución general de (2.139) es una función arbitraria de las dos integrales independientes de las EDOs (2.141).

Cualquier ecuación diferencial ordinaria de primer orden se puede escribir como una función F de x, y, e $\dot{y}$ igualada a cero, $F(x,y,\dot{y}) = 0$. Si esa función satisface (2.139) cuando $F = 0$, la EDO definida por F se dice que es invariante frente al grupo de transformaciones con los coeficientes infinitesimales ξ, η y η_1. Estos resultados se aplicarán con detalle en §§ 2.3.1.3 y 2.3.1.4.

2.2.5. Ejemplos de grupos uniparamétricos de transformaciones

Se consideran aquí algunos ejemplos de grupos de transformaciones relevantes y sus correspondientes EDOs de primer orden invariantes.

1. Se comienza con el ejemplo más sencillo posible de la transformación correspondiente a unas coordenadas canónicas:

$$x^* = X(x,y;\alpha) = x \,, \quad y^* = Y(x,y;\alpha) = y + \alpha \,.$$

La identidad corresponde a $\alpha = 0$. De (2.95),

$$\xi(x,y) = 0 \,, \quad \eta(x,y) = 1 \,,$$

y de (2.100),

$$x = x_0 \,, \quad y = y_0 + \alpha \,,$$

donde x_0 e y_0 son constantes de integración.

De (2.130), $\eta_1 = 0$. Por tanto, las dos integrales independientes de (2.141), que ahora se escribe

$$\frac{dx}{0} = \frac{dy}{1} = \frac{d\dot{y}}{0} \,,$$

son $x = a$ e $\dot{y} = b$, con a y b constantes arbitrarias. Luego, la EDO de primer orden más general invariante frente a este grupo es $F(\dot{y},x) = 0$, donde F es una función arbitraria. Esto quiere decir que si una EDO de primer orden es invariante frente a un determinado grupo de transformaciones, la ecuación escrita en coordenadas canónicas se puede reducir a una cuadratura si es posible despejar $\dot{y}$ de $F(\dot{y}, x) = 0$. Esta es la base de la reducción de una EDO de primer orden a una cuadratura, que se verá con más detalle en §2.3.1.1.

2. El siguiente ejemplo de grupo de transformaciones corresponde a un escalado de las coordenadas:

$$x^* = X(x, y; \alpha) = \alpha x \,, \quad y^* = Y(x, y; \alpha) = \alpha^k y \,,$$

donde k es una constante, comúnmente un número entero o racional. La identidad corresponde a $\alpha = 1$. De (2.95),

$$\xi(x, y) = x \,, \quad \eta(x, y) = ky \,,$$

y de (2.100), que ahora se escribe

$$\frac{dx}{x} = \frac{dy}{ky} \,,$$

las órbitas corresponden a

$$\frac{y}{x^k} = C \,,$$

donde C es una constante arbitraria. Por lo tanto, la coordenada canónica r es cualquier función de este grupo invariante, $r = F(y/x^k)$, donde F es arbitraria. Por simplicidad,

$$r = \frac{y}{x^k} \,.$$

La otra coordenada canónica s se obtiene de

$$\frac{dx}{x} = \frac{dy}{ky} = \frac{ds}{1} \,.$$

Por ejemplo, la solución particular

$$s = \ln x \,.$$

De (2.130),

$$\eta_1 = (k - 1)\dot{y} \,.$$

Dos integrales independientes de (2.141), que ahora se escribe

$$\frac{dx}{x} = \frac{dy}{ky} = \frac{d\dot{y}}{(k - 1)\dot{y}} \,,$$

son

$$\frac{y}{x^k} \quad \text{y} \quad \frac{\dot{y}}{x^{k-1}} \,,$$

por lo que la EDO de primer orden más general que es invariante frente a este grupo es

$$F\left(\frac{\dot{y}}{x^{k-1}}, \frac{y}{x^k}\right) = 0\,,$$

con F arbitraria. Un caso particular relevante sería

$$\dot{y} = x^{k-1} G\left(\frac{y}{x^k}\right)\,,$$

con G arbitraria. En las coordenadas canónicas, $\dot{y}/x^{k-1} = dr/ds + kr$, $y/x^k = r$, con lo que esta última ecuación se escribiría

$$\frac{dr}{ds} = G(r) - kr\,,$$

cuya solución se reduce a una cuadratura,

$$s = \int \frac{dr}{G(r) - kr} + C\,.$$

3. Otro ejemplo básico es el grupo de transformaciones correspondiente a una rotación de coordenadas:

$$x^* = X(x, y; \alpha) = x \cos\alpha - y \operatorname{sen}\alpha\,, \quad y^* = Y(x, y; \alpha) = x \operatorname{sen}\alpha + y \cos\alpha\,,$$

$$(2.142)$$

La identidad se consigue con $\alpha = 0$. De (2.95),

$$\xi(x, y) = -y\,, \quad \eta(x, y) = x\,,$$

y de (2.100), que ahora se escribe

$$\frac{dx}{-y} = \frac{dy}{x}\,,$$

se obtienen las órbitas

$$x^2 + y^2 = a^2\,,$$

donde a es una constante arbitraria. Es decir, las órbitas son circunferencias centradas en el origen de coordenadas. Por tanto, la coordenada canónica es $r = F(r^2 + y^2)$, donde F es arbitraria. Por simplicidad, se toma la coordenada radial

$$r = \sqrt{x^2 + y^2}\,.$$

La otra coordenada canónica s se obtiene de

$$\frac{dx}{-y} = \frac{dy}{x} = \frac{ds}{1}\,,$$

cuya solución general es $s = G(x^2 + y^2) + \arctan(y/x)$, con G una función arbitraria de $x^2 + y^2$, que es constante (la otra solución general de estas ecuaciones es $r^2 =$constante). Por tanto, es apropiado utilizar la siguiente solución particular correspondiente a la coordenada angular θ:

$$s = \arctan \frac{y}{x} = \theta \,.$$

Obviamente, en estas coordenadas canónicas la transformación se escribe

$$r^* = r \,, \quad \theta^* = \theta + \beta \,,$$

lo cual también se puede deducir escribiendo (2.142) en términos de r y θ, resultando además que $\beta = \alpha$.

De (2.130),

$$\eta_1 = 1 + \dot{y}^2 \,.$$

Las integrales de la ecuación (2.141), que ahora es

$$\frac{dx}{-y} = \frac{dy}{x} = \frac{d\dot{y}}{1 + \dot{y}^2} \,,$$

se pueden escribir como $x^2 + y^2 = c_1$ y $\arctan(\dot{y}) - \arctan(y/x) = \arctan(c_2)$, con c_1 y c_2 constantes arbitrarias. Es decir, dos integrales independientes son

$$x^2 + y^2 \quad \text{y} \quad \frac{x\dot{y} - y}{y\dot{y} + x} \,,$$

por lo que la EDO de primer orden más general que es invariante frente a este grupo es

$$F\left(\frac{x\dot{y} - y}{y\dot{y} + x}, x^2 + y^2\right) = 0 \,,$$

siendo F una función arbitraria. En las coordenadas canónicas (coordenadas polares) $(x\dot{y} - y)/(y\dot{y} + x) = r\,d\theta/dr$, así que la ecuación anterior se escribiría, de acuerdo con el resultado del ejemplo 1,

$$G\left(\frac{d\theta}{dr}, r\right) = 0 \,,$$

con G una función arbitraria, cuya resolución se reduce a una cuadratura.

2.3. ECUACIONES DIFERENCIALES ORDINARIAS

Los resultados de la sección anterior sobre la invariancia frente a grupos uniparamétricos de transformaciones de Lie se aplican ahora a la reducción y resolución de ecuaciones diferenciales ordinarias.

2.3.1. Ecuaciones de primer orden

2.3.1.1. Reducción a una cuadratura mediante el uso de coordenadas canónicas

Para introducir el método de semejanza aplicado a las EDO de primer orden se comienza con algunos ejemplos sencillos que tienen soluciones generales bien conocidas. Se verá cómo el uso de las coordenadas canónicas, correspondientes a algún grupo de transformaciones que deja invariante a una ecuación dada, reduce la ecuación diferencial a una simple cuadratura.

1. La solución de la ecuación diferencial elemental

$$\frac{dy}{dx} = F(x) \tag{2.143}$$

se reduce a la cuadratura

$$y = \int F(x)dx + C\,, \tag{2.144}$$

para cualquier constante C. Este es un caso particular de las ecuaciones invariantes frente al grupo uniparamétrico de traslaciones considerado en el primer ejemplo de §2.2.5: al no depender de y el lado derecho de (2.143), la ecuación es invariante frente al grupo de transformaciones

$$x^* = x\,, \quad y^* = y + \alpha\,, \tag{2.145}$$

$$\frac{dy^*}{dx^*} = \frac{dy}{dx} = F(x) = F(x^*)\,.$$

Por lo tanto, las coordenadas (x, y) de la ecuación (2.143) son canónicas y la solución se reduce a una cuadratura. De hecho, para que una ecuación general de primer orden

$$\frac{dy}{dx} = f(x, y) \tag{2.146}$$

sea invariante frente al grupo de transformaciones (2.145),

$$f(x^*, y^*) = f(x, y + \alpha) = f(x, y)\,,$$

$f(x, y)$ debe ser independiente de y, $f(x, y) = F(x)$. Así, la reducción de una ODE de primer orden a una cuadratura es equivalente a que la ecuación sea invariante frente al grupo de transformaciones (2.145). Esto se verá de forma más general en el ejemplo 4 más abajo.

Cualquier curva solución de (2.143) $y = \omega(x)$ debe ser invariante frente al grupo de transformaciones (2.145), $y^* = \omega(x^*)$; es decir, si $y = \omega(x)$ es una solución particular de (2.143), también lo es $y = \omega(x) - \alpha$, para cualquier constante α, lo cual es otra forma de expresar la solución general (2.144).

2. Otra EDO de primer orden con solución bien conocida es la ecuación homogénea

$$\frac{dy}{dx} = F\left(\frac{y}{x}\right),$$ (2.147)

que obviamente admite el grupo de transformaciones

$$x^* = \alpha x, \quad y^* = \alpha y.$$ (2.148)

Obsérvese que este es un caso particular del grupo considerado en el ejemplo 2 de la §2.2.5. Como consecuencia de esta invariancia, una curva solución de (2.147) $y = \omega(x)$ tendrá por imagen $y^* = \omega(x^*)$, de manera que $y = \alpha^{-1}\omega(\alpha x)$ es también solución de (2.147). Es decir, si $y = \omega(x)$ es una solución particular de (2.147), la solución general de la ecuación se puede escribir como

$$y = \frac{1}{C}\,\omega(Cx),$$

para cualquier constante C.

Para reducir la ecuación a una cuadratura hay que buscar las coordenadas canónicas (r, s). Teniendo en cuenta los coeficientes ξ y η del grupo infinitesimal de transformaciones correspondiente a (2.148) y las ecuaciones para r y s [ver (2.95) y §2.2.1]:

$$\xi = x, \quad \eta = y,$$

$$Ur = xr_x + yr_y = 0, \quad \frac{dx}{x} = \frac{dy}{y} = \frac{dr}{0}, \quad r = R\left(\frac{y}{x}\right),$$

$$Us = xr_x + yr_y = 1, \quad \frac{dx}{x} = \frac{dy}{y} = \frac{ds}{1}, \quad s = K\ln y,$$

donde R y K son una función y una constante arbitrarias, respectivamente. Se puede tomar, por simplicidad,

$$r = \frac{y}{x} \quad \text{y} \quad s = \ln y$$ (2.149)

como coordenadas canónicas, en las que la ecuación (2.147) se escribe

$$\frac{ds}{dr} = \frac{F(r)}{rF(r) - r^2} \equiv G(r),$$

cuya solución se reduce a una cuadratura,

$$s = \int G(r)dr + C.$$

Es decir, la solución general de (2.147) es

$$y = K\exp\left[\int^{y/x} \frac{F(r)}{rF(r) - r^2}\,dr\right],$$ (2.150)

siendo K una constante arbitraria.

3. Considérese el grupo de transformaciones

$$x^* = x \,, \quad y^* = y + \alpha\phi(x) \,, \tag{2.151}$$

donde $\phi(x)$ es una función conocida. Se procede ahora de forma distinta a los ejemplos anteriores para intentar averiguar qué EDO de primer orden es invariante frente a este grupo (para el caso general de este procedimiento ver §2.3.1.4).

Si $y = \omega(x)$ es una curva del plano, $y^* = \omega(x^*)$ pertenece a la misma familia de curvas invariantes de este grupo. Por tanto, la familia de curvas invariantes viene dada por $y = \omega(x) - \alpha\phi(x)$. Hallando la derivada y sustituyendo el parámetro α de la familia de curvas,

$$\frac{dy}{dx} = \frac{d\omega}{dx} - \alpha\frac{d\phi}{dx} = \frac{d\omega}{dx} - \frac{\omega - y}{\phi}\frac{d\phi}{dx} \,.$$

Es decir, la EDO lineal de primer orden

$$\frac{dy}{dx} = \psi(x)\, y + F(x) \,, \tag{2.152}$$

con

$$\psi(x) \equiv \frac{1}{\phi(x)}\frac{d\phi}{dx} = \frac{d}{dx}\ln\phi$$

y $F(x)$ arbitraria es invariante frente a (2.151). Dicho de otra forma, la ecuación lineal de primer orden (2.152) es invariante frente al grupo uniparamétrico de transformaciones

$$x^* = x \,, \quad y^* = y + \alpha e^{\int \psi(x)dx} \,. \tag{2.153}$$

Los coeficientes de la transformación infinitesimal son

$$\xi = 0 \,, \quad \eta = e^{\int \psi(x)dx} \,,$$

y las coordenadas canónicas (r, s) se obtienen de

$$\frac{dx}{0} = \frac{dy}{\exp[\int \psi dx]} = \frac{dr}{0} = \frac{ds}{1} \,.$$

Es decir,

$$r = x \,, \quad s = \frac{y}{e^{\int \psi(x)dx}} \,.$$

En estas coordenadas, la ecuación lineal (2.152) se escribe

$$\frac{ds}{dr} = \frac{F(r)}{e^{\int \psi(r)dr}} \,,$$

cuya solución se reduce a la cuadratura

$$s = \int \frac{F(r)}{e^{\int \psi(r)dr}}dr + C \,,$$

que reproduce la bien conocida solución general de la ecuación lineal (2.152),

$$y = \left(\int \frac{F(r)}{e^{\int \psi(r)dr}} dr + C \right) e^{\int \psi(x)dx} \,,$$

con C una constante arbitraria.

4. En general, sean $r = r(x, y)$ y $s = s(x, y)$ las coordenadas canónicas de un grupo de transformaciones que deja invariante la EDO de primer orden

$$\dot{y} \equiv \frac{dy}{dx} = f(x, y) \,. \qquad (2.154)$$

En esas coordenadas,

$$\frac{ds}{dr} = \frac{s_x + s_y \dot{y}}{r_x + r_y \dot{y}} = \frac{s_x + s_y f(x, y)}{r_x + r_y f(x, y)} \equiv F(r, s) \,, \qquad (2.155)$$

donde $F(r, s)$ se obtiene tras sustituir x e y en términos de r y s en la expresión anterior al símbolo '$\equiv$'. Como, por definición de las coordenadas canónicas (ver §2.2.1), la ecuación (2.155) es invariante frente a la traslación

$$r^* = r \,, \quad s^* = s + \alpha \,, \qquad (2.156)$$

$F(r, s)$ no puede depender explícitamente de s. Es decir,

$$\frac{ds}{dr} = G(r) \equiv \frac{s_x + s_y f(x, y)}{r_x + r_y f(x, y)} \,,$$

cuya solución general se puede escribir como una cuadratura. En términos de las coordenadas originales (x, y),

$$s(x, y) = \int^{r(x,y)} G(\tau)d\tau + C \,, \qquad (2.157)$$

siendo C una constante de integración arbitraria.

2.3.1.2. Factor de integración de Lie

Considérese una EDO de primer orden $F(x, y, \dot{y}) = 0$ que se puede escribir como la forma diferencial

$$M(x, y)dx + N(x, y)dy = 0 \,. \qquad (2.158)$$

Esta ecuación diferencial se denomina *exacta* si $M = \psi_x$ y $N = \psi_y$ para alguna función $\psi(x, y)$, pues

$$d\psi = \psi_x dx + \psi_y dy = 0 \,, \qquad (2.159)$$

y, por tanto, $\psi(x, y) = c$, con c una constante arbitraria, es la solución general de (2.158); es decir, $\psi(x, y) = c$ es la familia de curvas integrales de la ecuación diferencial (2.158).

Para que una ecuación diferencial como (2.158) sea exacta, necesariamente se tiene que cumplir que $M_y = N_x$, pues $\psi_{xy} = \psi_{yx}$ si la solución ψ es continua y con derivadas continuas.[15] Evidentemente, son escasas las ecuaciones diferenciales que satisfacen esta condición y permiten su integración directa para obtener la solución general $\psi(x, y) = c$. Sin embargo, siempre existe algún factor de integración $\mu(x, y)$ que multiplicado a la ecuación (2.158) la convierte en una diferencial exacta $d\psi$, pues si la ecuación tiene una solución general que se puede escribir como $\psi(x, y) = c$, siempre es posible encontrar una función μ tal que $\mu M = \psi_x$ y $\mu N = \psi_y$, y a partir de estas relaciones obtener ψ por integración directa. De hecho, existen infinitos factores de integración: si μ es un factor de integración, es decir, si

$$\mu(M dx + N dy) = 0 \,,$$

también lo es $\mu f(\psi)$ para cualquier función f de ψ, ya que

$$\mu f(\psi)(M dx + N dy) = f(\psi) d\psi = d\left[\int f(\psi) d\psi \right] = 0 \,.$$

Esta multiplicidad está relacionada con el hecho de que la representación de una familia de curvas $\psi(x, y) = c$ no es única, como se vio en §2.2.1.

Que exista factor de integración no quiere decir que sea fácil encontrarlo. A partir de la condición $(\mu M)_y = (\mu N)_x$ es posible escribir una ecuación general que debe satisfacer el factor de integración μ, pero esta ecuación en derivadas parciales es habitualmente más difícil de resolver que la EDO original y solo en casos muy particulares se puede resolver para hallar μ. Por ello, generalmente se procede por inspección, probando diferentes formas particulares de la función $\mu(x, y)$ dependiendo de cómo sean las funciones $M(x, y)$ y $N(x, y)$. En esta búsqueda, la teoría de los grupos de transformaciones de Lie es una herramienta muy útil, y por tanto para hallar la solución general de EDOs de primer orden.

En efecto, si la EDO (2.158) es invariante frente a un grupo de transformaciones caracterizado por los coeficientes $\xi(x, y)$ y $\eta(x, y)$, también es invariante frente a esta transformación su familia $\psi(x, y) = c$ de soluciones, que por tanto debe satisfacer la ecuación (2.108):

$$\xi\psi_x + \eta\psi_y = \mu(\xi M + \eta N) = 1 \,, \tag{2.160}$$

de donde el factor de integración de Lie viene dado por

$$\mu = \frac{1}{\xi M + \eta N} \cdot \tag{2.161}$$

Por lo tanto, para encontrar el factor de integración *solo* hay que encontrar un grupo de transformaciones (ξ, η) que deja invariante la ecuación. Una vez que se tiene μ, la obtención de la solución ψ se reduce a integrar dos cuadraturas, $\psi_x = \mu M$ junto con $\psi_y = \mu N$.

---

[15] Es fácil demostrar que esta condición $M_y = N_x$ es también una condición suficiente para que la ecuación sea exacta (ver, por ejemplo, Simmons, 1977, §2.8).

Si la ecuación diferencial viene escrita en la forma (2.154), $M(x,y) = f(x,y)$, $N(x,y) = -1$, el factor de integración es

$$\mu = \frac{1}{\xi f - \eta} \tag{2.162}$$

y la solución general $\psi(x,y) = c$ se obtiene de integrar $\psi_y = -\mu$ y $\psi_x = \mu f$.

Lo contrario también es cierto: si una ecuación como (2.158) admite el factor de integración (2.161), entonces es invariante frente al grupo (ξ, η). Pues si la solución $\psi(x,y) = c$ satisface $\psi_x = M(\xi M + \eta N)^{-1}$ y $\psi_y = N(\xi M + \eta N)^{-1}$, inmediatamente se sigue que

$$\xi \psi_x + \eta \psi_y = 1\,.$$

Es decir, la familia de curvas $\psi(x,y) = c$, que son las curvas soluciones de la ecuación diferencial, son invariantes frente a la transformación (ξ, η) de acuerdo con lo visto en §2.2.1.

2.3.1.3. Criterios para que una ecuación admita un grupo

Para aplicar los métodos anteriores a una determinada EDO de primer orden es necesario encontrar un grupo de transformaciones (puede que no sea único) que la deja invariante. Sin embargo, no existe un procedimiento sistemático y general para ello, y hay que basarse en la intuición geométrica o en prueba y error. Lo que sí se puede es derivar un criterio general para comprobar que un determinado grupo de transformaciones deja invariante a una EDO de primer orden, lo cual se verá en esta sección, y también es posible determinar la forma general de la EDO de primer orden que es invariante frente a un grupo de transformaciones dado, que se verá en la próxima sección. La combinación de estas dos herramientas son útiles para comprobar si una determinada EDO de primer orden es invariante frente a algún grupo concreto, y así integrarla por cuadratura, como se verá en algunos ejemplos.

Se describen a continuación dos criterios generales para determinar si una EDO de primer orden admite un grupo de transformaciones de Lie dado.

1. Considérese un grupo de transformaciones de Lie que en forma infinitesimal se escribe

$$x^* = x + \xi(x,y)\tau\,, \quad y^* = y + \eta(x,y)\tau\,, \quad \text{con} \quad \tau = \alpha - \alpha_0\,, \tag{2.163}$$

y una EDO de primer orden que en forma diferencial viene dada por la ecuación (2.158). Aplicando la transformación a esta ecuación y reteniendo el primer orden de la expansión de las funciones M y N en potencias de τ se llega a

$$M(x^*, y^*)dx^* + N(x^*, y^*)dy^* =$$

$$= M(x + \xi\tau, y + \eta\tau)[dx + \tau(\xi_x dx + \xi_y dy)] + N(x + \xi\tau, y + \eta\tau)[dy + \tau(\eta_x dx + \eta_y dy)]$$

$$= M(x,y)dx + N(x,y)dy + \tau dx[\xi M_x + \eta M_y + \xi_x M + \eta_x N] +$$

$$+ \tau dy[\xi N_x + \eta N_y + \xi_y M + \eta_y N]\,.$$

Para que esta expresión se pueda escribir como

$$M(x^*, y^*)dx^* + N(x^*, y^*)dy^* = [1 + \tau v(x, y)][M(x, y)dx + N(x, y)dy] = 0\,,$$

donde $v(x, y)$ es una función arbitraria, y así la ecuación (2.158) sea invariante frente a (2.163), se tiene que cumplir la siguiente relación entre las funciones M, N, ξ y η:

$$\frac{\xi M_x + \eta M_y + \xi_x M + \eta_x N}{M} = \frac{\xi N_x + \eta N_y + \xi_y M + \eta_y N}{N}\,. \tag{2.164}$$

2. El segundo criterio está basado en el grupo extendido descrito en §2.2.3. Como ya se argumentó en §2.2.4, una EDO de primer orden $F(x, y, \dot{y}) = 0$ es invariante frente a una grupo de transformaciones definido por $\xi(x, y)$ y $\eta(x, y)$ si F es invariante frente al grupo extendido (2.140):

$$\dot{U}F \equiv \xi\frac{\partial F}{\partial x} + \eta\frac{\partial F}{\partial y} + \eta_1\frac{\partial F}{\partial \dot{y}} = 0\,, \tag{2.165}$$

cuando $F = 0$, para todo (x, y).

Por ejemplo, si la EDO se escribe

$$F(x, y, \dot{y}) \equiv \dot{y} - f(x, y) = 0\,, \tag{2.166}$$

utilizando la expresión (2.130) de η_1 en (2.165), para que la EDO (2.166) sea invariante frente al grupo extendido, la función $f(x, y)$ tiene que cumplir

$$\eta_x + (\eta_y - \xi_x)f - \xi_y f^2 = \xi f_x + \eta f_y\,. \tag{2.167}$$

Se deja como ejercicio para el lector comprobar que este criterio coincide con (2.164) cuando la ecuación (2.166) se escribe en la forma (2.158).

2.3.1.4. Determinación de las ecuaciones invariantes frente a un grupo

Existen varios procedimientos para determinar la forma general de la EDO de primer orden invariante frente a un grupo de transformaciones dado. Aunque ya se han visto básicamente en 2.2.4 y en los ejemplos de §2.2.5 por un lado, y en el ejemplo 4 de §2.3.1.1 por otro, se consideran de forma más general a continuación.

1. El primer procedimiento se basa en el uso de las coordenadas canónicas, $r(x, y)$ y $s(x, y)$, que satisfacen $Ur = 0$ y $Us = 1$ y se transforman de acuerdo con $r^* = r$ y $s^* = s + \alpha$. Como se ha visto en el ejemplo 4 de §2.3.1.1, en estas coordenadas

$$\frac{ds}{dr} = \frac{s_x + s_y\dot{y}}{r_x + r_y\dot{y}}\,, \tag{2.168}$$

donde el segundo miembro de (2.168) solo depende de r. Así, en las coordenadas originales x e y, la EDO de primer orden más general que es invariante frente a un grupo de transformaciones cuyas coordenadas canónicas son $r(x, y)$ y $s(x, y)$ es

$$\frac{s_x(x, y) + s_y(x, y)\dot{y}}{r_x(x, y) + r_y(x, y)\dot{y}} = G[r(x, y)]\,, \tag{2.169}$$

donde $G(r)$ es una función arbitraria.

2. El segundo procedimiento se basa en la invariancia de una EDO de primer orden $F(x, y, \dot{y}) = 0$ frente a un grupo extendido. Como se vio en §2.2.4, solo hay que hallar la solución general de la EDP de primer orden correspondiente a invariancia frente al grupo extendido, $\dot{U}F = 0$. Utilizando el método de las características, esta solución general es una función arbitraria de las dos integrales independientes de las ecuaciones características (2.141), que utilizando (2.130) son

$$\frac{dx}{\xi(x, y)} = \frac{dy}{\eta(x, y)} = \frac{d\dot{y}}{\eta_x + (\eta_y - \xi_x)\dot{y} - \xi_y\dot{y}^2}\,. \tag{2.170}$$

Así, si $u(x, y, \dot{y})$ y $v(x, y, \dot{y})$ son dos invariantes independientes, soluciones de las dos ecuaciones (2.170), la forma general de la EDO de primer orden invariante frente al grupo de transformaciones es

$$W(u, v) = 0\,, \quad W \text{ arbitraria}\,. \tag{2.171}$$

De hecho, la primera de las ecuaciones (2.170) no depende de $\dot{y}$, por lo que uno de los invariantes no depende de $\dot{y}$, por ejemplo $u = u(x, y)$. Por otro lado, si se escribe (2.171) como $v = w(u)$, con w una función arbitraria, la forma general de la EDO de primer orden invariante se puede expresar como

$$v(x, y, \dot{y}) = w[u(x, u)]\,, \quad w \text{ arbitraria}\,, \tag{2.172}$$

con u y v soluciones de

$$Uu = 0 \quad \text{y} \quad \dot{U}v = 0\,,$$

de acuerdo con (2.170). Debe observarse que la forma general de la EDO (2.172) es equivalente a (2.169), con $u = r$ y $w = G$, por lo que el primer miembro de (2.169) debe ser equivalente a v, salvo por un factor que solo depende de r.

Un caso particular, pero bastante común, en el que los invariantes u y v se obtienen explícitamente de forma general es aquel en el que ξ depende solo de x y η solo de y, $\xi = g(x)$ y $\eta = h(x)$. En este caso, la ecuación (2.170) queda

$$\frac{dx}{g(x)} = \frac{dy}{h(y)} = \frac{d\dot{y}}{\left(\dfrac{dh}{dy} - \dfrac{dg}{dx}\right)\dot{y}}\,, \tag{2.173}$$

y las dos invariantes se pueden escribir como

$$u(x,y) = \int \frac{dx}{g(x)} - \int \frac{dy}{h(y)} \,, \quad v(x,y,\dot{y}) = \frac{\dot{y}g}{h} \,, \tag{2.174}$$

de manera que (2.172) se escribe

$$\frac{dy}{dx} = \frac{h(y)}{g(x)} w \left(\int \frac{dx}{g(x)} - \int \frac{dy}{h(y)} \right) \,, \quad w \text{ arbitraria}. \tag{2.175}$$

Utilizando estas técnicas para distintos tipos de transformaciones es posible elaborar un catálogo de EDOs de primer orden invariantes frente a una gran variedad de transformaciones (ver, por ejemplo Ibragimov, 1994, cap. 8). Un ejemplo relevante se analiza con detalle a continuación, mientras que otros se dejan como ejercicios propuestos.

2.3.1.5. Ecuación de Riccati

La ecuación de Riccati,

$$\frac{dy}{dx} = f_2(x)y^2 + f_1(x)y + f_0(x) \,, \tag{2.176}$$

aparece en modelos de fenómenos físicos muy diversos, con diferentes funciones $f_0(x)$, $f_1(x)$ y $f_2(x)$. Típicamente en procesos con reacciones químicas, o en fenómenos asociados a la dinámica de poblaciones. Por ejemplo, la ecuación

$$\dot{y} = C \left(1 - \frac{y}{S} \right) y$$

es un modelo sencillo de la dinámica de una población, no necesariamente biológica. La variable independiente x es ahora el tiempo e y es el número de individuos en un instante dado, que crece proporcionalmente a su número con un factor de crecimiento C. Si solo existiera este término Cy, la población crecería exponencialmente (la solución sería $y \propto e^{Cx}$). Sin embargo, el crecimiento está limitado por la disminución de los recursos disponibles para cada individuo cuando la población crece demasiado, siendo S la constante de saturación (ver §2.4.3, donde a estos fenómenos se añade también la difusión). Este caso particular de la ecuación de Riccati se resuelve fácilmente por separación de variables y no es necesario utilizar métodos más elaborados como el que aquí nos ocupa. Su solución, con condición inicial $y(0) = y_0$, es

$$y = \frac{S y_0}{y_0 + (S - y_0)e^{-Cx}} \,.$$

Hay otros muchos ejemplos de problemas físicos donde la ecuación de Riccati aparece con diferentes funciones f_0, f_1 y f_2, principalmente problemas que, estando gobernados por una EDO de segundo orden, se 'reducen' a la resolución de una ecuación de Riccati (ver, por ejemplo, §2.3.2.5). Aunque existe un grupo de transformaciones de Lie para la ecuación general (2.176) (Ibragimov, 1994, §8.2), es tan enrevesado que solo en muy pocos casos permite la obtención de soluciones analíticas sencillas. De hecho, las funciones $\xi(x, y)$ y $\eta(x, y)$ de la transformación infinitesimal solo se pueden obtener de manera explícita en casos muy particulares; en la mayoría de los casos requiere la resolución de una EDO más compleja que la de Riccati que se intenta resolver.

Un caso particular relevante es la denominada ecuación de Riccati reducida,

$$\frac{dy}{dx} = y^2 + f_0(x) \,. \tag{2.177}$$

Si f_0 fuese constante, una ecuación de este tipo gobierna, por ejemplo, la velocidad terminal de un cuerpo en el seno de un fluido, teniendo una solución analítica sencilla por separación de variables. Con f_0 función de x aparece en algunos problemas de control óptimo. Aquí solo interesa como un ejemplo ilustrativo de las técnicas desarrolladas en las secciones anteriores. Por ello se va a considerar el caso particular con $f_0(x) \propto x^{-2}$; es decir, la ecuación

$$\frac{dy}{dx} = y^2 + \frac{A}{x^2} \,, \tag{2.178}$$

donde A es una constante.

Es fácil de comprobar que esta ecuación es invariante frente al grupo de transformaciones

$$x^* = \alpha x \,, \qquad y^* = \frac{y}{\alpha} \,, \tag{2.179}$$

que, de acuerdo con (2.95), corresponde al grupo infinitesimal

$$\xi = x \,, \quad \eta = -y \,; \qquad U = x\frac{\partial}{\partial x} - y\frac{\partial}{\partial y} \,. \tag{2.180}$$

Para comprobar que (2.178) es invariante frente a (2.180) se utiliza primero el criterio (2.167), con $f(x, y) = y^2 + A/x^2$,

$$\eta_x + (\eta_y - \xi_x)f - \xi_y f^2 = -2f = -2\left(y^2 + \frac{A}{x^2}\right) \,,$$

$$\xi f_x + \eta f_y = -\frac{2A}{x^2} - 2y^2 \,,$$

y se comprueba que, efectivamente, la ecuación es invariante frente a este grupo. Para utilizar el otro criterio descrito en §2.3.1.3, se tiene que escribir la ecuación (2.178) en la forma (2.158), encontrándose que en este ejemplo $M = y^2 x^2 + A$ y $N = -x^2$. Utilizando el criterio (2.164), se comprueba que

$$\frac{\xi M_x + \eta M_y + \xi_x M + \eta_x N}{M} = \frac{\xi N_x + \eta N_y + \xi_y M + \eta_y N}{N} = 1 \,.$$

Para resolver la ecuación (2.178) se utilizan las coordenadas canónicas (r, s) de la transformación (2.180), que se obtienen de las ecuaciones características correspondientes a $Ur = 0$ y $Us = 1$:

$$\frac{dx}{x} = \frac{dy}{-y} = \frac{dr}{0} = \frac{ds}{1}\,.$$

De la primera se obtiene que $xy = K_1$, donde K_1 es una constante arbitraria, de manera que r es una función arbitraria de xy. De la igualdad del primer término con el último se tiene que $s = \ln[K_2 x]$, donde K_2 es una función arbitraria de $K_1 = xy$, Así, por simplicidad, se toman las coordenadas canónicas

$$r = xy\,, \qquad s = \ln x\,. \tag{2.181}$$

Por tanto,

$$\frac{dr}{ds} = \frac{r_x + r_y \dot{y}}{s_x + s_y \dot{y}} = \frac{y + x\dot{y}}{x^{-1}}\,. \tag{2.182}$$

El segundo miembro debe ser función solo de r. Efectivamente, tras una manipulación elemental, queda

$$\frac{dr}{ds} = r^2 + r + A\,, \tag{2.183}$$

cuya resolución se reduce a una cuadratura,

$$s = \int \frac{dr}{r^2 + r + A} + C\,,$$

donde C es una constante de integración. Como ejemplo, para $A = 1/4$ el denominador de la integral se reduce a $(r + 1/2)^2$ y la solución de la ecuación es

$$r = \frac{1}{C - s} - \frac{1}{2}\,, \quad \text{para} \quad A = \frac{1}{4}\,,$$

que en las variables originales (x, y) se escribe

$$y = \frac{\ln x + 2 - C}{2x(C - \ln x)}\,.$$

La solución de (2.178) también se puede obtener usando el factor de integración de Lie (2.161), que con los valores de M y N escritos más arriba queda

$$\mu = \frac{1}{\xi M + \eta N} = \frac{1}{x^3 y^2 + x^2 y + Ax}\,. \tag{2.184}$$

La solución de la ecuación en la forma $\psi(x, y) = $ constante se obtiene integrando $\psi_x = \mu M = \mu(y^2 x^2 + A)$ y $\psi_y = \mu N = -\mu x^2$, que se deja como ejercicio para el lector.

Finalmente, es interesante obtener las familias de EDOs de primer orden invariantes frente al grupo de transformaciones (2.180), que por supuesto deben incluir a la ecuación (2.178) como caso particular. Para ello se utilizan los dos procedimientos de §2.3.1.4. Comenzando con (2.169), utilizando la expresión (2.183) para dr/ds, se tiene

$$\frac{dr}{ds} = \frac{r_x + r_y \dot{y}}{s_x + s_y \dot{y}} = \frac{y + x\dot{y}}{x^{-1}} = G(r) = G(xy) , \qquad (2.185)$$

donde G es una función arbitraria. Luego, teniendo en cuenta (2.181), cualquier ecuación en la forma

$$\frac{dy}{dx} = -\frac{y}{x} + \frac{G(xy)}{x^2} , \qquad (2.186)$$

es invariante frente a (2.180). La ecuación (2.178) corresponde a $G(r) = r^2 + r + A$.

El otro procedimiento, basado en la transformación extendida, genera la familia de ecuaciones invariantes mediante las soluciones de las ecuaciones (2.170). Teniendo en cuenta que para el grupo (2.180)

$$\eta_1 \equiv \eta_x + (\eta_y - \xi_x)\dot{y} - \xi_y \dot{y}^2 = -2\dot{y} ,$$

estas ecuaciones ahora son

$$\frac{dx}{x} = \frac{dy}{-y} = \frac{d\dot{y}}{-2\dot{y}} . \qquad (2.187)$$

Una de las dos integrales es precisamente $r = xy \equiv u$, solución de la primera ecuación, que no depende de $\dot{y}$. La otra solución, utilizando la segunda ecuación, es $v = \dot{y}/y^2$. Por lo tanto, de acuerdo con (2.171), cualquier EDO de primer orden que se pueda escribir en la forma

$$W\left(\frac{\dot{y}}{y^2} , xy\right) , \qquad W \quad \text{arbitraria} , \qquad (2.188)$$

es invariante frente al grupo (2.180). Un subconjunto de esta familia de ecuaciones sería

$$\frac{dy}{dx} = y^2 w(xy) , \qquad w \quad \text{arbitraria} . \qquad (2.189)$$

La ecuación (2.178) corresponde a la función w dada por

$$w(r) = 1 + \frac{A}{r^2} .$$

Como se puede ver, los dos procedimientos dan conjuntos de ecuaciones que son distintos, pero, por supuesto, no excluyentes, pues la familia (2.186) está incluida en (2.189) [haciendo $w(r) = -1/r + G(r)/r^2$] y, por supuesto, en (2.188). La forma más general es (2.188). Así, no solo la ecuación de Riccati reducida (2.178), sino cualquier EDO de primer orden que se pueda escribir como (2.188), se puede resolver analíticamente utilizando el grupo de transformaciones (2.180).

2.3.2. Ecuaciones de segundo y mayor orden

Las ideas y criterios anteriores sobre la invariancia de una EDO de primer orden frente a un grupo uniparamétrico de transformaciones, y su utilización para reducir la ecuación diferencial a una cuadratura, se pueden extender a EDOs de mayor orden, donde las invariancias permiten reducir el orden de la ecuación. Aquí se verá con más detalle y con varios ejemplos la invariancia de una EDO de segundo orden y su reducción a una EDO de primer orden. Pero el procedimiento se puede extender a EDOs de cualquier orden, cada invariancia permitiendo la reducción de un orden en la ecuación. Esto se verá al final de la sección con un ejemplo físicamente relevante descrito por una EDO de tercer orden.

2.3.2.1. Reducción de una ecuación de segundo orden a una de primer orden

Sea la ecuación general de segundo orden para una función $y(x)$

$$F(x, y, \dot{y}, \ddot{y}) = 0 \,. \tag{2.190}$$

Esta ecuación es posible escribirla siempre como un sistema de dos ecuaciones de primer orden,

$$\dot{y} = z \,, \qquad F(x, y, z, \dot{z}) = 0 \,, \tag{2.191}$$

que hay que resolver *simultáneamente*. Es lo que se suele hacer cuando se resuelve (2.190) numéricamente. En esta sección se quiere averiguar cuándo y cómo se puede reducir el problema a la resolución de dos EDOs de primer orden, pero *sucesivamente*.

Las soluciones de (2.190) constituyen una familia bi-paramétrica de curvas en el plano (x, y),

$$f(x, y; \lambda, \gamma) = 0 \,, \tag{2.192}$$

donde λ y γ son parámetros que definen cada curva a través de dos condiciones de contorno que necesita la EDO de segundo orden. Que un grupo uniparamétrico de transformaciones

$$x^* = X(x, y; \alpha) \,, \quad y^* = Y(x, y; \alpha) \,, \tag{2.193}$$

deje invariante la ecuación (2.190) quiere decir que transforma una curva de la familia (2.192) en otra curva de la familia,

$$f(x^*, y^*; \lambda^*, \gamma^*) = 0 \,, \tag{2.194}$$

donde λ^* y γ^* son también constantes, que dependen de λ, γ y del parámetro α de la transformación.

Si se utiliza la forma (2.191) de la EDO de segundo orden, la familia bi-paramétrica de curvas en el plano se corresponden con una familia bi-paramétrica de curvas en el espacio tridimensional (x, y, z),

$$f(x, y; \lambda, \gamma) = 0 \,, \quad z = z(x, y; \lambda, \gamma) \,, \tag{2.195}$$

donde z es la pendiente $\dot{y}$ de cada curva en el plano (x, y). Como $z = \dot{y}$, estas curvas son invariantes frente al grupo uni-extendido considerado en §2.2.3, que añade al grupo de transformaciones (2.193) la transformación de la derivada o pendiente de las curvas (2.192):

$$x^* = X(x, y; \alpha), \quad y^* = Y(x, y; \alpha), \quad z^* = Z(x, y, z, \alpha). \qquad (2.196)$$

Los coeficientes de la correspondiente transformación infinitesimal son los del grupo uni-extendido considerado en §2.2.3, (ξ, η, η_1). Como las curvas solución de las ecuaciones (2.191) son invariantes frente a este grupo, cada una de ellas pertenece a una subfamilia uniparamétrica de curvas, constituida por aquellas curvas que se transforman unas en otras a través del grupo uniparamétrico de transformaciones (2.196). Es decir, cada subfamilia uniparamétrica de curvas define una familia de superficies en el espacio (x, y, z),

$$\phi(x, y, z; c) = 0, \qquad (2.197)$$

con c una constante arbitraria, que es invariante frente al grupo de transformaciones (2.193):

$$\phi(x^*, y^*, z^*; c) = \phi[X(x, y; \alpha), Y(x, y; \alpha), Z(x, y, z, \alpha); c] = 0. \qquad (2.198)$$

Tal como se hizo en §2.2.3, como esta función es invariante frente al grupo uniparamétrico de transformaciones, derivando (2.198) con respecto a α en $\alpha = \alpha_0$ y teniendo en cuenta que no depende de α se llega a la siguiente EDP casi lineal de primer orden que debe satisfacer $\phi(x, y, z; c)$:

$$\xi \phi_x + \eta \phi_y + \eta_1 \phi_z = 0, \qquad (2.199)$$

que se resuelve con las siguientes ecuaciones características

$$\frac{dx}{\xi(x, y)} = \frac{dy}{\eta(x, y)} = \frac{dz}{\eta_1(x, y, z)} = \frac{d\phi}{0}. \qquad (2.200)$$

Si $u(x, y)$ es una integral del primer par de ecuaciones (2.200) y $v(x, y, z)$ del segundo par, la forma general de ϕ es una función arbitraria de estas dos funciones, y la familia (2.197) se puede escribir como

$$G(u, v, c) = 0, \qquad G \quad \text{arbitraria}. \qquad (2.201)$$

La función $u(x, y)$ es un grupo invariante de la transformación (X, Y), y la función $v(x, y, z) = v(x, y, \dot{y})$, que es invariante frente al grupo uni-extendido (X, Y, Z), se suele denominar primer invariante diferencial de la ecuación.[16]

La ecuación (2.201) es una familia uniparamétrica de curvas en el plano (u, v) y, por tanto, equivalente a una EDO de primer orden en las variables u y v. Se llega así al resultado conocido como teorema de reducción de Lie: Una ecuación diferencial ordinaria de segundo orden $F(x, y, \dot{y}, \ddot{y}) = 0$ se reduce a una ecuación diferencial de primer orden si se escribe en las variables $u(x, y)$ y $v(x, y, \dot{y})$ correspondientes al invariante y al primer invariante

---

[16] Se utiliza la misma notación que §2.3.1.4, donde $Uu = 0$ y $\dot{U}v = 0$. Obsérvese también que u coincide con la coordenada canónica r de la transformación definida en §2.2.1.

diferencial de la ecuación, respectivamente, con respecto a un grupo uni-extendido de transformaciones. Por supuesto, una vez escrita la EDO de primer orden en estas variables, y en el supuesto de que se pueda resolver explícitamente v en función de u, para hallar la solución final de y en función de x hay que resolver posteriormente (es decir, no simultáneamente) otra EDO de primer orden que proviene de la dependencia de v con $\dot{y}$.

Este resultado general de Lie se verá de forma más explícita en la siguiente sección, con la determinación de la forma general de todas las EDOs de segundo orden que son invariantes frente a un determinado grupo uniparamétrico de transformaciones.

2.3.2.2. Construcción de todas las ecuaciones de segundo orden invariantes frente a un grupo

Para saber si una EDO de segundo orden es invariante frente a un grupo como el (2.193), y obtener también todas las EDOs de segundo orden invariantes frente a ese grupo, no es suficiente con considerar el grupo uni-extendido (2.196), sino que hay que considerar el grupo *bi-extendido* de transformaciones. Este grupo añade la transformación de la derivada segunda $\ddot{y}$ (o curvatura de las curvas solución $y(x)$), teniéndose que obtener el correspondiente coeficiente $\eta_2(x, y, \dot{y}, \ddot{y})$ del grupo bi-extendido infinitesimal mediante un procedimiento análogo al de §2.2.3 para $\eta_1(x, y, \dot{y})$.

En §2.2.4 se vio que para que una función $u(x, y, \dot{y})$, es decir, una EDO de primer orden, sea invariante frente a un grupo uniparamétrico de transformaciones se tiene que cumplir (2.139),

$$\dot{U}u \equiv \xi u_x + \eta u_y + \eta_1 u_{\dot{y}} = 0\,. \tag{2.202}$$

De forma análoga, para que una función $u(x, y, \dot{y}, \ddot{y})$, es decir, una EDO de segundo orden, sea invariante tiene que cumplir

$$\ddot{U}u \equiv \xi u_x + \eta u_y + \eta_1 u_{\dot{y}} + \eta_2 u_{\ddot{y}} = 0\,, \tag{2.203}$$

donde se ha definido el generador infinitesimal de la transformación doblemente extendida

$$\ddot{U} \equiv \xi(x, y)\frac{\partial}{\partial x} + \eta(x, y)\frac{\partial}{\partial y} + \eta_1(x, y)\frac{\partial}{\partial \dot{y}} + \eta_2(x, y, \dot{y}, \ddot{y})\frac{\partial}{\partial \ddot{y}}\,. \tag{2.204}$$

Para hallar el coeficiente $\eta_2(x, y, \dot{y}, \ddot{y})$ de la transformación infinitesimal bi-extendida hay que obtener la función $W(x, y, \dot{y}, \ddot{y}; \alpha)$ de la transformación de la derivada segunda,

$$\ddot{y}^* = \frac{d\dot{y}^*}{dx^*} = W(x, y, \dot{y}, \ddot{y}; \alpha)\,,$$

y evaluar $\eta_2 = (\partial W/\partial\alpha)_{\alpha=\alpha_0}$, de forma similar a como se hizo en las ecuaciones (2.128)-(2.130) para la derivada primera. Pero como no se va a necesitar W,[17] sino solo η_2, es más

---

[17]Se deja como ejercicio para el lector derivar W en términos de X e Y y sus derivadas y reproducir (2.205) derivando W con respecto a α.

fácil generalizar la expresión (2.130) para η_1 utilizando la derivada d/dx a lo largo de $y(x)$, tal como se hizo al final de §2.2.3:

$$\eta_2(x, y, \dot{y}, \ddot{y}) = \frac{d}{dx}\eta_1(x, y, \dot{y}) - \ddot{y}\frac{d}{dx}\xi(x, y) =$$

$$= \eta_{xx} + \dot{y}(2\eta_{xy} - \xi_{xx}) + \dot{y}^2(\eta_{yy} - 2\xi_{xy}) - \dot{y}^3\xi_{yy} + \ddot{y}(\eta_y - 2\xi_x) - 3\dot{y}\ddot{y}\xi_y. \qquad (2.205)$$

El criterio general para que una EDO de segundo orden

$$F(x, y, \dot{y}, \ddot{y}) = 0 \qquad (2.206)$$

sea invariante frente a un grupo uniparamétrico de transformaciones como el (2.193) sería, por tanto,

$$\ddot{U}F \equiv \xi F_x + \eta F_y + \eta_1 F_{\dot{y}} + \eta_2 F_{\ddot{y}} = 0. \qquad (2.207)$$

Esto quiere decir que F tiene que ser una función de tres integrales independientes de sus ecuaciones características,

$$\frac{dx}{\xi(x, y)} = \frac{dy}{\eta(x, y)} = \frac{d\dot{y}}{\eta_1(x, y, \dot{y})} = \frac{d\ddot{y}}{\eta_2(x, y, \dot{y}, \ddot{y})}. \qquad (2.208)$$

Dos de estas integrales son el invariante y el primer invariante diferencial de la transformación, ya considerados en §§2.3.1.3 y 2.3.1.4 para las EDOs de primer orden y en §2.3.2.1 para la reducción de la EDO de segundo orden. Son las funciones que se han denominado $u(x, y)$ y $v(x, y, \dot{y})$, invariantes frente a U y a $\dot{U}$, respectivamente ($Uu = 0$, $\dot{U}v = 0$). Ahora se tiene una tercera función $w(x, y, \dot{y}, \ddot{y})$ invariante frente a $\ddot{U}$, $\ddot{U}w = 0$, denominado segundo invariante diferencial, de manera que la EDO de segundo orden invariante frente al grupo se escribe, de forma general,

$$G(u, v, w) = 0, \quad G \text{ arbitraria}. \qquad (2.209)$$

En la sección anterior 2.3.2.1 se ha visto que la EDO de segundo orden invariante se puede escribir solo en términos de u y v. Esto quiere decir que la forma de G en (2.209) debe ser tal que w se debe poder escribir en términos de u, v y de du/dv. Para ver esto se tiene en cuenta que cualquier combinación lineal de u y v es también invariante frente a $\ddot{U}$, pues no depende de $\ddot{y}$. En particular, la familia de ODEs de primer orden

$$v(x, y, \dot{y}) - au(x, y) = b$$

es invariante frente a $U, \dot{U}$ y $\ddot{U}$. La familia bi-paramétrica de curvas que genera este conjunto de ODEs es invariante, y deben ser solución de una EDO de segundo orden invariante, que se puede obtener derivando la expresión con respecto a x,

$$v_x + v_y\dot{y} + v_{\dot{y}}\ddot{y} - a(u_x + u_y\dot{y}) = 0,$$

y que es invariante para cualquier a. Luego

$$w = a = \frac{v_x + v_y \dot{y} + v_{\dot{y}} \ddot{y}}{u_x + u_y \dot{y}} \equiv \frac{dv}{du}$$

es el invariante frente a $\ddot{U}$ buscado.

Así, cualquier EDO de segundo orden (2.209) que es invariante frente al grupo de transformaciones se puede escribir como

$$\frac{dv}{du} = W(u, v), \quad W \quad \text{arbitraria}, \tag{2.210}$$

donde u y v son los invariantes de la transformación uni-extendida

$$\frac{dx}{\xi(x, y)} = \frac{dy}{\eta(x, y)} = \frac{d\dot{y}}{\eta_1(x, y, \dot{y})}, \tag{2.211}$$

y dv/du se calcula mediante

$$\frac{dv}{du} = \frac{v_x + v_y \dot{y} + v_{\dot{y}} \ddot{y}}{u_x + u_y \dot{y}}. \tag{2.212}$$

Estas expresiones concretan el resultado general de Lie derivado en §2.3.2.1.

En los próximos apartados se explorarán algunas ecuaciones invariantes frente a varios grupos de transformaciones relevantes. Para cada caso se obtendrá la forma general (2.209) de la EDO de segundo orden invariante a partir de los tres invariantes del grupo bi-extendido (2.208), así como la correspondiente EDO reducida de primer orden 2.210 basada en los dos invariantes del grupo uni-extendido (2.211).

2.3.2.3. Ecuaciones invariantes frente a traslaciones de x o y

Como se vio en el caso de las EDOs de primer orden, las ecuaciones invariantes más fácilmente reconocibles y más sencillas de resolver son aquellas que son invariantes frente a traslaciones de x o de y. Por ejemplo, el grupo de transformaciones

$$x^* = x + \alpha, \quad y^* = y. \tag{2.213}$$

Utilizando (2.95), (2.130) y (2.205), los coeficientes del grupo infinitesimal bi-extendido son $\xi = 1, \eta = \eta_1 = \eta_2 = 0$, y las ecuaciones características

$$\frac{dx}{1} = \frac{dy}{0} = \frac{d\dot{y}}{0} = \frac{d\ddot{y}}{0}.$$

Por lo tanto, se pueden tomar como invariantes $u = y$, $v = \dot{y}$ y $w = \ddot{y}$, y cualquier ecuación de segundo orden que no contenga explícitamente la variable independiente x,

$$F(y, \dot{y}, \ddot{y}) = 0,$$

es (obviamente) invariante frente a (2.213), pudiéndose escribir como una EDO de primer orden utilizando $u = y$ como variable independiente y $v = \dot{y}$ como variable dependiente. Utilizando (2.210),

$$\frac{dv}{dy} = W(y,v), \quad \text{con} \quad v = \dot{y}, \quad W \quad \text{arbitraria}.$$

Una vez resuelta esta ecuación y obtenido $v = v(y)$, se tendría que resolver $\dot{y} = v(y)$.

Por otro lado, la transformación

$$x^* = x, \quad y^* = y + \alpha, \tag{2.214}$$

tiene como coeficientes de la transformación infinitesimal $\xi = 0$, $\eta = 1$, $\eta_1 = \eta_2 = 0$, y las ecuaciones características son

$$\frac{dx}{0} = \frac{dy}{1} = \frac{d\dot{y}}{0} = \frac{d\ddot{y}}{0}.$$

Los invariantes se pueden escribir como $u = x$, $v = \dot{y}$, $w = \ddot{y}$, y cualquier EDO de segundo orden que no contenga explícitamente la variable dependiente y,

$$F(x, \dot{y}, \ddot{y}) = 0,$$

es (también obviamente) invariante frente a (2.214), pudiéndose reducir su orden a una EDO de primer orden utilizando $v = \dot{y}$ como variable dependiente. Esta EDO de primer orden sería de la forma

$$\frac{dv}{dx} = W(x,v), \quad \text{con} \quad v = \dot{y}, \quad W \quad \text{arbitraria}.$$

2.3.2.4. Ecuaciones invariantes frente a un cambio de escala

Un grupo de transformaciones muy habitual y socorrido, que siempre se ensaya como primera opción a la hora de ver si una ecuación diferencial tiene alguna invariancia, es un escalado de las variables (ya considerado para las EDPs en §2.1.2 y en el ejemplo 2 de §2.2.5 para las EDOs de primer orden):

$$x^* = \alpha x, \qquad y^* = \alpha^k y, \tag{2.215}$$

donde k es una constante real. Se buscarán los invariantes que convierten a la EDO de segundo orden en una de primer orden.

Utilizando (2.95), (2.130) y (2.205), los coeficientes del grupo infinitesimal bi-extendido son

$$\xi = x, \quad \eta = ky, \quad \eta_1 = (k-1)\dot{y}, \quad \eta_2 = (k-2)\ddot{y}, \tag{2.216}$$

y las ecuaciones características (2.208) se escriben

$$\frac{dx}{x} = \frac{dy}{ky} = \frac{d\dot{y}}{(k-1)\dot{y}} = \frac{d\ddot{y}}{(k-2)\ddot{y}}. \tag{2.217}$$

De estas tres ecuaciones diferenciales se obtienen fácilmente el grupo invariante u y el primer y segundo invariante diferencial, v y w,

$$u = \frac{y}{x^k}, \qquad v = \frac{\dot{y}}{x^{k-1}}, \qquad w = \frac{\ddot{y}}{x^{k-2}}. \qquad (2.218)$$

Luego, cualquier EDO de segundo orden que se escriba de la forma

$$F\left(\frac{y}{x^k}, \frac{\dot{y}}{x^{k-1}}, \frac{\ddot{y}}{x^{k-2}}\right) = 0, \qquad (2.219)$$

siendo F una función arbitraria, es invariante frente al grupo de transformaciones (2.215) y se puede escribir como una EDO de primer orden en las variables u y v definidas en (2.218). En particular, utilizando (2.210) y (2.212), esta ecuación se escribiría en la forma

$$\frac{dv}{du} = W(u,v), \quad \text{con} \quad \frac{dv}{du} = \frac{(1-k)x\dot{y} + x^2\ddot{y}}{x\dot{y} - ky}. \qquad (2.220)$$

Por ejemplo, la ecuación

$$\ddot{y} + \frac{\dot{y}}{x} + \frac{y}{x^2} = 1$$

es invariante frente a (2.215) con $k = 2$. Introduciendo $u = y/x^2$ y $v = \dot{y}/x$, y teniendo en cuenta que

$$\ddot{y} = \frac{d}{dx}(vx) = \frac{dv}{dx}x + v = \frac{dv}{du}\frac{du}{dx}x + v = \frac{dv}{du}(v - 2u) + v,^{18}$$

se reduce a la EDO de primer orden

$$\frac{dv}{du} = \frac{1 - 2v - u}{v - 2u}.$$

2.3.2.5.   Reducción de una EDO lineal de segundo orden a una ecuación de Riccati

Sea la ecuación lineal de segundo orden

$$\ddot{y} + p(x)\dot{y} + q(x)y = 0. \qquad (2.221)$$

Por ser homogénea, además de lineal, admite el grupo de transformaciones

$$x^* = x, \qquad y^* = \alpha y, \qquad (2.222)$$

que utilizando (2.95) y (2.130) se corresponde con el grupo infinitesimal uni-extendido

$$\xi = 0, \quad \eta = y, \quad \eta_1 = \dot{y}. \qquad (2.223)$$

---

[18]Se podría también haber obtenido directamente de la expresión (2.220) para dv/du.

Las ecuaciones características (2.211) son

$$\frac{dx}{0} = \frac{dy}{\dot{y}} = \frac{d\dot{y}}{\ddot{y}} ,$$

(2.224)

que proporciona los invariantes

$$u = x , \qquad v = \frac{\dot{y}}{y} .$$

(2.225)

Por lo tanto, utilizando la misma variable independiente x y escribiendo la derivada segunda de y en términos de la nueva variable dependiente v,

$$\ddot{y} = \frac{d}{dx}(yv) = \dot{y}v + y\frac{dv}{dx} = yv^2 + y\frac{dv}{dx} ,$$

sustituyendo en (2.221) y eliminando y, la EDO de segundo orden se transforma en la siguiente EDO de primer orden para $v(x)$:

$$\frac{dv}{dx} = -v^2 - p(x)v - q(x) .$$

(2.226)

Esta es una ecuación de Riccati, como las consideradas en §2.3.1.5. Aunque no siempre sea posible obtener una solución analítica de esta ecuación, o reducirla a una cuadratura, lo cual dependerá de las funciones $p(x)$ y $q(x)$, siempre permite tener una visión general de las posibles soluciones en el plano de fase (x, v), donde se conoce la pendiente de las todas soluciones $v(x)$ a través de (2.226), que luego permite seleccionar las soluciones $y(x)$ de (2.221) para unas determinadas condiciones de contorno mediante la definición de v,

$$\frac{dy}{y} = v\, dx .$$

Sin embargo, suele ser más fácil obtener una solución analítica de la ecuación lineal homogénea (2.221), por ejemplo mediante serie de potencias, que resolver analíticamente la ecuación de Riccati. Salvo que $p(x)$ y $q(x)$ sean tales que (2.226) admita un grupo de transformaciones sencillo, que permita reducirla a una cuadratura, como se vio en §2.3.1.5, o que se conozca una solución particular $v_1(x)$, en cuyo caso el uso de la variable dependiente $w = v_1 + v$ transforma la ecuación de Riccati en una ecuación de Bernoulli para $w(x)$,

$$\frac{dw}{dx} + P(x)w = Q(x)w^n ,$$

que a su vez siempre se puede transformar en una ecuación lineal de primer orden (ver, por ejemplo, Simmons, 1977, cap. 2).

Es interesante averiguar qué otras EDOs de segundo orden son invariantes frente al grupo (2.222). Para ello no hay más que obtener el coeficiente η_2 para la transformación de $\ddot{y}$, que de (2.205) resulta ser $\eta_2 = \ddot{y}$. Por lo tanto, utilizando (2.208) para este caso,

$$\frac{dx}{0} = \frac{dy}{y} = \frac{d\dot{y}}{\dot{y}} = \frac{d\ddot{y}}{\ddot{y}} ,$$

el segundo invariante diferencial resulta ser

$$w = \frac{\ddot{y}}{y}\,.$$

Así, cualquier EDO de segundo orden de la forma

$$F\left(x,\frac{\dot{y}}{y},\frac{\ddot{y}}{y}\right) = 0\,, \qquad F \quad \text{arbitraria}\,,$$

lineal o no lineal, se puede reducir a una EDO de primer orden de la forma

$$\frac{dv}{dx} = W(x,v)\,,$$

no necesariamente del tipo Riccati.

2.3.2.6. Ecuación de Thomas-Fermi para el potencial eléctrico de un átomo pesado

La ecuación de Thomas-Fermi describe el potencial eléctrico ϕ fuera del núcleo (considerado puntual en el origen $r = 0$) de un átomo con muchos electrones que obedecen una estadística de partículas libres de Fermi-Dirac (ver, por ejemplo, Landau y Lifchitz, 1975, §70):

$$\nabla^2\phi = -4\pi\rho\,, \qquad \rho = -\frac{1}{3\pi^2}\frac{(2m)^{3/2}}{\hbar^3}e^{5/2}\phi^{3/2}\,, \tag{2.227}$$

donde ρ es la densidad de carga eléctrica de la nube electrónica en la citada estadística de Fermi-Dirac, con m la masa del átomo, e la magnitud de la carga eléctrica del electrón y $\hbar$ la constante de Planck (ver §2.1.1.1).

Suponiendo simetría esférica, es decir que ϕ solo depende de la coordenada radial r y por tanto $\nabla^2\phi$ se puede escribir como $(1/r)d^2(r\phi)/dr^2$ [ver (A.28)], teniendo en cuenta que para $r \to 0$ el potencial es el correspondiente al que genera el núcleo considerado como una carga puntual, $\phi \to Ze/r$, donde Z es el número atómico, de manera que se puede utilizar este potencial para adimensionalizar ϕ, y definiendo además un radio característico r_c para adimensionalizar r,

$$y = \frac{r\phi}{Ze}\,, \qquad x = \frac{r}{r_c}\,, \tag{2.228}$$

el problema adimensional se reduce a una EDO de segundo orden para $y(x)$ con dos condiciones de contorno,

$$\frac{d^2y}{dx^2} = \frac{y^{3/2}}{x^{1/2}}\,, \qquad y(0) = 1\,, \quad y(\infty) = 0\,, \tag{2.229}$$

donde se ha tomado el radio característico

$$r_c = \frac{(3\pi)^{2/3}\hbar^2}{2^{7/3}mZ^{1/3}e^2} \simeq 0{,}885\frac{a_0}{Z^{1/3}}\,, \qquad a_0 = \frac{\hbar^2}{me^2} \tag{2.230}$$

para simplificar la ecuación, siendo a_0 el primer radio de Bohr, o radio del nivel electrónico más bajo en un átomo de hidrógeno.[19] Para la segunda condición de contorno en (2.229) se ha supuesto que el átomo es muy grande comparado con el radio de Bohr a_0, de manera que su superficie externa se puede suponer en $r/r_c \to \infty$, donde $\phi \to 0$.

La ecuación (2.229) es invariante frente a un cambio de escala, considerado en general en §2.3.2.4, con $k = -3$,

$$x = \alpha x , \qquad y^* = \alpha^{-3} y . \tag{2.231}$$

Por lo tanto, de acuerdo con (2.218), la ecuación se puede reducir a una de primer orden con las variables

$$v = x^4 \frac{dy}{dx} \quad \text{y} \quad u = x^3 y . \tag{2.232}$$

En efecto, desarrollando la derivada segunda de $y(x)$ en términos de estas nuevas variables,

$$\frac{d^2 y}{dx^2} = x^{-4} \frac{dv}{dx} - 4x^{-5} v = x^{-5}(v + 3u) \frac{dv}{du} - x^{-5} v ,$$

e igualado a

$$\frac{y^{3/2}}{x^{1/2}} = x^{-5} u^{3/2} ,$$

proporciona la EDO de primer orden

$$\frac{dv}{du} = \frac{4v + u^{3/2}}{v + 3u} . \tag{2.233}$$

Una vez que esta ecuación se integre numéricamente por el procedimiento que se explica a continuación, la solución $v(u)$ permite obtener $y(x)$ mediante las definiciones de u y v junto con la expresión de du/dx:

$$\frac{dx}{x} = \frac{du}{3u + v(u)} , \qquad y = \frac{u}{x^3} . \tag{2.234}$$

Para integrar numéricamente la ecuación (2.233), y por tanto obtener la solución del problema de Thomas-Fermi (2.229), es necesario analizar primero los puntos singulares de (2.233), en los que el numerador y el denominador se anulan simultáneamente.[20] El poder hacer este análisis de la estructura de la solución en el plano de fase (u, v) ya justifica la relevancia de reducir (2.229) a una EDO de primer orden, pues el análisis hace posible, como se verá, la integración numérica del problema. Resolviendo $4v + u^{3/2} = v + 3u = 0$, se obtienen los dos puntos singulares,

$$u_o = v_o = 0 \quad \text{y} \quad u_p = 144 , \quad v_p = -432 ,$$

---

[19] De forma más precisa, es la distancia más probable a la que se puede observar el electrón en relación al protón en el nivel de energía más bajo del átomo de hidrógeno; ver §3.9 para la resolución de la ecuación de Schrödinger para el átomo de hidrógeno por separación de variables.

[20] Para más detalles de este análisis de los necesarios aquí se puede consultar, por ejemplo, Simmons (1977), cap. 8.

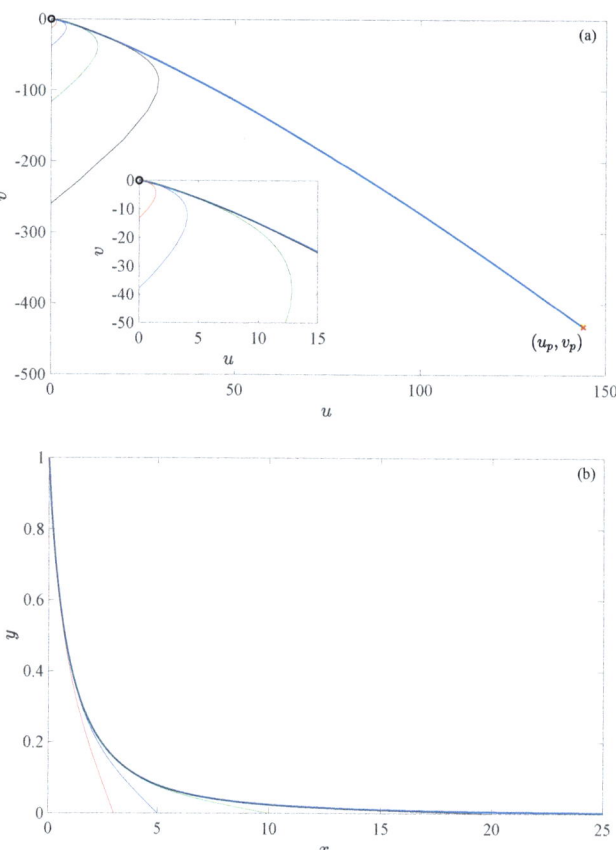

Figura 2.10: Solución del problema de Thomas-Fermi (2.229) (lineas gruesas azules) en el plano (u, v) (a) y en el plano (x, y) (b). Las líneas finas corresponden a las soluciones con la condición de contorno $y(x_0) = 0$ para $x_0 = 3, 5, 10$ y 20. Los símbolos 'o' y 'x' en (a) marcan los dos puntos singulares. También se muestra en (a) un detalle ampliado de la zona cerca del origen.

que están marcados en la Fig. 2.10 con 'o' y 'x', respectivamente. El punto (u_p, v_p) resulta ser un punto de silla (o puerto) inestable. En efecto, utilizando las variables $u' = u - u_p$ y $v' = v - v_p$ para linealizar la ecuación en torno a este punto singular, la solución de la ecuación lineal en términos de la variable independiente auxiliar t resulta ser de la forma $u' = c_+ e^{\lambda_+ t} + c_- e^{\lambda_- t}$ y $v' = c_+ k_+ e^{\lambda_+ t} + c_- k_- e^{\lambda_- t}$, con $\lambda_\pm$ las raíces de $\lambda^2 - 7\lambda - 6 = 0$, que tienen distinto signo, siendo $c_\pm$ constantes arbitrarias y $k_\pm$ soluciones de la ecuación $k^2 - k - 18 = 0$, también de distinto signo. Por lo tanto, las dos ramas de la solución que pasan por el punto de silla (u_p, v_p) vienen dadas en sus proximidades por

$$v' = k_\pm u', \quad u' \ll 1 \quad v' \ll 1, \quad k_+ = 4{,}772, \quad k_- = -3{,}772. \tag{2.235}$$

La rama de interés es la de pendiente negativa, pues en ella la primera ecuación (2.234) se escribe

$$\frac{dx}{x} = \frac{du}{3u + v} \simeq \frac{du'}{(3 + k_-)u'}, \qquad x \simeq C(u')^{3+k_-},$$

y corresponde a $x \to \infty$ cuando $u' \to 0$, es decir, cuando $u \to u_p$, siendo C es una constante de integración. Así, en el plano (x, y), la solución para $x \to \infty$ tiene la forma

$$y = \frac{u}{x^3} \simeq \frac{1}{x^3}\left[u_p + \left(\frac{C}{x}\right)^{-(3+k_-)} + \ldots\right] \simeq \frac{1}{x^3}\left[144 + \left(\frac{C}{x}\right)^{0,772} + \ldots\right], \qquad x \gg 1.$$

El punto singular de (2.233) en el origen del plano (u, v) es un nodo estable. Linealizando la ecuación para u y v pequeños, se obtiene una solución de la forma $u = c_1 e^{4t} + c_2 e^{3t}$ y $v = c_1 k_1 e^{4t} + c_1 k_2 e^{3t}$, con $k_1 = 1$, $k_2 = 0$, y c_1 y c_2 constantes arbitrarias. Es decir, en las proximidades del origen, se tienen las dos ramas que llegan a $u = v = 0$ siguientes:

$$v = u \quad \text{y} \quad v = 0, \quad u \ll 1, \quad v \ll 1.$$

La que tiene interés en este problema es la segunda, correspondiente a $k_2 = 0$, pues la solución que sale de la primera tiene pendiente positiva y no puede llegar al otro punto singular (u_p, v_p) (obsérvese que las soluciones que cruzan los semiejes $v = 0$ y $u = 0$, con $u > 0$ y $v < 0$, respectivamente, tienen pendiente positiva). La solución que sale de esta rama con $k_2 = 0$ satisface, muy cerca del origen, las condiciones $u^{3/2} \ll v \ll u \ll 1$, y se puede obtener, en primera aproximación, de

$$\frac{dv}{du} \simeq \frac{4v}{3u}, \quad v \simeq K u^{4/3}, \qquad (2.236)$$

donde K es una constante arbitraria. Se puede comprobar que, de acuerdo con este resultado, $u \sim v^{3/4}$ y $u^{3/2} \sim v^{9/4}$, y por tanto para $v \ll 1$, se satisfacen las suposiciones hechas, $u^{3/2} \ll v \ll u \ll 1$. Con esta solución cerca del origen, la primera ecuación (2.234) proporciona

$$\frac{dx}{x} = \frac{du}{3u + v} \simeq \frac{du}{3u}, \qquad u \simeq \kappa x^3,$$

con κ arbitraria. Luego, para $u \to 0$ se tiene que $x \to 0$ y, como además $u = yx^3$ por definición de u, este punto singular del plano (u, v) y esta rama de la solución se corresponden con $x = 0$ y con la solución $y(x)$ en las proximidades de $x = 0$. De la condición de contorno $y(0) = 1$ se tiene que la constante de integración κ es la unidad.

Del análisis anterior se desprende que la solución del problema de Thomas-Fermi (2.229) se corresponde con aquella que conecta en el plano (u, v) los dos puntos singulares, y solo se puede obtener numéricamente saliendo del puerto (u_p, v_p) con el comportamiento (2.235) con k_- y $u' < 0$, que inexorablemente llega al nodo $(0,0)$ con el comportamiento (2.236) correspondiente a $k_2 = 0$, pues la otra rama con $k_1 = 1$ y exponente $4t$ es la menos estable del nodo. La solución numérica se muestra en la Fig. 2.10(a) con trazo grueso. La correspondiente $y(x)$ se muestra en la Fig. 2.10(b). Debe observarse que, aunque la solución $y(x)$ se podría obtener numéricamente con bastante precisión resolviendo (2.229) con algún algoritmo numérico para resolver EDOs con condiciones de contorno en dos puntos distintos, como por ejemplo los bvp de MATLAB (R2023a), cuando esta solución se escribe en términos de $v(u)$ es prácticamente imposible que pase por el punto singular (u_p, v_p), por lo que su comportamiento para $x \gg 1$ nunca va a converger a la solución exacta, por muy pequeña que se ponga la tolerancia. Sin embargo, como y tiende a cero muy rápidamente para $x \gg 1$, la solución numérica de $y(x)$ así obtenida no diferirá mucho de la conseguida con el procedimiento anterior si se impone la condición de contorno en un x suficientemente grande, aunque la correspondiente $v(u)$ nunca pase por (u_p, v_p), y con bastante probabilidad será muy distinta de la solución mostrada en la Fig. 2.10(a) en el entorno de ese punto.

Las otras curvas que se muestran en la Fig. 2.10 con trazo fino, que salen de $(u, v) = (0, 0)$ pero que no pasan por (u_p, v_p), son soluciones del problema (2.229) cuando se sustituye la condición de contorno $y(\infty) = 0$ por $y(x_0) = 0$, para distintos valores de x_0 (se obtienen con el algoritmo bvp4c de MATLAB, R2023a). Físicamente estas soluciones corresponden al modelo de un ion positivo, que tienen una distribución electrónica más compacta que en el caso de un átomo neutro con un número atómico Z grande, para el que la aproximación $x_0 \to \infty$ es más apropiada. Se observa que para $x_0 = 20$ la solución $y(x)$ es prácticamente idéntica a la del problema (2.229) en la escala de la Fig. 2.10, pero la correspondiente solución $v(u)$ en el plano de fase es radicalmente diferente, corroborando la observación hecha al final del párrafo anterior. Para $x_0 = 3$, la solución en el plano (u, v) es comparativamente minúscula, en torno al origen $(0, 0)$, y casi no se aprecia en la escala de la Fig. 2.10(a), y por ello se muestra también un detalle ampliado en torno al origen en la misma figura.

2.3.2.7.   Ecuación de Blasius para la capa límite laminar sobre una placa

Como ejemplo significativo de la reducción de una ecuación diferencial de orden mayor que dos se considera la ecuación de Blasius (2.89). La ecuación procede de la reducción por semejanza de las ecuaciones de la capa límite laminar de un movimiento fluido incompresible sobre una superficie horizontal semiinfinita en el límite de altos números de Reynolds (ver ejercicio 4 en §2.1.3). Como se verá a continuación, esta EDO de tercer orden,

$$\frac{d^3 f}{d\eta^3} + \frac{1}{2}\, f\, \frac{d^2 f}{d\eta^2} = 0\,, \tag{2.237}$$

admite dos grupos invariantes, que finalmente permiten reducirla a una EDO de primer orden.

En primer lugar, como no contiene la variable independiente η, es invariante frente a una traslación de η,

$$\eta^* = \eta + \alpha\,, \quad f^* = f\,,$$

y, como se ha visto en 2.3.2.3, se puede reducir su orden utilizando la variable dependiente

$$u = \frac{df}{d\eta}\,, \tag{2.238}$$

y f como variable dependiente. Así, teniendo en cuenta que

$$\frac{d^2 f}{d\eta^2} = \frac{du}{d\eta} = u\frac{du}{df}$$

y

$$\frac{d^3 f}{d\eta^3} = \frac{d}{d\eta}\left(u\frac{du}{df}\right) = u\frac{d}{df}\left(u\frac{du}{df}\right) = u\left(\frac{du}{df}\right)^2 + u^2\frac{d^2 u}{df^2},$$

la ecuación (2.237) se escribe

$$u\frac{d^2 u}{df^2} + \left(\frac{du}{df}\right)^2 + \frac{1}{2}f\frac{du}{df} = 0. \tag{2.239}$$

Esta ecuación hay que resolverla con las condiciones de contorno (2.90), que en las presentes variables son

$$u = 0 \quad \text{para} \quad f = 0 \quad \text{y} \quad u \to 1 \quad \text{para} \quad f \to \infty. \tag{2.240}$$

La primera corresponde a la pared y la segunda al fluido lejos de la pared. Recuérdese del ejercicio (4) en §2.1.3 que u, tal como está definida en (2.238), es la componente a lo largo de la placa de la velocidad adimensional (la u/U utilizada allí).

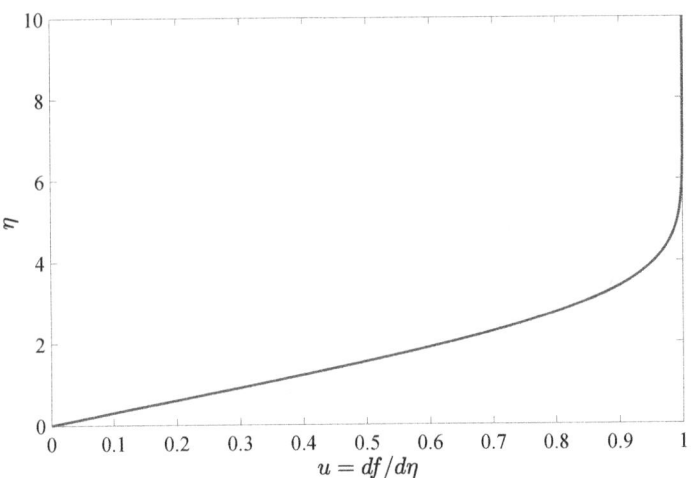

Figura 2.11: Perfil de velocidad adimensional de la capa límite de Blasius $u(\eta)$. La pendiente adimensional de la velocidad en la pared es $(du/d\eta)_{\eta=0} = 0{,}332071272$.

La EDO de segundo orden (2.239) es invariante frente al cambio de escala

$$f^* = \beta f, \quad u^* = \beta^2 u,$$

de manera que, de acuerdo con lo visto en §2.3.2.4, se puede reducir a una de primer orden utilizando las nuevas variables

$$v = \frac{u}{f^2}, \quad w = \frac{1}{f}\frac{du}{df}. \tag{2.241}$$

En efecto, teniendo en cuenta que

$$\frac{d^2 u}{df^2} = \frac{d}{df}(fw) = w + f\frac{dw}{dv}\frac{dv}{df} = w + \frac{dw}{dv}(w - 2v), \tag{2.242}$$

la ecuación (2.239) queda

$$\frac{dw}{dv} = \frac{w\left(w + v + \frac{1}{2}\right)}{v(2v - u)}. \tag{2.243}$$

Las condiciones de contorno (2.240) serían ahora

$$w \to \infty \quad \text{para} \quad v \to \infty \quad \text{y} \quad w \to 0 \quad \text{para} \quad v \to 0. \tag{2.244}$$

La primera corresponde a la pared ($\eta = 0$), donde se ha tenido en cuenta que, de acuerdo con (2.90), f tiende a cero como η^2, por lo que $u \sim \eta$, $v \sim \eta^{-3}$ y $w \sim \eta^{-3}$. La segunda, correspondiente al movimiento lejos de la pared ($\eta \to \infty$), tiene en cuenta que, aunque $f \to \infty$, su derivada $u = df/d\eta \to 1$, por lo que tanto v como w tienden a cero. Estas condiciones de contorno corresponden a puntos singulares de la ecuación (2.243), que hay que analizar previamente a su integración numérica, tal como se hizo con la ecuación de Thomas-Fermi en §2.3.2.6, pero aquí se deja como ejercicio para el lector. Una vez obtenido $w(v)$, como lo más relevante es obtener la velocidad adimensional u a través de la capa límite, es conveniente utilizar (2.241) para hallar $u(f)$, para luego usar la definición $u = df/d\eta$ para hallar $u(\eta)$ relacionando f con η mediante $\eta = \int_0^f df/u(f)$. Esta función se representa en la Fig. 2.11.

2.3.2.8. Comparación de la solución de Blasius con simulaciones numéricas del movimiento fluido sobre una placa plana

De acuerdo con el enunciado del ejercicio (4) en §2.1.3), las componentes x e y de la velocidad (dimensional) sobre una placa plana en la aproximación de capa límite de Prandtl vienen dadas por[21]

$$\tilde{u} = Uf', \quad \tilde{v} = \sqrt{\frac{U\nu}{x}}\frac{1}{2}(\eta f' - f), \tag{2.245}$$

donde la función $f(\eta)$, solución de la ecuación de Blasius (2.237), está representada en la Fig. 2.11, con la variable de semejanza η relacionada con las coordenadas x e y mediante

$$y = \sqrt{\frac{\nu x}{U}}\,\eta. \tag{2.246}$$

---

[21]Se utiliza $\tilde{u}$ y $\tilde{v}$ en vez de u y v empleadas en el mencionado ejercicio para distinguirlas de las variables adimensionales u y v usadas en el apartado anterior 2.3.2.7.

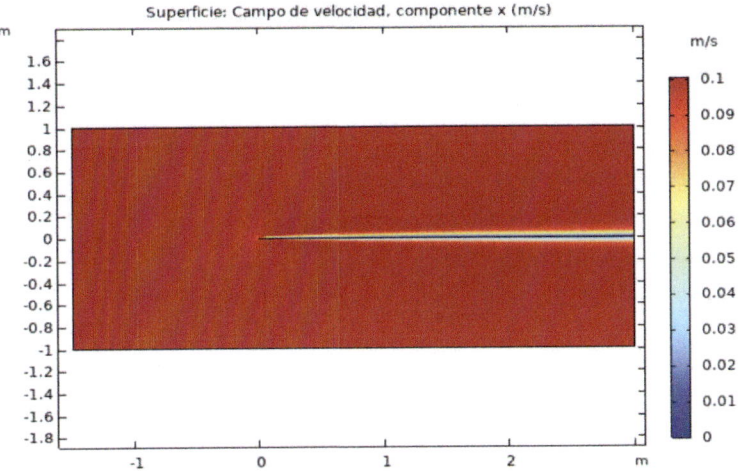

Figura 2.12: Dominio computacional para resolver numéricamente el movimiento fluido incompresible sobre una placa plana e isocontornos de la componente $\tilde{u}$ de la velocidad obtenidos numéricamente con COMSOL Multiphysics (v: 6.2).

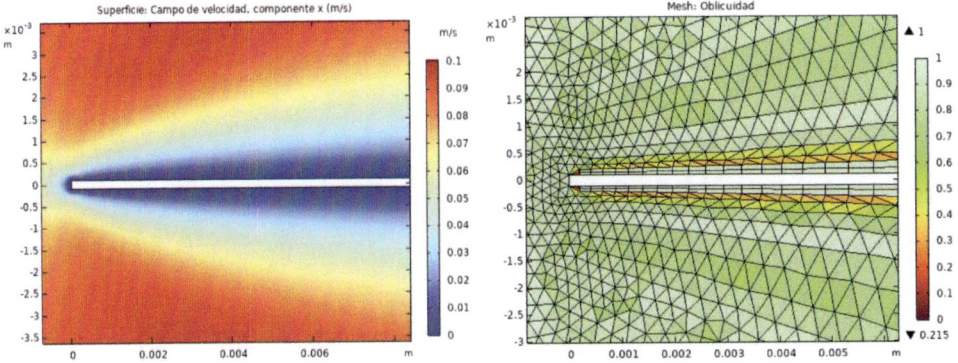

Figura 2.13: Detalle de los isocontornos de $\tilde{u}$ cerca del borde de ataque de la placa (izquierda) y del mallado utilizado para obtenerlo numéricamente (derecha).

Esta solución de semejanza para $\tilde{u}$ y $\tilde{v}$, que se obtiene fácilmente sin más que utilizar la función $f(\eta)$ calculada en el apartado anterior §2.3.2.7, para una velocidad U y una viscosidad cinemática ν dadas, se va a comparar aquí con las componentes de la velocidad obtenidas mediante resolución numérica directa de las ecuaciones de Navier-Stokes utilizando en software COMSOL Multiphysics (v: 6.2). Concretamente, se usa el paquete de flujo laminar incompresible, con aire como fluido ($\nu \simeq 1{,}5 \times 10^{-5}$ m^2/s) y una velocidad de entrada $U = 0{,}1$ m/s en el dominio computacional que se representa en la Fig. 2.12, que contiene una placa plana de longitud $L = 3$ m. El número de Reynolds, $Re = UL/\nu \simeq 2 \times 10^4$, es lo suficientemente grande para que la aproximación de capa límite sea válida, como se verá a continuación en la comparación con la solución de semejanza.

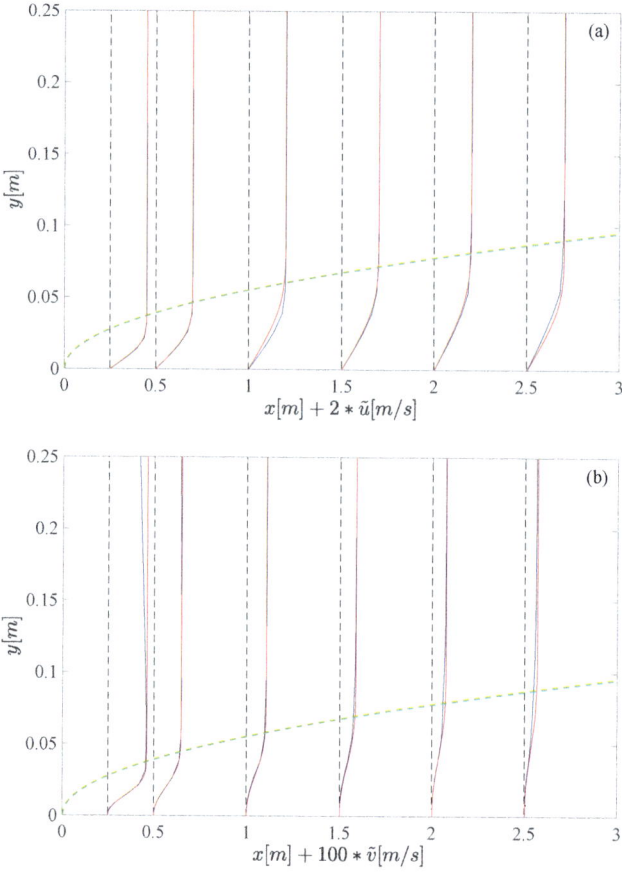

Figura 2.14: Comparación entre los perfiles de velocidad $\tilde{u}(y)$ (a) y $\tilde{v}(y)$ (b) para varios valores de x (marcados con líneas de trazos verticales) obtenidos numéricamente para aire con $U = 0,1$ m/s (líneas azules) con los calculados mediante la solución de semejanza (2.245)-(2.246) (líneas rojas). Para apreciar mejor las velocidades se han magnificado con un factor de 2 la $\tilde{u}$ y con un factor de 100 la $\tilde{v}$. La línea discontinua verde marca aproximadamente el borde de la capa límite de acuerdo con (2.246) para $\eta = 4,5$.

Como se observa en la Fig. 2.12, el dominio de integración va de $-1,5$ a 3 en el eje x (todas las distancias están en metros) y de -1 a 1 en el eje y, con una placa horizontal de espesor $0,0002$ m centrada en $y = 0$ y situada en $0 \le x \le 3$. La velocidad $U = 0,1$ m/s en la dirección x se impone en $x = -1,5$, en la superficie de la placa se pone una condición de contorno de no deslizamiento y en el resto del contorno se deja entrar y salir libremente al fluido con la presión de referencia. El dominio se discretiza con un mallado controlado por la física, utilizando la opción de malla *extremadamente fina*, que contiene cerca de 55000 elementos, más concentrados cerca de la placa (ver Fig. 2.13), de manera que la celdilla más pequeña tiene una resolución de alrededor de 2×10^{-5} m.

La figura 2.14 muestra la comparación de los perfiles de las componentes $\tilde{u}$ y $\tilde{v}$ de la velocidad en función de y obtenidos numéricamente para varios valores de la coordenada x con los calculados mediante la solución de semejanza (2.245)-(2.246). Se aprecia que la solución de semejanza de capa límite reproduce bastante fielmente la solución numérica, incluso muy cerca del borde de ataque de la placa, $x = 0$, donde evidentemente la solución de semejanza no es válida. En la figura se comprueba además que el espesor de la capa límite crece como $\delta(x) \approx 4{,}5\sqrt{\nu x/U}$, de acuerdo con (2.246) para $\eta = 4{,}5$. Según la Fig. 2.11, por encima de este valor de η la función $f(\eta)$ ha alcanzado prácticamente la asíntota $f'(\infty) = 1$.

2.3.3. Ejercicios propuestos

1. Considérese la EDO de primer orden

$$\frac{dy}{dx} = \frac{y(x-y)}{x^2}.$$

Comprobar que es invariante frente a un grupo de transformaciones de cambio de escala, $x^* = \alpha x$, $y^* = \alpha^k y$, para algún valor de k. Hallar la solución general de la ecuación utilizando (i) las coordenadas canónicas de la transformación y (ii) los invariantes del grupo extendido.

Hallar también el factor de integración de Lie que permite escribirla como una diferencial exacta, y calcular la solución general utilizando este factor.

Finalmente, utilizando los dos procedimientos descritos en §2.3.1.4, obtener la forma general de las EDOs de primer orden invariantes frente al mismo grupo de transformaciones que deja invariante la presente ecuación.

2. Igual que en el ejercicio anterior, pero para la ecuación

$$\frac{dy}{dx} = \frac{y^3 + x^2 y - x - y}{x^3 + xy^2 - x + y},$$

comprobando que es invariante frente al grupo de transformaciones

$$x^* = x \cos\alpha - y \operatorname{sen}\alpha, \quad y^* = x \operatorname{sen}\alpha + y \cos\alpha,$$

que corresponde a una rotación de las coordenadas (ver ejemplo 3 en §2.2.5).

3. Análogamente al ejercicio anterior para la ecuación de Riccati

$$\frac{dy}{dx} = A e^{-ax} y^2 + (B + a)y + C e^{ax},$$

donde A, B, C y a son constantes, comprobando que es invariante frente al grupo uniparamétrico de transformaciones

$$x^* = x + \alpha, \quad y^* = e^{a\alpha}y.$$

4. Considérese el grupo uniparamétrico de transformaciones

$$x^* = \frac{x}{1 - \alpha x}, \quad y^* = \frac{y}{1 - \alpha x}. \tag{2.247}$$

a) Obtener los coeficientes de la transformación infinitesimal bi-extendida, $\xi(x, y)$, $\eta(x, y)$, $\eta_1(x, y, \dot{y})$ y $\eta_2(x, y, \dot{y}, \ddot{y})$.

b) Calcular los tres invariantes u, v y w y construir con ellos la forma general de la EDO de segundo orden invariante frente a este grupo de transformaciones, $F(u, v, w) = 0$.

c) Obtener la forma general de la EDO de primer orden $dv/du = W(u, v)$ a la que se reduce la ecuación anterior.

d) Comprobar que la EDO de segundo orden

$$\ddot{y} = \frac{\dot{y}}{y^2} - \frac{1}{xy},$$

es invariante frente a esta transformación y obtener la EDO de primer orden a la que se reduce. Averiguar si esta EDO de primer orden es a su vez invariante frente a algún grupo de transformaciones y, en su caso, usar esa invariancia para obtener la solución general de la ecuación.

5. Comprobar que de entre las ecuaciones invariantes del grupo de transformaciones 2.247 del ejercicio anterior se encuentra la EDO de segundo orden

$$\ddot{y} = \frac{K}{y^3},$$

que es un caso particular de la ecuación de Ermakov-Pinney y aparece en algunos problemas de cosmología, entre otros, donde K es una constante.

Utilizar la invariancia para reducir la ecuación a una EDO de primer orden y hallar su solución general.

6. Utilizar la invariancia de las EDOs lineales de segundo orden analizada en §2.3.2.5 para reducir la ecuación de Airy, $\ddot{y} = xy$, a una ecuación de Riccati. Hallar los comportamientos de la solución para $x \to \pm\infty$ utilizando esta ecuación de primer orden.

7. Demostrar que la EDO de tercer orden

$$\dddot{y} = \frac{3\,\ddot{y}^2}{2\,\dot{y}}$$

es invariante frente al grupo de transformaciones de cambio de escala $x^* = \alpha x$, $y^* = \alpha^k y$ para un determinado valor de k. Obtener la EDO de segundo orden a la que se reduce.

Reducir a su vez la EDO de segundo orden resultante a una de primer orden mediante el uso de otra invariancia (relacionada con una traslación de una de las nuevas variables) y obtener la solución general de la EDO de primer orden.

Obtener la solución general de la EDO de tercer orden original.

2.4. ECUACIONES EN DERIVADAS PARCIALES

Se vio en §2.1 que una ecuación en derivadas parciales puede en ocasiones reducirse a una ecuación diferencial ordinaria mediante análisis dimensional, es decir, haciendo uso de la invariancia dimensional de cualquier ley física, dando lugar en esos casos a una solución de semejanza (de primera especie). La invariancia dimensional no es más que un subconjunto muy particular de las posibles invariancias frente al grupo de transformaciones de cambio de escala de las variables de un problema físico. En §2.1.2 se demostró que si un fenómeno físico gobernado por una EDP es invariante frente a un grupo de transformaciones de cambio de escala general, el problema puede reducirse a la resolución de una EDO y, por tanto, se puede obtener una solución de semejanza (de segunda especie) del problema.

Este resultado se puede generalizar a invariancias frente a cualquier otro grupo de transformaciones utilizando la teoría de Lie, con la potencia matemática de las transformaciones infinitesimales que se ha visto para las ecuaciones diferenciales ordinarias en las secciones precedentes. A diferencia del papel que juega la teoría de Lie para las EDOs, donde una invariancia frente a un grupo uniparamétrico de transformaciones permite reducir en una unidad el orden de la EDO, en el caso de las EDPs se verá que una invariancia frente a un grupo uniparamétrico de transformaciones permite reducir en una unidad el número de variables independientes. Así, si el problema solo tiene dos variables independientes, la invariancia reduce la EDP a una EDO, proporcionando una solución de semejanza más general que las asociadas a una invariancia frente a un cambio de escala, incluyendo la invariancia dimensional, que son un grupo muy particular de las invariancias contempladas por la teoría de Lie.

Por simplicidad y para no extender demasiado este capítulo se considerará solo el caso de una EDP de segundo orden para una función de dos variables independientes. (No tiene sentido considerar una EDP de primer orden puesto que siempre es reducible a EDOs mediante el método de las características.) Este caso cubre una buena porción de las EDPs de interés en la ingeniería y en la ciencia aplicada, siendo además idóneo para introducir el método, pues una invariancia frente a un grupo uniparamétrico de transformaciones siempre permitirá reducir el problema a una EDO y dará lugar a una solución de semejanza. La extensión del método a cualquier sistema de EDPs de cualquier orden, aunque laboriosa, no representa una gran dificultad una vez que se ha visto y comprendido para el caso de una ecuación general de segundo orden (para esta generalización, así como para otros detalles del método de semejanza, se recomienda la monografía de Bluman y Cole, 1974). El método se ilustrará considerando con cierto detalle varios ejemplos físicamente significativos.

Sea la ecuación en derivadas parciales para una función $u(x, t)$ dada por

$$F(u_{xx}, u_{xt}, u_{tt}, u_x, u_t, u, x, t) = 0 \,,^{22} \tag{2.248}$$

de la que se buscan soluciones $u = w(x, t)$ que satisfagan las n condiciones de contorno

$$C_k(u_x, u_t, u, x, t) = 0 \quad \text{sobre las curvas} \quad \Gamma_k(x, t) = 0 \,, \quad k = 1, \ldots, n \,. \tag{2.249}$$

Se dice que este sistema (ecuación más condiciones de contorno) es invariante frente al grupo uniparamétrico de transformaciones

$$x^* = X(x, t, u; \alpha) \,, \quad t^* = T(x, t, u; \alpha) \,, \quad u^* = U(x, t, u; \alpha) \,, \tag{2.250}$$

si la solución del nuevo sistema sustituyendo x por x^*, t por t^* y u por u^* en (2.248)-(2.249) tiene como solución $u^* = w(x^*, t^*) = U(x, t, w(x, t); \alpha)$.

Se verá primero cómo obtener la solución $w(x, t)$ sabiendo que el sistema es invariante frente al grupo de transformaciones, y luego cómo buscar todos los grupos de transformaciones que dejan invariante al sistema. Para ambas tareas se utiliza la teoría de Lie basada en la transformación infinitesimal correspondiente a (2.250).

2.4.1. Solución de semejanza

De acuerdo con la definición de invariancia anterior, para que la solución $u = w(x, t)$ de (2.248)-(2.249) sea invariante frente a la transformación (2.250) se debe cumplir

$$w[X(x, t, w(x, t); \alpha), T(x, t, w(x, t); \alpha)] = U[x, t, w(x, t); \alpha] \,. \tag{2.251}$$

Tal como se hizo para las EDOs, se escribe esta relación en términos de la transformación infinitesimal que nos permita derivar alguna ecuación diferencial para obtener w. Para ello se expande la transformación alrededor de su identidad, correspondiente a $\alpha = \alpha_0$, y se retienen solo términos de primer orden en $\epsilon = \alpha - \alpha_0$,

$$x^* = x + \epsilon \xi(x, t, u) + O(\epsilon^2) \,, \quad \xi \equiv \left(\frac{\partial X}{\partial \alpha} \right)_{\alpha = \alpha_0} \,, \tag{2.252}$$

$$t^* = t + \epsilon \tau(x, t, u) + O(\epsilon^2) \,, \quad \tau \equiv \left(\frac{\partial T}{\partial \alpha} \right)_{\alpha = \alpha_0} \,, \tag{2.253}$$

$$u^* = u + \epsilon \eta(x, t, u) + O(\epsilon^2) \,, \quad \eta \equiv \left(\frac{\partial U}{\partial \alpha} \right)_{\alpha = \alpha_0} \,. \tag{2.254}$$

---

[22]Aunque se utilizan x y t como variables independientes, t no tiene que ser físicamente el tiempo.

Sustituyendo en (2.251),

$$w[x+\epsilon\xi(x,t,w)+O(\epsilon^2),t+\epsilon\tau(x,t,w)+O(\epsilon^2)]=w(x,t)+\epsilon\eta(x,t,w)+O(\epsilon^2)\,.\quad(2.255)$$

Dadas las funciones ξ, τ y η de la transformación infinitesimal, para que esta relación sea válida en $O(\epsilon)$, la función solución $w(x,t)$ debe cumplir la siguiente EDP de primer orden

$$\xi(x,t,w)w_x+\tau(x,y,w)w_t=\eta(x,t,w)\,,\quad(2.256)$$

que se suele denominar condición de superficie invariante, pues define una familia de superficies $u=w(x,y)$ en el espacio (x,t,u) invariantes frente a la transformación (2.250).

Como se vio en §1.1, y en las secciones anteriores del presente capítulo, la solución de (2.256) se obtiene resolviendo las ecuaciones características

$$\frac{dx}{\xi(x,t,w)}=\frac{dt}{\tau(x,t,w)}=\frac{dw}{\eta(x,t,w)}\,.\quad(2.257)$$

Las soluciones de estas dos ecuaciones involucran dos constantes β y γ, una de ellas representa la variable independiente $\beta=\zeta(x,t,w)$, que sería la **variable de semejanza**, y la otra, $\gamma=g(x,t,w)$, permite obtener la variable dependiente. Como la solución general de (2.256) se puede escribir como γ siendo una función arbitraria de β [ver (1.15)], se obtiene una **solución de semejanza** del sistema invariante de la forma

$$u=w(x,t)=G[x,t,f(\zeta)]\,,\quad(2.258)$$

donde la dependencia de G con x, t y con la función arbitraria $f(\zeta)$ son conocidas, al igual que la variable de semejanza ζ. La sustitución de (2.258) en (2.248) proporciona una ecuación diferencial ordinaria para $f(\zeta)$.

2.4.1.1. Transformaciones de cambio de escala

Para ilustrar el método se utiliza el grupo de transformaciones de escala, ya considerado para las EDPs en §2.1.2 y para las EDOs en §2.3.2.4, entre otros. Es decir, se considera el grupo de transformaciones

$$x^*=\alpha x\,,\quad t^*=\alpha^a t\,,\quad u^*=\alpha^b u\,,\quad(2.259)$$

que utilizando (2.252)-(2.254) proporciona

$$\xi=x\,,\quad \tau=at\,,\quad \eta=bu\,.\quad(2.260)$$

Las ecuaciones características que resuelven la condición de superficie invariante son

$$\frac{dx}{x}=\frac{dt}{at}=\frac{du}{bu}\,,$$

cuyas dos soluciones independientes se pueden escribir como $\beta=\zeta(x,t)=x^a/t$ y $\gamma=x^b/u$. Por lo tanto, de la solución general $\gamma=G(\beta)$, se obtiene una solución de semejanza de la forma

$$u=w(x,t)=x^b f(\zeta)\,,\quad \zeta=\frac{x^a}{t}\,,\quad f\ \text{arbitraria}\,.\quad(2.261)$$

Esto quiere decir que si un sistema como (2.248)-(2.249) es invariante frente a (2.259), la sustitución de 2.261 proporciona una EDO para $f(\zeta)$ y sus correspondientes condiciones de contorno. Ejemplos significativos ya se vieron en §2.1.2, y otros se verán a continuación.

Se observa que en este caso el primer invariante β no depende de u y la variable de semejanza $\zeta(x,t)$ define curvas de semejanza en el plano (x,t), lo cual simplifica enormemente la solución. En general esto sería así siempre que X y T en (2.250) no dependan de u.

2.4.2. Determinación de los grupos que dejan invariante una ecuación

Una vez visto cómo se obtiene la solución de semejanza conocido el grupo de transformaciones que deja invariante el sistema (2.248)-(2.249), la cuestión que más interesa es cómo encontrar ese grupo de transformaciones. Normalmente, uno busca el grupo general que deja invariante la ecuación y espera que al menos un cierto subgrupo deje también invariante las condiciones de contorno.

Como se ha visto en el caso de las EDOs, para encontrar el grupo que hace invariante la función F en (2.248) hay que extender el grupo infinitesimal de transformaciones a todas las derivadas de u que aparecen en la ecuación. Esto se realiza mediante un procedimiento similar al que se ha visto para las EDOs en §§2.2.3 y 2.3.2.2, pero es algo más laborioso. Por ejemplo, para la transformación de u_x, teniendo en cuenta (2.252)-(2.254),

$$\frac{\partial u^*}{\partial x^*} = \frac{\partial[u(x,t) + \epsilon\eta(x,t,u)]}{\partial x^*} + O(\epsilon^2) = \frac{\partial[u(x,t) + \epsilon\eta(x,t,u)]}{\partial x}\frac{\partial x}{\partial x^*} + \frac{\partial t}{\partial x^*}u_t + O(\epsilon^2)$$

$$= \left[u_x + \epsilon\left(\frac{\partial\eta}{\partial x} + \frac{\partial\eta}{\partial u}\right)u_x\right]\left[1 - \epsilon\left(\frac{\partial\xi}{\partial x} + \frac{\partial\xi}{\partial u}u_x\right)\right] - \epsilon\left(\frac{\partial\tau}{\partial x} + \frac{\partial\tau}{\partial u}u_x\right)u_t + O(\epsilon^2).$$

Por lo tanto, el coeficiente de la transformación infinitesimal de u_x (el término que multiplica a ϵ en la expresión anterior) es[23]

$$\eta_X = \eta_x + (\eta_u - \xi_x)u_x - \tau_x u_t - \xi_u u_x^2 - \tau_u u_x u_t. \tag{2.262}$$

De forma similar se obtendrían los coeficientes η_T, η_{XX}, η_{TT} y η_{XT} de las transformaciones infinitesimales de u_t, u_{xx}, u_{tt} y u_{xt}, respectivamente:

$$\eta_T = \eta_t + (\eta_u - \tau_t)u_t - \xi_t u_x - \tau_u u_t^2 - \xi_u u_x u_t, \tag{2.263}$$

$$\eta_{XX} = \eta_{xx} + (2\eta_{xu} - \xi_{xx})u_x - \tau_{xx}u_t + (\eta_{uu} - 2\xi_{xu})u_x^2 - 2\tau_{xu}u_x u_t - \xi_{uu}u_x^3$$
$$- \tau_{uu}u_x^2 u_t + (\eta_u - 2\xi_x)u_{xx} - 2\tau_x u_{xt} - 3\xi_u u_{xx}u_x - \tau_u u_{xx}u_t - 2\tau_u u_{xt}u_x, \tag{2.264}$$

$$\eta_{TT} = \eta_{tt} + (2\eta_{tu} - \tau_{tt})u_t - \xi_{tt}u_x + (\eta_{uu} - 2\tau_{tu})u_t^2 - 2\xi_{tu}u_x u_t - \tau_{uu}u_t^3$$
$$- \xi_{uu}u_t^2 u_x + (\eta_u - 2\tau_t)u_{tt} - 2\xi_t u_{xt} - 3\tau_u u_{tt}u_t - \xi_u u_{tt}u_x - 2\xi_u u_{xt}u_t, \tag{2.265}$$

---

[23]Se utilizan mayúsculas en los subíndices de los coeficientes η_X, ..., para distinguirlos de las derivadas parciales η_x, ... Recuérdese que para las EDOs se utilizó la notación η_1 y η_2 para la extensión del grupo infinitesimal a la derivada primera y segunda, respectivamente.

$$\eta_{XT} = \eta_{xt} + (\eta_{xu} - \tau_{tx})u_t + (\eta_{tu} - \xi_{tx})u_x - \tau_{xu}u_t^2 + (\eta_{uu} - \xi_{xu} - \tau_{ut})u_x u_t$$

$$-\xi_{tu}u_x^2 - \tau_{uu}u_x u_t^2 - \xi_{uu}u_t u_x^2 - \tau_x u_{tt} + (\eta_u - \xi_x - \tau_t)u_{xt} - \xi_t u_{xx}$$

$$- 2\tau_u u_t u_{xt} - 2\xi_u u_x u_{xt} - \tau_u u_x u_{tt} - \xi_u u_t u_{xx} \,. \tag{2.266}$$

Si el grupo uniparamétrico de transformaciones definido por los coeficientes infinitesimales (ξ, τ, η), y su extensión a las derivadas dadas por las expresiones anteriores, deja invariante la función F definida en (2.248), para cualquier función $u(x,t)$, F debe satisfacer la siguiente EDP:

$$\eta_{XX}\frac{\partial F}{\partial u_{xx}} + \eta_{XT}\frac{\partial F}{\partial u_{xt}} + \eta_{TT}\frac{\partial F}{\partial u_{tt}} + \eta_X\frac{\partial F}{\partial u_x} + \eta_T\frac{\partial F}{\partial u_t} + \eta\frac{\partial F}{\partial u} + \xi\frac{\partial F}{\partial x} + \tau\frac{\partial F}{\partial t} = 0 \,. \tag{2.267}$$

Para encontrar los coeficientes infinitesimales de la transformación (ξ, τ, η), se sustituye F en la ecuación anterior, resultando una ecuación donde los términos con las diferentes derivadas de u están multiplicadas por coeficientes que dependen de (u, x, t) y las incógnitas (ξ, τ, η) y sus derivadas. Haciendo nulos estos coeficientes para que la ecuación sea válida para cualquier u, se obtiene una serie de ecuaciones diferenciales, denominadas ecuaciones determinantes del grupo, que permiten obtener (ξ, τ, η). Se verán a continuación varios ejemplos ilustrativos.

2.4.2.1. Ecuaciones de Laplace y de ondas bidimensionales

Sean las EDPs

$$F(u_{xx}, u_{tt}) \equiv u_{xx} \pm u_{tt} = 0 \,, \tag{2.268}$$

correspondientes a la ecuación de Laplace (signo $+$) y a la ecuación de ondas (signo $-$) con solo dos variables independientes (ver §§1.2.4.1 y 1.2.4.2). La ecuación (2.267) para estas EDPs sería

$$\eta_{XX} \pm \eta_{TT} = 0 \,. \tag{2.269}$$

Utilizando las expresiones (2.264) y (2.265) y sustituyendo $u_{tt} = \mp u_{xx}$ se tiene

$$\eta_{xx} \pm \eta_{tt} + (2\eta_{xu} - \xi_{xx} \mp \xi_{tt})u_x - (\tau_{xx} \mp 2\eta_{tu} \pm \tau_{tt})u_t + (\eta_{uu} - 2\xi_{xu})u_x^2 \pm (\eta_{uu} - 2\tau_{tu})u_t^2$$

$$+ (\mp 2\xi_{tu} - 2\tau_{xu})u_x u_t - \xi_{uu}u_x^3 \mp \tau_{uu}u_t^3 - \tau_{uu}u_x^2 u_t \mp \xi_{uu}u_t^2 u_x + 2(\tau_t - \xi_x)u_{xx}$$

$$+ 2(\mp \xi_t - \tau_x)u_{xt} - 3\xi_u u_{xx}u_x \mp 3\tau_u u_{tt}u_t - \tau_u u_{xx}u_t \mp \xi_u u_{tt}u_x - 2\tau_u u_{xt}u_x \mp 2\xi_u u_{xt}u_t = 0 \,, \tag{2.270}$$

Igualando a cero los diferentes coeficientes de u y sus derivadas se llega a las siguientes ecuaciones para ξ, τ y η (empezando por los últimos coeficientes que proporcionan las ecuaciones más sencillas):

$$\xi_u = 0 \,, \quad \tau_u = 0 \,, \quad \tau_x = \mp \xi_t \,, \quad \tau_t = \xi_x \,, \quad \eta_{uu} = 0 \,, \tag{2.271}$$

$$\tau_{xx} \pm \tau_{tt} = \pm 2\eta_{tu} \,, \quad \xi_{xx} \pm \xi_{tt} = 2\eta_{xu} \,, \quad \eta_{xx} \pm \eta_{tt} = 0 \,. \tag{2.272}$$

De (2.271) se desprende que ξ y τ solo son funciones de (x, t) y η es una función lineal de u:

$$\xi = \xi(x, t), \quad \tau = \tau(x, t) \quad \eta = f(x, y)u + g(x, y). \tag{2.273}$$

De acuerdo con la última ecuación en (2.272), las funciones f y g deben satisfacer la ecuación original (2.270). De la tercera y cuarta ecuaciones en (2.271), derivándolas para escribirlas solo en función de ξ o τ, se obtiene que tanto ξ como τ deben satisfacer también la ecuación (2.268). Sustituyendo este resultado en las dos primeras de (2.272) se tiene que la función f que multiplica a u en η debe ser una constante. En definitiva, la forma general del grupo que deja invariante a las ecuaciones (2.268) es

$$\xi = \xi(x, t), \quad \tau = \tau(x, t) \quad \eta = ku + g(x, y), \tag{2.274}$$

donde k es una constante arbitraria y las tres funciones de (x, t), ξ, τ y g, deben satisfacer la misma ecuación que u,

$$\xi_{xx} \pm \xi_{tt} = 0, \quad \tau_{xx} \pm \tau_{tt} = 0, \quad g_{xx} \pm g_{tt} = 0. \tag{2.275}$$

Por ejemplo, cualquier función lineal de x y t satisface esta ecuación y se podría tomar para ξ, τ y g. Estos grupos lineales incluyen, por ejemplo, todas las transformaciones de cambio de escala (2.260). Pero incluso considerando solo estas funciones lineales para ξ, τ y g, la familia de grupos invariantes es mucho más amplia que el grupo uniparamétrico de cambio de escala general.

Simplemente para tratar un caso particular, y así comprobar que efectivamente la EDP (2.268) se reduce a una EDO, se considera $g = 0$, $\xi = x$ y $\tau = t$. Correspondería a un grupo de transformaciones de cambio de escala dado por

$$x^* = \alpha x, \quad t = \alpha t, \quad u^* = \alpha^k u. \tag{2.276}$$

La ecuación (2.257) para obtener la solución de semejanza quedaría

$$\frac{dx}{x} = \frac{dt}{t} = \frac{du}{ku}. \tag{2.277}$$

Las dos soluciones independientes serían

$$\zeta = \frac{x}{t}, \quad \gamma = \frac{u}{t^k},$$

y la solución de semejanza se podría escribir como

$$u(x, t) = t^k f(\zeta).$$

Efectivamente, sustituyendo esta expresión en la ecuación (2.268) desaparecen x y t por separado, que solo aparecen en la combinación $\zeta = x/t$, y la ecuación que satisface f queda

$$(1 \pm \zeta^2)f'' \pm 2(1 - k)\zeta f' \pm k(k - 1)f = 0, \tag{2.278}$$

donde las primas significan derivadas con respecto a ζ.

Para que esta EDO pueda corresponder a un problema físico concreto, las condiciones de contorno y/o iniciales de las ecuaciones (2.268) deben ser también invariantes frente al caso particular del grupo de transformaciones que se haya elegido. Por ello, de todos los grupos (2.274)-(2.275) que dejan invariantes a las ecuaciones (2.268) habría que seleccionar el subgrupo que también deja sin modificar las condiciones de contorno y/o iniciales del problema que se esté resolviendo, lo cual no siempre es posible.

Por ejemplo, siguiendo con el grupo (2.276), que proporciona la EDO (2.278), para el caso correspondiente a la ecuación de ondas (signo inferior),

$$(1 - \zeta^2)f'' - 2(1 - k)\zeta f' - k(k - 1)f = 0, \qquad (2.279)$$

se puede comprobar que dos soluciones independientes son $f_1 = (1 - \zeta)^k$ y $f_2 = (1 + \zeta)^k$, por lo que, siendo una ecuación lineal, la solución general se puede escribir como

$$f(\zeta) = C_1(1 - \zeta)^k + C_2(1 + \zeta)^k, \qquad (2.280)$$

donde C_1 y C_2 son constantes arbitrarias. Esta solución corresponde a

$$u(x, t) = t^k f\left(\frac{x}{t}\right) = C_1(x - t)^k + C_2(x + t)^k, \qquad (2.281)$$

que obviamente debe ser solución de la ecuación de ondas original, $u_{xx} - u_{tt} = 0$. En efecto, tal como se vio en §1.2.4.1, la solución general de esta ecuación es $u(x, y) = \phi_+(x - t) + \phi_-(x + t)$, con ϕ_+ y ϕ_- funciones arbitrarias. La forma particular (de semejanza) de estas funciones ϕ_+ y ϕ_- en (2.281) permite ver qué tipo de condiciones iniciales o de contorno son invariantes frente a la transformación. En el caso particular de una condición de contorno en $x = 0$, la solución (2.281) sería compatible con las condiciones

$$u(0, t) = u_0 t^k, \quad u_t(0, t) = k u_0 t^{k-1}, \qquad (2.282)$$

que correspondería con $C_1 = 0$ y $C_2 = u_0$. Es decir, la solución de la ecuación de ondas con las condiciones de contorno (2.282) vendría dada por

$$u(x, t) = u_0(x + t)^k. \qquad (2.283)$$

Es fácil comprobar que las dos condiciones de contorno (2.282) son invariantes frente al grupo de transformaciones (2.276), lo cual justifica el haber utilizado la solución de semejanza, proveniente de una EDO como (2.279). Es además interesante reseñar que la solución particular (2.283), que cumple las dos condiciones de contorno (2.282), corresponde a la solución (2.280) de la EDO (2.279) que satisface únicamente la condición de contorno $f(0) = u_0$, no siendo necesario imponer ninguna otra condición de contorno adicional para $f'(0)$, pues la solución de semejanza con $f(0) = u_0$ automáticamente cumple las dos condiciones de contorno para $u(x, t)$ invariantes frente a (2.276).

Un ejemplo similar con la ecuación de Laplace se propone en el ejercicio 1 de §2.4.6.

2.4.2.2. Ecuación de difusión con un término fuente

Sea la ecuación de difusión unidireccional con un término fuente q,

$$u_t = u_{xx} + q(u, x, t),\qquad (2.284)$$

donde $q(u, x, t)$ es una función arbitraria de sus argumentos. En §3.3 se resolverá esta ecuación por un método distinto al de semejanza de este capítulo cuando q no depende de u, aplicada a un problema de conducción de calor unidimensional con una fuente de calor, siendo u la temperatura (adimensional). De forma equivalente, si u fuese la concentración de alguna sustancia, (2.284) modelaría su difusión en presencia de una fuente o sumidero q; en particular, si q solo depende de la variable dependiente u, la ecuación (2.284) constituye el modelo más simple posible de un problema de reacción-difusión, que no solo tiene mucha importancia en combustión y en otros procesos de interés físico o ingenieril, sino también en problemas biológicos, como se comentará más abajo. Aquí se obtendrán los grupos de transformaciones que dejan (2.284) invariante, prestando especial atención al caso en el $q = q(u)$.

La ecuación (2.267) aplicada a (2.284), siendo $F \equiv u_{xx} - u_t + q$, se escribe

$$\eta_{XX} - \eta_T + \eta q_u + \xi q_x + \tau q_t = 0 . \qquad (2.285)$$

Utilizando las expresiones (2.263) y (2.264) y sustituyendo $u_{xx} = u_t - q$ se tiene

$$\eta_{xx} + (2\eta_{xu} - \xi_{xx})u_x - \tau_{xx}u_t + (\eta_{uu} - 2\xi_{xu})u_x^2 - 2\tau_{xu}u_x u_t - \xi_{uu}u_x^3$$

$$-\tau_{uu}u_x^2 u_t + (\eta_u - 2\xi_x)u_t - (\eta_u - 2\xi_x)q - 2\tau_x u_{xt} - 3\xi_u u_t u_x + 3\xi_u q u_x$$

$$+ \tau_u q u_t - 2\tau_u u_{xt} u_x - \eta_t + (\tau_t - \eta_u)u_t + \xi_t u_x + \xi_u u_x u_t + \eta q_u + \xi q_x + \tau q_t = 0 . \quad (2.286)$$

Igualando a cero los coeficientes de los términos no lineales en u que contienen las mismas derivadas parciales de u, se llega a las siguientes ecuaciones

$$\tau_{uu} = \tau_u = \xi_{uu} = \tau_x = \eta_{uu} - 2\xi_{xu} = \xi_u + \tau_{xu} = 0 ,$$

de donde τ solo depende de t, $\tau = \tau(t)$, ξ no depende de u, $\xi = \xi(x, t)$, y η es una función lineal de u, $\eta = f(x, t)u + g(x, t)$. De los coeficientes de u_x y u_t se obtienen las dos ecuaciones

$$2\eta_{xu} - \xi_{xx} + 3\xi_u q + \xi_t = 0 , \quad -\tau_{xx} - 2\xi_x + \tau_u q + \tau_t = 0 .$$

De la segunda de estas ecuaciones resulta $\xi_x = \dot{\tau}/2$, que sustituida en la primera proporciona $2f_x = -\xi_t$; es decir, $\xi = \dot{\tau}x/2 + c(t)$ y $f = -\ddot{\tau}x^2/8 - \dot{c}x/2 + k(t)$, con $c(t)$ y $k(t)$ funciones arbitrarias. Luego, sin tener en cuenta la ecuación que resulta de los términos restantes que no contienen derivadas parciales de u en (2.286), es decir, sin tener en cuenta la relación

$$\eta_{xx} - \eta_t - (\eta_u - 2\xi_x)q + \eta q_u + \xi q_x + \tau q_t = 0 , \qquad (2.287)$$

el grupo de transformaciones más general se escribe

$$\tau = \tau(t), \quad \xi = \frac{1}{2}\dot{\tau}x + c(t), \quad \eta = \left[-\frac{1}{8}\ddot{\tau}x^2 - \frac{1}{2}\dot{c}x + k(t)\right]u + g(x,t), \qquad (2.288)$$

siendo τ, c, k y g funciones arbitrarias de sus argumentos. Estas funciones tienen que satisfacer todavía ciertas ecuaciones que provienen de (2.287) y que dependerán de la forma que adopte la función $q(u,x,t)$ (aparte de las restricciones que puedan provenir de las condiciones de contorno e iniciales). Las ecuaciones resultantes no siempre van a tener solución, por lo que, obviamente, no está asegurada la invariancia para cualquier forma de la función q. A continuación se verán algunos casos particulares.

$q = 0$. Cuando no existe el término fuente q, es decir, cuando se trata de la ecuación de difusión estándar, la relación (2.287) dice que η tiene que cumplir $\eta_{xx} - \eta_t = 0$, por lo que el grupo de transformaciones más general de la ecuación de difusión unidimensional tiene que satisfacer $\dddot{\tau} = \ddot{c} = 0$ y $\dot{k} = -\ddot{\tau}/4$, y se puede escribir como

$$\tau = a_2 t^2 + a_1 t + a_0, \quad \xi = \frac{1}{2}(2a_2 t + a_1)x + c_1 t + c_0,$$

$$\eta = \left(-\frac{1}{4}a_2 x^2 - \frac{1}{2}c_1 x - \frac{1}{2}a_2 t + k_0\right)u + g(x,t), \qquad (2.289)$$

donde a_0, a_1, a_2, c_0, c_1 y k_0 son constantes arbitrarias y $g(x,t)$ debe satisfacer $g_{xx} - g_t = 0$.

Un caso particular sencillo es el correspondiente a $a_2 = c_1 = 0$ y $g(x,t) = 0$:

$$\tau = 1 + t, \quad \xi = \frac{1}{2}x + c, \quad \eta = ku, \qquad (2.290)$$

con c y k constantes arbitrarias. Las ecuaciones características son

$$\frac{dt}{1+t} = \frac{dx}{\frac{1}{2}x + c} = \frac{du}{ku},$$

de donde la solución de semejanza se puede escribir en la forma

$$\zeta = \frac{(x + 2c)^2}{1 + t}, \quad u = (1 + t)^k f(\zeta), \qquad (2.291)$$

que sustituida en (2.284) proporciona la siguiente EDO de segundo orden para la función $f(\zeta)$:

$$\zeta f'' + \frac{1}{2}\left(1 + \frac{\zeta}{2}\right)f' - \frac{k}{4}f = 0. \qquad (2.292)$$

$q = q(u)$. En el caso en el que q solo sea función de la variable dependiente u, la ecuación (2.284) no solo es útil como modelo en problemas de reacción-difusión química, o de conducción de calor con una fuente que depende de la temperatura, de especial relevancia, por ejemplo, en el estudio de la estabilidad térmica de superconductores (Dresner, 1995), sino que también sirve como modelo relativamente simple en la propagación de epidemias y en el crecimiento y migración de poblaciones (Murray, 2002, cap. 13). Un ejemplo concreto aplicado a un problema biológico se verá con más detalle en §2.4.3.

Para que la transformación (2.288) satisfaga la relación (2.287) para cualquier función $q(u)$, las funciones k y g deben ser nulas y τ y c constantes. Tomando, sin pérdida de generalidad, $\tau = 1$, este grupo de transformaciones corresponde a

$$\tau = 1, \quad \xi = c, \quad \eta = 0; \tag{2.293}$$

es decir,

$$t^* = t + \alpha, \quad x^* = x + \alpha c, \quad u^* = u. \tag{2.294}$$

Las ecuaciones características son

$$\frac{dt}{1} = \frac{dx}{c} = \frac{du}{0},$$

de donde la solución de semejanza es de la forma

$$\zeta = x - ct, \quad u = f(\zeta), \tag{2.295}$$

que sustituida en (2.284) proporciona la siguiente EDO de segundo orden para la función $f(\zeta)$:

$$f'' + cf' + q(f) = 0. \tag{2.296}$$

Esta solución de semejanza constituye un tipo particular de soluciones de la EDP (2.284) con $q = q(u)$ que físicamente corresponden a ondas viajeras, pues la forma de la solución u se mantiene para un observador que se mueva con velocidad c constante. Generalmente solo vale para tiempos t relativamente grandes, pues la ecuación (2.296) admite dos condiciones de contorno y la solución $u = f(\zeta)$ no va a satisfacer, en general, dos condiciones de contorno y una condición inicial que necesita la solución de (2.284) (ver ejemplo en §2.4.3).

Para algunas formas particulares de la función $q(u)$ la ecuación (2.284) admite grupos de transformaciones más generales que (2.293). Un caso particular sencillo se considera en el ejercicio (3) de §2.4.6.

$q = q(x)$. Este caso es especialmente de interés en problemas de conducción de calor (o de difusión) con una fuente térmica (de masa) distribuida espacialmente. De acuerdo con (2.287), la transformación (2.288) no puede depender de t [salvo para alguna forma muy específica e irrelevante de $q(x)$], por lo que el grupo de transformaciones se puede escribir como

$$\tau = 1, \quad \xi = c, \quad \eta = ku, \tag{2.297}$$

con c y k constantes. Esta transformación es válida, otra vez de acuerdo con (2.287), solo para una fuente de calor de la forma $q(x) = A\,e^{kx/c}$, siendo A una constante. Las ecuaciones características son

$$\frac{dt}{1} = \frac{dx}{c} = \frac{du}{ku},$$

que proporciona una solución de semejanza con forma de onda viajera con velocidad c,

$$\zeta = x - ct, \quad u = e^{kx/c}f(\zeta), \tag{2.298}$$

que sustituida en (2.284) con $q = A\,e^{kx/c}$ proporciona la ecuación lineal de segundo orden para $f(\zeta)$

$$f'' + \left(c + 2\frac{k}{c}\right)f' + \frac{k^2}{c^2}f + A = 0. \tag{2.299}$$

Para otras formas distintas de la fuente $q(x)$ la ecuación (2.284) se puede resolver analíticamente mediante la técnica de separación de variables (ver §3.3).

El análisis del caso $q = q(t)$ se deja como ejercicio.

2.4.3. Ecuación de Fisher-Kolmogorov para la dinámica de poblaciones biológicas

La ecuación de Fisher, también llamada de Fisher-Kolmogorov, que en forma adimensional se puede escribir como

$$\frac{\partial u}{\partial t} = \frac{\partial^2 u}{\partial x^2} + u(1-u), \quad 0 \le u(x,t) \le 1, \tag{2.300}$$

modela la dinámica de una población u que inicialmente está concentrada en una cierta región espacial en el eje x y que se propaga como una onda viajera, como se verá a continuación. En su trabajo original, Fisher lo aplicó al avance en forma de onda de un gen que haya adquirido alguna ventaja adaptativa, pero vale para el avance de cualquier población u, animada o inanimada, cuya velocidad de crecimiento sea lineal con la población $u(x,t)$, pero con una saturación proporcional a u^2 (las constantes físicas asociadas al crecimiento y saturación, así como a la difusión, de la población, están absorbidas en las variables adimensionales u, x y t; ver, por ejemplo, Britton (1986), cap. 4, o Murray (2002), cap. 13). Esta ecuación es un caso particular de la ecuación (2.284) con $q(u) = u(1-u)$. Para una forma más general de $q(u)$, que incluye la de la ecuación (2.300), las soluciones en forma de ondas viajeras fueron analizadas por primera vez por Kolmogorov y sus colegas, de aquí el nombre de la ecuación.[24]

La ecuación se debe resolver con una condición inicial y con condiciones de contorno en un cierto intervalo $[x_1, x_2]$, que en forma general se pueden escribir como

$$u(x,0) = u_0(x)\,, \quad \left[a_1\frac{\partial u}{\partial x} + b_1 u\right]_{x=x_1} = c_1\,, \quad \left[a_2\frac{\partial u}{\partial x} + b_2 u\right]_{x=x_2} = c_2\,, \quad (2.301)$$

donde $u_0(x)$ es una función conocida, así como las constantes a_i, b_i y c_i, $i = 1, 2$.

2.4.3.1. Solución de semejanza tipo onda viajera

Como se ha visto en §2.4.2.2, la ecuación (2.300) admite la solución de semejanza

$$u(x,t) = f(\zeta)\,, \quad \text{con} \quad \zeta = x - ct\,, \quad (2.302)$$

donde c es una constante por el momento desconocida y la función $f(\zeta)$ satisface la ecuación de segundo orden

$$f'' + cf' + f(1 - f) = 0\,. \quad (2.303)$$

La forma de la solución de semejanza (2.302) y la naturaleza de la ecuación (2.303) no permiten que u pueda satisfacer una condición inicial, ni cualquier tipo de condición de contorno de las expresadas en (2.301). Para ver cuáles puede cumplir hay que analizar todas las posibles soluciones de (2.303). Este análisis se simplifica mucho debido a que (2.303) se puede reducir, a su vez, a una EDO de primer orden como consecuencia de que no aparece de forma explícita la variable independiente ζ y, por lo tanto, es invariante frente a una traslación de ζ (ver §2.3.2.3). Así, definiendo $g = f'$, la ecuación (2.303) se puede escribir como

$$\frac{dg}{df} = \frac{f(f-1) - cg}{g}\,, \quad g = f'\,, \quad (2.304)$$

que permite un análisis de la soluciones en el plano de fase (f, g),

La ecuación tiene dos puntos singulares, ambos con $g = 0$: $(f, g) = (0, 0)$ y $(f, g) = (1, 0)$. El punto $(0,0)$ resulta ser un nodo estable si $c \geq 2$, o una espiral estable si $c < 2$, con los autovalores $\lambda = -c/2 \pm \sqrt{c^2/4 - 1}$ y pendientes $g/f = \lambda$ para el caso del nodo ($c \geq 2$). El punto singular $(1,0)$ es un puerto, o punto de silla, inestable, con autovalores $\lambda = -c/2 \pm \sqrt{c^2/4 + 1}$ y pendientes $g/(1 - f) = -\lambda$.

Como las soluciones de u que se están considerando a través de $f(\zeta)$ son del tipo onda viajera, con velocidad de propagación c, se tiene que tanto muy por detrás del frente de onda ($\zeta \to -\infty$) como muy por delante del mismo ($\zeta \to \infty$) la solución $f(\zeta)$ tiene que ser constante; es decir, con $f' = f'' = 0$. Esto quiere decir que para una solución del tipo onda viajera, $\zeta \to \pm\infty$ equivalen a $u_t = u_{xx} = 0$ y, de acuerdo con la ecuación original

---

[24] A veces también se llama ecuación KPP, por Kolmogorov, Petrovsky y Piscounoff, que estudiaron este caso con $q(u)$ más general en un trabajo publicado en el mismo año (1937) en el que Fisher publicó su trabajo sobre el avance de un gen dominante (ver, por ejemplo, Murray, 2002, cap.13).

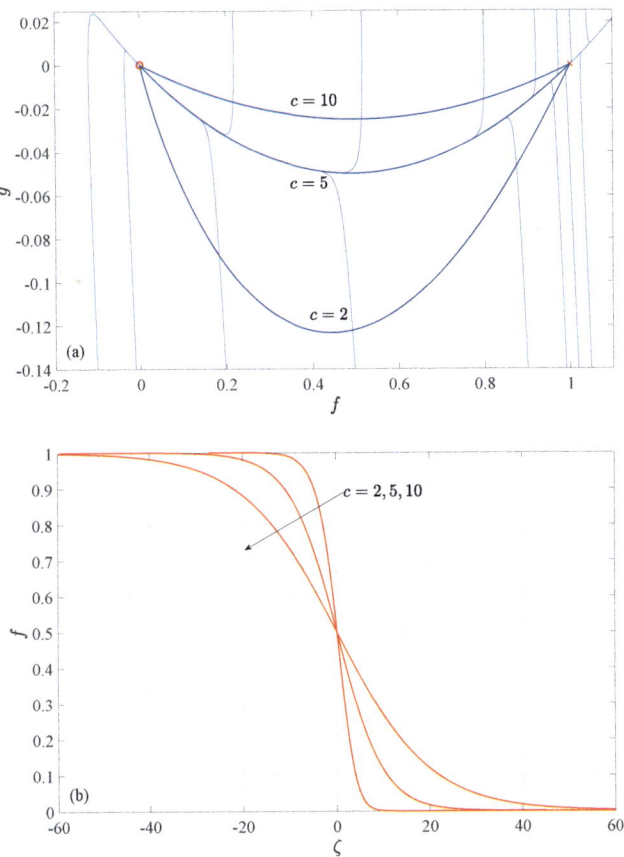

Figura 2.15: Solución de (2.304) en el plano (f, g) (líneas gruesas azules) (a) y las correspondientes $f(\zeta)$ (b) para 3 valores de c. Las líneas finas en (a) corresponden a soluciones de (2.304) para $c = 5$ que no parten del punto de silla (marcado con 'x') para llegar al nodo (marcado con 'o').

(2.300), se corresponden con las raíces del término fuente, $q(u) = u(1 - u) = 0$, que son los puntos singulares de la ecuación (2.304). Así, la solución onda viajera buscada tiene que salir del punto singular $(f, g) = (1, 0)$ y llegar al otro punto singular $(f, g) = (0, 0)$. De hecho, desde el punto de vista de la integración numérica de (2.304), esta es además la única manera de integrar (2.304) entre los dos puntos singulares, pues saliendo de $(0, 0)$ nunca se llegaría a $(1, 0)$; desde el punto de vista físico, la onda avanzaría desde $x \to -\infty$, donde $u = 1$, hasta $x \to \infty$, donde $u = 0$, lo cual sería posible solo para $c \geq 2$ [para $c < 2$ la función u sería multievaluada, pues llega a $(0, 0)$ como una espiral]. Aunque no existen soluciones analíticas de (2.303) [o (2.304)] en general, se verá en §4.3.4 una solución aproximada obtenida mediante técnicas de perturbaciones que ayuda a entender mejor la naturaleza de las soluciones.

La figura 2.15 muestra soluciones tanto en el plano de fase (f, g) como en el físico, $u = f(\zeta)$, para tres valores de c. También se dibujan otras soluciones no físicas en el plano de fase que muestran la inestabilidad del punto de silla $(1, 0)$: para poder obtener la solución se tiene que arrancar la integración numérica desde las proximidades de ese punto singular con el comportamiento asociado al autovalor positivo.

La coordenada ζ, cuyo origen no está determinado en la solución de semejanza, se ha ajustado en la Fig. 2.15(b) para que $f(0) = 1/2$. Se observa que el frente de la onda, que en las variables originales (x, t) avanza con velocidad c, es más pendiente (más brusco) a medida que disminuye la velocidad de avance, hasta llegar a su valor mínimo posible $c = 2$.

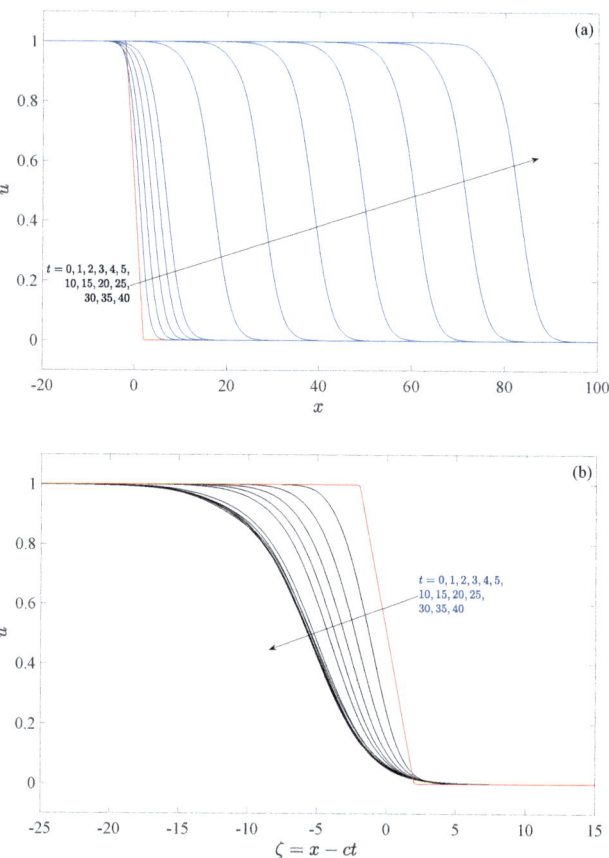

Figura 2.16: (a): $u(x, t)$ obtenido numéricamente a partir de una condición inicial 'rampa lineal' entre $x = -2$ y $x = 2$ con $u_0(-2) = 1$ y $u_0(2) = 0$ (en rojo). (b): Los mismos resultados pero en términos de la variable de semejanza $\zeta = x - ct$, con $c = 2{,}2$.

El valor de c y el origen de ζ lo determinan la condición inicial $u_0(x)$ resolviendo el problema original (2.300). Kolmogorov et al. demostraron que si la condición inicial $u_0(x)$ es tal que $u_0 = 1$ para $x \leq x_1$, $u_0 = 0$ para $x > x_2$, con x_1 suficientemente alejado de x_1 para que $u_0(x)$ tenga una pendiente (negativa) muy pequeña entre x_1 y x_2, la solución de (2.300) evoluciona hacia esta solución de semejanza con una velocidad de la onda que tiende a la mínima posible, $c = c_{min} = 2$, si la pendiente inicial tiende a cero. Para otras condiciones iniciales la velocidad de propagación es mayor de 2. Estos comportamientos se comprobarán a continuación comparando la solución numérica de la ecuación original (2.300), con distintas condiciones iniciales y de contorno, con la solución de semejanza.

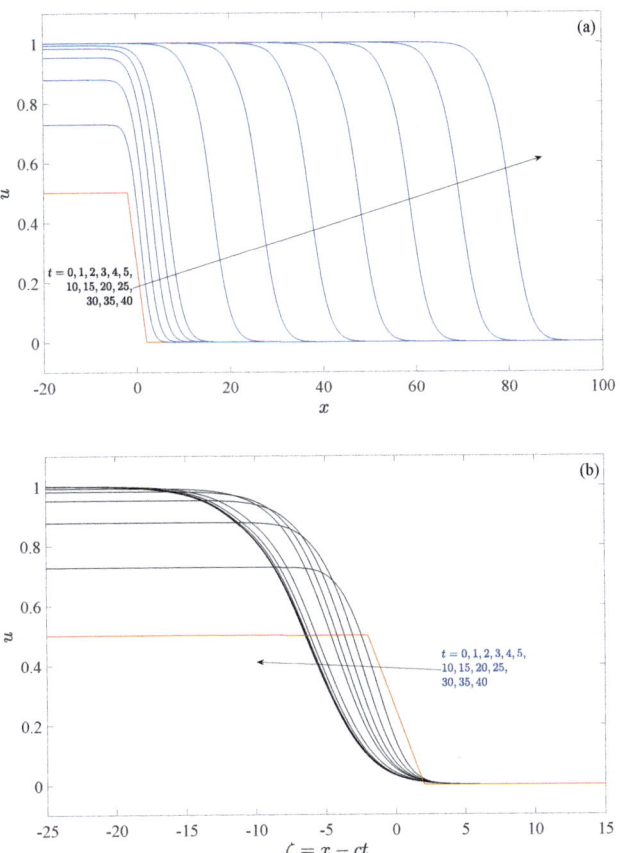

Figura 2.17: Similar a la Fig. 2.16, pero partiendo de una función rampa inicial con $u_0(-2) = 0{,}5$ (en rojo). $c = 2{,}16$.

2.4.3.2. Comparación con la solución numérica

Las figuras 2.16-2.18 muestran resultados para $u(x,t)$ obtenidos mediante integración numérica directa de la ecuación (2.300) para diferentes condiciones iniciales y de contorno. Para la resolución numérica se usa el paquete de 'EDPs formuladas mediante coeficientes' del software comercial COMSOL Multiphysics (v: 6.2). El intervalo de integración es $-100 \leq x \leq 100$ (salvo que se especifique de otra manera) y se representan las soluciones numéricas en función de x para distintos valores del tiempo t.

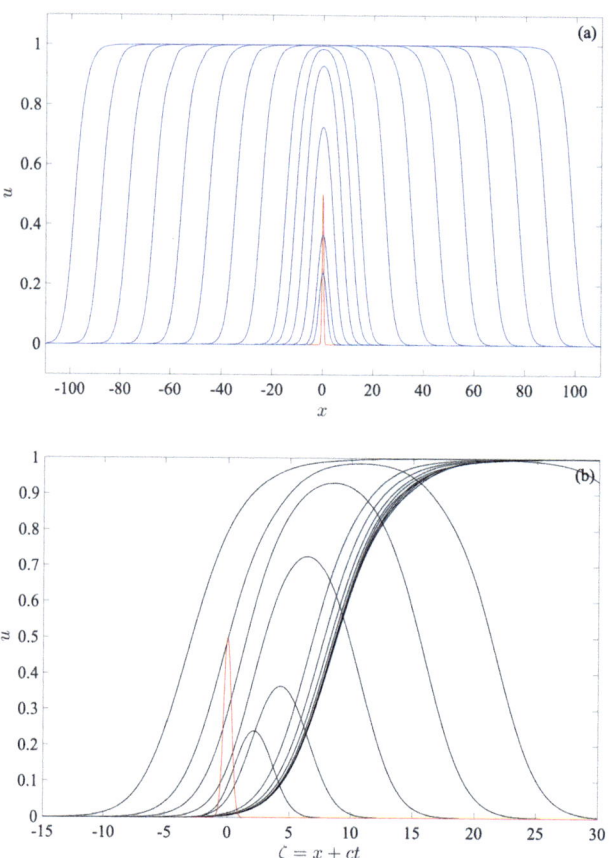

Figura 2.18: (a): $u(x,t)$ obtenido numéricamente a partir de una condición inicial gaussiana, $u_0(x) = e^{-5x^2}/2$ (en rojo). Se han representado los instantes $t = 0$ (rojo), $t = 1, 2, 4, 6, 8, 10, 15, 20, 25, 30, 35, 40, 45$ y 50. (b): Los mismos resultados pero en términos de la variable de semejanza $\zeta = x + ct$, con $c = 2{,}14$.

En la Fig. 2.16 se parte de una condición inicial en forma de rampa lineal entre $x = -2$ y $x = 2$, con $u_0(x) = 1$ para $x < -2$ y $u_0(x) = 0$ para $x > 2$ (representada en rojo), con condiciones de contorno $u(-100, t) = 1$ y $u(100, t) = 0$. Se observa en la Fig. 2.16(a) que a partir de aproximadamente $t = 10$ la onda generada se propaga a una velocidad prácticamente constante, que se calcula a partir de los tres últimos instantes representados, $c \simeq 2{,}2$. Así, si las curvas de la Fig. 2.16(a) se representan en función de la variable de semejanza $\zeta = x - ct$ con ese valor de c, lo cual se hace en la Fig. 2.16(b), todas las curvas para $t > 15$ colapsan en una sola curva (la de $t = 10$ todavía no ha colapsado del todo), que se corresponde con la solución de semejanza para $c = 2{,}2$. Se observa que el valor de c es ligeramente mayor que su mínimo 2.

En la Fig. 2.17 se parte de una condición inicial similar a la anterior pero con $u_0(-2) = 0{,}5$ en vez de la unidad (también representada en rojo). La magnitud de la onda primero crece mientras se propaga, llegando a $u = 1$ en t algo mayor que 5. Se observa en la Fig. 2.17(b) que a la solución de semejanza se llega algo más tarde que en el caso anterior, para $t \gtrsim 20$. La velocidad final de la solución de semejanza resulta ser $c \simeq 2{,}16$.

Finalmente, se considera en la Fig. 2.18 la evolución de una distribución gaussiana inicial, $u_0(x) = Ae^{-x^2/\delta}$, con $A = 0{,}5$ y $\delta = 0{,}2$, y con condiciones de contorno $u(-150, t) = (150, t) = 0$ (el dominio de integración se toma ahora mayor, $-150 \le x \le 150$). Como se aprecia en la Fig. 2.18(a), la distribución inicial primero se difunde (se ensancha) con una disminución de u, para luego crecer hasta llegar a $u = 1$. Se genera una onda con dos frentes simétricos, uno que se propaga hacia la derecha (c positivo) y otro hacia la izquierda (c negativo), que eventualmente alcanzan velocidades constantes, $c \simeq \pm 2{,}14$ en este caso. Para apreciar cómo se alcanza la solución de semejanza se representan en la Fig. 2.18(b) los distintos instantes de la Fig. 2.18(a) en función de $\zeta = x + ct$, con $c = 2{,}14$, de manera que colapsa el frente izquierdo en la solución de semejanza para t suficientemente grande ($t \gtrsim 25$). Análogamente ocurriría con el frente derecho si se representaran las curvas de la Fig. 2.18(a) en términos de $\zeta = x - ct$.

2.4.4. Ecuación de Korteweg - de Vries

Se considera aquí la siguiente EDP no lineal y de tercer orden para la función $u(x, t)$:

$$u_t + au_x + \mu u_{xxx} + \epsilon u u_x = 0 \,, \tag{2.305}$$

donde t es el tiempo, x una coordenada espacial, y a, μ y ϵ son constantes. Esta es una versión un poco más general de la conocida ecuación de Korteweg y de Vries (ecuación KdV para abreviar),[25] que estos autores usaron en 1895 para simular la altura de agua u en la propagación de ondas largas en un canal, considerando de la forma más simple posible el balance entre los efectos disipativos y los no lineales. Posteriormente ha sido utilizada ampliamente para modelar muchos otros fenómenos físicos relacionados con la propagación de ondas débilmente no lineales en medios dispersivos, como ondas largas en redes cristalinas, ondas magneto-hidrodinámicas en plasmas, ondas internas gravitacionales en un fluido estratificado, ondas inerciales de Rossby en la atmósfera, el flujo de sangre en arterias, e incluso en

---

[25]La ecuación KdV estándar es la ecuación (2.314) escrita más abajo.

problemas de cosmología.[26] Aquí se va a analizar la ecuación desde el punto de vista de sus soluciones de semejanza.

Esta ecuación es invariante frente al mismo grupo de transformaciones que la ecuación de Fisher analizada en §2.4.3,

$$t^* = t + \alpha \,, \quad x^* = x + c\,\alpha \,, \quad u^* = u \,, \tag{2.306}$$

para cualquier constante c, con ecuaciones características

$$\frac{dt}{1} = \frac{dx}{c} = \frac{du}{0} \,,$$

de donde se deduce que la ecuación admite soluciones de semejanza en la forma de ondas viajeras:

$$\zeta = x - ct \,, \quad u = f(\zeta) \,. \tag{2.307}$$

En estas variables de semejanza la ecuación se transforma en la EDO de tercer orden

$$\mu f''' + f'(\epsilon f + a - c) = 0 \,. \tag{2.308}$$

La ecuación (2.308) se puede integrar una vez,

$$\mu f'' + \frac{\epsilon}{2} f^2 + (a - c)f = A \,, \tag{2.309}$$

siendo A una constante arbitraria. Multiplicándola por f' e integrando de nuevo, se llega a una EDO de primer orden para f:

$$\frac{\mu}{2} f'^2 + \frac{\epsilon}{6} f^3 + \frac{1}{2}(a - c)f^2 = Af + B \,, \tag{2.310}$$

donde B es otra constante de integración. Un caso particular importante, que fue el considerado por Korteweg y de Vries en su estudio de las ondas en un canal, corresponde a condiciones de contorno en las que f, f' y f'' se anulan para $x \to \pm\infty$, en cuyo caso $A = B = 0$ y la ecuación se escribe

$$\frac{df}{d\zeta} = \pm f \sqrt{\frac{c - a}{\mu} - \frac{\epsilon}{3\mu} f} \,. \tag{2.311}$$

La solución, para $(c - a)/\mu > 0$, corresponde a una solución tipo onda solitaria, o *solitón*, cuando se escribe en las variables originales (x, t),

$$u(x, t) = f(\zeta) = f(x - ct) = \frac{3(c - a)}{\epsilon} \operatorname{sech}^2 \left[\frac{1}{2} \sqrt{\frac{c - a}{\mu}} \, (x - ct + \phi) \right] \,, \tag{2.312}$$

---

[26]Para una introducción a la ecuación, sus soluciones y sus aplicaciones se puede consultar, por ejemplo, Drazin y Johnson (1992).

con ϕ una constante arbitraria de integración. Esta es la famosa solución de onda solitaria encontrada por Korteweg y de Vries cuando $a = 0$, $\mu = 1$ y $\epsilon = 6$,

$$u(x,t) = \frac{c}{2} \operatorname{sech}^2 \left[\frac{\sqrt{c}}{2} (x - ct + \phi) \right] ,$$ (2.313)

solución de la ecuación KdV propiamente dicha,

$$u_t + u_{xxx} + 6uu_x = 0 .$$ (2.314)

En §2.4.4.1 se comparará el solitón (2.313) con soluciones numéricas de la ecuación (2.314). Pero antes se describe brevemente otra solución de semejanza de la ecuación KdV.

Aparte de la invariancia de traslación de coordenadas (2.306), la otra invariancia simple que uno normalmente ensaya es la transformación de cambio de escala considerada en §2.4.1.1. Resulta que la ecuación (2.305) sin el término au_x, por ejemplo, la ecuación KdV (2.314), es invariante también frente a la transformación de cambio de escala

$$x^* = \alpha x , \quad t^* = \alpha^3 t , \quad u^* = \alpha^{-2} u ,$$ (2.315)

de manera que admite la solución de semejanza del tipo (ver §2.4.1.1)

$$u(x,t) = t^{-2/3} f(\zeta) , \quad \text{con} \quad \zeta = \frac{x}{t^{1/3}} .$$ (2.316)

Sustituyendo en (2.305) con $a = 0$, se tiene que $f(\zeta)$ satisface la EDO de tercer orden

$$\mu f''' + \epsilon f f' - \frac{1}{3}(\zeta f' + 2f) = 0 .$$ (2.317)

Para algunas condiciones de contorno, esta ecuación se puede reducir a una de segundo orden del tipo de Painlevé mediante un cambio de variable dependiente que no está relacionada con una invariancia frente a un grupo de transformaciones de Lie, y por ello no se considera aquí (ver, por ejemplo, Drazin y Johnson, 1992, cap. 7).

2.4.4.1. Comparación con soluciones numéricas

La figura 2.19 muestra perfiles de u en función de x para distintos valores de t obtenidos mediante integración numérica directa de la ecuación (2.314) partiendo de la condición inicial $u(x,0) = 6\operatorname{sech}^2 x$. Para la resolución numérica se usa el paquete de 'EDPs formuladas mediante coeficientes' del software comercial COMSOL Multiphysics (v: 6.2). El intervalo de integración es $-100 \leq x \leq 100$ y se utiliza la opción de condiciones de contorno periódicas en los extremos del dominio computacional, de manera que cuando una onda llega a $x = 100$ va saliendo del dominio a la par que va volviendo a entrar por $x = -100$.

Se observa que la condición inicial (azul en la figura) se transforma en dos ondas viajeras, transformación que se aprecia muy bien en la curva roja con dos *jorobas* para $t = 0{,}1$. Estas dos ondas se van separando poco a poco. En $t = 0{,}5$ (curva verde) ya están casi completamente separadas en una onda de menor amplitud y, como predice la solución (2.313), de

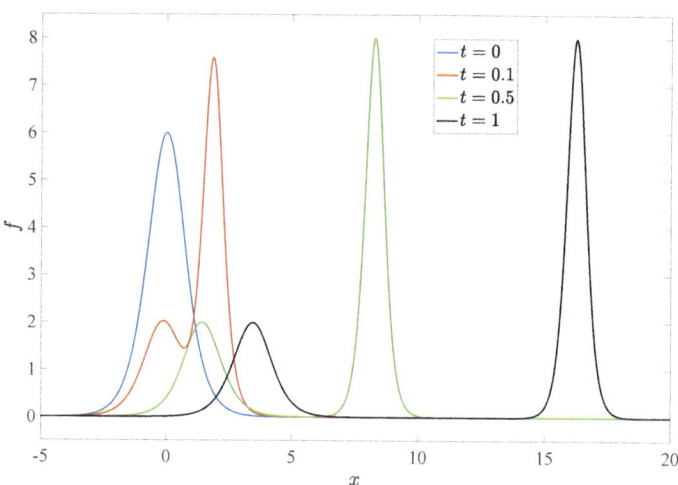

Figura 2.19: Solución numérica de la ecuación KdV (2.314) partiendo de la condición inicial $u(x,0) = 6\,\mathrm{sech}^2 x$ (curva azul). Se muestran con distintos colores perfiles de u en función de x para varios instantes de tiempo t.

menor velocidad de propagación c, y otra de mayor amplitud y velocidad. Antes del instante final mostrado en la Fig. 2.19, correspondiente a $t = 1$ (curva negra), la amplitud y la velocidad de las dos ondas permanecen constantes. Cuando la onda de mayor velocidad aparece de nuevo por la izquierda y alcanza a la segunda más lenta, las dos ondas no lineales interaccionan fuertemente y luego continuan sus caminos como si no hubiera habido interacción. Esta persistencia de la onda indujo a Zabusky y a Kruskal[27] denominarla solitón, en analogía con fotón, electrón, etc., para enfatizar el carácter de *partícula* de estas ondas que retienen su identidad tras una colisión.

En la figura 2.20 se comparan los perfiles de las dos ondas viajeras obtenidas numéricamente en los instantes $t = 1$ y $t = 3$ (curvas de puntos rojos y azules) con el solitón analítico (2.313) (líneas continuas). De la solución numérica para $t = 1$ se obtiene el valor de c de cada onda generada tras la condición inicial (que también se muestra con una línea a trazos azul) a partir de su amplitud máxima A como $c = 2A$, y también se obtiene el desfase ϕ ajustando la posición de la curva teórica (2.313) para $t = 1$. Se obtienen los siguientes valores: $c_1 \simeq 4$, $\phi_1 \simeq 0{,}56$ y $c_2 \simeq 16$, $\phi_2 \simeq -0{,}25$, respectivamente. Con estos mismos valores se representan las funciones (2.313) para $t = 3$, coincidiendo prácticamente con los resultados numéricos para $t = 3$, corroborando así que una vez que se ha formado un solitón mediante la integración numérica de la ecuación KdV (2.314), este se propaga de forma inalterada

---

[27] N.J. Zabusky y M.D. Kruskal, Interaction of 'solitons' in a collisionless plasma and the recurrence of initial states, Phys. Rev. Lett., **15**, 240-243. En este trabajo resolvieron numéricamente la ecuación (2.305) con $\epsilon = 1$, $a = 0$ y μ muy pequeño, con una condición inicial y condiciones de contorno periódicas, describiendo por primera vez la creación e interacción de estos solitones.

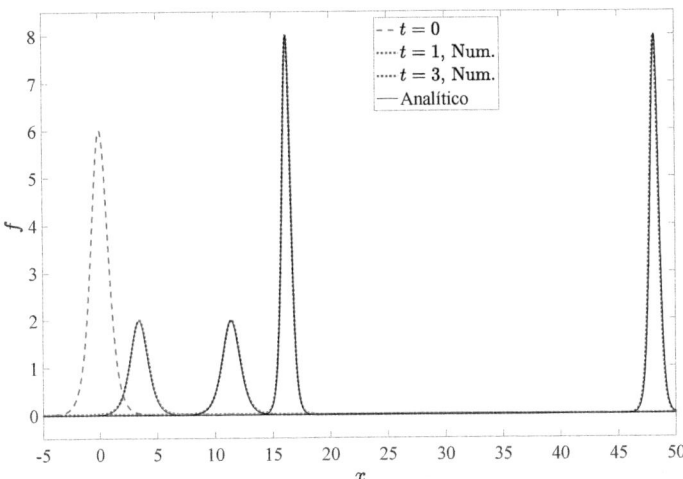

Figura 2.20: Comparación entre la solución numérica descrita en la Fig. 2.19, ahora para $t = 1$ y $t = 3$ (líneas de puntos rojos y azules), con la solución analítica (2.313) para esos mismos instantes (líneas continuas negras; ver texto para los detalles).

para todo tiempo posterior obedeciendo exactamente la ecuación (2.313). La velocidad de propagación c (y por tanto la amplitud) y el desfase ϕ son indeterminados en la solución de semejanza (2.313), siendo fijados por la condición inicial.

2.4.5. Transferencia de calor natural y forzada sobre una placa horizontal caliente

Como un ejemplo algo más complejo en el que rl análisis de un proceso físico gobernado por un sistema de EDPs se puede reducir a la resolución de un sistema de EDOs gracias a su invariancia frente a grupo uniparamétrico de transformaciones, se considera aquí la transferencia de calor desde una placa horizontal caliente a un fluido que se mueve sobre ella a una temperatura menor que la de la placa. Es decir, el efecto combinado que ejerce la convección natural y forzada de calor, también llamada convección mixta de calor, sobre el movimiento de un chorro horizontal sobre una placa caliente.

En la aproximación de capa límite, válida cuando las variaciones de las propiedades del movimiento fluido en la dirección horizontal son mucho más pequeñas que las variaciones en la dirección vertical, las ecuaciones integro-diferenciales adimensionales que gobiernan el comportamiento estacionario de las componentes horizontal $u(r, y)$ y vertical $v(r, y)$ de la velocidad, así como de la temperatura adimensional $\theta(r, y)$, son (Fernández Feria y Casti-

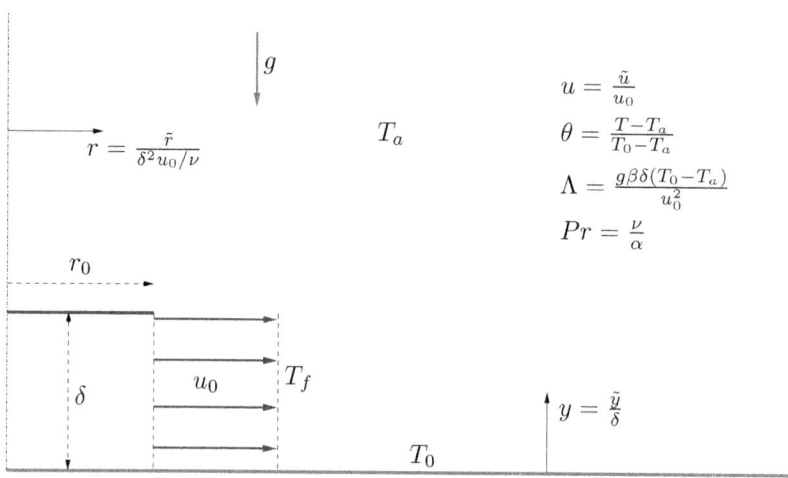

Figura 2.21: Esquema de un chorro con velocidad u_0 sobre una placa horizontal caliente con temperatura $T_0 > T_a$, junto con la definición de las variables y los parámetros adimensionales.

llo Carrasco, 2016):

$$\frac{1}{r^j}\frac{\partial}{\partial r}(r^j u) + \frac{\partial v}{\partial y} = 0\,, \tag{2.318}$$

$$u\frac{\partial u}{\partial r} + v\frac{\partial u}{\partial y} - \frac{\partial^2 u}{\partial y^2} = \Lambda\frac{\partial}{\partial r}\int_y^\infty \theta dy\,, \tag{2.319}$$

$$u\frac{\partial \theta}{\partial r} + v\frac{\partial \theta}{\partial y} = \frac{1}{Pr}\frac{\partial^2 \theta}{\partial y^2}\,, \tag{2.320}$$

donde Λ es un parámetro adimensional que cuantifica la convección natural debida a la acción de la gravedad g sobre la diferencia de densidades asociada a la diferencia entre la temperatura T_0 de la placa y la temperatura ambiente T_a (ver Fig. 2.21) y Pr es el número de Prandtl del fluido. La potencia j en (2.318), que puede ser $j = 1$ o $j = 0$, permite que estas ecuaciones sean válidas tanto para el caso de un chorro axilsimétrico como para un chorro bidimensional.[28] En el primer caso ($j = 1$), el chorro sale desde una ranura circular de radio r_0 y altura δ con velocidad u_0 y temperatura T_f, mientras que en el caso bidimensional ($j = 0$), el chorro sale en las mismas condiciones pero desde $r = 0$, de manera que las condiciones *iniciales* adimensionales para ambos casos se pueden escribir conjuntamente como

$$u = \begin{cases} 1, & y \le 1 \\ 0, & y > 1 \end{cases}\,,\quad \theta = \begin{cases} \theta_f, & y \le 1 \\ 0, & y > 1 \end{cases}\quad \text{en}\quad r = jR_0\,. \tag{2.321}$$

---

[28]Obsérvese que para $j = 0$ y $\Lambda = 0$ las ecuaciones (2.318) y (2.319) son las mismas de la capa límite de Prandtl consideradas en el ejercicio 4 de §2.1.3, pero con $\nu = 1$ (las presentes son adimensionales).

Las otras condiciones de contorno necesarias para resolver las ecuaciones (2.318)-(2.320) son

$$u = v = 0, \quad \theta = 1 \quad \text{en} \quad y = 0, \tag{2.322}$$

$$u = \theta = 0 \quad \text{para} \quad y \to \infty. \tag{2.323}$$

Así, para $j = 0$, el problema está gobernado por tres parámetros adimensionales, Λ, Pr y θ_f, y para $j = 1$ hay que añadir el radio adimensional $R_0 = r_0/L \ll 1$ ($L = \delta^2 u_0/\nu$, donde ν es la viscosidad cinemática del fluido, siendo $\delta \ll L$ en la aproximación de capa límite).

Se va a buscar una solución de semejanza válida para r lo suficientemente grande como para que la solución pierda memoria de la condición inicial (2.321). Es decir, se va a buscar un grupo de transformaciones de escala de la forma

$$y^* = \alpha y, \quad r^* = \alpha^a r, \quad u^* = \alpha^b u, \quad v^* = \alpha^c v, \quad \theta^* = \alpha^d \theta, \tag{2.324}$$

que deje invariantes las ecuaciones (2.318)-(2.320) y las condiciones de contorno (2.322)-(2.323), sin tener en cuenta la condición (2.321). Introduciendo estas transformaciones en las ecuaciones (2.318)-(2.320), se encuentra que las dejan invariantes si se cumplen las siguientes relaciones entre las potencias de α:

$$b = a - 2, \quad c = -1, \quad d = 2a - 5. \tag{2.325}$$

Así, para cualquier valor de a, si b, c y d satisfacen (2.325), el grupo de transformaciones (2.324) deja invariantes las ecuaciones (2.318)-(2.320). Pero, por otro lado, para que la condición de contorno $\theta(r, 1) = 1$ sea invariante frente a (2.324) se debe cumplir que $d = 0$, fijando a y, por tanto, las demás potencias:

$$a = \frac{5}{2}, \quad b = \frac{1}{2}, \quad c = -1, \quad d = 0. \tag{2.326}$$

De acuerdo con lo visto en §2.4.1.1, esto permite definir el primer invariante, o variable de semejanza,

$$\eta = \frac{y}{A \, r^{2/5}}, \tag{2.327}$$

y los invariantes

$$U(\eta) = \frac{u}{B \, r^{1/5}}, \quad V(\eta) = C \, r^{2/5} v, \quad \theta(\eta), \tag{2.328}$$

donde las constante A, B y C se elegirán para simplificar las ecuaciones resultantes. Sustituyendo en (2.318)-(2.320) y (2.322)-(2.323), el problema se reduce a las siguientes ecuaciones y condiciones de contorno:

$$\left(j + \frac{1}{5}\right) U - \frac{2}{5}\eta U' + V' = 0, \tag{2.329}$$

$$\frac{1}{5}U^2 - \frac{2}{5}\eta U U' + V U' - U'' = \eta \theta + \int_{\eta}^{\infty} \theta d\eta, \tag{2.330}$$

$$-\frac{2}{5}\eta U\theta' + V\theta' = \frac{1}{Pr}\theta'\,, \tag{2.331}$$

$$U(0) = V(0) = 0\,, \quad \theta(0) = 1\,, \quad U(\infty) = \theta(\infty) = 0\,, \tag{2.332}$$

donde las primas son derivadas con respecto a η y las constantes A, B y C se han elegido como

$$A = C = \left(\frac{2\Lambda}{5}\right)^{-1/5}\,, \quad B = A^{-2}\,, \tag{2.333}$$

que eliminan el parámetro Λ del problema, quedando solo Pr. Se observa que las variables de semejanza en (2.327) y (2.328) son todas independientes de j, quedando solo en la ecuación (2.329).

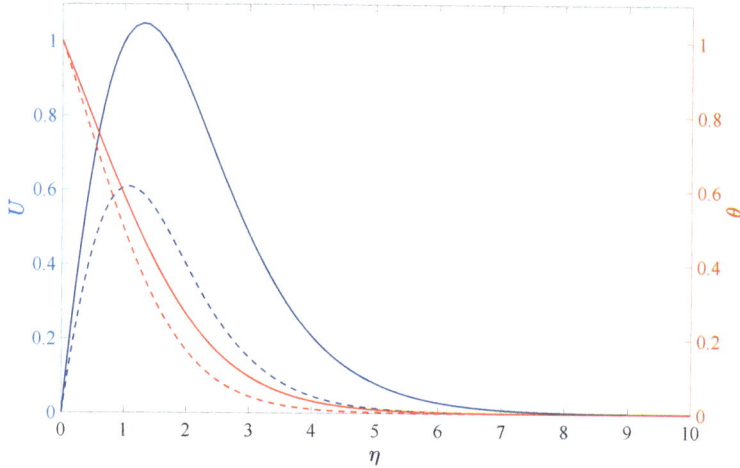

Figura 2.22: $U(\eta) = f'(\eta)$ (curvas azules) y $\theta(\eta)$ (curvas rojas) para $Pr = 0,7$ con $j = 0$ (líneas continuas) y $j = 1$ (líneas de trazos). Las pendientes en la pared $\eta = 0$ son: $U'(0; j = 0) = 1,7135360$, $\theta'(0; j = 0) = -0,425985$, $U'(0; j = 1) = 1,19353556$, $\theta'(0; j = 1) = -0,527740$.

De forma similar a como ocurre con el problema de la capa límite de Prandtl enunciado en el ejercicio 4 de §2.1.3, es posible eliminar la ecuación (2.329) definiendo

$$f(\eta) = \int_0^\eta U(\eta)d\eta \quad \text{o} \quad U(\eta) = f'(\eta) \quad \text{y} \quad V = -\left(j + \frac{3}{5}\right)f + \frac{2}{5}\eta f'\,,$$

que hace que la ecuación (2.329) se satisfaga exactamente y el problema (2.329)-(2.332) se reduce a[29]

$$\frac{1}{5}f'^2 - \left(j + \frac{3}{5}\right)ff'' - f''' = \eta\theta + \int_\eta^\infty \theta d\eta\,, \tag{2.334}$$

---

[29]Físicamente esta reducción está asociada a la existencia de una función de corriente, relacionada con la nueva variable de semejanza $f(\eta)$, cuyo uso hace cumplir exactamente la ecuación de conservación de la masa (2.329).

$$\theta'' + Pr\left(j + \frac{3}{5}\right)f\theta' = 0\,, \tag{2.335}$$

$$f(0) = f'(0) = f'(\infty) = \theta(\infty) = 0\,, \quad \theta(0) = 1\,. \tag{2.336}$$

La figura 2.22 muestra las soluciones $U(\eta) = f'(\eta)$ y $\theta(\eta)$ obtenidas resolviendo numéricamente (2.334)-(2.336) mediante el código `bvp4c` de MATLAB (R2023a). Para resolver el segundo miembro de (2.334), que incluye una integral, se define como una variable dependiente más, $\Gamma(\eta) = -\int_\eta^\infty \eta\theta' d\eta = \eta\,\theta + \int_\eta^\infty \theta d\eta$, con $\Gamma' = \eta\theta'$ y $\Gamma(\infty) = 0$.

A partir de estas funciones $U(\eta)$ y $\theta(\eta)$ se obtienen los perfiles verticales de la velocidad y de la temperatura en la sección vertical $r =$ constante que se desee. Las expresiones dimensionales correspondientes son independientes de las condiciones iniciales, es decir, no dependen de u_0, T_f y δ, como corresponde a una solución de semejanza válida lo suficientemente lejos del chorro inicial como para haber perdido la memoria de esas condiciones iniciales. Así, si $\tilde{r} = Lr = \delta^2 u_0 r/\nu$, $\tilde{y} = \delta y$, $\tilde{u} = u_0 u$ y $T = T_a + (T_0 - T_a)\theta$ son las magnitudes dimensionales correspondientes a r, y, u y θ, respectivamente, de acuerdo con (2.327), (2.328) y (2.333), y la definición de Λ dada en la Fig. 2.21, $\tilde{y}$, $\tilde{u}$ y T valen, para un $\tilde{r}$ dado,

$$\tilde{y} = \left(\frac{5\nu^2\tilde{r}^2}{2g\beta(T_0 - T_a)}\right)^{1/5}\eta\,, \tag{2.337}$$

$$\tilde{u} = \left(\frac{4g^2\beta^2(T_0 - T_a)^2\nu\tilde{r}}{25}\right)^{1/5}U(\eta)\,, \quad T = T_a + (T_0 - T_a)\theta(\eta)\,, \tag{2.338}$$

de donde las funciones $\tilde{u}(\tilde{r},\tilde{y})$ y $T(\tilde{r},\tilde{y})$ no dependen de la anchura del chorro inicial δ, ni de su velocidad u_0 y temperatura T_f, siendo β el coeficiente de dilatación térmica a presión constante. Estos perfiles de velocidad y temperatura de semejanza lejos de la salida del chorro no son, sin embargo, fáciles de alcanzar en la práctica debido al fenómeno de inestabilidad térmica; solo se podrían obtener bajo condiciones muy controladas que supriman esa inestabilidad.

2.4.6.   Ejercicios propuestos

1. Hallar la solución general de la ecuación (2.278) con el signo superior, es decir,

$$(1 + \zeta^2)f'' + 2(1 - k)\zeta f' + k(k - 1)f = 0\,, \tag{2.339}$$

que es la EDO resultante de la ecuación de Laplace $u_{xx} + u_{yy} = 0$ invariante frente al grupo de transformaciones (2.276) mediante las variables de semejanza (ver §2.4.2.1)

$$\zeta = \frac{x}{y}\,, \quad u(x,y) = y^k f(\zeta)\,.$$

Con la solución obtenida, describir qué tipo de condiciones de contorno de la ecuación de Laplace bidimensional son invariantes frente a (2.276), si es que son posibles, y escribir las correspondientes soluciones de semejanza de la ecuación de Laplace.

2. Demostrar que la EDP de primer orden del ejercicio 7 de §1.1.9, que describe la evolución de la densidad de una población $u(t, x)$ en función del tiempo t y de la edad x, admite una solución de semejanza del tipo

$$u(t, x) = e^{\gamma t} U(x) \,,$$

donde γ es una constante. Obtener primero el grupo de transformaciones que deja invariante esta EDP y es responsable de esta solución de semejanza.

Determinar la función $U(x)$, solución de una EDO de primer orden, aplicando la condición de contorno en $x = 0$ en función de la tasa de natalidad $n(x)$ (la solución de semejanza no es válida para $t \to 0$ y no se puede imponer la condición inicial). Comparar con la solución obtenida por el método de las características.

3. Demostrar que la ecuación de difusión (2.284) con un término fuente $q(u) = A\,u$, donde A es una constante, es invariante frente al grupo de transformaciones

$$\tau = 1 \,, \quad \xi = c \,, \quad \eta = k u \,, \tag{2.340}$$

con c y k constantes. Este grupo es algo más general que el grupo (2.293) que deja invariante la ecuación para una función $q(u)$ arbitraria.

Hallar la forma de la solución de semejanza y resolver la EDO que gobierna la correspondiente función $f(\zeta)$.

4. Hallar el grupo de transformaciones más general posible que deja invariante la ecuación (2.284) cuando $q = q(t)$. Obtener también la forma de la solución de semejanza y la EDO correspondiente.

5. Demostrar que la ecuación

$$u_t = u_{xx} + u^{k+1}(1 - u^k) \,,$$

con $k > 0$, tiene una solución de semejanza en forma de onda viajera, $u = f(\zeta)$, $\zeta = x - ct$, que es exacta. Para ello ensayar una función $f(\zeta)$ en la EDO resultante de la forma

$$f(\zeta) = \frac{1}{(1 + d\,e^{a\zeta})^b} \,, \quad a, b > 0 \,.$$

Determinar los valores de las constantes a, b y de la velocidad de propagación c en función de k y elegir d para que la pendiente máxima de $f(\zeta)$ esté en $\zeta = 0$.

6. Las siguientes ecuaciones y condiciones iniciales y de contorno gobiernan el problema de Rayleigh considerado en §2.1.2.3, pero en presencia de un campo magnético B_0 en la dirección y perpendicular a la placa situada en $y = 0$, que instantáneamente se pone en movimiento con velocidad V en $t = 0$ como se describió en §2.1.2.3 (ver, por ejemplo, Sutton y Sherman, 2006, §12.2):

$$\frac{\partial u}{\partial t} = \frac{B_0}{\rho\mu}\frac{\partial b}{\partial y} + \nu\frac{\partial^2 u}{\partial y^2} \,,$$

$$\frac{\partial b}{\partial t} = B_0 \frac{\partial u}{\partial y} + \chi \frac{\partial^2 b}{\partial y^2}\,,$$

$$u(0,t) = V\,, \quad u(\infty,t) = 0\,, \quad u(y,0) = 0\,,$$

$$b(0,t) = 0\,, \quad b(\infty,t) = 0\,, \quad b(y,0) = 0\,.$$

En estas ecuaciones $u(y,t)$ es la velocidad del fluido conductor en la dirección x, $b(y,t)$ es el campo magnético inducido en la dirección x, ρ es la densidad del fluido, ν su viscosidad cinemática y χ su difusividad magnética, $\chi = 1/(\mu\sigma)$, siendo μ la permeabilidad magnética y σ la conductividad eléctrica, respectivamente.

Mediante análisis dimensional comprobar si el problema admite una solución de semejanza de primera especie. En cualquier caso, utilizando las variables de semejanza, obtenidas mediante análisis dimensional o mediante una invariancia del problema frente a una transformación de cambio de escala más general, reducir el problema a un par de EDOs de segundo orden con dos condiciones de contorno cada una.

Hallar la solución de semejanza. ¿Qué condición se tiene que cumplir para que $u(y,t)$ venga dado, aproximadamente, por la solución de Rayleigh (2.43)?

7. Las ecuaciones de capa límite sobre una cuña de ángulo $\pi\beta$ se diferencian de las consideradas en el ejercicio 4 de §2.1.3 en un término adicional de la ecuación de cantidad de movimiento (2.83) asociado a una velocidad no constante fuera de la capa límite de la forma

$$U_e(x) = Wx^m\,, \qquad m = \frac{\beta}{2-\beta}\,, \tag{2.341}$$

donde W y m son constantes, la segunda relacionada con el ángulo de la cuña y la primera con la velocidad del fluido incidente y una longitud característica del problema. Las ecuaciones de capa límite se escriben por tanto como (ver, por ejemplo, Fernández Feria, 2005, §§27.2 y 27.4)

$$\frac{\partial u}{\partial x} + \frac{\partial v}{\partial y} = 0\,, \tag{2.342}$$

$$u\frac{\partial u}{\partial x} + v\frac{\partial u}{\partial y} = U_e(x)\frac{dU_e(x)}{dx} + \nu\frac{\partial^2 u}{\partial y^2}\,, \tag{2.343}$$

con $U_e(x)$ dado por (2.341). Las condiciones de contorno son:

$$u(x,0) = v(x,0) = 0\,, \quad u(x,\infty) = U_e(x)\,.$$

No se pone condición de contorno en $x = 0$ pues la solución de semejanza que se va a buscar no vale cerca del vértice de la cuña.

Procediendo de una manera similar a como se indica en el ejercicio 4 de §2.1.3, comprobar que el problema es invariante frente a un grupo uniparamétrico de transformaciones de cambio de escala de las cuatro variables x, y, u y v. En particular, comprobar que eliminando la ecuación de continuidad (2.342) mediante el uso de la función de corriente $\psi(x, y)$, definida como

$$u = \psi_y, \quad v = -\psi_x,$$

la ecuación de cantidad de movimiento (2.343) se puede escribir como una EDO de tercer orden similar a la de Blasius (2.89), pero con dos términos adicionales, para una función $f(\zeta)$, donde

$$\psi(x, y) = Ax^{(m+1)/2}f(\zeta), \quad \zeta = Byx^{(m-1)/2},$$

siendo A y B dos constantes que se eligen para simplificar (y adimensionalizar) el problema.

Obtener la ecuación (EDO de tercer orden) para $f(\zeta)$, denominada ecuación de Falkner-Skan, junto con sus tres condiciones de contorno.

8. El movimiento de un líquido conductor sobre una placa situada en $y = 0$ en un canal bidimensional cuya anchura aumenta linealmente en la dirección x del flujo y sometido a un campo magnético B_0 en la dirección y perpendicular a la placa viene gobernado, en la aproximación de capa límite y despreciando el campo magnético inducido (número de Reynolds magnético $Re_m = \mu\sigma U_c L_c$ bajo, siendo μ y σ la permeabilidad magnética y la conductividad eléctrica del medio, respectivamente, U_c y L_c una velocidad característica y una longitud característica, respectivamente), por:[30]

$$\frac{\partial u}{\partial x} + \frac{\partial v}{\partial y} = 0,$$

$$u\frac{\partial u}{\partial x} + v\frac{\partial u}{\partial y} = U_e(x)\frac{dU_e(x)}{dx} + \nu\frac{\partial^2 u}{\partial y^2} - \frac{\sigma B_0^2}{\rho}u, \quad U_e(x) = ax,$$

$$u(x, 0) = v(x, 0) = 0, \quad u(x, \infty) = U_e(x),$$

donde las magnitudes u, v, ρ y ν son las mismas que las definidas en el ejercicio 4 de §2.1.3 y en el ejercicio anterior, ahora con $U_e(x) = ax$, siendo $a = V_c/L_c$ una constante, y con el nuevo término de la fuerza asociada al campo magnético B_0 en la segunda ecuación.

Proceder de forma similar al ejercicio anterior para reducir el problema a una única EDO de tercer orden en las variables de semejanza. Comprobar que el único parámetro adimensional que aparece en (gobierna) el problema es $\sigma B_0^2/(\rho a)$, que es un número de Hartmann al cuadrado, $Ha^2 = \sigma B_0^2 L_c^2/(\rho\nu)$, dividido por el número de Reynolds, $Re = V_c L_c/\nu = L_c^2 a/\nu$ (para ello hay que adimensionalizar las variables de semejanza utilizando tanto a como ν).

---

[30]Para las ecuaciones generales de la magnetohidrodinámica se puede consultar, por ejemplo, Sutton y Sherman (2006), cap. 8, y su sección 12.3 para la aproximación de capa límite.

3. MÉTODO DE SEPARACIÓN DE VARIABLES. DESARROLLOS EN SERIES DE AUTOFUNCIONES. FUNCIONES ESPECIALES

3.1. EJEMPLO INTRODUCTORIO: CONDUCCIÓN DE CALOR EN UNA PLACA. SERIE DE FOURIER

Para introducir el método de separación de variables se considera el ejemplo clásico de la conducción de calor unidimensional. En particular, la conducción de calor no estacionaria en una placa de espesor constante L. Si las otras dimensiones de la placa son mucho mayores que L y no existe ninguna fuente de energía en su interior, se puede considerar el problema unidimensional de conducción de calor solo en la dirección x a través de su espesor (ver Fig. 3.1), donde la temperatura $T(x, t)$, que depende de la coordenada x y del tiempo t, viene gobernada por la ecuación (ver, por ejemplo Özişik, 1979, cap. 2)

$$\rho c \frac{\partial T}{\partial t} = \frac{\partial}{\partial x} \left(K \frac{\partial T}{\partial x} \right), \quad t \geq 0, \quad 0 \leq x \leq L. \tag{3.1}$$

En esta ecuación ρ es la densidad del material, c su calor específico por unidad de masa y K su conductividad térmica, magnitudes que en general dependen de x. Si ρ, c y K son constantes, (3.1) es la ecuación parabólica de difusión considerada en §1.2.4.3, obviamente llamada también ecuación del calor.

Como condición inicial se supone una cierta distribución de temperatura $f(x)$,

$$T(x, 0) = f(x), \tag{3.2}$$

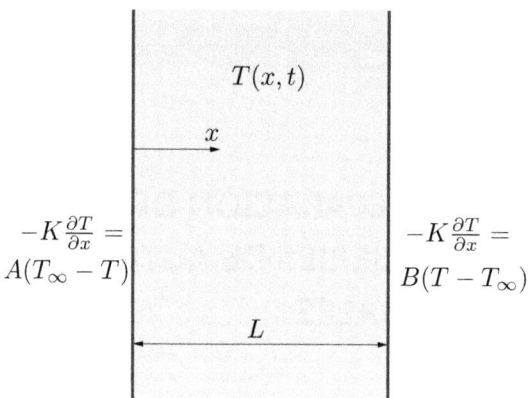

Figura 3.1: Conducción de calor en una placa infinita de espesor L con condiciones de contorno generales.

mientras que las condiciones de contorno más generales en $x = 0$ y en $x = L$ serían de la forma

$$\left[-K\frac{\partial T}{\partial x}\right]_{x=0} = A[T_\infty - T(0,t)]\,, \quad \left[-K\frac{\partial T}{\partial x}\right]_{x=L} = B[T(L,t) - T_\infty]\,, \qquad (3.3)$$

donde los coeficientes de transferencia de calor A y B y la temperatura externa T_∞ se suponen constantes conocidas. La condición inicial $f(x)$ debe satisfacer estas dos condiciones de contorno.

Antes de resolver matemáticamente (o numéricamente) cualquier problema físico es conveniente adimensionalizarlo, tanto para reducir el número de parámetros que lo gobierna (ver §2.1.1) como para que las nuevas variables sean de orden unidad. También, como se comprobará más adelante en esta sección (y se analizará de forma más general en §3.2), para aplicar la técnica de separación de variables es conveniente *homogeneizar* las condiciones de contorno. Ambos objetivos se consiguen en este ejemplo utilizando las siguientes variables adimensionales:

$$\xi = \frac{x}{L}\,, \quad \tau = \frac{t}{t_c} \quad \text{con} \quad t_c = \frac{L^2}{\alpha_0}\,, \quad \theta(\xi,\tau) = \frac{T(x,t) - T_\infty}{T_c}\,, \qquad (3.4)$$

donde $\alpha_0 = K_0/(\rho_0 c_0)$ es una difusividad térmica característica, siendo K_0, ρ_0 y c_0 valores característicos de la conductividad térmica, densidad y capacidad calorífica, respectivamente (serían sus valores en el caso de que estas magnitudes fuesen constantes) y T_c es una temperatura característica. Con estas variables, el problema matemático adimensional se escribe

$$\frac{\partial \theta}{\partial \tau} = \frac{1}{r(\xi)}\frac{\partial}{\partial \xi}\left[p(\xi)\frac{\partial \theta}{\partial \xi}\right]\,, \quad \tau \geq 0\,, \quad 0 \leq \xi \leq 1\,, \qquad (3.5)$$

$$\theta(\xi,0) = g(\xi)\,, \quad \left[a_1\frac{\partial \theta}{\partial \xi} + a_2\theta\right]_{\xi=0} = 0\,, \quad \left[b_1\frac{\partial \theta}{\partial \xi} + b_2\theta\right]_{\xi=1} = 0\,, \qquad (3.6)$$

donde $r(\xi) = \rho(x)c(x)/(\rho_0 c_0)$, $p(\xi) = K(x)/K_0$ y $g(\xi) = [f(x) - T_\infty]/T_c$ son funciones conocidas de ξ (de orden unidad si se han elegido correctamente los valores característicos ρ_0, c_0, K_0 y T_c) y $a_1 = -K(0)/K_0$, $a_2 = LA/K_0$, $b_1 = K(1)/K_0$ y $b_2 = LB/K_0$ son constantes adimensionales conocidas. La función $g(\xi)$ en la condición inicial dada por la primera relación en (3.6) debe satisfacer las dos condiciones de contorno homogéneas escritas a su derecha.

El problema se simplifica enormemente si las propiedades físicas de la placa son uniformes, en cuyo caso $r(\xi) = p(\xi) = 1$, y/o si algunas o todas las constantes a_i, b_i, $i = 1, 2$, son nulas. Se considerarán algunos de estos casos particulares después de abordar el problema general (3.5)-(3.6). En particular, si alguna de las constantes a_1 o b_1 fuese nula, el correspondiente contorno estaría a temperatura constante T_∞, mientras que si a_2 o b_2 fuera cero, el correspondiente contorno estaría aislado térmicamente ($\partial\theta/\partial\xi = 0$). Físicamente, de las definiciones de estas constantes adimensionales, el primer caso correspondería a $K(0)$ o $K(L)$ nulo (o muy pequeño comparado con LA o LB, respectivamente), y el segundo a $A = 0$ o $B = 0$ [o muy pequeño en relación con $K(0)/L$ o $K(L)/L$; ver también las condiciones de contorno dimensionales (3.3)].

La técnica de separación de variables consiste en suponer que la solución de (3.5)-(3.6) debe ser de la forma

$$\theta(\xi, \tau) = y(\xi)z(\tau), \tag{3.7}$$

lo cual parece razonable *a priori* al observar que en cada término de la ecuación (3.5) y en las condiciones iniciales y de contorno (3.6) las dos variables independientes ξ y τ nunca aparecen mezcladas. Para comprobar que esta suposición es cierta, no hay más que sustituir (3.7) en (3.5) y dividir por θ:

$$\frac{1}{z}\frac{dz}{d\tau} = \frac{1}{yr(\xi)}\frac{d}{d\xi}\left[p(\xi)\frac{dy}{d\xi}\right], \tag{3.8}$$

donde ahora las derivadas totales sustituyen a las parciales de las respectivas funciones de y y de z. Como cada miembro de esta ecuación depende solo de una de de las variables independientes, la única posibilidad es que sean constantes; por ejemplo,

$$\frac{1}{z}\frac{dz}{d\tau} = \frac{1}{y\,r(\xi)}\frac{d}{d\xi}\left[p(\xi)\frac{dy}{d\xi}\right] = \lambda, \tag{3.9}$$

donde λ es una constante que, de momento, y hasta que no apliquemos las condiciones de contorno, es arbitraria. De hecho, debe ser no positiva, pues si fuese mayor que cero la solución de la primera de las dos ecuaciones diferenciales ordinarias en (3.9), $dz/d\tau = \lambda z$, que sería $z(\tau) = ke^{\lambda\tau}$, donde k es una constante arbitraria de integración, divergiría para $\tau \to \infty$ y no sería una solución físicamente admisible. Así que en vez de λ, la constante arbitraria de separación de variables se denominará $-\lambda^2$, que es no positiva para cualquier número real λ:

$$\frac{1}{z}\frac{dz}{d\tau} = \frac{1}{y\,r(\xi)}\frac{d}{d\xi}\left[p(\xi)\frac{dy}{d\xi}\right] = -\lambda^2. \tag{3.10}$$

La solución de la ecuación para $z(\tau)$ es

$$z(\tau) = ke^{-\lambda^2\tau}\,,\tag{3.11}$$

mientras que la ecuación para $y(\xi)$ se escribe

$$\frac{d}{d\xi}\left[p(\xi)\frac{dy}{d\xi}\right] + \lambda^2 r(\xi)\,y = 0\,,\tag{3.12}$$

que, de acuerdo con (3.6), debe satisfacer las dos condiciones de contorno

$$\left[a_1\frac{dy}{d\xi} + a_2 y\right]_{\xi=0} = 0\,,\quad \left[b_1\frac{dy}{d\xi} + b_2 y\right]_{\xi=1} = 0\,.\tag{3.13}$$

De la condición inicial en (3.6) se hablará más adelante. La ecuación (3.12) es una ecuación lineal de segundo orden que, conocidas las funciones $r(\xi)$ y $p(\xi)$, se puede resolver de forma general utilizando, por ejemplo, el método de serie de potencias (ver, por ejemplo Simmons, 1977, cap. 5). Pero antes, para introducir la técnica de separación de variables, se va a considerar el caso más sencillo posible con $r(\xi) = p(\xi) = 1$ y con $a_1 = b_1 = 0$.

3.1.1. Placa uniforme con temperatura constante en los extremos

Cuando $r(\xi) = p(\xi) = 1$ y $a_1 = b_1 = 0$, el problema (3.12)- (3.13) queda (usando primas para las derivadas totales)

$$y'' + \lambda^2 y = 0\,,\quad y(0) = y(1) = 0\,.\tag{3.14}$$

La solución general de esta ecuación lineal de segundo orden con coeficientes constantes puede escribirse como

$$y(\xi) = C_1\,\mathrm{sen}(\lambda\xi) + C_2\cos(\lambda\xi)\,,\quad \lambda \geq 0\,,\tag{3.15}$$

con C_1 y C_2 constantes de integración arbitrarias. La condición de contorno en $\xi = 0$ implica que $C_2 = 0$, es decir, $y = C_1\,\mathrm{sen}(\lambda\xi)$. Aplicando ahora la segunda condición de contorno en $\xi = 1$ se tiene que, para λ arbitraria, la constante C_1 debe de ser también nula, lo cual no tiene sentido pues la solución sería idénticamente nula. La otra alternativa es que λ no sea arbitraria, sino que satisfaga

$$\mathrm{sen}\,\lambda = 0\,,\quad \text{es decir,}\quad \lambda = \lambda_n = n\pi\,,\quad n = 0, 1, 2, 3, \ldots\,.\tag{3.16}$$

Hay pues infinitas soluciones

$$y(\xi) = Y_n(\xi) = C_n\,\mathrm{sen}(\lambda_n\xi)\,,\tag{3.17}$$

una para cada valor de λ_n (descartando el caso de $n = 0$, que sería de nuevo la solución trivial), cada una con una constante arbitraria C_n que no queda determinada por el problema (3.14).

De hecho, como el problema es lineal, cualquier combinación de estas soluciones es también solución de (3.14). Para resolver esta paradoja, Fourier tuvo la genial idea de suponer que la solución general de este problema se puede escribir como superposición de todas las funciones trigonométricas $Y_n(\xi)$:

$$y(\xi) = \sum_{n=1}^{\infty} C_n \operatorname{sen}(n\pi\xi), \qquad (3.18)$$

un tipo de solución que ya fue utilizado previamente por Leonhard Euler y Daniel Bernoulli para resolver el problema de la cuerda vibrante (ver §3.4), aunque la demostración rigurosa de que esta es la solución general no fue hecha hasta bastante más tarde por Dirichlet (ver, por ejemplo Brown y Churchill, 2012, §38). Combinándola con (3.11) se llega a la siguiente solución del problema que cumple las condiciones de contorno:

$$\theta(\xi, \tau) = \sum_{n=1}^{\infty} C_n e^{-n^2\pi^2\tau} \operatorname{sen}(n\pi\xi), \qquad (3.19)$$

donde la constante arbitraria k en (3.11) se ha absorbido en las igualmente arbitrarias C_n. Ya solo queda determinar estas constantes aplicando la condición inicial:

$$g(\xi) = \sum_{n=1}^{\infty} C_n \operatorname{sen}(n\pi\xi); \qquad (3.20)$$

es decir, las constantes C_n son los coeficientes de la serie de Fourier en senos de la distribución inicial de temperatura $g(\xi)$. Como es bien sabido, los coeficientes de una serie de Fourier se determinan fácilmente utilizando la propiedad de ortogonalidad de las funciones trigonométricas en un período (Brown y Churchill, 2012). En el presente caso, serían solo las funciones seno en un semiperíodo:

$$\int_0^1 \operatorname{sen}(n\pi\xi)\operatorname{sen}(m\pi\xi)d\xi = \begin{cases} 0, & n \neq m \\ \frac{1}{2}, & n = m \end{cases}. \qquad (3.21)$$

Así, multiplicando (3.20) por $\operatorname{sen}(m\pi\xi)$ e integrando entre $\xi = 0$ y $\xi = 1$,

$$\int_0^1 g(\xi)\operatorname{sen}(m\pi\xi)d\xi = \frac{C_m}{2}, \qquad (3.22)$$

quedando determinados todos los coeficientes C_n si se conoce la condición inicial $g(\xi)$ y, por tanto, la distribución de temperatura adimensional $\theta(\xi, \tau)$ dada por (3.19) en toda la placa para cualquier instante.

Obsérvese que en este caso la temperatura adimensional tiende a cero desde la distribución de temperatura inicial debido a las condiciones de contorno homogéneas del problema. Esto lo hace asintóticamente para $\tau \to \infty$, pero en un tiempo característico adimensional que en teoría es de orden unidad, aunque realmente es bastante menor debido

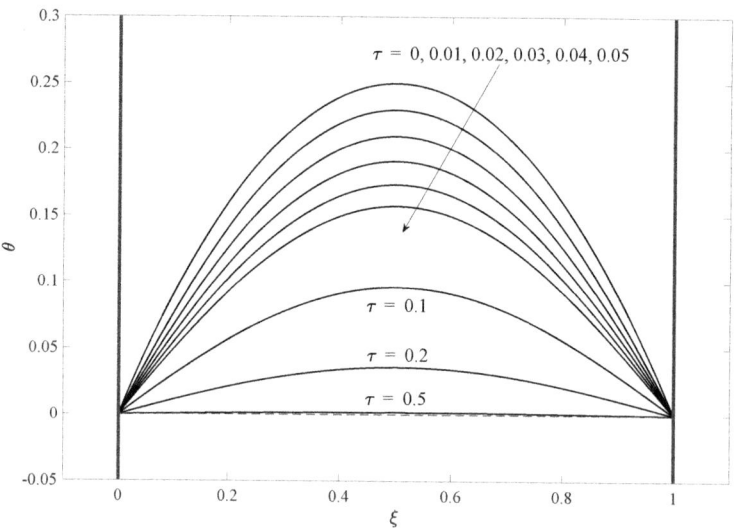

Figura 3.2: Distribución de temperatura adimensional (3.23) para una condición inicial $g(\xi) = \xi(1 - \xi)$ en varios instantes τ. Curvas obtenidas con $n_{max} = 31$ en la serie.

al factor π^2 en la exponencial. Debido también a este factor, con solo unos pocos términos de la serie (3.19) es suficiente para tener una solución muy precisa si τ no es demasiado pequeño. Dimensionalmente, la temperatura tiende a la externa T_∞ en un tiempo característico $t_c = L^2 \rho_0 c_0 / K_0$ (dividido por π^2, que es un factor bastante mayor que la unidad).

Como ejemplo, la Fig. 3.2 muestra la distribución de temperatura adimensional θ para varios instantes partiendo de una distribución inicial $g(\xi) = \xi(1 - \xi)$. En este caso, los coeficientes en (3.19) son

$$C_n = 2 \int_0^1 \xi(1 - \xi) \operatorname{sen}(n\pi\xi)d\xi = \begin{cases} 0\,, & n \quad \text{par} \\ \frac{8}{(n\pi)^3}\,, & n \quad \text{impar} \end{cases},$$

de manera que

$$\theta(\xi, \tau) = \sum_{n=1,3,\ldots} \frac{8}{(n\pi)^3} e^{-n^2\pi^2\tau} \operatorname{sen}(n\pi\xi)\,. \tag{3.23}$$

Se observa que para $\tau = 0{,}5$ ya se ha llegado prácticamente a la temperatura final nula.

3.1.2. Caso general

En general se tendría que resolver el problema (3.12)-(3.13), por ejemplo utilizando series de potencias. En cualquier caso, la solución general de (3.12) siempre se puede escribir como superposición de dos soluciones linealmente independientes y_1 e y_2, que además de ξ dependerían del parámetro λ:

$$y(\xi; \lambda) = C_1 y_1(\xi; \lambda) + C_2 y_2(\xi; \lambda). \tag{3.24}$$

Las constantes C_1 y C_2 se determinarían imponiendo las condiciones de contorno (3.13), resultando un par de ecuaciones algebraicas lineales para C_1 y C_2:

$$C_1 [a_1 y_1'(0; \lambda) + a_2 y_1(0; \lambda)] + C_2 [a_1 y_2'(0; \lambda) + a_2 y_2(0; \lambda)] = 0,$$

$$C_1 [b_1 y_1'(1; \lambda) + b_2 y_1(1; \lambda)] + C_2 [b_1 y_2'(1; \lambda) + b_2 y_2(1; \lambda)] = 0.$$

Como el sistema es homogéneo, para evitar la solución trivial $C_1 = C_2 = 0$, el determinante del sistema debe ser nulo:

$$\det \begin{pmatrix} a_1 y_1'(0; \lambda) + a_2 y_1(0; \lambda) & a_1 y_2'(0; \lambda) + a_2 y_2(0; \lambda) \\ b_1 y_1'(1; \lambda) + b_2 y_1(1; \lambda) & b_1 y_2'(1; \lambda) + b_2 y_2(1; \lambda) \end{pmatrix} = 0. \tag{3.25}$$

Esto es solo posible para ciertos valores de λ, que en el caso de una placa uniforme con temperatura constante en los extremos vendrían dados por (3.16).

Como se verá de forma más general en la sección siguiente, se puede demostrar que

1. Existe un número infinito de valores de $\lambda \geq 0$ que satisfacen (3.25),

$$0 \leq \lambda_1 < \lambda_2 < \lambda_3 \dots .$$

Estos valores se denominan los autovalores del problema (3.12)-(3.13).

2. La solución correspondiente a cada λ_n,

$$Y_n(\xi; \lambda_n) = C_1 y_1(\xi; \lambda_n) + C_2 y_2(\xi; \lambda_n),$$

se denomina autofunción del problema (3.12)-(3.13) asociada a λ_n y son ortogonales. Como el sistema es homogéneo, C_2 es proporcional a C_1, que siempre se puede tomar igual a la unidad, salvo que, por las condiciones de contorno, alguno de ellos sea nulo (como en las autofunciones Y_n del subapartado anterior).

3. Las autofunciones forman un conjunto completo, de manera que cualquier función $f(\xi)$ se puede expandir en serie de las autofunciones $Y_n(\xi)$:

$$f(\xi) = \sum_{n=1}^{\infty} D_n Y_n(\xi).$$

La solución general del problema sería

$$\theta(\xi, \tau) = \sum_{n=1}^{\infty} D_n e^{-\lambda_n^2 \tau} Y_n(\xi) \,, \tag{3.26}$$

donde los coeficientes D_n se determinarían de la condición inicial,

$$g(\xi) = \sum_{n=1}^{\infty} D_n Y_n(\xi) \,,$$

utilizando la ortogonalidad de las autofunciones Y_n.

3.2.   PROBLEMA DE STURM-LIOUVILLE. AUTOVALORES Y AUTOFUNCIONES

Las ecuaciones (3.12)-(3.13), o las (3.14), son casos particulares de los denominados problemas de Sturm-Liouville, que, por lo general, aparecen asociados a la resolución de ecuaciones en derivadas parciales por la técnica de separación de variables. Una forma bastante general de la ecuación de Sturm-Liouville se puede escribir como

$$\frac{d}{dx}\left[p(x)\frac{dy}{dx}\right] - s(x)y + \lambda r(x)y = 0 \,, \quad a \leq x \leq b \,, \tag{3.27}$$

con diferentes tipos de condiciones de contorno en a y en b que se verán más adelante. El contorno $x = a$ puede extenderse hasta $-\infty$ y el $x = b$ puede ser $+\infty$. Las funciones $p(x)$, $s(x)$, $r(x)$ y $p'(x)$ deben ser continuas en el intervalo $[a, b]$.

Es costumbre definir el operador de Sturm-Liouville

$$\mathcal{L} \equiv \frac{d}{dx}\left[p(x)\frac{d}{dx}\right] - s(x) \,, \tag{3.28}$$

de manera que la ecuación (3.27) se escribe de forma más apropiada como

$$\mathcal{L}\{y(x)\} = -\lambda r(x)y(x) \,, \tag{3.29}$$

para resaltar que, dependiendo de las condiciones de contorno, solo tiene solución para ciertos autovalores $\lambda = \lambda_n$, $n = 1, 2, \ldots$, correspondientes a las autofuncicones $y_n(x)$. Al ser un operador lineal, dadas dos funciones y_1 e y_2 cualesquiera definidas en $[a, b]$, se tiene que

$$\mathcal{L}\{c_1 y_1(x) + c_2 y_2(x)\} = c_1 \mathcal{L}\{y_1\} + c_2 \mathcal{L}\{y_2\} \,.$$

Sean $y_n(x)$ e $y_m(x)$ dos soluciones (autofunciones) distintas y no triviales de (3.27) correspondientes a λ_n y λ_m:

$$\frac{d}{dx}\left[p(x)\frac{dy_n}{dx}\right] - s(x)y_n + \lambda_n r(x)y_n = 0 \,,$$

$$\frac{d}{dx}\left[p(x)\frac{dy_m}{dx}\right] - s(x)y_m + \lambda_m r(x)y_m = 0 \, .$$

Multiplicando la primera por y_m, la segunda por y_n, restando e integrando entre a y b, los términos con $s(x)$ se cancelan y los términos con derivadas, tras integrar por partes, quedan

$$\int_a^b y_m \frac{d}{dx}\left[p(x)\frac{dy_n}{dx}\right]dx = y_m p(x)\left.\frac{dy_n}{dx}\right|_a^b - \int_a^b p\frac{dy_n}{dx}\frac{dy_m}{dx}dx \, ,$$

y de forma similar el que resulta de multiplicar por y_n la segunda ecuación. Por tanto, los últimos términos de estas expresiones se cancelan y al final se llega a la siguiente expresión:

$$\left[py_m\frac{dy_n}{dx} - py_n\frac{dy_m}{dx}\right]_a^b = (\lambda_m - \lambda_n)\int_a^b r(x)y_n(x)y_m(x)dx \, . \tag{3.30}$$

Si las condiciones de contorno en $x = a$ y en $x = b$ son tales que el lado izquierdo se anula (ver más abajo), se obtiene la siguiente relación entre las autofunciones y_n e y_m y sus correspondientes autovalores λ_n y λ_m:

$$(\lambda_m - \lambda_n)\int_a^b r(x)y_n(x)y_m(x)dx = 0 \, . \tag{3.31}$$

Por tanto, las autofunciones $y_n(x)$ e $y_m(x)$ son ortogonales en el intervalo $[a,b]$ con respecto a la función de peso $r(x)$ si sus correspondientes autovalores son distintos, $\lambda_m \neq \lambda_n$, siempre que se den algunas de las siguientes condiciones de contorno que anulan el lado izquierdo de (3.30):

- $y(a) = y(b) = 0$.   (Condiciones homogéneas de tipo Dirichlet.)

- $\left.\frac{dy}{dx}\right|_a = \left.\frac{dy}{dx}\right|_b = 0$.   (Condiciones homogéneas de tipo Neumann.)

- Una combinación lineal de las anteriores: $y(a) + \alpha\left.\frac{dy}{dx}\right|_a = y(b) + \beta\left.\frac{dy}{dx}\right|_b = 0$.

- Cualquiera de esas condiciones en a y cualquiera de esas tres en b.

También se cumpliría este requisito con condiciones de contorno *mezcladas*, como, por ejemplo,

$$y(a) = y(b) \, , \quad \left.\frac{dy}{dx}\right|_a = \left.\frac{dy}{dx}\right|_b \quad \text{si} \quad p(a) = p(b) \, . \quad \text{(Periodicidad.)}$$

Otra posibilidad sería que $p(a) = 0$ o $p(b) = 0$, si además en el otro punto del contorno se tiene alguna de las condiciones de contorno homogéneas anteriores. En estos casos, a o b sería un punto singular de la ecuación y del problema, y la solución en su entorno habría que analizarla por separado de la solución general.

Además de la ortogonalidad, las soluciones de un problema de Sturm-Liouville tienen otras propiedades que no se van a demostrar aquí (ver, por ejemplo Brown y Churchill, 2012, cap. 8). En particular, se puede demostrar que todos los autovalores del operador de Sturm-Liouville son reales, simples (es decir, a cada autovalor le corresponde solo una autofunción linealmente independiente) y forman una secuencia infinita que se puede ordenar en la forma

$$\lambda_1 < \lambda_2 < \ldots < \lambda_n < \ldots ,$$

con $\lambda_n \to \infty$ para $n \to \infty$. Este conjunto infinito de autovalores se conoce como el espectro del correspondiente operador de Sturm-Liouville. Además, las autofunciones $y_n(x)$ forman un conjunto completo, de manera que cualquier función continua (al menos a trozos) $f(x)$ definida en $[a, b]$ se puede escribir como

$$f(x) = \sum_{m=1}^{\infty} a_m y_m(x) . \tag{3.32}$$

Para hallar los coeficientes a_m se hace uso de la ortogonalidad (3.31) de las autofunciones. Así, multiplicando la ecuación anterior por $r(x)y_n(x)$ e integrando entre a y b,

$$\int_a^b f(x)r(x)y_n(x)dx = a_n \int_a^b r(x)[y_n(x)]^2 dx ,$$

y

$$a_n = \frac{\int_a^b f(x)r(x)y_n(x)dx}{\int_a^b [y_n(x)]^2 dx} .$$

Muchas de las denominadas funciones especiales, de interés en la ingeniería y en la física, son autofunciones de problemas de Sturm-Liouville. Entre ellas se incluyen las muy conocidas funciones trigonométricas que han aparecido en la §3.1, además de muchas otras, algunas de las cuales aparecerán en las secciones siguientes de este capítulo. Mucha más información sobre estas funciones especiales se puede encontrar en las monografías de Abramowitz y Stegun (1965), F. W. J. Olver y cols. (2010) y Beals y Wong (2016), entre otras. Los resultados de ortogonalidad de Sturm-Liouville son muy útiles incluso cuando no es posible obtener analíticamente los autovalores y las autofunciones, es decir, cuando las autofunciones no se corresponden con funciones especiales conocidas. En estos casos a veces se recurre a métodos de perturbaciones para obtener aproximadamente los autovalores y autofunciones (ver §§4.5.3 y 4.5.5).

Con cada conjunto de autofunciones se puede desarrollar en serie de Fourier cualquier función que cumpla las mismas condiciones de contorno que las autofunciones, como en (3.32). Estos desarrollos en serie se siguen denominando de Fourier en honor al desarrollo clásico en senos y cosenos que inició Fourier, pero añadiendo el *apellido* relativo a las autofunciones que se estén utilizando. En este capítulo se verán algunos ejemplos de desarrollos en autofunciones tanto trigonométricas como no trigonométricas, todos ellos basados en formulaciones de Sturm-Liouville que resultan de problemas con interés práctico. Para más detalles matemáticos formales sobre todos estos desarrollos en serie se puede consultar, por ejemplo, Brown y Churchill (2012).

3.3. CONDUCCIÓN DE CALOR CON UNA FUENTE DE CALOR. PROBLEMA NO HOMOGÉNEO

El procedimiento de separación de variables anterior no se podría aplicar si la ecuación (3.1) fuese no homogénea, es decir, si tuviera un término más que dependiera solo de x y t. Sin embargo, como el problema seguiría siendo lineal, la solución se podría seguir obteniendo en términos de una serie de Fourier en las autofunciones del problema de Sturm-Liouville asociado a la ecuación homogénea y a las condiciones de contorno.

Para introducir esta técnica de obtención de soluciones en forma de desarrollo en serie de autofunciones de ecuaciones no homogéneas, se considera el mismo problema de conducción de calor unidimensional (3.1)-(3.3), pero con un término fuente de calor $Q(x,t)$ en la ecuación,

$$\rho c \frac{\partial T}{\partial t} = \frac{\partial}{\partial x}\left(K\frac{\partial T}{\partial x}\right) + Q(x,t)\,, \quad t \geq 0\,, \quad 0 \leq x \leq L\,, \tag{3.33}$$

donde $Q(x,t)$ es una función conocida. Por simplicidad se considerará el caso de una placa uniforme en el que ρ, c y K son constantes. Utilizando las mismas variables adimensionales (3.4), pero ahora $\alpha = K/(\rho c)$ y $t_c = L^2/\alpha$ al ser las propiedades constantes, la ecuación y las condiciones inicial y de contorno son

$$\frac{\partial \theta}{\partial \tau} = \frac{\partial^2 \theta}{\partial \xi^2} + q(\xi,\tau)\,, \tag{3.34}$$

$$\theta(\xi,0) = g(\xi)\,, \quad \left[\frac{\partial \theta}{\partial \xi} - a\theta\right]_{\xi=0} = 0\,, \quad \left[\frac{\partial \theta}{\partial \xi} + b\theta\right]_{\xi=1} = 0\,, \tag{3.35}$$

donde

$$q(\xi,\tau) = \frac{Q(x,t)L^2}{KT_c}\,, \quad g(\xi) = \frac{f(x) - T_\infty}{T_c}\,, \quad a = \frac{AL}{K}\,, \quad b = \frac{BL}{K}\,. \tag{3.36}$$

Si el problema fuese homogéneo ($q = 0$), la solución se escribiría como una expansión en autofunciones del problema correspondiente de Sturm-Liouville de la forma (3.26). En el presente caso con propiedades constantes la ecuación para $y(\xi)$ sería $y'' + \lambda^2 y = 0$ [ver (3.14)], cuya solución general sería (3.15). Con las condiciones de contorno $y'(0) - ay(0) = 0$ y $y'(1) + by(1) = 0$, los autovalores λ_n y las autofunciones $Y_n(\xi)$ y se obtendrían de

$$(ab - \lambda_n^2)\,\mathrm{sen}\,\lambda_n + (b\lambda_n + a)\cos\lambda_n = 0\,, \tag{3.37}$$

$$Y_n(\xi) = \cos(\lambda_n\xi) + \frac{a}{\lambda_n}\,\mathrm{sen}(\lambda_n\xi)\,. \tag{3.38}$$

Para el problema no homogéneo (3.34)-(3.35), como sigue siendo lineal en θ, se supone que la solución se puede seguir escribiendo también como una expansión en las autofunciones

Y_n, de forma similar a (3.26), pero con coeficientes que dependen del tiempo τ, de momento indeterminados:

$$\theta(\xi, \tau) = \sum_{n=1}^{\infty} a_n(\tau) Y_n(\xi) \,. \tag{3.39}$$

Los *coeficientes* $a_n(\tau)$ deben ser tales que la expansión (3.39) satisface la ecuación y la condición inicial, pues ya cumple las condiciones de contorno a través de las autofunciones Y_n. Sustituyendo la expansión en la ecuación (3.34) y teniendo en cuenta que $Y_n''(\xi) = -\lambda_n^2 Y_n(\xi)$, se llega a

$$\sum_{n=1}^{\infty} \left[\frac{da_n(\tau)}{d\tau} + \lambda_n^2 a_n(\tau) \right] Y_n(\xi) = q(\xi, \tau) \,. \tag{3.40}$$

Esta ecuación no es más que una expansión de la dependencia con ξ de la función $q(\xi, \tau)$ en serie de Fourier en las autofunciones $Y_n(\xi)$, que siempre es posible si q no tiene un comportamiento *anómalo*, pues por el teorema de Sturm-Liouville las autofunciones constituyen un conjunto completo. De hecho, como q es conocida, se pueden obtener los coeficientes del desarrollo en serie de Fourier en las autofunciones $Y_n(\xi)$ haciendo uso de su ortogonalidad:

$$q(\xi, \tau) = \sum_{n=1}^{\infty} q_n(\tau) Y_n(\xi) \,, \quad q_n(\tau) = \frac{\int_0^1 q(\xi, \tau) Y_n(\xi) d\xi}{\int_0^1 Y_n^2(\xi) d\xi} \,. \tag{3.41}$$

Sustituyendo esta expansión en (3.40) e igualando a cero los coeficientes de cada autofunción Y_n se llega al siguiente sistema de EDOs lineales de primer orden para las $a_n(\tau)$:

$$\frac{da_n}{d\tau} + \lambda_n^2 a_n = q_n \,, \quad n = 1, 2, \dots, \tag{3.42}$$

donde las funciones $q_n(\tau)$ son conocidas.

La solución general de cada ecuación (3.42) es fácil de obtener en función de sus condiciones iniciales $a_n(0)$:

$$a_n(\tau) = e^{-\lambda_n^2 \tau} \left(a_n(0) + \int_0^{\tau} q_n(\tau') e^{\lambda_n^2 \tau'} d\tau' \right) \,. \tag{3.43}$$

Para obtener las $a_n(0)$ hay que hacer uso de la condición inicial de θ, expandiendo la función $g(\xi)$ en las autofunciones,

$$\theta(\xi, 0) = g(\xi) = \sum_{n=1}^{\infty} a_n(0) Y_n(\xi) \,, \tag{3.44}$$

de donde, por ortogonalidad de las Y_n,

$$a_n(0) = \frac{\int_0^1 g(\xi) Y_n(\xi) d\xi}{\int_0^1 Y_n^2(\xi) d\xi} \,. \tag{3.45}$$

Como ejemplo concreto se considera el caso de una placa aislada térmicamente en sus extremos, $(\partial\theta/\partial\xi)_{x=0} = (\partial\theta/\partial\xi)_{x=1} = 0$, que corresponde a las condiciones de contorno (3.35) con $a = b = 0$. De (3.37)-(3.38), los autovalores y las autofunciones son

$$\lambda_n = n\pi\,, \quad Y_n(\xi) = \cos(\lambda_n\xi)\,, \quad n = 0, 1, 2, \ldots\,.$$

Se observa que en este caso es conveniente numerar autovalores y autofunciones comenzando desde $n = 0$ en vez de $n = 1$. Además, es costumbre en estas series de Fourier en autofunciones *coseno* separar el primer autovalor $n = 0$, escribiendo las expansiones (3.39), (3.41) y (3.44) como

$$\theta(\xi,\tau) = a_0(\tau) + \sum_{n=1}^{\infty} a_n(\tau)\cos(n\pi\xi)\,, \tag{3.46}$$

$$q(\xi,\tau) = q_0(\tau) + \sum_{n=1}^{\infty} q_n(\tau)\cos(n\pi\xi)\,, \quad q_n(\tau) = \frac{\int_0^1 q(\xi,\tau)\cos(n\pi\xi)d\xi}{\int_0^1 \cos^2(n\pi\xi)d\xi}\,, \quad n = 0,1,2,\ldots\,. \tag{3.47}$$

$$g(\xi) = a_0(0) + \sum_{n=1}^{\infty} a_n(0)\cos(n\pi\xi)\,, \quad a_n(0) = \frac{\int_0^1 g(\xi)\cos(n\pi\xi)d\xi}{\int_0^1 \cos^2(n\pi\xi)d\xi}\,, \quad n = 0,1,2,\ldots\,. \tag{3.48}$$

Las ecuaciones (3.42) y sus soluciones (3.43) siguen siendo válidas para $\lambda_n = 0$, pero la solución es formalmente diferente, mucho más simple,

$$a_0(\tau) = a_0(0) + \int_0^{\tau} q_0(\tau')d\tau'\,. \tag{3.49}$$

Por ello, y por otros aspectos que se verán más claramente abajo, es conveniente separar este autovalor.

Por simplicidad, se considera el caso de una fuente de calor estacionaria y concentrada en una localización $\xi = \xi_0$ dentro de la placa,

$$q(\xi,\tau) = \delta(\xi - \xi_0)\,, \quad 0 < \xi_0 < 1\,, \tag{3.50}$$

donde δ es la función delta de Dirac. Sin pérdida de generalidad no se ha multiplicado δ por una constante adimensional arbitraria, pues q es el calor Q ya escalado con una temperatura T_c arbitraria, que se puede elegir para ajustar cualquier valor de Q que se desee, sin modificar q ni afectar al problema adimensional (3.34)-(3.35). Como q no depende de τ, los coeficientes q_n son ahora constantes, y vienen dados por

$$q_0 = 1\,, \quad q_n = \frac{\int_0^1 \delta(\xi - \xi_0)\cos(n\pi\xi)d\xi}{\int_0^1 \cos^2(n\pi\xi)d\xi} = 2\cos(n\pi\xi_0)\,, \quad n = 1, 2, \ldots\,. \tag{3.51}$$

A raíz de este resultado es interesante observar que la función delta de Dirac, $\delta(x - x_0)$, en el intervalo $0 \le x \le 1$ se puede escribir como el desarrollo en serie de Fourier

$$\delta(x - x_0) = 1 + 2\sum_{n=1}^{\infty} \cos(n\pi x_0)\cos(n\pi x) \tag{3.52}$$

para $0 < x_0 < 1$, que es una de las muchas formas de expresar esta función. Obviamente este desarrollo no es exactamente la función delta de Dirac, sino una función δ que se repite periódicamente con un período unidad (para más detalles sobre esta función y sobre los desarrollos de Fourier de funciones generalizadas ver, por ejemplo, Lighthill, 1958).

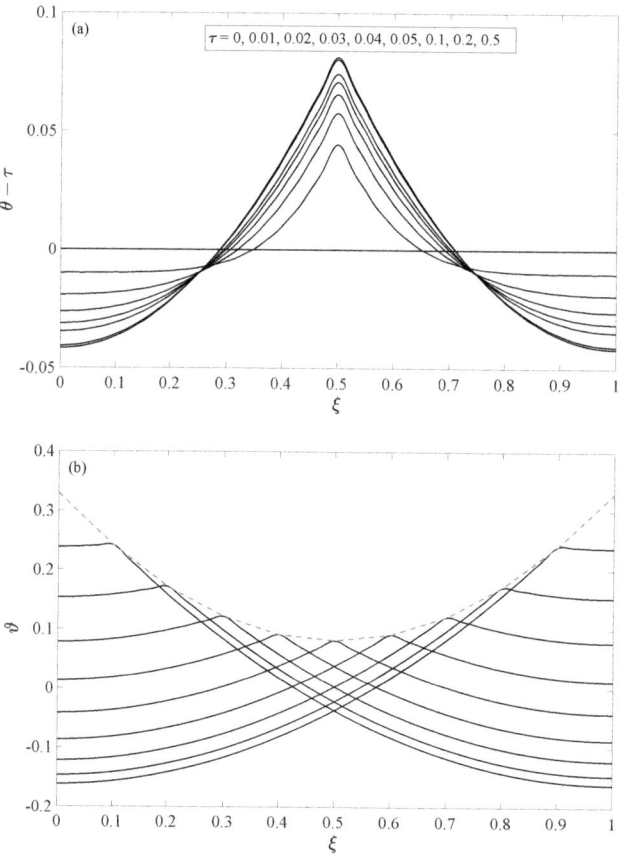

Figura 3.3: (a) $\theta - \tau$ dado por (3.54) en función de ξ para distintos tiempos τ con $\xi_0 = 0{,}5$. Los perfiles para $\tau = 0{,}2$ y $\tau = 0{,}5$ son ya indistinguibles. (b) Distribución estacionaria $\vartheta(\xi)$ dada por (3.55) para $\xi_0 = 0{,}1, 0{,}2, \ldots, 0{,}9$. La línea de trazos representa el máximo en función de ξ_0 dado por (3.56), que vale $1/3$ para $\xi_0 = 0$ y 1.

Por último, se supone que inicialmente la temperatura es constante, por ejemplo T_∞, con lo que $g(\xi) = 0$ y, de (3.48), los valores iniciales $a_n(0)$ son todos nulos. Así, de (3.43), se tienen las funciones $a_n(\tau)$,

$$a_0(\tau) = \tau, \quad a_n(\tau) = \frac{2}{n^2\pi^2}\cos(n\pi\xi_0)\left(1 - e^{-n^2\pi^2\tau}\right), \quad n = 1, 2, \ldots, \tag{3.53}$$

y, de (3.39), la solución queda

$$\theta(\xi,\tau) = \tau + \sum_{n=1}^{\infty} \frac{2}{n^2\pi^2} \left(1 - e^{-n^2\pi^2\tau}\right) \cos(n\pi\xi_0)\cos(n\pi\xi).$$ (3.54)

Esta solución consta de una temperatura uniforme en el intervalo $0 \leq \xi \leq 1$ que aumenta linealmente con el tiempo más una distribución espacial que tiende a un valor estacionario dado por

$$\vartheta(\xi) = \lim_{\tau\to\infty} [\theta(\xi,\tau) - \tau] = \sum_{n=1}^{\infty} \frac{2}{n^2\pi^2} \cos(n\pi\xi_0)\cos(n\pi\xi).$$ (3.55)

La figura 3.3 muestra $\theta - \tau$ dado por (3.54) para distintos valores de τ con la fuente de calor en $\xi_0 = 0{,}5$, además de la distribución estacionaria $\vartheta(\xi)$ para distintos valores de la posición del foco de calor ξ_0. Se observa que en $\tau = 0{,}2$ se ha alcanzado prácticamente la distribución estacionaria $\vartheta(\xi)$, al que habría que sumar la temperatura adimensional τ. El pico de la temperatura se encuentra en $\xi = \xi_0$ y su valor es

$$\vartheta(\xi_0) = \sum_{n=1}^{\infty} \frac{2}{n^2\pi^2} \cos^2(n\pi\xi_0),$$ (3.56)

que también se representa en la Fig. 3.3(b) con línea discontinua. El valor absoluto máximo de la temperatura en la placa con la fuente de calor (3.50) se alcanza cuando la fuente de calor se coloca en sus extremos, $\xi_0 \to 0^+$ o $\xi_0 \to 1^-$, y valdría τ más

$$\vartheta_{max} = \sum_{n=1}^{\infty} \frac{2}{n^2\pi^2} = \frac{1}{3},$$ (3.57)

donde se ha usado el resultado $\sum_{n=1}^{\infty} \frac{1}{n^2} = \frac{\pi^2}{6}$, que obtuvo por primera vez Euler en 1735 como solución a un famoso problema de la teoría de números denominado problema de Basilea. Utilizando las definiciones de θ, τ y q [ecuaciones (3.4) y (3.36)], este resultado correspondería a una temperatura dimensional T máxima que aumenta linealmente con el tiempo en la forma (válido para τ aproximadamente mayor que $0{,}2$)

$$T_{max}(t) = T_\infty + \frac{Q}{\rho c} t + \frac{QL^2}{3K}.$$ (3.58)

Obsérvese que en el presente problema T_c, que no aparece en el resultado (3.58), es una temperatura que realmente solo sirve para caracterizar la fuente de calor, pues solo interviene en la adimensionalización de Q.

3.4.   CUERDA VIBRANTE. SEPARACIÓN VERSUS CARACTERÍSTICAS

Considérese una cuerda perfectamente elástica que en reposo tiene una longitud L en la dirección x. Cualquier desplazamiento transversal (en relación a la dirección x) de la cuerda genera un movimiento elástico cuyo desplazamiento $u(x,t)$ viene gobernado (si $|u| \ll L$) por la EDP lineal de segundo orden

$$\frac{\partial^2 u}{\partial t^2} = c^2 \frac{\partial^2 u}{\partial x^2}, \quad 0 \leq x \leq L. \tag{3.59}$$

En esta ecuación t es el tiempo, x es la coordenada a lo largo de la cuerda sin deformar y

$$c^2 = \frac{T}{\rho}, \tag{3.60}$$

donde T es la tensión de la cuerda y ρ su densidad (masa por unidad de longitud), ambas propiedades supuestas uniformes a lo largo de la cuerda. Esta ecuación, con las condiciones de contorno

$$u(0,t) = u(L,t) = 0, \tag{3.61}$$

correspondientes a una cuerda fija por sus extremos, fue un problema históricamente muy relevante tanto para el desarrollo del método de separación de variables mediante una superposición de soluciones, como para la derivación de la solución general (solución de D'Alembert) de la ecuación de ondas descrita en §1.2.4.1.[1] Uno de los objetivos de abordar este problema en este capítulo es precisamente poner de manifiesto la relación que existe entre la solución general de la ecuación de ondas (3.59) que se obtiene aquí mediante el método de separación de variables con la solución general de D'Alembert obtenida por el método de las características en §1.2.4.1.

Definiendo las variables adimensionales

$$\xi = \frac{x}{L}, \quad \tau = \omega t, \quad \text{con} \quad \omega^2 = \frac{c^2}{L^2} = \frac{T}{\rho L^2}, \tag{3.62}$$

y teniendo en cuenta que u se puede suponer ya adimensional, pues cualquier constante que multiplique a u desaparece del problema lineal y homogéneo descrito por (3.59) y (3.61), estas ecuaciones se escriben

$$u_{\tau\tau} = u_{\xi\xi}, \tag{3.63}$$

$$u(0,\tau) = u(1,\tau) = 0. \tag{3.64}$$

Como condiciones iniciales se pueden tomar, en general,

$$u(\xi,0) = f(\xi), \quad u_t(\xi,0) = g(\xi), \tag{3.65}$$

---

[1]Para una breve reseña histórica de la derivación de la ecuación y de su solución se puede consultar, por ejemplo, Avery (1975), cap. 1

donde f y g son funciones (adimensionales) conocidas de ξ en el intervalo $0 \leq \xi \leq 1$, que cumplen las condiciones de contorno y que describen la posición y la velocidad inicial, respectivamente, de cada punto de la cuerda.

La solución se puede obtener muy fácilmente por separación de variables. En efecto, definiendo

$$u(\xi, \tau) = y(\xi) z(\tau) \,, \tag{3.66}$$

y sustituyendo en la EDP (3.63) se llega a

$$\frac{z''}{z} = \frac{y''}{y} = -\lambda^2 \,. \tag{3.67}$$

La segunda de estas ecuaciones da lugar al mismo problema de Sturm-Liouville para $y(\xi)$ considerado en §3.1.1,

$$y'' + \lambda^2 y = 0 \,, \quad y(0) = y(1) = 0 \,, \tag{3.68}$$

con solución dada por (3.18) para los autovalores $\lambda_n = n\pi$, $n = 1, 2, \ldots$:

$$y(\xi) = \sum_{n=1}^{\infty} C_n \,\text{sen}(n\pi\xi) \,, \tag{3.69}$$

donde las C_n son constantes arbitrarias.

La ecuación para $z(\tau)$ en (3.67) se escribe entonces

$$z'' + \lambda_n^2 z = 0 \,, \quad \lambda_n = n\pi \,, \quad n = 1, 2, \ldots \,, \tag{3.70}$$

con soluciones

$$z = z_n(\tau) = a_n \,\text{sen}(n\pi\tau) + b_n \cos(n\pi\tau) \,,$$

siendo las a_n y las b_n constantes arbitrarias. Combinando ambas soluciones e invocando el principio de superposición del problema lineal, se llega a la siguiente solución:

$$u(\xi, \tau) = \sum_{n=1}^{\infty} [A_n \,\text{sen}(n\pi\tau) + B_n \cos(n\pi\tau)] \,\text{sen}(n\pi\xi) \,, \tag{3.71}$$

con constantes arbitrarias A_n y B_n, $n = 1, 2, \ldots$.

Físicamente esta solución es una superposición de todos los modos de vibración posibles de una cuerda elástica sujeta por sus extremos, siendo $n\pi\omega = n\pi\sqrt{T/\rho}/L$, $n = 1, 2, \ldots$, las diferentes frecuencias naturales de la cuerda, con $n = 1$ el primer armónico o modo fundamental.

Aplicando la primera condición inicial en (3.65) a la solución (3.71), se tiene que

$$u(\xi, 0) = f(\xi) = \sum_{n=1}^{\infty} B_n \,\text{sen}(n\pi\xi) \,,$$

de donde, haciendo uso de las propiedades de ortogonalidad (3.21), se obtienen las constantes B_n como

$$B_n = 2 \int_0^1 f(\xi) \, \text{sen}(n\pi\xi) \,. \tag{3.72}$$

Finalmente, derivando la solución (3.71) con respecto a τ,

$$u_\tau(\xi, \tau) = \sum_{n=1}^\infty [n\pi A_n \cos(n\pi\tau) - n\pi B_n \, \text{sen}(n\pi\tau)] \, \text{sen}(n\pi\xi) \,,$$

aplicando la segunda condición inicial en (3.65),

$$u_\tau(\xi, 0) = g(\xi) = \sum_{n=1}^\infty n\pi A_n \, \text{sen}(n\pi\xi) \,,$$

y la ortogonalidad (3.21) se obtienen las constantes A_n,

$$A_n = \frac{2}{n\pi} \int_0^1 g(\xi) \, \text{sen}(n\pi\xi) \,, \tag{3.73}$$

quedando así completada la solución del problema, mediante las expresiones (3.71), (3.72) y (3.73), como una superposición particular de los modos de vibración de la cuerda asociada a la perturbación inicial dada por las funciones $f(\xi)$ y $g(\xi)$.

La solución (3.71), que representa una superposición de ondas estacionarias con longitudes de onda que son fracciones enteras de la longitud L de la cuerda, se puede escribir también como una superposición de ondas viajeras propagándose hacia la derecha y hacia la izquierda. En efecto, teniendo en cuenta las relaciones trigonométricas $2 \, \text{sen}\, a \, \text{sen}\, b = \cos(a - b) - \cos(a + b)$ y $2 \, \text{sen}\, a \cos b = \text{sen}(a - b) + \text{sen}(a + b)$, la solución (3.71) se puede escribir como

$$u(\xi, \tau) = \sum_{n=1}^\infty \left\{ \frac{A_n}{2} \cos[n\pi(\xi - \tau)] + \frac{B_n}{2} \, \text{sen}[n\pi(\xi - \tau)] \right.$$

$$\left. + \frac{B_n}{2} \, \text{sen}[n\pi(\xi + \tau)] - \frac{A_n}{2} \cos[n\pi(\xi + \tau)] \right\} \,, \tag{3.74}$$

poniendo de manifiesto la solución de D'Alembert (1.203),

$$u(\xi, \tau) = F(\xi - \tau) + G(\xi + \tau) \,, \tag{3.75}$$

de la ecuación de ondas unidimensional. De hecho, sin tener en cuenta la solución (3.74) obtenida por separación de variables, es posible hallar de forma independiente las funciones F y G aplicando directamente las condiciones iniciales (3.65) a la solución de D'Alembert (3.75),

$$F(\xi) + G(\xi) = f(\xi) \,, \quad -F'(\xi) + G'(\xi) = g(\xi) \,.$$

Integrando en ξ la segunda relación se tiene

$$G(\xi) = F(\xi) + \int_0^\xi g(s)ds \,,$$

que con la otra relación resulta

$$F(\xi) = \frac{1}{2}\left[f(\xi) - \int_0^\xi g(s)ds \right] \,, \quad G(\xi) = \frac{1}{2}\left[f(\xi) + \int_0^\xi g(s)ds \right] . \qquad (3.76)$$

Por lo tanto, la solución (3.75) del problema por el método de las características se escribe

$$u(\xi,\tau) = \frac{1}{2}\left[f(\xi-\tau) - \int_0^{\xi-\tau} g(s)ds \right] + \frac{1}{2}\left[f(\xi+\tau) + \int_0^{\xi+\tau} g(s)ds \right] \,, \qquad (3.77)$$

donde no se han agrupado las dos integrales de $g(\xi)$ en una sola para dejar separada la onda F que se mueve a la derecha de la onda G que se mueve hacia la izquierda, lo cual es fundamental por lo que se comenta a continuación.

Como las funciones $f(\xi)$ y $g(\xi)$ están definidas para $0 \le \xi \le 1$, tal como está escrita la solución (3.77) no vale cuando $\xi - \tau < 0$ y cuando $\xi + \tau > 1$. Para solventar esta dificultad hay que aplicar las condiciones de contorno (3.64). Es más fácil hacerlo con la solución general (3.75) en términos de las funciones F y G. De acuerdo con la condición de contorno en $\xi = 0$,

$$u(0,\tau) = F(-\tau) + G(\tau) = 0 \,; \qquad (3.78)$$

es decir,

$$F(\xi-\tau) = -G(\tau-\xi) \,, \quad \text{para} \quad \xi - \tau < 0 \,, \qquad (3.79)$$

que define la función $F(\xi-\tau)$ en términos de G cuando su argumento es negativo. Físicamente significa que cuando una onda $G(\xi+\tau)$ que se mueve hacia la izquierda llega al contorno izquierdo $\xi = 0$, la onda se refleja, cambiando por tanto el signo del argumento al moverse hacia la derecha, y también cambia el signo de la función a $-G$. Análogamente, de la condición de contorno en $\xi = 1$,

$$u(1,\tau) = F(1-\tau) + G(1+\tau) = 0 \,,$$

de donde

$$G(\xi+\tau) = -F(2-\xi-\tau) \,, \quad \text{para} \quad \xi + \tau > 1 \,, \qquad (3.80)$$

que define $G(\xi+\tau)$ cuando su argumento es mayor que la unidad. Físicamente, esta condición dice que una onda $F(\xi-\tau)$ que se mueve hacia la derecha, al llegar al contorno derecho $\xi = 1$ se refleja, se transforma en $-F$ y se mueve hacia la izquierda. De esta forma ondas viajeras como las descritas por (3.77) [o (3.74)] son equivalentes a una onda estacionaria como la definida por (3.71) con (3.72) y (3.73). Por supuesto, las formulaciones matemáticas (3.71), con (3.72) y (3.73), y (3.77) coinciden (su comprobación se deja como ejercicio 3 de §3.11).

3.5. OSCILADOR ARMÓNICO CUÁNTICO. POLINOMIOS DE HERMITE

En ningún otro campo científico han tenido tanta trascendencia los autovalores que resultan del método de separación de variables aplicado a la resolución de EDPs como en la formulación ondulatoria de Schrödinger de la mecánica cuántica. Como ejemplo, se considera aquí el caso más sencillo de una partícula en un potencial unidimensional $W(x)$; en concreto el potencial correspondiente a un oscilador amónico lineal,

$$W(x) = \frac{1}{2} m\,\omega^2 x^2\,, \tag{3.81}$$

donde m es la masa de la partícula y ω la frecuencia del oscilador. En este ejemplo, como en los anteriores, solo interviene una coordenada cartesiana (x) y el tiempo, pero las autofunciones no van a ser funciones trigonométricas, sino uno de los denominados polinomios ortogonales.

El comportamiento mecano-cuántico de una partícula viene dado por la función de onda $\Psi(x,t)$, que es una función compleja (es decir, tiene parte real e imaginaria, o módulo y argumento) de la posición x y del tiempo t que satisface la ecuación de Schrödinger

$$\hat{H}\Psi = i\hbar\frac{\partial\Psi}{\partial t}\,, \tag{3.82}$$

donde $\hat{H}$ es el operador hamiltoniano y $\hbar$ la constante de Planck (reducida; ver §2.1.1.1). El operador hamiltoniano se construye a partir del hamiltoniano mecano-clásico $H = k^2/(2m) + W(x)$ (ver §1.1.6) sustituyendo la cantidad de movimiento k por el operador $-i\hbar\partial/\partial x$, de manera que la ecuación de Schrödinger se escribe[2]

$$\left[-\frac{\hbar^2}{2m}\frac{\partial^2}{\partial x^2} + W(x)\right]\Psi = i\hbar\frac{\partial\Psi}{\partial t}\,. \tag{3.83}$$

Suponiendo que el potencial W se extiende sobre toda la coordenada x, las condiciones de contorno se pueden escribir como

$$\Psi(\pm\infty, t) \to 0\,. \tag{3.84}$$

La EDP (3.83) se puede resolver por el método de separación de variables. Definiendo $\Psi(x,t) = Y(x)Z(t)$, sustituyendo en la ecuación y separando las funciones Y y Z, se tiene

$$-\frac{\hbar^2}{2mY}\frac{d^2Y}{dx^2} + W(x) = \frac{i\hbar}{Z}\frac{dZ}{dt} = E\,, \tag{3.85}$$

donde la constante de separación (y futuro autovalor) E tiene unidades de energía. Utilizando el potencial (3.81) para el oscilador armónico lineal, así como las variables adimensionales

$$\tau = \omega t\,, \quad \xi = \frac{x}{L}\,, \quad \psi = \frac{\Psi}{L^{-1/2}} = Y(\xi)Z(\tau)\,, \quad \text{con} \quad L = \sqrt{\frac{\hbar}{m\omega}}\,, \tag{3.86}$$

---

[2]Para más detalles sobre la ecuación de Schrödinger se puede consultar, por ejemplo, Landau y Lifchitz (1975), cap. III.

las EDOs correspondientes para $Y(\xi)$ y $Z(\tau)$ se escriben (se utilizan primas para las derivadas)

$$Y'' + (\lambda - \xi^2)Y = 0, \quad Y(\pm\infty) = 0, \quad \text{con} \quad \lambda = \frac{2E}{\hbar\omega}, \tag{3.87}$$

$$\frac{Z'}{Z} = -\frac{i\lambda}{2}. \tag{3.88}$$

Obsérvese que al ser la ecuación lineal cualquier factor que multiplique a Ψ no modifica la ecuación. Así, aunque la función de onda unidimensional se escala con $L^{-1/2}$, pues tiene unidades del inverso de la raíz cuadrada de una longitud, se siguen usando las funciones Y y Z, ahora adimensionales, funciones de las variables ξ y τ, respectivamente.

La ecuación de la parte temporal (3.88) tiene una solución inmediata,

$$Z(\tau) = Ce^{-i\lambda\tau/2}, \tag{3.89}$$

donde C es una constante arbitraria.

La ecuación (3.87) para $Y(\xi)$ es una ecuación (modificada) de Hermite, que solo tiene soluciones que cumplen las condiciones de contorno para ciertos valores enteros de λ. En decir, el problema de Sturm-Liouville (3.87) solo tiene soluciones que no divergen cuando $x \to \pm\infty$ para los siguientes autovalores y autofunciones:

$$\lambda = \lambda_n = 2n + 1, \quad Y(\xi) = Y_n(\xi) = K_n e^{-\xi^2/2} H_n(\xi), \quad n = 0, 1, 2, \ldots, \tag{3.90}$$

donde las funciones H_n son los polinomios de Hermite, uno de los polinomios ortogonales clásicos.[3] Estos polinomios son las únicas soluciones de la ecuación de Hermite,

$$H'' - 2\xi H' + 2pH = 0, \quad p = \text{constante}, \tag{3.91}$$

(con $2p = \lambda - 1$ en este caso) que multiplicadas por $e^{-\xi^2/2}$ no divergen para $\xi \to \pm\infty$, lo cual es fácil de demostrar (ver más abajo) resolviendo esta EDO lineal en serie de potencias y comprobando que una de las dos series infinitas, soluciones independientes de la ecuación, se trunca en un polinomio de orden n cuando $p = n = 0, 1, 2, \ldots$, por lo que multiplicadas por $e^{-\xi^2/2}$ tienden a cero para $\xi \to \pm\infty$, mientras que ninguna de las dos soluciones multiplicadas por $e^{-\xi^2/2}$ son finitas para $\xi \to \pm\infty$ si p no es un número entero.

En efecto, expandiendo la solución en potencias de x,[4]

$$H(x) = \sum_{j=0}^{\infty} a_j x^j,$$

sustituyendo en (3.91) e igualando a cero la suma de los coeficientes que multiplican la misma potencia de x se llega a

$$(j+1)(j+2)a_{j+2} - 2(j-p)a_j = 0,$$

---

[3]Para más detalles sobre los polinomios de Hermite, así como de otros polinomios ortogonales clásicos, se puede consultar F. W. J. Olver y cols. (2010), cap. 18 y Abramowitz y Stegun (1965), cap. 22.

[4]En este inciso sobre la solución general de la ecuación de Hermite (3.91) se utiliza x en vez de ξ para simplificar la notación.

de donde

$$a_{j+2} = \frac{2(j-p)}{(j+2)(j+1)} a_j \, ;$$

es decir,

$$a_2 = -\frac{2p}{2 \cdot 1} a_0 \, , \quad a_3 = \frac{2(1-p)}{3 \cdot 2} a_1 \, ,$$

$$a_4 = \frac{2(2-p)}{4 \cdot 3} a_2 = -\frac{4p(2-p)}{4!} a_0 \, ,$$

$$a_5 = \frac{2(3-p)}{5 \cdot 4} a_3 = \frac{4(1-p)(3-p)}{5!} a_1 \, ,$$

$$a_6 = \frac{2(4-p)}{6 \cdot 5} a_4 = -\frac{8p(2-p)(4-p)}{6!} a_0 \, ,$$

etc. Hay por tanto dos soluciones independientes, una que tiene como constante de integración a_0 y contiene las potencias pares de la serie, y la otra formada por las potencias impares de x y con constante de integración a_1. Como los coeficientes de la expansión de $e^{x^2/2}$ en potencias de x^{2j} son $b_j = 1/(2^j j!)$ y, por tanto, $b_{2j+2}/b_{2j} = 1/[2(j+1)]$, menores en valor absoluto que $a_{2j+2}/a_{2j} = -2(p-2j)/[(2j+1)(2j+2)]$, $H(x)$ diverge para $x \to \pm\infty$ más rápidamente que $e^{x^2/2}$ y la solución Y no tiende a cero, en general, para $x = \pm\infty$. Por lo tanto, es necesario tomar $p = 0, 1, 2, \ldots$ para que una de las series infinitas se convierta en un polinomio y no diverja la solución. Si p es par o cero, la serie par (la que tiene como constante de integración a_0) termina en $j = p$, pues $a_j = 0$ para $j \geq p+2$, y se toma $a_1 = 0$ para eliminar la serie impar, que proporciona una solución que no se anula en el infinito. De la misma manera, si p es impar, la serie impar termina, y se toma $a_0 = 0$ para descartar la serie par que da lugar a una solución divergente.

Es usual normalizar estas soluciones polinómicas $H_n(\xi)$ de manera que el coeficiente del término de mayor orden ξ^n sea 2^n. Los dos primeros polinomios son $H_0 = 1$ y $H_1 = 2\xi$, y los restantes se pueden obtener mediante la relación de recurrencia $H_{n+1} = 2\xi H_n - 2n H_{n-1}$. También se pueden obtener mediante la fórmula generatriz de Rodrigues

$$H_n(\xi) = (-1)^n e^{\xi^2} \frac{d^n e^{-\xi^2}}{dx^n} \, .$$

Las constantes de integración K_n en (3.90) se eligen para normalizar las autofunciones en relación a la propiedad de ortogonalidad de los polinomios de Hermite,

$$\int_{-\infty}^{\infty} e^{-\xi^2} H_n(\xi) H_m(\xi) d\xi = \begin{cases} 0 \, , & n \neq m \\ \sqrt{\pi} 2^n n! \, , & n = m \end{cases} \, .$$

Así, si se elige $K_n = \pi^{-1/4} 2^{-n/2} (n!)^{-1/2}$, la ortogonalidad de las autofunciones dadas por Y_n (3.90) queda simplemente

$$\int_{-\infty}^{\infty} Y_n(\xi) Y_m(\xi) d\xi = \begin{cases} 0 \, , & n \neq m \\ 1 \, , & n = m \end{cases} \, . \tag{3.92}$$

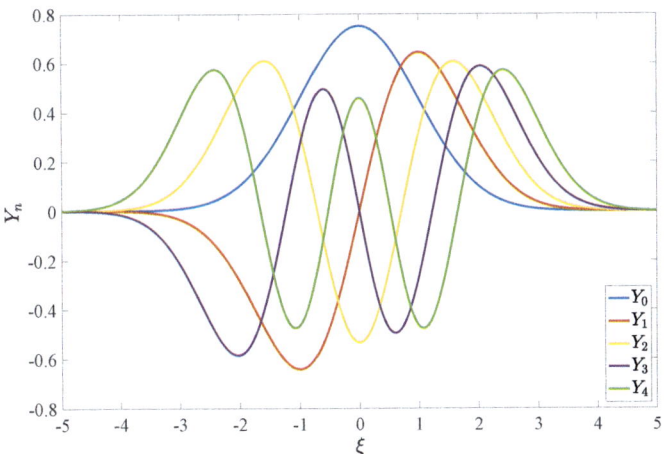

Figura 3.4: Cinco primeras autofunciones (3.93).

Es decir, las autofunciones

$$Y_n(\xi) = \pi^{-1/4} 2^{-n/2} (n!)^{-1/2} e^{-\xi^2/2} H_n(\xi) \tag{3.93}$$

son *ortonormales*. En la Fig. 3.4 se representan las cinco primeras.

En las variables dimensionales originales la solución general del problema, a falta de imponer una condición inicial, se escribe por tanto como

$$\Psi(x,t) = \sum_{n=0}^{\infty} C_n \pi^{-1/4} 2^{-n/2} (n!L)^{-1/2} e^{-(x/L)^2/2} H_n(x/L) e^{-i\lambda_n \omega t/2}, \tag{3.94}$$

donde se ha incluido el factor $L^{-1/2}$ de (3.86). Se asegura así que se siga cumpliendo la relación de ortonormalidad (3.92) cuando se integra en x en vez de en ξ, con el producto de autofunciones dimensionales $[Y_n(x/L)/L^{1/2}] \times [Y_m(x/L)/L^{1/2}]$ en el integrando, lo cual es importante en mecánica cuántica ya que $|\Psi(x,t)|^2$ proporciona la probabilidad de encontrar a la partícula en la posición x en el instante t y su integral entre $x = -\infty$ y $x = \infty$ debe ser la unidad. Para una condición inicial $\Psi(x,0) = \Psi_0(x)$, gracias a las relaciones de ortogonalidad (3.92), ahora escritas en la variable x, los coeficientes C_n serían

$$C_n = \int_{-\infty}^{\infty} \Psi_0(\xi) \frac{Y_n(x/L)}{L^{1/2}} dx. \tag{3.95}$$

Estos coeficientes son adimensionales, pues Ψ_0 tiene dimensiones de $L^{-1/2}$ y las Y_n no tienen dimensiones.

Cada sumando de la función de onda (3.94), correspondiente a cada autovalor λ_n, representa un nivel cuántico de la energía, cuyo valor, de acuerdo con (3.87) y (3.90), viene dado por

$$E_n = \frac{\lambda_n}{2}\,\hbar\omega = \left(n + \frac{1}{2}\right)\hbar\omega\,. \tag{3.96}$$

Así, para una condición inicial dada, la solución (3.94)-(3.95) representa la evolución temporal de la partícula como una superposición de estados cuánticos con diferentes niveles discretos de energía, asociados a los autovalores de un problema de Sturm-Liouville, cada uno ellos con un *peso* relativo dado por C_n, cuyo módulo al cuadrado está relacionado con la probabilidad de que la partícula se encuentre en ese estado cuántico.

En la sección 4.1.3.1 se considerará el cálculo aproximado mediante el método de perturbaciones de las correcciones de los autovalores (3.96) para un oscilador *inarmónico* cuántico, con un término cuártico pequeño adicional en el potencial (3.81).

3.6. GUÍA DE ONDAS ELECTROMAGNÉTICAS. FUNCIONES DE BESSEL

Como un ejemplo significativo de un problema de Sturm-Liouville que tiene como autofunciones las funciones de Bessel, que tras las funciones trigonométricas son las autofunciones más comunes, pues aparecen en muchos problemas de variables separadas en coordenadas cilíndricas, se considera aquí la ecuación del campo electromagnético en una guía de ondas de sección circular. En coordenadas cilíndricas (r, θ, x), se supone la guía axilsimétrica en relación al eje x y su radio es $r = R$.

Se considera en particular una guía de ondas magnéticas transversales (comúnmente denominada guía de ondas TM), en la que la componente B_x del campo magnético es nula en toda la guía y la componente E_x del campo eléctrico se anula en $r = R$, correspondiente a una pared de la guía perfectamente conductora. La ecuación que satisface E_x dentro de la guía es[5]

$$(\nabla^2 + \gamma_0^2)E_x = 0\,, \tag{3.97}$$

donde $\gamma_0 = \sqrt{\mu\varepsilon}\,\omega/c$, siendo μ la permeabilidad magnética, ε la constante dieléctrica, c la velocidad de la luz en el vacío y ω la frecuencia en la que se excita la onda. Las condiciones de contorno son

$$E_x(0, \theta, x) \neq \infty\,, \quad E_x(R, \theta, x) = 0\,, \quad E_x(r, \theta, x) = E_x(r, \theta + 2\pi, x)\,. \tag{3.98}$$

No se ponen condiciones de contorno en x pues la presente aproximación es válida para una guía de onda infinita en la dirección axial.

Escribiendo el operador laplaciano en coordenadas cilíndricas (ver §A.2) y separando la coordenada axial x de las transversales (r, θ), de acuerdo con $E_x(r, \theta, x) = \psi(r, \theta)f(x)$, la ecuación (3.97) se puede expresar como

$$\frac{1}{\psi}\left[\frac{1}{r}\frac{\partial}{\partial r}\left(r\frac{\partial}{\partial r}\right) + \frac{1}{r^2}\frac{\partial^2}{\partial\theta^2} + \gamma_0^2\right]\psi = -\frac{1}{f}\frac{\partial^2 f}{\partial x^2} = k^2\,, \tag{3.99}$$

---

[5]Ver, por ejemplo, Jackson (1975), cap. 8

donde la constante de separación k^2 se toma positiva para obtener una solución en forma de onda plana que se propaga en la dirección x con número de onda k:

$$f(x) = Ae^{ikx} + Be^{-ikx} \,, \tag{3.100}$$

siendo A y B constantes arbitrarias.

La ecuación que satisface $\psi(r, \theta)$ para cada número de onda k en una guía de ondas TM es, por tanto,[6]

$$\left[\frac{1}{r}\frac{\partial}{\partial r}\left(r\frac{\partial}{\partial r}\right) + \frac{1}{r^2}\frac{\partial^2}{\partial \theta^2} + \gamma^2\right]\psi = 0 \,, \quad 0 \le r \le R, \quad 0 \le \theta \le 2\pi, \tag{3.101}$$

donde

$$\gamma^2 = \frac{\mu\varepsilon\omega^2}{c^2} - k^2 \,. \tag{3.102}$$

Si se adimensionaliza el problema definiendo

$$\xi = \frac{r}{R} \,, \quad a = R\,\gamma \,, \tag{3.103}$$

pero manteniendo el mismo símbolo para la variable dependiente ψ, puesto que su escalado no afecta al problema lineal, la ecuación (3.101) queda

$$\left(\frac{\partial^2}{\partial \xi^2} + \frac{1}{\xi}\frac{\partial}{\partial \xi} + \frac{1}{\xi^2}\frac{\partial^2}{\partial \theta^2} + a^2\right)\psi = 0 \,, \tag{3.104}$$

con las condiciones de contorno

$$\psi(0, \theta) \ne \infty \,, \quad \psi(1, \theta) = 0 \,, \quad \psi(\xi, \theta) = \psi(r, \theta + 2\pi) \,. \tag{3.105}$$

Se vuelve a separar variables,

$$\psi(\xi, \theta) = G(\xi)F(\theta) \,, \tag{3.106}$$

y tras sustituir en (3.104) se llega a las siguientes dos EDOs para F y G,

$$\frac{1}{G}\left(\xi^2 G'' + \xi G' + a^2\xi^2\right) = -\frac{F''}{F} = \lambda^2 \,, \tag{3.107}$$

donde las primas representan derivadas de las funciones respecto a sus respectivos argumentos y se ha tomado una constante de separación positiva, λ^2, por lo que se verá a continuación.

La solución general de la ecuación para F, $F'' + \lambda^2 F = 0$, es

$$F(\theta) = Ce^{i\lambda\theta} + De^{-i\lambda\theta} \,, \tag{3.108}$$

---

[6]El caso de una guía de ondas eléctricas transversales (guía de ondas TE), en la que $E_x = 0$ y $(\partial B_x/\partial r)_{r=R} = 0$, se deja propuesto en el ejercicio 8 de §3.11. La ecuación es la misma, pero para una función ψ relacionada con B_x mediante $B_x = \psi e^{\pm ikx}$ y con la condición de contorno $(\partial\psi/\partial r)_{r=R} = 0$.

donde C y D son constantes arbitrarias. La condición de contorno de periodicidad (3.105), que no se podría cumplir si la constante de separación fuese negativa, implica que λ debe ser un número entero

$$\lambda = n = 0, \pm 1, \pm 2, \ldots . \tag{3.109}$$

Luego cualquier solución independiente $F(\theta)$ se puede escribir como

$$F(\theta) = Ce^{in\theta}, \quad n \in \mathbb{Z} . \tag{3.110}$$

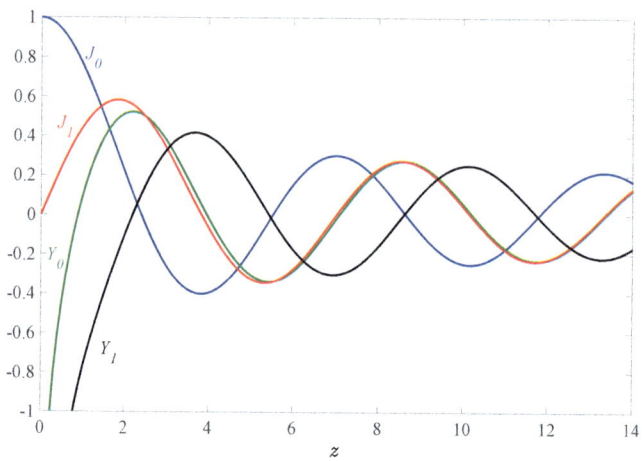

Figura 3.5: Funciones de Bessel de orden cero y unidad.

Si se define $z = a\xi$ y se tiene en cuenta (3.109), la segunda ecuación diferencial en (3.107) para G se puede escribir como la ecuación de Bessel,[7]

$$z^2 G'' + zG' + (z^2 - n^2)G = 0 , \quad z = a\xi , \tag{3.111}$$

donde las primas son ahora derivadas con respecto a z. Su solución general es

$$G(z) = DJ_n(z) + EY_n(z) ,$$

donde D y E son constantes arbitrarias y J_n e Y_n son las funciones de Bessel de orden n de primera y segunda especie, respectivamente (la de segunda especie también se suele llamar función de Weber). En términos de ξ,

$$G(\xi) = DJ_n(a\xi) + EY_n(a\xi) . \tag{3.112}$$

---

[7]Para más detalles de los que se necesitan aquí sobre esta ecuación y sobre las propiedades de sus soluciones, las funciones de Bessel, se puede consultar, por ejemplo, Rey Pastor y de Castro Brzezicki (1958) , Abramowitz y Stegun (1965), cap. 9, F. W. J. Olver y cols. (2010), cap. 10. Aunque aquí n es un número entero, la ecuación y sus soluciones están definidas para cualquier número complejo.

Las funciones de Bessel para $n = 0$ y $n = 1$, de primera y segunda especie, se representan en la Fig. 3.5. Se observa que todas las funciones de segunda especie Y_n son singulares en el eje de simetría $\xi = 0$, por lo que la constante E en (3.112) debe ser nula. Por otro lado, todas las funciones de Bessel se anulan en infinitos puntos, de forma parecida a las funciones trigonométricas. Los cinco primeros ceros de las funciones de Bessel representadas en la Fig. 3.5 se muestran en la Tabla 3.1.[8]

Tabla 3.1: Los 5 primeros ceros de J_0, J_1, Y_0 e Y_1.

m	j_{0m}	j_{1m}	y_{0m}	y_{1m}
1	2.40483	3.83171	0.89358	2.19714
2	5.52008	7.01559	3.95768	5.42968
3	8.65373	10.17347	7.08605	8.59601
4	11.79153	13.32369	10.22235	11.74915
5	14.93092	16.47063	13.36110	14.89744

Como la constante de integración D en (3.112) no puede ser nula, pues se tendría la solución trivial $G = 0$, la condición de contorno que falta por imponer, $G(1) = 0$, implica que $J_n(a) = 0$. Es decir, a tiene que ser un cero de la función de Bessel de primera especie de orden n,

$$a = R\gamma = j_{nm}\,, \tag{3.113}$$

por lo que

$$G(\xi) = DJ_n(j_{nm}\xi)\,, \quad n \in \mathbb{Z}, \quad m = 1, 2, 3, \ldots.$$

La condición (3.113), de acuerdo con (3.102), limita los valores de número de onda k (y, por tanto, de la longitud de onda $2\pi/k$) que se pueden propagar en la guía de ondas, que depende de la frecuencia excitada y del radio de la guía:

$$k_{nm} = \sqrt{\mu\varepsilon\frac{\omega^2}{c^2} - \frac{j_{nm}^2}{R^2}}\,. \tag{3.114}$$

De hecho, como la longitud de onda debe ser real, solo los modos correspondientes a los ceros de las funciones de Bessel que satisfacen

$$j_{nm} < R\omega\frac{\sqrt{\mu\varepsilon}}{c} \tag{3.115}$$

pueden propagarse por la guía de ondas. Dicho de otra forma, dado un tamaño R de la guía, existe una frecuencia de corte,

$$\omega_{nm}^* = \frac{j_{nm}}{R}\frac{c}{\sqrt{\mu\varepsilon}}\,,$$

---

[8]Para una información muy completa sobre los ceros de las funciones de Bessel se puede consultar la Tabla 9.5 de Abramowitz y Stegun (1965).

por debajo de la cual no se propaga el modo (nm). Esta frecuencia de corte aumenta de forma inversamente proporcional a R.

Recopilando las soluciones obtenidas para $f(x)$, $F(\theta)$ y $G(\xi)$, cada modo (nm) de la componente x del campo eléctrico tiene la forma

$$E_{x,nm}(r,\theta,x) = \psi_{nm}(r,\theta)f_{nm}(x) = J_n\left(j_{nm}\frac{r}{R}\right)e^{in\theta}\left(A_{nm}e^{ik_{nm}x} + B_{nm}e^{-ik_{nm}x}\right).$$
(3.116)

Las constantes A_{nm} y B_{nm} se calcularían imponiendo dos condiciones de contorno en algún punto inicial de la guía y utilizando las condiciones de ortogonalidad de las autofunciones. Sin embargo, debido a que el modelo es válido para una guía infinita, esto no se puede hacer sin añadir alguna aproximación física ajena al presente modelo, que queda fuera del ámbito del presente problema matemático. Por ello, para la utilización de las propiedades de orto-gonalidad de las funciones de Bessel se considera a continuación un ejemplo clásico donde la implementación de una condición inicial que permite determinar los coeficientes de una ex-pansión en funciones de Bessel es más directa. Además, la solución analítica por separación de variables se comparará con una solución obtenida numéricamente sin las aproximaciones necesarias para la derivación de la solución analítica.

3.7. MOVIMIENTO FLUIDO EN UN CONDUCTO CIRCULAR

Considérese un conducto de sección circular de radio R y de longitud infinita en la direc-ción axial x. El movimiento fluido incompresible, no estacionario, pero axilsimétrico, viene gobernado por la siguiente ecuación para la componente x de la velocidad $u(r,t)$:[9]

$$\rho\frac{\partial u}{\partial t} = p_l + \mu\frac{1}{r}\frac{\partial}{\partial r}\left(r\frac{\partial u}{\partial r}\right),$$
(3.117)

donde r y t son la coordenada radial y el tiempo, respectivamente, ρ y μ son la densidad y la viscosidad del fluido, respectivamente, y p_l es el (menos) gradiente de presión constante que origina el movimiento, $p_l = -\partial p/\partial x$. Las condiciones de contorno e inicial son

$$u(0,t) \neq \infty, \quad u(R,t) = 0, \quad u(r,0) = 0.$$
(3.118)

Para simplificar y homogeneizar el problema se utilizan variables adimensionales en las que además se resta a la velocidad $u(r,t)$ la velocidad estacionaria $u_e(r)$, que de acuerdo con (3.117)-(3.118) cuando $\partial u/\partial t = 0$ viene dada por el perfil parabólico

$$u_e(r) = \frac{p_l R^2}{4\mu}\left[1 - \left(\frac{r}{R}\right)^2\right],$$
(3.119)

denominado movimiento de Hagen-Poiseuille. Es decir, se utilizan las variables adimensio-nales

$$\tau = \frac{t}{t_c}, \quad \xi = \frac{r}{R}, \quad v = \frac{u_e - u}{V_c},$$
(3.120)

---

[9]Ver, por ejemplo, Fernández Feria (2005), cap. 14.

con el tiempo y velocidad característicos

$$t_c = \frac{\rho R^2}{\mu}, \quad V_c = \frac{p_l R^2}{4\mu}, \tag{3.121}$$

respectivamente [obsérvese que V_c es la velocidad máxima en el eje de la solución estacionaria (3.119), que a su vez se puede comprobar fácilmente que es dos veces la velocidad estacionaria media en la sección del conducto]. Con estas variables el problema matemático se reduce a

$$\frac{\partial v}{\partial \tau} = \frac{1}{\xi} \frac{\partial}{\partial \xi} \left(\xi \frac{\partial v}{\partial \xi} \right), \tag{3.122}$$

$$v(0, \tau) \neq \infty, \quad v(1, \tau) = 0, \quad u(\xi, 0) = 1 - \xi^2, \tag{3.123}$$

que no contiene parámetro alguno.

La ecuación (3.122) tiene claramente las dos variables independientes separadas y para aprovecharlo se definen las funciones F y G mediante

$$v(\xi, \tau) = F(\tau)G(\xi), \tag{3.124}$$

que sustituidas en (3.122) proporciona las dos EDOs

$$\frac{1}{F} \frac{dF}{d\tau} = \frac{1}{G\xi} \frac{d}{d\xi} \left(\xi \frac{dG}{d\xi} \right) = -\lambda^2, \tag{3.125}$$

donde $-\lambda^2$ es la constante (negativa) de separación. La solución general para F es

$$F = Ce^{-\lambda^2 \tau}, \tag{3.126}$$

donde C es una constante arbitraria. Se observa la necesidad de tomar una constante de separación negativa para que la solución se anule cuando $\tau \to 0$ y se alcance así la solución estacionaria u_e.

La segunda ecuación en (3.125) se puede escribir como la ecuación de Bessel de orden cero [ver (3.111)] si se utiliza la variable independiente $z = \lambda \xi$:

$$z^2 \frac{d^2 G}{dz^2} + z \frac{dG}{dz} + z^2 G = 0, \quad z = \lambda \xi, \tag{3.127}$$

cuya solución general es

$$G = A J_0(\lambda \xi) + B Y_0(\lambda \xi), \tag{3.128}$$

donde A y B son constantes arbitrarias y J_0 e Y_0 las funciones de Bessel de orden cero (ver §3.6, especialmente Fig. 3.5). Como Y_0 es singular en el eje se tiene que $B = 0$. Por otra parte, $G(\xi)$ tiene que anularse en $\xi = 1$, por lo que $J_0(\lambda) = 0$ y la constante λ no puede ser cualquiera, sino que debe ser un cero de J_0 para que la solución no sea la trivial $G = 0$,

$$\lambda = \lambda_n = j_{0n},$$

donde $j_{0n}, n = 1, 2, \ldots$ son los ceros de J_0 (ver Tabla 3.1).

Teniendo en cuenta la linealidad del problema y que las funciones $J_0(j_{0n}\xi), n = 1, 2, \ldots$, forman un conjunto completo de funciones definidas en el intervalo $0 \leq \xi \leq 1$, asociado a las autofunciones y autovalores del problema de Sturm-Liouville constituido por la ecuación (3.125) y las condiciones de contorno $G(0) \neq \infty$ y $G(1) = 0$, se tiene que

$$G(\xi) = \sum_{n=1}^{\infty} A_n J_0(j_{0n}\xi), \tag{3.129}$$

y la solución de (3.122)-(3.123), a falta de imponer la condición inicial, se puede escribir como

$$v(\xi, \tau) = \sum_{n=1}^{\infty} A_n J_0(j_{0n}\xi)e^{-j_{0n}^2 \tau}, \tag{3.130}$$

donde la constante arbitraria C en (3.126) se ha absorbido en las A_n. Estas constantes A_n se obtienen mediante la condición inicial,

$$1 - \xi^2 = \sum_{n=1}^{\infty} A_n J_0(\lambda_n \xi), \tag{3.131}$$

utilizando la ortogonalidad de las autofunciones.

Para obtener las propiedades de ortogonalidad de las funciones de Bessel se procede como se demuestra en §3.2 utilizando la ecuación de Bessel (ver ejercicio propuesto 4 en §3.11; para más detalles ver, por ejemplo, F. W. J. Olver y cols. (2010), cap. 10). Para las funciones de primera especie de orden genérico ν, no necesariamente un número entero, se llega a la propiedad de ortogonalidad

$$\int_0^1 J_\nu(j_{\nu m}\xi)J_\nu(j_{\nu n}\xi)\xi d\xi = \left\{ \begin{array}{ll} 0 & \text{si} \quad m \neq n \\ \frac{1}{2}[J_{\nu\pm 1}(j_{\nu n})]^2 & \text{si} \quad m = n \end{array} \right. . \tag{3.132}$$

Así, multiplicando (3.131) por $\xi J_0(j_{0m}\xi)$ e integrando entre $\xi = 0$ y $\xi = 1$, se obtiene

$$A_m = \frac{8}{j_{0m}^3 J_1(\lambda_m)}, \tag{3.133}$$

donde también se ha hecho uso de

$$\int_0^1 (1 - \xi^2)J_0(j_{0m}\xi)\xi d\xi = \frac{4J_1(j_{0m})}{j_{0m}^3}.\text{[10]} \tag{3.134}$$

---

[10]De nuevo se remite a Rey Pastor y de Castro Brzezicki (1958), o a Abramowitz y Stegun (1965), cap. 9, o a F. W. J. Olver y cols. (2010), cap. 10, para las integrales relacionadas con las funciones de Bessel; también a Brown y Churchill (2012), cap. 9, para más detalles sobre los desarrollos en serie de Fourier-Bessel.

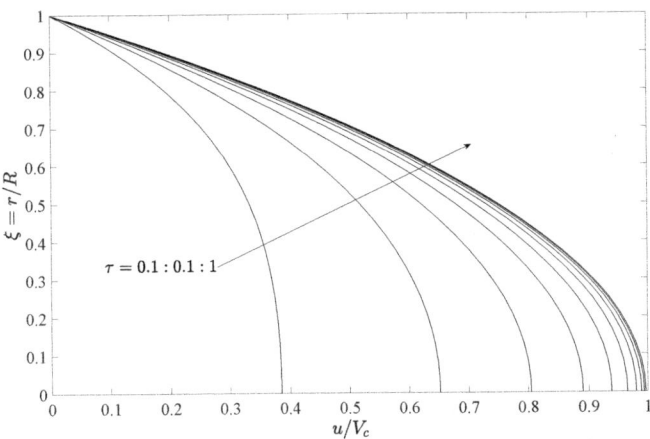

Figura 3.6: Perfiles adimensionales de velocidad, $u/V_c = 1 - \xi^2 - v(\xi, \tau)$, con v dado por (3.135), para 10 valores de τ.

La solución final para $v(\xi, t)$ queda

$$v(\xi, \tau) = \sum_{n=1}^{\infty} \frac{8}{j_{0n}^3 J_1(j_{0n})} J_0(i_{0n}\xi) e^{-j_{0n}^2 \tau} \,. \qquad (3.135)$$

Esta solución se representa para varios valores de τ en la Fig. 3.6, pero en términos de la velocidad adimensional, $u/V_c = 1 - \xi^2 - v(\xi, \tau)$, donde $1 - \xi^2$ es la velocidad estacionaria (3.119) adimensionalizada. Se utilizan 6 términos de la expansión de Fourier-Bessel (3.135) (con 5, e incluso con 4, las curvas no se distinguirían de las dibujadas). Se observa que para $\tau \approx 0{,}8$ ya se ha llegado prácticamente a la velocidad estacionaria.

En variables dimensionales, añadiendo también la solución estacionaria (3.119), la velocidad sería

$$u(r,t) = \frac{p_l R^2}{4\mu} \left[1 - \left(\frac{r}{R}\right)^2 - \sum_{n=1}^{\infty} \frac{8}{j_{0n}^3 J_1(j_{0n})} J_0\left(j_{0n}\frac{r}{R}\right) e^{-j_{0n}^2 \nu t/R^2} \right], \qquad (3.136)$$

con $\nu = \mu/\rho$ la viscosidad cinemática. La solución es suma de un término transitorio, expresado como una serie infinita, y la corriente estacionaria de Hagen-Poiseuille (3.119), a la cual tiende la solución cuando $t \to \infty$. Cuando t es mayor que aproximadamente $t_c = R^2/\nu$, el término exponencial se hace muy pequeño y la solución se puede aproximar por la corriente de Hagen-Poiseuille (como se demuestra en la Fig. 3.6), lo cual es otra forma de ver que t_c es el tiempo característico en el que la solución alcanza el estado estacionario.

Superficie: Magnitud de velocidad (m/s)

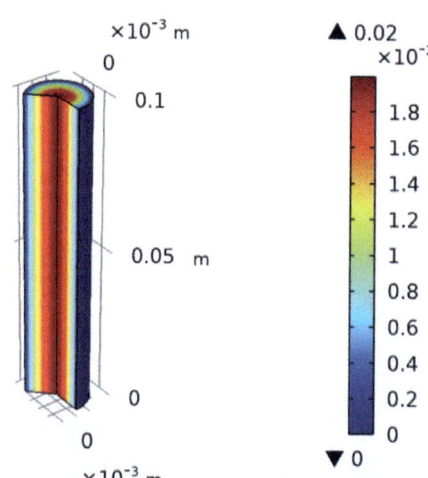

Figura 3.7: Dominio computacional e isocontornos de la velocidad estacionaria final ($t = 100$ s) de la simulación numérica con COMSOL Multiphysics (v: 6.2).

3.7.1. Comparación con la solución numérica

La solución analítica (3.136) se compara aquí con la que se obtiene mediante la resolución numérica directa de las ecuaciones de Navier-Stokes utilizando el software COMSOL Multiphysics (v: 6.2). Concretamente, se usa el paquete de flujo laminar incompresible y no estacionario, con agua a $T = 293,15$ K como fluido ($\mu \simeq 0,001$ Pa s, $\rho \simeq 998,2$ kg/m^3). Las ecuaciones se resuelven en un conducto de longitud $L = 0,1$ m y radio $R = 0,01$ m (ver Fig. 3.7), con una diferencia de presión entre la entrada y la salida dada por (3.121),

$$\Delta p = \frac{4\mu V_c L}{R^2} \, ,$$

con $V_c = 0,02$ m/s, de manera que la velocidad media cuando se llega al estado estacionario debe ser $V = V_c/2 = 0,01$ m/s y el correspondiente número de Reynolds $Re = \rho V 2R/\mu \simeq 200$, bien por debajo del crítico para que el movimiento fluido permanezca laminar. Esta diferencia de presión entre la entrada y la salida se impone mediante la opción de 'condición periódica de flujo' de COMSOL. En la pared del conducto se impone velocidad cero y en el eje la condición de simetría axial. Se utiliza un avance temporal y una malla controlados por la física, con la opción de 'malla extremadamente fina', resultando un tamaño de los elementos que van desde 5×10^{-5} m cerca de la pared hasta $1,5 \times 10^{-4}$ m cerca del eje.

El tiempo total de cálculo es de 100 s, que se corresponde con $t_c = R^2/\nu$. Como se observa en la Fig. 3.8, donde se representa la evolución temporal de la velocidad en el punto medio del eje del conducto y se compara con la solución analítica, este tiempo es suficiente

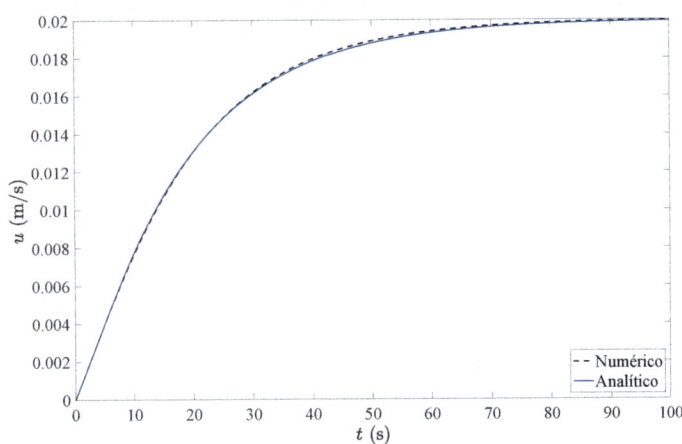

Figura 3.8: Comparación de la evolución temporal de la velocidad en el punto central del eje del conducto ($r = 0$, $x = 0{,}05$ m) obtenida numéricamente (línea discontinua) con la que resulta de la expresión (3.136) con $r = 0$ (línea continua).

para llegar al estado estacionario.

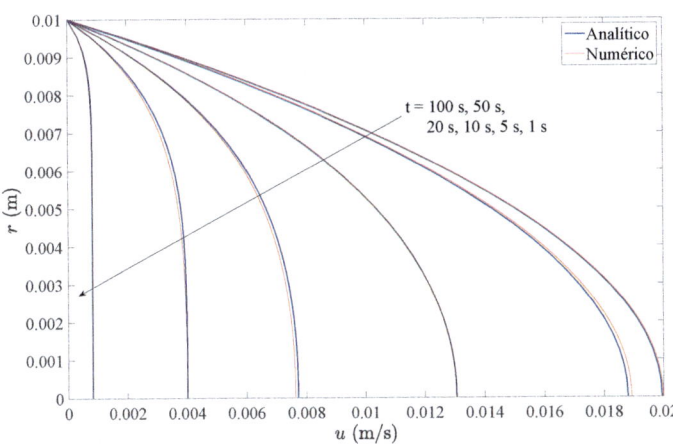

Figura 3.9: Comparación de los perfiles radiales de velocidad obtenidos numéricamente en $x = 0{,}05$ m para diferentes instantes con la solución analítica (3.136).

Por último, la Fig. 3.9 muestra perfiles radiales de velocidad obtenidos numéricamente para distintos instantes de tiempo y los compara con los que resultan de la solución analítica (3.136).

3.8. ECUACIÓN DE LAPLACE EN COORDENADAS ESFÉRICAS. POLINOMIOS Y FUNCIONES DE LEGENDRE. ARMÓNICOS ESFÉRICOS

La ecuación de Laplace en coordenadas esféricas para una función Φ se escribe (ver apéndice A.3)

$$\nabla^2\Phi = \frac{1}{r^2}\frac{\partial}{\partial r}\left(r^2\frac{\partial\Phi}{\partial r}\right) + \frac{1}{r^2\,\mathrm{sen}\,\theta}\frac{\partial}{\partial\theta}\left(\mathrm{sen}\,\theta\frac{\partial\Phi}{\partial\theta}\right) + \frac{1}{r^2\,\mathrm{sen}^2\,\theta}\frac{\partial^2\Phi}{\partial\varphi^2} = 0. \qquad (3.137)$$

La función $\Phi(r,\theta,\varphi)$ podría ser la distribución de temperatura generada por conducción de calor desde una superficie esférica de radio R en la que se imponen unas determinadas condiciones de temperatura o de flujo de calor, tanto en el interior de la esfera ($r < R$), como en su exterior ($r > R$); o el potencial eléctrico generado desde la superficie de la esfera con un determinado potencial, entre otros muchos ejemplos de interés. Aquí se resolverá por el método de separación de variables de la manera más general posible, tanto en el interior como en el exterior de una esfera de radio R, sin especificar ninguna aplicación concreta, pues, aparte de las aplicaciones de interés práctico de las soluciones de la ecuación de Laplace, la solución por separación de variables permite introducir funciones especiales que son muy útiles para resolver otros muchos problemas en coordenadas esféricas de interés (por ejemplo, el de §3.9 más adelante).

Es conveniente separar variables en la forma

$$\Phi(r,\theta,\varphi) = \frac{U(r)}{r}P(\theta)Q(\varphi). \qquad (3.138)$$

Sustituyendo en la ecuación y multiplicando por $r^3\,\mathrm{sen}^2\,\theta/(UPQ)$, la ecuación (3.137) se puede escribir como

$$r^2\,\mathrm{sen}^2\,\theta\left[\frac{1}{U}\frac{d^2U}{dr^2} + \frac{1}{r^2\,\mathrm{sen}\,\theta P}\frac{d}{d\theta}\left(\mathrm{sen}\,\theta\frac{dP}{d\theta}\right)\right] + \frac{1}{Q}\frac{d^2Q}{d\varphi^2} = 0. \qquad (3.139)$$

Claramente, el último término debe ser constante,

$$\frac{Q''}{Q} = -\lambda^2, \quad Q = Ce^{i\lambda\varphi} + C^*e^{-i\lambda\varphi},$$

donde C es una constante arbitraria y C^* su complejo conjugado. Para que la solución sea periódica y no multievaluada en φ, λ tiene que ser un número entero, de manera que $Q(\varphi)$ se puede escribir en la forma

$$Q(\varphi) = C_m e^{im\varphi} + C_m^* e^{-im\varphi}, \quad m = 0, 1, 2, \ldots. \qquad (3.140)$$

En un problema axilsimétrico (independiente de φ), solo entraría la solución con $m = 0$, que sería simplemente una constante, $Q = 2\Re(C_0)$.

Sustituyendo esta primera constante de separación $-m^2$ en (3.139) y separando a su vez la parte que depende de θ de la parte que depende de r, se llega a

$$\frac{1}{\operatorname{sen}\theta\, P}\frac{d}{d\theta}\left(\operatorname{sen}\theta\frac{dP}{d\theta}\right) - \frac{m^2}{\operatorname{sen}^2\theta} = -\frac{r^2}{U}\frac{d^2U}{dr^2} = -k\,, \tag{3.141}$$

donde k es otra constante de separación. La ecuación de la parte radial,

$$U'' - \frac{k}{r^2}U = 0\,, \tag{3.142}$$

es homogénea en r y tiene una solución en potencias de r de la forma

$$U = Ar^{a_+} + Br^{a_-}\,, \quad a_\pm = \frac{1 \pm \sqrt{1+4k}}{2}\,, \tag{3.143}$$

donde A y B son constantes arbitrarias.

Finalmente, la ecuación para $P(\theta)$,

$$\frac{1}{\operatorname{sen}\theta\, P}\frac{d}{d\theta}\left(\operatorname{sen}\theta\frac{dP}{d\theta}\right) + \left[k - \frac{m^2}{\operatorname{sen}^2\theta}\right]P = 0\,, \tag{3.144}$$

cuando se escribe en la nueva variable independiente

$$x = \cos\theta\,, \quad \operatorname{sen}\theta = \sqrt{1-x^2}\,,$$

y se define l como $k = l(l+1)$, es la denominada ecuación generalizada (también llamada asociada) de Legendre:[11]

$$\frac{d}{dx}\left[(1-x^2)\frac{dP}{dx}\right] + \left[l(l+1) - \frac{m^2}{1-x^2}\right]P = 0\,, \quad -1 \le x \le 1\,. \tag{3.145}$$

Para ver cómo son sus soluciones y porqué se ha definido la nueva constante de separación l, se va a tratar primero el **caso axilsimétrico** ($m = 0$):

$$\frac{d}{dx}\left[(1-x^2)\frac{dP}{dx}\right] + l(l+1)P = 0\,, \tag{3.146}$$

que es la ecuación de Legendre. De acuerdo con los visto en §3.2 en relación a la ecuación general de Sturm-Liouville (3.27), como en (3.146) la función $p(x) = 1 - x^2$ se anula en $x = \pm 1$, las soluciones de esta ecuación para los distintos valores de l son ortogonales en $-1 \le x \le 1$, independientemente de las condiciones de contorno, con función de peso $r(x) = 1$:

$$\int_{-1}^{1} P_{l'}(x)P_l(x)dx = 0\,, \quad \text{para} \quad l' \neq l\,. \tag{3.147}$$

---

[11]Para más detalles de los necesarios en esta sección sobre esta ecuación, así como sobre la ecuación de Legendre y sus soluciones, las funciones y los polinomios de Legendre, se puede consultar, por ejemplo, F. W. J. Olver y cols. (2010), cap. 14, o Abramowitz y Stegun (1965), cap. 8.

Estas soluciones se pueden obtener mediante expansión en serie de potencias de x, ya que $x = 0$ es un punto regular de $p(x) = 1 - x^2$,

$$P(x) = \sum_{j=0}^{\infty} a_j x^j \,,$$

que sustituida en (3.146) e igualando las mismas potencias de x, se llega a

$$(j+1)(j+2)a_{j+2} - (j-1)ja_j - 2ja_j + l(l+1)a_j = 0 \,,$$

o

$$a_{j+2} = \frac{j(j+1) - l(l+1)}{(j+2)(j+2)}a_j = -\frac{(l-j)(l+j+1)}{(j+2)(j+2)}a_j \,, \quad \forall j \,.$$

Así,

$$a_2 = -\frac{l(l+1)}{1\cdot 2}a_0 \,, \quad a_3 = -\frac{(l-1)(l+2)}{2\cdot 3}a_1 \,,$$

$$a_4 = -\frac{(l-2)(l+3)}{3\cdot 4}a_2 = \frac{l(l-2)(l+1)(l+3)}{4!}a_0 \,,$$

$$a_5 = -\frac{(l-3)(l+4)}{4\cdot 5}a_3 = \frac{(l-1)(l-3)(l+2)(l+4)}{5!}a_1 \,,$$

$$a_6 = -\frac{(l-4)(l+5)}{5\cdot 6}a_4 = -\frac{l(l-2)(l-4)(l+1)(l+3)(l+5)}{6!}a_0 \,,$$

$$a_7 = -\frac{(l-5)(l+6)}{6\cdot 7}a_5 = -\frac{(l-1)(l-3)(l-5)(l+2)(l+4)(l+6)}{7!}a_1 \,,$$

etc. Hay por tanto dos soluciones independientes, una que tiene como constante de integración a_0 y contiene las potencias pares de la serie, y la otra formada por las potencias impares de x y con constante de integración a_1. Como

$$\lim_{j\to\infty} \left| \frac{a_{j+2}x^{j+2}}{a_j x^j} \right| = |x|^2 \,,$$

la serie no converge, en general, en $x = \pm 1$. Por lo tanto, si se requiere una solución regular en todo el dominio $-1 \le x \le 1$ no hay más remedio que tomar $l = 0, 1, 2, \dots$ para que una de las series infinitas se convierta en un polinomio y no diverja. Si l es par o cero, la serie par (la que tiene como constante de integración a_0) termina en $j = l$, porque $a_j = 0$ para $j \ge l+2$, y se toma $a_1 = 0$ para eliminar la serie impar, que es singular. De la misma manera, si l es impar, la serie impar termina, y se toma $a_0 = 0$ para descartar la serie singular par. Es usual normalizar estas soluciones polinómicas regulares de manera que $P_l(1) = 1$, $\forall l$, obteniéndose los polinomios de Legendre. Los cinco primeros son

$$P_0(x) = 1 \,, \quad P_1(x) = x \,, \tag{3.148}$$

$$P_2(x) = \frac{1}{2}(3x^2 - 1) \,, \quad P_3(x) = \frac{1}{2}(5x^3 - 3x) \,,$$

$$P_4(x) = \frac{1}{8}(35x^4 - 30x^2 + 3) \,, \tag{3.149}$$

que están representadas en la Fig. 3.10.

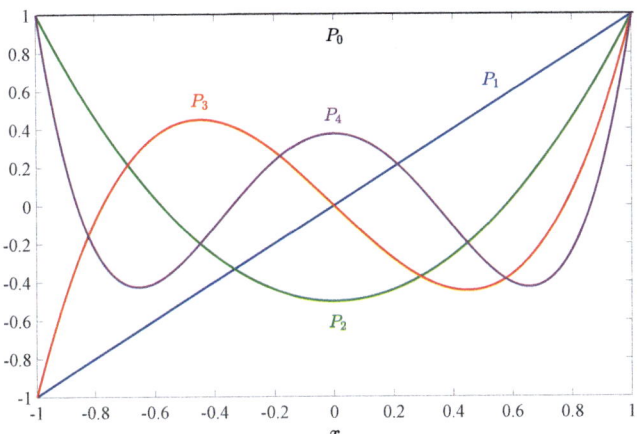

Figura 3.10: Primeros cinco polinomios de Legendre.

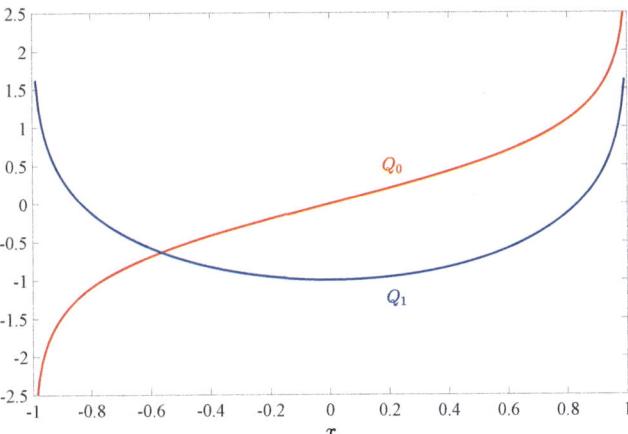

Figura 3.11: Dos primeras funciones de Legendre de segunda especie.

Estos polinomios se pueden obtener todos a partir de los dos primeros mediante la relación de recurrencia

$$(l+1)P_{l+1} - (2l+1)xP_l + lP_{l-1} = 0 \,.$$

También se puede usar la fórmula de Rodrigues

$$P_l(x) = \frac{1}{2^l l!} \frac{d^l}{dx^l} (x^2 - 1)^l \,,$$

que es también útil para hallar la integral de normalización:

$$N_l \equiv \int_{-1}^{1} [P_l(x)]^2 \, dx = \frac{1}{2^{2l}(l!)^2} \int_{-1}^{1} \frac{d^l}{dx^l}(x^2-1)^l \frac{d^l}{dx^l}(x^2-1)^l dx = \frac{2}{2l+1} \,. \qquad (3.150)$$

Como se ha comentado, la otra solución de la ecuación de Legendre con $l = 0, 1, 2, \ldots$ que no es un polinomio diverge en $x = \pm 1$. Por ejemplo, para $l = 0$,

$$Q_0(x) = a_0 \left(x + \frac{1}{3}x^3 + \frac{1}{5}x^5 + \ldots \right) = a_0 \frac{1}{2} \ln \frac{1+x}{1-x} \,,$$

que se normaliza con $a_0 = 1$. Esta función, junto con la siguiente solución singular de la ecuación de Legendre para $l = 1$,

$$Q_1(x) = \frac{x}{2} \ln \frac{1+x}{1-x} - 1 \,,$$

se representan en la Fig. 3.11. Son las dos primeras funciones de Legendre de segunda especie.

Haciendo $k = l(l+1)$ en (3.143) se tiene la parte radial de la solución

$$U(r) = Ar^{l+1} + Br^{-l} \,, \qquad (3.151)$$

de manera que la solución general de la ecuación de Laplace axilsimétrica que es regular en $\theta = 0$ y $\theta = \pi$ se puede escribir como

$$\Phi(r, \theta) = \frac{U(r)}{r} P(\theta) = \sum_{l=0}^{\infty} \left[A_l r^l + B_l r^{-(l+1)} \right] P_l(\cos\theta) \,. \qquad (3.152)$$

Los coeficientes A_l y B_l se determinan de las condiciones de contorno. Por ejemplo, si Φ está fijada en una esfera de radio $r = R$,

$$\Phi(R, \theta) = \Phi_0(\theta) \,,$$

y se busca la solución en $r \leq R$, todos los coeficientes B_l tienen que ser nulos para que la solución sea regular en $r = 0$. Los coeficientes A_l se obtienen de

$$\Phi_0(\theta) = \sum_{l=0}^{\infty} A_l R^l P_l(\cos\theta) \,,$$

de donde, utilizando las relaciones de ortogonalidad (3.147) y (3.150) con $x = \cos\theta$, se tiene

$$\int_0^\pi \Phi_0(\theta) P_{l'}(\cos\theta)\,\text{sen}\,\theta d\theta = \sum_{l=0}^\infty A_l R^l \int_0^\pi P_l(\cos\theta) P_{l'}(\cos\theta)\,\text{sen}\,\theta d\theta =$$

$$= \sum_{l=0}^\infty A_l R^l \frac{2}{2l'+1}\delta_{l'l}\,.$$

Es decir,

$$A_l = \frac{2l+1}{2R^l}\int_0^\pi \Phi_0(\theta) P_l(\cos\theta)\,\text{sen}\,\theta d\theta = \frac{2l+1}{2R^l}\int_{-1}^1 \Phi_0(x) P_l(x)dx\,. \tag{3.153}$$

Un ejemplo se considerará en §3.8.1, comparando esta solución analítica con una solución numérica. Por el contrario, si se buscara la solución en $r \geq R$, todos los coeficientes A_l se tomarían nulos si la solución debe ser regular para $r \to \infty$, y serían los coeficientes B_l los que se determinarían de la condición de contorno en $r = R$ utilizando las relaciones de ortogonalidad.

Si el problema **no** tuviese **simetría azimutal**, $m \neq 0$, se tendrían que usar las soluciones de la ecuación generalizada de Legendre (3.145), las denominadas funciones asociadas de Legendre $P_l^m(x)$, que están relacionadas con los polinomios de Legendre $P_l(x)$ mediante

$$P_l^m(x) = (-1)^m(1-x^2)^{m/2}\frac{d^m}{dx^m}P_l(x) = \frac{(-1)^m}{2^l l!}(1-x^2)^{m/2}\frac{d^{l+m}}{dx^{l+m}}(x^2-1)^l\,.$$

El requisito de regularidad en $\theta = 0$ y en $\theta = \pi$ de las soluciones $P_l^m(x)$ de la ecuación generalizada de Legendre (3.145) requiere que las constantes enteras m de la parte azimutal (3.140) estén comprendidas entre $-l$ y l,

$$m = -l, -(l-1), \ldots, 0, \ldots, l-1, l.$$

Juntando esta solución de la ecuación generalizada de Legendre con la parte azimutal (3.140), la solución se suele escribir en términos de los denominados armónicos esféricos, que son funciones complejas dadas por

$$Y_{l,m}(\theta,\varphi) = \sqrt{\frac{2l+1}{4\pi}\frac{(l-m)!}{(l+m)!}}P_l^m(\cos\theta)\,e^{im\varphi}\,, \quad l = 0, 1, \ldots, \quad m = -l, \ldots, 0, \ldots, l\,,$$

$$\tag{3.154}$$

autofunciones de la *parte angular* L^2 del operador laplaciano,

$$L^2 Y_{l,m} \equiv \left[\frac{1}{\text{sen}\,\theta}\frac{\partial}{\partial\theta}\left(\text{sen}\,\theta\frac{\partial}{\partial\theta}\right) + \frac{1}{\text{sen}^2\,\theta}\frac{\partial^2}{\partial\varphi^2}\right]Y_{l,m} = -l(l+1)Y_{l,m}\,, \tag{3.155}$$

y que están normalizados de forma que

$$\int_0^{2\pi} d\varphi \int_0^\pi \sin\theta d\theta Y_{l',m'}^*(\theta,\varphi)Y_{l,m}(\theta,\varphi) = \delta_{l',l}\delta_{m',m}\,,$$

siendo δ la función delta de Dirac, y donde el complejo conjugado es $Y^*_{l,m}(\theta,\varphi) = (-1)^m Y_{l,-m}(\theta,\varphi)$. Es decir, los armónicos esféricos son ortonormales.

Con estos armónicos esféricos, la solución general de la ecuación de Laplace (3.137) que es regular en $\theta = 0$ y $\theta = \pi$ se escribe

$$\Phi(r,\theta,\varphi) = \sum_{l=0}^{\infty} \sum_{m=-l}^{l} \left[A_{l,m} r^l + B_{l,m} r^{-(l+1)} \right] Y_{l,m}(\theta,\varphi) . \qquad (3.156)$$

3.8.1. Comparación con la solución numérica del campo eléctrico generado en una esfera por una distribución de potencial eléctrico en su superficie

En esta sección se compara la solución analítica axilsimétrica (3.152) con la solución numérica obtenida para el potencial eléctrico generado en el interior de una esfera de radio R por una distribución del potencial $\Phi_0(\theta) = V \cos^2 \theta$ sobre la superficie de la esfera, siendo V una constante. Se utiliza el módulo de electroestática del software COMSOL Multiphysics (v: 6.2) y se resuelve numéricamente la ecuación de Laplace para el potencial eléctrico con una malla controlada por la física, en su modalidad de 'más fina' (con un tamaño de la celda aproximadamente igual a $R/20$). En la Fig. 3.12 se representan los resultados numéricos para los isocontornos tanto del potencial eléctrico $\Phi(r,\theta)$ como del módulo del campo eléctrico $E = |\mathbf{E}|$, donde $\mathbf{E} = -\boldsymbol{\nabla}\Phi$, para $V = 1$ voltio y $R = 1$ m.

Esta solución numérica se va a comparar con la analítica (3.152) obtenida por separación de variables. Como se ha comentado más arriba, todas las constantes B_l en (3.152) deben ser nulas para que la solución sea regular en el centro de la esfera, mientras que las constantes A_l se determinan mediante (3.153). De acuerdo con los primeros polinomios de Legendre dados en (3.148)-(3.149), la distribución del potencial sobre la esfera se puede escribir como

$$\Phi_0(\theta) = V \cos^2 \theta = V x^2 = \frac{V}{3} \left[P_0(x) + 2 P_2(x) \right] .$$

Luego, usando las relaciones de ortogonalidad de los polinomios de Legendre (3.147), junto con (3.150), se tiene

$$A_0 = \frac{V}{3} , \quad A_1 = 0 , \quad A_2 = \frac{2V}{3R^2} , \quad A_l = 0 \quad \text{para} \quad l > 2 ,$$

y la solución (3.152) en este caso queda

$$\Phi(r,\theta) = \frac{V}{3} \left(1 - \frac{r^2}{R^2} \right) + V \frac{r^2}{R^2} \cos^2 \theta . \qquad (3.157)$$

El campo eléctrico viene dado, en las coordenadas esféricas que se están utilizando,

$$\mathbf{E} = -\boldsymbol{\nabla}\Phi = -\frac{\partial \Phi}{\partial r}\mathbf{e}_r - \frac{1}{r}\frac{\partial \Phi}{\partial \theta}\mathbf{e}_\theta = \frac{2Vr}{R^2} \left[\left(\frac{1}{3} - \cos^2 \theta \right) \mathbf{e}_r - \operatorname{sen}\theta \cos\theta\, \mathbf{e}_\theta \right] .$$

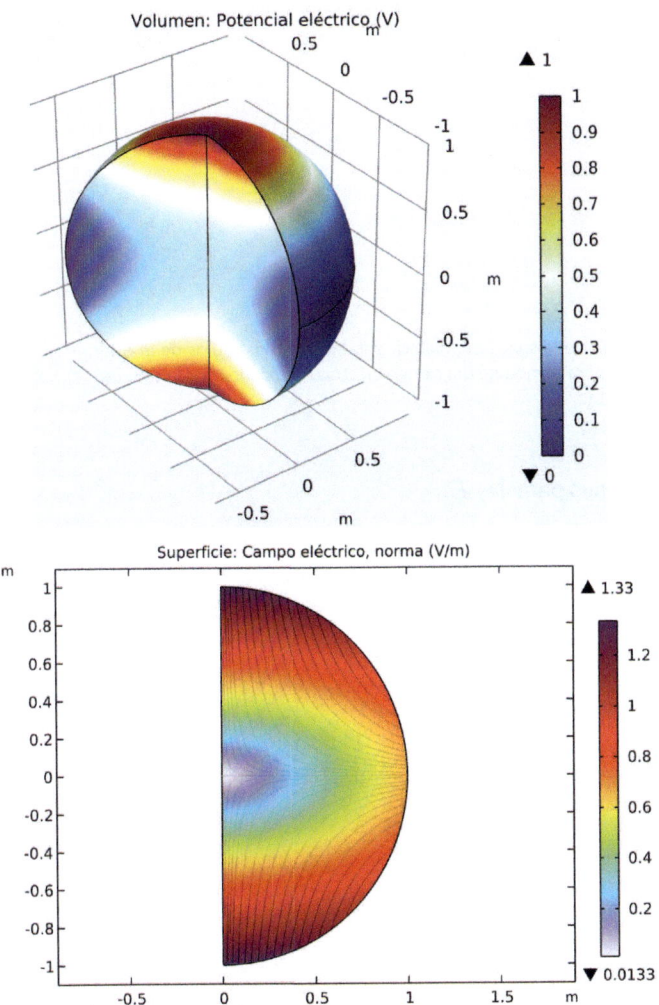

Figura 3.12: Arriba: Isocontornos del potencial eléctrico en una esfera de radio 1 m originado por un potencial $\cos^2 \theta$ sobre la superficie, obtenido numéricamente con COMSOL Multiphysics (v: 6.2). Abajo: Isocontornos en un plano axial del módulo del campo eléctrico correspondiente, incluyendo también las líneas de flujo eléctrico.

Su módulo es

$$E = \sqrt{E_r^2 + E_\theta^2} = \frac{2Vr}{R^2} \sqrt{\frac{1}{9} + \frac{1}{3} \cos^2 \theta} \, .$$

En la Fig. 3.13 se comparan los resultados numéricos y analíticos para Φ y E a lo largo de tres radios de la esfera, $\theta = 0, \pi/4$ y $\pi/2$, en donde la solución analítica proporciona las

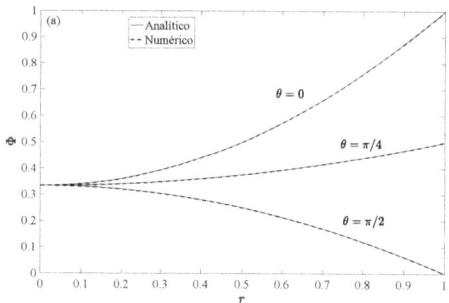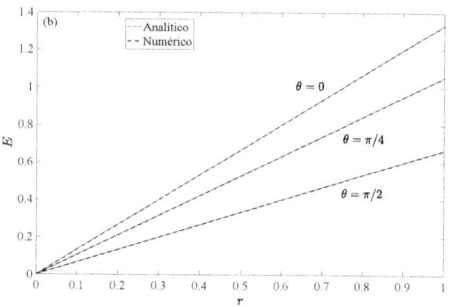

Figura 3.13: Comparación de la solución analítica a lo largo de los radios de la esfera $\theta = 0, \pi/4$ y $\pi/2$ para el potencial eléctrico (a) y para el módulo del campo eléctrico (b), dadas por (3.158)-(3.159), con la solución numérica representada en la Fig. 3.12.

siguientes expresiones para Φ y E:

$\theta = 0$

$$\Phi = \frac{V}{3}\left(1 + 2\,\frac{r^2}{R^2}\right) , \quad E = \frac{4}{3}\,\frac{V r}{R^2} ; \tag{3.158}$$

$\theta = \frac{\pi}{4}$

$$\Phi = \frac{V}{3}\left(1 + \frac{1}{2}\,\frac{r^2}{R^2}\right) , \quad E = \frac{\sqrt{10}}{3}\,\frac{V r}{R^2} ;$$

$\theta = \frac{\pi}{2}$

$$\Phi = \frac{V}{3}\left(1 - \frac{r^2}{R^2}\right) , \quad E = \frac{2}{3}\,\frac{V r}{R^2} . \tag{3.159}$$

A pesar de que la malla utilizada en la obtención de la solución numérica no es *tan* fina, el acuerdo entre la solución analítica y la numérica es excelente.

3.9. ECUACIÓN DE SCHRÖDINGER DEL ÁTOMO DE HIDRÓGENO. POLINOMIOS DE LAGUERRE

La función de onda de un átomo hidrogenoide (es decir, con solo un electrón, independientemente de la composición del núcleo) en la formulación mecanocuántica se obtiene de la ecuación de Schrödinger para un electrón en el campo eléctrico central creado por el núcleo. Tras separar la dependencia temporal y la parte que depende del movimiento del centro de masa del sistema, la función de onda en las coordenadas esféricas de la posición relativa del electrón respecto al núcleo, $\psi(r, \theta, \varphi)$, se obtiene resolviendo la siguiente EDP:[12]

$$-\frac{\hbar^2}{2\mu}\left[\frac{1}{r}\frac{\partial}{\partial r}\left(1 + \frac{1}{r}\frac{\partial}{\partial r}\right) + \frac{L^2}{r^2}\right]\psi + V(r)\psi = E\psi\,, \tag{3.160}$$

donde $\hbar$ es la constante de Planck reducida, μ es la masa reducida del sistema electrón-núcleo [$\mu = m_e m_N/(m_e + m_N)$, con m_e y m_N las masas de electrón y núcelo, respectivamente], L^2 es la parte angular del operador laplaciano [ver (3.155)], $V(r)$ es el potencial eléctrico radial generado por el núcleo y E es la energía del movimiento relativo. E es una constante desconocida que aparece al separar las variables (r, θ, φ) de la dependencia temporal y de la dependencia del centro de masa del sistema, y se obtendrá como un autovalor junto con la función de onda ψ. De hecho, la principal motivación desde el punto de vista físico para resolver este problema por separación de variables es obtener E.

Claramente, la parte radial de la ecuación (3.160) se puede separar de su parte angular, con esta última expresada convenientemente en términos de los armónicos esféricos,

$$\psi(r, \theta, \varphi) = \psi_{lm}(r, \theta, \varphi) = R(r)Y_{lm}(\theta, \varphi)\,, \tag{3.161}$$

para $l = 0, 1, 2, \ldots$ y $m = 0, \pm 1, \pm 2, \ldots, \pm l$. Teniendo en cuenta (3.155), que se vuelve a escribir aquí,

$$L^2 Y_{lm}(\theta, \varphi) = -l(l+1)Y_{lm}(\theta, \varphi)\,, \tag{3.162}$$

la ecuación para la parte radial queda

$$\left\{-\hbar^2\left[\frac{1}{r}\frac{d}{dr}\left(1 + \frac{1}{r}\frac{d}{dr}\right)\right] + 2\mu r^2[V(r) - E]\right\}R(r) = -l(l+1)\hbar^2 R(r)\,. \tag{3.163}$$

Se puede simplificar utilizando la nueva variable dependiente

$$\chi(r) = rR(r)\,, \tag{3.164}$$

de manera que, introduciendo también el potencial

$$V(r) = -\kappa\frac{Ze^2}{r}\,, \tag{3.165}$$

donde e es la carga del electrón, Z el número atómico ($Z = 1$ para el átomo de hidrógeno) y κ una constante que depende del sistema de unidades utilizado,[13] la ecuación (3.163) queda

$$\left[-\frac{\hbar^2}{2\mu}\frac{d^2}{dr^2} - \kappa\frac{Ze^2}{r} + \frac{l(l+1)\hbar^2}{2\mu r^2}\right]\chi(r) = E\chi(r)\,, \tag{3.166}$$

que hay que resolver con las condiciones de contorno

$$\chi(0) = \chi(\infty) = 0\,. \tag{3.167}$$

---

[12]Ver, por ejemplo, Avery (1975), cap. 2, para la física detrás de la ecuación y §A.3 en el apéndice A para las coordenadas esféricas.

[13]$\kappa = 1/(4\pi\epsilon_0)$ en el sistema MKSI, siendo ϵ_0 la permitividad eléctrica del vacío. Ver §2.1.1.1.

Esto es ya un problema de Sturm-Liouville, pero es conveniente escribir esta EDO lineal de segundo orden en forma adimensional y normalizada. Para ello se utiliza la variable independiente x, así como los parámetros

$$x = 2q\,r\,, \quad q = \sqrt{\frac{2\mu|E|}{\hbar^2}}\,, \quad A = \kappa\sqrt{\frac{\mu Z^2 e^4}{2\hbar^2|E|}} = \kappa q\frac{Ze^2}{2|E|}\,, \tag{3.168}$$

de manera que la nueva ecuación para $\chi(x)$ queda

$$\chi'' + \left[-\frac{1}{4} + \frac{A}{x} - \frac{l(l+1)}{x^2}\right]\chi = 0\,, \quad \chi(0) = \chi(\infty) = 0\,, \tag{3.169}$$

donde ahora el autovalor es A y se ha supuesto que $E < 0$ (signo menos en el primer término entre corchetes).

La forma (3.169) sería la apropiada para obtener los autovalores de forma aproximada utilizando, por ejemplo, el método WKB (ver §4.5.3). Pero para facilitar la obtención de las autofunciones en términos de funciones conocidas y, por tanto, los autovalores de forma analítica, es conveniente transformar la ecuación en una ecuación ya estudiada con detalle. Para tal fin, ayuda obtener primero los comportamientos de χ cuando $x \to 0$,

$$\chi'' \sim \frac{l(l+1)}{x^2}\chi\,, \quad \text{de donde} \quad \chi \sim x^{l+1}\,,$$

y cuando $x \to \infty$,

$$\chi'' \sim \frac{1}{4}\chi\,, \quad \text{con solución} \quad \chi \sim e^{-x/2}\,.$$

De esta manera, la función $f_l(x)$, definida mediante

$$\chi(x) = x^{l+1}e^{-x/2}f_l(x)\,, \tag{3.170}$$

satisface la ecuación

$$xf_l'' + (2l + 2 - x)f_l' - (l + 1 - A)f_l = 0\,, \tag{3.171}$$

que es una ecuación de Kummer, cuyas soluciones son las funciones hipergeométricas confluentes, también llamadas funciones de Kummer,[14]

$$f_l(x) = M(l + 1 - A, 2l + 2, x) = \sum_{k=0}^{\infty}\frac{(l + 1 - A)_k}{(2l + 2)_k k!}x^k\,. \tag{3.172}$$

De forma similar al caso considerado en §3.5 en relación a los polinomios de Hermite, para que la función $\chi(x)$ dada por (3.170) tienda a cero para $x \to \infty$, el producto de estas funciones $f_l(x)$ con $x^{l+1}e^{-x/2}$ no debe diverger para $x \to \infty$, y esto implica que la serie

---

[14]Ver, por ejemplo, F. W. J. Olver y cols. (2010), §13.2.

(3.172) que la define tiene que terminar en un número finito de términos, dando lugar a un polinomio. Para que esto ocurra, $l + 1 - A + n' = 0$, donde $n' = 0, 1, 2, \dots$. Es decir, A tiene que ser un número natural,

$$A = n, \qquad n = 1, 2, 3, \dots . \tag{3.173}$$

Estos autovalores del problema de Sturm-Liouville para la función χ, mediante la solución de la ecuación (3.172) para f_l, *cuantizan* los posibles valores de la energía E a través de la definición de A en (3.168):

$$E = E_n = -\kappa^2 \frac{\mu Z^2 e^4}{2n^2 \hbar^2} = -\left(\frac{Z}{n}\right)^2 \frac{\hbar^2}{2\mu a_0^2}, \qquad n = 1, 2, 3, \dots , \tag{3.174}$$

siendo $a_0 = \hbar^2 / (\kappa m_e e^2)$ el denominado radio de Bohr, (se ha supuesto que $\mu \simeq m_e$ debido a que la masa del núcleo es mucho mayor que la del electrón).

Las correspondientes autofunciones polinómicas dadas por la función hipergeométrica confluente (3.172) con $l + 1 - A$ un número entero negativo están asociadas a los polinomios generalizados de Laguerre, $L_n^{(\alpha)}(x)$, relacionados con la hipergeométrica confluente mediante[15]

$$L_n^{(\alpha)}(x) = \frac{(\alpha + 1)_n}{n!} M(-n, \alpha + 1, x) . \tag{3.175}$$

Estos polinomios satisfacen la ecuación diferencial [haciendo $y(x) = L_n^{(\alpha)}(x)$ para simplificar la notación]

$$xy'' + (\alpha + 1 - x)y' + ny = 0 ,$$

que es la ecuación generalizada de Laguerre, y están normalizados de forma que cumplen las relaciones de ortogonalidad

$$\int_0^\infty e^{-x} x^\alpha L_n^{(\alpha)}(x) L_m^{(\alpha)}(x) dx = \begin{cases} 0, & n \neq m \\ \frac{\Gamma(n+\alpha+1)}{n!}, & n = m \end{cases} , \tag{3.176}$$

siendo Γ la función Gamma.

Los polinomios de Laguerre propiamente dichos son los correspondientes a $\alpha = 0$,

$$L_n(x) \equiv L_n^{(0)}(x) ,$$

que satisfacen la ecuación de Laguerre, $xy'' + (1 - x)y' + ny = 0$, y que se pueden generar mediante

$$L_n(x) = e^x \frac{d^n (x^n e^{-x})}{dx^n} ,$$

siendo los primeros

$$L_0(x) = 1 , \quad L_1(x) = -x+1 , \quad L_2(x) = \frac{1}{2}x^2 - 2x + 1 , \quad L_3(x) = -\frac{1}{6}x^3 + \frac{3}{2}x^2 - 3x + 1 , \dots .$$

---

[15]Para más detalles de los necesarios aquí sobre los polinomios de Laguerre se puede consultar Abramowitz y Stegun (1965), cap. 22 y F. W. J. Olver y cols. (2010), cap. 18.

Los polinomios generalizados se pueden obtener de estos mediante

$$L_n^{(\alpha)}(x) = (-1)^\alpha \frac{d^\alpha}{dx^\alpha} L_{n+\alpha}(x) \,.$$

Para su generación son también útiles las relaciones de recurrencia

$$(n+1)L_{n+1}^{(\alpha)} = (2n + \alpha + 1 - x)L_n^{(\alpha)} - (n+\alpha)L_{n-1}^{(\alpha)} \,,$$

$$xL_n^{(\alpha+1)} = -(n+1)L_{n+1}^{(\alpha)} + (n+\alpha+1)L_n^{(\alpha)} \,.$$

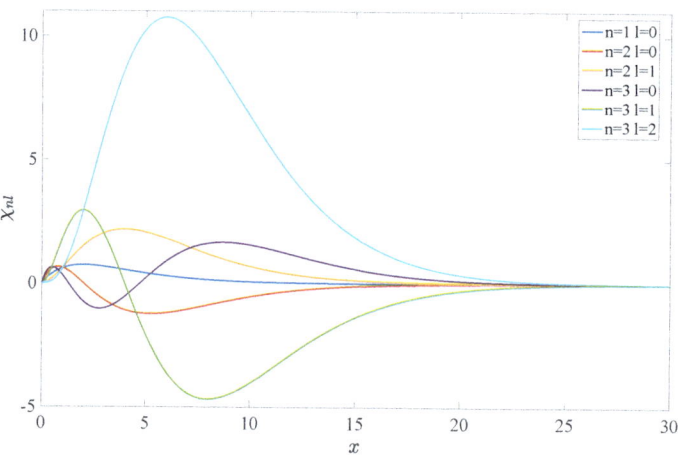

Figura 3.14: Seis primeras autofunciones $\chi_{nl}(x)$ de la parte radial adimensional del átomo hidrógeno.

Una vez resumidas algunas propiedades de interés de los polinomios de Laguerre, los que aparecen en la presente solución son, de acuerdo con la función $f_l(x)$ dada por la función hipergeométrica confluente (3.172), junto con su relación (3.175) con los polinomios y la *cuantización* $A = n$, $n = 1, 2, 3, \ldots$,

$$f_{nl}(x) = L_{n-l-1}^{(2l+1)}(x) \,, \quad n = 1, 2, 3, \ldots, \quad l = 0, 1, 2, \ldots, n-1 \,, \tag{3.177}$$

donde se ha hecho $\alpha + 1 = 2l + 2$ comparando (3.172) con (3.175). Estas autofunciones dependen por tanto de los autovalores n y l a través de los polinomios generalizados de Laguerre de orden $n - l - 1$ con $\alpha = 2l + 1$. Consecuentemente, las autofunciones $R(r)$ de la parte radial de la función de onda dependen de n y l y se designarán mediante $R_{nl}(r)$. Usando las relaciones (3.164) y (3.170), se tiene que $R_{nl} \propto x^{l+1} e^{-x/2} f_{nl}/r$, que con (3.168), (3.174) y (3.177) se escribe

$$R_{nl}(r) = A_{nl} \frac{2Z}{na_0} \left(\frac{2Zr}{na_0}\right)^l e^{-Zr/(na_0)} L_{n-l-1}^{(2l+1)}\left(\frac{2Zr}{na_0}\right) \,, \tag{3.178}$$

donde las constantes de normalización A_{nl} se eligen

$$A_{nl} = \sqrt{\frac{2Z}{na_0}}\sqrt{\frac{(n-l-1)!}{2n(n+l)!}}\,, \quad n = 1,2,3,\ldots\,, \quad l = 0,1,2,\ldots,n-1\,,$$

para que estas autofunciones satisfagan

$$\int_0^\infty R_{n'l'}(r)R_{nl}(r)r^2 dr = \left\{ \begin{array}{ll} 0\,, & n' \neq n\,, \quad l' \neq l \\ 1\,, & n = n\,, \quad l' = l \end{array} \right.\,, \tag{3.179}$$

donde se han usado las relaciones de ortogonalidad (3.176).

Para su representación gráfica es preferible utilizar las autofunciones adimensionales $\chi_{nl}(x)$,

$$\chi_{nl}(x) = x^{l+1}e^{-x/2}f_{nl}(x) = x^{l+1}e^{-x/2}L_{n-l-1}^{(2l+1)}(x)\,. \tag{3.180}$$

Las seis primeras se representan en la Fig. 3.14.

Finalmente, las funciones de onda se escriben

$$\psi_{nlm}(r,\theta,\varphi) = R_{nl}(r)Y_{lm}(\theta,\varphi)\,, \tag{3.181}$$

con $\quad n = 1,2,\ldots\,, \quad l = 0,1,2,\ldots,n-1\,, \quad m = 0,\pm1,\ldots,\pm l\,,$

y con los armónicos esféricos Y_{lm} dados por (3.154).

3.10. MOVIMIENTO FLUIDO POTENCIAL NO ESTACIONARIO SOBRE UNA ELIPSE

Como ejemplo de aplicación del método de separación de variables en coordenadas curvilíneas distintas de las más clásicas cilíndricas y esféricas, se considera el movimiento fluido bidimensional alrededor de una elipse en el plano (x,z) (ver Fig. 3.15).

En particular, se considera el movimiento potencial e incompresible no estacionario, cuyo campo de velocidad se escribe en términos de una función potencial de velocidad ϕ como $\mathbf{v}(x,z,t) = \boldsymbol{\nabla}\phi(x,z,t)$, que satisface la ecuación de Laplace,[16]

$$\mathbf{v} = \boldsymbol{\nabla}\phi\,, \qquad \nabla^2\phi = 0\,. \tag{3.182}$$

Para que la solución sea lo más general posible, pero sin complicar excesivamente el problema matemático de separación de variables, se considera que la elipse tiene semiejes $c/2$ y $e/2$ a lo largo de unos ejes x' y z', respectivamente, que forman un ángulo α con la corriente fluida que incide sobre la elipse desde lejos con velocidad en la dirección x dada por $\mathbf{V} = V\mathbf{e}_x$, y que ambos V y α sean en general funciones del tiempo (ver Fig. 3.15).

La ecuación de Laplace (3.182) se debe resolver con las condiciones de contorno de la velocidad $\mathbf{V}$ lejos de la elipse y la velocidad normal en la superficie de la elipse dada por su giro con velocidad angular $\boldsymbol{\Omega}$ asociada a la variación del ángulo α con el tiempo:

$$\boldsymbol{\nabla}\phi = \mathbf{V}(t) \quad \text{para} \quad |\mathbf{x}| \to \infty\,, \tag{3.183}$$

---

[16]Ver ejemplo considerado en §1.2.4.2.

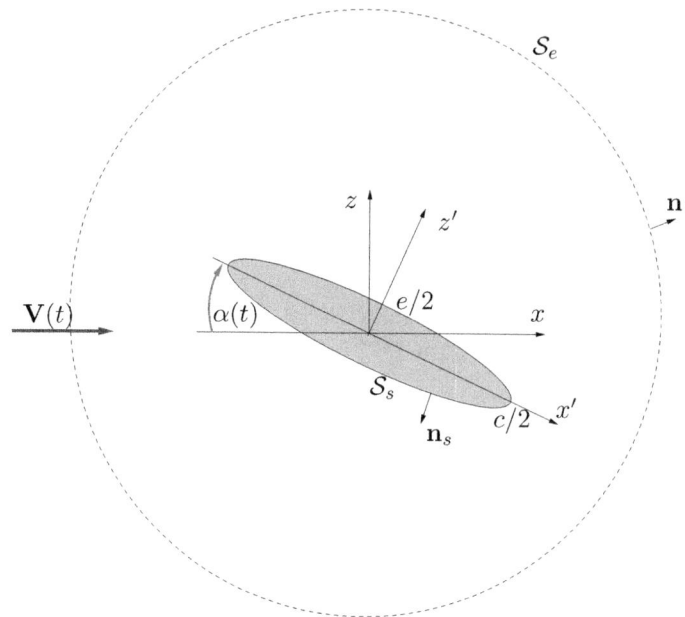

Figura 3.15: Esquema del movimiento fluido alrededor de una elipse de semiejes $c/2$ y $e/2$ en los ejes x' y z', respectivamente, girados un ángulo α en relación a la corriente $\mathbf{V}$.

$$\mathbf{n}_s \cdot \boldsymbol{\nabla}\phi = \mathbf{n}_s \cdot (\boldsymbol{\Omega}(t) \wedge \mathbf{x}) \quad \text{para} \quad \mathbf{x} \in \mathcal{S}_s\,, \quad \text{con} \quad \boldsymbol{\Omega}(t) = \dot{\alpha}\mathbf{e}_y\,, \tag{3.184}$$

donde $\mathbf{n}_s$ es el vector unitario normal a la superficie de la elipse $\mathcal{S}_s$ (ver Fig. 3.15).

Para resolver por separación de variables la ecuación de Laplace se van a utilizar coordenadas elípticas (ξ, η) en sus ejes principales (x', z'), relacionados con los ejes (x, z) mediante

$$\mathbf{e}_x = \cos\alpha\,\mathbf{e}_{x'} + \operatorname{sen}\alpha\,\mathbf{e}_{z'}\,, \quad \mathbf{e}_z = -\operatorname{sen}\alpha\,\mathbf{e}_{x'} + \cos\alpha\,\mathbf{e}_{z'}\,. \tag{3.185}$$

La relación entre las coordenadas elípticas (ξ, η) y las cartesianas (x', z') es (ver Apéndice A.4):

$$x' = \frac{c}{2}\frac{\cosh\xi}{\cosh\xi_0}\cos\eta\,, \quad z' = \frac{e}{2}\frac{\operatorname{senh}\xi}{\operatorname{senh}\xi_0}\operatorname{sen}\eta\,, \tag{3.186}$$

donde $\xi = \xi_0$ es la superficie $\mathcal{S}_s$ de la elipse, con $\xi_0 \le \xi \le \infty, 0 \le \eta \le 2\pi$ y

$$\tanh\xi_0 = \frac{e}{c} \equiv \epsilon\,, \quad \xi_0 = \ln\sqrt{\frac{1+\epsilon}{1-\epsilon}}\,, \quad \cosh\xi_0 = \frac{1}{\sqrt{1-\epsilon^2}}\,, \quad \operatorname{senh}\xi_0 = \frac{\epsilon}{\sqrt{1-\epsilon^2}}\,. \tag{3.187}$$

En estas coordenadas, el campo de velocidad es

$$\mathbf{v}(\xi, \eta) = \boldsymbol{\nabla}\phi = \frac{1}{h_\xi}\frac{\partial\phi}{\partial\xi}\mathbf{e}_\xi + \frac{1}{h_\eta}\frac{\partial\phi}{\partial\eta}\mathbf{e}_\eta\,, \tag{3.188}$$

con

$$h_\xi = h_\eta = \frac{1}{2} \frac{c}{\cosh \xi_0} \sqrt{\cosh^2 \xi - \cos^2 \eta}\,, \tag{3.189}$$

$$\mathbf{e}_\xi = \frac{\operatorname{senh} \xi \, \cos \eta \, \mathbf{e}_{x'} + \cosh \xi \, \operatorname{sen} \eta \, \mathbf{e}_{z'}}{\sqrt{\cosh^2 \xi - \cos^2 \eta}}\,, \quad \mathbf{e}_\eta = \frac{- \cosh \xi \, \operatorname{sen} \eta \, \mathbf{e}_{x'} + \operatorname{senh} \xi \, \cos \eta \, \mathbf{e}_{z'}}{\sqrt{\cosh^2 \xi - \cos^2 \eta}}\,. \tag{3.190}$$

La ecuación de Laplace se escribe

$$\frac{\partial^2 \phi}{\partial x'^2} + \frac{\partial^2 \phi}{\partial z'^2} = \frac{1}{h_\xi h_\eta} \left[\frac{\partial}{\partial \xi} \left(\frac{h_\eta}{h_\xi} \frac{\partial \phi}{\partial \xi} \right) + \frac{\partial}{\partial \eta} \left(\frac{h_\xi}{h_\eta} \frac{\partial \phi}{\partial \eta} \right) \right] = 0\,, \tag{3.191}$$

que, debido a que $h_\xi = h_\eta$, queda simplemente

$$\frac{\partial^2 \phi}{\partial \xi^2} + \frac{\partial^2 \phi}{\partial \eta^2} = 0\,. \tag{3.192}$$

Las componentes x' y z' de la condición de contorno (3.183) para $\xi \to \infty$, teniendo en cuenta que $h_\xi = h_\eta \to c\sqrt{1 - \epsilon^2} e^\xi / 4$, $\mathbf{e}_\xi \to \cos \eta \mathbf{e}_{x'} + \operatorname{sen} \eta \mathbf{e}_{z'}$ y que $\mathbf{e}_\eta \to - \operatorname{sen} \eta \mathbf{e}_{x'} + \cos \eta \mathbf{e}_{z'}$ para $\xi \to \infty$, se escriben

$$V_{x'} = V \cos \alpha = \frac{\partial \phi}{\partial x'} = \frac{4 e^{-\xi}}{c\sqrt{1 - \epsilon^2}} \left(\frac{\partial \phi}{\partial \xi} \cos \eta - \frac{\partial \phi}{\partial \eta} \operatorname{sen} \eta \right)\,, \quad \xi \to \infty\,, \tag{3.193}$$

$$V_{z'} = V \operatorname{sen} \alpha = \frac{\partial \phi}{\partial z'} = \frac{4 e^{-\xi}}{c\sqrt{1 - \epsilon^2}} \left(\frac{\partial \phi}{\partial \xi} \operatorname{sen} \eta + \frac{\partial \phi}{\partial \eta} \cos \eta \right)\,, \quad \xi \to \infty\,, \tag{3.194}$$

mientras que la condición de contorno (3.184) en $\xi = \xi_0$, haciendo uso de (3.185)-(3.186) y que $\mathbf{n}_s = \mathbf{e}_\xi$, se escribe

$$\frac{\partial \phi}{\partial \xi} = \frac{\dot{\alpha}}{8} c^2 (\epsilon^2 - 1) \operatorname{sen} 2\eta\,, \quad \xi = \xi_0\,. \tag{3.195}$$

Escribiendo $\phi(\xi, \eta)$ en variables separadas (el tiempo no aparece en la ecuación de Laplace, entra solo como un parámetro en las condiciones de contorno),

$$\phi(\xi, \eta) = P(\xi) Q(\eta)\,, \tag{3.196}$$

y sustituyendo en (3.192), se tiene el par de EDOs

$$\frac{P''}{P} = -\frac{Q''}{Q} = \lambda^2\,, \tag{3.197}$$

donde la constante de separación debe ser positiva para que la función Q pueda ser periódica en η. Las soluciones son

$$P(\xi) = A e^{\lambda \xi} + B e^{-\lambda \xi}\,, \quad \text{si} \quad \lambda \neq 0\,, \tag{3.198}$$

$$P(\xi) = A_0 + B_0\xi, \quad \text{si} \quad \lambda = 0, \tag{3.199}$$

$$Q(\eta) = C\,\text{sen}(\lambda\eta) + D\cos(\lambda\eta), \quad \text{si} \quad \lambda \neq 0, \tag{3.200}$$

$$Q(\eta) = C_0\eta + D_0, \quad \text{si} \quad \lambda = 0, \tag{3.201}$$

donde A, B, C, D, A_0, B_0, C_0 y D_0 son constantes de integración, que pueden depender del tiempo en función de las condiciones de contorno. Dado que $\phi(\xi, \eta) = \phi(\xi, \eta + 2\pi)$, $\lambda = m$, donde m es cualquier número entero. Por lo tanto, la solución general se puede escribir como

$$\phi(\xi, \eta) = (A_0 + B_0\xi)(C_0\eta + D_0) +$$

$$+ \sum_{m=1}^{\infty} \left(A_m e^{m\xi} + B_m e^{-m\xi}\right)\left[C_m\,\text{sen}(m\eta) + D_m\cos(m\eta)\right], \tag{3.202}$$

De la condición de contorno (3.193)-(3.194) para $\xi \to \infty$ se tiene que $A_m = 0$ si $m \geq 2$ para que la solución no diverja, y

$$A_1 D_1 = \frac{c}{4}\sqrt{1 - \epsilon^2}\,V_{x'}, \quad A_1 C_1 = \frac{c}{4}\sqrt{1 - \epsilon^2}\,V_{z'}. \tag{3.203}$$

Por otra parte, de la condición de contorno (3.195) en $\xi = \xi_0$ se tiene que $B_0 = 0$, $B_m C_m = 0$ para $m \geq 3$, $B_m D_m = 0$ para $m \geq 2$, y

$$B_1 D_1 = A_1 D_1 e^{2\xi_0} = \frac{c(1 + \epsilon)^{3/2}}{4\sqrt{1 - \epsilon}}\,V_{x'}, \tag{3.204}$$

$$B_1 C_1 = A_1 C_1 e^{2\xi_0} = \frac{c(1 + \epsilon)^{3/2}}{4\sqrt{1 - \epsilon}}\,V_{z'}, \tag{3.205}$$

$$B_2 C_2 = \frac{\dot{\alpha}c^2}{16}(1 - \epsilon^2)e^{2\xi_0} = \frac{\dot{\alpha}c^2}{16}(1 + \epsilon)^2, \tag{3.206}$$

donde se ha hecho uso de (3.187) para evaluar $e^{2\xi_0}$.

Sustituyendo estos coeficientes en (3.202), se llega a la solución

$$\phi = A_0(C_0\eta + D_0) + \frac{c}{2}(1 + \epsilon)\cosh(\xi - \xi_0)(V_{x'}\cos\eta + V_{z'}\,\text{sen}\,\eta)$$

$$+ \frac{\dot{\alpha}\,c^2}{16}(1 + \epsilon^2)e^{-2\xi}\,\text{sen}(2\eta). \tag{3.207}$$

La constante $A_0 D_0$ es físicamente irrelevante, mientras que $A_0 C_0 \equiv K$ es una constante cíclica indeterminada que está relacionada con la circulación alrededor de la elipse. Haciendo uso de $V_{x'} = V\cos\alpha$ y $V_{z'} = V\,\text{sen}\,\alpha$, la solución para el potencial de velocidad finalmente se escribe

$$\phi = K\eta + \frac{V\,c}{2}(1 + \epsilon)\cosh(\xi - \xi_0)\cos(\eta - \alpha) + \frac{\dot{\alpha}\,c^2}{16}(1 + \epsilon^2)e^{-2\xi}\,\text{sen}(2\eta). \tag{3.208}$$

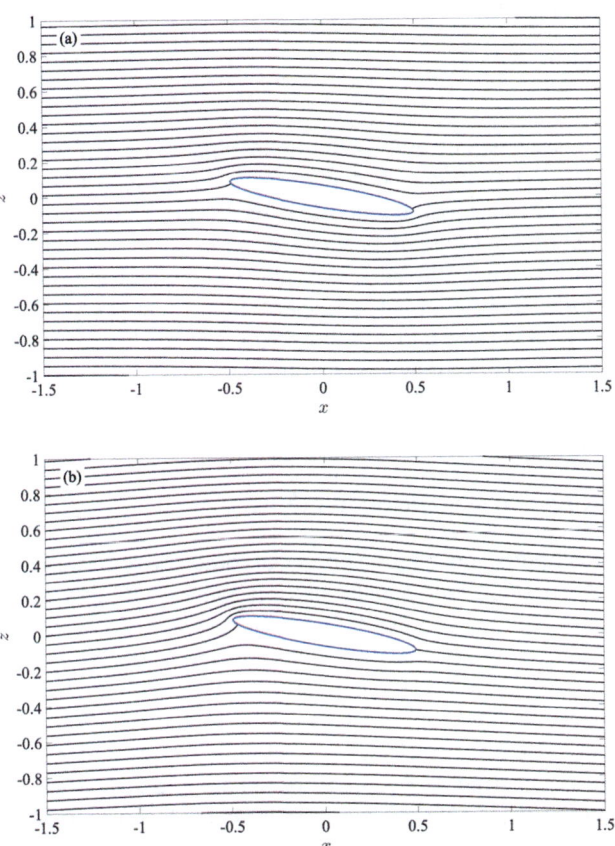

Figura 3.16: Líneas de corriente $\psi/(Vc)$ = constante del movimiento potencial alrededor de una elipse(3.209) con $\epsilon = 1/8$ y un ángulo de ataque $\alpha = 10^o$ constante, sin circulación ($K = 0$) (a) y con circulación [$K = -(1+\epsilon)cV\,\mathrm{sen}\,\alpha/2$] (b), para los mismos valores de $\psi/(Vc)$.

El campo de velocidad se obtendría de (3.188) en las coordenadas (ξ, η), que utilizando las proyecciones (3.190) y (3.185), junto con (3.186), se pasaría a las coordenadas (x, z). Pero para representar el campo de velocidad es más conveniente usar la función de corriente ψ que, de acuerdo con lo visto en el ejemplo similar de §1.2.4.2, está relacionada con el potencial de velocidad mediante las relaciones de Cauchy-Riemann,

$$\frac{\partial \phi}{\partial \xi} = \frac{\partial \psi}{\partial \eta}, \quad \frac{\partial \phi}{\partial \eta} = -\frac{\partial \psi}{\partial \xi}.$$

Utilizando (3.208) se obtiene

$$\psi = -K(\xi-\xi_0)+\frac{V\,c}{2}(1+\epsilon)\,\mathrm{senh}(\xi-\xi_0)\,\mathrm{sen}(\eta-\alpha)+\frac{\dot{\alpha}\,c^2}{16}(1+\epsilon^2)e^{-2\xi}\cos(2\eta)\,, \quad (3.209)$$

donde se ha añadido la constante $K\xi_0$ para que la elipse ($\xi = \xi_0$) se corresponda con la línea de corriente $\psi = 0$ cuando sea estacionaria ($\dot{\alpha} = 0$). En aerodinámica potencial, $K = \Gamma/(2\pi)$, donde Γ es la circulación alrededor de la elipse que, siendo en principio arbitraria, se elige para que el borde de salida de la elipse ($x' = c/2$, $z' = 0$) tenga velocidad nula:[17] $\Gamma = 2\pi K = -\pi(1+\epsilon)cV\,\mathrm{sen}\,\alpha$. Esto tiene más relevancia cuando $\epsilon \to 0$, correspondiente al movimiento alrededor de una placa plana de espesor nulo y cuerda c, pues con esta condición se evita la singularidad de la velocidad en el borde de salida de la placa, que pasa a ser finita con esta circulación dada por la condición de Kutta-Joukowski. En la Fig. 3.16 se representan las líneas de corriente adimensionales, $\psi/(Vc) = $ constante, para una elipse estacionaria cuando $K = 0$ y cuando K viene dada por la condición de Kutta-Joukowski.

3.10.1. Comparación con la solución numérica

Para comprobar la bondad de la teoría potencial como aproximación al movimiento fluido real sobre una elipse, se obtiene aquí la solución numérica directa de las ecuaciones de Navier-Stokes mediante el software COMSOL Multiphysics (v: 6.2) para una configuración como la de la Fig. 3.16 ($\epsilon = 1/8$ y $\alpha = 10^o$), utilizando aire a $293,15$ K como fluido. Concretamente, se utiliza $c = 0,1$ m, $V = 0,1$ m/s, que corresponden a un número de Reynolds relativamente pequeño, $Re = cV/\nu \simeq 664$, y se resuelven las ecuaciones con el paquete de flujo laminar incompresible y no estacionario en el dominio representado en la Fig. 3.17 (arriba), donde también se muestran los isocontornos del módulo de la velocidad en el instante final de la simulación, $t_f = 40$ s. Como condiciones de contorno se impone la velocidad V normal a la superficie de entrada, se fijan condiciones de simetría en las superficies inferior y superior, y condiciones de flujo de salida en la superficie de salida. Se utiliza una malla adaptativa, que va refinándose desde la extremadamente fina para adaptarse a los detalles del movimiento del fluido, especialmente en la estela [ver detalle cerca de la elipse en la parte inferior de la Fig. 3.17], y se utiliza un intervalo temporal controlado por la física, pero con un límite superior de $0,05$ s.

Aunque la solución numérica es no estacionaria, en este caso con un ángulo de ataque α relativamente pequeño se llega a una solución prácticamente estacionaria en $t \approx 10$ s. La Fig. 3.18 muestra líneas de corriente superpuestas a los isocontornos del módulo de la velocidad en el instante final, $t_f = 40$ s. Se observa que, aunque la corriente es similar a la representada en la Fig. 3.16(b) en el intradós de la elipse, la corriente se separa en el extradós, creando una estela que no aparece en el movimiento potencial. Consecuentemente, el movimiento fluido es cualitativamente diferente y la fuerza que ejerce el fluido sobre la elipse es muy distinta a la predicha por la teoría potencial. Si se utilizara un número de Reynolds mayor (V mayor,

---

[17]La denominada condición, o hipótesis, de Kutta-Joukowski. Ver, por ejemplo, Millán Barbany (1975), §9, o Fernández Feria (2005), §§21.8 - 21.10.

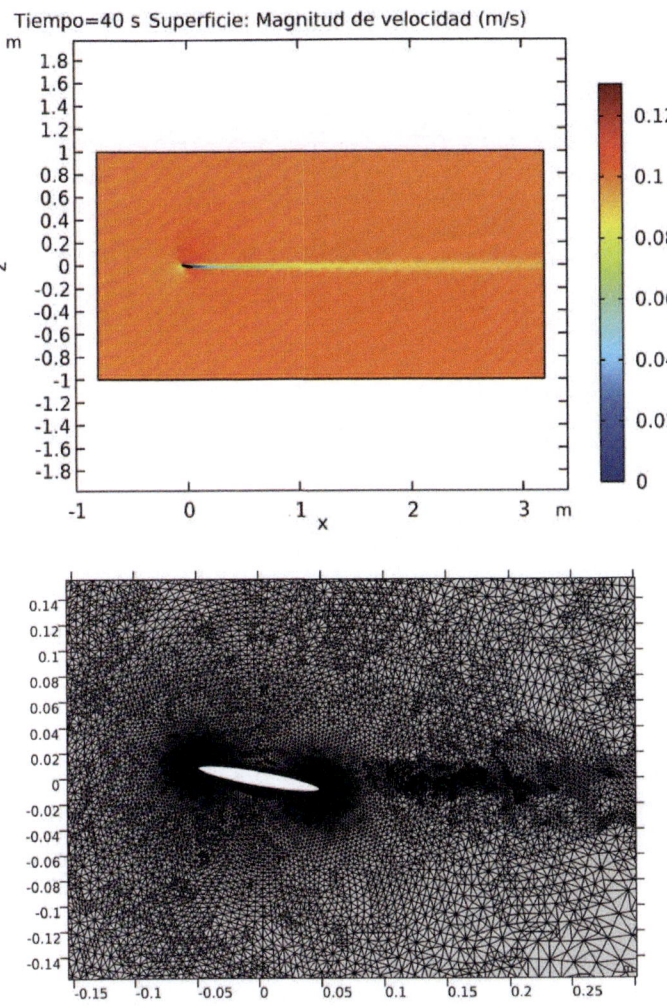

Figura 3.17: Arriba: Dominio computacional e isocontornos de la velocidad estacionaria final ($t = 40$ s) de la simulación numérica con COMSOL Multiphysics (v: 6.2) de una corriente de aire con $V = 0,1$ m/s sobre una elipse como la de la Fig. 3.16 ($c = 0,1$m, $\epsilon = 1/8$ y $\alpha = 10°$). Abajo: Detalle de la malla usada.

por ejemplo) las líneas de corriente se aproximarían más a las de la teoría potencial, pero a medida que V crece el movimiento se haría turbulento y su simulación numérica sería mucho más costosa. Por otro lado, si se aumentara el ángulo de ataque α, la separación de la corriente empezaría a generar vórtices alternos de distinto signo y nunca se llegaría a un movimiento estacionario. Solo para una elipse muy delgada (básicamente una placa plana)

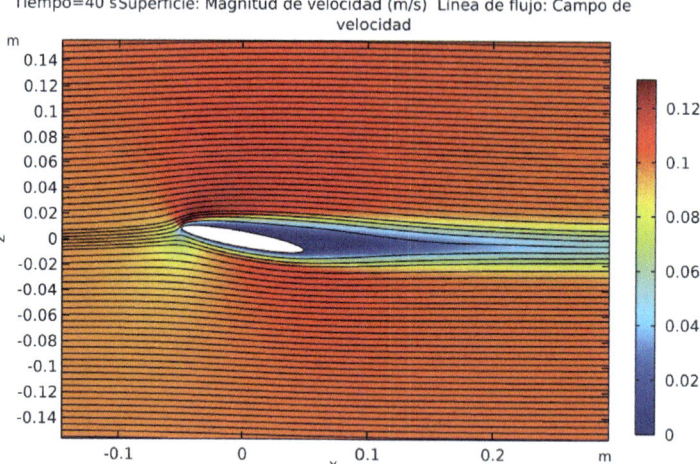

Figura 3.18: Detalle del campo de velocidad y de las líneas de corriente (denominadas líneas de flujo en COMSOL) cerca de la elipse obtenidos en el instante final de la simulación numérica correspondiente a la Fig. 3.17.

con un ángulo de ataque muy pequeño la teoría potencial predice razonablemente bien el movimiento real del fluido en la mayor parte del dominio.

3.11. EJERCICIOS PROPUESTOS

1. Considerar el problema de Sturm-Liouville

$$\frac{d^2 y(x)}{dx^2} + \lambda y(x) = 0, \quad a \le x \le b,$$

$$a_1 y(a) + a_2 y'(a) = 0, \quad b_1 y(b) + b_2 y'(b) = 0. \tag{3.210}$$

a) Sin calcular los autovalores y autofunciones, demostrar con detalle la ortogonalidad de las autofunciones.

b) Determinar las autofunciones y demostrar que los autovalores λ son las soluciones de la siguiente ecuación:

$$\tan[(b - a)\sqrt{\lambda}] = \frac{(b_1 a_2 - b_2 a_1)\sqrt{\lambda}}{a_1 b_1 + a_2 b_2 \lambda}.$$

Hacer un simple diagrama de las soluciones de la ecuación anterior para comprobar que los autovalores son distintos y su número es infinito (tomar, por ejemplo, $a_1 = a_2 = b_2 = 1, b_1 = 2, a = 0$ y $b = 1$).

c) Utilizar el resultado anterior para resolver por separación de variables la ecuación unidimensional del calor, ya en forma adimensional,

$$\frac{\partial T}{\partial t} = \frac{\partial^2 T}{\partial x^2}, \quad 0 \leq x \leq 1, \quad t \geq 0,$$

con condiciones de contorno mixtas

$$T + \frac{\partial T}{\partial x} = 0 \quad \text{en} \quad x = 0, \quad 2T + \frac{\partial T}{\partial x} = 0 \quad \text{en} \quad x = 1,$$

y con condición inicial

$$T = x^3 + 5(1 - x) \quad \text{para} \quad t = 0.$$

Hallar la solución general $T(t,x)$ que cumple las condiciones de contorno y la solución particular que satisface la condición inicial. Dibujar los perfiles de temperatura $T(x,t)$ en $0 \leq x \leq 1$ para distintos instantes t hasta que se llega a un estado estacionario.

2. Resolver por separación de variables la ecuación del calor unidimensional con un término convectivo,

$$\rho c \left(\frac{\partial T}{\partial t} + u \frac{\partial T}{\partial x} \right) = \frac{\partial}{\partial x} \left(K \frac{\partial T}{\partial x} \right), \quad t \geq 0, \quad 0 \leq x \leq L,$$

con condiciones de contorno e inicial

$$T(0,t) = T_0, \quad \left[\frac{\partial T}{\partial x} \right]_{x=L} = 0, \quad T(x,0) = f(x),$$

donde la velocidad u, así como ρ, c y K se suponen constantes.

Para ello, adimensionalizar primero el problema de manera similar a (3.4), pero con T_0 en vez de T_∞ (T_c se puede tomar igual a T_0), y luego utilizar el cambio de variables (1.230) para eliminar el término convectivo de la ecuación, de manera que el problema quede reducido a la resolución de la ecuación de difusión para la nueva variable dependiente con dos condiciones de contorno homogéneas, una tipo Dirichlet y otra mixta, más la condición inicial modificada.

Hallar explícitamente los coeficientes de la expansión en autofunciones cuando la condición inicial es constante, $f(x) = T_1 \neq T_0$, representando la temperatura adimensional en sucesivos instantes para algunos valores de $(T_1 - T_0)/T_c$, junto con un valor unidad de la única otra constante que aparece en el problema adimensional.

3. Comprobar que la solución por separación de variables (3.71), con (3.72) y (3.73), coincide con la solución por las características (3.77). Comenzar, por simplicidad, con el caso en el que $g(\xi) = 0$ y luego considerar el caso general con $g(\xi)$ distinto de cero.

4. Considerar el problema de Sturm-Liouville

$$\frac{d^2y}{dx^2} + \frac{1}{x}\frac{dy}{dx} + \left(\lambda^2 - \frac{m^2}{x^2}\right)y = 0,$$

$$y(0) \neq \infty \quad y(a) = 0,$$

donde $a > 0$ es una constante. Hallar la solución como una serie de funciones de Bessel, demostrando previamente la correspondiente propiedad de ortogonalidad.

Utilizando el resultado anterior, resolver por separación de variables la ecuación del calor no estacionaria en una barra de longitud infinita y sección circular de radio b,

$$\frac{\partial T}{\partial t} = \frac{\alpha}{r}\frac{\partial}{\partial r}\left(r\frac{\partial T}{\partial r}\right), \quad 0 \leq r \leq b, \quad t > 0,$$

con condiciones de contorno e inicial dadas por

$$T(b,t) = T_1, \quad T(r,0) = T_0.$$

Adimensionalizar previamente el problema de manera que no dependa de ningún parámetro. Dibujar los perfiles radiales de la temperatura para distintos instantes hasta alcanzar el estado estacionario.

5. Resolver por separación de variables la ecuación de conducción de calor estacionaria (ecuación de Laplace) en una barra de longitud infinita cuya sección es un cuarto de un cilindro circular de radio R,

$$\nabla^2 T = \frac{1}{r}\frac{\partial}{\partial r}\left(r\frac{\partial T}{\partial r}\right) + \frac{1}{r^2}\frac{\partial^2 T}{\partial \theta^2} = 0, \quad 0 \leq r \leq R, \quad 0 \leq \theta \leq \pi/2,$$

donde (r,θ) son las coordenadas polares en el plano perpendicular al eje x del cilindro (ver §A.2), con las condiciones de contorno

$$T = 0 \quad \text{en} \quad \theta = 0 \quad \text{y} \quad \theta = \pi/2, \quad 0 \leq r \leq R,$$

$$T = T_0 = \text{constante} \quad \text{en} \quad r = R, \quad 0 \leq \theta \leq \pi/2.$$

Dibujar los isocontornos de $T(r,\theta)$ para $b = 1$ y $T_0 = 1$.

6. Resolver por separación de variables la ecuación de Laplace para el potencial eléctrico $\phi(r,\theta,x)$ en el interior de un cilindro circular de radio R y longitud L,

$$\nabla^2 \phi = \frac{1}{r}\frac{\partial}{\partial r}\left(r\frac{\partial \phi}{\partial r}\right) + \frac{1}{r^2}\frac{\partial^2 \phi}{\partial \theta^2} + \frac{\partial^2 \phi}{\partial x^2} = 0.$$

En particular, se pide:

a) Hallar la solución general de la ecuación que sea regular en el eje $r = 0$. Para ello tener en cuenta que la solución general de la ecuación modificada de Bessel,

$$\frac{d^2 y}{dz^2} + \frac{1}{z}\frac{dy}{dz} - \left(1 + \frac{\nu^2}{z^2}\right) y = 0\,,$$

se puede escribir como

$$y(z) = C_1 I_\nu(z) + C_2 K_\nu(z)\,,$$

donde I_ν y K_ν son las funciones modificadas de Bessel de orden ν de primera y de segunda especie, respectivamente,[18] y que las $K_\nu(z)$ son singulares en $z = 0$. En la Fig. 3.19 se representan estas funciones para $\nu = 0$ y 1.

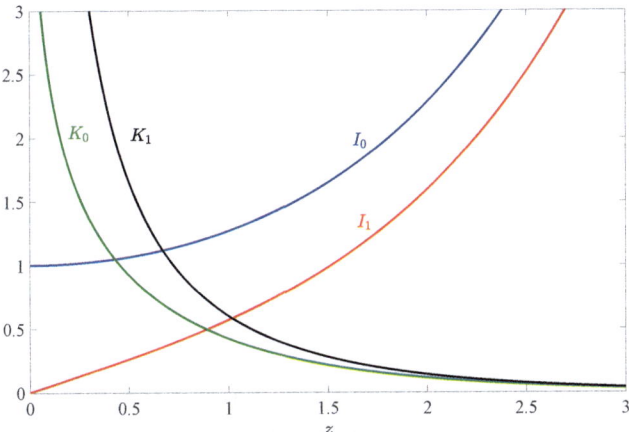

Figura 3.19: Funciones modificadas de Bessel de orden cero y unidad.

b) Particularizar la solución anterior para que satisfaga las siguientes condiciones de contorno en los extremos del cilindro, $x = 0$ y $x = L$:

$$\phi(r, \theta, 0) = \phi(r, \theta, L) = 0\,.$$

c) Particularizar la solución del apartado anterior para que sea axilsimétrica (no dependa de θ) y para que cumpla la condición de contorno en la superficie cilíndrica

$$\phi(R, \theta, x) = \phi_0(x)\,,$$

donde $\phi_0(x)$ es una función conocida.

---

[18]Ver, por ejemplo, F. W. J. Olver y cols. (2010), cap. 10. En MATLAB (R2023a) estas funciones están implementadas como `besseli(nu,z)` y `besselk(nu,z)`.

d) Finalmente, hallar explícitamente la solución anterior $\phi(r, x)$ cuando ϕ_0 es una constante y representar sus isocontornos en el plano (x, r) para $\phi_0 = 1$, $R = L = 1$.

7. La ecuación que describe la tensión u a lo largo de una línea eléctrica (a veces llamada ecuación de los telegrafistas) se puede escribir, en forma adimensional, como

$$\frac{\partial^2 u}{\partial x^2} = \left(\frac{\partial^2 u}{\partial t^2} + a \frac{\partial u}{\partial t} + bu \right),$$

donde t es el tiempo, x la coordenada a lo largo de la línea, y a y b son dos constantes positivas.

Resolver por separación de variables esta ecuación entre dos extremos de la línea separados por una distancia unidad ($0 \leq x \leq 1$) que están *en corto*; es decir, con las condiciones de contorno

$$u(0, t) = u(1, t) = 0,$$

junto con las condiciones iniciales

$$u(x, 0) = f(x) \quad \text{y} \quad \left. \frac{\partial u}{\partial t} \right|_{t=0} = 0.$$

Suponer que $b > a^2/4$ y escribir los coeficientes de la expansión para una condición inicial general $f(x)$.

Obtener la solución para $f(x) = 4x(1 - x)$ y dibujarla para varios instantes de tiempo cuando $a = b = 1$.

8. Resolver por separación de variables el siguiente problema para $\psi(r, \theta)$ que describe el campo magnético en una guía de ondas TE de sección circular (ver §3.6):

$$\left[\frac{1}{r} \frac{\partial}{\partial r} \left(r \frac{\partial}{\partial r} \right) + \frac{1}{r^2} \frac{\partial^2}{\partial \theta^2} + \gamma^2 \right] \psi = 0, \quad 0 \leq r \leq R, \quad 0 \leq \theta \leq 2\pi, \quad \text{(3.211)}$$

$$\psi(0, \theta) \neq \infty, \quad \frac{\partial \psi(R, \theta)}{\partial r} = 0, \quad \psi(r, \theta) = \psi(r, \theta + 2\pi). \quad \text{(3.212)}$$

Hallar los valores posibles del número de onda y la frecuencia de corte para cada modo.

9. Una membrana circular de radio R, fija al plano $z = 0$ en $r = R$, es desplazada inicialmente hasta la posición $z = f(r, \theta)$, donde f es una función conocida, dejándose a continuación que vibre desde esa posición inicial. El desplazamiento transversal de la membrana $z(r, \theta, t)$, donde (r, θ, z) son coordenadas cilíndricas, viene gobernado por el siguiente problema de contorno:

$$\frac{\partial^2 z}{\partial t^2} = a^2 \left(\frac{\partial^2 z}{\partial r^2} + \frac{1}{r} \frac{\partial z}{\partial r} + \frac{1}{r^2} \frac{\partial^2 z}{\partial \theta^2} \right),$$

$$z(R, \theta, t) = 0 \,, \quad -\pi \leq \theta \leq \pi \,, \; t \geq 0 \,,$$

$$z(r, \theta, 0) = f(r, \theta) \,, \quad \left(\frac{\partial z}{\partial t}\right)_{t=0} = 0 \,, \quad 0 \leq r \leq R \,, \; -\pi \leq \theta \leq \pi \,,$$

donde a es una constante relacionada con las propiedades del material de la membrana y su espesor (ver, por ejemplo, Timoshenko, Young, y Weaver, 1974, cap. 5).

Resolver el problema por separación de variables sabiendo que z es una función periódica, de periodo 2π, en la variable θ. Simplificar para el caso en que f sea solo una función de r.

Dibujar $z(r, t)$ en función de r en varios instantes de tiempo para $f(r) = \epsilon(R^2 - r^2)$, con $R = 1$ y $\epsilon = 0{,}1$. Utilizar varios valores de a.

4. MÉTODO DE PERTURBACIONES. TÉCNICAS ASINTÓTICAS PARA OBTENER SOLUCIONES APROXIMADAS

Problemas de interés gobernados por ecuaciones diferenciales que tengan una solución analítica exacta son relativamente raros. Por ejemplo, en relación a los métodos considerados en este libro, el método de las características solo se puede aplicar a problemas gobernados por ecuaciones hiperbólicas, que en contadas ocasiones tienen una solución analítica cerrada, aunque el método siempre facilite la obtención de una solución aproximada mediante otros procedimientos; el método de semejanza solo se puede utilizar para reducir, y en algunos casos resolver, ecuaciones que tengan algún tipo de invariancia o simetría, siempre que se sea capaz de encontrarla, y el método de separación de variables está limitado a cierto tipo de ecuaciones lineales. Aunque, afortunadamente, estas situaciones incluyen, como se ha visto en los capítulos anteriores, muchos problemas típicos de enorme interés en la ingeniería y en la ciencia aplicada, en los demás casos, que son la mayoría, hay que recurrir a otros métodos para obtener soluciones aproximadas. Generalmente métodos numéricos basados en la discretización de las ecuaciones diferenciales para convertirlas en un sistema de ecuaciones algebraicas de gran dimensión. Pero también existen métodos para obtener soluciones analíticas aproximadas de las ecuaciones, como el método de perturbaciones que se aborda en este capítulo. De hecho, este método ha jugado un papel muy relevante en la comprensión de muchos fenómenos físicos, así como en el avance de muchas ramas de la ciencia, particularmente en todas las ramas de la mecánica (celeste, cuántica, estadística y de los medios continuos).

El método de perturbaciones se basa en la explotación de la pequeñez de algún parámetro que aparezca en las ecuaciones que gobiernan un fenómeno físico (por supuesto escritas en forma adimensional, para que la pequeñez del parámetro no dependa del sistema de unidades utilizado) para obtener de forma sistemática una solución analítica aproximada. Por sistemática se entiende que la solución aproximada tienda a la solución exacta del problema cuando se tomen infinitos términos de la secuencia asintótica utilizada en el método de perturbaciones (definida en la próxima sección) y, lo que es aún más relevante, que los errores de la aproximación estén siempre rigurosamente acotados en función del número de términos de la secuencia asintótica que se esté usando.

Aunque las técnicas asintóticas de los métodos de perturbaciones se pueden aplicar a cualquier expresión matemática que contenga un parámetro pequeño, este capítulo, como los anteriores, se centra en su aplicación a las ecuaciones diferenciales, utilizando ejemplos relevantes en la ingeniería y en la ciencia aplicada. Primero se hará una revisión sucinta del formalismo matemático del método, con algunas aplicaciones a ecuaciones algebraicas y a ciertas integrales, para luego ahondar en la aplicación del método a ecuaciones diferenciales de interés, comenzando con los ejemplos mas sencillos donde el método de perturbaciones es *regular* y continuando con ejemplos más complejos donde la aplicación del método de perturbaciones es *singular*. Estos últimos son los más interesantes, tanto desde el punto de vista matemático como por los fenómenos físicos que revelan, y por ello ocupan la mayor parte del capítulo. Las diferentes técnicas asintóticas se exponen con el suficiente detalle para que puedan ser aplicadas a problemas muy diferentes de los abordados aquí. Para una mayor profundización sobre aspectos del método de perturbaciones no considerados en este capítulo se pueden consultar, por ejemplo, los excelentes textos de Kevorkian y Cole (1981) y de Bender y Orszag (1999), entre otros que se citarán oportunamente a lo largo del capítulo.

4.1. NOCIONES PRELIMINARES Y ALGUNOS EJEMPLOS FUERA DEL ÁMBITO DE LAS ECUACIONES DIFERENCIALES

4.1.1. Expansión y secuencia asintóticas

Sea un fenómeno físico descrito por una función u que depende de una serie de variables y parámetros adimensionales, entre los cuales hay uno, que se denominará ϵ, que es muy pequeño, $0 < \epsilon \ll 1$.[1] Si se designan, por simplicidad, a todas las variables y a todos los demás parámetros mediante la letra x, una expansión asintótica, también llamada expansión de Poincaré, de la función $u(x, \epsilon)$ en términos del parámetro pequeño ϵ se puede escribir como

$$u(x, \epsilon) \sim \sum_{n=0}^{N} \phi_n(\epsilon) a_n(x) , \tag{4.1}$$

---

[1]Aunque se considere aquí que el parámetro pequeño sea ϵ, todo lo que se va a ver en este capítulo valdría si existiera un parámetro físico δ que no fuese pequeño, pero que variara poco con respecto a un cierto valor constante δ_0, en cuyo caso se usaría $\epsilon = \delta - \delta_0$ como parámetro pequeño. Obviamente, si $\delta \gg 1$, se tomaría $\epsilon = 1/\delta \ll 1$.

donde las funciones $a_n(x)$ son en principio de orden unidad (se concretará más abajo qué significa ser de orden de), y donde la familia de funciones

$$\{\phi_n(\epsilon)\} , \quad n = 0, 1, 2, \ldots , \tag{4.2}$$

denominada secuencia asintótica y seleccionada de forma adecuada para el problema que se esté resolviendo, debe satisfacer

$$|\phi_1(\epsilon)| \gg |\phi_2(\epsilon)| \gg |\phi_3(\epsilon)| \gg \ldots , \quad \text{para} \quad \epsilon \ll 1 . \tag{4.3}$$

Para que (4.1) sea una expansión asintótica, se tiene que cumplir

$$\lim_{N \to \infty} \sum_{n=0}^{N} \phi_n(\epsilon) a_n(x) = u(x, \epsilon) .$$

Lo más habitual es que la secuencia asintótica sean potencias de ϵ, comúnmente potencias enteras, es decir, $\phi_n(\epsilon) = \epsilon^n$, que obviamente satisfacen $1 \gg \epsilon \gg \epsilon^2 \gg \ldots$. Pero, dependiendo del problema que se esté resolviendo, no siempre esta secuencia es posible o es la más adecuada.

Si la expansión asintótica se trunca en el término $n = N$, como en (4.1), su error en la aproximación a la función u es del orden de magnitud del primer término no considerado de la secuencia asintótica, $\phi_{N+1}(\epsilon)$, y se expresa

$$u(x, \epsilon) = \sum_{n=1}^{N} \phi_n(\epsilon) a_n(x) + O\left[\phi_{N+1}(\epsilon)\right] . \tag{4.4}$$

Estrictamente, que una función $v(\epsilon)$ sea del orden de magnitud de (para abreviar, del orden de) otra función $w(\epsilon)$, es decir, $v = O(w)$, que también se suele expresar como $v \sim w$, significa que, para todo valor de $\epsilon \ll 1$, existe una constante k de manera tal que $|v|/|w| \leq k$. Una relación de orden más restrictiva se suele expresar con la letra o minúscula, $v = o(w)$, y significa que $\lim_{\epsilon \to 0} |v|/|w| \to 0$. En el caso, por ejemplo, de una secuencia asintótica de potencias enteras de ϵ, la expresión (4.4) se puede expresar como

$$u(x, \epsilon) = \sum_{n=0}^{N} \epsilon^n a_n(x) + O\left(\epsilon^{N+1}\right) = \sum_{n=0}^{N} \epsilon^n a_n(x) + o\left(\epsilon^N\right) . \tag{4.5}$$

Normalmente se suele utilizar la relación de orden con la O mayúscula por ser más intuitiva sobre la magnitud del error que se está cometiendo con la expansión asintótica cuando se trunca en el término $n = N$.

Una expansión asintótica como la (4.1) se dice que es regular si para todos los valores de x en los que está definida la función u se verifica

$$|\phi_1(\epsilon) a_1(x)| \gg |\phi_2(\epsilon) a_2(x)| \gg |\phi_3(\epsilon) a_3(x)| \ldots , \quad 0 < \epsilon \ll 1 , \quad \forall x . \tag{4.6}$$

Si esto no ocurre en algún punto x (o en varios o en un intervalo de x), se dice que la expansión es singular, y la aproximación asintótica no valdría en ese punto (o en esos puntos o en ese intervalo). Para solventar la singularidad y obtener una solución aproximada asintóticamente válida en todo el dominio en el que esté definida la función u existen diferentes técnicas que se irán viendo a lo largo de este capítulo.

4.1.2. Algunos ejemplos algebraicos

Para introducir el uso de las expansiones asintóticas en la resolución aproximada de cualquier ecuación matemática que contenga un parámetro pequeño, se consideran aquí algunos ejemplos de ecuaciones algebraicas de segundo orden, de las que se conocen las soluciones exactas que permiten evaluar la aproximación. Este primer contacto con el método de perturbaciones facilitará su posterior uso para resolver aproximadamente ecuaciones diferenciales, tanto ordinarias como en derivadas parciales. Se verán ejemplos algebraicos tanto regulares como singulares, así como con diferentes secuencias asintóticas.

4.1.2.1. Problema regular

Considérese la ecuación de segundo orden

$$x^2 + x - \epsilon = 0\,, \quad 0 < \epsilon \ll 1\,, \tag{4.7}$$

con solución exacta

$$x = -\frac{1}{2} \pm \frac{1}{2}\sqrt{1 + 4\epsilon}\,. \tag{4.8}$$

Para su posterior comparación con la solución obtenida por el método de perturbaciones, se expande la raíz cuadrada utilizando el desarrollo en serie de Taylor entorno a $\epsilon = 0$,

$$(1 + 4\epsilon)^{1/2} = 1 + 2\epsilon - 2\epsilon^2 + 4\epsilon^3 + O(\epsilon^4)\,, \tag{4.9}$$

de manera que las dos raíces (4.8) se pueden aproximar mediante

$$x = \begin{cases} \epsilon - \epsilon^2 + 2\epsilon^3 + O(\epsilon^4) \\ -1 - \epsilon + \epsilon^2 - 2\epsilon^3 + O(\epsilon^4) \end{cases}\,. \tag{4.10}$$

Para resolver la ecuación por el método de perturbaciones se utiliza una expansión asintótica con una secuencia asintótica de potencias enteras de ϵ, que es lo que habitualmente se ensaya primero (en este caso está claro del desarrollo de la solución exacta (4.10); en §4.1.2.3 se verá un ejemplo algebraico donde esto no ocurre). Es decir, se utiliza la expansión asintótica

$$x = x_0 + x_1\epsilon + x_2\epsilon^2 + x_3\epsilon^3 + \dots\,, \tag{4.11}$$

donde $x_0, x_1, x_2, x_3, \dots$, son constantes desconocidas a determinar. Sustituyendo la expansión en la ecuación (4.7) proporciona

$$x_0^2 + 2x_0 x_1\epsilon + (2x_0 x_2 + x_1^2)\epsilon^2 + 2(x_1 x_2 + x_0 x_3)\epsilon^3 + \dots$$

$$+ x_0 + x_1\epsilon + x_2\epsilon^2 + x_3\epsilon^3 + \cdots - \epsilon = 0\,, \tag{4.12}$$

donde en la primera línea se ha desarrollado el cuadrado de (4.11) hasta $O(\epsilon^3)$.

El método de perturbaciones consiste en igualar los términos del mismo orden de la secuencia asintótica utilizada (en este caso en las diferentes potencias de ϵ) para determinar los coeficientes x_i de la expansión asintótica, suponiendo que todos ellos son de orden unidad. Así, igualando los términos de $O(\epsilon^0) = O(1)$, se tiene

$$O(1): \quad x_0^2 + x_0 = 0\,, \quad x_0^+ = 0\,, \quad x_0^- = -1\,, \tag{4.13}$$

donde los superíndices $+$ y $-$ hacen referencia a cada una de las dos soluciones de la ecuación algebraica. De la misma manera, para los siguientes órdenes se tiene

$$O(\epsilon): \quad 2x_0x_1 + x_1 - 1 = 0\,, \quad x_1 = \frac{1}{1 + 2x_0}\,, \quad x_1^+ = 1\,, \quad x_1^- = -1\,, \tag{4.14}$$

$$O(\epsilon^2): \quad x_1^2 + 2x_0x_2 + x_2 = 0\,, \quad x_2 = \frac{-x_1^2}{1 + 2x_0}\,, \quad x_2^+ = -1\,, \quad x_2^- = 1\,, \tag{4.15}$$

$$O(\epsilon^3): \quad 2x_1x_2 + 2x_0x_3 + x_3 = 0\,, \quad x_3 = \frac{-2x_1x_2}{1 + 2x_0}\,, \quad x_3^+ = 2\,, \quad x_3^- = -2\,, \tag{4.16}$$

etc, donde se observa que en cada orden se utilizan las soluciones obtenidas en los órdenes anteriores. También se observa que las ecuaciones para todos los órdenes, salvo el más bajo $O(1)$, son lineales para la incógnita correspondiente x_i, $i = 1, 2, \ldots$. Como se verá, estas dos características son comunes en la aplicación del método de perturbaciones a cualquier ecuación, sea algebraica, diferencial o integral.

Se comprueba que sustituyendo los coeficientes x_i^+ y x_i^- obtenidos para $i = 0, 1, 2, 3$ en la expansión asintótica (4.11) se obtienen las dos soluciones (4.10).

4.1.2.2. Problema singular. Reescalado

Se aplica el procedimiento anterior a la ecuación

$$\epsilon x^2 + x - 1 = 0\,, \quad 0 < \epsilon \ll 1\,, \tag{4.17}$$

donde ahora el parámetro pequeño multiplica al término cuadrático. Sustituyendo la expansión asintótica (4.11),

$$x_0^2\epsilon + 2x_0x_1\epsilon^2 + (2x_0x_2 + x_1^2)\epsilon^3 + \cdots + x_0 + x_1\epsilon + x_2\epsilon^2 + x_3\epsilon^3 + \cdots - 1 = 0\,, \tag{4.18}$$

e igualando los términos del mismo orden, se tiene

$$O(1): \quad x_0 = 1\,, \tag{4.19}$$

$$O(\epsilon): \quad x_0^2 + x_1 = 0\,, \quad x_1 = -x_0^2 = -1\,, \tag{4.20}$$

$$O(\epsilon^2): \quad 2x_0x_1 + x_2 = 0\,, \quad x_2 = -2x_0x_1 = 2\,, \tag{4.21}$$

$$O(\epsilon^3): \quad 2x_0x_2 + x_1^2 + x_3 = 0\,, \quad x_3 = -5\,, \tag{4.22}$$

etc.

Se observa que solo se obtiene una solución,

$$x = 1 - \epsilon + 2\epsilon^2 - 5\epsilon^3 + \dots\,, \tag{4.23}$$

en vez de las dos posibles que tiene toda ecuación cuadrática. Para averiguar porqué se ha perdido una de las soluciones en la aplicación del método de perturbaciones se puede recurrir, en este ejemplo algebraico sencillo, a la solución exacta de la ecuación (4.17) y a su expansión para $\epsilon \to 0$,

$$x = -\frac{1}{2\epsilon} \pm \frac{1}{2\epsilon}\sqrt{1 + 4\epsilon} = \begin{cases} 1 - \epsilon + 2\epsilon^2 - 5\epsilon^3 + \dots \\ -\dfrac{1}{\epsilon} - 1 + \epsilon - 2\epsilon^2 + 5\epsilon^3 + \dots \end{cases}, \tag{4.24}$$

donde se ha tomado un término más que en (4.9) de la expansión de Taylor en torno a $\epsilon = 0$ de $\sqrt{1 + 4\epsilon}$, es decir, el término $-10\,\epsilon^4$, para llegar hasta el $O(\epsilon^3)$ en ambas soluciones. La primera solución se corresponde con la expresión (4.23) obtenida mediante el método de perturbaciones y, claramente, la otra solución no se ha podido obtener con la expansión asintótica (4.11) porque es *singular* cuando $\epsilon \to 0$. Esto se podría haber predicho antes de utilizar el método de perturbaciones, pues si $\epsilon = 0$ desaparece el término de mayor orden de la ecuación (4.17) y se pierde una solución al no existir (se hace singular) en el $O(1)$ dado por la ecuación (4.19).

A pesar de esta contrariedad, uno sigue interesado en obtener las dos soluciones mediante el método de perturbaciones para $0 < \epsilon \ll 1$, aunque una se haga singular (deje de existir) para $\epsilon = 0$. Para tal fin, lo que se tiene que hacer es reescalar la variable x de manera que la nueva sea de orden unidad incluso cuando $\epsilon \to 0$. De la solución exacta (4.24) es evidente que la nueva variable X tendría que satisfacer $x = X/\epsilon$; es decir, el factor de escala sería ϵ^{-1}. Pero, para que el método sea útil, se debería poder obtener ese factor de escala directamente de la ecuación, sin necesidad de conocer su solución.

Para ello se define la variable reescalada con un factor δ,

$$X = \frac{x}{\delta(\epsilon)}\,, \tag{4.25}$$

con la función $\delta(\epsilon)$ desconocida, pero que debe ser tal que $X = O(1)$ cuando $\epsilon \to 0$. Con la ecuación reescalada [sustituyendo (4.25) en (4.17)],

$$\epsilon\delta^2 X^2 + \delta X - 1 = 0\,, \tag{4.26}$$

se exploran todos los posibles órdenes de $\delta(\epsilon)$ hasta que la ecuación pueda proporcionar dos soluciones finitas cuando $\epsilon \to 0$; es decir, hasta que el término cuadrático esté presente en la ecuación de orden más bajo cuando $\epsilon \to 0$, sabiendo que, por hipótesis, $X = O(1)$. Se exploran por tanto las siguientes posibilidades:

- $\delta \ll 1$. En este caso los dos primeros términos de (4.26) serían nulos para $\epsilon \to 0$ y la ecuación no tendría solución en el orden más bajo $(-1 = 0)$.

- $\delta = 1$ (o de orden unidad, pero por simplicidad se toma la unidad). Este es el supuesto en el que se ha buscado antes la solución por perturbaciones, que solo ha proporcionado una solución porque el primer término de (4.26) se anula para $\epsilon \to 0$, siendo la única solución de orden más bajo $X = 1$.

- $1 \ll \delta \ll \epsilon^{-1}$. Si se divide (4.26) por δ,

$$\epsilon \delta X^2 + X - \delta^{-1} = 0\,,$$

el término dominante es el segundo, pues $\epsilon\delta \ll 1$ y $\delta^{-1} \ll 1$, y en el orden más bajo solo tendría la solución $X = 0$.

- $\delta = \epsilon^{-1}$. Si se divide por $\epsilon\delta^2 = \epsilon^{-1}$, la ecuación (4.26) queda

$$X^2 + X - \epsilon = 0\,. \tag{4.27}$$

Ahora sí se tendrían dos soluciones en el orden más bajo, $X = 0$ y $X = -1$, luego este es el escalado correcto, como ya se sabía de la solución exacta. Pero, para completar el análisis, se explora la última posibilidad.

- $\delta \gg \epsilon^{-1}$. Dividiendo de nuevo la ecuación (4.26) por $\epsilon\delta^2$,

$$X^2 + \frac{X}{\epsilon\delta} - \frac{1}{\epsilon\delta^2} = 0\,,$$

el término dominante es el primero y la ecuación tendría dos soluciones en el orden más bajo, pero ambas nulas, $X = 0$, con lo que el escalado no sería el apropiado pues se sabe de la ecuación original (4.17) que, para $\epsilon = 0$, la solución es $x = 1$,

Así, con la variable escalada apropiadamente con $\delta = \epsilon^{-1}$,

$$X = \epsilon x\,, \tag{4.28}$$

la ecuación (4.27) resultante ya no es singular y se puede obtener una solución aproximada (regular) por perturbaciones utilizando el desarrollo asintótico

$$X = X_0 + X_1\epsilon + X_2\epsilon^2 + X_3\epsilon^3 + \ldots\,. \tag{4.29}$$

Como la ecuación (4.27) es la misma que la ecuación (4.7) del apartado anterior, la solución obtenida allí con el desarrollo (4.11) para x será la misma que se obtendría ahora con el desarrollo (4.29) para X. Utilizando los coeficientes de la expansión en potencias de ϵ obtenidos en el apartado anterior es fácil comprobar que se recuperan las dos soluciones (4.24) cuando se utiliza $x = X/\epsilon$.

4.1.2.3. Otra secuencia asintótica

Se considera ahora la ecuación cuadrática

$$(4 - \epsilon)x^2 + 4x + 1 = 0\,, \qquad 0 < \epsilon \ll 1\,. \tag{4.30}$$

Introduciendo la expansión asintótica de x en potencias de ϵ,

$$x = x_0 + x_1\epsilon + x_2\epsilon^2 + \ldots\,, \tag{4.31}$$

los primeros órdenes de la ecuación quedan

$$4x_0^2 + 4x_0 + 1 + (-x_0^2 + 4x_1 + 8x_0x_1)\epsilon + (-2x_0x_1 + 4x_1^2 + 4x_2 + 8x_0x_2)\epsilon^2 + \cdots = 0\,.$$

En el orden más bajo se obtiene una solución doble: $x_0 = -1/2$. Esto ya indica que puede haber alguna particularidad con la solución asintótica. En efecto, la ecuación en el siguiente orden, $O(\epsilon)$,

$$0 = -x_0^2 + 4x_1 + 8x_0x_1 = -\frac{1}{4}\,,$$

no tiene solución porque se cancelan los términos con x_1 al sustituir el valor de x_0. Lo mismo ocurre con x_2 en el siguiente orden. Por lo tanto, la expansión (4.31) no sirve para hallar una solución aproximada por perturbaciones de la ecuación (4.30) pues no se puede seguir con el procedimiento; tan solo se ha podido obtener el orden más bajo.

Como la ecuación tiene solución exacta – por ese motivo se están utilizando estos ejemplos algebraicos sencillos – es posible averiguar qué es lo que está ocurriendo. En efecto, la solución exacta de (4.30) y los primeros términos de su expansión en $\epsilon \ll 1$ son los siguientes:

$$x = \frac{-2 \pm \epsilon^{1/2}}{4 - \epsilon} = \begin{cases} -\frac{1}{2} + \frac{\epsilon^{1/2}}{4} - \frac{\epsilon}{8} + \frac{\epsilon^{3/2}}{16} - \frac{\epsilon^2}{32} + \ldots \\ -\frac{1}{2} - \frac{\epsilon^{1/2}}{4} - \frac{\epsilon}{8} - \frac{\epsilon^{3/2}}{16} - \frac{\epsilon^2}{32} + \ldots \end{cases}\,. \tag{4.32}$$

Se ve claramente que la expansión asintótica (4.31) no funciona porque la secuencia asintótica para esta ecuación no se basa en potencias enteras de ϵ, sino en potencias $n/2$, con $n = 0, 1, 2, \ldots : x = x_0 + x_1\epsilon^{1/2} + x_2\epsilon + x_3\epsilon^{3/2} + \ldots$.

De forma similar al apartado anterior, este conocimiento (ahora sobre la secuencia asintótica) proviene de la solución exacta, pero lo interesante sería poder averiguar la secuencia asintótica apropiada solo de la ecuación, sin conocer su solución, que es lo que se pretende obtener. Para encontrarla se ensaya una expansión asintótica con una secuencia asintótica $\{\delta_j(\epsilon)\}$ genérica,

$$x = x_0 + x_1\delta_1(\epsilon) + x_2\delta_2(\epsilon) + \ldots\,, \qquad 1 \gg \delta_1(\epsilon) \gg \delta_2(\epsilon) \gg \ldots\,, \tag{4.33}$$

donde se ha supuesto que el primer término es de orden unidad, lo cual es siempre razonable si la variable x es adimensional. Introduciendo la expansión en la ecuación (4.30), los primeros términos quedan

$$4x_0^2 + 8x_0x_1\delta_1 + 4x_1^2\delta_1^2 + 8x_0x_2\delta_2 + 8x_1x_2\delta_1\delta_2 + \ldots$$

$$-x_0^2\epsilon - 2x_0x_1\epsilon\delta_1 - x_1^2\epsilon\delta_1^2 - 2x_0x_2\epsilon\delta_2 + \cdots$$
$$+ 4x_0 + 4x_1\delta_1 + 4x_2\delta_2 + \cdots + 1 = 0\,. \tag{4.34}$$

En el orden más bajo, $O(1)$, se tiene, obviamente, la misma relación que con la expansión anterior, $4x_0^2 + 4x_0 + 1 = 0$, proporcionando la raíz doble $x_0 = -1/2$, que coincide con el primer término de la expansión de la solución exacta (4.32). Para avanzar, como no conocemos los órdenes de magnitud de δ_1 y δ_2 en relación a ϵ, lo mejor es ir eliminando términos una vez sustituida en (4.34) la solución de orden cero $x_0 = -1/2$:

$$-\cancel{4x_1\delta_1} + 4x_1^2\delta_1^2 - \cancel{4x_2\delta_2} + 8x_1x_2\delta_1\delta_2 + \cdots$$

$$-\frac{1}{4}\epsilon + x_1\epsilon\delta_1 - x_1^2\epsilon\delta_1^2 + x_2\epsilon\delta_2 + \cdots + \cancel{4x_1\delta_1} + \cancel{4x_2\delta_2} + \cdots = 0\,. \tag{4.35}$$

Como los términos con $x_1\delta_1$ se cancelan, no cabe duda de que los siguientes términos en la expansión son de orden δ_1^2 o de orden ϵ. La única posibilidad para que x_1 no sea nulo es que ambos sean del mismo orden, y se toman iguales:

$$\delta_1 = \epsilon^{1/2}\,, \qquad 4x_1^2 - \frac{1}{4} = 0\,, \qquad x_1 = \pm\frac{1}{4}\,, \tag{4.36}$$

valores de δ_1 y de x_1 que concuerdan con los de las expansiones de las dos soluciones exactas (4.32). Sustituyendo estos valores en (4.35),

$$\pm 2x_2\delta_1\delta_2 + \cdots \pm \frac{1}{4}\epsilon\delta_1 - \frac{1}{16}\epsilon\delta_1^2 + x_2\epsilon\delta_2 + \cdots = 0\,, \tag{4.37}$$

se tiene

$$\delta_2 = \epsilon\,, \qquad 2x_2 + \frac{1}{4} = 0\,, \qquad x_2 = -\frac{1}{8}\,, \tag{4.38}$$

que reproducen los términos de orden ϵ de las expansiones en (4.32). Así se seguiría para obtener los siguientes órdenes $\delta_3 = \epsilon^{3/2}$, $\delta_4 = \epsilon^2, \ldots$, pero habría que incluir más términos de la expansión asintótica en (4.34) (se deja como ejercicio 1 en §4.1.5).

4.1.3. Autovalores

Un ejemplo clásico en el que la técnica de perturbaciones ha resultado ser muy útil para resolver aproximadamente un problema algebraico ha sido la obtención de los autovalores y autovectores de una ecuación algebraica no lineal.

Considérese el problema de autovalores débilmente no lineal

$$\mathsf{A}\cdot\mathbf{x} + \epsilon\,\mathbf{B}(\mathbf{x}) = \lambda\,\mathbf{x}\,, \qquad 0 < \epsilon \ll 1\,, \tag{4.39}$$

donde λ es el autovalor buscado, asociado al autovector $\mathbf{x}$, de dimensión N, A es una matriz cuadrada de $N \times N$ elementos, $\mathbf{B}$ es una función vectorial del vector $\mathbf{x}$ y ϵ es un parámetro pequeño. Si $\mathbf{B}(\mathbf{x})$ fuese igual a $\mathsf{B}\cdot\mathbf{x}$, donde B es una matriz $N \times N$, el problema de autovalores sería lineal y los N autovalores λ resultarían de igualar a cero el determinante de la matriz

$A + \epsilon\, B - \lambda\, I$, donde I es la matriz unidad, mientras que los correspondientes N autovectores x se obtendrían de la resolución del sistema homogéneo de ecuaciones lineales.

Sin embrago, si $B(\mathbf{x})$ es una función no lineal de $\mathbf{x}$, con bastante probabilidad no se podrá resolver el problema de autovalores de forma exacta analíticamente, pero, como se va a ver a continuación, puede ser resuelto de forma aproximada utilizando la técnica de perturbaciones cuando el parámetro ϵ que multiplica a la parte no lineal es pequeño [por ello la designación de (4.39) como problema de autovalores débilmente no lineal]. Problemas algebraicos de autovalores que se pueden escribir en la forma (4.39) aparecen en bastantes aplicaciones de interés, como, por ejemplo, en el estudio de las vibraciones y de la estabilidad de sistemas mecánicos, en mecánica cuántica en su formalismo matricial, o en cualquier problema de autovalores gobernado por ecuaciones diferenciales no lineales cuando se discretiza para convertirlo en un problema algebraico de autovalores. Un ejemplo concreto de interés se resolverá en §4.1.3.1 y otros se dejarán propuestos en §4.1.5.

Para hallar la aproximación asintótica de los autovalores y autovectores mediante el método de perturbaciones se empieza por el problema lineal con $\epsilon = 0$. Sea λ_0 un autovalor de A asociado al autovector $\mathbf{x}_0$,

$$A \cdot \mathbf{x}_0 = \lambda_0 \mathbf{x}_0 \; ; \tag{4.40}$$

es decir, una de las raíces de $\det(A - \lambda_0 I) = 0$. Como ϵ es pequeño, es razonable utilizar las siguientes expansiones asintóticas para el autovalor λ y para su autovector asociado $\mathbf{x}$:

$$\lambda = \lambda_0 + \epsilon\lambda_1 + \epsilon^2\lambda_2 + \dots , \tag{4.41}$$

$$\mathbf{x} = \mathbf{x}_0 + \epsilon\mathbf{x}_1 + \epsilon^2\mathbf{x}_2 + \dots . \tag{4.42}$$

Sustituyendo en (4.39),

$$A \cdot (\mathbf{x}_0 + \epsilon\mathbf{x}_1 + \epsilon^2\mathbf{x}_2 + \dots) + \epsilon\, B(\mathbf{x}_0 + \epsilon\mathbf{x}_1 + \epsilon^2\mathbf{x}_2 + \dots)$$

$$= (\lambda_0 + \epsilon\lambda_1 + \epsilon^2\lambda_2 + \dots)(\mathbf{x}_0 + \epsilon\mathbf{x}_1 + \epsilon^2\mathbf{x}_2 + \dots) , \tag{4.43}$$

en el orden más bajo, $O(1)$, obviamente se obtiene (4.40). En el siguiente orden se tiene

$$O(\epsilon): \qquad A \cdot \mathbf{x}_1 + B(\mathbf{x}_0) = \lambda_0\, \mathbf{x}_1 + \lambda_1\mathbf{x}_0 , \tag{4.44}$$

o

$$(A - \lambda_0 I) \cdot \mathbf{x}_1 = \lambda_1\mathbf{x}_0 - B(\mathbf{x}_0) . \tag{4.45}$$

Multiplicando escalarmente por la izquierda el primer miembro de esta ecuación por $\mathbf{x}_0^T$, dado que $\mathbf{x}_0^T \cdot A = \lambda_0\mathbf{x}_0^T$,

$$\mathbf{x}_0^T \cdot (A - \lambda_0 I) \cdot \mathbf{x}_1 = (\lambda_0\mathbf{x}_0^T - \lambda_0\mathbf{x}_0^T) \cdot \mathbf{x}_1 = 0 , \tag{4.46}$$

independientemente de $\mathbf{x}_1$. Luego

$$\mathbf{x}_0^T \cdot [\lambda_1\mathbf{x}_0 - B(\mathbf{x}_0)] = 0 , \tag{4.47}$$

y la primera corrección del autovalor resulta ser

$$\lambda_1 = \frac{\mathbf{x}_0^T \cdot \mathbf{B}(\mathbf{x}_0)}{\mathbf{x}_0^T \cdot \mathbf{x}_0} \,. \tag{4.48}$$

Obsérvese que si el problema fuese lineal, $\mathbf{B}(\mathbf{x}_0) = \mathrm{B} \cdot \mathbf{x}_0$, λ_1 no dependería del módulo de $\mathbf{x}_0$, sólo de su dirección. Pero, en el problema no lineal, la corrección del autovalor depende, en general, del módulo del autovector de orden cero.

Sustituyendo (4.48) en (4.45), se obtiene

$$(\mathrm{A} - \lambda_0 \mathrm{I}) \cdot \mathbf{x}_1 = \frac{\mathbf{x}_0^T \cdot \mathbf{B}(\mathbf{x}_0)}{\mathbf{x}_0^T \cdot \mathbf{x}_0} \mathbf{x}_0 - \mathbf{B}(\mathbf{x}_0) \equiv -\mathbf{B}(\mathbf{x}_0)_\perp \,, \tag{4.49}$$

donde $\mathbf{B}(\mathbf{x}_0)_\perp$ es la parte de $\mathbf{B}(\mathbf{x}_0)$ perpendicular a $\mathbf{x}_0$, pues λ_1 es la proyección del vector $\mathbf{B}(\mathbf{x}_0)$ sobre $\mathbf{x}_0$ normalizada [por otro lado, como se ha visto en (4.46), la parte izquierda de la ecuación, $(\mathrm{A} - \lambda_0 \mathrm{I}) \cdot \mathbf{x}_1$, es perpendicular a $\mathbf{x}_0$]. Por lo tanto, $\mathbf{x}_1$ se conoce salvo un múltiplo de $\mathbf{x}_0$:

$$\mathbf{x}_1 = -(\mathrm{A} - \lambda_0 \mathrm{I})^{-1} \cdot \mathbf{B}(\mathbf{x}_0)_\perp + k_1 \mathbf{x}_0 \,, \tag{4.50}$$

siendo k_1 una constante arbitraria, que se determina teniendo en cuenta consideraciones físicas del problema que se esté resolviendo (en muchas ocasiones se puede tomar cero). Obsérvese que la inversa de $(\mathrm{A} - \lambda_0 \mathrm{I})$ existe en el subespacio perpendicular al autovector $\mathbf{x}_0$.

En el siguiente orden de la expansión, se tiene

$$O(\epsilon^2): \qquad \mathrm{A} \cdot \mathbf{x}_2 + \mathbf{B}_1 = \lambda_0 \, \mathbf{x}_2 + \lambda_1 \mathbf{x}_1 + \lambda_2 \mathbf{x}_0 \,, \tag{4.51}$$

donde

$$\epsilon \, \mathbf{B}_1 \equiv \mathbf{B}(\mathbf{x}_0 + \epsilon \mathbf{x}_1) - \mathbf{B}(\mathbf{x}_0) = \epsilon \, \mathbf{x}_1 \cdot \boldsymbol{\nabla} \mathbf{B}(\mathbf{x}_0) \,, \tag{4.52}$$

siendo $\boldsymbol{\nabla} \mathbf{B}$ el gradiente de la función vectorial $\mathbf{B}$ con respecto a $\mathbf{x}$. Si el problema fuese lineal, $\mathbf{B}_1 = \mathrm{B} \cdot \mathbf{x}_1$. Escribiendo (4.51) como

$$(\mathrm{A} - \lambda_0 \mathrm{I}) \cdot \mathbf{x}_2 = \lambda_2 \mathbf{x}_0 + \lambda_1 \mathbf{x}_1 - \mathbf{B}_1 \,, \tag{4.53}$$

el primer término multiplicado escalarmente por $\mathbf{x}_0^T$ se anula, análogamente al orden anterior, y la corrección de orden ϵ^2 del autovalor se puede escribir como

$$\lambda_2 = \frac{\mathbf{x}_0^T \cdot (\mathbf{B}_1 - \lambda_1 \mathbf{x}_1)}{\mathbf{x}_0^T \cdot \mathbf{x}_0} \,. \tag{4.54}$$

La segunda corrección del autovector se obtiene de (4.53) sustituyendo (4.55) y procediendo de manera similar a (4.49)-(4.50):

$$\mathbf{x}_2 = -(\mathrm{A} - \lambda_0 \mathrm{I})^{-1} \cdot (\mathbf{B}_1 - \lambda_1 \mathbf{x}_1)_\perp + k_2 \mathbf{x}_0 \,, \tag{4.55}$$

siendo k_2 una constante arbitraria.

El procedimiento se puede continuar para obtener las siguientes correcciones hasta el orden que se requiera de cada autovalor y autovector del problema no perturnabo λ_0 y $\mathbf{x}_0$.

El esquema de perturbaciones anterior es válido cuando solo existe un autovector $\mathbf{x}_0$ asociado al autovalor de orden cero λ_0. Si este autovalor fuese degenerado, es decir, estuviera asociado a una **multiplicidad de autovectores**, por ejemplo, $\mathbf{x}_{01}, \mathbf{x}_{02}, \ldots \mathbf{x}_{0n}, n \leq N$, todos ellos linealmente independientes (ortogonales entre sí), la expansión asintótica (4.42) tendría que ser de la forma

$$\mathbf{x} = \sum_{i=1}^{n} \alpha_i \mathbf{x}_{0i} + \epsilon\,\mathbf{x}_1 + \ldots, \tag{4.56}$$

donde las α_i son constantes indeterminadas, mientras que la expansión (4.41) para los autovalores permanecería formalmente la misma. En el orden ϵ, en vez de (4.45) se tendría

$$(\mathsf{A} - \lambda_0 \mathsf{I}) \cdot \mathbf{x}_1 = \lambda_1 \sum_{i=1}^{n} \alpha_i \mathbf{x}_{0i} - \mathbf{B}\left(\sum_{i=1}^{n} \alpha_i \mathbf{x}_{0i}\right). \tag{4.57}$$

Multiplicando esta ecuación escalarmente por la izquierda por $\mathbf{x}_{0i}^T$, como el término de la izquierda se anula para todos los $\mathbf{x}_{0i}$, se tienen n ecuaciones para los productos $\lambda_1 \alpha_i$:

$$\lambda_1 \alpha_i = \frac{\mathbf{x}_{0i}^T \cdot \mathbf{B}\left(\sum_{j=1}^{n} \alpha_j \mathbf{x}_{0j}\right)}{\mathbf{x}_{0i}^T \cdot \mathbf{x}_{0i}}, \quad i = 1, 2, \ldots, n, \tag{4.58}$$

donde se ha tenido en cuenta que $\mathbf{x}_{0i}^T \cdot \mathbf{x}_{0j} = 0$ si $i \neq j$. Estas ecuaciones constituyen un nuevo problema no lineal de autovalores para el autovector $\boldsymbol{\alpha}^T \equiv (\alpha_1, \alpha_2 \ldots \alpha_n)$ en la base $\{\mathbf{x}_{0i}\}$, que vectorialmente se puede escribir como

$$\mathbf{B}(\boldsymbol{\alpha}) = \lambda_1 \boldsymbol{\alpha}, \tag{4.59}$$

con autovalor λ_1 [obsérvese que multiplicando (4.59) escalarmente por la izquierda por $\mathbf{x}_{0i}^T$ se obtienen las n ecuaciones (4.58)]. Si la función $\mathbf{B}(\boldsymbol{\alpha})$ fuese lineal, $\mathbf{B}(\boldsymbol{\alpha}) = \mathsf{B}_n \cdot \boldsymbol{\alpha} = \lambda_1 \boldsymbol{\alpha}$, donde la matriz B_n tendría ahora dimensión $n \times n$ en vez de $N \times N$, se obtendrían n autovalores $\lambda_{1j}, j = 1, \ldots, n$, de la ecuación $\det(\mathsf{B}_n - \mathsf{I}_n \lambda_1) = 0$, desapareciendo la degeneración del autovalor de orden cero λ_0 (siempre que este determinante no tuviera a su vez raíces degeneradas). En el caso general en el que $\mathbf{B}(\boldsymbol{\alpha})$ es una función no lineal, habría que resolver el problema de autovalores (4.59) por algún procedimiento numérico, salvo que a su vez apareciera algún otro parámetro pequeño para obtener los autovalores λ_{1j} y sus autovectores asociados $\boldsymbol{\alpha}_j$ por el mismo procedimiento de perturbaciones descrito más arriba. Podría ocurrir también que el problema no tuviese solución, indicando que el autovalor degenerado λ_0 de orden cero no da lugar a autovalores perturbados, es decir, la existencia de una bifurcación no lineal del autovalor λ_0 y de su autovector asociado $\mathbf{x}_0$.

4.1.3.1. Niveles de energía de un oscilador inarmónico cuántico

El método de perturbaciones para el cálculo aproximado de autovalores y autofunciones ha sido muy relevante en el desarrollo de la mecánica cuántica.[2] Se utiliza para el cálculo aproximado de los autovalores (por ejemplo, niveles de energía) de un sistema mecano-cuántico gobernado por un hamiltoniano consistente en una pequeña perturbación de otro hamiltoniano del que se conocen los autovalores y las autofunciones mediante la resolución analítica exacta de la correspondiente ecuación de Schrödinger. Como ejemplo más sencillo, se aplica el método al cálculo aproximado de los niveles cuánticos de energía de un oscilador inarmónico lineal, con un potencial dado por

$$W(x) = \frac{1}{2}m\omega^2 x^2 + ax^4 \,, \qquad (4.60)$$

considerando pequeñas perturbaciones de los niveles de energía del oscilador armónico lineal analizado en §3.5 cuando el segundo término del potencial (cuártico en este ejemplo) es pequeño comparado con el primero.

Para ello se escribe primero la ecuación de Schrödinger (3.83) como un problema de autovalores, pero con $W(x)$ sustituido por (4.60) y tras la separación de variables hecha en (3.85) y la adimensionalización definida en (3.86):

$$\hat{H}\psi \equiv \left[\hat{H}_0 + \epsilon\hat{V}\right]\psi = \lambda\psi \,, \qquad (4.61)$$

donde el autovalor adimensional λ está relacionado con la energía del sistema mediante

$$E = \frac{\hbar\omega}{2}\lambda \qquad (4.62)$$

y donde se han definido

$$\hat{H}_0 = -\frac{\partial^2}{\partial\xi^2} + \xi^2 \,, \quad \hat{V} = \xi^4 \,, \quad \epsilon = \frac{2a\hbar}{m^2\omega^3} \ll 1 \,, \qquad (4.63)$$

junto con la función de onda con variables separadas,

$$\psi(\xi,\tau) = Y(\xi)Z(\tau) \,, \quad 2i\frac{\partial\psi}{\partial t} = \lambda\psi \quad \Longrightarrow \quad Z(\tau) = e^{-i\lambda\tau/2} \,. \qquad (4.64)$$

Cuando $\epsilon = 0$, los autovalores vienen dados por (3.90), que ahora se designarán mediante $\lambda_{0n} = 2n + 1$, correspondientes a los niveles de energía (3.96), $E_{0n} = (n + 1/2)\hbar\omega$, y las autofunciones vienen dadas por $\psi_{0n} = Y_{0n}Z_{0n}$, con las funciones Y_{0n} dadas por (3.93) en términos de los polinomios de Hermite y $Z_{0n} = e^{-i\lambda_{0n}\tau/2}$.

Antes de aplicar el método de perturbaciones descrito en la sección anterior hay que convertir este problema basado en una ecuación diferencial en un problema algebraico de

---

[2]Ver, por ejemplo, Landau y Lifchitz (1975), cap. VI.

autovalores. Para ello se expande la solución de (4.61) en términos de las autofunciones ψ_{0n}, lo cual se puede hacer porque su parte espacial está constituida por un conjunto completo de autofunciones en $-\infty < \xi < \infty$, por ser soluciones del problema de Sturm-Liouville (3.87) (ver §3.2), y debido a que la parte temporal permanece formalmente inalterada,

$$\psi(\xi, \tau) = \sum_m c_m \psi_{0m}(\xi, \tau) = \sum_m c_m Y_{0m}(\xi) e^{-i\lambda\tau/2} \,. \tag{4.65}$$

De esta manera, la autofunción $\psi(\xi, \tau)$ se convierte en el autovector definido por el conjunto de constantes $\{c_m\}$, $m = 0, 1, 2, \ldots$. La expansión vale para todas las autofunciones ψ_n, con autovalores λ_n, que se tratan de obtener aquí mediante el método de perturbaciones. Sustituyendo en (4.61) y teniendo en cuenta que $\hat{H}_0 \psi_{0n} = \lambda_{0n} \psi_{0n}$, se llega a

$$\sum_m c_m (\lambda_{0n} + \epsilon \hat{V}) \psi_{0m} = \lambda \sum_m c_m \psi_{0m} \,. \tag{4.66}$$

Como las autofunciones Y_{0m} satisfacen la relación de ortonormalidad (3.92), multiplicando ambos lados de (4.66) por el complejo conjugado $\psi_{0k}^* = Y_{0k}(\xi) e^{i\lambda\tau/2}$ e integrando en ξ entre $-\infty$ y $+\infty$ se llega a

$$c_k \lambda_{0k} + \epsilon \sum_m c_m \int_{-\infty}^{\infty} Y_{0k}(\xi) \hat{V}(\xi) Y_{0m}(\xi) d\xi = \lambda c_k \,, \quad k = 0, 1, 2 \ldots \,. \tag{4.67}$$

Esta ecuación se puede escribir como la siguiente relación algebraica para el autovector $\{c_m\}$, $m = 0, 1, 2, \ldots$, y el autovalor λ:

$$(\lambda - \lambda_{0k}) c_k = \epsilon \sum_m c_m V_{km} \,, \quad k = 0, 1, 2 \ldots \,, \tag{4.68}$$

con

$$V_{km} = \int_{-\infty}^{\infty} Y_{0k}(\xi) \hat{V}(\xi) Y_{0m}(\xi) d\xi = \int_{-\infty}^{\infty} Y_{0k}(\xi) \xi^4 Y_{0m}(\xi) d\xi \,. \tag{4.69}$$

Todas estas constantes se pueden calcular utilizando la expresión (3.93) para las funciones Y_{0n}. No tienen una expresión analítica sencilla, salvo para $k = m$ (ver más abajo).

Expandiendo tanto c_m como λ en potencias de ϵ, para hallar la corrección del autovalor y del autovector (o autofunción) correspondiente al autovalor de orden cero λ_{0n}, se tendría

$$\lambda_n = \lambda_{0n} + \epsilon \lambda_{1n} + \ldots \,, \quad c_m = c_{0m} + \epsilon c_{1m} + \ldots \,, \quad m = 0, 1, 2, \ldots \,, \tag{4.70}$$

con λ_{0n} conocido ($2n + 1$ en este ejemplo), $c_{0n} = 1$ y $c_{0m} = 0$ para $m \neq n$. Sustituyendo en (4.68),

$$(\lambda_{0n} + \epsilon \lambda_{1n} + \cdots - \lambda_{0k})(c_{0k} + \epsilon c_{1k} + \ldots) = \epsilon \sum_m (c_{0m} + \epsilon c_{1m} + \ldots) V_{km}$$

$$= \epsilon V_{kn} + \epsilon \sum_m (\epsilon c_{1m} + \ldots) V_{km} \,, \quad k = 0, 1, 2 \ldots \,. \tag{4.71}$$

En el orden ϵ proporciona

$$\lambda_{1n} = V_{nn}, \quad \text{para} \quad k = n; \quad (\lambda_{0n} - \lambda_{0k})c_{1k} = V_{kn}, \quad \text{para} \quad k \neq n. \tag{4.72}$$

Por lo tanto, se obtiene la primera corrección del autovalor enésimo,

$$\lambda_{1n} = V_{nn} = \int_{-\infty}^{\infty} \xi^4 Y_{0n}^2(\xi) d\xi = \frac{3}{2}\left(n^2 + n + \frac{1}{2}\right), \tag{4.73}$$

y la primera corrección de la autofunción correspondiente,

$$\psi_{1n}(\xi, \tau) = \sum_{m \neq n} c_{1m}\psi_{0m}(\xi, \tau) = \sum_{m \neq n} \frac{V_{mn}}{\lambda_{0n} - \lambda_{0m}} Y_{0m}(\xi) e^{-i\lambda_{0m}\tau/2}, \tag{4.74}$$

donde se ha tomado c_{1n}, que queda indeterminado en (4.72), igual a cero para que ψ_{1n} sea ortogonal a ψ_{0n} y la integral de $|\psi_{0n} + \epsilon\psi_{1n}|^2$ en todo el dominio espacial siga siendo la unidad, como corresponde a una función de probabilidad. En términos de E, utilizando (4.62) y (4.73), la primera corrección del nivel enésimo de energía (3.96) correspondiente al potencial (4.60) sería

$$E_n = \frac{\lambda_{0n} + \epsilon\lambda_{1n} + \cdots}{2} \hbar\omega = \left(n + \frac{1}{2}\right)\hbar\omega + \frac{3}{2}\left(n^2 + n + \frac{1}{2}\right) a \left(\frac{\hbar}{m\omega}\right)^2 + \cdots. \tag{4.75}$$

Se deja como ejercicio 4 de §4.1.5 la obtención de la siguiente corrección de orden $\epsilon^2 = 4a^2\hbar^2/(m^4\omega^6)$.

4.1.4. Expansión asintótica de integrales

Además de las ecuaciones diferenciales que se considerarán en las secciones siguientes de este capítulo, el método de perturbaciones es también muy útil para obtener aproximaciones asintóticas de funciones definidas mediante integrales que no se pueden resolver de forma analítica exacta. De hecho, las técnicas asintóticas se utilizaron mayoritariamente en sus comienzos para obtener aproximadamente estas funciones dadas por integrales definidas que resultaban de la resolución de ecuaciones diferenciales en algunos problemas de interés. Aquí se introducirán formalmente tres de las técnicas más relevantes para obtener una aproximación asintótica de ciertas integrales definidas,[3] que se aplicarán a algunos ejemplos de interés.

---

[3]Para otros métodos se puede consultar, por ejemplo, Erdélyi (1956), cap. II, o de Bruijn (1981).

4.1.4.1. Lema de Watson

Considérese una función $f(x)$ definida mediante la integral

$$f(x) = \int_0^\infty e^{-xt} u(t) dt \,, \tag{4.76}$$

por ejemplo resultante de una transformada de Laplace [la de la función $u(t)$]. Es bastante común en ciertas aplicaciones estar interesado en obtener una aproximación asintótica de esta función $f(x)$ para x grande.

Obviamente, la mayor contribución de la integral (4.76) proviene de t pequeño, concretamente de $t = O(x^{-1})$. Por ello, para concretar el rango de validez de la aproximación que se va a obtener, se va a suponer que $u(t) = t^\lambda g(t)$, con $\lambda > -1$, y que g es analítica en el entorno de $t = 0$, de manera que se puede expandir en potencias de t,

$$g(t) = \sum_{k=0}^\infty a_k t^k \,, \quad a_k = \frac{g^{(k)}(0)}{k!} \,. \tag{4.77}$$

Por otro lado, dado que la mayor contribución proviene de $t \sim x^{-1} \ll 1$, no se va a restringir el límite superior de la integral a ∞, y se va a obtener la aproximación asintótica para x grande de la función $f(x)$ definida como

$$f(x) = \int_0^A e^{-xt} t^\lambda g(t) dt = \int_0^A e^{-xt} t^\lambda \sum_{k=0}^\infty a_k t^k dt \,, \quad \lambda > -1 \,, \quad A \gg x^{-1} \,. \tag{4.78}$$

Haciendo el cambio de variable $\tau = xt$ en la integral,

$$f(x) = \int_0^{xA} e^{-\tau} \tau^\lambda x^{-(\lambda+1)} \left(\sum_{k=0}^\infty a_k \tau^k x^{-k} \right) d\tau \simeq \sum_{k=0}^\infty a_k x^{-(\lambda+1+k)} \int_0^\infty e^{-\tau} \tau^{\lambda+k} d\tau$$

$$= \sum_{k=0}^\infty a_k x^{-(\lambda+k+1)} \Gamma(\lambda + k + 1) \,, \tag{4.79}$$

pues la última integral es justamente la definición de la función $\Gamma(z)$ para $z = \lambda + k + 1$. El lema de Watson dice que la anterior aproximación es una secuencia asintótica de $f(x)$. Es decir,

$$f(x) = \int_0^A e^{-xt} t^\lambda g(t) dt = \sum_{k=0}^N \frac{g^{(k)}(0)}{k!} \frac{\Gamma(\lambda + k + 1)}{x^{\lambda+k+1}} + o\left(x^{-(\lambda+N+1)} \right) \tag{4.80}$$

y, por tanto, que el límite cuando $N \to \infty$ de la suma tiende a $f(x)$, siempre que $\lambda > -1$ y $Ax \gg 1$.[4]

---

[4]Para la demostración formal ver, por ejemplo, Murray (1984), §2.1.

Como **ejemplo** sencillo de aplicación directa se considera la función error complementaria, que aparece como solución de algunos problemas de interés, como, por ejemplo, el de Rayleigh considerado en §2.1.2.3 [ver ecuación (2.42)]. Es decir, se busca el comportamiento asintótico para x grande de la función

$$\text{erfc}(x) = \frac{2}{\sqrt{\pi}} \int_x^\infty e^{-t^2}\, dt\,. \tag{4.81}$$

Para ello se utiliza primero el cambio de variable $\xi = t - x$ para quitar la x del límite de integración,

$$\text{erfc}(x) = \frac{2}{\sqrt{\pi}} e^{-x^2} \int_0^\infty e^{-2x\xi} e^{-\xi^2}\, d\xi\,,$$

y luego $\tau = 2\xi x$ para buscar la función Γ tras expandir $e^{-\xi^2}$ en potencias de ξ^2, pues, de acuerdo con el Lema de Watson, la principal contribución de la integral proviene de $\xi \sim x^{-1} \ll 1$:

$$\text{erfc}(x) = \frac{2}{\sqrt{\pi}} e^{-x^2} \int_0^\infty e^{-\tau} \sum_{k=0}^\infty \frac{(-1)^k}{k!} \left(\frac{\tau}{2x}\right)^{2k} \frac{d\tau}{2x}\,.$$

Utilizando la definición de la función Γ, finalmente se llega a la siguiente aproximación asintótica de la función error complementaria para x grande:

$$\text{erfc}(x) = \frac{2}{\sqrt{\pi}} e^{-x^2} \sum_{k=0}^\infty (-1)^k \frac{\Gamma(2k+1)}{k!\,(2x)^{2k+1}}\,. \tag{4.82}$$

4.1.4.2. Método de Laplace

El método de Laplace generaliza el resultado del lema de Watson para obtener una aproximación asintótica de funciones definidas en forma integral como

$$f(x) = \int_a^b e^{xh(t)} u(t)\, dt\,, \tag{4.83}$$

cuando x es grande y $h(t)$, $h'(t)$ y $h''(t)$ son funciones continuas en el intervalo $a \leq t \leq b$.

Por el mismo razonamiento que se utilizó en relación a la integral (4.76), si $x \gg 1$, la mayor contribución de la integral (4.83) procede de las proximidades del punto donde la función $h(t)$ tiene su valor máximo en el intervalo $[a, b]$.[5] Si este punto es $t = t_0$, $a \leq t_0 \leq b$, el procedimiento para hallar la aproximación de la integral cuando x es grande consiste en cambiar de variable de forma tal que $t = t_0$ se convierte en el origen de coordenadas y aplicar luego el lema de Watson. Por ello, si se supone, sin pérdida de la generalidad del método, que el máximo de $h(t)$ se encuentra en $t = 0$ tras un cambio de la variable de integración,

---

[5]El método se aplicaría de forma análoga si en la integral apareciera $e^{-xh(t)}$, $x \gg 1$, cambiando solo en lo que sigue el valor máximo de $h(t)$ por el valor mínimo de $h(t)$ (ver ejemplo en §4.1.4.3).

de manera que $a < 0$ y $b > 0$, habría que evaluar la integral (4.83) para $x \gg 1$ sabiendo que su contribución principal procede del entorno de $t = 0$ donde h tiene un máximo en el intervalo $[a, b]$.

Se van a considerar por separado dos casos: que $t = 0$ sea un máximo genuino, con $h'(0) = 0$ y $h''(0) < 0$, o que simplemente alcance allí su valor máximo, pero sin pendiente nula, $h'(0) < 0$. Este segundo supuesto corresponde a un máximo de $h(t)$ en alguno de los extremos del intervalo $[a, b]$, es decir, que bien a o bien b sea cero.

En el primer caso, como $h(t) < h(0)$ para todo t en el intervalo $[a, b]$, con $h'(0) = 0$, $h''(0) < 0$ y derivadas continuas, cerca de $t = 0$ se tiene $h(t) = h(0) + \frac{1}{2}t^2 h''(0) + O(t^3)$, de manera que es conveniente utilizar la nueva variable de integración positiva

$$s^2 = h(0) - h(t) \tag{4.84}$$

de donde

$$e^{xh(t)} = e^{xh(0)}e^{-xs^2},$$

pudiéndose aplicar el lema de Watson para $x \gg 1$ considerando la contribución principal de la integral cuando s es pequeño.

Para ello, primero se expande en potencias de t tanto $u(t)$ como $h(t) - h(0) = -s^2$,

$$u(t) = u(0) + u'(0)t + \frac{1}{2}t^2 u''(0) + \dots,$$

$$-s^2 = h(t) - h(0) = \frac{1}{2}t^2 h''(0) + \dots,$$

de donde, utilizando la relación entre s y t, en primera aproximación se tiene

$$u(t) = u(0) + u'(0)\left[\frac{-2}{h''(0)}\right]^{1/2} s + O(s^2). \tag{4.85}$$

Solo se va a considerar el orden más bajo de la aproximación, pero, de acuerdo con el lema de Watson, el procedimiento proporciona una expansión asintótica de la integral cuando se prosigue con los siguientes órdenes de la aproximación. Así,

$$\int_a^b u(t)e^{xh(t)}dt = \int_A^B \left(u(0) + u'(0)\left[\frac{-2}{h''(0)}\right]^{1/2} s + O(s^2)\right)e^{xh(0)}e^{-xs^2}\left[\frac{-2}{h''(0)}\right]^{1/2}ds$$

$$= e^{xh(0)}u(0)\left[\frac{-2}{h''(0)}\right]^{1/2}\int_{-\infty}^{\infty}e^{-xs^2}ds + e^{xh(0)}O\left(\int_{-\infty}^{\infty}s\,e^{-xs^2}ds\right); \tag{4.86}$$

es decir,

$$\int_a^b e^{xh(t)}u(t)dt = e^{xh(0)}u(0)\left[\frac{-2\pi}{xh''(0)}\right]^{1/2} + e^{xh(0)}O\left(\frac{1}{x^{3/2}}\right), \tag{4.87}$$

Para obtener esta última expresión se ha tenido en cuenta que

$$\int_{-\infty}^{\infty} e^{-xs^2} ds = \frac{\sqrt{\pi}}{\sqrt{x}}$$

y que

$$\int_{-\infty}^{\infty} s\, e^{-xs^2} ds = 0\,,$$

de manera que entraría el siguiente orden de la expansión en (4.86),

$$e^{xh(0)} O\left(\int_{-\infty}^{\infty} s^2 e^{-xs^2} ds\right) = e^{xh(0)} O\left(\frac{1}{x^{3/2}}\right)\,.$$

Escribiendo (4.87) en la variable t original, donde el máximo de $h(t)$ en $[a, b]$ estaba en $t = t_0$, se tiene

$$f(x) = \int_a^b e^{xh(t)} u(t) dt = e^{xh(t_0)} u(t_0) \left[\frac{-2\pi}{xh''(t_0)}\right]^{1/2} + e^{xh(t_0)} O\left(\frac{1}{x^{3/2}}\right), \quad a < t_0 < b,$$

(4.88)

que es la primera aproximación de $f(x)$ por el método de Laplace. La forma explícita del término de $O(x^{-3/2})$ no es difícil de obtener y se deja como ejercicio para el lector.

En el segundo caso, suponiendo que el máximo está en el extremo $t = a = 0$, con $h'(0) < 0$, como $h(t) = h(0) + th'(0) + O(t^2)$, en vez de (4.84) se define s como

$$s = h(0) - h(t) \quad \text{y} \quad t = -\frac{1}{h'(0)} s + O(s^2)\,.$$

(4.89)

Con esta variable se tiene

$$\int_0^b u(t) e^{xh(t)} dt = \int_0^B [u(0) + O(s)]\, e^{xh(0)} e^{-xs} \left[\frac{-1}{h'(0)}\right] ds$$

$$= -\frac{u(0)}{h'(0)} e^{xh(0)} \int_0^\infty e^{-xs} ds + e^{xh(0)} O\left(\int_0^\infty s e^{-xs} ds\right)$$

$$= -\frac{u(0)}{xh'(0)} e^{xh(0)} + e^{xh(0)} O\left(x^{-2}\right)\,.$$

(4.90)

Así, volviendo a la variable t original, con el máximo de $h(t)$ en el límite inferior $t = a$ de la integral y con $h'(a) < 0$, la función $f(x)$ se aproximaría por

$$f(x) = \int_a^b e^{xh(t)} u(t) dt = -\frac{u(a)}{xh'(a)} e^{xh(a)} + e^{xh(a)} O\left(x^{-2}\right)\,.$$

(4.91)

Finalmente, si el máximo estuviera en el límite superior de la integral $t = b$, con $h'(b) > 0$,

$$f(x) = \int_a^b e^{xh(t)} u(t) dt = \frac{u(b)}{xh'(b)} e^{xh(b)} + e^{xh(b)} O\left(x^{-2}\right)\,.$$

(4.92)

Como **ejemplo** ilustrativo, se aplica el método de Laplace para obtener una aproximación asintótica de $x!$ para x grande. Para ello se utiliza la definición del factorial en términos de la función Γ,

$$x! = \Gamma(x+1) = \int_0^\infty t^x e^{-t} dt \,, \tag{4.93}$$

y se escribe esta expresión en la forma (4.83) haciendo

$$h(t) = \ln t - \frac{t}{x} \,, \quad e^{xh(t)} = t^x e^{-t} \,,$$

con $u(t) = 1$. El máximo de $h(t)$ se encuentra en

$$h'(t) = \frac{1}{t} - \frac{1}{x} = 0 \,, \quad \text{es decir,} \quad t = x \,,$$

y su derivada segunda

$$h''(t) = -\frac{1}{t^2} \,, \quad h''(x) = -\frac{1}{x^2} \,.$$

Por lo tanto, aplicando directamente el resultado (4.88), en primera aproximación para $x \gg 1$ (4.93) se escribe

$$x! \sim e^{x(\ln x - 1)}(2\pi x)^{1/2} = \sqrt{2\pi}\, e^{-x} x^{x+1/2} \,, \quad x \gg 1 \,, \tag{4.94}$$

con errores del orden de $e^{-x} x^{x-1/2}$. Esta es la conocida fórmula de Stirling. La precisión de esta fórmula y, en general, del método de Laplace es asombrosa. Por ejemplo, $10! = 3628800$, mientras que (4.94) proporciona $3598695{,}62$, con un error relativo del $0{,}8\,\%$. Pero incluso para $x = 2$, $2! = 2$ y la formula de Stirling proporciona $1{,}9190$, con un error relativo del $4\,\%$.

4.1.4.3. Función de partición en mecánica estadística

Una de las muchas aplicaciones físicas del método de Laplace es el cálculo aproximado de la función de partición de la distribución canónica clásica de un sistema físico en equilibrio en la descripción de la mecánica estadística. Viene dada por[6]

$$Z(\beta) = \int e^{-\beta H(q_i, p_j)} d\Gamma \,, \quad \beta = \frac{1}{k_B T} \,, \tag{4.95}$$

donde H es el hamiltoniano del sistema, k_B es la constante de Boltzmann (ver §2.1.1.1 para su valor), T es la temperatura absoluta y la integral se realiza en todo el espacio de fase $\{q_i, p_j\}$. Como H está en el exponente, se puede calcular de forma independiente la parte de la integral correspondiente a la energía potencial W como uno de los factores de Z, que para un sistema de una sola partícula que se mueva de forma unidimensional en la dirección x (o

---

[6]Ver, por ejemplo, Brey Abalo, de la Rubia Pacheco, y de la Rubia Sánchez (2001), cap. 3.

la parte correspondiente a la coordenada x de un movimiento tridimensional si el potencial estuviera separado en esa coordenada) sería

$$Z(\beta) = \int_{-\infty}^{\infty} e^{-\beta W(x)}dx\,, \qquad (4.96)$$

donde se ha mantenido la denominación Z por simplicidad.

Cuando β es muy grande, es decir, cuando la temperatura es suficientemente baja, esta función se puede calcular aproximadamente por el método de Laplace (el parámetro grande ahora es β, mientras que la letra x se ha usado como variable de integración en vez de t para seguir la notación estándar de una coordenada espacial). Utilizando (4.88) y suponiendo que $W(x)$ solo tiene un mínimo en $x = x_0$ (téngase en cuenta que en el exponente aparece $-\beta$, con $\beta \gg 1$) se tiene, en primera aproximación,

$$Z(\beta) \sim e^{-\beta W(x_0)}\sqrt{\frac{2\pi}{\beta W''(x_0)}}\,, \quad W'(x_0) = 0\,, \quad W''(x_0) > 0\,, \quad \beta \gg 1\,. \qquad (4.97)$$

Como aplicación se va a considerar el caso de una partícula que se mueve en el potencial correspondiente a un oscilador inarmónico (similar al considerado en 4.1.3.1, pero ahora en la formulación clásica de la mecánica estadística), cuyo potencial viene dado por

$$W(x) = ax^4 - bx^2\,, \quad a > 0\,, \quad b > 0\,, \qquad (4.98)$$

que corresponde a un doble *pozo* de energía (ver más abajo). Se va a aprovechar también este ejemplo para ilustrar el cálculo de la siguiente corrección por el método de Laplace; es decir, el cálculo del siguiente término de $O(\beta^{3/2})$ de la expansión asintótica de la integral

$$Z(\beta) = \int_{-\infty}^{\infty} e^{-\beta(ax^4 - bx^2)}dx \qquad (4.99)$$

para β grande, utilizando para ello un procedimiento más directo que el realizado mediante (4.84)-(4.85) usando la variable auxiliar s, pues no existe la función u en el integrando.

Haciendo $W'(x) = 2x(2ax_0 - b) = 0$, los puntos estacionarios son

$$x = 0 \quad \text{y} \quad x = \pm\sqrt{\frac{b}{2a}}\,. \qquad (4.100)$$

La derivada segunda, $W''(x) = 12ax^2 - 2b$, dice que $x = 0$ es un máximo $[W''(0) < 0]$, mientras que $x = \pm\sqrt{b/(2a)}$ corresponden a dos mínimos del potencial. Luego, las mayores contribuciones de la integral (4.99) provienen del entorno de esos dos puntos:

$$x_0^{\pm} = \pm\sqrt{\frac{b}{2a}}\,, \quad \text{con} \quad W(x_0^{\pm}) = -\frac{b^2}{4a}\,, \quad W''(x_0^{\pm}) = 4b\,. \qquad (4.101)$$

Sustituyendo en (4.97) y teniendo en cuenta que ambos mínimos contribuyen igualmente a la integral, solo hay que multiplicar por 2 la contribución de uno de ellos y la primera aproximación queda

$$Z(\beta) = 2e^{\beta b^2/(4a)}\sqrt{\frac{\pi}{2b\beta}} + O\left(\frac{1}{\beta^{3/2}}\right). \tag{4.102}$$

Físicamente, la partícula pasa la mayor parte del tiempo cerca de los dos mínimos (pozos) del potencial situados en $x = x_0^{\pm}$ y por ello contribuyen más a la función de partición (tienen más peso en el cómputo de la función de distribución o densidad de probabilidad estadística).

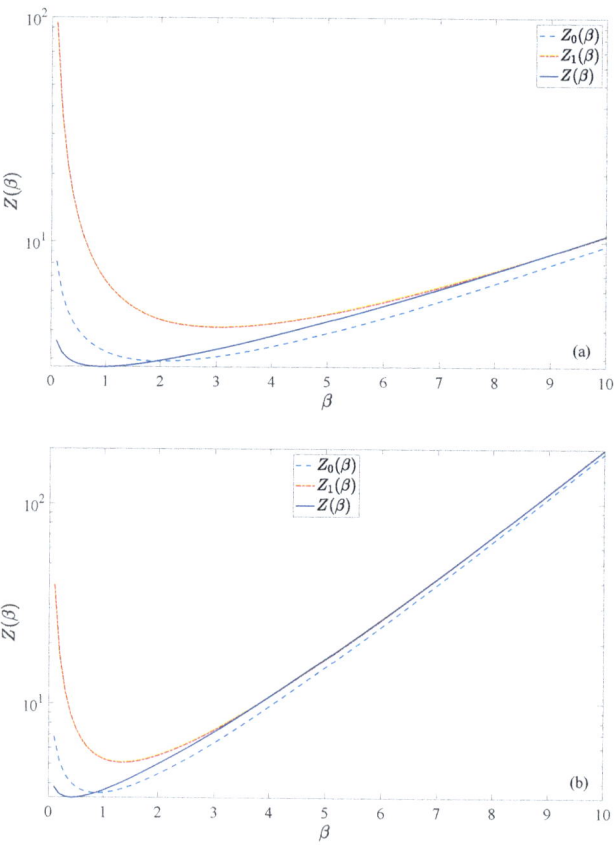

Figura 4.1: Comparación entre $Z(\beta)$ obtenido mediante integración numérica de (4.99) con una tolerancia relativa de 10^{-10} (lineas continuas) y las dos primeras aproximaciones asintóticas (4.105) (etiquetadas como Z_0 y Z_1) para $a = 1$, $b = 1$ en (a) y para $a = 1$, $b = 1{,}5$ en (b).

Para hallar las siguientes correcciones, se expande la función $W(x)$ en el entorno de $x_0^{\pm}$, con $z = x - x_0^\pm$:

$$W(x) = W(x_0^\pm) + \frac{1}{2}W''(x_0^\pm)z^2 + \frac{1}{3!}W^{(3)}(x_0^\pm)z^3 + \frac{1}{4!}W^{(4)}(x_0^\pm)z^4 + \cdots$$

$$= -\frac{b^2}{4a} + 2bz^2 \pm 6a\sqrt{\frac{b}{2a}}\,z^3 + az^4\,, \qquad (4.103)$$

que es exacta pues la derivada quinta de $W(x)$ es cero. Luego, el integrando de (4.99) se puede escribir como

$$e^{\beta b^2/(4a)}e^{-2\beta bz^2}\exp\left[-\beta\left(\pm 6a\sqrt{\frac{b}{2a}}\,z^3 + az^4\right)\right]$$

$$= e^{\beta b^2/(4a)}e^{-2\beta bz^2}\left[1 \mp 6a\beta\sqrt{\frac{b}{2a}}\,z^3 - a\beta z^4 + 9ab\beta^2 z^6 + O(z^7)\right]\,, \qquad (4.104)$$

donde se ha expandido en el entorno de x_0^+ y x_0^-, pero manteniendo hasta el término de z^2 en la exponencial. Como la integral del término en z^3 se anula por ser la función impar, y para los demás términos de la expansión la contribución a la integral del entorno de x_0^+ y de x_0^- es la misma, la integral (4.99) es simplemente dos veces la integral de la expresión anterior. Teniendo en cuenta que

$$\int_{-\infty}^\infty x^{2k}e^{-ax^2}dx = \Gamma\left(k + \frac{1}{2}\right)\frac{1}{\sqrt{a^{2k+1}}} = \frac{1\cdot 3\cdots(2k-1)}{2^k}\sqrt{\frac{\pi}{a^{2k+1}}}\,,$$

se tiene

$$Z(\beta) = 2e^{\beta b^2/(4a)}\left[\sqrt{\frac{\pi}{2b\beta}} + \frac{17a\sqrt{\pi/2}}{16b^{5/2}\beta^{3/2}} + O\left(\frac{1}{\beta^{5/2}}\right)\right]$$

$$= 2e^{\beta b^2/(4a)}\sqrt{\frac{\pi}{2b\beta}}\left[1 + \frac{17a}{16b^2\beta} + O\left(\frac{1}{\beta^2}\right)\right]\,. \qquad (4.105)$$

Obsérvese que la integración de los términos en z^4 y z^6 dan ambos términos de orden $\beta^{-3/2}$.

Esta aproximación asintótica con un solo término, con errores de $O(\beta^{-3/2})$, y con dos términos, con errores de $O(\beta^{-5/2})$, denominadas Z_0 y Z_1, respectivamente, se comparan en la Fig. 4.1 con la integral (4.99) exacta (obtenida numéricamente con un error relativo de 10^{-10}) en función de β para dos pares de valores de a y b. En ambos casos Z_1 prácticamente coincide con el valor exacto por encima de un cierto β de orden unidad (aproximadamente 7 en un caso y 3 en el otro), mientras que Z_0 converge hacia el valor exacto para valores mucho mayores de β.

4.1.4.4. Método de la fase estacionaria

El método de la fase estacionaria se utiliza para hallar aproximaciones asintóticas para x grande de funciones definidas mediante la integral

$$f(x) = \int_a^b e^{ixh(t)} u(t) dt \,, \tag{4.106}$$

donde $i = \sqrt{-1}$ y $b > a$ son dos constantes reales. A diferencia de la integral (4.83), para la que el método de Laplace proporciona una aproximación asintótica basada en la mayor contribución a la integral del valor del integrando cerca del máximo de $h(t)$ en el interva-lo $[a, b]$, ahora, al ser imaginario el exponente, el integrando oscila *salvajemente* cuando x es muy grande, por lo que la integral de las partes positivas se cancelan con las negativas y $f(x)$ tenderá a cero para $x \to \infty$. El método de la fase estacionaria permite obtener es-te comportamiento asintótico de $f(x)$ tendiendo a cero cuando x es grande aprovechando una propiedad matemática del integrando que es formalmente similar a la del método de Laplace, pero, como se verá a continuación, conceptualmente muy diferente.[7] Funciones in-tegrales como (4.106) aparecen en las soluciones de muchos problemas físicos, especialmen-te relacionados con la propagación de ondas, tanto en mecánica clásica como en mecánica cuántica. Aparecen, por ejemplo, siempre que se utilice el método de la transformada de Fourier para resolver una ecuación diferencial, de manera análoga a la aparición de integra-les como (4.83) siempre que se utilice el método de la transformada de Laplace, métodos que, aunque muy útiles para ciertas ecuaciones diferenciales, no se tratan en este texto.

De manera similar al método de Laplace, la mayor contribución de la integral (4.106) procede de los puntos $t = t_0$ en los que $h'(t_0) = 0$; es decir, de los puntos en los que la función $h(t)$ tiene un extremo local, y quizá también de los contornos del intervalo a y b. Para visualizar esto, que no es tan evidente como en la integral (4.83), se representa en la Fig. 4.2 el integrando de un caso particular con $u(t) = 1$ y con una función $h(t)$ que solo tiene un máximo en el intervalo $[a, b]$, considerando solo la parte real de la exponencial, $\cos[xh(t)]$. La función $h(t)$ de la figura tiene un máximo en $t_0 = 3$ (línea discontinua), y se representa $\cos[xh(t)]$ para $x = 7$ y $x = 100$. Se observa que para $x = 100$ la función coseno oscila muy rápidamente en todo el intervalo excepto cerca de $t = 3$, por lo que su integral prácticamente se anula en todo el intervalo excepto cerca de ese punto. Esto es debido a que, cerca de ese punto, h varía poco en torno a su máximo, $h(t) - h(t_0) = O(t - t_0)^2$, por lo que, aunque x sea grande, el argumento de la función oscilatoria varía menos que en el entorno de otros puntos t_1, donde $h(t) - h(t_1) = O(t - t_1)$ dado que $h'(t_1) \neq 0$. Es decir, la fase del integrando de (4.106) es prácticamente estacionaria, de aquí el nombre del método, y la mayor contribución de la integral en $[a, b]$ procede principalmente del entorno

---

[7]Ambos métodos, el de Laplace y el de la fase estacionaria, son casos particulares de un método más general que se aplica a integrales en el plano complejo denominado método del punto de silla o de la pendiente máxima. No se considera aquí porque estos dos casos particulares (Laplace y fase estacionaria) son con diferencia los más relevantes desde el punto de vista de las aplicaciones y no requieren los conocimientos de las funciones en el plano complejo que se necesitan para el método del punto de silla. El lector interesado puede consultar, por ejemplo, Erdélyi (1956), cap. II y de Bruijn (1981) caps. 5 y 6.

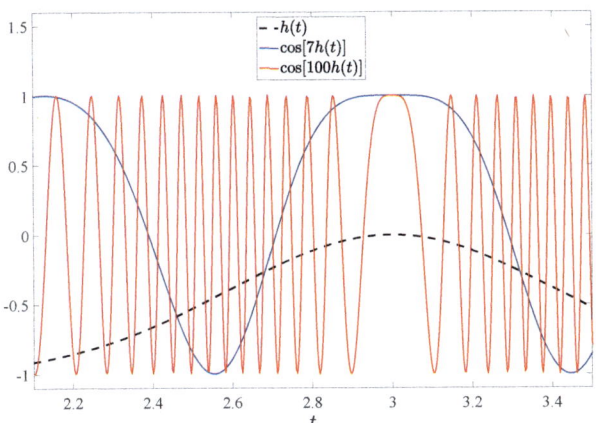

Figura 4.2: Ejemplo ilustrativo de la 'fase estacionaria' para x grande alrededor del máximo local de $h(t)$ en $t = 3$.

de $t = t_0$. También puede haber una contribución relevante procedente de las proximidades de los contornos del intervalo, donde se truncan las oscilaciones y puede que contribuyan apreciablemente a la integral, lo cual se analizará al final de esta sección. En cambio, para x no tan grande ($x = 7$ en la figura), aunque también se aprecia una región de fase estacionaria en torno a $t = t_0$, casi todo el intervalo $[a, b]$ puede contribuir por igual a la integral, pues las oscilaciones no se cancelan dentro del mismo. Se debe observar que si $h(t)$ tuviera un mínimo local en $t = t_0$, en vez de un máximo, la situación sería análoga, por eso se habla de un extremo local de $h(t)$, en vez de un máximo local como en el método de Laplace: la contribución principal a la integral proviene del máximo (o del mínimo) de $h(t)$, pero por un motivo diferente al del método de Laplace.

Una vez *visualizado* que la máxima contribución a la integral para x grande proviene de los extremos locales de $h(t)$, se procede de forma similar al método de Laplace, definiendo una coordenada s en el entorno del punto $t = t_0$,

$$h(t) - h(t_0) = \frac{1}{2}h''(t_0)(t - t_0)^2 + \cdots = \pm s^2 \,, \qquad (4.107)$$

donde el signo '$+$' se utiliza si $h''(t_0) > 0$ (h presenta un máximo en t_0) y el '$-$' si $h''(t_0) < 0$ (t_0 es un mínimo). Es decir,

$$t - t_0 = \left(\frac{2}{|h''(t_0)|}\right)^{1/2} s + O(s^2) \,. \qquad (4.108)$$

Normalmente uno solo está interesado en la parte real (o en la imaginaria) de la función $f(x)$ definida mediante (4.106), por ejemplo $F(x) = \Re[f(x)]$. Sustituyendo el cambio de variable anterior

$$F(x) = \Re \left\{ \left(\frac{2}{|h''(t_0)|} \right)^{1/2} e^{ixh(t_0)} \int_{-s_a}^{s_b} e^{\pm ixs^2} [u(t_0) + O(s)] ds \right\}, \qquad (4.109)$$

donde los valores exactos de s_a y s_b no son relevantes pues casi toda la contribución de la integral proviene de las proximidades de t_0, es decir, de $s = 0$, y s_a y s_b son de orden unidad. De hecho, haciendo el cambio de variable $\eta = \sqrt{x}\, s$, los límites de integración en η se pueden tomar, en primera aproximación, $\pm\infty$ para $x \gg 1$:

$$F(x) = \Re \left\{ \left(\frac{2}{x|h''(t_0)|} \right)^{1/2} e^{ixh(t_0)} \int_{-\infty}^{+\infty} e^{\pm i\eta^2} \left[u(t_0) + \frac{1}{\sqrt{x}} O(\eta) \right] d\eta \right\}. \qquad (4.110)$$

Por lo tanto, para hallar el orden más bajo de la aproximación asintótica solo es necesario calcular la integral $\int_{-\infty}^{+\infty} e^{\pm i\eta^2} d\eta = 2 \int_0^{+\infty} e^{\pm i\eta^2}$. Para ello se puede utilizar la integral en el plano complejo de $\int_C e^{-z^2} dz$, que es nula en un contorno cerrado C por el teorema de Cauchy, eligiendo apropiadamente el contorno C. Por ejemplo, en un contorno como el de la Fig. 4.3, se tiene

$$0 = \int_C e^{-z^2} dz = \int_0^R e^{-r^2} dr + iR \int_0^{\pi/4} e^{-R^2 e^{2i\theta}} e^{i\theta} d\theta - e^{i\pi/4} \int_0^R e^{-ir^2} dr, \qquad (4.111)$$

donde, en la primera integral del lado derecho sobre la recta real, se ha utilizado $z = r$, en la segunda $z = Re^{i\theta}$, y en la tercera $z = re^{i\pi/4}$. Teniendo en cuenta que para $R \to \infty$ la segunda integral se anula, se llega a

$$\int_0^\infty e^{-ir^2} dr = e^{-i\pi/4} \int_0^\infty e^{-r^2} dr = e^{-i\pi/4} \frac{\sqrt{\pi}}{2}.$$

Si se hubiera usado el arco entre $\theta = 0$ y $\theta = -\pi/4$ se hubiera llegado a un resultado similar para $\int_0^\infty e^{ir^2}$, pero con $e^{i\pi/4}$, por lo que finalmente se tiene

$$\int_{-\infty}^{+\infty} e^{\pm i\eta^2} d\eta = e^{\pm i\pi/4} \sqrt{\pi}. \qquad (4.112)$$

Así, la expresión (4.109) se puede escribir como

$$F(x) = \Re \left\{ \left(\frac{2\pi}{x|h''(t_0)|} \right)^{1/2} e^{i[xh(t_0) \pm \pi/4]} u(t_0) \left[1 + O\left(\frac{1}{\sqrt{x}} \right) \right] \right\}, \qquad (4.113)$$

o

$$F(x) = u(t_0) \left(\frac{2\pi}{x|h''(t_0)|} \right)^{1/2} \cos\left[xh(t_0) \pm \frac{\pi}{4} \right] + O\left(\frac{1}{x} \right), \qquad (4.114)$$

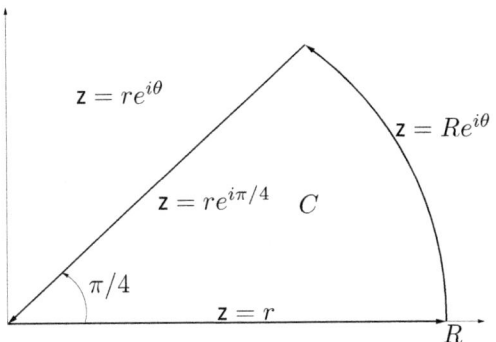

Figura 4.3: Contorno del plano complejo para la integración (4.111).

con el signo '+' si $h''(t_0) > 0$ y el '−' si $h''(t_0) < 0$. Como se ve, $F(x)$ [y $f(x)$] tiende a cero como $x^{-1/2}$ cuando $x \gg 1$ si $u(t_0) \neq 0$.

Para analizar la posible contribución a la integral del entorno de los puntos del contorno, se reescribe el integrando de (4.106) como

$$f(x) = \int_a^b e^{ixh(t)} u(t) dt = \int_a^b \frac{d}{dt}\left[e^{ixh(t)}\right] \frac{u(t)}{ixh'(t)} dt$$

y se integra por partes,

$$f(x) = \frac{1}{x}\left[\frac{u(b)}{ih'(b)}e^{ixh(b)} - \frac{u(a)}{ih'(a)}e^{ixh(a)}\right] + O\left(\frac{1}{x^2}\right). \tag{4.115}$$

Luego si los puntos del contorno no son extremos locales de $h(t)$, $h'(a) \neq 0$ y $h'(b) \neq 0$, esta contribución a la integral es siempre mucho menor que la del extremo local en $t = t_0$. En cambio, si alguno de esos puntos es un máximo o un mínimo local, su contribución a la integral será del mismo orden que la del extremo local interior, es decir, de $O(x^{-1/2})$, pero su valor será la mitad de la contribución asociada a $t = t_0$, pues al usar la variable s definida en (4.107)-(4.108), ahora $s \sim t - a$ y el límite inferior de (4.109), (4.110) y (4.112) sería cero. Así, por ejemplo, si $h'(a) = 0$, y no existiera ningún otro extremo local de $h(t)$ en $[a, b]$, en vez de (4.114) se tendría

$$F(x) = u(a)\left(\frac{\pi}{2x|h''(a)|}\right)^{1/2} \cos\left[xh(a) \pm \frac{\pi}{4}\right] + O\left(\frac{1}{x}\right), \quad \text{si} \quad h'(a) = 0. \tag{4.116}$$

Como **ejemplo** ilustrativo de aplicación del método se considera el comportamiento asintótico de la función de Bessel de primera especie, solución de la ecuación (3.111), para $x \gg 1$ cuando el orden n es un número entero (ver Fig. 3.5). En este caso, se puede usar la representación integral de la función de Bessel (ver, por ejemplo, F. W. J. Olver y cols., 2010, §10.9)

$$J_n(x) = \frac{1}{\pi}\int_0^\pi \cos(nt - x \operatorname{sen} t)dt = \Re\left\{\frac{1}{\pi}\int_0^\pi e^{int}e^{-ix \operatorname{sen} t}dt\right\}, \quad n \in \mathbb{Z}. \tag{4.117}$$

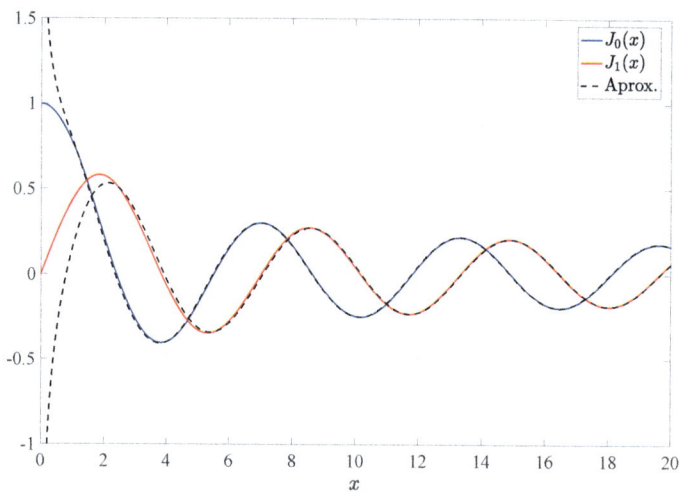

Figura 4.4: Aproximación (4.118) (líneas de trazos) de las dos primeras funciones de Bessel de primera especie ($n = 0$ y $n = 1$) comparadas con sus valores exactos.

Haciendo $h(t) = -\operatorname{sen} t$, con $h'(t) = -\cos t = 0$ proporcionando $t_0 = \pi/2$; como $h''(t) = \sin(t)$, con $h''(t_0) = 1$, y $u(t) = e^{int}$, la expresión (4.113) proporciona

$$J_n(x) = \Re\left\{\left(\frac{2}{\pi x}\right)^{1/2} e^{i(-x+\pi/4)} e^{in\pi/2}\right\} + O\left(\frac{1}{x}\right)$$

$$= \sqrt{\frac{2}{\pi x}} \cos\left[x - \frac{\pi}{2}\left(n + \frac{1}{2}\right)\right] + O\left(\frac{1}{x}\right), \quad x \gg 1. \tag{4.118}$$

En la Fig. 4.4 se compara esta aproximación con las funciones de Bessel para $n = 0$ y $n = 1$. Se observa que en el caso de J_0 coincide prácticamente con el valor exacto para $x \gtrsim 1$ y en el caso de J_1 para $x \gtrsim 2$. Es decir, prácticamente todos los ceros de la función de Bessel J_n se pueden aproximar por los ceros de (4.118): $j_{nm} \simeq \frac{\pi}{2}\left(n + 2m - \frac{1}{2}\right)$, $m = 1, 2, \ldots$. La bondad de la aproximación se puede comprobar comparando esta aproximación de los ceros de la función de Bessel con los resultados numéricos de la Tabla 3.1.

Como otro **ejemplo**, quizá más relevante en el presente texto por su uso en la aproximación WKB analizada en §4.5, se considera el comportamiento asintótico de las funciones de Airy, que son soluciones de la ecuación de Airy:[8]

$$\frac{d^2 f}{dx^2} = x\, f. \tag{4.119}$$

---

[8]Ver, por ejemplo, F. W. J. Olver y cols. (2010), cap. 9; especialmente §9.5 para la representación integral (4.120).

En particular, una de sus soluciones linealmente independientes, la función de Airy de primera especie $\mathrm{Ai}(x)$, tiene la siguiente representación integral cuando x es real:

$$\mathrm{Ai}(x) = \frac{1}{\pi} \int_0^\infty \cos\left(\frac{t^3}{3} + xt\right) dt \,. \tag{4.120}$$

Se va a considerar el comportamiento de esta función para x negativo en el límite asintótico $-x \gg 1$. Para ello se escribe (4.120) como

$$\mathrm{Ai}(-x) = \frac{1}{\pi} \int_0^\infty \cos\left(\frac{t^3}{3} - xt\right) dt = \Re\left[\frac{1}{2\pi} \int_{-\infty}^\infty e^{i\left(\frac{t^3}{3} - xt\right)} dt\right] \,, \quad x > 0 \,,$$

donde se ha tenido en cuenta que $\cos(-t) = \cos(t)$ en la segunda igualdad. Haciendo el cambio de variable de integración $t = x^{1/2}s$ y prescindiendo del símbolo $\Re$, se tiene

$$\mathrm{Ai}(-x) = \frac{x^{1/2}}{2\pi} \int_{-\infty}^\infty e^{ix^{3/2}\left(\frac{s^3}{3} - s\right)} ds \,.$$

Por lo tanto, se puede aplicar el método de la fase estacionaria a una integral del tipo (4.106) con $u(s) = 1$, $h(s) = s^3/3 - s$ y sustituyendo x por $x^{3/2}$. Como $h'(s) = s^2 - 1$, se tienen los dos puntos de fase estacionaria $s_0 = \pm 1$, con las correspondientes derivadas segundas $h''(s_0) = \pm 2$ y los valores en esos puntos $h(1) = -2/3$ y $h_0(-1) = 2/3$. La aproximación de fase estacionaria (4.114) tiene así dos contribuciones. Para $x \gg 1$, se puede escribir, en primera aproximación,

$$\mathrm{Ai}(-x) \sim \frac{x^{1/2}}{2\pi} \left[\left(\frac{\pi}{x^{3/2}}\right)^{1/2} \cos\left(-\frac{2x^{3/2}}{3} + \frac{\pi}{4}\right) + \left(\frac{\pi}{x^{3/2}}\right)^{1/2} \cos\left(\frac{2x^{3/2}}{3} - \frac{\pi}{4}\right)\right] \,.$$

Es decir, para $x < 0$ y $-x \gg 1$,

$$\mathrm{Ai}(x) \sim \frac{1}{(-x)^{1/4}\sqrt{\pi}} \cos\left[\frac{2}{3}(-x)^{3/2} - \frac{\pi}{4}\right] = \frac{1}{(-x)^{1/4}\sqrt{\pi}} \sin\left[\frac{2}{3}(-x)^{3/2} + \frac{\pi}{4}\right] \,. \tag{4.121}$$

De la misma manera se puede obtener el comportamiento de la función de Airy de segunda especie $\mathrm{Bi}(x)$ para $x \to -\infty$, que en primera aproximación se escribe

$$\mathrm{Bi}(x) \sim \frac{1}{(-x)^{1/4}\sqrt{\pi}} \cos\left[\frac{2}{3}(-x)^{3/2} + \frac{\pi}{4}\right] \,, \quad x < 0 \,, \quad -x \gg 1 \,, \tag{4.122}$$

cuya obtención se deja como ejercicio (número 10 en §4.1.5). Esta aproximación y la (4.121) para $\mathrm{Ai}(x)$ se comparan en la Fig. 4.5 con sus valores exactos. Como en el caso de las funciones de Bessel, a pesar de ser el orden más bajo de la aproximación de fase estacionaria, concuerdan muy bien con la función exacta incluso para valores de $|x|$ de orden unidad.

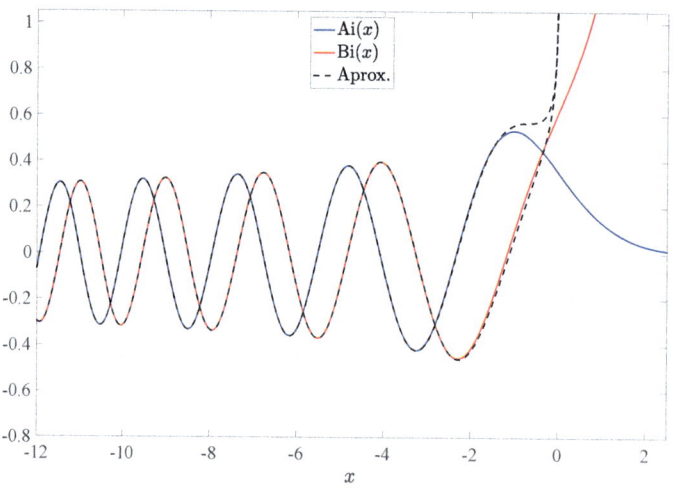

Figura 4.5: Aproximaciones (4.121) y (4.122) (líneas de trazos) de las funciones de Airy de primera especie y segunda especie para $x \to -\infty$ comparadas con sus valores exactos.

4.1.4.5. Comportamiento para tiempos grandes de una onda plana en un medio dispersivo. Aplicación a una onda en la superficie libre de un líquido

Uno de los ejemplos más significativos en los que el método de la fase estacionaria proporciona una información física muy relevante es en la propagación de ondas lineales en un medio dispersivo. Por simplicidad se considera el caso de una onda plana de una determinada magnitud física $\phi(x,t)$, que depende de la coordenada espacial x y del tiempo t. Cada onda plana monocromática con número de onda k, o con longitud de onda $\lambda = 2\pi/k$, que se propaga hacia valores crecientes de x se puede escribir como (ver §1.2.4.1)

$$\phi(x,t) = a(k)\cos[kx - \omega(k)t] \,, \tag{4.123}$$

donde $a(k)$ es la amplitud y donde la frecuencia en un medio dispersivo depende del número de onda k a través de la denominada relación de dispersión, $\omega = \omega(k)$, una función que es diferente para cada medio y para cada tipo de onda que se esté considerando.

La amplitud $a(k)$ se obtiene de la perturbación inicial que origina la onda. Como lo más habitual es que esta perturbación inicial no sea 'monocromática', dado que el problema es lineal, la solución siempre se puede escribir como una superposición de ondas monocromáticas (4.123) para todos los posibles números de onda k en la forma

$$\phi(x,t) = \int_0^\infty a(k)\cos[kx - \omega(k)t]dk \,. \tag{4.124}$$

La amplitud $a(k)$ para cada número de onda se determina de la condición inicial conocida

$f(x)$,

$$f(x) = \phi(x, 0) = \int_0^\infty a(k)\cos(kx)dk \,. \tag{4.125}$$

Si la integral estuviese multiplicada por $\sqrt{2/\pi}$, esta sería la forma estándar de la transformada en coseno de Fourier de la función $f(x)$, de manera que $a(k)$ se calcularía utilizando la transformada inversa mediante[9]

$$a(k) = \frac{2}{\pi}\int_0^\infty f(x)\cos(kx)dx \,. \tag{4.126}$$

Aunque toda la información sobre la onda está dada analíticamente mediante (4.124) y (4.126), es difícil extraer de esas expresiones integrales un comportamiento cualitativo. Como, además, muchas veces interesa sobre todo el comportamiento de la onda para tiempos grandes tras la perturbación inicial, se recurre al método de la fase estacionaria para intentar sacar de la integral (4.124) una información más sencilla y relevante sobre el comportamiento de la onda.

Para aplicar el método de la fase estacionaria a la integral (4.124) cuando t grande, se escribe el argumento del coseno como $t(kx/t - \omega)$, de donde se tiene que la función h utilizada en §4.1.4.4 se puede escribir como

$$h(k) = k\frac{x}{t} - \omega(k) \,. \tag{4.127}$$

La contribución mayor de la integral para $t \to \infty$ proviene de

$$h'(k) = \frac{x}{t} - \omega'(k) = 0 \,; \tag{4.128}$$

es decir, del entorno de un valor $k = k_0$ que satisface

$$\omega'(k_0) = \frac{x}{t} \,, \tag{4.129}$$

y donde

$$h''(k_0) = -\omega''(k_0) \,. \tag{4.130}$$

Obsérvese que el comportamiento de la onda para tiempos grandes es equivalente al comportamiento para valores grandes de la coordenada espacial x, pues la onda se propaga hacia la derecha con velocidad finita. Aplicando (4.114) se tiene, en primera aproximación, la solución

$$\phi(x, t) = a(k_0)\left(\frac{2\pi}{t|\omega''(k_0)|}\right)^{1/2}\cos\left[k_0 x - \omega(k_0)t \pm \frac{\pi}{4}\right] + O\left(\frac{1}{t}\right), \quad t \to \infty, \tag{4.131}$$

con k_0 dado por (4.129) y la amplitud a por la condición inicial (4.125) para $k = k_0$.

---

[9]Ver, por ejemplo, Butkov (1968), §7.6.

De acuerdo con esta solución válida para t y x grandes, lejos de la fuente la onda se propaga como si fuera monocromática, pero con un número de onda k_0 que depende x y t de acuerdo con (4.129). De hecho, k_0 depende solo del cociente x/t mediante la relación de dispersión $\omega(k)$ del problema físico que se esté considerando a través de (4.129) (ver ejemplo concreto más abajo). Tiene la particularidad de que para ese número de onda la velocidad de grupo $c_g = d\omega/dk$ permanece constante para x/t constante. Recuérdese que la velocidad de grupo se puede definir como la velocidad a la que se tiene que mover un observador para que aprecie un número de onda (o una longitud de onda) constante en la propagación de una onda dispersiva. La velocidad de grupo difiere, en general, de la velocidad de fase $c = \omega/k$, que es la velocidad en la que permanece constante la forma de la onda, coincidiendo ambas para una onda no dispersiva, cuando ω es independiente de k. En el caso de la solución (4.131), $c_g(k_0) = \omega(k_0)/k_0$ dependerá de x y de t a través de k_0 y no tiene porqué ser constante para $x/t =$ constante, como se verá en un ejemplo concreto más adelante.

Otra cuestión relevante es si la onda (4.131) cumple las hipótesis de la aproximación de óptica geométrica considerada en §1.1.7. Es decir, si la longitud y el tiempo característicos de variación espacial y temporal del número de onda k_0 son grandes comparados con la longitud de onda $\lambda_0 = 2\pi/k_0$ y con el período $T_0 = 2\pi/\omega(k_0)$, respectivamente. Para ver la parte espacial, de (4.129) se tiene que

$$\frac{\partial \omega'(k_0)}{\partial x} = \frac{1}{t} = \frac{\omega'(k_0)}{x} = \frac{\partial k_0}{\partial x}\,\omega''(k_0)\,,$$

de donde

$$\frac{1}{k_0}\frac{\partial k_0}{\partial x} = \frac{\omega'(k_0)}{k_0\omega''(k_0)}\frac{1}{x} = O\left(\frac{1}{x}\right),$$

pues el factor que multiplica a $1/x$ es de orden unidad. De forma similar se llega a que $k_0^{-1}(\partial k_0/\partial t) = O(t^{-1})$, y como la solución vale para x y t muy grandes se llega a la conclusión que la longitud de onda $\lambda_0 = 2\pi/k_0$ varía muy poco con x y t en longitudes de orden de λ_0 y tiempos de orden de T_0, respectivamente, de manera que la solución (4.131) satisface los requisitos de la aproximación de óptica geométrica discutidos en §1.1.7.

Como **ejemplo** concreto de aplicación de lo anterior se considera una onda de superficie libre en una capa líquida con profundidad H asociada a la gravedad, de aceleración g.[10] En este caso ϕ sería la altura de la superficie libre perturbada en relación a su valor de equilibrio H, con $|\phi| \ll H$ para que se propague como una onda lineal dada por la solución (4.124). La correspondiente relación de dispersión viene dada por (ver, por ejemplo, Fernández Feria, 2005, §24.1)

$$\omega(k) = \sqrt{gk\tanh(kH)}\,, \tag{4.132}$$

con velocidad de grupo

$$\frac{d\omega}{dk} = \frac{g^{1/2}}{2}\frac{kH\,\mathrm{sech}^2(kH) + \tanh(kH)}{\sqrt{k\tanh(kH)}}\,. \tag{4.133}$$

---

[10]Para los detalles físicos de este problema se puede consultar, por ejemplo, Newman (1977), cap. 6, o Fernández Feria (2005), cap. 24.

Para simplificar, se considera el límite de aguas profundas $kH \gg 1$, es decir, longitudes de onda λ mucho menores que la profundidad H de la capa líquida,

$$\omega \simeq \sqrt{gk}\,, \quad \omega'(k) = \frac{1}{2}\frac{g^{1/2}}{k^{1/2}}\,. \tag{4.134}$$

En este límite el valor k_0 de la fase estacionaria viene dado por

$$\omega'(k_0) = \frac{1}{2}\frac{g^{1/2}}{k_0^{1/2}} = \frac{x}{t}\,, \quad k_0 = \frac{1}{4}g\frac{t^2}{x^2}\,, \tag{4.135}$$

y los correspondientes valores de ω y ω'' son

$$\omega(k_0) = \frac{1}{2}g\frac{t}{x}\,, \quad \omega''(k_0) = -\frac{1}{4}\frac{g^{1/2}}{k_0^{3/2}} = -\frac{2}{g}\frac{x^3}{t^3}\,. \tag{4.136}$$

Por lo tanto, de acuerdo con (4.131), la primera aproximación del comportamiento para t y x grandes de la onda de superficie en aguas profundas viene dado por

$$\phi(x,t) = a\left(\frac{1}{4}g\frac{t^2}{x^2}\right)\frac{\pi^{1/2}g^{1/2}t}{x^{3/2}}\cos\left(\frac{1}{4}g\frac{t^2}{x} + \frac{\pi}{4}\right) + O\left(\frac{1}{t},\frac{1}{x}\right)\,. \tag{4.137}$$

La velocidad de grupo vale x/t y el número de onda k_0 (y la correspondiente longitud de onda $\lambda_0 = 2\pi/k_0$) permanece constante para $x/t =$ constante. En cambio, la velocidad de fase no tiene nada que ver con la de grupo. En efecto, la fase [en este caso, el argumento del coseno en (4.137)] permanece constante para $x = gt^2/4 +$ constante, con lo que la velocidad de fase vale $c = gt/2$. Así, por ejemplo, las crestas de la onda viajan a una velocidad que va aumentando linealmente con el tiempo (para tiempos grandes) y, por tanto, se van alejando unas de otras. Por otro lado, la amplitud de estas crestas se atenúa muy rápidamente, siendo proporcional a $t/x^{3/2} \sim t^{-2}$ cuando sus posiciones x crecen con la velocidad de fase proporcionalmente a t^2.

Para ilustrar esta solución se considera una onda de superficie libre generada por una perturbación inicial dada por

$$f(x) = a_0 e^{-(x/L_c)^2}\,.$$

De acuerdo con (4.126), hallando la integral, la distribución de amplitudes $a(k)$ viene dada por

$$a(k) = \frac{a_0 L_c}{\sqrt{\pi}}\,e^{-L_c^2 k^2/4}\,.$$

Es conveniente adimensionalizar usando L_c, $t_c = \sqrt{L_c/g}$ y a_0, definiendo las variables adimensionales

$$\xi = \frac{x}{L_c}\,, \quad \tau = t\sqrt{\frac{g}{l_c}}\,, \quad \Phi = \frac{\phi}{a_0}\,.$$

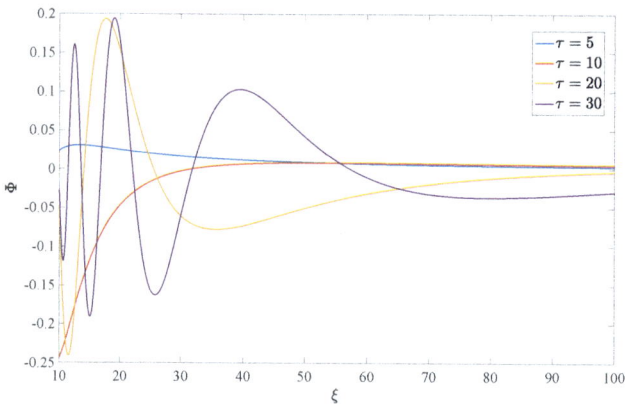

Figura 4.6: Onda de superficie generada por una perturbación inicial gaussiana para tiempos τ (y distancias ξ) grandes, dada por la solución adimensional (4.138).

Con ellas,

$$K_0 = k_0 L_c = \frac{\tau^2}{4\xi^2} \, ,$$

y la onda (4.137) se escribe

$$\Phi(\xi, \tau) = e^{-\tau^2/(4\xi^2}\, \frac{\tau}{\xi^{3/2}} \cos\left(\frac{1}{4}\frac{\tau^2}{\xi} + \frac{\pi}{4} \right) + O\left(\frac{1}{\tau} \right) . \tag{4.138}$$

Esta solución se representa en la Fig. 4.6 en función de ξ para varios valores de τ.

4.1.5. Ejercicios propuestos

1. Hallar mediante el método de perturbaciones los cinco primeros términos de las dos soluciones de la ecuación algebraica (4.17) considerada en §4.1.2.2.

2. Hallar mediante el método de perturbaciones los dos primeros términos de las expansiones asintóticas correspondientes a las soluciones de las ecuaciones algebraicas siguientes cuando $0 < \epsilon \ll 1$:

   a)
   $$x^2 - 2x + (1 - \epsilon)^3 = 0 \, ;$$

   b)
   $$x^3 - 3x + \epsilon = 0 \, ;$$

   c)
   $$\epsilon x^3 - 3x + 1 = 0 \, ;$$

d)

$$\epsilon^2 x^3 - x + \epsilon = 0 \, ;$$

e)

$$x^2 + \epsilon \sqrt{2 + x} = \cos(\epsilon) \, ;$$

f)

$$x^2 - 1 + \tanh(x/\epsilon) = 0 \, ;$$

g)

$$\epsilon e^{x^2} - 1 - \frac{\epsilon}{1 + x^2} = 0 \, .$$

3. Hallar mediante el método de perturbaciones las dos primeras correcciones en el parámetro pequeño ϵ de los autovalores y autovectores del problema (4.39) para un sistema bidimensional, $\mathbf{x} = (x_1, x_2)^T$, cuando A y $\mathbf{B}$ vienen dados por:

a)

$$A = \begin{pmatrix} 2 & 1 \\ 1 & 2 \end{pmatrix}, \qquad \mathbf{B} = \begin{pmatrix} x_1^3 \\ x_2^3 \end{pmatrix} \, ;$$

b)

$$A = \begin{pmatrix} 3 & 0 \\ 0 & 1 \end{pmatrix}, \qquad \mathbf{B} = \begin{pmatrix} x_1^2 x_2 \\ x_2^3 \end{pmatrix} \, .$$

4. Obtener la siguiente corrección (de orden ϵ^2) del nivel enésimo de energía del oscilador inarmónico cuántico con el potencial (4.60) considerado en §4.1.3.1, así como la correspondiente corrección de la autofunción.

5. Aplicar el lema de Watson para obtener la aproximación asintótica de las siguientes integrales para $x \gg 1$:

a)

$$\int_0^4 e^{-xt} t^2 \sqrt{1 + t} \, dt \, ;$$

b)

$$\int_0^3 e^{-xt} \frac{1}{\sqrt{t}} \ln(1 + t^2) dt \, ;$$

c)

$$\int_0^1 e^{-xt} \operatorname{sen} \sqrt{t} \, dt \, ;$$

d)

$$\int_0^1 e^{-xt^2} \, dt \, ;$$

e)

$$\int_0^1 e^{-xt} t \, \mathrm{sen}(t^2) \, dt \, .$$

6. Obtener explícitamente el siguiente término de orden $x^{-3/2}$ del método de Laplace en (4.88) y el de orden x^{-2} en (4.91).

Utilizar este resultado para hallar la siguiente corrección de la fórmula de Stirling (4.94). Comprobar cómo mejora la precisión de la aproximación de $x!$ para algunos casos particulares.

7. Hallar mediante el método de Laplace el término dominante para $x \gg 1$ de las siguientes integrales:

a)

$$\int_1^2 e^{x/(1+t)} \sqrt{3+t} \, dt \, ;$$

b)

$$\int_1^2 e^{x(3t^2+2t^3)} e^t \, dt \, ;$$

c)

$$\int_{-3}^6 e^{-xt^2} \sqrt{1+t^2} \, dt \, ;$$

d)

$$\int_0^2 e^{x(3t^2-2t^3)} \frac{1}{\sqrt{1+t^2}} \, dt \, ;$$

e)

$$\int_{\pi/4}^{\pi/2} e^{-x \cosh t} \cos t \, dt \, .$$

8. Utilizando el método de la fase estacionaria y la representación integral (4.117) de la función de Bessel de primera especie y orden entero hallar el comportamiento de la función para orden grande y $x = n$, es decir $J_n(n)$ para $n \gg 1$.

9. Hallar mediante el método de la fase estacionaria la aproximación de la funciones de Bessel de orden cero para $x \gg 1$ teniendo en cuenta que en forma integral se pueden escribir, para $x > 0$, como[11]

$$J_0(x) = \frac{2}{\pi} \int_0^\infty \sin(x \cosh t) dt \, , \quad Y_0(x) = -\frac{2}{\pi} \int_0^\infty \cos(x \cosh t) dt \, .$$

Comparar con sus valores exactos y, en el caso de J_0, también con la aproximación (4.118), obtenida con una representación integral distinta.

---

[11] F. W. J. Olver y cols. (2010), §10.9.

10. Teniendo en cuenta que la función de Airy de segunda especie tiene la representación integral, para x real,[12]

$$\text{Bi}(x) = \frac{1}{\pi} \int_0^\infty \exp\left(-\frac{1}{3}t^3 + xt\right) dt + \frac{1}{\pi} \int_0^\infty \text{sen}\left(\frac{1}{3}t^3 + xt\right) dt,$$

hallar el comportamiento asintótico (4.122) para $x \to -\infty$ utilizando el método de la fase estacionaria.

11. Hallar mediante el método de la fase estacionaria el término dominante para $x \gg 1$ de las siguientes integrales:

a)
$$\int_0^5 \frac{\cos[x(4t - t^4)]}{2 + t} dt;$$

b)
$$\int_{-1}^2 \sqrt{1 + t^2} \, \text{sen}[x(t^2 - 2t^2)] dt;$$

c)
$$\int_1^2 \frac{\cos(xe^{-t})}{1 + t^2} dt;$$

d)
$$\int_0^1 \sqrt{1 + t} \, \text{sen}[x(e^t - t)] dt;$$

e)
$$\int_2^3 \ln(t) \, \text{sen}(xt^3) dt.$$

4.2. PERTURBACIONES REGULARES EN ECUACIONES DIFERENCIALES

Pasando ya a la aplicación del método de perturbaciones a la obtención de soluciones analíticas aproximadas de ecuaciones diferenciales, que es el objetivo principal de este capítulo, se comienza con ejemplos donde la expansión asintótica es *regular*, primero con un ejemplo físico de interés gobernado por una EDO y siguiendo con otro gobernado por una EDP. La aplicación del método de perturbaciones a este tipo de problemas regulares es muy sistemática y con estos dos ejemplos es más que suficiente para aprender su técnica de aplicación a cualquier otro problema regular. Se complementan con una serie de ejercicios propuestos al final de la sección.

---

[12]F. W. J. Olver y cols. (2010), §9.5.

4.2.1. Trayectoria de una masa puntual

Para introducir el método se comienza con un ejemplo clásico sencillo como es el de la trayectoria de una masa puntual m que sale de la superficie terrestre con velocidad V_0 en la dirección vertical en ausencia de fuerza de rozamiento. La altura y de la masa puntual en función del tiempo t viene gobernada por la ecuación y condiciones iniciales

$$my'' = -\frac{m\frac{4}{3}\pi R^3\rho G}{(R+y)^2}\,, \quad y(0)=0\,, \quad y'(0)=V_0\,, \tag{4.139}$$

donde las primas significan derivadas con respecto al tiempo, R es el radio de la Tierra, ρ su densidad media y G la constante de gravitación universal.

Primero se adimensionaliza el problema para simplificarlo, ahora también para identificar el parámetro pequeño. Se definen las siguientes variables adimensionales y parámetro adimensional:

$$z=\frac{y}{y_c}\,, \quad \tau=\frac{t}{t_c} \quad \text{con} \quad y_c=\frac{V_0^2}{g}\,, \quad t_c=\frac{V_0}{g}\,, \quad g=\frac{4}{3}\pi R\rho G\,, \tag{4.140}$$

$$\epsilon=\frac{y_c}{R}=\frac{V_0^2}{gR}=\frac{3V_0^2}{4\pi R^2\rho G}\,, \tag{4.141}$$

con lo que el problema se reduce a

$$z''=-\frac{1}{(1+\epsilon z)^2}\,, \quad z(0)=0\,, \quad z'(0)=1\,, \tag{4.142}$$

donde las primas ahora derivadas con respecto al tiempo adimensional τ. El único parámetro del problema es ϵ, relación entre la longitud característica y_c y el radio de la Tierra. La longitud $y_c=V_0^2/g$ es dos veces la altura máxima a la que llegaría la masa puntual si ϵ fuese cero y t_c el tiempo que tardaría en subir en esa aproximación (ver resultados más abajo), siendo g la aceleración debida a la gravedad en la superficie terrestre ($9{,}81$ m/s^2).

Si $\epsilon \ll 1$,[13] se puede resolver el problema por perturbaciones mediante la expansión asintótica

$$z(\tau;\epsilon)=z_0(\tau)+\epsilon z_1(\tau)+\epsilon^2 z_2(\tau)+\dots\,. \tag{4.143}$$

Sustituyendo la expansión en (4.142), en donde previamente se ha expandido en potencias de ϵ el segundo miembro de la ecuación diferencial, se tiene

$$z_0''+\epsilon z_1''+\epsilon^2 z_2''+\dots=-\left[1-2\epsilon(z_0+\epsilon z_1+\dots)+3\epsilon^2(z_0+\dots)^2+\dots\right]\,, \tag{4.144}$$

$$z_0(0)+\epsilon z_1(0)+\epsilon^2 z_2(0)+\dots=0\,, \qquad z_0'(0)+\epsilon z_1'(0)+\epsilon^2 z_2'(0)+\dots=1\,. \tag{4.145}$$

[13]Para que ϵ fuese igual a la unidad la velocidad inicial tendría que ser $V_0=\sqrt{gR}\approx 8$ km/s.

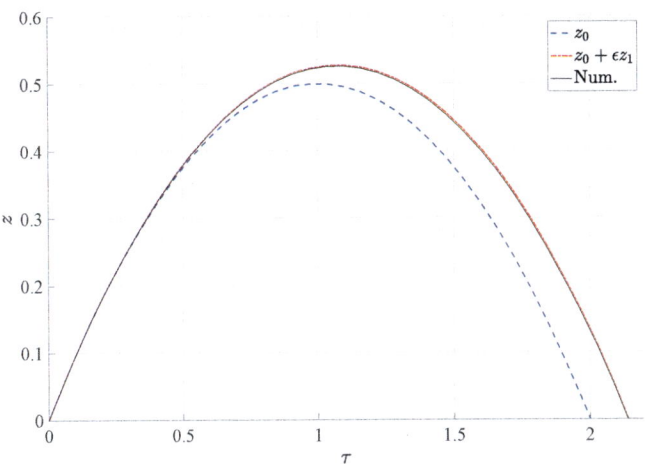

Figura 4.7: Comparación de la trayectoria de la masa puntual obtenida mediante integración numérica de (4.142) (línea continua) con las dos primeras aproximaciones de la solución asintótica para $\epsilon = 0{,}1$.

En el orden más bajo, correspondiente a $\epsilon = 0$, se tiene la situación más habitual en la que no se tiene en cuenta para nada el efecto del radio de la Tierra por ser muchísimo mayor que la altura máxima a la que llega la masa puntual:

$$O(1): \quad z_0''(\tau) = -1\,, \quad z_0(0) = 0\,, \quad z_0'(0) = 1\,, \tag{4.146}$$

cuya solución es la trayectoria parabólica

$$z_0(\tau) = \tau \left(1 - \frac{\tau}{2}\right)\,. \tag{4.147}$$

En las variables dimensionales se escribe

$$y_0(t) = V_0 t - \frac{1}{2} g t^2\,,$$

de manera que la altura máxima sería $\frac{V_0^2}{2g} = \frac{y_c}{2}$, a la que se llegaría en un tiempo $\frac{V_0}{g} = t_c$.

En el siguiente orden se tiene

$$O(\epsilon): \quad z_1''(\tau) = 2z_0(\tau) = 2\tau \left(1 - \frac{\tau}{2}\right)\,, \quad z_1(0) = 0\,, \quad z_1'(0) = 0\,. \tag{4.148}$$

Se observa que la ecuación para $z_1(\tau)$ depende de la función $z_0(\tau)$, ya obtenida en el orden anterior, y es lineal. Como ya se comentó en relación a los ejemplos algebraicos de §4.1.2, las ecuaciones de las perturbaciones superiores al orden más bajo siempre van a tener estas propiedades: involucran a los órdenes anteriores ya resueltos y son lineales. Por lo tanto, una vez resuelto el orden cero, cuya ecuación podría ser no lineal [en el presente ejemplo la ecuación de orden cero (4.146) también es lineal], la obtención de las correcciones siguientes es un proceso bastante rutinario si la expansión asintótica es regular y vale en todo el dominio, como ocurre en el presente caso que, como se verá más abajo, vale para todo τ.

La solución de (4.148) es

$$z_1(\tau) = \frac{\tau^3}{3}\left(1 - \frac{\tau}{4}\right).$$
(4.149)

Estas dos aproximaciones, es decir $z(\tau) \sim z_0(\tau)$, cuyos errores son de $O(\epsilon)$, y

$$z(\tau) \sim z_0(\tau) + \epsilon z_1(\tau) = \tau\left(1 - \frac{\tau}{2}\right) + \epsilon\frac{\tau^3}{3}\left(1 - \frac{\tau}{4}\right),$$
(4.150)

con errores de $O(\epsilon^2)$, se comparan en la Fig. 4.7 con la solución numérica de (4.142) para $\epsilon = 0{,}1$. Se observa que la solución asintótica con la primera corrección (con errores del orden de $\epsilon^2 = 0{,}01$) es ya prácticamente indistinguible de la solución numérica. Físicamente, la solución de la Fig. 4.7 pone de manifiesto que al tener en cuenta el radio de la Tierra la altura a la que llega la masa puntual es mayor, pues se tiene en cuenta el efecto de la atenuación con la altura de la aceleración asociada a la gravedad terrestre.

La expansión hasta $O(\epsilon)$ (4.150) es claramente regular, pues τ es siempre de orden unidad y el término de $O(\epsilon)$ nunca llega a ser del mismo orden que el primero para ningún valor de τ. Se deja como ejercicio para el lector continuar la solución asintótica obteniendo la siguiente corrección $z_2(\tau)$.

4.2.2. Movimiento fluido entre dos placas generado por un esfuerzo oscilante

Como primer ejemplo de aplicación del método de perturbaciones regulares a una EDP se considera el movimiento fluido incompresible y unidireccional entre dos placas infinitas y paralelas generado por el esfuerzo de cizalla oscilante σ_p que una de las placas transmite al fluido (ver Fig. 4.8).

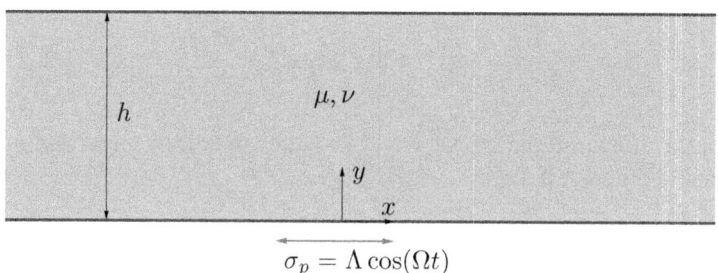

Figura 4.8: Esquema del fluido entre dos placas sometido a un esfuerzo cortante oscilatorio de la placa inferior.

La ecuación y condiciones de contorno que gobierna la componente de la velocidad en la dirección x, $u(y,t)$, que depende de la coordenada y perpendicular a las placas y del tiempo

t, son:[14]

$$\frac{\partial u}{\partial t} = \nu \frac{\partial^2 u}{\partial y^2}\,,\tag{4.151}$$

$$\mu \left.\frac{\partial u}{\partial y}\right|_{y=0} = \sigma_p = \Lambda\cos(\Omega t)\,,\quad u(h,t)=0\,,\tag{4.152}$$

donde ν y μ son las viscosidades cinemática y dinámica del fluido, respectivamente, Λ y Ω la intensidad y la frecuencia del esfuerzo cortante producido por la placa inferior y h la separación entre las placas. No se pone condición inicial porque se busca la solución oscilatoria a la que se llega tras un período transitorio inicial. Posteriormente, en §4.2.2.1, se comparará la solución analítica aproximada obtenida mediante el método de perturbaciones con la solución numérica que parte del fluido en reposo (y, por supuesto, entre dos placas finitas en lugar de las infinitas consideradas en la solución analítica).

Para simplificar, y también para poder definir el parámetro pequeño con el que generar la solución por el método de perturbaciones, se realiza la siguiente adimensionalización:

$$\eta = \frac{y}{h}\,,\quad \tau = \Omega t\,,\quad v = \frac{u}{V}\,,\quad V = \frac{h\Lambda}{\mu}\,,\tag{4.153}$$

que transforman (4.151)-(4.152) en

$$\epsilon\frac{\partial v}{\partial \tau} = \frac{\partial^2 v}{\partial \eta^2}\,,\tag{4.154}$$

$$\left.\frac{\partial v}{\partial \eta}\right|_{\eta=0} = \cos\tau\,,\quad v(1,\tau)=0\,,\tag{4.155}$$

donde el único parámetro,

$$\epsilon = \frac{\Omega h^2}{\nu}\,,\tag{4.156}$$

se supondrá pequeño. Este parámetro es el cuadrado del número de Womersley, que físicamente representa el cociente entre la longitud h y la longitud de influencia viscosa $\sqrt{\nu/\Omega}$, o distancia hasta la que se transmite al fluido el movimiento (oscilatorio en este caso) de la placa inferior por medio de su viscosidad.[15] Por lo tanto, si este número adimensional es pequeño, el movimiento generado cerca de la placa oscilante se transmite por viscosidad a todo el fluido entre las dos placas. De hecho, se verá en la solución por perturbaciones que esta transmisión es tan efectiva (si $\epsilon \ll 1$) que el movimiento fluido es casi estacionario, es decir, que el tiempo interviene solo como un parámetro a través de las condiciones de contorno.

Se sustituye la expansión asintótica

$$v(\eta,\tau;\epsilon) = v_0(\eta,\tau) + \epsilon v_1(\eta,\tau) + \epsilon^2 v_2(\eta,\tau) + \dots\,,\tag{4.157}$$

---

[14]Ver, por ejemplo, Fernández Feria (2005), cap. 14.
[15]Comparar con la solución de Rayleigh en §2.1.2.3

en (4.154)-(4.155) para obtener

$$\epsilon \left(\frac{\partial v_0}{\partial \tau} + \epsilon \frac{\partial v_0}{\partial \tau} + \dots \right) = \frac{\partial^2 v_0}{\partial \eta^2} + \epsilon \frac{\partial^2 v_1}{\partial \eta^2} + \epsilon^2 \frac{\partial^2 v_2}{\partial \eta^2} + \dots, \quad (4.158)$$

$$\left[\frac{\partial v}{\partial \eta} + \epsilon \frac{\partial v_1}{\partial \eta} + \epsilon^2 \frac{\partial v_1}{\partial \eta} + \dots \right]_{\eta=0} = \cos\tau, \quad v_0(1,\tau) + \epsilon v_1(1,\tau) + \epsilon^2 v_2(1,\tau) + \dots = 0.$$
$$(4.159)$$

En el orden más bajo se tiene la ecuación y condiciones de contorno

$$O(1): \quad \frac{\partial^2 v_0}{\partial \eta^2} = 0, \quad \frac{\partial v_0}{\partial \eta}\bigg|_{\eta=0} = \cos\tau, \quad v_0(1,\tau) = 0. \quad (4.160)$$

La solución general de la ecuación, $v_0 = C_{01}(\tau) + C_{02}(\tau)$, donde C_{01} y C_{02} son funciones arbitrarias de τ, satisface las condiciones de contorno si $C_{01} = -C_{02} = \cos\tau$, de manera que

$$v_0(\eta,\tau) = (\eta-1)\cos\tau. \quad (4.161)$$

Esta solución lineal corresponde a un movimiento de Couette, pero con una velocidad de la placa inferior que no es constante, sino que varía con el tiempo, $v_0(0,\tau) = -\cos\tau$. Como se comentaba más arriba, el tiempo entra en la solución de forma paramétrica cuando $\epsilon \ll 1$. Se observa que, en este orden más bajo de la solución, hay un desfase de π radianes entre el esfuerzo ($\cos\tau$) y la velocidad de la placa ($-\cos\tau$).

En los siguientes órdenes se tienen que resolver las siguientes ecuaciones lineales con condiciones de contorno homogéneas:

$$\frac{\partial^2 v_j}{\partial \eta^2} = \frac{\partial v_{j-1}}{\partial \tau}, \quad \frac{\partial v_j}{\partial \eta}\bigg|_{\eta=0} = 0, \quad v_j(1,\tau) = 0, \quad j = 1, 2, \dots. \quad (4.162)$$

Las soluciones para $j = 1$ y $j = 2$ (es decir, órdenes ϵ y ϵ^2) son:

$$O(\epsilon): \quad \frac{\partial^2 v_1}{\partial \eta^2} = \frac{\partial v_0}{\partial \tau} = -(\eta-1)\,\text{sen}\,\tau, \quad \frac{\partial v_1}{\partial \eta}\bigg|_{\eta=0} = v_1(1,\tau) = 0, \quad (4.163)$$

$$v_1 = -\left(\frac{\eta^3}{6} - \frac{\eta^2}{2} + \frac{1}{3} \right)\text{sen}\,\tau; \quad (4.164)$$

$$O(\epsilon^2): \quad \frac{\partial^2 v_2}{\partial \eta^2} = \frac{\partial v_1}{\partial \tau} = -\left(\frac{\eta^3}{6} - \frac{\eta^2}{2} + \frac{1}{3} \right)\cos\tau, \quad \frac{\partial v_2}{\partial \eta}\bigg|_{\eta=0} = v_2(1,\tau) = 0,$$
$$(4.165)$$

$$v_2 = -\left(\frac{\eta^5}{120} - \frac{\eta^4}{24} + \frac{\eta^2}{6} - \frac{2}{15} \right)\cos\tau. \quad (4.166)$$

La velocidad de la placa inferior (y del fluido en $\eta = 0$) hasta este orden ϵ^2 es

$$v(0,\tau) = -\cos\tau - \frac{1}{3}\epsilon\,\text{sen}\,\tau + \frac{2}{15}\epsilon^2\cos\tau + O(\epsilon^3). \quad (4.167)$$

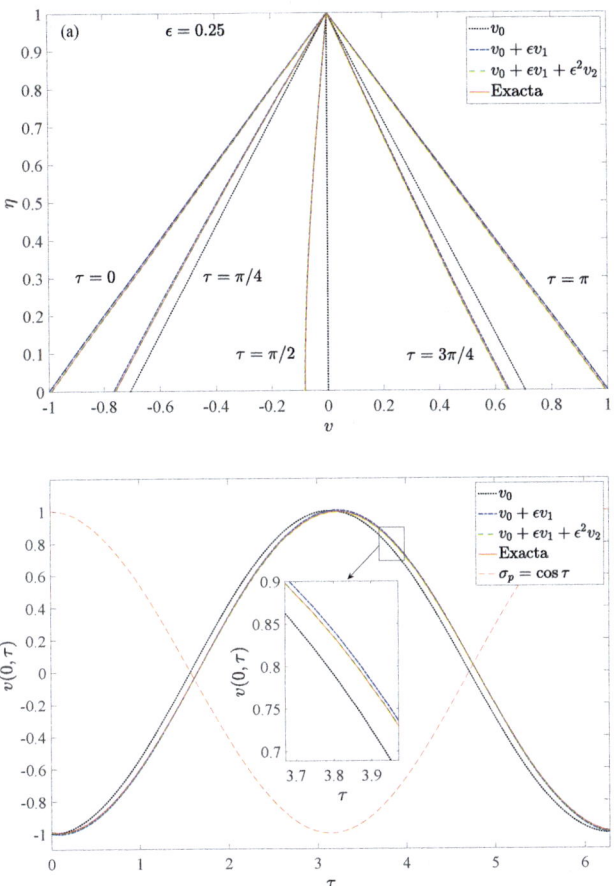

Figura 4.9: (a): Comparación de los perfiles de velocidad en η para distintos valores del tiempo τ entre 0 y π obtenidos con diferentes órdenes de la aproximación asintótica (4.161)-(4.166) con la solución armónica exacta (4.168). (b): Misma comparación pero para la velocidad sobre la placa inferior en función del tiempo τ, dada por (4.167) para la aproximación asintótica y por (4.168) con $\eta = 0$ para la solución exacta; se incluye también como referencia el esfuerzo de la placa inferior que origina el movimiento y un detalle ampliado para apreciar mejor la convergencia de la solución asintótica hacia la exacta.

En la figura 4.9 se compara esta solución asintótica con la solución oscilatoria exacta del problema. Para obtener esta última se sustituye la condición de contorno en $\eta = 0$, $(\partial v / \partial \eta)_{\eta=0} = \cos \tau$, por $(\partial v / \partial \eta)_{\eta=0} = e^{i\tau}$, y se busca una solución armónica de la forma $v(\eta, \tau) = e^{i\tau} f(\eta)$, a la que luego se le halla la parte real. Sustituyendo en la ecuación (4.154), se tiene una EDO lineal de segundo orden para $f(\eta)$, $f'' - i\epsilon f = 0$, cuya solución general es $f(\eta) = C_1 e^{\sqrt{i\epsilon}\,\eta} + C_2 e^{-\sqrt{i\epsilon}\,\eta}$. Las constantes de integración C_1 y C_2 se obtienen de la condición de contorno anterior para $\eta = 0$ junto con $f(1) = 0$. Teniendo en cuenta que $\sqrt{i} = (1 + i)/\sqrt{2}$, la solución armónica exacta de (4.154)-(4.155) se escribe

$$v(\eta, \tau) = \Re \left\{ \sqrt{\frac{2}{\epsilon}} \, \frac{e^{i\tau}}{1 + i} \, \frac{\operatorname{senh}\left[\sqrt{\frac{\epsilon}{2}}(1 + i)(\eta - 1)\right]}{\cosh\left[\sqrt{\frac{\epsilon}{2}}(1 + i)\right]} \right\}. \qquad (4.168)$$

Se observa en la Fig. 4.9 que incluso para un ϵ no tan pequeño como $0{,}25$ la solución aproximada con solo dos términos, $v \sim v_0 + \epsilon v_1$, prácticamente coincide con la solución exacta. En la comparación de la velocidad en la pared inferior $\eta = 0$ de la Fig. 4.9(b) se incluye el esfuerzo cortante adimensional $\sigma_p = \cos \tau$ para poner de manifiesto el desfase entre el esfuerzo aplicado y la velocidad en la pared. También se muestra en esta figura un detalle ampliado donde se aprecia mucho mejor cómo la solución por perturbaciones converge hacia la exacta a medida que se incluyen más términos de la expansión asintótica.

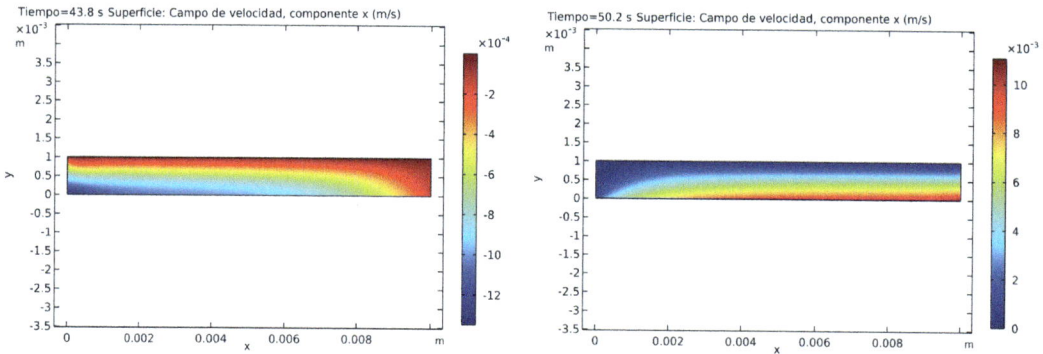

Figura 4.10: Dominio computacional utilizado para resolver numéricamente mediante el software COMSOL Multiphysics (v: 6.2) el movimiento fluido entre dos placas paralelas generado por un esfuerzo cortante oscilante en la placa inferior. Se muestran los campos de la componente u de la velocidad en dos instantes, especificados en la parte superior de cada figura.

4.2.2.1. Comparación con la solución numérica

Aunque ya se ha comparado la solución asintótica con la solución armónica exacta (4.168), que se alcanza una vez que se ha llegado a una solución oscilatoria permanente, es instructivo también comparar la solución por perturbaciones con la solución numérica obtenida directamente de las ecuaciones de Navier-Stokes. Para ello se utiliza el software COMSOL Multiphysics (v: 6.2), resolviendo numéricamente las ecuaciones entre dos placas finitas y partiendo del fluido en reposo. Concretamente, se usa el paquete de flujo laminar incompresible y no estacionario, con agua a $T = 293{,}15$ K como fluido ($\mu \simeq 0{,}001$ Pa s, $\rho \simeq 998{,}2$ kg/m^3). Las ecuaciones se resuelven entre dos placas paralelas de longitud $L = 0{,}01$ m separadas una distancia $h = 0,001$ m (ver Fig. 4.10 para el dominio de integración),[16] con un esfuerzo cortante σ_p transmitido al fluido mediante la placa inferior y dado por (4.152) con $\Lambda = 0,01$ N/m^2 y $\Omega = 0,2505$, de manera que $\epsilon = 0,25$, como en los resultados de la Fig. 4.9. En la placa superior se impone velocidad nula y tanto a la entrada como a la salida se ponen condiciones de contorno tipo 'salida'. Se utiliza un avance temporal desde $t = 0$ hasta $t = 75$ s con un incremento de tiempo y una malla controlados por la física, con la opción de 'malla extremadamente fina'. En la Fig. 4.10 se muestran los isocontornos de la componente x de la velocidad (u) en $t = 43,8$ s y $50,2$ s.

En la Fig. 4.11(a) se compara la evolución temporal de la velocidad adimensional obtenida numéricamente (la velocidad característica para adimensionalizar es $V = h\Lambda/\mu = 0,01$ m/s) en el punto medio de la pared inferior ($x = L/2, y = 0$) con la aproximación de segundo orden (4.167), la cual, como se ha comprobado en la Fig. 4.9(b), prácticamente coincide con la solución armónica exacta. También se incluye el esfuerzo cortante en la placa inferior σ_p calculado numéricamente y el que se impone como condición de contorno con la opción 'tensión de contorno', $\Lambda \cos(\Omega t)$, ambos adimensionalizados. Se observa que, debido al algoritmo utilizado por COMSOL para resolver numéricamente la evolución temporal de las ecuaciones con esta condición de contorno, el esfuerzo en la pared, después de un pequeño transitorio inicial, aparece desfasado un tiempo (adimensional) π, de forma que la condición de contorno que realmente se está imponiendo (tras este transitorio, que evidentemente no es físico) es $\cos(\tau + \pi)$. Por este motivo, la velocidad obtenida analíticamente mediante el método de perturbaciones se dibuja en la Fig. 4.11 con un desfase temporal de π. Con este desplazamiento, la solución asintótica concuerda muy bien con la numérica, solo un poco peor en las crestas de las oscilaciones, todo ello a pesar de que el movimiento fluido resuelto numéricamente es claramente no unidireccional al generarse entre dos placas finitas, como se observa muy bien en los isocontornos de u dibujados en la Fig. 4.10.

Por último, en la Fig. 4.11(b) se comparan los perfiles de velocidad adimensional obtenidos numéricamente en la sección central entre las placas ($x = L/2$) para dos valores de τ (correspondientes, aproximadamente, a los tiempos representados en la Fig. 4.10) con la aproximación asintótica de segundo orden. La discrepancia es algo mayor en $\tau = 12,6$, que corresponde a uno de los máximos locales de la velocidad en la placa inferior representada en la Fig. 4.11(a).

---

[16]Se eligen unas longitudes tan pequeñas para que el número de Reynolds sea relativamente pequeño y el transitorio desde la velocidad nula inicial hasta la solución completamente oscilatoria sea corto; en este caso, $Re = hV/\nu \simeq 10$.

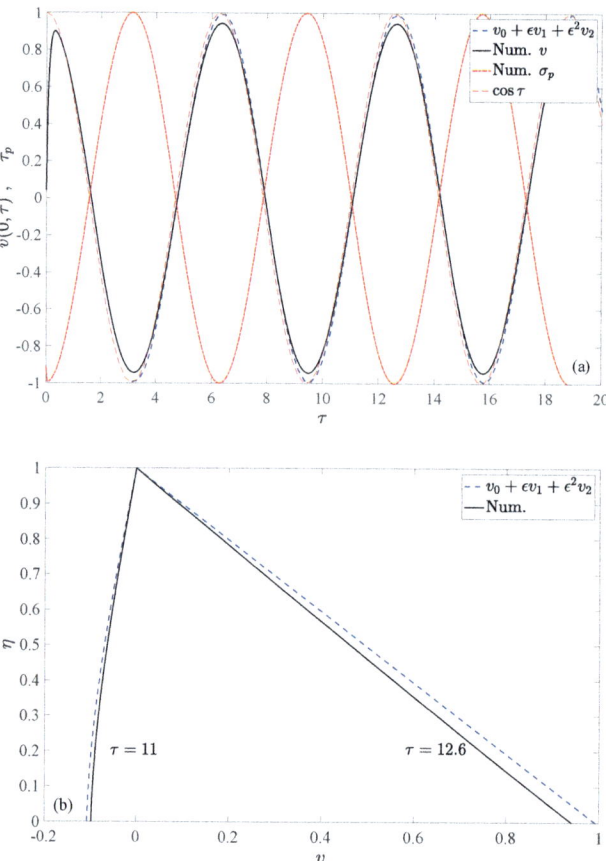

Figura 4.11: Comparación entre la solución asintótica de segundo orden [hasta $O(\epsilon^2)$] con la solución numérica de la Fig. 4.10 adimensionalizada. $\epsilon = 0{,}25$. (a) Evolución temporal de la velocidad en el punto medio de la pared inferior, $x = L/2, y = 0$. También se representan el esfuerzo en la pared calculado numéricamente y el nominal $\cos \tau$, que aparecen desfasados un tiempo π (ver texto). (b) Perfiles de velocidad en la sección central, $x = L/2$, en dos instantes.

4.2.3. Ejercicios propuestos

1. Si se tiene en cuenta la resistencia del aire en el ejemplo considerado en §4.2.1, la altura en función del tiempo $y(t)$ de una masa puntual lanzada verticalmente hacia arriba desde la superficie de la tierra con velocidad V_0 viene descrita por

$$y''(t) = -\frac{gR^2}{(y+R)^2} - \frac{k}{R+y}y'(t)\,, \quad y(0) = 0\,, \quad y'(0) = V_0\,.$$

Aparece un nuevo término de fricción en relación a (4.139), que se ha supuesto lineal con la velocidad y' por simplicidad, donde k es un coeficiente de resistencia. Suponiendo que el parámetro

$$\epsilon = \frac{V_0^2}{Rg}$$

es muy pequeño, hallar al menos dos términos de la expansión de la solución $y(t)$ en potencias de ϵ. Suponer que el otro parámetro adimensional del problema,

$$\alpha = \frac{kV_0}{gR},$$

es independiente de ϵ.

Representar gráficamente los distintos órdenes de la solución obtenida para $\epsilon = 0{,}1$ y diferentes valores de α y comparar con la solución numérica del problema adimensional.

Simplificar la solución asintótica obtenida en el límite $\alpha \ll 1$, hallando al menos dos términos de la expansión en potencias de α.

2. Hallar los tres primeros términos de la solución en potencias de $\epsilon \ll 1$ del problema

$$\frac{du}{dt} = -1 - \epsilon u^3, \quad u(0) = 1.$$

Representa la evolución de la velocidad adimensional $u(t)$ de una masa puntual que se mueve verticalmente con una resistencia proporcional al cubo de la velocidad, pero, a diferencia del ejemplo anterior, sin tener en cuenta el radio de la Tierra $[V_0/(gR) \to 0$ en la notación del ejercicio anterior].

Comparar con la solución numérica del problema para un valor relativamente alto de ϵ (e.g., $\epsilon = 0{,}8$).

3. La velocidad de una masa puntual que se mueve en el plano (x, y), $\mathbf{V} = V_x\mathbf{e}_x + V_y\mathbf{e}_y$, donde la gravedad va en la dirección $-y$, viene gobernada (si la trayectoria es muy pequeña comparada con el radio de la Tierra) por las ecuaciones adimensionales

$$\frac{dV_x}{dt} = -\epsilon V V_x, \quad \frac{dV_y}{dt} = -1 - \epsilon V V_y, \quad V = \sqrt{V_x^2 + V_y^2},$$

con condiciones iniciales

$$V_x = V_{x0}, \quad V_y = V_{y0} \quad \text{en} \quad t = 0,$$

donde ϵ es el coeficiente de resistencia adimensional.

Suponiendo que $0 < \epsilon \ll 1$, hallar mediante el método de perturbaciones al menos los dos primeros términos de la expansión asintótica de la solución $[V_x(t), V_y(t)]$ en potencias de ϵ.

Sabiendo que la trayectoria del cuerpo viene dada por

$$\frac{dx}{dt} = V_x \,, \quad \frac{dz}{dt} = V_y \,, \quad x = z = 0 \quad \text{en} \quad t = 0 \,,$$

hallar también los dos primeros términos de la expansión en ϵ de la trayectoria, $[x(t), y(t)]$.

Comparar la solución analítica obtenida con la solución numérica para un valor pequeño de ϵ y $V_{x0} = \cos\alpha$, $V_{y0} = \operatorname{sen}\alpha$, para algunos valores de α.

4. Obtener al menos los dos primeros términos de la expansión en el pequeño parámetro ϵ de la solución de las ecuaciones características (1.150)-(1.154) que describen la deflexión de la luz en el campo gravitatorio de una gran masa puntual (ver §1.1.8), ecuaciones que se reproducen aquí para facilitar la tarea:

$$\frac{dy}{dS} = 2k_y \,, \quad \frac{dz}{dS} = 2k_z \,, \tag{4.169}$$

$$\frac{dk_y}{dS} = -2 \frac{Y_0 + \epsilon y}{[(Y_0 + \epsilon y)^2 + z^2]^{3/2}} \left(1 + \frac{\epsilon}{\sqrt{(Y_0 + \epsilon y)^2 + z^2}} \right) \,, \tag{4.170}$$

$$\frac{dk_z}{dS} = -2\epsilon \frac{z}{[(Y_0 + \epsilon y)^2 + z^2]^{3/2}} \left(1 + \frac{\epsilon}{\sqrt{(Y_0 + \epsilon y)^2 + z^2}} \right) \,, \tag{4.171}$$

$$\frac{dU}{dS} = 2 \left(1 + \frac{\epsilon}{\sqrt{(Y_0 + \epsilon y)^2 + z^2}} \right)^2 \,; \tag{4.172}$$

con las condiciones de contorno en $S = 0$,

$$y = 0 \,, \quad z = z_0 \,, \quad k_y = 0 \,, \quad k_z = 1 \,, \quad U = z_0 \,. \tag{4.173}$$

Más concretamente, hallar al menos dos términos de la expansión en potencias de ϵ de la pendiente adimensional de los rayos de luz, dy/dz, en el límite $z \to \infty$ y $z_0 \to -\infty$ (recuérdese que en §1.1.8 se encontró que, en el orden más bajo, esa pendiente vale $-2/Y_0$).

5. Obtener los tres primeros términos de la expansión asintótica 4.161-(4.166) de la velocidad entre dos placas generada por un esfuerzo oscilante de una de las placas, obtenida en §4.2.2 por el método de perturbaciones, pero ahora mediante expansión en potencias de ϵ de la solución armónica exacta (4.168).

6. Reproducir los resultados de §4.2.2, pero para el movimiento generado por una placa inferior oscilante que se mueve con una velocidad conocida (en vez de ejercer un esfuerzo conocido sobre el fluido). Es decir, resolver por el método de perturbaciones hasta $O(\epsilon^2)$ el problema adimensional

$$\epsilon \frac{\partial v}{\partial \tau} = \frac{\partial^2 v}{\partial \eta^2} \,, \quad \epsilon \ll 1 \,,$$

$$v(0, \tau) = \cos \tau \,, \quad v(1, \tau) = 0 \,.$$

Comparar la solución asintótica obtenida con la solución armónica exacta

$$v = \Re \left\{ e^{i\tau} \frac{\operatorname{senh}\left[(1+i)\sqrt{\epsilon/2}\,(1-\eta)\right]}{\operatorname{senh}\left[(1+i)\sqrt{\epsilon/2}\right]} \right\} \,.$$

7. Resolver por el método de perturbación el siguiente problema gobernado por una ecuación de Laplace en coordenadas esféricas para la función $u(r, \theta)$ axilsimétrica:

$$\nabla^2 u = \frac{1}{r^2} \frac{\partial}{\partial r} \left(r^2 \frac{\partial u}{\partial r} \right) + \frac{1}{r^2 \operatorname{sen} \theta} \frac{\partial}{\partial \theta} \left(\operatorname{sen} \theta \frac{\partial u}{\partial \theta} \right) = 0 \,, \quad r \geq R(\theta; \epsilon) = 1 + \epsilon f(\theta) \,,$$

$$u(R, \theta) = 1 \,, \quad u(\infty, \theta) \to 0 \,,$$

donde la función $f(\theta)$ es conocida y el parámetro ϵ es muy pequeño. Este problema modela de forma adimensional el potencial eléctrico u en el exterior de un cuerpo *casi* esférico cuya superficie tiene un potencial constante ($\epsilon = 0$ correspondería al cuerpo esférico $R = 1$). Expandir la solución en potencias de ϵ y hallar los tres primeros términos de la expansión en función de $f(\theta)$, utilizando para ello la solución axilsimétrica de la ecuación de Laplace en coordenadas esféricas obtenida en §3.8 por el método de separación de variables. Una vez obtenida la solución, particularizarla para el caso en el que $f(\theta) = P_3(\cos \theta)$, donde P_3 es el tercer polinomio de Legendre.

8. Resolver mediante el método de perturbaciones la ecuación de difusión unidimensional con un coeficiente de difusión lentamente variable, que en variables adimensionales se escribe, para la concentración adimensional $u(x, t)$,

$$\frac{\partial u}{\partial t} = \frac{\partial}{\partial x} \left[(1 + \epsilon f(x)) \frac{\partial u}{\partial x} \right] \,, \quad 0 < x < 1 \,, \quad t > 0 \,,$$

donde $f(x)$ es una función conocida y $0 < \epsilon \ll 1$, con las condiciones de contorno e inicial

$$u(0, t) = 0 \,, \quad \left. \frac{\partial u}{\partial x} \right|_{(1,t)} = 0 \,, \quad u(x, 0) = g(x) \,,$$

siendo $g(x)$ otra función conocida (que cumple las condiciones de contorno).

Expandir $u(x, t; \epsilon) \sim u_0(x, t) + \epsilon u_1(x, t)$ y hallar las soluciones para u_0 y u_1 de los correspondientes órdenes de la expansión en potencias de ϵ del problema utilizando los métodos de separación de variables y expansión en autofunciones, descritos en §§3.1 y 3.3, respectivamente, para funciones $f(x)$ y $g(x)$ genéricas.

Aplicar la solución anterior a $f(x) = \cos(\pi x/2)$ y $g(x) = \operatorname{sen}(\pi x/2)$.

9. La interacción fluido-estructura de un fluido con el conducto por el que circula viene gobernada, en forma adimensional, por la EDP lineal de cuarto orden[17]

$$\frac{\partial^4 \eta}{\partial x^4} + \epsilon^2 \frac{\partial^2 \eta}{\partial x^2} + b\epsilon \frac{\partial^2 \eta}{\partial x \partial t} + \frac{\partial^2 \eta}{\partial t^2} = 0\,, \quad 0 \le x \le 1\,,$$

donde $\eta(x,t)$ es el desplazamiento lateral adimensional del tubo, x y t son la coordenada longitudinal y el tiempo adimensionales, respectivamente, la constante b está relacionada con las masas del fluido y del conducto y ϵ es la velocidad adimensional del fluido por el conducto. Como condiciones de contorno se toman, por ejemplo, las correspondientes a un extremo del tubo fijo y el otro en voladizo,

$$\eta = \frac{\partial \eta}{\partial x} = 0 \quad \text{en} \quad x = 0\,; \quad \frac{\partial^2 \eta}{\partial x^2} = \frac{\partial^3 \eta}{\partial x^3} = 0 \quad \text{en} \quad x = 1\,,$$

y no se imponen condiciones iniciales porque se buscan soluciones en la forma

$$\eta(x,t) = \Re\left[Y(x) e^{i\omega t} \right]$$

para analizar los modos de vibración del sistema, donde ω es, en general, un número complejo que se debe determinar junto con la función $Y(x)$.

Suponiendo que $0 < \epsilon \ll 1$, obtener por el método de perturbaciones la solución del problema hasta el segundo orden en ϵ.

4.3. PERTURBACIONES SINGULARES: DESARROLLOS ASINTÓTICOS ACOPLADOS

4.3.1. Ejemplo preliminar ilustrativo del método

Se considera primero una EDO lineal de segundo orden que tiene solución analítica simple, permitiendo ver con más detalle y entender mejor el método de los desarrollos asintóticos acoplados y, por supuesto, validar la precisión de la solución aproximada obtenida.

Sea la función $y(x)$ que satisface la ecuación y condiciones de contorno

$$\epsilon y'' + y' + y = 0\,, \quad 0 \le x \le 1\,, \quad 0 < \epsilon \ll 1\,; \qquad y(0) = 0\,, \quad y(1) = 1\,. \qquad (4.174)$$

Para resolverla por perturbaciones se ensaya la expansión asintótica

$$y(x) = y_0(x) + \epsilon y_1(x) + \dots\,, \qquad (4.175)$$

que sustituida en (4.174) proporciona, hasta $O(\epsilon)$,

$$\epsilon(y_0'' + \dots) + y_0' + \epsilon y_1' + \dots + y_0 + \epsilon y_1 + \dots = 0\,. \qquad (4.176)$$

---

[17]Basada en la ecuación de Euler-Bernoulli despreciando los efectos de la gravedad, además de otras simplificaciones; ver, por ejemplo, Païdoussis (2014), cap. 3.

$$y_0(0) + \epsilon y_1(0) + \cdots = 0 , \quad y_0(1) + \epsilon y_1(1) + \cdots = 1 . \tag{4.177}$$

En el orden más bajo se tiene

$$O(1) : \quad y_0' + y_0 = 0 , \quad \text{con solución} \quad y_0(x) = C_0 e^{-x} , \tag{4.178}$$

siendo C_0 una constante arbitraria. Como solo hay una constante de integración, esta solución no puede satisfacer las dos condiciones de contorno (4.177), lo cual ya se sabía al multiplicar el parámetro pequeño la derivada de mayor orden en la ecuación (4.174), de manera que en el límite $\epsilon \to 0$ desaparece ese término y con él la posibilidad de tener dos constantes de integración para satisfacer las dos condiciones de contorno. El problema de perturbaciones es por tanto singular, pues la solución por perturbaciones (4.175) no puede ser válida en todo el dominio $0 \le x \le 1$; concretamente, no puede ser válida al aproximarse a alguno de los puntos $x = 0$ o $x = 1$. En las proximidades alguno de esos puntos del contorno existe por tanto una capa límite,[18] o región delgada en la que las derivadas de $y(x)$ llegan a ser tan grandes que, por muy pequeño que sea ϵ, no se puede despreciar el término $\epsilon y''$ en relación a los otros términos de la ecuación (4.174), pudiéndose así fijar las condiciones de contorno en esos dos puntos.

La solución aproximada mediante la expansión asintótica (4.175) se denomina solución externa o exterior, de la que se obtendrá más abajo el siguiente orden, $O(\epsilon)$, al obtenido en (4.178). Luego se analizará y obtendrá la solución de capa límite en las proximidades de alguno de los contornos, también llamada solución interna o interior, mediante otra expansión asintótica en variables reescaladas. Esta solución interna se acoplará asintóticamente a la solución exterior, por ello el método se denomina de las expansiones asintóticas acopladas o, más comúnmente, método de los desarrollos asintóticos acoplados.

Pero antes de todo esto se va a escribir y a visualizar la solución exacta de (4.174) para tener una idea preliminar de la estructura de la solución. Se puede escribir como

$$y(x) = \frac{e^{r_+ x} - e^{r_- x}}{e^{r_+} - e^{r_-}} , \tag{4.179}$$

donde $r_\pm$ son las dos raíces de $\epsilon r^2 + r + 1 = 0$,

$$r_\pm = \frac{-1 \pm \sqrt{1 - 4\epsilon}}{2\epsilon} . \tag{4.180}$$

Como ocurría en el ejemplo algebraico de §4.1.2.2, uno de estos dos exponentes (concretamente r_-) se hace singular cuando $\epsilon \to 0$,

$$r_\pm = \begin{cases} -1 - \epsilon + \dots \\ -\dfrac{1}{\epsilon} + 1 + \epsilon + \dots \end{cases} , \quad \epsilon \ll 1 . \tag{4.181}$$

---

[18]Quizá el nombre más apropiado sería capa de contorno, que además sería una traducción más correcta de *boundary layer* en inglés, o del original en alemán *Grenzschicht*, que introdujo Prandtl en su famoso artículo de 1904 (ver, por ejemplo, Anderson, 2005, para una excelente reseña sobre la invención del concepto de capa límite por Prandtl). Pero el término 'capa límite' ya está muy consolidado en castellano.

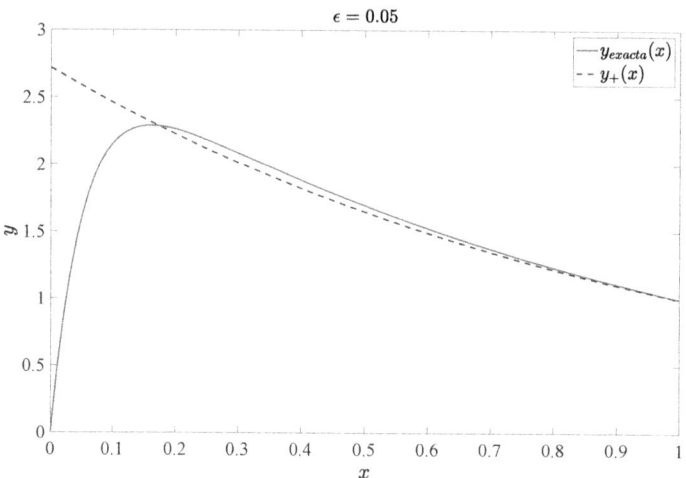

Figura 4.12: Solución exacta de (4.174), dada por (4.179), con $\epsilon = 0,05$, y solución para $\epsilon = 0$ (4.182) que satisface la condición de contorno en $x = 1$ (solución exterior de orden cero).

La correspondiente solución independiente $y_-(x)$ desaparece para $\epsilon \to 0$, y la restante,

$$y_+(x) = C_+ e^{-x}\,,\tag{4.182}$$

que coincide con (4.178), no puede satisfacer las dos condiciones de contorno a la vez. De hecho, solo puede satisfacer la condición de contorno en $x = 1$ con $C_+ = e$, por lo que la capa límite solo puede estar en el entorno de $x = 0$ en este ejemplo. La situación se ilustra en la Fig. 4.12 para $\epsilon = 0,05$.

4.3.1.1. Solución exterior

Como se acaba de ver, la solución exterior de orden cero (4.178) solo puede satisfacer la condición de contorno en $x = 1$, con $C_0 = e$:

$$y_0(x) = e^{1-x}\,,\tag{4.183}$$

representada con línea de trazos en la Fig. 4.12.

Esta solución exterior puede ser refinada mediante el método de perturbaciones hasta el orden de precisión que se desee. Así, de la expresión (4.176), en el orden siguiente se tiene

$$O(\epsilon):\qquad y_1' + y_1 = -y_0'' = -e^{1-x}\,,\quad y_1(1) = 0\,,\tag{4.184}$$

donde ya se ha puesto la condición de contorno en $x = 1$ de acuerdo con (4.177), puesto que la solución exterior de orden cero implica que la capa límite de este problema está en el otro contorno $x = 0$. La solución de (4.184) es

$$y_1(x) = (1-x)e^{1-x}\,,\tag{4.185}$$

de manera que la solución exterior hasta orden ϵ se escribe

$$y = e^{1-x} + \epsilon(1-x)e^{1-x} + \dots \qquad (4.186)$$

4.3.1.2. Solución interior

Para obtener por el método de perturbaciones la solución dentro de la capa límite en el entorno de $y = 0$ hay que reescalar las variables para que sean de orden unidad en su interior. En este caso solo hay que reescalar la variable independiente x con el espesor (de momento desconocido) $\delta(\epsilon) \ll 1$ de la capa límite, pues, de acuerdo con la solución exterior para $x \to 0$, la variable dependiente y sigue siendo de orden unidad en la capa límite [de la solución (4.186), $y_0(0) = e$; ver Fig. 4.12]. Se definen, por tanto, las nuevas variables internas (se utilizan letras mayúsculas para distinguirlas de las variables de la solución exterior)

$$X = \frac{x}{\delta(\epsilon)}\,, \quad \delta(\epsilon) \ll 1\,, \quad Y = y\,. \qquad (4.187)$$

Debido a cómo aparece el parámetro pequeño ϵ en la ecuación (4.174) que se está resolviendo, lo más probable es que el espesor de la capa límite sea del orden de una potencia de ϵ, $\delta \sim \epsilon^\alpha$, donde α es un número positivo, de momento desconocido. Es decir,

$$X = \frac{x}{\epsilon^\alpha}\,, \quad \alpha > 0\,. \qquad (4.188)$$

Teniendo en cuenta que

$$\frac{dy}{dx} = \frac{dX}{dx}\frac{dY}{dX} = \frac{1}{\epsilon^\alpha}\frac{dY}{dX}\,,$$

y de forma similar la derivada segunda, la ecuación (4.174) se escribe en las variables de capa límite como

$$\epsilon^{1-2\alpha}\frac{d^2Y}{dX^2} + \epsilon^{-\alpha}\frac{dY}{dX} + Y = 0\,, \qquad (4.189)$$

que tiene que satisfacer la condición de contorno

$$Y(0) = 0\,, \qquad (4.190)$$

junto con otra condición de acoplamiento con la solución exterior que se discutirá más adelante.

Esta ecuación se resolverá por perturbaciones expandiendo Y en potencias de ϵ,

$$Y(X) \sim Y_0(X) + \epsilon^\gamma Y_1(X) + \dots\,, \qquad (4.191)$$

donde la potencia $\gamma > 0$ de ϵ, así como las de los siguientes órdenes en ϵ que no se han escrito en (4.191), tendrá que ser determinada por la ecuación (4.189) una vez que se conozca α. Para ello hay que comparar el primer término de (4.189), que necesariamente tiene que entrar en el orden más bajo $Y_0 \sim 1$ de la expansión de Y para que pueda cumplir las dos condiciones de contorno, con los otros términos de la ecuación. Suponiendo que el primero y el tercero son del mismo orden, como tanto Y_0 como X son de orden unidad, se tiene

$$\epsilon^{1-2\alpha} \sim 1\,, \qquad 1 - 2\alpha = 0\,, \qquad \alpha = \frac{1}{2}\,;$$

pero, si fuera así, el segundo término sería del orden de $\epsilon^{-1/2} \gg 1$, mucho mayor que los otros dos términos, con lo que la suposición no sería correcta. En cambio, si se supone que los dos primeros términos son del mismo orden,

$$\epsilon^{1-2\alpha} \sim \epsilon^{-\alpha}\,, \qquad 1 - 2\alpha = -\alpha\,, \qquad \alpha = 1\,,$$

el tercer término, de orden unidad, sería mucho menor que ϵ^{-1}, y el escalado sería correcto. Así pues,

$$\alpha = 1\,, \qquad X = \frac{x}{\epsilon}\,, \tag{4.192}$$

y la ecuación (4.189), con la expansión (4.191), quedaría

$$\frac{d^2}{dX^2}(Y_0 + \epsilon Y_1 + \dots) + \frac{d}{dX}(Y_0 + \epsilon Y_1 + \dots) + \epsilon(Y_0 + \dots) = 0\,, \tag{4.193}$$

donde se ha hecho $\gamma = 1$ consecuentemente con que $1 - 2\alpha = -\alpha = -1$, y se ha multiplicado toda la ecuación por $\epsilon^\alpha = \epsilon$ para simplificarla. Esta ecuación se debe resolver con la condición de contorno

$$Y_0(0) + \epsilon Y_1(0) + \dots = 0\,. \tag{4.194}$$

En el orden más bajo se tiene

$$O(1): \qquad Y_0'' + Y_0' = 0\,, \qquad Y_0(0) = 0\,, \tag{4.195}$$

donde las primas son ahora derivadas con respecto a X, cuya solución es

$$Y_0(X) = A_0\left(1 - e^{-X}\right)\,, \tag{4.196}$$

siendo A_0 una constante arbitraria. En el orden siguiente,

$$O(\epsilon): \qquad Y_1'' + Y_1' = -Y_0 = -A_0\left(1 - e^{-X}\right)\,, \qquad Y_1(0) = 0\,, \tag{4.197}$$

con solución

$$Y_1(X) = A_1\left(1 - e^{-X}\right) - A_0 X\left(1 + e^{-X}\right)\,, \qquad A_1 \quad \text{arbitraria}\,. \tag{4.198}$$

Por lo tanto, la solución interior hasta orden ϵ se escribe, a falta de determinar las constantes A_0 y A_1,

$$Y = A_0\left(1 - e^{-X}\right) + \epsilon\left[A_1\left(1 - e^{-X}\right) - A_0 X\left(1 + e^{-X}\right)\right] + \dots\,. \tag{4.199}$$

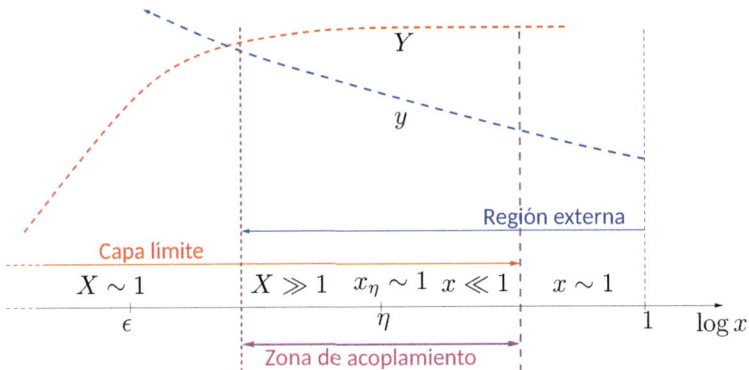

Figura 4.13: Esquema del acoplamiento asintótico entre la solución externa e interna.

4.3.1.3. Acoplamiento asintótico

Las constantes A_1, A_2, ... se determinan del acoplamiento asintótico entre la solución interior (4.199) con la solución exterior (4.186). Si solo nos interesara el orden más bajo, y dado que en este ejemplo las secuencias asintóticas son potencias enteras de ϵ, el acoplamiento se puede hacer de una manera *intuitiva* teniendo en cuenta que a medida que la solución interna se aleja de $X = 0$ y *sale* de la capa límite, con $x = O(1)$, se tiene que $X = O(\epsilon^{-1}) \gg 1$ y, en primera aproximación, se puede tomar el límite asintótico $X \to \infty$ de la solución interna. Así, igualando el primer término de la solución externa (4.186) para $x = 0$ con el primer término de la solución interna (4.199) para $X \to \infty$, es decir, haciendo $Y_0(X \to \infty) = y_0(x \to 0)$, se obtiene

$$A_0 = e. \tag{4.200}$$

Este simple procedimiento, sin embargo, no siempre funciona para el acoplamiento de los siguientes órdenes, y ni siquiera para el orden más bajo en general, siendo necesario utilizar un procedimiento de acoplamiento más sistemático que valga para cualquier expansión asintótica, aunque en este ejemplo no haga falta para el orden más bajo.

Para ello se define una variable intermedia entre x y X,

$$x_\eta = \frac{x}{\eta(\epsilon)}, \qquad \epsilon \ll \eta \ll 1, \tag{4.201}$$

que en la región de acoplamiento asintótico entre la solución interior y la solución exterior se supone de orden unidad, $x_\eta = O(1)$, mientras que en esta región intermedia de acoplamiento $x \ll 1$ y $X \gg 1$ (ver Fig. 4.13). Utilizando esta nueva variable x_η como variable independiente, el procedimiento de acoplamiento sería el siguiente:

1. Escribir tanto la solución interior como la exterior en términos de x_η, sustituyendo a X y a x, respectivamente;

2. En la región de solapamiento entre las dos soluciones hacer $y_{ext} = y_{int}$ e igualar términos del mismo orden suponiendo que $x_\eta = O(1)$.

En el presente ejemplo, con un espesor de la capa límite $\delta \sim \epsilon$, se puede tomar $\eta(\epsilon) = \epsilon^\beta$, con $0 < \beta < 1$, para simplificar la identificación de los términos del mismo orden,

$$x_\eta = \frac{x}{\epsilon^\beta}, \qquad 0 < \beta < 1. \tag{4.202}$$

De esta manera, el procedimiento de acoplamiento descrito, haciendo $x = \epsilon^\beta x_\eta$ en (4.186) y $X = \epsilon^{\beta-1} x_\eta$ en (4.199), da lugar a

$$y_{int} = Y = A_0 \left(1 - e^{-x_\eta \epsilon^{\beta-1}}\right) + \epsilon A_1 \left(1 - e^{-x_\eta \epsilon^{\beta-1}}\right) - \epsilon^\beta A_0 x_\eta \left(1 + e^{-x_\eta \epsilon^{\beta-1}}\right) + \ldots$$

$$= y_{ext} = y = e\, e^{-\epsilon^\beta x_\eta} + \epsilon(1 - \epsilon^\beta x_\eta)e\, e^{-\epsilon^\beta x_\eta} + \cdots =$$

$$= e \left(1 - \epsilon^\beta x_\eta + \frac{1}{2}\epsilon^{2\beta}x_\eta^2 + \ldots\right) + (\epsilon - \epsilon^{1+\beta}x_\eta)e \left(1 - \epsilon^\beta x_\eta + \ldots\right), \tag{4.203}$$

para $x_\eta = O(1)$ y $0 < \beta < 1$, y donde se han desarrollado en serie las exponenciales de $-\epsilon^\beta x_\eta \ll 1$ en la solución exterior. Teniendo en cuenta además que los términos de la solución interior proporcionales a $e^{-x_\eta \epsilon^{\beta-1}}$ son exponencialmente pequeños y, por tanto, se pueden despreciar frente a cualquier potencia de ϵ, en los tres primeros órdenes de la igualdad anterior se llega a

$$O(1): \qquad A_0 = e, \tag{4.204}$$

$$O(\epsilon^\beta): \qquad -A_0 x_\eta = -e x_\eta, \tag{4.205}$$

$$O(\epsilon): \qquad A_1 = e. \tag{4.206}$$

Por lo tanto, la solución interior (4.199) finalmente queda

$$Y = e \left(1 - e^{-X}\right) + \epsilon e \left[\left(1 - e^{-X}\right) - X \left(1 + e^{-X}\right)\right] + \ldots. \tag{4.207}$$

Se observa que además de los $O(1)$ y $O(\epsilon)$ del acoplamiento, que proporcionan las constantes de la solución interior A_0 y A_1, existe un orden intermedio, $O(\epsilon^\beta)$, que se satisface idénticamente de acuerdo con (4.205) sin proporcionar ninguna información adicional. Pero podría ocurrir que esto no fuese así, que ese orden intermedio proporcionase una expresión que no se puede satisfacer. Eso indicaría que existe algún problema en los desarrollos asintóticos acoplados y, aparte de erratas, se podría deber a alguna de las siguientes circunstancias:

- Que la capa límite no estuviera en el contorno en el que se ha analizado. En el ejemplo que se está considerando, que estuviera en $x = 1$ en vez de en $x = 0$, en cuyo caso la variable de capa límite habría que definirla como

$$X = \frac{x-1}{\epsilon^\alpha},$$

en vez de (4.188), y el procedimiento sería similar.

En el presente ejemplo la solución exterior solo es compatible con una capa límite en $x = 0$. Pero en otros casos, la solución exterior podría ser matemáticamente compatible con una capa límite en más de un contorno y, si la física del problema no ayudara a decidir dónde está la capa límite, no habría más remedio que probar con todas las posibilidades. También podrían existir capas límites en más de un contorno.

- Que en vez de una capa límite en un contorno existiera una capa límite interna. Esto no ocurre en problemas lineales como el presente. En los problemas no lineales donde esta situación sea una posibilidad, se ensayaría la variable interior

$$ X = \frac{x - x_0}{\epsilon^\alpha} \, , $$

donde la posición x_0 de la capa interna se obtendría también como parte del acoplamiento con la solución exterior. Con esta variable X definida con un x_0 indeterminado se podría analizar la capa límite en general, esté en algún contorno o en el interior del dominio (ver ejemplo en §4.3.3).

- Que el espesor de la capa límite no fuese proporcional a una potencia de ϵ, sino una función más compleja $\delta(\epsilon)$. Esto podría ocurrir si la secuencia asintótica no fuese una serie con potencias de ϵ.

- Que la variable dependiente y no fuese de orden unidad en la capa límite, en cuyo caso se definiría

$$ Y = \xi(\epsilon)y \, , $$

y $\xi(\epsilon)$ se hallaría de la solución exterior en las proximidades del contorno donde se sitúe la capa límite y del balance de los distintos términos de la ecuación de capa límite, junto con el espesor de la capa límite $\delta(\epsilon)$.

- Que la solución no tuviese una estructura de capa límite, aunque el parámetro pequeño multiplique a la derivada de orden mayor. Podría ocurrir que tuviese dos (o más) escalas en la variable independiente, lo cual se verá en §4.4.

Ejemplos de algunas de estas situaciones se verán en las subsecciones siguientes.

El procedimiento de acoplamiento asintótico anterior, basado en una variable intermedia x_η, es general, válido para cualquier expansión y secuencia asintótica. Pero, si el desarrollo asintótico es en potencias del parámetro pequeño ϵ, como en el presente ejemplo, existe un procedimiento de acoplamiento asintótico algo más sencillo denominado método de acoplamiento de Van Dyke (van Dyke, 1975). Consiste en lo siguiente:

1. Escribir la solución exterior en términos de la variable independiente interior y expandir $y_{ext}(X)$ manteniendo la X fija (de orden unidad). En el presente ejemplo, sustituir x/ϵ por X en y_{ext} y expandir manteniendo la X fija.

2. Escribir la solución interior en términos de la variable independiente exterior y expandir $y_{int}(x)$ manteniendo la x fija (de orden unidad). En el presente ejemplo, sustituir ϵX por x en y_{int} y expandir manteniendo la x fija.

3. Igualar los términos de cada expansión haciendo $x = X$.

En el presente ejemplo, en vez de (4.203) se tendría

$$y_{int} = Y = A_0 \left(1 - e^{-x/\epsilon}\right) + \epsilon \left[A_1 \left(1 - e^{-x/\epsilon}\right) - A_0 \frac{x}{\epsilon} \left(1 + e^{-x/\epsilon}\right)\right] + \dots$$

$$= y_{ext} = y = e\, e^{-\epsilon X} + \epsilon(1 - \epsilon X)e\, e^{-\epsilon X} + \dots =$$

$$= e \left(1 - \epsilon X + \frac{1}{2}\epsilon^2 X^2 + \dots \right) + (\epsilon - \epsilon X)e\left(1 - \epsilon X + \dots \right), \qquad (4.208)$$

de donde

$$O(1): \qquad A_0 = e\,, \qquad\qquad\qquad\qquad (4.209)$$

$$O(\epsilon): \qquad A_1 - A_0 x = -eX + e\,, \quad A_1 = e\,. \qquad (4.210)$$

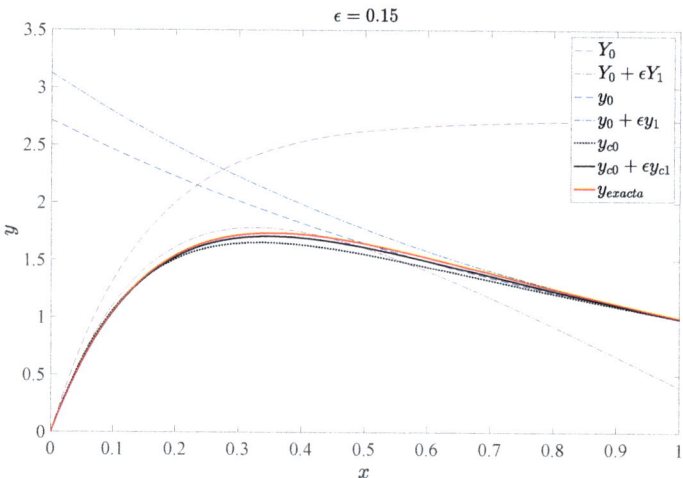

Figura 4.14: Comparación entre los dos primeros órdenes de la solución interior (4.207), de la solución exterior (4.186) y de la solución compuesta (4.213) con la solución exacta (4.179) para $\epsilon = 0,15$.

4.3.1.4. Solución compuesta

Una vez que se han obtenido las soluciones exterior e interior hasta un determinado orden de sus respectivas expansiones asintóticas se puede escribir una expresión uniformemente válida en todo el dominio de la función, denominada solución compuesta, sumando las dos expansiones y restándoles la parte común que se ha obtenido del acoplamiento asintótico en la región intermedia:

$$y_c = y + Y - \text{parte común}\,. \tag{4.211}$$

En el presente ejemplo, en el orden más bajo se tiene

$$y_{c0} = y_0 + Y_0 - e = e^{1-x} + e\left(1 - e^{-X}\right) - e = e^{1-x} - e^{1-x/\epsilon}\,. \tag{4.212}$$

Hasta orden ϵ, de los resultados (4.186), (4.207) y (4.204)-(4.206), escritos todos en términos de la variable independiente original x, se tendría la solución compuesta, uniformemente válida en $0 \leq x \leq 1$,

$$y_c = e^{1-x} + \epsilon(1-x)e^{1-x} + \cdots + e\left(1 - e^{-x/\epsilon}\right) + \epsilon e\left[\left(1 - e^{-x/\epsilon}\right) - \frac{x}{\epsilon}\left(1 + e^{-x/\epsilon}\right)\right] + \cdots$$

$$- \left(e - \epsilon^\beta e\frac{x}{\epsilon^\beta} + \epsilon e + \dots\right),$$

que simplificando y juntando términos del mismo orden quedaría

$$y_c(x) = e^{1-x} - (1+x)e^{1-x/\epsilon} + \epsilon\left[(1-x)e^{1-x} - e^{1-x/\epsilon}\right] + O(\epsilon^2)\,. \tag{4.213}$$

En ambos órdenes de magnitud se observan los típicos términos $e^{-x/\epsilon}$ asociados a la capa límite en las proximidades de $x = 0$, que están contenidos, por supuesto, en la solución exacta (4.179)-(4.181), pero que con la solución asintótica adquieren un significado más específico.

En la Fig. 4.14 se compara la solución asintótica obtenida con la solución exacta para $\epsilon = 0,15$. Se utiliza un valor de ϵ mayor que el usado en la Fig. 4.12 para que se aprecie mejor la convergencia de la solución asintótica hacia la exacta.

4.3.2. Un ejemplo con dos capas límites

Para ilustrar el acoplamiento con variables de capa límite diferentes se resuelve en esta sección por perturbaciones el siguiente problema de contorno gobernado por una EDO de segundo orden en el intervalo $0 \leq x \leq 1$:

$$\epsilon^2 y'' + \epsilon x y' - \frac{3}{4}y = -e^x\,, \quad y(0) = 2\,, \quad y(1) = 1\,. \tag{4.214}$$

Solo se va a considerar la solución de orden más bajo, dejando como ejercicio la obtención de la siguiente corrección de la solución asintótica (ejercicio 2 de §4.3.8).

Haciendo $\epsilon = 0$ en la ecuación (4.214), la solución exterior de orden unidad es

$$y_0 = \frac{4}{3}e^x . \tag{4.215}$$

Claramente no cumple ninguna de las dos condiciones de contorno, pues

$$y_0(0) = \frac{4}{3} \quad \text{e} \quad y_0(1) = \frac{4e}{3} , \tag{4.216}$$

por lo que deben existir capas límites tanto en $x = 0$ como en $x = 1$.

Para la capa límite en las proximidades de $x = 0$ se definen las variables

$$X = \frac{x}{\epsilon^\alpha} , \quad Y = y , \tag{4.217}$$

quedando la ecuación (4.214) como

$$\epsilon^{2-2\alpha}Y'' + \epsilon^{2-\alpha}XY' - \frac{3}{4}Y = -e^{\epsilon^\alpha X} = -(1 + \epsilon^\alpha X + \dots) , \tag{4.218}$$

en la que se ha expandido en potencias de ϵ^α el segundo miembro. $Y(X)$ debe satisfacer la condición $Y(0) = 2$ y acoplar asintóticamente para $X \to \infty$ con $y_0(0) = 4/3$. Para que el primer término, que contiene la derivada de mayor orden, entre en el orden más bajo de la ecuación, α tiene que ser la unidad, quedando

$$Y'' + \epsilon XY' - \frac{3}{4}Y = -(1 + \epsilon X + \dots) . \tag{4.219}$$

En el orden más bajo de la expansión $Y = Y_0 + \epsilon Y_1 + \dots$, se tiene

$$Y_0'' - \frac{3}{4}Y_0 = -1 , \tag{4.220}$$

cuya solución que cumple $Y_0(0) = 2$ es

$$Y_0(X) = \left(\frac{2}{3} - A\right) e^{\sqrt{3}X/2} + Ae^{-\sqrt{3}X/2} + \frac{4}{3} , \tag{4.221}$$

donde A es una constante arbitraria. Para que esta solución no diverja cuando $X \to \infty$, A debe ser $2/3$, quedando

$$Y_0(X) = \frac{2}{3}e^{-\sqrt{3}X/2} + \frac{4}{3} , \tag{4.222}$$

que efectivamente cumple $Y_0(\infty) = 4/3$ e $Y_0(0) = 2$.

En la otra capa límite en las proximidades de $x = 1$ se definen las variables

$$\bar{X} = \frac{x-1}{\epsilon^\beta} , \quad \bar{Y} = y , \tag{4.223}$$

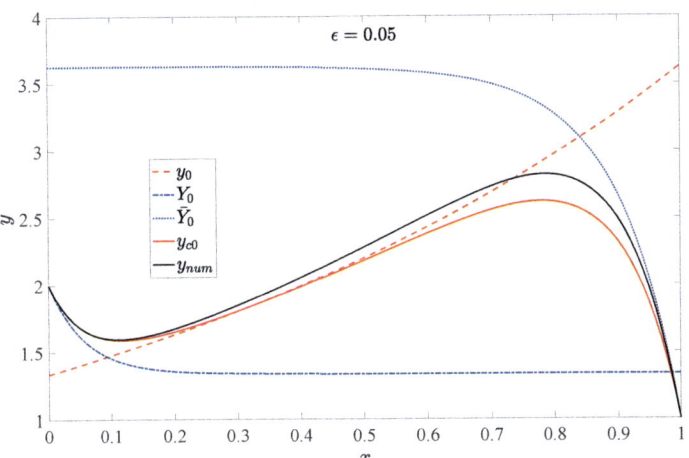

Figura 4.15: Comparación entre la solución numérica de (4.214) con su solución asintótica de orden unidad para $\epsilon = 0,05$.

y la ecuación (4.214) se escribe

$$\epsilon^{2-2\beta}\bar{Y}'' + \epsilon^{1-\beta}(1 + \epsilon^{\beta}\bar{X})\bar{Y}' - \frac{3}{4}\bar{Y} = -e^{1+\epsilon^{\beta}\bar{X}} = -e\left(1 + \epsilon^{\beta}\bar{X} + \dots\right). \qquad (4.224)$$

La solución $\bar{Y}(X)$ debe satisfacer la condición $\bar{Y}(0) = 1$ y acoplar asintóticamente para $\bar{X} \to -\infty$ con $y_0(1) = 4e/3$. Para que el primer término entre en el orden más bajo de la ecuación, β debe ser también la unidad, quedando

$$\bar{Y}'' + (1 + \epsilon\bar{X})\bar{Y}' - \frac{3}{4}\bar{Y} = -e\left(1 + \epsilon\bar{X} + \dots\right). \qquad (4.225)$$

En el orden más bajo de la expansión $\bar{Y} = \bar{Y}_0 + \epsilon\bar{Y}_1 + \dots$, se tiene

$$\bar{Y}_0'' + \bar{Y}_0' - \frac{3}{4}\bar{Y} = -e, \qquad (4.226)$$

cuya solución que cumple $\bar{Y}_0(0) = 1$ es

$$\bar{Y}_0(\bar{X}) = Be^{\bar{X}/2} + \left(1 - \frac{4e}{3} - B\right)e^{-3\bar{X}/2} + \frac{4e}{3}, \qquad (4.227)$$

siendo B una constante arbitraria. Para que esta solución no diverja cuando $\bar{X} \to -\infty$, B debe ser $1 - 4e/3$, quedando

$$\bar{Y}_0(\bar{X}) = \left(1 - \frac{4e}{3}\right)e^{\bar{X}/2} + \frac{4e}{3}, \qquad (4.228)$$

que cumple $\bar{Y}_0(-\infty) = 4e/3$ e $\bar{Y}_0(0) = 1$.

La solución compuesta de orden unidad, ya escrita en términos de la variable original x, es

$$y_{c0} = y_0 + Y_0 + \bar{Y}_0 - y_0(0) - y_0(1) = \frac{4}{3}e^x + \frac{2}{3}e^{-\sqrt{3}x/(2\epsilon)} + \left(1 - \frac{4e}{3}\right)e^{(x-1)/(2\epsilon)}. \quad (4.229)$$

Esta solución, que es uniformemente válida en todo el intervalo $0 \le x \le 1$ con errores de $O(\epsilon)$, se compara en la Fig. 4.15 con la solución de (4.214) obtenida numéricamente mediante el código bvp4c de MATLAB (R2023a) para $\epsilon = 0{,}05$. En la figura se incluyen también la solución exterior y las dos soluciones interiores de capa límite.

4.3.3. Ejemplo no lineal con capas internas y límites

En esta sección se considera un ejemplo no lineal relativamente sencillo que presenta múltiples soluciones, permitiendo ilustrar la existencia de diversas aproximaciones asintóticas, tanto con capas límites en alguno de los contornos como con alguna capa interna.[19]

Sea la EDO de segundo orden para la función $y(x)$ con condiciones de contorno en los dos extremos del intervalo $0 \le x \le 1$

$$\epsilon y'' + y(y' + 1) = 0\,, \qquad 0 < x < 1\,, \qquad 0 < \epsilon \ll 1\,, \quad (4.230)$$

$$y(0) = a\,, \qquad y(1) = b\,. \quad (4.231)$$

Dependiendo de los valores de las constantes a y b el problema puede tener soluciones diferentes, que permitirán ilustrar la obtención de diferentes tipos de soluciones aproximadas por perturbaciones.

Si se aproxima la solución por la expansión asintótica

$$y(x; \epsilon) = y_0(x) + \epsilon y_1(x) + \dots\,, \quad (4.232)$$

la ecuación y las condiciones de contorno se escriben

$$\epsilon(y_0'' + \epsilon y_1'' + \dots) + (y_0 + \epsilon y_1 + \dots)(y_0' + \epsilon y_1' + \dots + 1) = 0\,, \quad (4.233)$$

$$y_0(0) + \epsilon y_1(0) + \dots = a\,, \quad y_0(1) + \epsilon y_1(1) + \dots = b\,. \quad (4.234)$$

En el orden más bajo se tiene

$$O(1): \qquad y_0(y_0' + 1) = 0\,, \quad y_0(0) = a\,, \quad y_0(1) = b\,. \quad (4.235)$$

Obviamente, ninguna de las dos soluciones de esta ecuación,

$$y_0 = -x + C_0 \qquad \text{y} \qquad y_0 = 0\,, \quad (4.236)$$

---

[19] Basado en un ejemplo similar en Lagerstrom (1988).

donde C_0 es una constante arbitraria, puede satisfacer las dos condiciones de contorno (salvo en los casos particulares $a = b = 0$ o $a - b = 1$ con $C_0 = a$). Por lo tanto, cualquiera de las dos soluciones (4.236) será el orden más bajo de una **solución exterior**. La primera de ellas podrá satisfacer la condición de contorno en $x = 1$ con $C_0 = a$, existiendo una capa límite en $x = 1$, o podrá satisfacer la condición de contorno en $x = 1$ con $C_0 = b + 1$, con una capa límite en $x = 0$. Pero la segunda, $y_0 = 0$, necesariamente requiere dos capas límites, una en cada extremo (excepto si a o b es nula). Se verá más adelante que incluso existen otras posibilidades con una capa interna en un cierto punto $x = x_0$, con $0 < x_0 < 1$. Pero antes se consideran los siguientes órdenes de ambas soluciones exteriores.

En el orden ϵ de (4.233)-(4.234) se tiene

$$O(\epsilon): \qquad y_0'' + y_0 y_1' + y_1(y_0' + 1) = 0\,, \quad y_0(0) = y_0(1) = 0\,. \tag{4.237}$$

Ambas soluciones (4.236) satisfacen $y_0'' = 0$, luego el primer término desaparece en las dos. Para $y_0 = 0$ se tiene que la siguiente corrección se anula también, $y_1 = 0$. Para la otra solución exterior, $y_0 = -x + C_0$, el término entre paréntesis se anula siempre, de manera que $y_1' = 0$, resultando $y_1 = C_1$. Pero esta constante de integración tiene que ser nula para cumplir cualquiera de las dos condiciones de contorno en (4.237). Así, las siguientes correcciones de ambas soluciones exteriores (4.236) son nulas y, consecuentemente, todos los demás órdenes de la expansión (4.232). Es decir, las tres posibles soluciones exteriores,

$$y_0 = -x + a\,, \qquad y_0 = -x + b + 1 \qquad \text{e} \qquad y_0 = 0\,, \tag{4.238}$$

son exactas en cualquier orden de la expansión en ϵ.

Como se ha visto en §4.3.1.2, para poder obtener la **solución interior** hay que reescalar la variable independiente en las proximidades de la capa límite. A priori no se puede saber dónde va a estar situada la capa límite, o incluso una posible capa interna. Es por ello conveniente escribir la nueva variable reescalada X de forma genérica,

$$X = \frac{x - x_0}{\delta(\epsilon)}\,, \quad \delta(\epsilon) \ll 1\,, \quad Y = y\,, \tag{4.239}$$

con $0 \leq x_0 \leq 1$. Si $x_0 = 0$ se tiene una capa límite en $x = 0$; $x_0 = 1$ corresponde a una capa límite en el contorno $x = 1$, y en los demás casos se tendría una capa interna centrada en $x = x_0$. En cualquiera de los casos el valor de x_0 vendrá dado por el acoplamiento asintótico entre las soluciones interior y exterior.

Siguiendo el procedimiento descrito en §4.3.1.2 se demuestra fácilmente que $\delta \sim \epsilon$, de manera que, eligiendo $\delta = \epsilon$, se obtiene la siguiente ecuación reescalada para la solución interior:

$$Y'' + YY' + \epsilon Y = 0\,, \tag{4.240}$$

donde las primas representan derivadas con respecto a la nueva variable independiente en el interior de la capa límite

$$X = \frac{x - x_0}{\epsilon}\,, \quad 0 \leq x_0 \leq 1\,. \tag{4.241}$$

Las condiciones de contorno dependerán de la solución exterior elegida y del valor de x_0. Expandiendo la solución en potencias de ϵ,

$$Y(X;\epsilon) = Y_0(X) + \epsilon Y_1(X) + \ldots, \tag{4.242}$$

la ecuación (4.240) se escribe

$$Y_0'' + \epsilon Y_1'' + \cdots + (Y_0 + \epsilon Y_1 + \ldots)(Y_0' + \epsilon Y_1' + \ldots) + \epsilon(Y_0 + \epsilon Y_1 + \ldots) = 0. \tag{4.243}$$

Para no alargar demasiado el análisis asintótico de este problema (4.230)-(4.231), que contiene muchas soluciones diferentes, solo se va a considerar el orden más bajo de la solución interior y, por tanto, de la solución compuesta. En el orden unidad de (4.243) se tiene la ecuación

$$O(1): \qquad Y_0'' + Y_0 Y_0' = 0. \tag{4.244}$$

Al no aparecer explícitamente la variable independiente X, esta ecuación es invariante frente al grupo de traslaciones de X y, tal como se vio en §2.3.2.3, se puede reducir a una ecuación de primer orden usando $p = Y_0'$ como variable dependiente e Y_0 como variable independiente:

$$\frac{dp}{dY_0} + Y_0 = 0, \tag{4.245}$$

con solución

$$p(Y_0) = C - \frac{Y_0^2}{2}, \tag{4.246}$$

donde C es una constante arbitraria. La ecuación resultante para $Y_0(X)$,

$$Y_0' = C - \frac{Y_0^2}{2}, \tag{4.247}$$

tiene diversas soluciones dependiendo del valor de C, que se describen a continuación.

- Si $C = 0$, la solución es

$$Y_0 = \frac{2}{X + K}, \tag{4.248}$$

  donde K es la otra constante de integración de la ecuación (4.244).

- Si $C > 0$, se tiene

$$Y_0 = A \tanh\left[\frac{A}{2}(X + K)\right] \quad \text{o} \quad Y_0 = A \coth\left[\frac{A}{2}(X + K)\right], \tag{4.249}$$

  donde $A = \sqrt{2C}$, dependiendo del valor de la otra constante de integración K.

- Finalmente, si $C < 0$,

$$Y_0 = -A \tan\left[\frac{A}{2}(X + K)\right] \quad \text{o} \quad Y_0 = A \cot\left[\frac{A}{2}(X + K)\right], \tag{4.250}$$

  con $A = \sqrt{-2C}$.

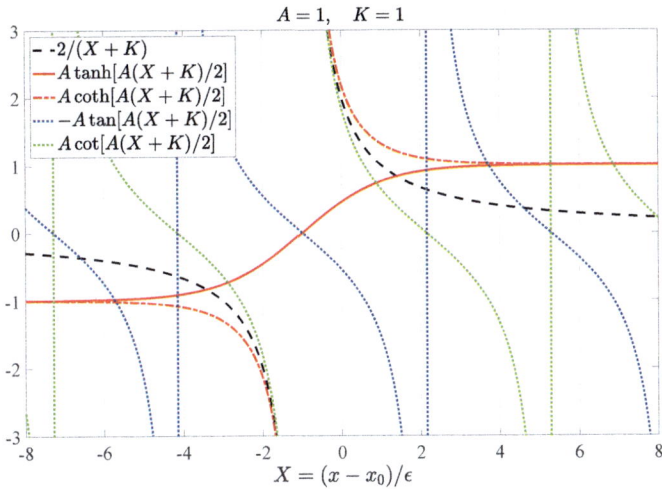

Figura 4.16: Soluciones para $Y_0(X)$ dadas por (4.248)-(4.250) con $K = 1$ y $A = 1$.

La figura 4.16 muestra las diferentes soluciones de $Y_0(X)$ con $K = 1$ y $A = 1$. Para que puedan servir como solución interior, y poder acoplar asintóticamente con algunas de las soluciones externas de este problema, la posible solución interna tiene que tender a una constante cuando $X \to \infty$ o/y cuando $X \to -\infty$. Claramente esto no ocurre con las soluciones dadas por (4.250) y hay que descartarlas. Sí ocurre con las soluciones del tipo (4.249), que satisfacen $Y_0(X \to \pm\infty) \to \pm A$, las funciones $\tanh$ desde $|Y_0| < A$ y las funciones $\coth$ desde $|Y_0| > A$. Por lo tanto, pueden servir para una capa límite en $x = 0$ o en $x = 1$ o, en el caso de $\tanh$, incluso para una capa interna, tendiendo a una constante para $X \to \pm\infty$. La solución (4.248) también podría valer para una capa límite en $x = 0$ de la solución exterior $y_0 = 0$, pues tiende a cero para $X \to +\infty$, aunque más lentamente que las funciones hiperbólicas tienden a las constantes $\pm A$.

Para ilustrar algunas de estas posibilidades se va a suponer en todos los casos que $b = 2$ (aunque luego se resumirán las posibles soluciones para cualquier valor de b). Se supondrá primero que la capa límite está en $x = 0$, es decir $x_0 = 0$, de manera que la solución exterior que cumple $y_0(1) = b$ es

$$y_0 = -x + b + 1 = -x + 3 \,.[20] \tag{4.251}$$

Por lo tanto, en el presente orden más bajo, la solución interior tiene que acoplar asintóticamente con $y_0(0) = 1 + b = 3$. Si $a > 1 + b = 3$ esto se puede conseguir con la segunda

---

[20]Aunque esta solución exterior es exacta, válida para cualquier orden de la expansión asintótica, se le pone el subíndice '0' porque se va a acoplar solo con la solución interior de orden cero y la correspondiente solución compuesta tendrá errores de orden ϵ.

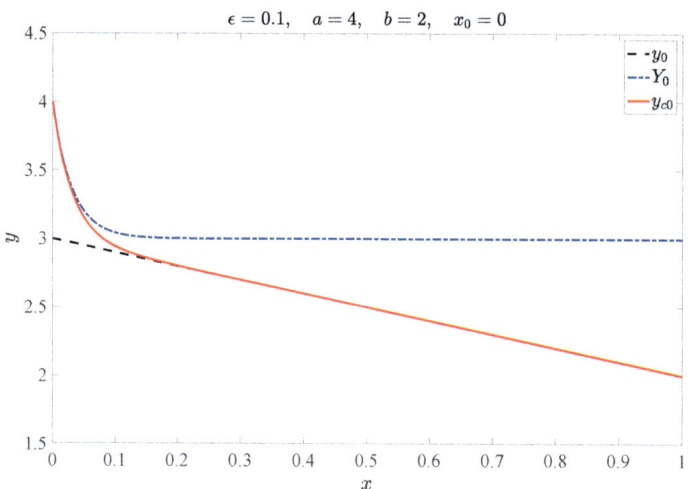

Figura 4.17: Solución asintótica de orden unidad con capa límite en $x = 0$ dada por (4.251), (4.254) y (4.255) para los parámetros que se especifican arriba de la figura.

solución en (4.249) para $X \geq 0$ (ver Fig. 4.16),

$$Y_0(X) = A \coth\left[\frac{A}{2}(X + K)\right] , \quad X = \frac{x}{\epsilon} . \tag{4.252}$$

Como $Y_0(X \to +\infty) \to A$, se tiene que $A = b + 1 = 3$. Por otro lado, para satisfacer la condición de contorno en $x = 0$, objeto de esta capa límite, $Y_0(0)$ debe ser igual a a, de donde

$$a = 3 \coth\left(\frac{3}{2}K\right) , \qquad K = \frac{2}{3}\text{arcoth}\,\frac{a}{3} . \tag{4.253}$$

Dado que arcoth(z) es un número complejo para $-1 < z < 1$, la solución interna

$$Y_0(X) = 3 \coth\left[\frac{3}{2}(X + K)\right] , \tag{4.254}$$

con K dado por (4.253), solo vale para $a > 1 + b = 3$, como se había supuesto. La **solución compuesta** de orden unidad, suma de la solución exterior (4.251) y la solución interior (4.254), menos la parte común 3, es, en las variables originales,

$$y_{c0} = y_0 + Y_0 - 3 = -x + 3 \coth\left[\frac{3}{2}\left(\frac{x}{\epsilon} + K\right)\right] , \tag{4.255}$$

con K dado por (4.253). Estas funciones están representadas en la Fig. 4.17 para $a = 4$ con $\epsilon = 0{,}1$.

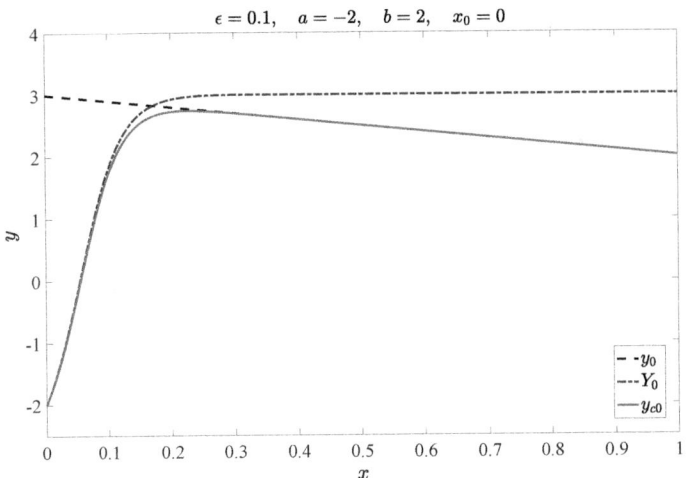

Figura 4.18: Solución asintótica de orden unidad con capa límite en $x = 0$ dada por (4.251), (4.256) y (4.258) para los valores de los parámetros que se especifican arriba de la figura.

Si $a = 1 + b = 3$, la solución exterior (4.251) es una solución exacta de (4.230)-(4.231) que cumple ambas condiciones de contorno, como se ya apuntó anteriormente.

Para $a < 1 + b = 3$, la solución interior correspondiente a la exterior (4.251) tiene que ser del tipo tanh en (4.249), pues tiene que tender a 3 para $X \to +\infty$ desde $Y < A$ (ver Fig. 4.16). Tomando ya $A = 3$ para que acople asintóticamente con (4.251), sería

$$Y_0(X) = 3 \tanh\left[\frac{3}{2}(X + K)\right], \quad X = \frac{x}{\epsilon}. \qquad (4.256)$$

La condición de contorno $Y_0(0) = a$ proporciona

$$K = \frac{2}{3}\text{artanh}\,\frac{a}{3}. \qquad (4.257)$$

Como artanh(z) solo tiene valores reales para $-1 < z < 1$, la solución interna (4.256) con K dado por (4.257) vale para $-(1 + b) = -3 < a < 1 + b = 3$. La solución compuesta de orden unidad en las variables originales sería

$$y_{c0} = y_0 + Y_0 - 3 = -x + 3 \tanh\left[\frac{3}{2}\left(\frac{x}{\epsilon} + K\right)\right], \qquad (4.258)$$

con K dado por (4.257). En la Fig. 4.18 se representa esta solución asintótica para $a = -2$ con $\epsilon = 0{,}1$.

Para $a < -(1+b) = -3$ no puede existir capa límite en $x = 0$ que acople con la solución exterior (4.251) y por ello se busca, primeramente, una capa límite en $x = 1$ (es decir, con

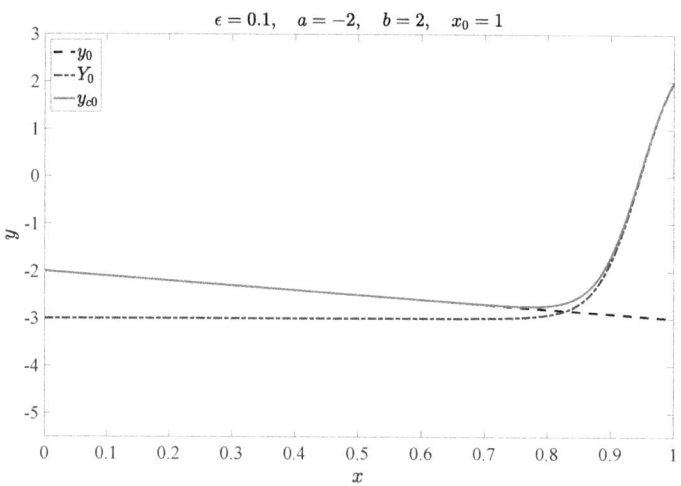

Figura 4.19: Solución asintótica de orden unidad con capa límite en $x = 1$ dada por (4.259), (4.260) y (4.262) para los valores de los parámetros que se especifican, que son los mismos de la Fig. 4.18.

$x_0 = 1$) que acople con la solución externa que satisface la condición de contorno en el otro extremo, $y_0(0) = a$:

$$y_0(x) = -x + a \,. \tag{4.259}$$

La solución interior tiene que ser del tipo $\tanh$ para que acople asintóticamente desde *arriba* con $y_0(1) = -1 + a$ para $X \to -\infty$. Es decir,

$$Y_0(X) = A \tanh\left[\frac{A}{2}(X + K)\right] \,, \quad X = \frac{x-1}{\epsilon} \,, \tag{4.260}$$

con $A = 1 - a$. Para que cumpla la condición de contorno en $x = 1$,

$$Y_0(0) = b = 2 = A \tanh\left(\frac{A}{2}K\right) \,, \qquad K = \frac{2}{1-a}\,\text{artanh}\,\frac{b}{1-a} \,. \tag{4.261}$$

Como el argumento de la función artanh tiene que estar entre -1 y 1 para que K sea real, esta solución con una capa límite en $x = 1$ sería posible para $a < 1 - b = -1$. Esto quiere decir que para $-(b+1) < a < 1 - b$ (para $-3 < a < -1$ en el presente caso con $b = 2$), ambas soluciones, una con capa límite en $x = 0$ y otra con capa límite en $x = 1$, son posibles debido a la no linealidad del problema (4.230)-(4.231). En la Fig. 4.19 se representa la correspondiente a $a = -2$ con $\epsilon = 0,1$, para así poder compararla con la solución de capa límite en $x = 0$ para el mismo valor de a de la Fig. 4.18. También se representa en la Fig. 4.19 la correspondiente solución compuesta:

$$y_{c0} = y_0 + Y_0 - (a - 1) = -x + 1 + (1 - a)\tanh\left[\frac{1-a}{2}\left(\frac{x-1}{\epsilon} + K\right)\right] \,, \tag{4.262}$$

con K dado por (4.261) para $b = 2$.

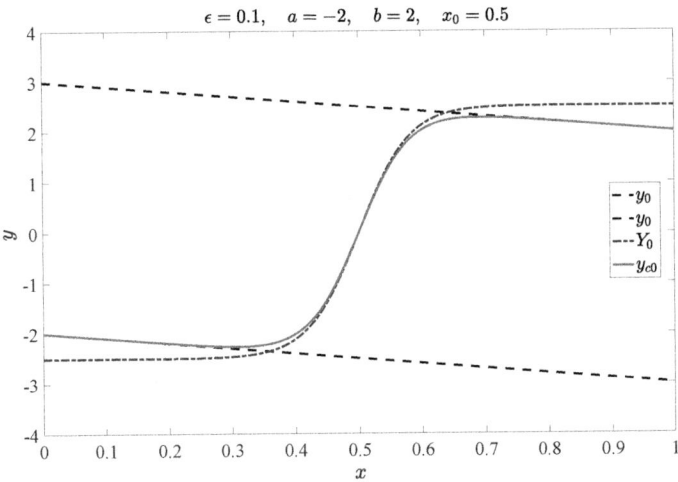

Figura 4.20: Solución asintótica de orden unidad con capa interna en $x = x_0 = 1/2$ dada por (4.263), (4.264) y (4.267) para los valores de los parámetros que se especifican, que son los mismos de las Fig. 4.18 y 4.19, pero con distinto x_0.

La no linealidad del problema hace tambien posible la existencia de **capas internas** (también llamadas ondas de choque) en el entorno de puntos x_0 entre 0 y 1 que acoplen asintóticamente con las dos soluciones exteriores (4.251) y (4.259). Es decir, la solución exterior sería ahora de la forma

$$y_0 = \begin{cases} -x + a, & 0 \leq x < x_0, \\ -x + b + 1 = -x + 3, & x_0 < x \leq 1, \end{cases} \tag{4.263}$$

con x_0 de momento desconocida, salvo que debe cumplir $0 < x_0 < 1$. Esta solución exterior cumple las dos condiciones de contorno pero es discontinua en $x = x_0$. Para que el acoplamiento asintótico con ambas ramas de la solución exterior sea posible, la solución interior tiene que ser del tipo tanh,

$$Y_0(X) = A \tanh\left[\frac{A}{2}(X + K)\right], \quad X = \frac{x - x_0}{\epsilon}. \tag{4.264}$$

En particular, tiene que acoplar asintóticamente con $y_0(x_0^-) = -x_0 + a$ para $X \to -\infty$ y con $y_0(x_0^+) = -x_0 + b + 1 = -x_0 + 3$ para $X \to +\infty$, por lo que

$$-x_0 + a = -A \qquad \text{y} \qquad -x_0 + b + 1 = -x_0 + 3 = A, \tag{4.265}$$

de donde

$$x_0 = \frac{a + b + 1}{2} = \frac{a + 3}{2} \qquad \text{y} \qquad A = \frac{1 + b - a}{2} = \frac{3 - a}{2}. \tag{4.266}$$

La constante K queda indeterminada y se suele elegir $K = 0$ por simetría (en un problema que describiera una situación física real sería alguna condición física adicional la que determinaría el valor de K). Esta solución es válida si $0 < x_0 < 1$, es decir, si $-1 < a + b < 1$. Para $b = 2$ es válida para $-3 < a < -1$, solapándose así su rango de validez con el de las soluciones de capa límite en $x = 0$ y en $x = 1$. Es decir, en este intervalo de valores de a (para $b = 2$) las tres soluciones son posibles. Por este motivo se representa en la Fig. 4.20 la solución con capa interna para $a = -2$, como en las Figs. 4.18 y 4.19, que ahora corresponde con una capa interna en el medio del intervalo, $x_0 = 1/2$. La solución compuesta sería $y_0 + Y_0$ menos la parte común del acoplamiento en cada una de las ramas, $x < x_0$ y $x > x_0$, de la solución exterior (4.263). Es posible escribir esta solución compuesta con una única expresión uniformemente válida para $0 \le x \le 1$:

$$y_{c0} = -x + x_0 + \tanh\left[\frac{A}{2}\left(\frac{x - x_0}{\epsilon}\right)\right] , \qquad (4.267)$$

con x_0 y A dados en (4.266).

Resumiendo, las posibles soluciones de (4.230)-(4.231) con solución exterior $y_0 = -x + C_0$ son: para $a > b+1$ con una capa límite tipo coth en $x = 0$; para $-(b+1) < a < b+1$ con una capa límite tipo tanh en $x = 0$; para $a < 1 - b$ con una capa límite tipo tanh en $x = 1$; para $-(1 + b) < a < 1 - b$ con una capa interna tipo tanh en $0 < x_0 < 1$. En este último intervalo pueden coexistir los tres tipos de soluciones. La exploración de otras posibilidades que combinan también la solución externa $y_0 = 0$ y/o la solución interna $Y_0 = 2/(X + K)$ se deja como ejercicio para el lector.

4.3.4. Solución asintótica de la ecuación de Fisher-Kolmogorov

En la sección (2.4.3) se analizaron las soluciones de semejanza de la ecuación de Fisher-Kolmogorov (2.300), que describe de forma relativamente sencilla la dinámica de una población en términos de su distribución de densidad $u(x, t)$ a partir de una condición inicial $u_0(x)$. La solución de semejanza tiene la forma de una onda viajera en la variable de semejanza $\zeta = x - ct$, siendo la velocidad de propagación c una constante arbitraria desconocida (queda determinada por la condición inicial, pero no por la solución de semejanza), y $u(x, t) = f(\zeta)$ satisface la EDO de segundo orden (ver §2.4.3.1)

$$f'' + cf' + f(1 - f) = 0 , \quad f(-\infty) = 1 , \quad f(\infty) = 0 , \qquad (4.268)$$

donde se han puesto condiciones de contorno normalizadas en $x \to \pm\infty$. También se vio en §2.4.3.1 que $c \ge 2$ y que la solución de la ecuación (4.268) varía entre 1 y 0 en una región finita de espesor que crece con c (ver Fig. 2.15). Es por ello razonable buscar soluciones en la forma de capa interna de espesor $c^a \ge 2^a$, donde $a > 0$ es una constante a determinar, y definir un parámetro pequeño relacionado con c^{-a} que se utilizará para resolver el problema de forma aproximada por perturbaciones.

Definiendo la nueva variable independiente ξ de orden unidad y llamando F a la variable dependiente en esta capa interna,

$$\xi = \frac{\zeta}{c^a}, \quad F(\xi) = f(\zeta), \tag{4.269}$$

la ecuación (4.268) queda

$$c^{-2a} F'' + c^{1-a} F' + F(1 - F) = 0.$$

Como el término fuente tiene que entrar en el orden más bajo, pues es el responsable del crecimiento y decaimiento de la población, se tiene que $a = 1$ para que los dos últimos términos sean del mismo orden. Consecuentemente, se definen el parámetro pequeño ϵ y la variable independiente como

$$\epsilon = \frac{1}{c^2} \leq \frac{1}{4}, \quad \xi = \frac{\zeta}{c} = \epsilon^{1/2}\zeta, \tag{4.270}$$

respectivamente. Aunque ϵ no es siempre *tan* pequeño, permite resolver por perturbaciones el problema

$$\epsilon F'' + F' + F(1 - F) = 0, \quad F(-\infty) = 1, \quad F(\infty) = 0. \tag{4.271}$$

Introduciendo la expansión

$$F(\xi) = F_0(\xi) + \epsilon F_1(\xi) + \dots \tag{4.272}$$

en el problema (4.271), queda

$$\epsilon(F_0'' + \dots) + F_0' + \epsilon F_1' + \dots + (F_0 + \epsilon F_1 + \dots)(1 - F_0 - \epsilon F_1 - \dots) = 0, \tag{4.273}$$

$$F_0(-\infty) + \epsilon F_1(-\infty) + \dots = 1, \quad F_0(\infty) + \epsilon F_1(\infty) + \dots = 0. \tag{4.274}$$

En el orden más bajo se tiene

$$O(1): \quad F_0' + F_0(1 - F_0) = 0, \quad F_0(-\infty) = 1, \quad F_0(\infty) = 0. \tag{4.275}$$

La ecuación de primer orden es de variables separadas y su solución general es

$$F_0(\xi) = \frac{1}{1 + e^{k_0 + \xi}}, \tag{4.276}$$

donde k_0 es una constante de integración arbitraria. Sorprendentemente, esta solución cumple las dos condiciones de contorno en $x \to \pm\infty$ para cualquier valor de k_0. Luego, no solo el problema es regular a pesar de que el parámetro pequeño multiplica al término con derivada mayor y, por tanto, la solución de orden cero tiene solo una constante de integración, sino que cumple las dos condiciones de contorno para cualquier valor de esa única constante de integración. La existencia de una constante arbitraria en la solución de (4.268) ya se vio en §2.4.3.1 al pasar del plano de fase a la solución en ζ. Era debida a la invariancia de la ecuación (4.268) frente a una traslación de la variable independiente, invariancia que, por otra parte, permitía la reducción a una EDO de primer orden y resolver el problema en el plano de fase. Este grado de libertad se concretaba eligiendo el origen de ζ de manera que correspondiera al valor $1/2$ de la solución. Así, eligiendo $F(0) = 1/2$ se tiene que $k_0 = 0$, quedando la solución de orden cero

$$F_0(\xi) = \frac{1}{1 + e^\xi} \,. \tag{4.277}$$

En el siguiente orden,

$$O(\epsilon): \qquad F_1' + (1 - 2F_0)F_1' = -F_0'' \,, \quad F_1(-\infty) = F_1(\infty) = F_1(0) = 0 \,, \tag{4.278}$$

donde también se ha incluido la condición de normalización en $\xi = 0$. Teniendo en cuenta que, derivando la ecuación (4.275), $1 - 2F_0 = -F_0''/F_0'$, la ecuación (4.278) se puede escribir como

$$F_1' - \left(\frac{F_0''}{F_0'}\right) F_1 = -F_0'' \,.$$

La solución general de la ecuación homogénea es $F_1 = k_1 F_0'$ y, por variación de la constante de integración k_1, se tiene la solución particular $-F_0' \ln |F_0'|$. Luego, la solución general queda

$$F_1(\xi) = -F_0' \ln |k_1 F_0'| \,. \tag{4.279}$$

Como $F_0'(0) = -1/4$, de la condición de normalización $F_1(0) = 0$ se tiene que $k_1 = -4$, y la solución es este orden se escribe

$$F_1(\xi) = -F_0' \ln |4F_0'| = \frac{e^\xi}{(1 + e^\xi)^2} \ln \left[\frac{4e^\xi}{(1 + e^\xi)^2}\right] \,. \tag{4.280}$$

Por lo tanto, en las variables originales, la solución hasta $O(\epsilon^2) = O(c^{-4})$ queda

$$f(\zeta) = \frac{1}{1 + e^{\zeta/c}} + \frac{1}{4c^2} \operatorname{sech}^2 \left(\frac{\zeta}{2c}\right) \ln \left[\operatorname{sech}^2 \left(\frac{\zeta}{2c}\right)\right] + O\left(\frac{1}{c^4}\right) \,, \tag{4.281}$$

con $c \geq 2$. La pendiente del frente de avance de la onda en $\zeta = 0$ es

$$- f'(0) = \frac{1}{4c} + O\left(\frac{1}{c^5}\right) \,, \quad c \geq 2 \,. \tag{4.282}$$

De esta manera, cuanto más rápida sea la onda (mayor c) menos pendiente es su frente de onda: las ondas más lentas son las más abruptas.

4.3.4.1. Comparación con la solución numérica

En la figura 4.21 se comparan los dos primeros órdenes de la solución asintótica (4.281) en el parámetro pequeño c^{-2}, designados mediante f_0 y $f_0 + f_1/c^2$, con la solución numérica de

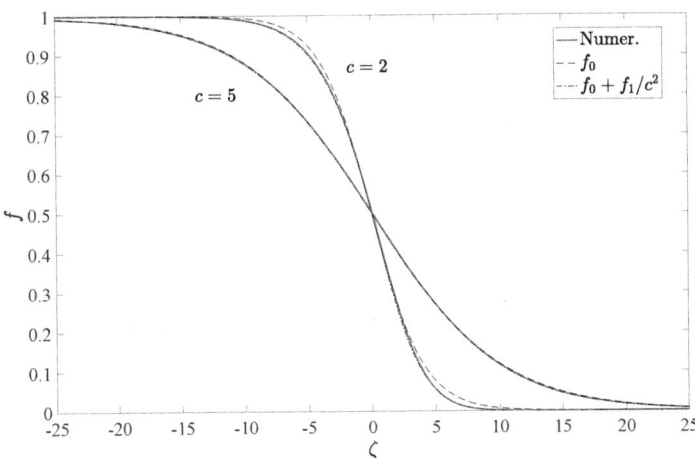

Figura 4.21: Comparación de la solución numérica de (4.268) con las soluciones asintótica de $O(1)$ y $O(1/c^2)$ dadas por (4.281) para $c = 2$ y $c = 5$.

(4.268) (ver §2.4.3.1) para el valor más bajo de c, $c = 2$, y para $c = 5$. Se observa que incluso para $c = 2$ el orden más bajo de la expansión es una excelente aproximación a la solución numérica, a pesar de que su hipotético error es del orden de $1/4$ $(25\,\%)$. En el siguiente orden casi no se puede distinguir la solución asintótica de la solución numérica. Para $c = 5$, incluso la solución de orden más bajo f_0 casi no se distingue de la numérica.

4.3.5.   Oscilador amortiguado: Capa límite inicial

Aunque el método de los desarrollos asintóticos acoplados se suele utilizar especialmente en problemas de condición de contorno, en los que las capas límites están asociadas a algún contorno donde la condición que debe satisfacer la solución no se cumple cuando el parámetro pequeño ϵ tiende a cero, también es útil en algunos problemas de condición inicial, que describen la evolución temporal de alguna magnitud física, cuando alguna de las condiciones iniciales no se cumple para $\epsilon \to 0$. Como se verá en la siguiente sección (§4.4), estos problemas singulares de evolución temporal se suelen resolver por perturbaciones mediante el método de las escalas múltiples, pero algunos de ellos también se pueden (y a veces es más conveniente) resolver mediante el presente método, acoplando una solución externa válida para $t \geq O(1)$ con una solución de *capa límite inicial* para $t \ll 1$, donde t es el tiempo adimensional.

Para ilustrarlo, se considera el movimiento vertical de una masa puntual sostenida mediante un muelle y un amortiguador bajo la acción de la gravedad. En forma adimensional, la posición vertical de la masa puntual, $y(t)$, viene gobernada por la siguiente EDO lineal de segundo orden

$$\epsilon \frac{d^2 y}{dt^2} + \frac{dy}{dt} + y = 0, \quad t \geq 0, \tag{4.283}$$

que se resolverá con las condiciones iniciales correspondientes a una velocidad inicial finita partiendo de la posición de equilibrio,

$$y(0) = 0, \quad \left.\frac{dy}{dt}\right|_{t=0} = \frac{1}{\epsilon}, \tag{4.284}$$

donde el único parámetro adimensional, $\epsilon = mk/c^2$, siendo m la masa, k la constante del muelle lineal y c la constante del amortiguador lineal, se supone muy pequeño, $\epsilon \ll 1$. (En la adimensionalización se ha utilizado el tiempo característico c/k y la longitud característica mv_0/c, donde v_0 es la velocidad inicial.)

Claramente, el problema es singular para $\epsilon \to 0$. Si se expande la solución en potencias de ϵ,

$$y(t) = y_0(t) + \epsilon y_1(t) + \dots, \tag{4.285}$$

la ecuación (4.283) queda

$$\epsilon \left(\frac{d^2 y_0}{dt^2} + \dots \right) + \frac{dy_0}{dt} + \epsilon \frac{dy_1}{dt} + \dots + y_0 + \epsilon y_1 + \dots = 0. \tag{4.286}$$

En el orden más bajo, se tiene

$$O(1): \quad \frac{dy_0}{dt} + y_0 = 0, \tag{4.287}$$

cuya solución general

$$y_0(t) = Ae^{-t}, \tag{4.288}$$

donde A es una constante arbitraria, no puede satisfacer las dos condiciones iniciales. Solo podría satisfacer la primera con $A = 0$, que no sería una solución físicamente aceptable. Por lo tanto, esta solución exterior no vale en una capa límite inicial (es decir, para t cerca de cero) que habrá que obtener aparte, dejando la constante de integración A libre para acoplarla asintóticamente con ella cuando $t \to 0$. Pero antes de obtener esta solución interior para $t \ll 1$, se obtiene el siguiente orden de la solución exterior:

$$O(\epsilon): \quad \frac{dy_1}{dt} + y_1 = -\frac{d^2 y_0}{dt^2} = -Ae^{-t}, \tag{4.289}$$

cuya solución general es

$$y_1(t) = (-At + B)e^{-t}, \tag{4.290}$$

siendo B otra constante de integración a obtener del acoplamiento con la solución interior. Obsérvese que, a diferencia de los problemas de condición de contorno considerados anteriormente, en este problema de condición inicial las constantes de acoplamiento surgen en la solución exterior en vez de en la solución interior. La solución exterior hasta orden ϵ es

$$y(t) = Ae^{-t} + \epsilon(-At + B)e^{-t} + O(\epsilon^2). \tag{4.291}$$

Para poder resolver la capa límite inicial se reescalan las variables de manera similar a como se ha hecho en ejemplos anteriores para las capas límites del contorno. Se obtiene fácilmente que el espesor de esta capa inicial es de orden ϵ para que el término con derivada mayor en la ecuación aparezca en el orden más bajo. Así, suponiendo que A sea de orden unidad (lo cual se podrá comprobar tras el acoplamiento), las variables internas se eligen de la forma

$$T = \frac{t}{\epsilon}, \qquad Y = y, \tag{4.292}$$

de manera que las ecuaciones (4.283)-(4.284)se escriben

$$\frac{d^2Y}{dT^2} + \frac{dY}{dT} + \epsilon Y = 0, \tag{4.293}$$

$$Y(0) = 0, \qquad \frac{dY}{dT}\bigg|_{T=0} = 1. \tag{4.294}$$

Introduciendo la expansión

$$Y(T) = Y_0(T) + \epsilon Y_1(T) + \cdots, \tag{4.295}$$

la ecuación y las condiciones iniciales se transforman en

$$\frac{d^2Y_0}{dT^2} + \epsilon\frac{d^2Y_1}{dT^2} + \cdots + \frac{dY_0}{dT} + \epsilon\frac{dY_1}{dT} + \cdots + \epsilon Y_0 + \cdots = 0, \tag{4.296}$$

$$Y_0(0) + \epsilon Y_1(0) + \cdots = 0, \qquad \frac{dY_0}{dT}\bigg|_{T=0} + \epsilon\frac{dY_1}{dT}\bigg|_{T=0} + \cdots = 1. \tag{4.297}$$

En el $O(1)$, el problema queda

$$\frac{d^2Y_0}{dT^2} + \frac{dY_0}{dT} = 0, \quad Y_0(0) = 0, \quad \frac{dY_0}{dT}\bigg|_{T=0} = 1, \tag{4.298}$$

cuya solución es

$$Y_0(T) = 1 - e^{-T}. \tag{4.299}$$

En el orden siguiente, $O(\epsilon)$, se tiene

$$\frac{d^2Y_1}{dT^2} + \frac{dY_1}{dT} = -Y_0 = -1 + e^{-T}, \quad Y_1(0) = \frac{dY_1}{dT}\bigg|_{T=0} = 0, \tag{4.300}$$

con solución

$$Y_1(T) = 2 - T - (2 + T)e^{-T}. \tag{4.301}$$

Así, la solución interna hasta orden ϵ se queda

$$Y(T) = 1 - e^{-T} + \epsilon\left[2 - T - (2 + T)e^{-T}\right] + O(\epsilon^2), \tag{4.302}$$

que deja de valer para $T \sim \epsilon^{-1}$; es decir, para $t \sim 1$, siendo válida para $t \sim \epsilon \ll 1$.

Tal como se describió en §4.3.1.3, para acoplar asintóticamente (4.291) con (4.302) es conveniente definir una variable intermedia

$$t_\eta = \frac{t}{\eta(\epsilon)} \quad \text{con} \quad \epsilon \ll \eta(\epsilon) \ll 1\,. \tag{4.303}$$

Se podría utilizar, por ejemplo, $\eta = \epsilon^\beta$, con $0 < \beta < 1$, pero se va a dejar en la forma genérica con η ya que en este caso es fácil distinguir los distintos órdenes de magnitud teniendo en cuenta que $\eta \ll 1$, pero $\eta/\epsilon \gg 1$.

En términos de t_η, las variables interior y exterior se escriben

$$t = \eta t_\eta\,, \qquad T = \frac{\eta}{\epsilon} t_\eta\,. \tag{4.304}$$

En la zona de acoplamiento $t_\eta = O(1)$, de manera que $t \ll 1$ y $T \gg 1$. Escribiendo las soluciones externa e interna en la variable intermedia t_η,

$$y(t_\eta) = Ae^{-\eta t_\eta} + (-A\epsilon\eta t_\eta + B\epsilon)e^{-\eta t_\eta} + \dots$$

$$= A - A\eta t_\eta + \dots - A\epsilon\eta t_\eta + B\epsilon + A\epsilon\eta^2 t_\eta^2 - B\epsilon\eta t_\eta + \dots\,, \tag{4.305}$$

$$Y(t_\eta) = 1 - e^{-\eta t_\eta/\epsilon} + 2\epsilon - \eta t_\eta - (2\epsilon + \eta t_\eta)e^{-\eta t_\eta/\epsilon} + \dots = 1 + 2\epsilon - \eta t_\eta + \dots\,, \tag{4.306}$$

donde se han eliminado en la solución interior los términos exponencialmente pequeños proporcionales a $e^{-\eta t_\eta/\epsilon}$, e igualando los términos del mismo orden, hasta $O(\epsilon)$, se tienen las siguientes relaciones para las constantes de acoplamiento A y B:

$$O(1): \qquad A = 1\,, \tag{4.307}$$

$$O(\eta): \qquad -At_\eta = -t_\eta\,, \tag{4.308}$$

$$O(\epsilon): \qquad B = 2\,. \tag{4.309}$$

Obsérvese que en el $O(\eta)$ sale una identidad, lo cual va indicando que el acoplamiento está siendo correcto. Por lo tanto, con estas constantes A y B, la solución exterior (4.291) se escribe

$$y(t) = e^{-t} + \epsilon(2 - t)e^{-t} + O(\epsilon^2)\,. \tag{4.310}$$

Finalmente, la solución compuesta, uniformemente válida para todo instante y ya escrita en la variable original t, sería, hasta $O(\epsilon)$,

$$y_c(t) = y(t) + Y(t) - \text{parte común} =$$

$$= e^{-t} + \epsilon(2 - t)e^{-t} + 1 - e^{-t/\epsilon} + \epsilon\left[2 - t/\epsilon - (2 + t/\epsilon)e^{-t/\epsilon}\right] - [1 + \epsilon(2 - t/\epsilon)] + \dots\,.$$

Es decir,

$$y_c(t) = [1 + \epsilon(2 - t)]e^{-t} - (1 + t + 2\epsilon)e^{-t/\epsilon} + O(\epsilon^2)\,. \tag{4.311}$$

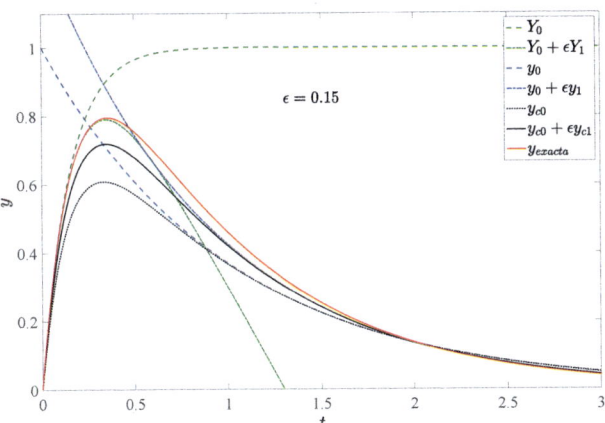

Figura 4.22: Comparación entre las soluciones asintóticas (4.302), (4.310) y (4.311) con la solución exacta (4.312) del problema (4.283)-(4.284) para $\epsilon = 0{,}15$.

En la Fig. 4.22 se comparan las soluciones asintóticas anteriores con la solución exacta del problema lineal (4.283)-(4.284),

$$y_{exacta}(t) = \frac{1}{\sqrt{1-4\epsilon}}\left[e^{r_+(\epsilon)t} - e^{r_-(\epsilon)t}\right], \qquad r_{\pm}(\epsilon) = \frac{1}{2\epsilon}\left(-1 \pm \sqrt{1-4\epsilon}\right), \quad (4.312)$$

para $\epsilon = 0{,}15$, Se observa, por ejemplo, que aunque la solución interior se ajusta muy bien a la exacta para t pequeño, ambas aproximaciones, Y_0 e $Y_0 + \epsilon Y_1$, fallan estrepitosamente para $t \geq O(1)$, análogamente a como la solución exterior da valores en $t = 0$ muy alejados del valor inicial nulo.

4.3.6. Transporte de iones en la difusioforesis de partículas coloidales

La migración de partículas en una suspensión coloidal puede ser dirigida mediante gradientes de concentración de iones en una solución electrolítica. Este proceso, llamado difusioforesis, es un fenómeno complejo gobernado por la convección/difusión de varios pares de iones, el campo eléctrico asociado y la interacción de todo ello con las partículas. El proceso se utiliza para diversas aplicaciones que en su mayor parte tienen lugar en microcanales por donde circula la suspensión coloidal cuyas partículas se quieren separar (ver, por ejemplo, Lee, Kim, Yang, Seo, y Kim, 2018).

Conocer la variaciones de concentración de los iones en estos microcanales es fundamental para entender y controlar el proceso de difusioforesis de las partículas. Un modelo sencillo que solo contempla la convección/difusión de un solo tipo de iones (por ejemplo, Na^+ o K^+, dependiendo del electrolito que se utilice) en un microcanal bidimensional, válido si existe electro-neutralidad local y equilibrio químico en el electrolito acuoso, viene gobernado por

(Florea, Musa, Huyghe, y Wyss, 2014; Lee y cols., 2018)

$$D\frac{\partial^2 c}{\partial y^2} = \frac{\partial(uc)}{\partial x}\,, \quad c(0,y) = c_i\,, \quad c(x,-d/2) = 0\,, \quad \left.\frac{\partial c}{\partial y}\right|_{y=d/2} = 0\,, \qquad (4.313)$$

donde $c(x,y)$ es la concentración de los iones, D un coeficiente de difusión efectivo y $u(x,y)$ la velocidad del líquido en el canal en la dirección x. El microcanal tiene una anchura d en la dirección transversal y mucho menor que la longitud L en la dirección x, de forma que el movimiento fluido es casi unidireccional en la dirección x y se puede utilizar el flujo o movimiento de Poiseuille para la velocidad u,[21]

$$u = 6\,u_m\left(\frac{1}{4} - \frac{y^2}{d^2}\right)\,, \qquad (4.314)$$

siendo u_m la velocidad media en la entrada $x = 0$ del microcanal, donde la concentración de iones vale c_i [ver condiciones de contorno en (4.313)]. La pared izquierda ($y = -d/2$) del microcanal es la superficie de intercambio de iones, donde $c = 0$, mientras que en la pared derecha ($y = d/2$) el flujo de iones es nulo, con $\partial c/\partial y = 0$.

Utilizando variables adimensionales, pero manteniendo la notación por simplicidad,

$$x \leftarrow \frac{x}{L}\,, \quad y \leftarrow \frac{y}{d}\,, \quad c \leftarrow \frac{c}{c_i}\,, \quad u \leftarrow \frac{u}{u_m}\,, \qquad (4.315)$$

el problema matemático a resolver es

$$\frac{\partial^2 c}{\partial y^2} = \text{Sh}\left(\frac{1}{4} - y^2\right)\frac{\partial c}{\partial x}\,, \quad c(0,y) = 1\,, \quad c(x,-1/2) = 0\,, \quad \left.\frac{\partial c}{\partial y}\right|_{y=1/2} = 0\,, \quad (4.316)$$

cuyo único parámetro es un número de Sherwood,

$$\text{Sh} = \frac{6u_m d^2}{DL}\,, \qquad (4.317)$$

cociente entre la velocidad del transporte convectivo longitudinal y la del transporte difusivo transversal. Aquí se va a resolver el problema aproximadamente por perturbaciones en el caso más común en los procesos de difusioforesis en el que este parámetro es muy grande,

$$\text{Sh}^{-1} \equiv \epsilon \ll 1\,. \qquad (4.318)$$

En la sección 4.5.5 se dará una solución alternativa aproximadamente válida para cualquier valor de Sh obtenida mediante la técnica de separación de variables, pero resolviendo el correspondiente problema de Sturm-Liouville mediante la aproximación WKB.

Expandiendo la variable c en potencias de ϵ,

$$c(x,y) = c_0(x,y) + \epsilon c_1(x,y) + \ldots\,. \qquad (4.319)$$

---

[21]Se tiene que cumplir que $Re\,d/L \ll 1$, donde $Re = d\,u_m/\nu$ es el número de Reynolds, con ν la viscosidad cinemática del fluido; ver, por ejemplo, Fernández Feria (2005), cap. 16.

y sustituyendo en (4.316) teniendo en cuenta la definición (4.318) de ϵ, se tiene

$$\epsilon \frac{\partial^2}{\partial y^2}(c_0 + \ldots) = \left(\frac{1}{4} - y^2\right) \frac{\partial}{\partial x}(c_0 + \epsilon c_1 + \ldots), \tag{4.320}$$

$$(c_0 + \epsilon c_1 + \ldots)_{x=0} = 1, \quad (c_0 + \epsilon c_1 + \ldots)_{y=-1/2} = 0, \quad \frac{\partial}{\partial y}(c_0 + \epsilon c_1 + \ldots)_{y=1/2} = 0.$$
$$\tag{4.321}$$

Obviamente, el problema de perturbaciones es singular porque el parámetro pequeño multiplica a la derivada de mayor orden en y y no se va a poder imponer las dos condiciones de contorno en $y = \pm 1/2$. Por lo tanto, la expansión (4.319) corresponde solo a la solución exterior.

En el orden más bajo se tiene $\partial c_0/\partial x = 0$, es decir, $c_0 = c_0(y)$, pero la única posibilidad para que cumpla la condición de contorno en $x = 0$ es

$$c_0 = 1. \tag{4.322}$$

Esta solución también satisface la condición de contorno en $y = 1/2$, pero no cumple la condición en $y = -1/2$, por lo que existirá una capa límite en el entorno de $y = -1/2$ cuya solución interna se analizará más abajo.

En el siguiente orden se tiene la misma ecuación, $\partial c_1/\partial x = 0$, que con la condición de contorno se llega a $c_1 = 0$. Lo mismo ocurre con los sucesivos órdenes, de forma que la solución exterior es simplemente $c = 1$. Es decir, la concentración de entrada permanece inalterada en prácticamente todo el canal, excepto en la capa límite cerca de la pared $y = -1/2$, lo cual era de esperar pues Sh $\gg 1$ significa que el transporte difusivo es despreciable frente al convectivo, excepto, de nuevo, en la delgada capa límite, donde los gradientes de c en la dirección y deben ser muy grandes para que c pueda pasar de la unidad en el flujo exterior a cero en la pared izquierda.

Para analizar la solución en la capa límite en el entorno de $y = -1/2$ se reescala la variable y,

$$Y = \frac{y + \frac{1}{2}}{\delta(\epsilon)}, \quad \text{con} \quad \delta(\epsilon) \ll 1, \tag{4.323}$$

donde δ es el espesor de la capa límite que se determinará de la ecuación. No hace falta reescalar c puesto que la solución exterior es $c = 1$ incluso en el borde de la capa límite ($y \to -1/2$), pero se llamará $C = c$ para diferenciarla de la solución exterior. Tampoco hay que reescalar x, pues la capa límite valdrá, en principio, en todo el dominio de x, $0 \leq x \leq 1$, pero no se cambiará el símbolo pues es la misma coordenada x de la solución exterior. Sustituyendo en (4.316), la EDP queda

$$\frac{\epsilon}{\delta^2} \frac{\partial^2 C}{\partial Y^2} = \left(\delta Y - \delta^2 Y^2\right) \frac{\partial C}{\partial x}. \tag{4.324}$$

Se observa que para que el término de la izquierda sea del mismo orden que el mayor de la derecha, y se pueda así imponer las dos condiciones de contorno en y en el orden más bajo, el espesor de la capa límite δ debe cumplir $\epsilon/\delta^2 \sim \delta$; es decir, $\delta \sim \epsilon^{1/3}$. Se hará igual para no introducir más parámetros innecesarios,

$$\delta(\epsilon) = \epsilon^{1/3}, \qquad Y = \frac{y + \frac{1}{2}}{\epsilon^{1/3}}, \tag{4.325}$$

y la ecuación (4.324) queda

$$\frac{\partial^2 C}{\partial Y^2} = \left(Y - \epsilon^{1/3}Y^2\right)\frac{\partial C}{\partial x}. \tag{4.326}$$

Por lo tanto, la expansión de la solución interior debe ser de la forma

$$C(x, y) = C_0(x, Y) + \epsilon^{1/3}C_1(x, Y) + \dots. \tag{4.327}$$

Para luego poder acoplar esta solución interior con la exterior, la expansión (4.319) debería ser también en potencias de $\epsilon^{1/3}$. Pero, como se ha visto más arriba, en este problema todos los órdenes c_n, $n \geq 1$, seguirían siendo nulos independientemente de la secuencia asintótica.

En el orden más bajo, C_0 tiene que satisfacer

$$\frac{\partial^2 C_0}{\partial Y^2} = Y\frac{\partial C_0}{\partial x}, \quad C_0 = 0 \quad \text{en} \quad Y = 0, \quad C_0 \to 1 \quad \text{para} \quad Y \to \infty, \tag{4.328}$$

además de la condición de contorno $C_0 = 1$ en $x = 0$. Este problema tiene solución de semejanza. En efecto, ensayando la transformación de cambio de escala (ver § 2.1.2)

$$x^* = \alpha x, \quad Y^* = \alpha^a Y, \quad C_0^* = \alpha^b C_0, \tag{4.329}$$

se encuentra fácilmente que el problema permanece invariante con las variables estrelladas si $a = 1/3$ y $b = 0$. Es decir, el problema tiene solución en términos de la variable de semejanza ζ definida como

$$\zeta = \frac{Y}{x^{1/3}}, \quad \text{siendo} \quad C_0(x, Y) = f(\zeta). \tag{4.330}$$

Sustituyendo en (4.329), el problema de orden cero queda[22]

$$f'' + \frac{1}{3}\zeta^2 f' = 0, \quad f(0) = 0, \quad f(\infty) = 1, \tag{4.331}$$

donde las primas son derivadas con respecto a ζ. Obsérvese que la tercera condición de contorno, $C_0(x = 0, Y) = 1$, coincide con la segunda de (4.331), correspondiente al acoplamiento con la solución exterior para $Y \to \infty$.

---

[22]Esta variable de semejanza fue obtenida originalmente por Lévêque en 1928 para un problema similar de una capa límite térmica, donde la velocidad también crece linealmente con la distancia cerca de la pared. La solución de la EDO (4.331) resultante para la temperatura fue obtenida en términos de la función Gamma incompleta por Schlichting. Ver, por ejemplo, Schlichting (1968), §XII.e.4.

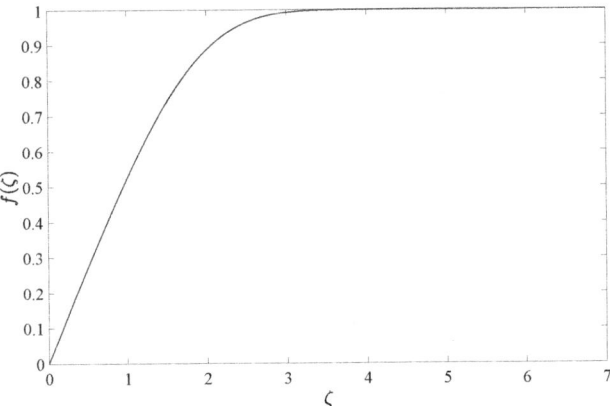

Figura 4.23: Solución (de semejanza) de capa límite de orden cero (4.332). Para evaluar la función Gamma incompleta se utiliza MATLAB (R2023a), que en vez de (4.333) la define como $\Gamma(a, z)/\Gamma(a)$.

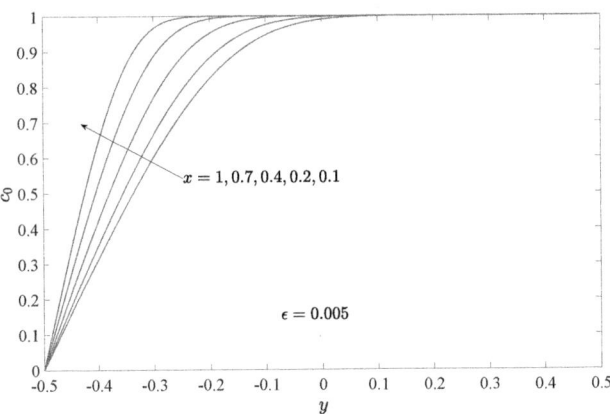

Figura 4.24: Perfiles de c_{c0} versus y dados por (4.335) para varios valores de x y $\epsilon = 0{,}005$.

Es fácil hallar una solución analítica del problema reduciendo primero la ecuación a una de primer orden al no aparecer explícitamente la variable dependiente f (ver §2.3.2.3). La solución de la EDO de primer orden resultante se puede escribir en la forma

$$f(\zeta) = 1 - \frac{\Gamma\left(\frac{1}{3}, \frac{\zeta^3}{9}\right)}{\Gamma\left(\frac{1}{3}\right)}, \tag{4.332}$$

donde

$$\Gamma(a) = \int_0^\infty e^{-t} t^{a-1} dt \quad \text{y} \quad \Gamma(a,z) = \int_z^\infty e^{-t} t^{a-1} dt, \quad (4.333)$$

son la función Gamma y la función Gamma incompleta, respectivamente, con $\Gamma(a) = \Gamma(a,0)$ (ver, por ejemplo, Abramowitz y Stegun, 1965, cap. 6, para algunas de sus propiedades). La solución (4.332) para $f(\zeta)$ se representa en la Fig. 4.23. En las variables (x, Y) sería

$$C_0(x, Y) = 1 - \frac{\Gamma\left(\frac{1}{3}, \frac{Y^3}{9x}\right)}{\Gamma\left(\frac{1}{3}\right)}. \quad (4.334)$$

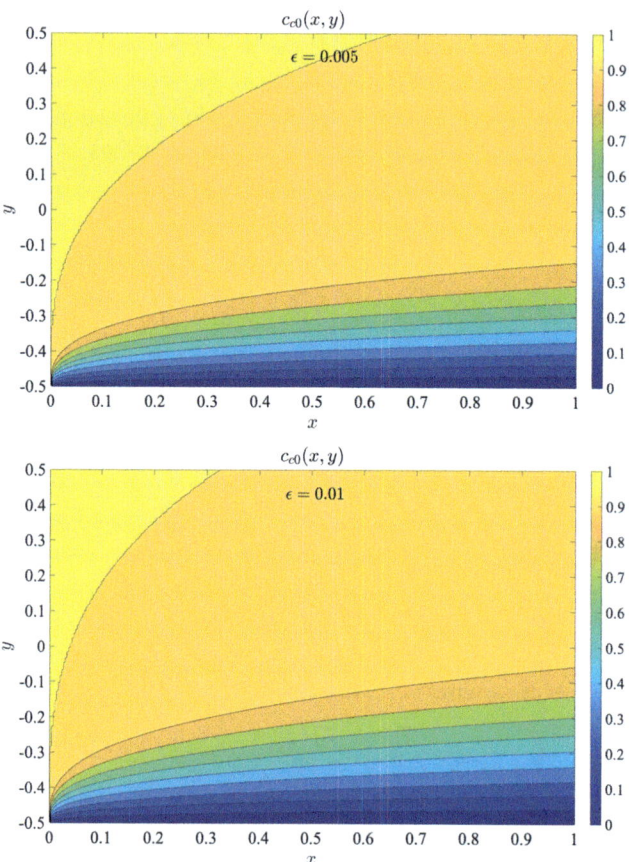

Figura 4.25: Isocontornos de c_{c0} en el plano (x, y) dados por (4.335) para $\epsilon = 0{,}005$ y $\epsilon = 0{,}01$.

Algo más laboriosa es la obtención de la solución en el siguiente orden $\epsilon^{1/3}$, que se deja como ejercicio para el lector (ejercicio 7 en §4.3.8).

La solución compuesta en el orden más bajo, válida en toda la anchura del microcanal con errores de $O(\epsilon^{1/3})$, coincide con la solución interior, $c_{c0} = C_0$, pues la solución exterior c_0 es simplemente una constante que coincide con la constante de acoplamiento y se anula en la solución compuesta. En las variables originales (x, y) se escribe

$$
c_{c0}(x, y) = 1 - \frac{\Gamma\left(\dfrac{1}{3}, \dfrac{\left(\frac{1}{2}+y\right)^3}{9\epsilon x}\right)}{\Gamma\left(\dfrac{1}{3}\right)}.
\tag{4.335}
$$

En la Fig. 4.24 se representan varios perfiles de c_{c0} en función de y para varios x y para un valor de ϵ, mientras que en la Fig. 4.25 se representan los isocontornos de c_{c0} en el plano (x, y) para dos valores de ϵ. En ambas se aprecia cómo aumenta el espesor de la capa límite a medida que avanza el flujo desde $x = 0$ hacia $x > 0$. En la Fig. 4.25 también se aprecia cómo este espesor disminuye con ϵ, es decir, cómo la región con fuertes gradientes de concentración cerca de $y = -1/2$ se hace más delgada a medida que el número de Sherwood crece.

4.3.6.1. Comparación con la solución numérica

La solución analítica del apartado anterior se compara aquí con la solución numérica para la concentración de los iones K^+ que proviene de la resolución numérica de las ecuaciones completas de convección/difusión de los electrolitos K^+, Cl^-, H^+ y OH^- de una corriente fluida en un canal bidimensional estrecho teniendo en cuenta además la influencia del campo eléctrico asociado a través de su potencial eléctrico ψ. Son, por tanto, 5 EDPs para las evoluciones de las concentraciones de los cuatro electrolitos, c_{K+}, c_{Cl-}, c_{H+} y c_{OH-}, acopladas con la ecuación para la evolución del potencial ψ, con las condiciones de contorno de concentración nula de K^+, flujo nulo de Cl^-, de OH^- y de K^+ $+H^+$ en la pared izquierda del canal, las condiciones de contorno de flujo nulo de todos los electrolitos en la pared derecha del canal, así como las correspondientes condiciones de contorno para la componente normal del campo eléctrico (ver, por ejemplo, Lee y cols., 2018, pero sustituyendo la concentración de Na^+ por la de K^+; es decir, considerando el caso de una solución de $K\,Cl$, en vez de $Na\,Cl$, en agua). Como el canal es muy estrecho y la velocidad muy pequeña (ver más abajo), la velocidad del fluido se impone de acuerdo con (4.314).

El problema se resuelve numéricamente con el paquete de software COMSOL Multiphysics (v: 6.2) en un microcanal bidimensional de anchura $d = 2{,}6$ mm y longitud $L' = 31{,}2$ mm, que no es la longitud característica L con la que se adimensionaliza la solución, sino un poco mayor que la longitud en la que se impone la condición de contorno $c_{K+} = 0$ en $y = -d/2$ (y ahora es dimensional). Esto es así porque el canal de la simulación numérica tiene una pequeña región de entrada de longitud $l = 0{,}5$ mm en la que se impone que los flujos de todos los electrolitos son nulos en las paredes del canal para facilitar la solución numérica, evitando que la singularidad en $(x = 0, y = 0)$, que se aprecia claramente en la solución de semejanza descrita en el apartado anterior, interfiera con la condición de con-

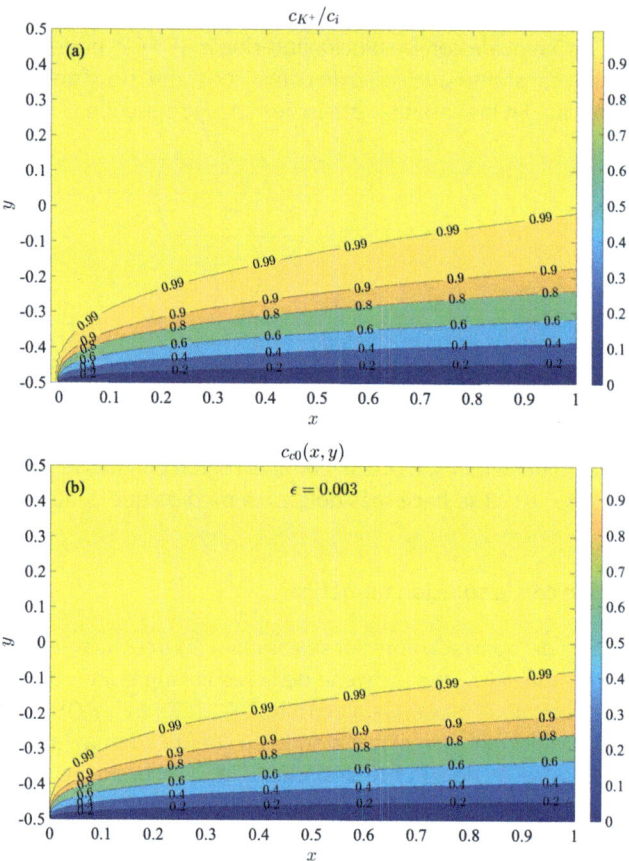

Figura 4.26: Isocontornos de c_{K^+}/c_i obtenidos numéricamente (a) e isocontornos de la solución asintótica adimensional de orden cero dada por (4.335) para el valor correspondiente de ϵ (b).

torno de entrada al canal. Así, la longitud característica en la dirección x es $L = L' - l = 30{,}7$ mm. Esto hace que el rango de la coordenada x adimensional de los resultados numéricos presentados en la Fig. 4.26(a) sea $-l/L \simeq -0{,}016 \leq x \leq 1$, ligeramente mayor que el rango $0 \leq x \leq 1$ de la solución analítica en la Fig. 4.26(b), rango en el que se compara la solución numérica con la analítica, siendo $x = 0$ el punto donde se empieza a imponer $c_{K^+} = 0$ en $y = -1/2$ (y ahora adimensional). La velocidad media del fluido utilizada en la simulación numérica es $u_m = 0{,}5$ mm/s,[23] la concentración inicial de K Cl a la entrada del canal es $c_i = 10^{-3}$ moles/litro y el coeficiente de difusión de los iones K^+ en agua utilizado es

---

[23]El número de Reynolds multiplicado por d/L' correspondiente es $d^2 u_m/(L'\nu) \simeq 0{,}108$, lo cual justifica el uso de (4.314).

$D_{K^+} = 2 \times 10^{-9}$ m^2/s.[24] Todas las magnitudes geométricas y de flujo se corresponden con un dispositivo experimental real para estudiar la difusioforesis en microcanales desarrollado por uno de los autores.

Tomando $D = D_{K^+}$, el número de Sherwood (4.317) utilizado en el modelo simplificado (4.316) vale, aproximadamente, $330{,}3$, lo cual justifica el uso de la solución asintótica desarrollada más arriba en §4.3.6, con $\epsilon = \mathrm{Sh}^{-1} \simeq 0{,}003$.

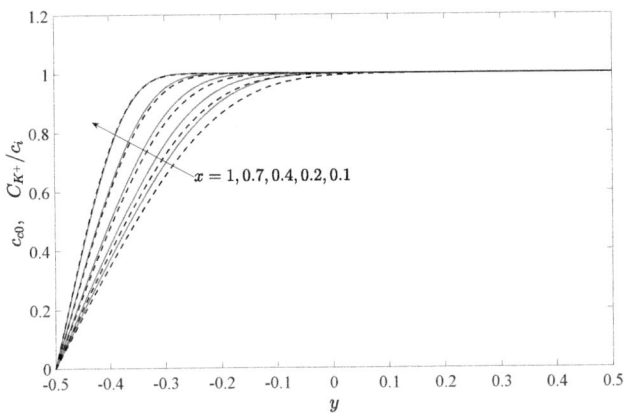

Figura 4.27: Comparación de los perfiles de concentración obtenidos numéricamente (líneas discontinuas negras) y analíticamente (líneas rojas continuas) en varias secciones x del canal, correspondientes a las soluciones representadas en la Fig. 4.26.

La figura 4.26 muestra la solución numérica adimensional para los isocontornos de la concentración de los iones K$^+$ [subfigura (b)], junto con los de la solución analítica de orden cero (4.335) para $\epsilon = 0{,}03$ [subfigura (a)]. Se observa que son muy parecidos, especialmente cerca de $x = 0$. Una comparación más cuantitativa de los perfiles de concentración adimensionales obtenidos numérica y analíticamente en distintas secciones del canal se realiza en la Fig. 4.27, donde se aprecia que son prácticamente idénticos para x pequeño, creciendo la discrepancia a medida que la corriente se acerca a la salida ($x = 1$).[25] En cualquier caso, es sorprendente lo bien que predice la solución analítica los resultados numéricos, teniendo en cuenta que no solo es la aproximación de orden cero en el parámetro $\epsilon = \mathrm{Sh}^1 \ll 1$ de la solución del modelo (4.316), sino que, además, las cinco EDPs que se resuelven numéricamente son todas ellas bastante más complejas que la única EDP del modelo (4.316). Para hacerse una idea, se escriben a continuación las ecuaciones (dimensionales) que se resuel-

---

[24]Los restantes coeficientes de difusión son: $D_{H^+} = 9{,}3 \times 10^{-9}$ m^2/s, $D_{Cl^-} = 2 \times 10^{-9}$ m^2/s y $D_{OH^-} = 5{,}27 \times 10^{-9}$ m^2/s.

[25]Se puede comprobar que si se incluye el siguiente término de la expansión asintótica, la solución analítica para este valor de ϵ prácticamente coincide con la numérica para todos los valores de x. Pero, como se dijo más arriba, la obtención de la solución en el siguiente orden de la expansión asintótica se deja como ejercicio para el lector (ejercicio 7 en §4.3.8).

ven numéricamente para la concentración c_{K^+} y el potencial ψ:[26]

$$\frac{\partial c_{K^+}}{\partial t} = -\boldsymbol{\nabla} \cdot \left(-D_{K^+}\boldsymbol{\nabla} c_{K^+} - \frac{FD_{K^+}}{RT}c_{K^+}\boldsymbol{\nabla}\psi + c_{K^+}\mathbf{u} \right) , \qquad (4.336)$$

$$-\varepsilon\nabla^2\psi = F\left(c_{K^+} - c_{Cl^-} + c_{H^+} - c_{OH^-} \right) ,$$

donde $\boldsymbol{\nabla} = (\partial/\partial x)\mathbf{e}_x + (\partial/\partial y)\mathbf{e}_y$ en este problema bidimensional, $\mathbf{u} = u\mathbf{e}_x$, con u dado por (4.314), F es la constante de Faraday, R la constante universal de los gases, T la temperatura absoluta y ε la constante dieléctrica del medio. Si se compara (4.336) con el modelo (4.313), además de la difusión en la dirección y, se tiene en cuenta la difusión en la dirección x y una difusión asociada al campo eléctrico creado por los iones, que depende de la distribución de concentración de todos los iones.

4.3.7.   Una ecuación elíptica no lineal

Se considera ahora la EDP elíptica casi lineal

$$\epsilon(u_{xx} + u_{yy}) + uu_x + u^2 = 1 , \quad 0 < \epsilon \ll 1 , \qquad (4.337)$$

definida en el semicírculo de radio unidad (ver Fig. 4.28)

$$0 \leq x \leq \sqrt{1 - y^2} , \quad -1 \leq y \leq 1 , \qquad (4.338)$$

con condición de contorno $u = a$ en el contorno del semicírculo, $x = 0$ y $x = \sqrt{1 - y^2}$, siendo a una constante.

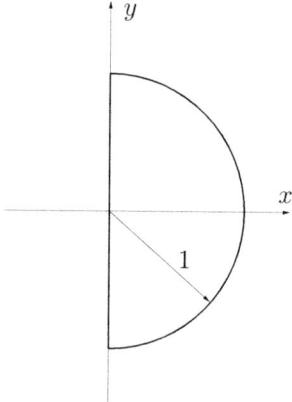

Figura 4.28: Dominio de la ecuación (4.337).

---

[26]Para las tres ecuaciones restantes, similares a (4.336) pero para c_{Cl^-}, c_{H^+} y c_{OH^-}, y para las condiciones de contorno ver, por ejemplo, Lee y cols. (2018).

4.3.7.1. Solución exterior

Si se expande u en potencias de ϵ, $u = u_0 + \epsilon u_1 + \ldots$, y se sustituye (4.337), en el orden más bajo se tiene la EDP de primer orden

$$O(1): \qquad u_0 \frac{\partial u_0}{\partial x} + u_0^2 = 1 \,, \qquad\qquad (4.339)$$

cuya solución general se puede escribir como

$$u_0^2 = 1 + K(y)e^{-2x} \,, \qquad\qquad (4.340)$$

siendo $K(y)$ una función arbitraria de y. Como se verá a continuación, el signo de la raíz cuadrada para determinar u_0 depende del signo de la condición de contorno a.

Está claro que (4.340) no puede satisfacer las condiciones de contorno $u = a$ en $x = 0$ y en $x = \sqrt{1 - y^2}$ simultáneamente, salvo que $|a|$ fuese la unidad, en cuyo caso, haciendo $K = 0$, se tendría $u_0 = \pm 1$, que son dos soluciones exactas de la ecuación completa (4.337). Para $|a| \neq 1$ debe existir al menos una capa límite en $x = 0$ o en $x = \sqrt{1 - y^2}$, o quizás en ambos contornos. Para averiguar dónde se encuentra para cada valor de a se consideran las distintas posibilidades.

Si se supone que (4.340) satisface la condición de contorno en $x = \sqrt{1 - y^2}$, se tiene que $K(y) = (a^2 - 1)e^{2\sqrt{1-y^2}}$, y la solución exterior de orden cero queda

$$u_0 = \pm\sqrt{1 + (a^2 - 1)e^{2(\sqrt{1-y^2}-x)}} \,, \qquad\qquad (4.341)$$

con el signo '+' para $a > 0$ y el '−' para $a < 0$. Esta solución no vale para $a^2 < 1$, es decir, para a en el intervalo $(-1, 1)$, pues la raíz cuadrada no sería real en algún rango de x, dependiendo del valor de y. Por tanto, no se puede satisfacer la condición de contorno en $x = \sqrt{1 - y^2}$ como se ha supuesto, y debe existir una capa límite en su entorno. En cambio, para $a^2 > 1$, la solución externa (4.341) sí que es válida y cumple la condición de contorno en $x = \sqrt{1 - y^2}$. En el otro contorno $x = 0$ vale

$$u_0(0, y) = \pm\sqrt{1 + (a^2 - 1)e^{2\sqrt{1-y^2}}} \,, \qquad\qquad (4.342)$$

que no cumple la condición de contorno $u_0(0, y) = a$, salvo en los puntos extremos $y = \pm 1$. Debe existir por tanto una capa límite en el entorno de $x = 0$ cuya solución interior debe acoplar asintóticamente con (4.342).

Si se permite que u_0 cumpla la condición de contorno en $x = 0$, se obtiene $K = a^2 - 1$ y la solución exterior de orden cero queda

$$u_0 = \pm\sqrt{1 + (a^2 - 1)e^{-2x}} \,, \qquad\qquad (4.343)$$

con el signo '+' para $a > 0$ y el '−' para $a < 0$. A diferencia de (4.341), esta solución es válida en principio para cualquier valor de a. En el otro contorno, $x = \sqrt{1 - y^2}$, vale

$$u_0(\sqrt{1 - y^2}, y) = \pm\sqrt{1 + (a^2 - 1)e^{-2\sqrt{1-y^2}}} \,. \qquad\qquad (4.344)$$

Luego, salvo para $y = \pm 1$, no satisface la condición de contorno $u_0(\sqrt{1 - y^2}, y) = a$, siendo necesario acoplarla asintóticamente con una solución interior de una posible capa límite en el entorno de $x = \sqrt{1 - y^2}$. Se verá a continuación que la solución interior en esta capa límite solo puede acoplar con (4.344) si $|a| < 1$, cerrando así las posibles soluciones asintóticas para todo valor de a.

4.3.7.2. Solución interior

Para analizar las dos posibles capas límites en los entornos de $x = 0$ y de $x = \sqrt{1 - y^2}$ se definen las variables interiores

$$X = \frac{x - x_0(y)}{\epsilon}, \qquad U(X, y) = u(x, y), \tag{4.345}$$

con

$$x_0(y) = 0 \qquad \text{o} \qquad x_0(y) = \sqrt{1 - y^2} \tag{4.346}$$

dependiendo de la capa límite que se esté considerando. Con estas variables, la ecuación (4.337) se escribe, tras multiplicarla por ϵ,

$$[1 + x_0'(y)^2]\frac{\partial^2 U}{\partial X^2} - 2\epsilon x_0'(y)\frac{\partial^2 U}{\partial X \partial y} - \epsilon x_0''(y)\frac{\partial U}{\partial X} + \epsilon^2 \frac{\partial^2 U}{\partial y^2} + U\frac{\partial U}{\partial X} + \epsilon U = \epsilon. \tag{4.347}$$

Expandiendo U en potencias de ϵ, $U = U_0 + \epsilon U_1 + \ldots$, y sustituyendo en (4.347), en el orden más bajo se obtiene la ecuación

$$O(1): \qquad (1 + x_0'^2)\frac{\partial^2 U_0}{\partial X^2} + U_0 \frac{\partial U_0}{\partial X} = 0. \tag{4.348}$$

Llamando $V = \partial U_0 / \partial X$ y utilizando U_0 como variable independiente, esta ecuación se reduce a una de primer orden (la ecuación es invariante frente a una traslación de X, ver §2.3.2.3)

$$(1 + x_0'^2)\frac{\partial V}{\partial U_0} + U_0 = 0. \tag{4.349}$$

Su solución general es

$$V = \frac{\partial U_0}{\partial X} = C_1(y) - \frac{U_0^2}{2[1 + x_0'(y)^2]}, \tag{4.350}$$

siendo $C_1(y)$ una función arbitraria. Esta función tiene que ser tal que permita el acoplamiento asintótico con la solución exterior cuando $X \to \pm\infty$, dependiendo de qué capa límite se esté considerando (signo positivo para $x_0 = 0$ y negativo para $x_0 = \sqrt{1 - y^2}$), donde necesariamente $\partial U_0 / \partial X \to 0$ en ambos casos. Es decir,

$$C_1(y) = \frac{U_0^2(\infty, y)}{2[1 + x_0'(y)^2]}, \tag{4.351}$$

tanto para $x_0 = 0$ como para $x_0 = \sqrt{1 - y^2}$, donde $U_o(\infty, y)$ es el valor de la correspondiente solución exterior u_0 en el contorno donde no es igual a a (no satisface la condición de contorno).

En la capa límite en el entorno de $x_0 = 0$, $U_0(\infty, y)$ viene dado por (4.342) y

$$C_1(y) = \frac{1}{2}\left[1 + (a^2 - 1)e^{2\sqrt{1-y^2}}\right] , \quad \text{para} \quad x_0 = 0 . \tag{4.352}$$

En la otra capa límite, si se satisface la condición de contorno en $x = 0$, U_0 viene dado por (4.344) y, teniendo en cuenta que

$$2(1 + x_0'^2) = \frac{2}{1 - y^2} \quad \text{para} \quad x_0 = \sqrt{1 - y^2},$$

C_1 vale

$$C_1(y) = \frac{1 - y^2}{2}\left[1 + (a^2 - 1)e^{-2\sqrt{1-y^2}}\right] . \tag{4.353}$$

Una vez que se tiene V y C_1, U_0 se obtiene integrando (4.350):

$$U_0(X, y) = \sqrt{2(1 + x_0'^2)C_1(y)} \tanh\left[\sqrt{\frac{C_1(y)}{2(1 + x_0'^2)}}(X + C_2(y))\right] , \tag{4.354}$$

donde la nueva función arbitraria de integración $C_2(y)$ se calcula haciendo $U_0 = a$ para $X = 0$ en ambas capas límites,

$$C_2(y) = \sqrt{\frac{2(1 + x_0'^2)}{C_1(y)}} \operatorname{arctanh}\left[\frac{a}{\sqrt{2(1 + x_0'^2)C_1(y)}}\right] . \tag{4.355}$$

Para que esta solución sea válida, el módulo del argumento de la función $\operatorname{arctanh}$ en (4.355) tiene que ser menor o igual que la unidad. Para el caso en el que la capa límite está en $x_0 = 0$, tomando C_1 de (4.352), la condición

$$\left|\frac{a}{\left[1 + (a^2 - 1)e^{2\sqrt{1-y^2}}\right]^{1/2}}\right| \leq 1 \tag{4.356}$$

para $0 \leq y \leq 1$ implica que $|a| > 1$, lo cual está en consonancia con la validez de la solución exterior (4.341) que cumple la condición de contorno en $x = \sqrt{1 - y^2}$. Además, el valor de esta solución exterior en $x = 0$ es (4.342), que se ha usado para obtener el correspondiente valor de C_1. Por otro lado, en el caso con C_1 dado por (4.353) para una capa límite en $x_0 = \sqrt{1 - y^2}$, la condición

$$\left|\frac{a}{\left[1 + (a^2 - 1)e^{-2\sqrt{1-y^2}}\right]^{1/2}}\right| \leq 1 \tag{4.357}$$

para $0 \leq y \leq 1$ se satisface si $|a| < 1$, lo cual está también de acuerdo con la validez de la solución exterior (4.343) que cumple la condición de contorno en $x = 0$ y vale (4.344) en $x = \sqrt{1-y^2}$, de donde se ha obtenido C_1.

4.3.7.3. Solución compuesta

De acuerdo con el análisis anterior, se tienen dos soluciones asintóticas distintas dependiendo del valor de a.

A. Para $|a| < 1$, existe una capa límite en $x = \sqrt{1-y^2}$. Utilizando (4.343)-(4.344) como solución exterior y (4.353)-(4.354) como solución interior, la solución compuesta es, en primera aproximación,

$$u_c(x,y) = u_0(x,y) + U_0(X,y) - u_0(\sqrt{1-y^2},y) + O(\epsilon) =$$

$$= \pm\sqrt{1 + (a^2-1)e^{-2x}}$$

$$\pm f_A(y;a) \left\{ \tanh\left[\left(\frac{x - \sqrt{1-y^2}}{\epsilon} + C_{2A}(y;a) \right) \frac{1-y^2}{2} f_A(y;a) \right] - 1 \right\} + O(\epsilon),$$
(4.358)

con

$$f_A(y;a) = \pm\sqrt{1 + (a^2-1)e^{-2\sqrt{1-y^2}}}, \quad C_{2A}(y;a) = \frac{2}{(1-y^2)f_A} \operatorname{arctanh}\left(\frac{a}{f_A}\right),$$
(4.359)

y con el signo superior para $a > 0$ y el inferior para $a < 0$. Obsérvese que $f_A(y;a) = u_0(\sqrt{1-y^2},y)$.

B. Para $|a| > 1$, la capa límite está en $x = 0$. Haciendo uso de (4.341)-(4.342), (4.352) y (4.354), la solución compuesta en primera aproximación se escribe

$$u_c(x,y) = u_0(x,y) + U_0(X,y) - u_0(0,y) + O(\epsilon) =$$

$$= \pm\sqrt{1 + (a^2-1)e^{2(\sqrt{1-y^2}-x)}}$$

$$\pm f_B(y;a) \left\{ \tanh\left[\left(\frac{x}{\epsilon} + C_{2B}(y;a) \right) \frac{f_B(y;a)}{2} \right] - 1 \right\} + O(\epsilon),$$
(4.360)

con

$$f_B(y;a) = u_0(0,y) = \pm\sqrt{1 + (a^2-1)e^{2\sqrt{1-y^2}}},$$

$$C_{2B}(y;a) = \pm\frac{2}{f_B} \operatorname{arctanh}\left(\frac{a}{f_B}\right),$$
(4.361)

y con el signo '+' para $a > 0$ y el '−' para $a < 0$.

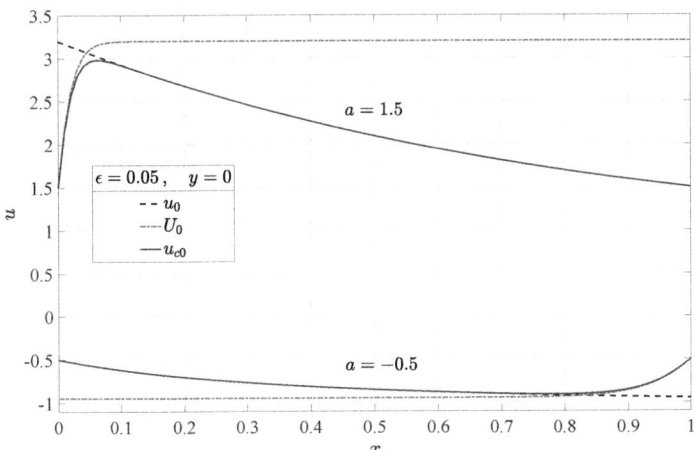

Figura 4.29: Soluciones asintóticas con $\epsilon = 0{,}05$ en el eje $y = 0$ para $a = 1{,}5$, con capa límite en $x = 0$ dada por (4.360)-(4.361), y para $a = -0{,}5$, con capa límite en $x = \sqrt{1 - y^2} = 1$ dada por (4.358)-(4.359). u_{c0} es la solución asintótica compuesta de orden cero,

Para $|a| = 1$, la solución es exacta y trivial: $u = a = \pm 1$, sin capas límites.

Las dos capas límites convergen a medida que $y \to \pm 1$, pero la solución exterior de orden cero es válida y cumple ambas condiciones de contorno para $y \to \pm 1$.

La figura 4.29 muestra, para $\epsilon = 0{,}05$, las soluciones de orden cero exterior, interior y compuesta para $a = 1{,}5$, con la capa límite en $x_0 = 0$, y para $a = -0{,}5$, con la capa límite en $x_0 = \sqrt{1 - y^2}$, ambas dibujadas para $y = 0, 0 \le x \le 1$.

4.3.7.4. Comparación con la solución numérica

La figura 4.30 muestra una visualización de las soluciones numéricas de la ecuación (4.337) con las mismas condiciones de contorno usadas en la Fig. 4.29, $a = 1{,}5$ y $a = -0{,}5$, y el mismo valor $\epsilon = 0{,}05$. Se han obtenido mediante el paquete de 'EDPs formuladas mediante coeficientes' del software COMSOL Multiphysics (v: 6.2), donde se implementa la EDP (4.337) en el semicírculo $(0 \le x \le \sqrt{1 - y^2}, -1 \le y \le 1)$. Se ha utilizado la opción de mallado 'extremadamente fino' para buscar la solución estacionaria partiendo de una condición inicial con $u = u_t = 0$.

Se observa claramente la capa límite (gradiente acusado de u) en $x = 0$ del caso con $a = 1{,}5$, y la capa límite en la parte semicircular $x = \sqrt{1 - y^2}$ del caso $a = -0{,}5$. En ambos casos las capas límites se *difuminan* cuando y tiende a ± 1, como predice la solución asintótica de orden cero.

Estas soluciones numéricas se comparan con las asintóticas compuestas de orden cero en la Fig. 4.31. En particular, se comparan los perfiles de u a lo largo de la coordenada x para tres valores de y: el eje $y = 0$, que es el usado en las soluciones asintóticas de la Fig.

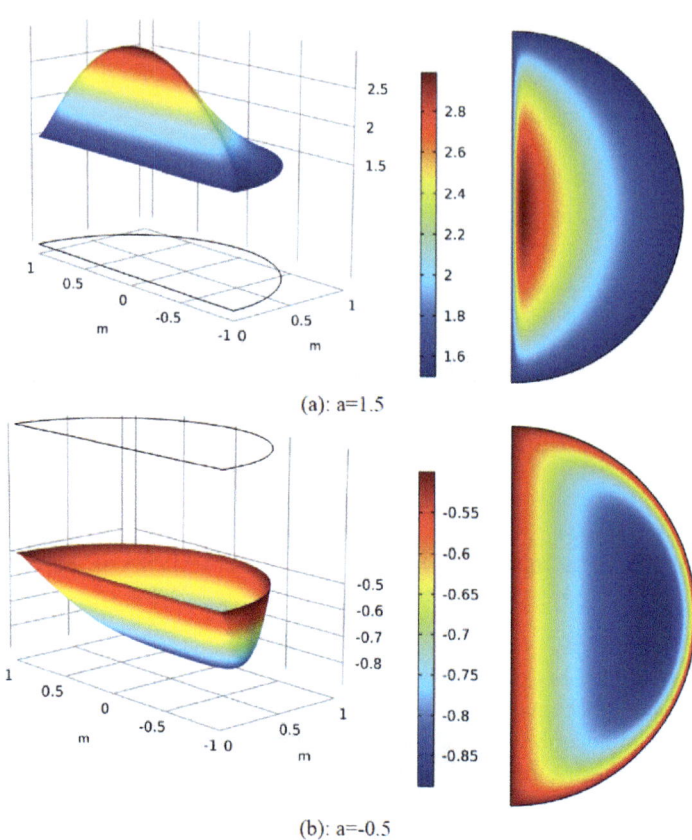

(a): a=1.5

(b): a=-0.5

Figura 4.30: Representación gráfica mediante isocontornos 2D y 3D de las soluciones numéricas $u(x, y)$ de la ecuación (4.337) obtenidas para $\epsilon = 0,05$ en dos casos: $a = 1,5$ (a) y $a = -0,5$ (b).

4.29, $y = 0,5$ e $y = 0,75$. Se observa que para este valor de ϵ la solución asintótica de orden cero prácticamente coincide con la numérica para $a = 1,5$, pero las discrepancias son apreciablemente mayores para $a = -0,5$. Esto se debe, principalmente, a la diferencia en la variación de u, pues para $a = -0,5$ el rango de la variable u es mucho menor que para $a = 1,5$ (se aprecia mejor en la Fig. 4.29), lo cual hace que la capa límite se difumine más, aparte de aumentar el error relativo para un mismo ϵ. Este efecto se observa también a medida que aumenta y para el caso de $a = 1,5$. Como se ha comentado antes en relación a la solución numérica de la Fig. 4.30, las capas límites se van difuminando para $y \rightarrow \pm 1$ y la aproximación asintótica se va haciendo menos precisa a medida que $|y|$ crece.

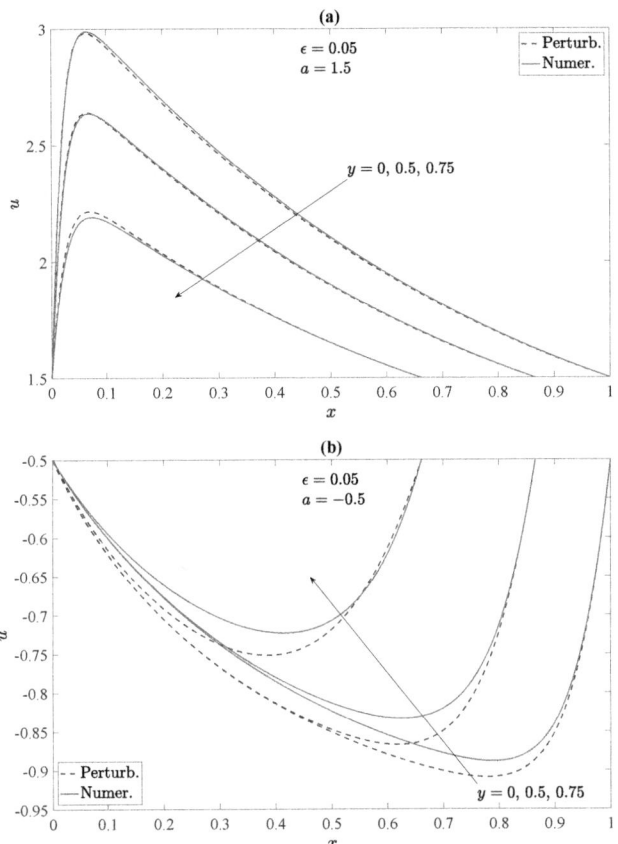

Figura 4.31: Comparación entre las soluciones numéricas (líneas continuas) y las asintóticas compuestas de orden cero u_{c0} (líneas discontinuas) para $\epsilon = 0,05$ y dos valores de a, $1,5$ (a) y $-0,5$ (b). Se representan tres secciones de la soluciones numéricas mostradas en la Fig. 4.30, para $y = 0$, $y = 0,5$ e $y = 0,75$, y las correspondientes soluciones asintóticas.

4.3.8. Ejercicios propuestos

1. Hallar por el método de los desarrollos asintóticos acoplados los dos primeros términos de la expansión compuesta del siguiente problema que contiene el parámetro pequeño $\epsilon \ll 1$:

$$\epsilon y'' - y = -1, \quad 0 < x < 1, \qquad y(0) = 0, \quad y(1) = 0.$$

Para tener una idea previa de la situación de la capa (o capas) límite(s), hallar previamente la solución exacta. Comparar la solución asintótica con la exacta.

2. Obtener el siguiente orden $[O(\epsilon)]$ de la solución exterior, de las dos soluciones interiores de capa límite y de la solución compuesta del problema (4.214) considerado en §4.3.2. Comparar las nuevas soluciones asíntóticas obtenidas con la numérica del problema (representada en Fig. 4.15 para $\epsilon = 0,05$).

3. Demostrar que para $0 < \epsilon \ll 1$ el siguiente problema gobernado por una EDO lineal de segundo orden tiene una capa interna en $x = 0$:

$$\epsilon y'' + xy' + xy = 0\,, \quad -1 \le x \le 1\,, \quad y(-1) = e\,, \quad y(1) = 2e^{-1}\,.$$

Hallar la solución por el método de los desarrollos asintóticos acoplados hasta $O(\epsilon^2)$ y comparar con la solución numérica.

4. Resolver mediante el método de los desarrollos asintóticos acoplados el siguiente problema gobernado por una EDO de segundo orden no lineal:

$$\epsilon y'' + (1+x)^2 y' - y^2 = 0\,, \quad 0 \le x \le 1\,, \quad 0 < \epsilon \ll 1\,,$$

$$y(0) = 2\,, \quad y(1) = 2 + 4\epsilon\,.$$

Hallar los dos primeros términos de la expansión asintótica de la solución exterior, de la solución interior y de la solución compuesta.

Comparar con la solución numérica del problema para $\epsilon = 0,1$.

5. Obtener mediante el método de los desarrollos asintóticos acoplados dos términos de la solución asintótica del siguiente problema gobernado por una EDO de segundo orden no lineal:

$$\epsilon y'' + y' - 2xe^{-y} = 0\,, \quad 0 \le x \le 1\,, \quad 0 < \epsilon \ll 1\,,$$

$$y(0) = 0\,, \quad y(1) = 1\,.$$

Comparar con la solución numérica del problema.

6. Hallar mediante el método de los desarrollos asintóticos acoplados el orden más bajo en el parámetro pequeño ϵ de la solución exterior, interior y compuesta de los siguientes problemas gobernados por una EDO lineal de segundo orden:

   a)
   $$\epsilon y'' + xy' + y = 0\,, \quad -4 \le x \le -2\,, \quad y(-4) = 1\,, \quad y(-2) = 0\,;$$

   b)
   $$\epsilon y'' + y' + \frac{y}{x+1} = 2\,, \quad 0 \le x \le 1\,, \quad y(0) = 0\,, \quad y(1) = 3\,;$$

   c)
   $$\epsilon y'' - y' + \frac{y}{x+1} = 2\,, \quad 0 \le x \le 1\,, \quad y(0) = 0\,, \quad y(1) = 3\,.$$

Comparar con las soluciones numéricas (o analíticas, en su caso).

7. Obtener la siguiente corrección (C_1) de la solución asintótica (4.327) para la difusión/convección de iones en difusioforesis. Para ello es preferible utilizar la variable independiente $X = \epsilon x$ y expandir en potencias de X la función $C(X, \zeta)$. Comparar la solución analítica que incluye esta nueva corrección con los resultados numéricos de la Fig. 4.26, donde $\epsilon = 0{,}003$.

8. Obtener por perturbaciones la solución en forma de onda viajera en la variable de semejanza $\zeta = x - ct$ de la ecuación

$$u_t = u_{xx} + u^{k+1}(1 - u^k)$$

con $k > 0$, utilizando $\epsilon = c^{-p}$, $p > 0$, como parámetro pequeño, determinando primero el valor de la potencia p.

Hallar los dos primeros términos de la expansión asintótica y compararlos con la solución exacta obtenida en el ejercicio 5 de §2.4.6.

9. La distribución de temperatura estacionaria $T(x, y)$ en el movimiento uniforme de un fluido entre dos placas viene dada, en forma adimensional, por la ecuación y condiciones de contorno

$$Pe\frac{\partial T}{\partial x} = \epsilon\frac{\partial^2 T}{\partial x^2} + \frac{\partial^2 T}{\partial y^2}\,,$$

$$T(x,0) = T(x,1) = 0\,, \quad T(0,y) = 0\,, \quad T(1,y) = 1\,,$$

donde $Pe = UH^2/(\alpha L)$ es el número de Péclet (reducido), siendo U la velocidad (constante) en la dirección x, H y L la anchura y longitud del canal, respectivamente, α la difusividad térmica del fluido, mientras que $\epsilon = H^2/L^2$. La temperatura se ha adimensionalizado como $T \leftarrow (T-T_s)/(T_e-T_s)$, donde T_e y T_s son las temperaturas a la entrada y a la salida, respectivamente, y se ha supuesto que la temperatura de las placas es la de salida.

Suponiendo que $0 < \epsilon \ll 1$, hallar la solución aproximada del problema en el orden más bajo en ϵ mediante el método de los desarrollos asintóticos acoplados.

10. Hallar por el método de perturbaciones la solución $y(t)$ en potencias del parámetro pequeño ϵ del siguiente problema adimensional que describe un sistema mecánico oscilatorio amortiguado:

$$\frac{d^2y}{dt^2} + y + \epsilon\left(\frac{dy}{dt}\right)^2 = 1\,, \quad t \geq 0\,, \quad 0 < \epsilon \ll 1\,,$$

$$y = 0\,, \quad \frac{dy}{dt} = 0 \quad \text{en} \quad t = 0\,.$$

Comprobar que la solución no vale para todo tiempo t y hallar una solución asintótica válida para todo t por el método de los desarrollos asintóticos acoplados.

11. Para obtener la estructura de una llama premezclada en su formulación más simple posible hay que resolver el problema adimensional siguiente gobernado por una EDO de segundo orden (ver Liñán y Williams, 1993, cap. 2):

$$\frac{d^2y}{dx^2} - \frac{dy}{dx} = \Lambda y^n e^{-\beta y/(1-\alpha y)}, \quad -\infty < x < \infty,$$

$$y(-\infty) = y_0, \quad y(\infty) = 0,$$

donde y es la fracción másica del combustible, x la coordenada espacial adimensional a través de la llama (la llama es plana en esta aproximación), $\beta = E(T_\infty - T_0)/(RT_\infty^2)$ es el número de Zeldovich, siendo E la energía de activación de la reacción química, R la constante universal de los gases, y T_0 y T_∞ las temperaturas inicial y final de la llama, n es el orden de la reacción química y $\alpha = (T_\infty - T_0)/T_\infty$. Λ es una constante adimensional relacionada con la velocidad de quemado del combustible, que es desconocida y, por tanto, Λ es un autovalor del problema que debe ser determinado junto con la solución $y(x)$.

Resolver este problema en el límite en el que $\epsilon \equiv \beta^{-1} \ll 1$, es decir, en el límite en el que la energía de activación es muy grande, utilizando el método de los desarrollos asintóticos acoplados. Para ello se debe expandir tanto la variable dependiente y como el autovalor Λ en potencias de ϵ, escalando apropiadamente ambos, así como la variable independiente x, en la *capa interna* que aparece en la solución asintótica, que por simplicidad se toma en $x = 0$ (ver §4.3.3).

4.4. PERTURBACIONES SINGULARES: MÉTODO DE LAS ESCALAS MÚLTIPLES

4.4.1. Ecuación de Duffing

Para introducir el método de las escalas múltiples se comienza con un ejemplo clásico que combina de la forma más simple posible dos de las principales fuentes físicas que originan diferentes escalas temporales en un sistema mecánico oscilatorio: una ligera amortiguación y una fuerza de restauración débilmente no lineal. Se trata de la ecuación de Duffing referida al sistema mecánico de una masa puntual que se mueve unidireccionalmente sometida a la acción de un muelle y un amortiguador. Si y es el desplazamiento adimensional en torno a la posición de equilibrio $y = 0$ y t es el tiempo adimensional, ambas variables adimensionalizadas con la masa, la velocidad inicial y la constante lineal del muelle, la ecuación y condiciones iniciales que gobiernan $y(t)$ se pueden escribir como

$$\frac{d^2y}{dt^2} + y + \epsilon \frac{dy}{dt} + a\epsilon y^3 = 0, \quad t \geq 0, \quad 0 < \epsilon \ll 1, \tag{4.362}$$

$$y(0) = 0, \quad \left.\frac{dy}{dt}\right|_{t=0} = 1. \tag{4.363}$$

En esta aproximación de Duffing, la fuerza restauradora adimensional del muelle, $y + a\epsilon y^3$, contiene un término débilmente no lineal (cúbico), siendo el parámetro pequeño ϵ la constante de amortiguación adimensional, en el supuesto (por simplicidad) de que las constantes del amortiguador lineal y de la restauración no lineal del muelle son del mismo orden, relacionadas por la constante de orden unidad a. Esta ecuación no lineal, que en general podría incluir también en el lado derecho un término de excitación mediante una función $u(t)$, tiene interés para modelar otros muchos problemas no mecánicos, sirviendo además como modelo simple para analizar los comportamientos caóticos de algunos sistemas dinámicos.[27]

Para resolver el problema por perturbaciones aprovechando la pequeñez del parámetro ϵ, se introduce la expansión asintótica

$$y(t; \epsilon) = y_0(t) + \epsilon y_1(t) + \dots \tag{4.364}$$

en (4.362)-(4.363),

$$y_0'' + \epsilon y_1'' + \dots + y_0 + \epsilon y_1 + \dots + \epsilon(y_0' + \dots) + a\epsilon(y_0^3 + \dots) = 0, \tag{4.365}$$

$$y_0(0) + \epsilon y_1(0) + \dots = 0, \quad y_0'(0) + \epsilon y_1'(0) + \dots = 1, \tag{4.366}$$

donde se han utilizado primas para las derivadas para simplificar la notación. En el orden más bajo se tiene

$$O(1): \quad y_0'' + y_0 = 0, \quad y_0(0) = 0, \quad y_0'(0) = 1. \tag{4.367}$$

La solución general de la ecuación se puede escribir como

$$y_0(t) = c_0 e^{it} + c_0^* e^{-it}, \tag{4.368}$$

donde c_0 es una constante compleja arbitraria y c_0^* su compleja conjugada. Como $y_0' = ic_0 e^{it} - ic_0^* e^{-it}$, de las condiciones de contorno se tiene

$$c_0 + c_0^* = 0, \quad ic_0 - ic_0^* = 1, \quad c_0 = -\frac{i}{2}, \quad c_0^* = \frac{i}{2},$$

de donde

$$y_0(t) = \frac{i}{2}\left(e^{-it} - e^{it}\right) = \operatorname{sen} t. \tag{4.369}$$

En el orden siguiente de (4.365)-(4.366),

$$O(\epsilon): \quad y_1'' + y_1 = -y_0' - a\,y_0^3 = -\frac{1}{2}\left(e^{-it} + e^{it}\right) + a\,\frac{i}{8}\left(e^{-it} - e^{it}\right)^3, \tag{4.370}$$

$$y_1(0) = y_1'(0) = 0. \tag{4.371}$$

La solución general de la ecuación es

$$y_1(t) = c_1 e^{it} + c_1^* e^{-it} + y_{1p}(t), \tag{4.372}$$

---

[27]Ver, por ejemplo, Guckenheimer y Holmes (1983), §2.2.

donde c_1 es una constante compleja arbitraria e y_{1p} es una solución particular. Para hallar esta última se desarrolla el segundo miembro de (4.370),

$$-\frac{1}{2}\left(e^{-it}+e^{it}\right)+a\,\frac{i}{8}\left(e^{-it}-e^{it}\right)^3 = -\frac{1}{2}\left(e^{-it}+e^{it}\right)+a\,\frac{i}{8}\left(e^{-3it}-3e^{-it}+3e^{it}-e^{3it}\right)$$

$$= -\frac{1}{2}\left(1+\frac{3}{4}ai\right)e^{-it}-\frac{1}{2}\left(1-\frac{3}{4}ai\right)e^{it}+a\frac{i}{8}e^{-3it}-a\frac{i}{8}e^{3it}. \tag{4.373}$$

Por lo tanto, la solución particular debe ser de la forma

$$y_{1p} = Ate^{it}+A^*te^{-it}+Be^{3it}+B^*e^{-3it},$$

donde las constantes complejas A y B se determinan por sustitución en la ecuación (4.370):

$$y'_{1p} = A(1+it)e^{it}+A^*(1-it)e^{-it}+3Bie^{3it}-3B^*ie^{-3it},$$

$$y''_{1p} = A(2i-t)e^{it}-A^*(2i+t)e^{-it}-9Be^{3it}-9B^*e^{-3it},$$

$$y''_{1p}+y_{1p} = 2Aie^{it}-2A^*ie^{-it}-8Be^{3it}-8B^*e^{-3it}; \tag{4.374}$$

comparando (4.373) y (4.374), se obtiene

$$A = \frac{1}{4}\left(\frac{3}{4}a+i\right),\quad B = \frac{a}{64}\,i,$$

quedando la solución para y_1

$$y_1(t) = c_1e^{it}+c_1^*e^{-it}+\frac{1}{4}\left(\frac{3}{4}a+i\right)te^{it}+\frac{1}{4}\left(\frac{3}{4}a-i\right)te^{-it}+\frac{a}{64}ie^{3it}-\frac{a}{64}ie^{-3it}. \tag{4.375}$$

Para que esta solución cumpla las condiciones de contorno, se tiene que $c_1 = 9ai/64$, así que la solución, ya escrita en forma real, es

$$y_1(t) = -\frac{1}{2}t\,\mathrm{sen}\,t+a\left(-\frac{9}{32}\,\mathrm{sen}\,t+\frac{3}{8}t\cos t-\frac{1}{32}\,\mathrm{sen}(3t)\right). \tag{4.376}$$

La solución hasta $O(\epsilon)$ es entonces

$$y(t;\epsilon) = \mathrm{sen}\,t+\epsilon\left[-\frac{1}{2}t\,\mathrm{sen}\,t+a\left(-\frac{9}{32}\,\mathrm{sen}\,t+\frac{3}{8}t\cos t-\frac{1}{32}\,\mathrm{sen}(3t)\right)\right]+O(\epsilon^2). \tag{4.377}$$

    La comparación de esta solución asintótica con la solución numérica de la ecuación de Duffing (4.362) se presenta en la Fig. 4.32. Se observa que la solución asintótica de orden más bajo (4.369) es una aproximación razonable de la solución numérica durante el primer ciclo de la oscilación. La solución hasta $O(\epsilon)$ (4.377) corrige en los siguientes ciclos esta desviación de la solución de orden unidad y es una buena aproximación de la solución numérica, pero

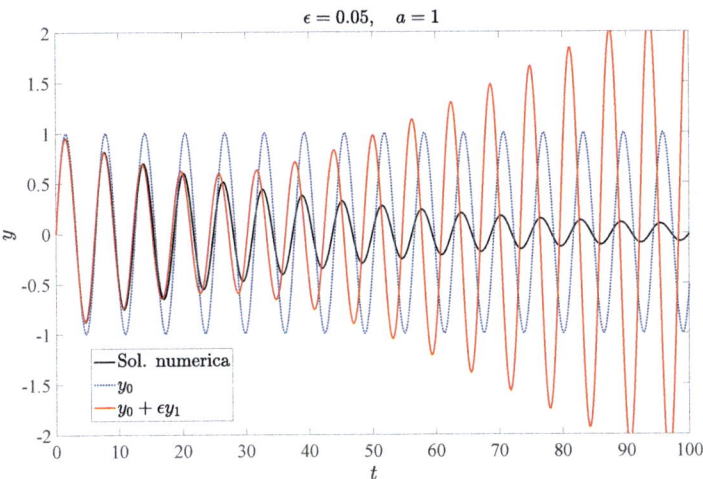

Figura 4.32: Comparación entre la solución numérica de la ecuación de Duffing (4.362) con las asintóticas (4.369) y (4.377) para $\epsilon = 0{,}05$ y $a = 1$.

solo hasta $t \sim 25$. Posteriormente, la amplitud de las oscilaciones de la solución asintótica empieza a crecer, alejándose de forma ostensible de la solución numérica, cuyas oscilaciones se van amortiguando, como era de esperar debido al término amortiguador de la ecuación [tercer término en (4.362)]. Este comportamiento anómalo de la primera corrección de la solución asintótica, que irá empeorando en los siguientes órdenes de la expansión, se debe a los términos que tienen el factor t en (4.377), denominados términos *seculares* por lo que se verá a continuación. Proceden tanto del término amortiguador de la ecuación como del no lineal [de este último proceden los términos multiplicados por a en la solución (4.377)]. Como consecuencia de estos términos, la expansión (4.377) se hace singular pues, como se discutió en §4.1.1, una expansión asintótica deja de ser regular cuando el orden ϵ de la expansión se hace del mismo orden que la solución de orden más bajo [ver (4.6)]. En la expansión (4.377) esta circunstancia ocurre cuando

$$1 \sim \epsilon t \qquad \text{o} \qquad t \sim \epsilon^{-1}.$$

Esto explica que la expansión asintótica en la Fig. 4.32 deje de ser una buena aproximación para $t \gtrsim \epsilon^{-1} = 20$. Como $\epsilon^{-1} \gg 1$, esta situación se va a dar, en problemas de evolución temporal como el presente, después de un tiempo muy grande comparado con el tiempo característico del problema, que es de orden unidad por la adimensionalización. Por ello se denominan seculares los términos responsables de esta divergencia tardía de la solución.

Para entender lo que está ocurriendo con la expansión e intentar solventar la singularidad se puede acudir a la solución analítica de la ecuación (4.362) sin el término no lineal ($a = 0$), solo con la pequeña amortiguación (recuérdese que el comportamiento anómalo procede de ambos términos, pero con el término cúbico no hay solución analítica sencilla). Al ser una

EDO lineal de segundo orden, la solución general se puede escribir como

$$y = c\,e^{r_+t} + c^*e^{r_-t}\,,$$

con $r_\pm$ dado por la ecuación algebraica

$$r^2 + \epsilon r + 1 = 0\,, \quad r = -\frac{\epsilon}{2} \pm i\sqrt{1 - \frac{\epsilon^2}{4}}\,.$$

Aplicando las condiciones iniciales (4.363) se obtiene la solución analítica

$$y(t) = \frac{1}{\sqrt{1 - \frac{\epsilon^2}{4}}}\,e^{-\epsilon t/2}\,\mathrm{sen}\left(t\,\sqrt{1 - \frac{\epsilon^2}{4}}\right)\,. \tag{4.378}$$

Se ve claramente que el problema tiene (al menos) dos escalas temporales: una de orden t asociada a las oscilaciones y otra más lenta, de orden ϵt, asociada a la amortiguación (se observa también una escala $\epsilon^2 t$ de la modulación del período de la oscilación asociada a la perturbación, pero que no se va a considerar aquí):[28]

$$t \sim 1 \qquad \text{y} \qquad t \sim \epsilon^{-1} \gg 1\,.$$

El método de las escalas múltiples se basa en poner de manifiesto estas diferentes escalas (temporales en este ejemplo) desde el principio, utilizándolas como variables independientes. Es decir, se supone que y no solo depende de t, sino también de ϵt de forma independiente:

$$y(t) = y(t_1, t_2)\,, \quad t_1 = t\,, \quad t_2 = \epsilon t\,. \tag{4.379}$$

Esta estrategia convierte (en este caso) un problema gobernado por una EDO (4.362) en un problema gobernado por una EDP. Pudiera parecer que este aumento del número de variables independientes complica la resolución del problema por el método de perturbaciones, pero la complicación es relativamente menor y, como se verá, resuelve la singularidad secular de la expansión asintótica.

Para transformar la EDO (4.362) en una EDP se tiene en cuenta que

$$\frac{d}{dt} = \frac{\partial}{\partial t_1} + \epsilon\frac{\partial}{\partial t_2}\,,$$

$$\frac{d^2}{dt^2} = \frac{\partial^2}{\partial t_1^2} + 2\epsilon\frac{\partial^2}{\partial t_1 \partial t_2} + \epsilon^2\frac{\partial^2}{\partial t_2^2}\,.$$

---

[28] Para este tipo de problemas oscilatorios cuyos períodos (o frecuencias) son modificados por una perturbación se suele utilizar también el método de las coordenadas extendidas, que en vez de considerar las distintas escalas temporales con diferentes variables independientes utiliza una sola variable temporal que tiene en cuenta todas las escalas a la vez, extendiéndose a medida que se avanza en la expansión asintótica. Ver §4.4.6 y ejercicio 11 en §4.4.7.

Sustituyendo estas expresiones en (4.362) y (4.363), junto con la nueva expansión asintótica

$$y(t_1, t_2; \epsilon) = y_0(t_1, t_2) + \epsilon y_1(t_1, t_2) + \dots , \qquad (4.380)$$

en vez de (4.365)-(4.366), se tiene

$$\left(\frac{\partial^2}{\partial t_1^2} + 2\epsilon \frac{\partial^2}{\partial t_1 \partial t_2} + \epsilon^2 \frac{\partial^2}{\partial t_2^2} \right)(y_0 + \epsilon y_1 + \dots) + y_0 + \epsilon y_1 + \dots$$

$$+ \epsilon \left(\frac{\partial}{\partial t_1} + \epsilon \frac{\partial}{\partial t_2} \right)(y_0 + \epsilon y_1 + \dots) + a\epsilon(y_0^3 + 3\epsilon y_0^2 y_1 + \dots) = 0, \qquad (4.381)$$

$$y_0(0,0) + \epsilon y_1(0,0) + \dots = 0, \quad \left(\frac{\partial}{\partial t_1} + \epsilon \frac{\partial}{\partial t_2} \right)(y_0 + \epsilon y_1 + \dots)_{t_1=0, t_2=0} = 1. \quad (4.382)$$

En el orden más bajo se debe resolver

$$O(1): \quad \frac{\partial^2 y_0}{\partial t_1^2} + y_0 = 0, \quad y_0(0) = 0, \quad \left. \frac{\partial y_0}{\partial t_1} \right|_{t_1=0, t_2=0} = 1. \qquad (4.383)$$

La solución general de la ecuación se puede escribir como

$$y_0(t_1, t_2) = c_0(t_2)e^{it_1} + c_0^*(t_2)e^{-it_1}, \qquad (4.384)$$

donde ahora c_0 y c_0^* son funciones arbitrarias, complejas conjugadas, de la variable $t_2 = \epsilon t$. Teniendo en cuenta que

$$\frac{\partial y_0}{\partial t_1} = c_0(t_2)ie^{it_1} - c_0^*(t_2)ie^{-it_1},$$

de las condiciones de contorno se obtienen las condiciones iniciales para estas nuevas funciones,

$$c_0(0) = -\frac{i}{2} = -\frac{1}{2}e^{i\pi/2}, \quad c_0^*(0) = \frac{i}{2} = -\frac{1}{2}e^{-i\pi/2}. \qquad (4.385)$$

En el siguiente orden se obtiene

$$O(\epsilon): \quad \frac{\partial^2 y_1}{\partial t_1^2} + y_1 = -2\frac{\partial^2 y_0}{\partial t_1 \partial t_2} - \frac{\partial y_0}{\partial t_1} - ay_0^3 = -2\left(\frac{dc_0}{dt_2}ie^{it_1} - \frac{dc_0^*}{dt_2}ie^{-it_1} \right)$$

$$- \left(c_0 i e^{it_1} - c_0^* i e^{-it_1} \right) - \left(c_0^3 e^{3it_1} + 3c_0^2 c_0^* e^{it_1} + 3c_0 c_0^{*2} e^{-it_1} + c_0^{*3} e^{-3it_1} \right), \qquad (4.386)$$

junto con las condiciones de contorno

$$y_1(0,0) = 0 \quad \left. \frac{\partial y_1}{\partial t_1} \right|_{(0,0)} = - \left. \frac{\partial y_0}{\partial t_2} \right|_{(0,0)}. \qquad (4.387)$$

La solución de la ecuación homogénea es similar a (4.384), pero con nuevas funciones complejas conjugadas $c_1(t_2)$ y $c_1^*(t_2)$. Para que la solución particular de la ecuación no contenga términos seculares, los coeficientes de los términos del segundo miembro que contienen las funciones e^{it_1} y e^{-it_1}, que aparecen en la solución de la ecuación homogénea, deben ser nulos, pues, en caso contrario, aparecerían términos de la forma $t_1 e^{it_1}$ y $t_1 e^{-it_1}$. Estas son las denominadas **condiciones de compatibilidad**, que proporcionan ecuaciones diferenciales ordinarias para las funciones $c_0(t_2)$ y $c_0^*(t_2)$, cerrando así el orden más bajo de la expansión:

$$2i\frac{dc_0}{dt_2} + ic_0 + 3ac_0^2 c_0^* = 0\,, \tag{4.388}$$

$$2i\frac{dc_0^*}{dt_2} + ic_0 - 3ac_0^2 c_0^* = 0\,, \tag{4.389}$$

ecuaciones que hay que resolver con las condiciones iniciales (4.385).

Expresado en una forma matemáticamente más formal, los términos seculares de la solución particular proceden de los términos de la parte no homogénea de la ecuación que no son ortogonales a la solución de la ecuación homogénea, y las condiciones de compatibilidad se obtienen forzando que el término no homogéneo sea ortogonal a la solución homogénea.

Para obtener las soluciones de las ecuaciones (4.388) y (4.389) es conveniente expresar las funciones complejas c_0 y c_0^* en el formato de módulo y argumento,

$$c_0(t_2) = A_0(t_2)e^{i\alpha_0(t_2)}\,, \quad c_0^*(t_2) = A_0(t_2)e^{-i\alpha_0(t_2)}\,, \tag{4.390}$$

de manera que la solución de orden más bajo (4.384) se escribe

$$y_0(t_1, t_2) = A_0(t_2)\left[e^{i(t_1+\alpha_0(t_2))} + e^{-i(t_1+\alpha_0(t_2))}\right]\,. \tag{4.391}$$

Sustituyendo (4.390) en (4.388) se tiene la ecuación (solo hace falta considerar una de las relaciones de compatibilidad pues c_0 y c_0^* son complejas conjugadas)

$$2i\frac{dA_0}{dt_2} - 2A_0\frac{d\alpha_0}{dt_2} + iA_0 + 3aA_0^3 = 0\,, \tag{4.392}$$

que separando la parte real de la imaginaria proporciona las dos EDOs

$$2\frac{dA_0}{dt_2} + A_0 = 0\,, \tag{4.393}$$

$$2A_0\frac{d\alpha_0}{dt_2} - 3aA_0^3 = 0\,, \tag{4.394}$$

que hay que resolver con las condiciones iniciales que resultan de (4.385),

$$\alpha_0(0) = \frac{\pi}{2}\,, \quad A_0(0) = -\frac{1}{2}\,. \tag{4.395}$$

Las soluciones se pueden escribir como

$$A_0(t_2) = -\frac{1}{2}e^{-t_2/2}\,, \quad \alpha(t_2) = \frac{\pi}{2} + \frac{3a}{8}\left(1 - e^{-t_2}\right)\,. \tag{4.396}$$

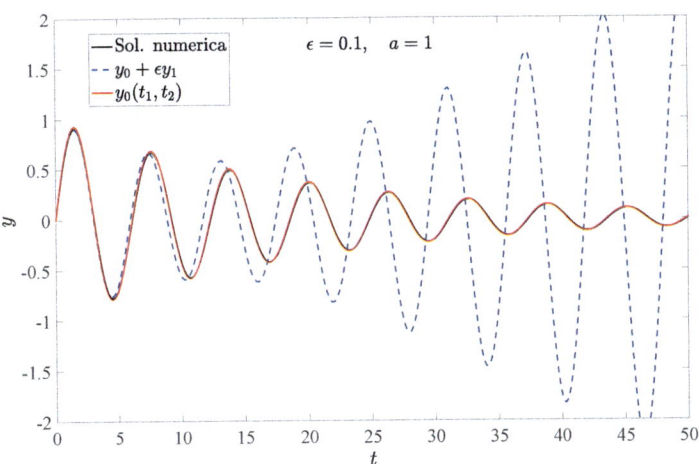

Figura 4.33: Comparación entre la solución numérica de la ecuación de Duffing (4.362) con la asintótica con dos escalas de orden unidad $y_0(t_1, t_2)$, dada por (4.397), para $\epsilon = 0{,}1$ y $a = 1$. También se incluye la asintótica de orden ϵ que contiene términos seculares $y_0 + \epsilon y_1$, dada por (4.377).

Por lo tanto,

$$c_0(t_2) = -\frac{1}{2}e^{-t_2/2}\exp\left\{i\left[\frac{\pi}{2} + \frac{3a}{8}\left(1 - e^{-t_2}\right)\right]\right\}.$$

Finalmente, sustituyendo (4.396) en (4.391), la solución por el método de las dos escalas es, en el orden más bajo y ya escrita en forma real y en la variable original t,

$$y_0(t) = e^{-\epsilon t/2}\operatorname{sen}\left[t + \frac{3a}{8}\left(1 - e^{-\epsilon t}\right)\right]. \tag{4.397}$$

Esta solución asintótica, que contiene errores de orden ϵ, se compara en la Fig. 4.33 con la solución numérica de la ecuación de Duffing (4.362). Se observa que, incluso para $\epsilon = 0{,}1$, las dos curvas son prácticamente indistinguibles (recuérdese que en la Fig. 4.32 se usó $\epsilon = 0{,}05$). En la Fig. 4.33 también se incluye la solución asintótica singular hasta orden ϵ (4.377) como referencia. Esta solución deja de ser una buena aproximación ahora para $t \gtrsim \epsilon^{-1} = 10$, divergiendo estrepitosamente, mientras que la solución de dos escalas de orden unidad reproduce muy bien la solución numérica para todos los valores de t representados.

4.4.2. Capa límite mediante dos escalas

Antes de seguir con otros ejemplos significativos de aplicación del método de las escalas múltiples es instructivo ver que un problema de contorno con una capa límite, que normalmente se resuelve con la técnica de los desarrollos asintóticos acoplados, también se puede resolver por perturbaciones mediante el método de las escalas múltiples.

Para ello se utiliza el mismo ejemplo considerado en §4.3.1 para introducir los desarrollos asintóticos acoplados:

$$\epsilon y'' + y' + y = 0 \,, \quad 0 \le x \le 1 \,, \quad 0 < \epsilon \ll 1 \,; \qquad y(0) = 0 \,, \quad y(1) = 1 \,. \qquad (4.398)$$

Primeramente, de la solución con $\epsilon = 0$ (solución exterior de orden unidad) se sabe que debe existir una capa límite en el entorno de $x = 0$ con espesor de $O(\epsilon)$. Por lo tanto, el problema tiene dos escalas en la variable independiente x, una de orden unidad y otra mucho más pequeña de orden ϵ, que sugieren el uso de las variables independientes

$$x_1 = x \qquad \text{y} \qquad x_2 = \frac{x}{\epsilon} \,. \qquad (4.399)$$

Teniendo en cuenta que

$$\frac{d}{dx} = \frac{\partial}{\partial x_1} + \frac{1}{\epsilon}\frac{\partial}{\partial x_2} \,,$$

$$\frac{d^2}{dx^2} = \frac{\partial^2}{\partial x_1^2} + \frac{2}{\epsilon}\frac{\partial^2}{\partial x_1 \partial x_2} + \frac{1}{\epsilon^2}\frac{\partial^2}{\partial x_2^2} \,,$$

y sustituyendo la expansión asintótica

$$y(x_1, x_2; \epsilon) = y_0(x_1, x_2) + \epsilon y_1(x_1, x_2) + \dots \,, \qquad (4.400)$$

en (4.398), multiplicando la ecuación por ϵ, se obtiene

$$\left(\epsilon^2 \frac{\partial^2}{\partial x_1^2} + 2\epsilon \frac{\partial^2}{\partial x_1 \partial x_2} + \frac{\partial^2}{\partial x_2^2} \right)(y_0 + \epsilon y_1 + \dots) +$$

$$+ \left(\epsilon \frac{\partial}{\partial x_1} + \frac{\partial}{\partial x_2} \right)(y_0 + \epsilon y_1 + \dots) + \epsilon(y_0 + \epsilon y_1 + \dots) = 0 \,, \qquad (4.401)$$

$$y_0(0,0) + \epsilon y_1(0,0) + \dots = 0 \,, \quad y_0(1, 1/\epsilon) + \epsilon y_1(1, 1/\epsilon) + \dots = 1 \,. \qquad (4.402)$$

En el orden más bajo se tiene

$$O(1): \qquad \frac{\partial^2 y_0}{\partial x_2^2} + \frac{\partial y_0}{\partial x_2} = 0 \,, \quad y_0(0,0) = 0 \,, \quad y_0(1, 1/\epsilon) = 1 \,. \qquad (4.403)$$

La solución general de la ecuación se puede escribir como

$$y_0(x_1, x_2) = A_0(x_1) + B_0(x_1)e^{-x_2} \,, \qquad (4.404)$$

donde A_0 y B_0 son funciones arbitrarias de x_1. De las condiciones de contorno para y_0, estas funciones deben cumplir las condiciones de contorno

$$A_0(0) + B_0(0) = 0 \,, \quad A_0(1) = 1 \,, \tag{4.405}$$

donde se ha hecho $e^{-1/\epsilon} = 0$ por ser trascendentalmente pequeño.

En el orden siguiente,

$$O(\epsilon): \quad \frac{\partial^2 y_1}{\partial x_2^2} + \frac{\partial y_1}{\partial x_2} = -2\frac{\partial^2 y_0}{\partial x_1 x_2} - \frac{\partial y_0}{\partial x_1} - y_0 = B_0' e^{-x_2} - A_0' - A_0 - B_0 e^{-x_2} \,. \tag{4.406}$$

La solución general de la ecuación homogénea sería similar a (4.404), pero con funciones arbitrarias $A_1(x_1)$ y $B_1(x_1)$. Para que la solución particular no contenga términos lineales en x_2, que varía entre 0 e ∞ si $\epsilon \to 0$, y por tanto serían términos que harían singular la expansión asintótica, las funciones de x_1 que multiplican a e^{-x_2} en el lado derecho de (4.406) y la suma de los términos que no dependen de x_2 deben ser nulos. Es decir, las relaciones de compatibilidad para $A_0(x_1)$ y $B_0(x_1)$ son:

$$B_0' - B_0 = 0 \,, \qquad A_0' + A_0 = 0 \,, \tag{4.407}$$

con soluciones

$$B_0 = b_0 e^{x_1} \,, \quad A_0 = a_0 e^{-x_1} \,. \tag{4.408}$$

Las constantes b_0 y a_0 se obtienen de (4.405), resultando $b_0 = -e$ y $a_0 = e$, de manera que

$$A_0 = e^{1-x_1} \quad \text{y} \quad B_0 = -e^{1+x_1} \,. \tag{4.409}$$

Por lo tanto, la solución de orden más bajo por el método de las dos escalas (4.404) quedaría

$$y_0 = e^{1-x_1} - e^{1+x_1} e^{-x_2} = e^{1-x} - e^{1+x-x/\epsilon} \,. \tag{4.410}$$

Esta solución no coincide exactamente con la solución compuesta de orden unidad (4.212) obtenida en §4.3.1 por el método de los desarrollos asintóticos acoplados,

$$y_{c0} = e^{1-x} - e^{1-x/\epsilon} \,. \tag{4.411}$$

Pero la discrepancia es solo formal, pues el último término de ambas expresiones se hace muy pequeño cuando x es mayor que $\epsilon \ll 1$, de manera que si se expande el segundo término de (4.410) en potencias de x para x pequeño,

$$e^{1+x-x/\epsilon} = e^{1-x/\epsilon} e^x = e^{1-x/\epsilon} \left(1 + x + \cdots \right) \,,$$

coincide con el segundo término de y_{c0} en el orden unidad cuando $x \sim \epsilon$. En la Fig. 4.34 se comparan estas dos soluciones asintóticas entre sí y con la solución exacta (4.179) para $\epsilon = 0{,}1$. Se deja como ejercicio obtener la solución en el siguiente orden mediante el método de las dos escalas y su comparación con (4.213), obtenida mediante desarrollos asintóticos acoplados.

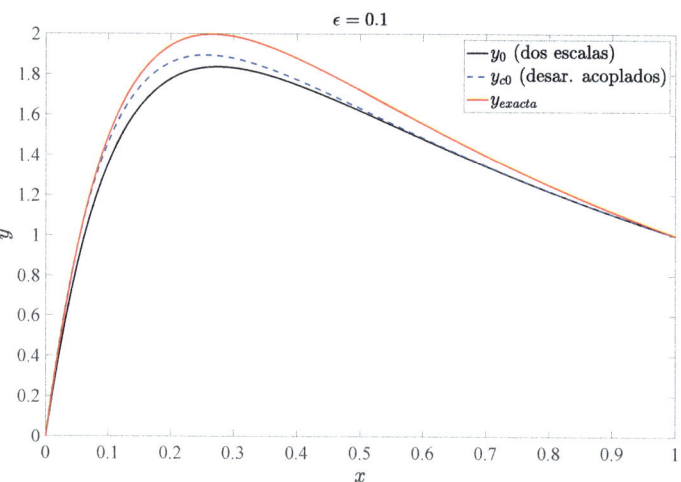

Figura 4.34: Comparación entre la solución exacta y las soluciones asintóticas de orden más bajo obtenidas mediante el método de las dos escalas (4.410) y mediante los desarrollos asintóticos acoplados (4.411) para $\epsilon = 0,1$.

4.4.3. Ecuación de segundo orden con *coeficiente* lentamente variable

Muchos problemas físicos, especialmente de mecánica clásica o cuántica, están gobernados por una EDO lineal de segundo orden que se puede escribir en la forma[29]

$$y''(t) + k^2(\epsilon t)y(t) = 0\,, \quad y(0) = A\,, \quad y'(0) = B\,, \tag{4.412}$$

donde k^2 es una función arbitraria, pero no negativa, de su argumento, con $0 < \epsilon \ll 1$, y se han puesto condiciones iniciales genéricas para que la solución obtenida por el método de las escalas múltiples sea lo más general posible.

Si k fuese constante ($\epsilon = 0$), la solución general se podría escribir como

$$y = c_0 e^{ikt} + c_0^* e^{-ikt}\,,$$

donde c_0 es una constante y c_0^* su compleja conjugada. Aplicando las condiciones iniciales se tendría

$$y = \left(\frac{A}{2} + \frac{B}{2ik}\right) e^{ikt} + \left(\frac{A}{2} - \frac{B}{2ik}\right) e^{-ikt} = A\cos kt + \frac{B}{k}\operatorname{sen} kt\,. \tag{4.413}$$

Con k función de t, el problema no tiene, en general, una solución analítica. Pero, de acuerdo con el ejemplo anterior, si k depende de ϵt, es razonable suponer que hay dos escalas temporales y se toman

$$t_1 = t \quad \text{y} \quad t_2 = \epsilon t \tag{4.414}$$

---

[29]De hecho, como es bien sabido, toda EDO lineal de segundo orden $u'' + P(t)u' + Q(t)u = 0$ se puede escribir como $y'' + f(t)u = 0$ mediante un cambio de variable dependiente (ver §4.5).

como nuevas variables independientes. Expandiendo la solución en potencias de ϵ,

$$y(t;\epsilon) = y(t_1, t_2; \epsilon) = y_0(t_1, t_2) + \epsilon y_2(t_1, t_2) + \dots , \tag{4.415}$$

y sustituyendo en (4.412), se obtiene

$$\left(\frac{\partial^2}{\partial t_1^2} + 2\epsilon \frac{\partial^2}{\partial t_1 \partial t_2} + \epsilon^2 \frac{\partial^2}{\partial t_2^2} \right) (y_0 + \epsilon y_1 + \dots) + k^2(t_2)(y_0 + \epsilon y_1 + \dots) = 0 , \tag{4.416}$$

$$y_0(0,0) + \epsilon y_1(0,0) + \dots = A , \quad \left(\frac{\partial}{\partial t_1} + \epsilon \frac{\partial}{\partial t_2} \right)(y_0 + \epsilon y_1 + \dots)_{(0,0)} = B . \tag{4.417}$$

En el orden unidad se tiene la ecuación

$$O(1): \qquad \frac{\partial^2 y_0}{\partial t_1^2} + k^2(t_2)y_0 = 0 , \tag{4.418}$$

con solución general

$$y_0 = c_0(t_2)e^{ik(t_2)t_1} + c_0^*(t_2)e^{-ik(t_2)t_1} . \tag{4.419}$$

Antes de imponer las condiciones iniciales pasamos al segundo orden para obtener las relaciones de compatibilidad:

$$O(\epsilon): \qquad \frac{\partial^2 y_1}{\partial t_1^2} + k^2(t_2)y_1 = -2\frac{\partial^2 y_0}{\partial t_1 \partial t_2} = -2i\frac{\partial}{\partial t_2}\left(c_0 k e^{ikt_1} - c_0^* k e^{-ikt_1} \right)$$

$$= -2i\left[(c_0 k)' e^{ikt_1} + i c_0 k k' t_1 e^{ikt_1} - (c_0^* k)' e^{-ikt_1} + i c_0^* k k' t_1 e^{-ikt_1} \right] , \tag{4.420}$$

donde las primas significan derivadas con respecto a t_2. Los coeficientes de e^{ikt_1} y de $t_1 e^{ikt_1}$, así como de sus complejos conjugados e^{-ikt_1} y $t_1 e^{-ikt_1}$, deben ser nulos para que la solución de esta ecuación no de lugar a una y_1 que crezca indefinidamente con t_1 y, por tanto, la expansión sea singular para tiempos $t_1 \gtrsim \epsilon^{-1}$. Es decir,

$$c_0 k = \text{constante} , \quad c_0 k k' = 0 ,$$

lo cual solo es posible si k es constante, con c_0 también una constante (imaginaria pura para que la solución pueda ser real). Por lo tanto, si k es una función del tiempo, aunque sea lentamente variable al depender de ϵt, no es posible hallar una solución por perturbaciones que sea regular para todo t usando las dos escalas definidas en (4.414).

Para paliar esta dificultad, y admitiendo que deben existir dos escalas temporales, pues es evidente que el problema debe tener dos escalas de tiempo dispares si $\epsilon \ll 1$, se supone que una de ellas sigue siendo la escala lenta $t_2 = \epsilon t$ que aparece en la función k, pero la otra, de orden unidad, se deja de momento indeterminada,

$$t_1 = f(t;\epsilon) , \tag{4.421}$$

donde f es una función que debe cumplir los siguientes requisitos para que funcione como un tiempo y que sea más rápido que t_2: $f(t;\epsilon) \geq 0$ y monótona creciente; $f \gg t_2 = \epsilon t$, y, por supuesto, que sea continua y con derivada continua. Para determinarla se sustituye la expansión (4.415) en la ecuación (4.412), pero ahora con t_1 dado por (4.421) y teniendo en cuenta que

$$\frac{d}{dt} = f'\frac{\partial}{\partial t_1} + \epsilon\frac{\partial}{\partial t_2},$$

$$\frac{d^2}{dt^2} = f'^2\frac{\partial^2}{\partial t^2} + f''\frac{\partial}{\partial t_1} + 2\epsilon f'\frac{\partial^2}{\partial t_1\partial t_2} + \epsilon^2\frac{\partial^2}{\partial t_2^2},$$

donde f' es la derivada de f con respecto a t, para obtener

$$\left(f'^2\frac{\partial^2}{\partial t^2} + f''\frac{\partial}{\partial t_1} + 2\epsilon f'\frac{\partial^2}{\partial t_1\partial t_2} + \epsilon^2\frac{\partial^2}{\partial t_2^2}\right)(y_0+\epsilon y_1+\dots)+k^2(t_2)(y_0+\epsilon y_1+\dots) = 0.$$
$$(4.422)$$

Como la solución de orden más bajo se sabe que tiene que ser oscilatoria (lo es si k es constante, es decir, cuando $\epsilon \to 0$), f'^2 debe ser del mismo orden que k^2, y se hace igual para simplificar, dado que la función f es de momento arbitraria:

$$f'^2 = k^2, \qquad f' = k(t_2), \qquad f(t;\epsilon) = \int_0^t k(\epsilon\tau)d\tau, \qquad (4.423)$$

donde se han tomado el signo y el límite inferior de integración para que se satisfagan los requisitos de f expuestos más arriba. Esto quiere decir que

$$f'' = \epsilon k'(t_2), \qquad (4.424)$$

y, por lo tanto, en el orden ϵ va a entrar un término adicional que puede paliar el problema de las condiciones de compatibilidad encontrado con las variables (4.414). En efecto, en el orden más bajo se tiene

$$O(1): \qquad \frac{\partial^2 y_0}{\partial t_1^2} + y_0 = 0, \qquad (4.425)$$

cuya solución general es algo más simple que (4.419),

$$y_0 = c_0(t_2)e^{it_1} + c_0^*(t_2)e^{-it_1}. \qquad (4.426)$$

Las condiciones iniciales de y_0,

$$y_0(0,0) = A, \qquad k(0)\frac{\partial y_0}{\partial t_1}\bigg|_{(0,0)} = B, \qquad (4.427)$$

proporcionan las condiciones iniciales de c_0,

$$c_0(0) = \frac{A}{2} - \frac{iB}{2k(0)}, \qquad c^*(0) = \frac{A}{2} + \frac{iB}{2k(0)}. \qquad (4.428)$$

En el orden ϵ la ecuación se escribe

$$O(\epsilon): \quad k^2 \left(\frac{\partial^2 y_1}{\partial t_1^2} + y_1 \right) = -k' \frac{\partial y_0}{\partial y_1} - 2k \frac{\partial^2 y_0}{\partial t_1 \partial t_2} =$$

$$= -k'i \left(c_0 e^{it_1} - c_0^* e^{-it_1} \right) - 2ki \left(c_0' e^{it_1} - c_0^{*'} e^{-it_1} \right), \tag{4.429}$$

con las primas derivadas con respecto a t_2. Las condiciones de compatibilidad son por tanto

$$k'c_0 + 2kc_0' = 0, \quad k'c_0^* + 2kc_0^{*'} = 0,$$

con soluciones

$$c_0 = \frac{a}{\sqrt{k}}, \quad c_0^* = \frac{a^*}{\sqrt{k}}, \tag{4.430}$$

donde a es una constante compleja arbitraria. Utilizando las condiciones iniciales (4.428) se llega a

$$c_0(t_2) = \frac{1}{2\sqrt{k(t_2)}} \left(A\sqrt{k(0)} - \frac{iB}{\sqrt{k(0)}} \right) \tag{4.431}$$

y $c_0^*(t_2)$ su complejo conjugado.

Sustituyendo en (4.426) y expresando la solución en la variable t original y en forma real se obtiene el orden más bajo de la solución de (4.412) como

$$y = \frac{1}{\sqrt{k(\epsilon t)}} \left[A\sqrt{k(0)} \cos \left(\int_0^t k(\epsilon \tau)d\tau \right) + \frac{B}{\sqrt{k(0)}} \operatorname{sen} \left(\int_0^t k(\epsilon \tau)d\tau \right) \right] + O(\epsilon). \tag{4.432}$$

Obsérvese que coincide con (4.413) cuando k es una constante ($\epsilon = 0$). Esta solución se obtendrá en §4.5.2 por el método WKB de una forma más directa, pero que solo se puede aplicar a EDOs lineales de segundo orden como la presente (4.412). En cambio el método de las escalas múltiples descrito aquí es general y se puede aplicar a cualquier ecuación diferencial.

Aunque la solución (4.432) tiene errores de orden ϵ, al tener incorporada la función $k(\epsilon t)$ los errores son realmente intermedios entre $O(\epsilon)$ y $O(\epsilon^2)$. Esto es una característica del método de las escalas múltiples, como ya se vio con la solución de la ecuación de Duffing en la sección anterior. Como muestra, en la Fig. 4.35 se compara la solución (4.432) para

$$k(\epsilon t) = 1 + \sqrt{\epsilon t} + \epsilon t, \quad \text{con} \quad A = 0 \quad \text{y} \quad B = 1,$$

es decir,

$$y_0 = \frac{1}{\sqrt{1 + \sqrt{\epsilon t} + \epsilon t}} \operatorname{sen} \left(t + \frac{2}{3}\epsilon^{1/2}t^{2/3} + \epsilon \frac{t^2}{2} \right), \tag{4.433}$$

con la solución numérica del problema.

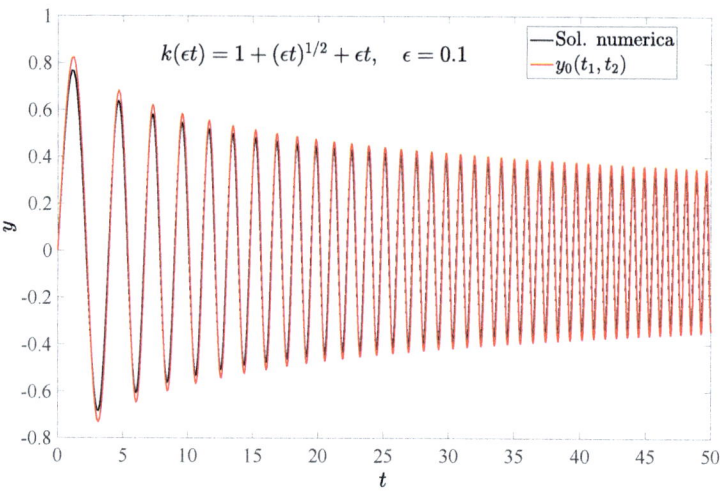

Figura 4.35: Comparación entre la solución asintótica con dos escalas de orden unidad (4.433) y la solución numérica de la ecuación (4.412) correspondiente a la función $k(\epsilon t)$ especificada para $\epsilon = 0,1$.

4.4.4. Cuerda vibrante con una ligera amortiguación

Como primer ejemplo con una ecuación en derivadas parciales se considera aquí el problema de la cuerda vibrante resuelto en §3.4 por separación de variables, pero añadiendo una pequeña amortiguación. Se resolverá por perturbaciones considerando las dos escalas, la de las oscilaciones y la más lenta de la amortiguación, utilizando en el orden más bajo tanto la solución por separación de variables (3.71) como la que se obtiene mediante el método de las características (3.77).

Se utiliza la formulación adimensional (3.63)-(3.65) añadiendo un término de amortiguación lineal pequeño y con la condición inicial $g = 0$ para simplificar la solución:

$$\frac{\partial^2 u}{\partial x^2} = \frac{\partial^2 u}{\partial t^2} + \epsilon \frac{\partial u}{\partial t}, \quad 0 < \epsilon \ll 1 , \tag{4.434}$$

$$u(0,t) = u(1,t) = 0, \quad u(x,0) = f(x), \quad \left. \frac{\partial u}{\partial t} \right|_{(x,0)} = 0 , \tag{4.435}$$

siendo $f(x)$ una función conocida que cumple las condiciones de contorno.

4.4.4.1. Solución de orden cero por separación de variables

Si se ensayara una expansión asintótica del tipo $u(x,t) = u_0(x,t) + \epsilon u_1(x,t) + \dots$ se encontraría que u_1 contiene términos seculares, por lo que es necesario recurrir a dos escalas temporales para evitarlos. Se supone

$$u = u(x, t_1, t_2), \quad \text{con} \quad t_1 = t, \quad t_2 = \epsilon t, \tag{4.436}$$

y se introduce la expansión

$$u(x, t_1, t_2) = u_0(x, t_1, t_2) + \epsilon u_1(x, t_1, t_2) + \dots, \tag{4.437}$$

en (4.434)-(4.435):

$$\frac{\partial^2}{\partial x^2}(u_0 + \epsilon u_1 + \dots) = \left(\frac{\partial^2}{\partial t_1^2} + 2\epsilon \frac{\partial^2}{\partial t_1 \partial t_2} + \epsilon^2 \frac{\partial^2}{\partial t_2^2} \right)(u_0 + \epsilon u_1 + \dots)$$

$$+ \epsilon \left(\frac{\partial}{\partial t_1} + \epsilon \frac{\partial}{\partial t_2} \right)(u_0 + \epsilon u_1 + \dots), \tag{4.438}$$

$$u_0(0, t_1, t_2) + \epsilon u_1(0, t_1, t_2) + \dots = 0, \quad u_0(1, t_1, t_2) + \epsilon u_1(1, t_1, t_2) + \dots = 0, \tag{4.439}$$

$$u_0(x, 0, 0) + \epsilon u_1(x, 0, 0) + \dots = f(x), \quad \left(\frac{\partial}{\partial t_1} + \epsilon \frac{\partial}{\partial t_2} \right)_{(x,0,0)} (u_0 + \epsilon u_1 + \dots) = 0. \tag{4.440}$$

En el orden más bajo,

$$O(1): \quad \frac{\partial^2 u_0}{\partial x^2} = \frac{\partial^2 u_0}{\partial t_1^2}, \tag{4.441}$$

$$u_0(0, t_1, t_2) = u_0(1, t_1, t_2) = 0, \quad u_0(x, 0, 0) = f(x), \quad \left(\frac{\partial u_0}{\partial t_1} \right)_{(x,0,0)} = 0. \tag{4.442}$$

Esta ecuación con las condiciones de contorno homogéneas está rsuelta en §3.4 por separación de variables. La solución viene dada por la ecuación (3.71), pero con coeficientes que dependen de la variable temporal lenta t_2:

$$u_0(x, t_1, t_2) = \sum_{n=1}^{\infty} [A_n(t_2) \operatorname{sen}(n\pi t_1) + B_n(t_2) \cos(n\pi t_1)] \operatorname{sen}(n\pi x). \tag{4.443}$$

De las condiciones iniciales para u_0 se obtienen condiciones iniciales para las funciones $A_n(t_2)$ y $B_n(t_2)$ [ver ecuaciones (3.72) y (3.73)]:

$$B_n(0) = 2 \int_0^1 f(x) \operatorname{sen}(n\pi\xi) dx, \quad A_n(0) = 0. \tag{4.444}$$

En el orden siguiente,

$$O(\epsilon): \qquad \frac{\partial^2 u_1}{\partial x^2} - \frac{\partial^2 u_1}{\partial t_1^2} = 2\frac{\partial^2 u_0}{\partial t_1 \partial t_2} + \frac{\partial u_0}{\partial t_1} \equiv \sum_{n=1}^{\infty} a_n(t_1, t_2)\,\mathrm{sen}(n\pi x)\,, \qquad (4.445)$$

donde se han definido las funciones

$$a_n(t_1, t_2) = n\pi\left[(2A_n' + A_n)\cos(n\pi t_1) - (2B_n' + B_n)\,\mathrm{sen}(n\pi t_1)\right]\,, \qquad (4.446)$$

y donde las primas representan derivadas con respecto a t_2. La solución general de esta ecuación será la superposición de una solución general de la ecuación homogénea, similar a (4.443), y una solución particular que se puede expresar como

$$u_1(x, t_1, t_2) = \sum_{n=1}^{\infty} v_{1n}(t_1, t_2)\,\mathrm{sen}(n\pi x)\,,$$

que sustituida en (4.445) da lugar a las siguientes ecuaciones para cada función $v_{1n}(t_1, t_2)$:

$$\frac{\partial^2 v_{1n}}{\partial t_1^2} + (n\pi)^2 v_{1n} = -a_n = n\pi\left[-(2A_n' + A_n)\cos(n\pi t_1) + (2B_n' + B_n)\,\mathrm{sen}(n\pi t_1)\right]\,.$$

$$(4.447)$$

Para que no aparezcan términos seculares con respecto al tiempo t_1 en las soluciones para las funciones v_{1n}, los coeficientes de $\cos(n\pi t_1)$ y $\mathrm{sen}(n\pi t_1)$ deben anularse, proporcionando las siguientes EDOs de primer orden para las funciones $A_n(t_2)$ y $B_n(t_2)$:

$$2A_n' + A_n = 0\,, \qquad 2B_n' + B_n = 0\,,$$

con soluciones

$$A_n(t_2) = \alpha_n e^{-t_2/2}\,, \qquad B_n(t_2) = \beta_n e^{-t_2/2}\,. \qquad (4.448)$$

Las constantes α_n y β_n se obtienen de las condiciones iniciales (4.444),

$$\alpha_n = 0\,, \qquad \beta_n = 2\int_0^1 f(x)\,\mathrm{sen}(n\pi\xi)dx\,. \qquad (4.449)$$

Con esto se completa el orden más bajo de la solución por el método de las dos escalas, quedando, en las variables originales,

$$u(x, t) = \sum_{n=1}^{\infty} \beta_n e^{-\epsilon t/2}\cos(n\pi t)\,\mathrm{sen}(n\pi x) + O(\epsilon)\,, \qquad (4.450)$$

con los coeficientes β_n dados por (4.449) en términos de la posición inicial de la cuerda $f(x)$.

4.4.4.2. Solución de orden cero por las características

La solución general de la ecuación de orden cero (4.441) también se puede escribir como suma de funciones arbitrarias F_0 y G_0 de las características de la ecuación de ondas (ver §1.2.4.1),

$$u_0(x,t) = u_0(\theta_1, \theta_2) = F_0(\theta_1) + G_0(\theta_2)\,, \tag{4.451}$$

siendo

$$\theta_1 = x - t \quad \text{y} \quad \theta_2 = x + t \tag{4.452}$$

las dos características, que corresponden a ondas que viajan hacia la derecha y hacia la izquierda, respectivamente, partiendo de la condición inicial $f(x)$. De hecho, de las condiciones iniciales, $f(x) = F_0(x) + G_0(x)$ y $0 = -F_0'(x) + G_0'(x)$, luego, salvo una constante arbitraria que se toma nula para que cumpla las dos condiciones de contorno en $x = 0$ y $x = 1$, la solución queda [ver también (3.77)]

$$u_0(\theta_1, \theta_2) = \frac{1}{2}\left[f(\theta_1) + f(\theta_2)\right]\,. \tag{4.453}$$

Introduciendo la expansión

$$u(x,t) = u_0(\theta_1, \theta_2) + \epsilon u_1(\theta_1, \theta_2) + \dots \tag{4.454}$$

en la ecuación (4.434), teniendo en cuenta que

$$\frac{\partial^2}{\partial x^2} - \frac{\partial^2}{\partial t^2} = 4\,\frac{\partial^2}{\partial\theta_1\partial\theta_2} \quad \text{y} \quad \frac{\partial}{\partial t} = -\frac{\partial}{\partial\theta_1} + \frac{\partial}{\partial\theta_2}\,,$$

la ecuación de orden ϵ queda

$$O(\epsilon): \quad 4\,\frac{\partial^2 u_1}{\partial\theta_1\partial\theta_2} = \left(-\frac{\partial}{\partial\theta_1} + \frac{\partial}{\partial\theta_2}\right)u_0 = -\frac{1}{2}f'(\theta_1) + \frac{1}{2}f'(\theta_2)\,, \tag{4.455}$$

cuya solución es

$$u_1(\theta_1, \theta_2) = F_1(\theta_1) + G_1(\theta_2) - \frac{1}{8}\theta_2 f(\theta_1) + \frac{1}{8}\theta_1 f(\theta_2)\,, \tag{4.456}$$

donde F_1 y G_1 son funciones arbitrarias de sus respectivos argumentos. Obviamente, esta solución contiene términos seculares pues solo se ha utilizado una escala temporal. Con la formulación característica estos términos son proporcionales a θ_1 y θ_2, que hacen que u_1 crezca linealmente con t y la expansión deje de valer para $t \sim \epsilon^{-1}$.

Como ahora las variables independientes en el orden cero son las características θ_1 y θ_2, en lugar de x y t, y en ambas aparece el tiempo, se tendrían dos nuevas escalas, $\epsilon\theta_1$ y $\epsilon\theta_2$, y el problema de perturbaciones de escalas múltiples tendría cuatro variables independientes en vez de las tres de la formulación utilizada en §4.4.4.1. Sin embargo, es preferible utilizar las siguientes cuatro variables independientes:

$$\theta_1 = x - t\,, \quad \theta_2 = x + t\,, \quad x_2 = \epsilon x\,, \quad t_2 = \epsilon t\,. \tag{4.457}$$

Se considera por tanto la expansión asintótica

$$u(\theta_1, \theta_2, x_2, t_2) = u_0(\theta_1, \theta_2, x_2, t_2) + \epsilon u_1(\theta_1, \theta_2, x_2, t_2) + \dots \quad (4.458)$$

Introduciendo esta expansión en la ecuación (4.434) se tiene, hasta $O(\epsilon)$,

$$\left\{ 4\frac{\partial^2}{\partial\theta_1\partial\theta_2} + 2\epsilon \left[\left(\frac{\partial}{\partial\theta_1} + \frac{\partial}{\partial\theta_2} \right)\frac{\partial}{\partial x_2} - \left(-\frac{\partial}{\partial\theta_1} + \frac{\partial}{\partial\theta_2} \right)\frac{\partial}{\partial t_2} \right] + \dots \right\} (u_0 + \epsilon u_1 + \dots)$$

$$= \epsilon \left(-\frac{\partial}{\partial\theta_1} + \frac{\partial}{\partial\theta_2} + \dots \right) (u_0 + \epsilon u_1 + \dots). \quad (4.459)$$

Como se está resolviendo por las características, solo se imponen las condiciones iniciales, pues la solución se propaga desde la función $f(x)$ inicial, que cumple las condiciones de contorno, y luego se imponen las condiciones de contorno como se hizo en §3.4. Teniendo en cuenta que $t = 0$ equivale a $\theta_1 = \theta_2 = x$ y $t_2 = 0$, estas condiciones se escriben

$$u_0(x, x, x_2, 0) + \epsilon u_1(x, x, x_2, 0) + \dots = f(x), \quad (4.460)$$

$$\left(-\frac{\partial}{\partial\theta_1} + \frac{\partial}{\partial\theta_2} + \epsilon\frac{\partial}{\partial t_2} \right)_{t=0} (u_0 + \epsilon u_1 + \dots) = 0. \quad (4.461)$$

En el orden más bajo,

$$O(1): \qquad 4\frac{\partial^2 u_0}{\partial\theta_1\partial\theta_2} = 0, \quad (4.462)$$

$$u_0(x, x, x_2, 0) = f(x), \qquad \left(-\frac{\partial}{\partial\theta_1} + \frac{\partial}{\partial\theta_2} \right)_{t=0} u_0 = 0. \quad (4.463)$$

La solución general de la ecuación se escribe en términos de dos funciones arbitrarias F_0 y G_0 de los siguientes argumentos:

$$u_0(\theta_1, \theta_2, x_2, t_2) = F_0(\theta_1, x_2, t_2) + G_0(\theta_2, x_2, t_2). \quad (4.464)$$

De la primera condición inicial se tiene

$$F_0(x, x_2, 0) + G_0(x, x_2, 0) = f(x).$$

De la segunda, teniendo en cuenta que $t = 0$ implica $\theta_1 = \theta_2 = x$ y $t_2 = 0$,

$$G_0(x, x_2, 0) = F_0(x, x_2, 0) + \phi(x_2),$$

donde ϕ es una función arbitraria de x_2 pero que, como $f(x)$, debe cumplir las condiciones de contorno en $x = 0$ y 1. Luego

$$F_0(x, x_2, 0) = \frac{1}{2}[f(x) - \phi(x_2)], \qquad G_0(x, x_2, 0) = \frac{1}{2}[f(x) + \phi(x_2)]. \quad (4.465)$$

Sin pérdida de generalidad se puede suponer que $\phi = 0$, de manera que u_0 no depende de x_2,

$$u_0 = F_0(\theta_1, t_2) + G_0(\theta_2, t_2)\,, \tag{4.466}$$

con

$$F_0(x, 0) = G_0(x, 0) = \frac{1}{2}f(x)\,. \tag{4.467}$$

En el orden siguiente, como u_0 no depende de x_2,

$$O(\epsilon): \quad 4\frac{\partial^2 u_1}{\partial\theta_1\partial\theta_2} = 2\left(-\frac{\partial}{\partial\theta_1} + \frac{\partial}{\partial\theta_2}\right)\frac{\partial u_0}{\partial t_2} + \left(-\frac{\partial}{\partial\theta_1} + \frac{\partial}{\partial\theta_2} + \dots\right)u_0$$

$$= -2\frac{\partial^2 F_0}{\partial\theta_1\partial t_2} + 2\frac{\partial^2 G_0}{\partial\theta_2\partial t_2} - \frac{\partial F_0}{\partial\theta_1} + \frac{\partial G_0}{\partial\theta_2}\,. \tag{4.468}$$

Al ser lineal, la solución general de esta ecuación es la solución general de la ecuación homogénea, $F_1(\theta_1, x_2, t_2) + G_1(\theta_2, x_2, t_2)$, donde F_1 y G_1 son funciones arbitrarias de sus argumentos, más una solución particular que se obtiene de integrar el segundo miembro con respecto a θ_1 y θ_2. Integrando primero con respecto a θ_1,

$$4\frac{\partial u_1}{\partial\theta_2} = -2\frac{\partial F_0}{\partial t_2} + 2\frac{\partial^2 G_0}{\partial\theta_2\partial t_2}\theta_1 - F_0 + \frac{\partial G_0}{\partial\theta_2}\theta_2\,.$$

Integrando ahora con respecto a θ_2, se obtiene una solución particular para u_1 (todas las constantes de integración se absorben en la solución general de la homogénea):

$$u_1 = -\frac{\theta_2}{4}\left(2\frac{\partial F_0}{\partial t_2} + F_0\right) + \frac{\theta_1}{4}\left(2\frac{\partial G_0}{\partial t_2} + G_0\right)\,. \tag{4.469}$$

Para evitar los términos seculares en u_1, que provienen de los términos proporcionales a θ_1 y θ_2 en esta solución particular, las expresiones entre paréntesis tienen que anularse, proporcionando dos EDPs para F_0 y G_0 con respecto a t_2, cuyas soluciones son:

$$F_0(\theta_1, t_2) = C(\theta_1)e^{-t_2/2}\,, \quad G_0(\theta_2, t_2) = K(\theta_2)e^{-t_2/2}\,. \tag{4.470}$$

Las funciones arbitrarias C y K se obtienen de las condiciones iniciales (4.467),

$$C(\theta_1) = \frac{1}{2}f(\theta_1)\,, \quad K(\theta_2) = \frac{1}{2}f(\theta_2)\,,$$

de manera que la solución del problema en el orden más bajo de la expansión asintótica queda, ya escrita en la variables originales,

$$u(x, t) = \frac{1}{2}\left[f(x - t) + f(x + t)\right]e^{-\epsilon t/2} + O(\epsilon)\,. \tag{4.471}$$

Esta solución es obviamente la misma que (4.450), donde la suma infinita es la serie de Fourier de $\left[f(x - t) + f(x + t)\right]/2$ (ver ejercicio 3 de §3.11).

4.4.5.   Propagación de una onda no lineal. Ecuación de Klein-Gordon

Un ejemplo muy representativo y ampliamente estudiado de una EDP no lineal que admite una solución analítica aproximada por el método de las escalas múltiples es

$$u_{tt} = u_{xx} + u + \epsilon u^3 , \quad t \geq 0 , \quad -\infty < x < \infty . \tag{4.472}$$

Esta ecuación hiperbólica es una forma adimensional, unidireccional y simplificada de la denominada ecuación de Klein-Gordon no lineal, que en su forma original fue derivada para el movimiento de una partícula cargada en un campo electromagnético dentro del marco de la mecánica cuántica relativista, pero que luego se ha usado para modelar algunos problemas de propagación de ondas en plasmas y en medios elásticos.[30] Normalmente se resuelve con condiciones iniciales del tipo

$$u(x,0) = f(x) , \quad u_t(x,0) = g(x) , \tag{4.473}$$

donde $f(x)$ y $g(x)$ son funciones conocidas. Aquí se va a resolver analíticamente de forma aproximada por el método de las escalas múltiples en el límite $0 < \epsilon \ll 1$, ilustrando cómo este método permite obtener una solución que describe de forma sencilla la propagación de una onda casi lineal. Esta solución asintótica se va a comparar también con la solución numérica del problema no lineal.

Si ϵ fuese cero, la solución de (4.472) se podría escribir como una superposición de ondas lineales de la forma

$$u(x,t) = A \cos(kx - \omega t + \phi) , \tag{4.474}$$

donde A y ϕ son constantes arbitrarias, mientras que k y ω satisfacen la relación de dispersión (sustituyendo la solución en la ecuación)

$$\omega^2 = k^2 - 1 , \tag{4.475}$$

donde k es el número de onda y ω la frecuencia, válida para $k^2 > 1$. Por tanto, se va a considerar por simplicidad la solución de (4.472) para una onda casi lineal monocromática, correspondiente a las condiciones iniciales

$$u(x,0) = \alpha \cos(kx) , \quad u_t(x,0) = \alpha \omega \, \mathrm{sen}(kx) , \tag{4.476}$$

cuya solución cuando $\epsilon = 0$ es (4.474) con $A = \alpha$ y $\phi = 0$.

Si se utilizaran las mismas variables x y t, o directamente $\theta \equiv kx - \omega t$, para hallar la siguiente corrección de orden ϵ debida al término no lineal, la expansión asintótica resultaría singular al contener términos seculares del tipo ϵt, o $\epsilon \theta$ (su comprobación se deja como ejercicio para el lector). Por ello, se ensaya la solución en las nuevas variables independientes

$$\theta = kx - \omega t , \quad x_2 = \epsilon x , \quad t_2 = \epsilon t , \tag{4.477}$$

---

[30]Ver, por ejemplo, Drazin y Johnson (1992), §7.3.4.

mediante la expansión asintótica

$$u(\theta, x_2, t_2; \epsilon) = u_0(\theta, x_2, t_2) + \epsilon u_1(\theta, x_2, t_2) + \dots . \tag{4.478}$$

Teniendo en cuenta que

$$\frac{\partial}{\partial x} = k\frac{\partial}{\partial \theta} + \epsilon\frac{\partial}{\partial x_2}, \qquad \frac{\partial}{\partial t} = -\omega\frac{\partial}{\partial \theta} + \epsilon\frac{\partial}{\partial t_2},$$

$$\frac{\partial^2}{\partial x^2} = k^2\frac{\partial^2}{\partial \theta^2} + 2\epsilon k\frac{\partial^2}{\partial \theta \partial x_2} + \epsilon^2\frac{\partial^2}{\partial x_2^2}, \qquad \frac{\partial^2}{\partial t^2} = \omega^2\frac{\partial^2}{\partial \theta^2} - 2\epsilon\,\omega\frac{\partial^2}{\partial \theta \partial t_2} + \epsilon^2\frac{\partial^2}{\partial t_2^2},$$

la EDP (4.472) y las condiciones iniciales (4.476) se escriben, teniendo en cuenta también la relación de dispersión (4.475),

$$\left[\frac{\partial^2}{\partial \theta^2} + 1 - 2\epsilon\left(k\frac{\partial}{\partial x_2} + \omega\frac{\partial}{\partial t_2}\right)\frac{\partial}{\partial \theta} + O(\epsilon^2)\right]\left[u_0 + \epsilon u_1 + O(\epsilon^2)\right] + \epsilon u_0^3 + O(\epsilon^2) = 0,$$
$$\tag{4.479}$$

$$u_0(\theta, x_2, 0) + \epsilon u_0(\theta, x_2, 0) + O(\epsilon^2) = \alpha\cos\theta, \tag{4.480}$$

$$\left(-\omega\frac{\partial}{\partial \theta} + \epsilon\frac{\partial}{\partial t_2}\right)\left[u_0 + \epsilon u_0 + O(\epsilon^2)\right]_{(\theta, x_2, 0)} = \alpha\,\omega\,\mathrm{sen}\,\theta. \tag{4.481}$$

En el orden unidad se tiene

$$O(1): \qquad \left(\frac{\partial^2}{\partial \theta^2} + 1\right)u_0 = 0, \tag{4.482}$$

$$u_0(\theta, x_2, 0) = \alpha\cos\theta, \qquad \left.\frac{\partial u_0}{\partial \theta}\right|_{(\theta, x_2, 0)} = -\alpha\,\mathrm{sen}\,\theta. \tag{4.483}$$

La solución general de la ecuación (4.482) se puede escribir como

$$u_0(\theta, x_2, t_2) = A_0(x_2, t_2)\cos\left[\theta + \phi_0(x_2, t_2)\right], \tag{4.484}$$

donde A_0 y ϕ_0 son ahora funciones arbitrarias de x_2 y t_2, salvo que, de las condiciones iniciales (4.483), deben satisfacer

$$A_0(x_2, 0) = \alpha, \qquad \phi_0(x_2, 0) = 0. \tag{4.485}$$

En el orden siguiente se tiene la ecuación

$$O(\epsilon): \qquad \left(\frac{\partial^2}{\partial \theta^2} + 1\right)u_1 = 2\left(k\frac{\partial}{\partial x_2} + \omega\frac{\partial}{\partial t_2}\right)\frac{\partial u_0}{\partial \theta} - u_0^3 =$$

$$= -2\left(k\frac{\partial A_0}{\partial x_2} + \omega\frac{\partial A_0}{\partial t_2}\right)\sin(\theta + \phi_0) - \frac{A_0^3}{4}\cos[3(\theta + \phi_0)]$$

$$-2\left(k\frac{\partial\phi_0}{\partial x_2} + \omega\frac{\partial\phi_0}{\partial t_2} + \frac{3A_0^2}{8}\right) A_0\cos(\theta+\phi_0)\,. \tag{4.486}$$

Para evitar los términos seculares, los factores entre paréntesis del segundo miembro que multiplican a $\sin(\theta+\phi_0)$ y $\cos(\theta+\phi_0)$ deben anularse, proporcionando el siguiente sistema de EDPs casi lineales de primer orden para las funciones A_0 y ϕ_0:

$$k\frac{\partial A_0}{\partial x_2} + \omega\frac{\partial A_0}{\partial t_2} = 0\,, \tag{4.487}$$

$$k\frac{\partial\phi_0}{\partial x_2} + \omega\frac{\partial\phi_0}{\partial t_2} + \frac{3A_0^2}{8} = 0\,. \tag{4.488}$$

Este sistema se puede resolver utilizando el método de las características descrito en §1.3.1. De hecho, es relativamente sencillo de resolver pues la ecuación (4.487) está desacoplada de (4.488). Sus ecuaciones características son

$$\frac{dx_2}{k} = \frac{dt_2}{\omega} = \frac{dA_0}{0}\,,$$

de donde se obtiene que A_0 permanece constante a lo largo de las características $\omega x_2 - kt_2 = $ constante. Es decir,

$$A_0(x_2, t_2) = A_0(s)\,, \quad \text{con} \quad s = \omega x_2 - kt_2\,. \tag{4.489}$$

La segunda ecuación (4.488) se puede convertir en una EDP lineal de segundo orden solo para ϕ_0 aplicando el operador $k(\partial/\partial x_2) + \omega(\partial/\partial t_2)$ y teniendo en cuenta que A_0 satisface (4.487):

$$\left(k\frac{\partial}{\partial x_2} + \omega\frac{\partial}{\partial t_2}\right)\left(k\frac{\partial\phi_0}{\partial x_2} + \omega\frac{\partial\phi_0}{\partial t_2}\right) = k^2\frac{\partial^2\phi_0}{\partial x_2^2} + 2k\omega\frac{\partial^2\phi_0}{\partial x_2\partial t_2} + \omega^2\frac{\partial^2\phi_0}{\partial t_2^2} = 0\,. \tag{4.490}$$

Escribiendo esta ecuación en la forma (1.159) y hallando las características mediante la ecuación algebraica (1.169), se obtiene que solo hay una característica, que es precisamente la s definida en (4.489). Esto era en parte evidente por la estructura de la ecuación (4.488). Por lo tanto, (4.490) es una ecuación parabólica y, de acuerdo con lo visto en §1.2.3, para hallar su forma canónica en la que desaparece una de sus derivadas segundas basta con escribirla en términos de esta coordenada característica s y de otra variable independiente cualquiera. A la vista de (4.488), es conveniente usar $r = \omega x_2 + kt_2$ como la segunda variable independiente en el plano (x_2, t_2). En términos de estas dos coordenadas (s, r), la EDP (4.490) queda, simplemente,

$$4\omega^2\frac{\partial^2\phi_0}{\partial r^2} = 0\,. \tag{4.491}$$

Es decir, ϕ_0 es una función lineal de r,

$$\phi_0 = \psi_0(s) + \psi_1(s)r\,, \quad r = \omega x_2 + kt_2\,, \tag{4.492}$$

con ψ_0 y ψ_1 funciones arbitrarias de s. Sustituyendo esta expresión en (4.488) se obtiene la siguiente relación entre $\phi_1(s)$ y $A_0(s)$:

$$2k\omega\psi_1(s) + \frac{3A_0^2(s)}{8} = 0\,, \qquad \psi_1(s) = -\frac{3A_0^2(s)}{16k\omega}\,, \qquad (4.493)$$

con lo que $\phi_0(x_2, t_2)$ queda

$$\phi_0(x_2, t_2) = \psi_0(s) - \frac{3A_0^2(s)}{16k\omega}(\omega x_2 + kt_2)\,, \quad s = \omega x_2 - kt_2\,. \qquad (4.494)$$

Estas soluciones se podrían haber obtenido mucho más directamente si se hubiera usado desde el principio como variables independientes la s, que proporciona el método de las características aplicado a (4.487), junto con la r. Con estas variables independientes, las ecuaciones (4.487)-(4.488) se pueden escribir como

$$\frac{\partial A_0}{\partial r} = 0\,, \quad 2k\omega\frac{\partial \phi_0}{\partial r} = -\frac{3A_0^2}{8}\,,$$

cuyas soluciones son directamente (4.489) y (4.494).

Aplicando la primera condición inicial (4.485),

$$A_0(x_2, 0) = A_0(\omega x_2) = \alpha\,, \qquad A_0 = \alpha\,,$$

mientras que de la segunda se obtiene

$$\phi_0(x_2, 0) = \psi_0(\omega x_2) - \frac{3\alpha^2}{16k\omega}\omega x_2 = 0\,, \qquad \psi_0(s) = \frac{3\alpha^2}{16k\omega}s\,.$$

Por lo tanto, sustituyendo en (4.484), la solución de orden unidad se escribe

$$u_0(\theta, x_2, t_2) = \alpha\cos\left[\theta - \frac{3\,\alpha^2 t_2}{8\,\omega}\right]\,. \qquad (4.495)$$

Obsérvese que la dependencia en x_2 de ϕ_0 se ha cancelado con estas condiciones iniciales.

En las variables originales, la solución de orden más bajo tiene la forma de una onda débilmente no lineal,

$$u(x, t) = \alpha\cos\left[kx - \left(\omega - \frac{3\,\epsilon\,\alpha^2}{8\,\omega}\right)t\right] + O(\epsilon)\,, \qquad (4.496)$$

que se va deformando a medida que se propaga, pues su velocidad de fase

$$c = \left(1 - \frac{3\,\epsilon\,\alpha^2}{8\,\omega^2}\right)\frac{\omega}{k} + O(\epsilon^2)\,, \qquad (4.497)$$

varía cuadráticamente con la amplitud α de la onda en primera aproximación, variación asociada a la corrección de $O(\epsilon)$ de la solución obtenida por el método de las dos escalas.

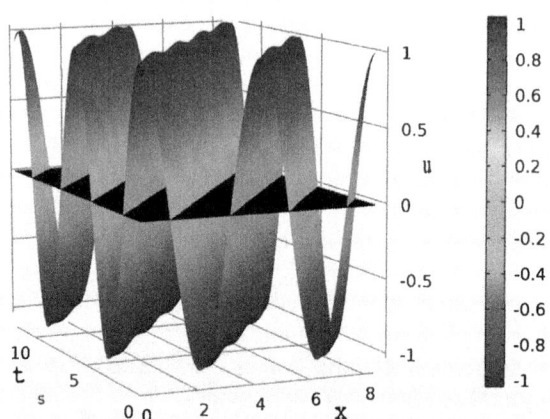

Figura 4.36: Visualización de la onda $u(x,t)$ obtenida numéricamente con el software COMSOL Multiphysics (v: 6.2) con la condición inicial (4.498) en $0 \leq x \leq 2\pi/k$, con $k = 3/2$ y con condiciones de contorno periódicas, para $0 \leq t \leq 12$.

4.4.5.1. Comparación con la solución numérica

La figura 4.36 es una visualización de la solución numérica de la ecuación de Klein-Gordon obtenida mediante el paquete 'EDPs formuladas mediante coeficientes' del software COM-SOL Multiphysics (v: 6.2), donde se implementa la EDP (4.472) en el intervalo $0 \leq x \leq L = 4\pi/k$, con $k = 3/2$, para $\epsilon = 0{,}25$. Se imponen condiciones de contorno periódicas en los extremos $x = 0$ y $x = L$ y se parte de la condición inicial

$$u(x,0) = \alpha \cos(kx), \quad u_t(x,0) = \alpha\,\omega\,\mathrm{sen}(kx), \qquad (4.498)$$

con

$$\alpha = 1 \quad \text{y} \quad \omega = \sqrt{k^2 - 1} \simeq 1{,}18\,.$$

Para que la solución numérica permanezca muy precisa para tiempos grandes se ha utilizado la opción de mallado 'extremadamente fino' con un paso temporal que asegura un error relativo menor de 10^{-8}.

Esta solución numérica se compara en la Fig. 4.37 con la solución asintótica (4.496) en el intervalo $0 \leq x \leq 2\pi/k = L/2$ para distintos instantes. Las soluciones numéricas se muestran con líneas continuas gruesas en distintos colores (rojo para $t = 2$, azul para $t = 4$ y verde para $t = 12$), mostrándose también la condición inicial con una línea gruesa de trazos marrones. Para cada uno de esos instantes se representa la solución asintótica (4.496) con una línea de puntos y trazos fina del mismo color que la numérica, es decir,

$$u_0 = \alpha \cos\left[kx - \left(\omega - \frac{3\,\epsilon\,\alpha^2}{8\,\omega}\right)t\right], \qquad (4.499)$$

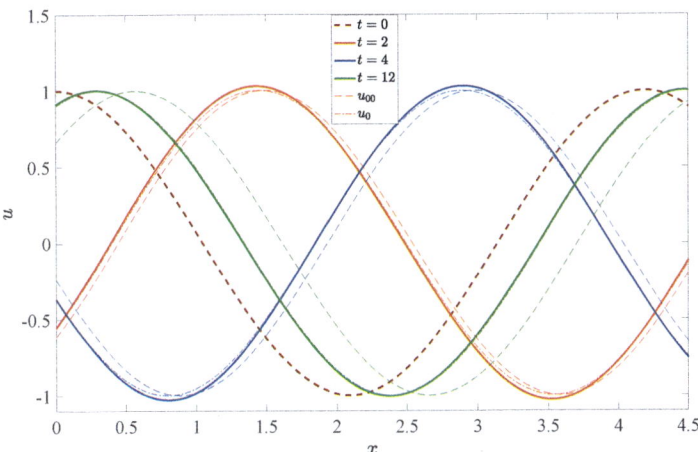

Figura 4.37: Comparación entre la solución asintótica y la numérica de la ecuación de Klein-Gordon (4.472) para $\epsilon = 0,1$, con condición inicial (4.498) (línea gruesa de trazos marrones), para distintos instantes. Las soluciones numéricas se representan con líneas continuas gruesas de distintos colores y las aproximaciones u_0 y u_{00}, dadas por (4.499) y (4.500), con líneas finas de trazos y de trazos y puntos, respectivamente, del mismo color. Para $t = 12$, la solución numérica y u_0 son casi indistinguibles.

Para cuantificar cuánto se modifica la onda con la corrección de la velocidad de fase de $O(\epsilon)$, se representa además con líneas de trazos finas del mismo color la onda sin perturbar

$$u_{00} = \alpha \cos\left(kx - \omega t\right) . \tag{4.500}$$

Se observa que la pequeña corrección en la velocidad de fase hace que la solución asintótica se ajuste mucho mejor a la solución numérica. Esta corrección se hace especialmente patente en el último instante representado, $t = 12$, para el que u_{00} se aleja ostensiblemente de la solución numérica, mientras que u_0 prácticamente no se distingue de ella.

Tanto en la Fig. 4.36 como en la 4.37 se observa una ligera fluctuación en la amplitud de la onda obtenida numéricamente. Obviamente, esta pequeña fluctuación no puede ser recogida por la solución de orden unidad (4.496), cuya amplitud permanece constante e igual a α. Para obtener una primera aproximación de esta variación de la amplitud habría que obtener el siguiente orden de la expansión u_1, lo cual se deja como ejercicio 9 en §4.4.7.

4.4.6. Ecuación KdV. Método de las coordenadas extendidas.

Aunque la EDP no lineal (2.305) analizada en §2.4.4 tiene algunas soluciones analíticas, no cubren todas las soluciones posibles para las distintas condiciones de contorno e iniciales. Por ello es interesante buscar soluciones aproximadas por perturbaciones cuando el término no lineal es pequeño; es decir, cuando $\epsilon \ll 1$ en

$$u_t + a u_x + \mu u_{xxx} + \epsilon u u_x = 0 \,. \tag{4.501}$$

En el orden más bajo, la ecuación

$$u_t + a u_x + \mu u_{xxx} = 0 \tag{4.502}$$

tiene, como se vio en 2.4.4 para la ecuación completa no lineal (4.501), soluciones de semejanza del tipo onda viajera,

$$u(x,t) = f_0(\zeta) \,, \quad \text{con} \quad \zeta = x - c_0 t \,,$$

siendo c_0 una constante arbitraria. Sustituyendo en (4.502) se tiene la EDO de tercer orden para f_0

$$\mu f_0''' + (a - c_0) f_0' = 0 \,, \tag{4.503}$$

que se puede integrar una vez,

$$f_0'' + k^2 f_0 = K_0 \,, \quad \text{con} \quad k^2 = \frac{a - c_0}{\mu} \,, \tag{4.504}$$

donde se ha supuesto $(a - c_0)/\mu > 0$ para obtener soluciones periódicas.[31] La constante de integración K_0 se tomará nula para que la solución de la ecuación,

$$f_0(\zeta) = f_0(x - ct) = A_0 \operatorname{sen}[k(x - c_0 t)] + B_0 \cos[k(x - c_0 t)] \,, \tag{4.505}$$

tenga media nula, donde A_0 y B_0 son nuevas constantes arbitrarias de integración. Obsérvese que k es el número de onda, cuyo valor (es decir, el valor de c_0) es arbitrario y se obtendrá de la condición inicial (ver un ejemplo en §4.4.6.1), mientras que $kc_0 = \omega_0$ es la frecuencia de la onda ($-kc_0$ si c_0 fuese negativo).

Esta sería la solución de orden cero, para $\epsilon = 0$. Se va a buscar la solución para $0 < \epsilon \ll 1$ por perturbaciones también en la forma de onda viajera. Es fácil de comprobar que si solo se utilizara la misma variable de semejanza $\zeta = x - ct$ en la expansión asintótica se obtendrían términos seculares que harían singular la expansión. Para evitarlo habría que utilizar otras variables independientes con diferentes escalas temporales, como en los ejemplos de las secciones anteriores. Pero en casos como este, en el que la solución es una onda que se propaga con una determinada frecuencia (o velocidad de fase c) es más conveniente usar una variante del método de las escalas múltiples denominado método de las coordenadas

---

[31]Si de esta relación resultara que c_0 es negativo querría decir que la onda se propaga hacia la izquierda.

extendidas o tensionadas.[32] El método consiste en considerar todas las escalas temporales asociadas a las distintas correcciones de la frecuencia en una sola variable independiente. Es decir, en vez de utilizar una variable independiente para cada escala temporal, se consideran todas a la vez en una sola variable independiente, que va *extendiéndose* a más escalas temporales a medida que se avanza en la expansión. En el presente problema, con solución de semejanza en forma de una onda viajera, las distintas escalas se toman dentro de la variable de semejanza ζ mediante la expansión

$$\zeta = x - ct = x - (c_0 + \epsilon c_1 + \epsilon^2 c_2 + \dots)\, t\,, \tag{4.506}$$

donde $c_0, c_1, c_2, \dots$ son constantes en principio indeterminadas que se irán obteniendo en los sucesivos órdenes de la expansión, corrigiendo en cada orden la velocidad de fase sin perturbar c_0 en una cantidad $\epsilon^i c_i$ (en términos de la frecuencia de la onda, las correcciones en cada orden serían $\epsilon^i \omega_i = k \epsilon^i c_i$).

Por lo tanto, se busca una solución por perturbaciones en términos de la expansión asintótica

$$u(x,t;\epsilon) = f_0(\zeta) + \epsilon f_1(\zeta) + \epsilon^2 f_2(\zeta) + \dots\,, \tag{4.507}$$

donde la variable independiente de semejanza ζ también depende de ϵ a través de (4.506). Sustituyendo en (4.501), se tiene

$$-(c_0 + \epsilon c_1 + \epsilon^2 c_2 + \dots)(f_0' + \epsilon f_1' + \epsilon^2 f_2' + \dots) + a(f_0' + \epsilon f_1' + \epsilon^2 f_2' + \dots)$$

$$+ \mu(f_0''' + \epsilon f_1''' + \epsilon^2 f_2''' + \dots) + \epsilon(f_0 + \epsilon f_1 + \dots)(f_0' + \epsilon f_1' + \dots) = 0\,. \tag{4.508}$$

En el orden más bajo se obtiene la ecuación (4.503) para f_0, con solución (4.505),

$$f_0(\zeta) = A_0 \operatorname{sen}(k\zeta) + B_0 \cos(k\zeta)\,, \tag{4.509}$$

ahora con ζ dado por (4.506), aunque todavía no se hayan obtenido $c_1, c_2, \dots$. En el orden siguiente,

$$O(\epsilon): \qquad \mu f_1''' + (a - c_0)f_1' = c_1 f_0' - \frac{1}{2}(f_0^2)'\,. \tag{4.510}$$

Integrando una vez, sustituyendo f_0 y desarrollando los $\operatorname{sen}^2(k\zeta)$ y $\cos^2(k\zeta)$ en términos de $\operatorname{sen}(2k\zeta)$ y $\cos(2k\zeta)$, se tiene

$$f_1'' + k^2 f_1 = K_1 + \frac{c_1}{\mu}\left[A_0 \operatorname{sen}(k\zeta) + B_0 \cos(k\zeta)\right]$$

$$-\frac{A_0^2 + B_0^2}{4\mu} + \frac{A_0^2 - B_0^2}{4\mu}\cos(2k\zeta) - \frac{A_0 B_0}{2\mu}\operatorname{sen}(2k\zeta)\,. \tag{4.511}$$

---

[32]Del inglés *method of strained coordinates*, también llamado método de Lindstedt-Poincaré. Para más detalles sobre el método de los que se verán aquí se puede consultar, por ejemplo, Bush (1992), cap. 3.

Para que la solución no tenga términos seculares, proporcionales a ζ, c_1 tiene que ser cero. Por otro lado, la constante de integración K_1 se toma igual a $(A_0^2 + B_0^2)/(4\mu)$ para que la solución tenga media nula, que queda

$$f_1(\zeta) = A_1 \operatorname{sen}(k\zeta) + B_1 \cos(k\zeta) - \frac{A_0^2 - B_0^2}{12\mu k^2} \cos(2k\zeta) + \frac{A_0 B_0}{6\mu k^2} \operatorname{sen}(2k\zeta), \quad (4.512)$$

con A_1 y B_1 nuevas constantes de integración.

En el orden siguiente,

$$O(\epsilon^2): \qquad \mu f_2''' + (a - c_0)f_2' = c_2 f_0' + c_1 f_1' - (f_0 f_1)'. \qquad (4.513)$$

Teniendo en cuenta que $c_1 = 0$, integrando una vez y sustituyendo f_0 y f_1, se llega a

$$f_2'' + k^2 f_2 = K_2 + \frac{1}{\mu}[A_0 \operatorname{sen}(k\zeta) + B_0 \cos(k\zeta)]\Bigg[c_2 -$$

$$- A_1 \operatorname{sen}(k\zeta) - B_1 \cos(k\zeta) + \frac{A_0^2 - B_0^2}{12\mu k^2} \cos(2k\zeta) - \frac{A_0 B_0}{6\mu k^2} \operatorname{sen}(2k\zeta)\Bigg]$$

$$= K_2 - \frac{A_0 A_1 + B_0 B_1}{\mu} + \left(\frac{-A_0^3 - A_0 B_0^2 + 24 A_0 k^2 \mu c_2}{24 k^2 \mu^2}\right) \operatorname{sen}(k\zeta) - \left(\frac{B_0 A_1 + A_0 B_1}{2\mu}\right) \operatorname{sen}(2k\zeta)$$

$$+ \left(\frac{A_0^3 - 3 A_0 B_0^2}{24 k^2 \mu^2}\right) \operatorname{sen}(3k\zeta) + \left(\frac{-A_0^2 B_0 - B_0^3 + 24 B_0 k^2 \mu c_2}{24 k^2 \mu^2}\right) \cos(k\zeta)$$

$$+ \left(\frac{A_0 A_1 - B_0 B_1}{2\mu}\right) \cos(2k\zeta) + \left(\frac{3 A_0^2 B_0 - B_0^3}{24 k^2 \mu^2}\right) \cos(3k\zeta), \qquad (4.514)$$

con K_2 otra constante de integración. Para que la solución tenga media nula, esta constante se toma igual a $(A_0 A_1 + B_0 B_1)/\mu$. Y lo que es más importante, para que la solución para f_2 no contenga términos seculares, los factores que multiplican a $\operatorname{sen}(k\zeta)$ y $\cos(k\zeta)$ deben anularse, proporcionando la corrección c_2 de la velocidad de fase

$$c_2 = \frac{A_0^2 + B_0^2}{24 k^2 \mu}, \qquad (4.515)$$

que, como se ve, depende tanto del número de onda k como de la amplitud de la onda, lo primero indicando que es una onda dispersiva y lo segundo consecuencia de su no linealidad. Sin llegar a resolver la ecuación para f_2, la solución queda, hasta $O(\epsilon)$ (pero hasta $O(\epsilon^2)$ en la frecuencia),

$$u(x,t) = (A_0 + \epsilon A_1) \operatorname{sen}(k\zeta) + (B_0 + \epsilon B_1) \cos(k\zeta) +$$

$$+ \epsilon \left[\frac{B_0^2 - A_0^2}{12\mu k^2} \cos(2k\zeta) + \frac{A_0 B_0}{6\mu k^2} \operatorname{sen}(2k\zeta)\right] + O(\epsilon^2), \qquad (4.516)$$

con

$$\zeta = x - \left(c_0 + \epsilon^2 \frac{A_0^2 + B_0^2}{24k^2\mu}\right) t + O(\epsilon^3) \,. \tag{4.517}$$

Las constantes c_0 (y, por tanto, k), A_0, A_1, B_0 y B_1 se determinarían de las condiciones iniciales y de contorno. Se observa que la velocidad de propagación de la onda depende no solo de los parámetros de la ecuación, sino también de la amplitud de la onda, una peculiaridad de estas ondas no lineales. En el presente caso débilmente no lineal, la variación de c con la amplitud de la onda es solo una pequeña corrección de $O(\epsilon^2)$, pero, en general, cuando ϵ no es pequeño, esta dependencia puede hacer que las soluciones (numéricas) de la ecuación KdV sean tremendamente cambiantes en el tiempo.

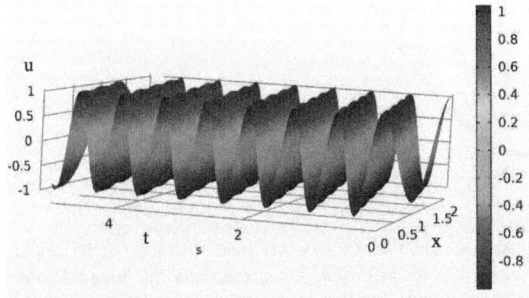

Figura 4.38: Visualización de la onda $u(x, t)$, solución de la ecuación KdV (4.501), obtenida numéricamente mediante el software COMSOL Multiphysics (v: 6.2) en $0 \leq x \leq 2$, con la condición inicial (4.518) y con condiciones de contorno periódicas, para $0 \leq t \leq 5$.

4.4.6.1. Comparación con la solución numérica

Para la solución numérica se utiliza el paquete 'EDPs formuladas mediante coeficientes' del software COMSOL Multiphysics (v: 6.2), donde se implementa la EDP (4.501) en el intervalo $0 \leq x \leq 2$ con $\epsilon = 0,5$, $a = 5$ y $\mu = 0,2$, imponiendo condiciones de contorno periódicas en los extremos $x = 0$ y $x = 2$, y partiendo de la condición inicial

$$u(x, 0) = \cos(\pi x) \,. \tag{4.518}$$

La Fig. 4.38 muestra una imagen de la solución numérica $u(x, t)$ obtenida en $[0 \leq x \leq 2, 0 \leq t \leq 5]$. Durante el tiempo de la simulación el frente de onda inicial ha salido varias veces del dominio $0 \leq x \leq 2$, y vuelto a entrar por $x = 0$ debido a la condición de contorno periódica, hasta llegar a la solución para $t = 5$ que se muestra con una línea continua azul en la Fig. 4.39 para su comparación con la solución asintótica (4.516)-(4.517). La condición inicial (4.518) se representa también en esta figura mediante una línea marrón de trazos gruesos. Se ha tomado un tiempo suficientemente grande para apreciar mejor las diferencias con la solución asintótica. Para que la solución permanezca muy precisa a medida que t crece se ha utilizado en la simulación numérica la opción de mallado 'extremadamente fino' con un paso temporal que asegura un error relativo menor de 10^{-8}.

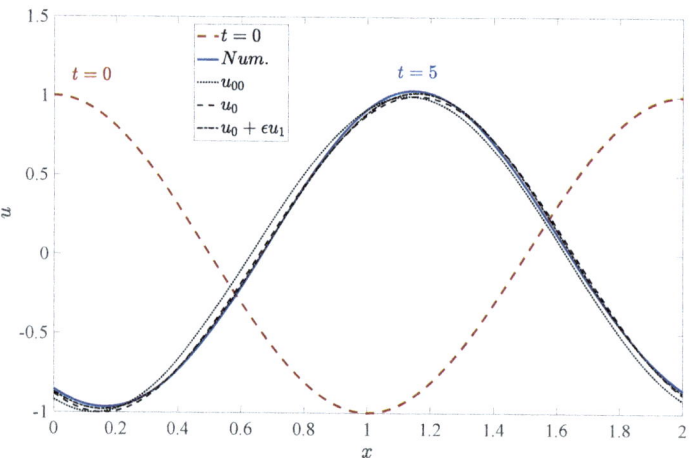

Figura 4.39: Comparación entre la solución asintótica y la numérica de la ecuación KdV (4.501) para $\epsilon = 0{,}5$, $a = 5$ y $\mu = 0{,}2$, con condición inicial $u(x,0) = \cos(\pi x)$ (representada con línea a trazos marrón), para el instante $t = 5$. La solución numérica se representa con una línea continua azul. Las diferentes aproximaciones asintóticas u_{00}, u_0 y $u_0 + \epsilon u_1$, representadas con distintas líneas discontinuas, se definen en (4.519)-(4.521).

Aplicando la condición inicial (4.518) a la solución asintótica (4.516) en $t = 0$ se tiene que $A_0 = A_1 = 0$, $B_0 = 1$, $B_1 = 0$ y el número de onda es $k = \pi$. De aquí se obtiene la velocidad de fase de orden cero, c_0, y la perturbada, con c_2 dado por (4.515):

$$c_0 = a - k^2\mu \simeq 3{,}026\,, \quad c_0 + \epsilon^2 c_2 \simeq 3{,}032\,.$$

Como se ve, la corrección de orden ϵ^2 de la velocidad de fase es extremadamente pequeña en este caso, a pesar de que $\epsilon = 0{,}5$ no es tan pequeño. Sin embargo, cualquier pequeña discrepancia con la velocidad de fase exacta puede dar lugar a diferencias importantes en la onda para tiempos grandes, y esta pequeña corrección en c hace que la solución aproximada representada en la Fig. 4.39 mejore apreciablemente para $t = 5$ en relación a la solución con solo la velocidad de fase c_0. Concretamente, las soluciones asintóticas representadas para $t = 5$ en la Fig. 4.39 son las siguientes:

$$u_{00} = B_0 \cos[k(x - c_0 t)]\,, \tag{4.519}$$

$$u_0 = B_0 \cos\{k[x - (c_0 + \epsilon^2 c_2)]t\}\,, \tag{4.520}$$

$$u_0 + \epsilon u_1 = B_0 \cos\{k[x - (c_0 + \epsilon^2 c_2)]t\} + \epsilon \frac{B_0^2}{12\mu k^2} \cos\{2k[x - (c_0 + \epsilon^2 c_2)]t\}\,. \tag{4.521}$$

Se aprecia como las sucesivas aproximaciones se van acercando a la solución numérica. La solución de orden más bajo u_0, con la pequeña corrección de la velocidad de fase $\epsilon^2 c_2$, es ya una muy buena aproximación de la solución numérica incluso para este caso con $\epsilon = 0{,}5$.

4.4.7. Ejercicios propuestos

1. Hallar el siguiente orden de (4.397) por el método de las dos escalas, correspondiente a la solución asintótica de la ecuación de Duffing (4.362) considerada en §4.4.1.

2. Utilizando el método de las escalas múltiples hallar el primer término de la expansión válida para valores grandes de t del siguiente problema (oscilador con amortiguación no lineal):

$$y'' + \epsilon y'^3 + y = 0, \quad t \geq 0, \quad 0 < \epsilon \ll 1,$$

$$y(0) = 0, \quad y'(0) = 1.$$

   Comparar la solución asintótica obtenida con la solución numérica del problema.

3. La ecuación del oscilador de van der Pol con una amortiguación pequeña ($\epsilon \ll 1$) se puede escribir, en forma adimensional,

$$y'' - \epsilon(1 - y^2)y' + y = 0, \quad t \geq 0.$$

   Utilizando el método de las escalas múltiples hallar el primer término de la expansión de la solución $y(t)$ válida para valores grandes de t que satisface las condiciones iniciales

$$y(0) = \alpha, \quad y'(0) = \beta.$$

   Comparar la solución asintótica obtenida con la solución numérica del problema para $\alpha = \beta = 1$ y $\epsilon = 0{,}1$.

4. Obtener los dos primeros órdenes de la solución asintótica por el método de las dos escalas del problema (4.398), extendiendo la solución de orden unidad obtenida en §4.4.2, y comparar esta solución asintótica con la obtenida en §4.3.1 mediante la técnica de los desarrollos asintóticos acoplados [ecuación (4.213)] y con la solución exacta (4.179).

5. Resolver por perturbaciones el siguiente problema que contiene el parámetro pequeño ϵ:

$$\epsilon y'' + y' - 2y = 0, \quad 0 < x < 1, \quad 0 < \epsilon \ll 1,$$

$$y(0) = 1, \quad y(1) = 2.$$

   En particular:

   a) Hallar los dos primeros términos de la expansión compuesta con el método de los desarrollos asintóticos acoplados.

b) Hallar también dos términos de la expansión asintótica mediante el método de las escalas múltiples.

c) Comparar los respectivos términos de las dos expansiones anteriores y discutir las diferencias, si es que existen.

d) Comparar gráficamente los resultados anteriores con la solución analítica exacta.

6. Resolver mediante el método de las escalas múltiples el siguiente sistema de ecuaciones de primer orden para las variables $u(t)$ y $v(t)$ que contiene el parámetro $\epsilon \ll 1$, obteniendo una solución uniformemente válida para todo tiempo t:

$$\frac{du}{dt} + v = -\epsilon u\,, \qquad \frac{dv}{dt} - u = \epsilon v^3\,,$$

$$u(0) = 1\,, \qquad v(0) = 0\,.$$

Comparar la solución aproximada anterior con la obtenida mediante integración numérica de las ecuaciones.

7. Utilizando un modelo muy simplificado, la velocidad de avance u de un vehículo autopropulsado mediante el aleteo de apéndices móviles (alas o aleta caudal en los casos de un ave o de un pez, respectivamente) viene dada por la ecuación diferencial de primer orden

$$\frac{du}{dt} = \epsilon \operatorname{sen}^2(t)\, u - a\,\epsilon u^2\,,$$

donde ϵ es un parámetro adimensional relacionado con el cuadrado de la amplitud del aleteo, con frecuencia unidad en las presentes variables adimensionales, y $a\,\epsilon$ es un coeficiente de resistencia, con $a = O(1)$. Suponiendo que $\epsilon \ll 1$, resolver la ecuación anterior por el método de las escalas múltiples para obtener una solución uniformemente válida para todo tiempo t. Supongan que $u(t = 0) = u_0$ y obtener la solución incluyendo los términos de orden ϵ^2.

Comparar la solución aproximada anterior con la obtenida mediante integración numérica de la ecuación para algunos valores de u_0, a y $\epsilon \ll 1$.

8. Utilizando el método de las escalas múltiples hallar el primer término de la expansión válida para valores grandes de t del siguiente problema de condición inicial:

$$y'' + 16y = \epsilon \left[(1 - y^3)y' + y^3\right]\,, \quad t \geq 0\,, \quad 0 < \epsilon \ll 1\,,$$

$$y(0) = 1\,, \quad y'(0) = 0\,.$$

Comparar la solución asintótica obtenida con la solución numérica del problema.

9. Obtener el siguiente término de $O(\epsilon)$ de la solución asintótica (4.496), $u_1(x, t)$, correspondiente a la ecuación de Klein-Gordon (4.472) con condiciones iniciales (4.476).

Comparar la solución asintótica obtenida con la solución numérica para un valor relativamente alto de ϵ (por ejemplo, $\epsilon = 0{,}5$), para que así se aprecie mejor cómo esta corrección reproduce las oscilaciones en la amplitud de la onda no lineal.

10. Resolver por el método de las escalas múltiples hasta $O(\epsilon^2)$ los siguientes problemas para la función $u(t)$:

   a)

   $$\frac{d^2u}{dt^2} + u = \epsilon u\left[1 - \left(\frac{du}{dt}\right)^2\right], \quad u(0) = A, \quad \left.\frac{du}{dt}\right|_{t=0} = 0;$$

   b)

   $$\frac{d^2u}{dt^2} + u = -\epsilon\left(\frac{du}{dt}\right)^3, \quad u(0) = A, \quad \left.\frac{du}{dt}\right|_{t=0} = 0;$$

   c)

   $$\frac{d^2u}{dt^2} + u = \epsilon u\left(\frac{du}{dt}\right)^4, \quad u(0) = 0, \quad \left.\frac{du}{dt}\right|_{t=0} = 1;$$

   d)

   $$\frac{d^2u}{dt^2} + u = \epsilon\left[u^3 + 3\frac{du}{dt} - \left(\frac{du}{dt}\right)^3\right], \quad u(0) = 1, \quad \left.\frac{du}{dt}\right|_{t=0} = 0.$$

   Comparar con la soluciones numéricas.

11. Resolver el problema (4.362)-(4.363) de la ecuación de Duffing,

$$\frac{d^2y}{dt^2} + y + \epsilon\frac{dy}{dt} + a\epsilon y^3 = 0, \quad t \geq 0, \quad 0 < \epsilon \ll 1,$$

$$y(0) = 0, \quad \left.\frac{dy}{dt}\right|_{t=0} = 1,$$

pero usando el método de las coordenadas extendidas descrito en §4.4.6 . Para ello utilizar la variable independiente extendida

$$\tau = t(1 + \epsilon\omega_1 + \epsilon^2\omega_2 + \dots),$$

donde $\omega_1, \omega_2, \dots$ son constantes (frecuencias) que hay que ir determinando al avanzar en los distintos órdenes de la solución en términos de la expansión asintótica

$$u(t; \epsilon) = u_0(\tau) + \epsilon u_1(\tau) + \epsilon^2 u_2(\tau) + \dots.$$

Hallar la solución hasta $O(\epsilon^2)$, determinando $\omega_1, \omega_2, u_1(\tau)$ y $u_2(\tau)$ y compararla con la solución obtenida mediante el método de las escalas múltiples en §4.4.1, con la extensión de la solución hasta el segundo orden propuesta en el ejercicio 1 de esta sección.

12. Resolver la ecuación de Klein-Gordon

$$u_{tt} = u_{xx} + u + \epsilon u^3 \,, \quad t \geq 0 \,, \quad -\infty < x < \infty \,,$$

con condiciones iniciales

$$u(x,0) = \alpha \cos(kx) \,, \quad u_t(x,0) = \alpha \, \omega \, \mathrm{sen}(kx) \,,$$

para $0 < \epsilon \ll 1$, utilizando el método de las coordenadas extendidas descrito en §4.4.6, en vez del método de las escalas múltiples utilizado en §4.4.5. Es decir, utilizando la variable

$$\zeta = kx - (\omega_0 + \epsilon\omega_1 + \epsilon^2\omega_2 + \ldots)\, t \,,$$

en vez de (4.477), en la expansión asintótica. Comparar la solución obtenida con la del método de las dos escalas (4.496).

4.5. MÉTODO WKB

El método, o aproximación, WKB[33] es un procedimiento específicamente adaptado para resolver por perturbaciones EDOs lineales, especialmente de segundo orden. Como se verá, la ventaja del método reside en que proporciona una forma general de la solución por perturbaciones de este tipo de ecuaciones válida en todo el dominio, incluyendo las capas límites y/o las escalas múltiples que pueda tener el problema en una misma expansión compacta. Sin embargo, solo se puede aplicar a ecuaciones diferenciales ordinarias lineales, mientras que los métodos de los desarrollos asintóticos acoplados y de las escalas múltiples descritos en las secciones anteriores no tienen esta limitación, pudiéndose aplicar a cualquier ecuación diferencial ordinaria o en derivadas parciales, lineal o no lineal. Para ilustrar las diferencias entre los métodos se compararán algunos de los resultados obtenidos previamente con el método de las escalas múltiples y con la teoría de capa límite con los que proporciona la técnica WKB.

4.5.1. EDO lineal de segundo orden

El método WKB se aplica preferentemente a ecuaciones diferenciales ordinarias de segundo orden que se escriben en la forma

$$\epsilon^2 y''(x) - q(x)y(x) = 0 \,, \quad \epsilon^2 \ll 1 \,, \tag{4.522}$$

con $q(x)$ una función conocida. Esta ecuación se suele denominar ecuación de Schrödinger unidimensional. Un caso particular de la ecuación, aplicada a un oscilador armónico cuántico lineal, se resolvió en §3.5 por separación de variables, obteniéndose las autofunciones (funciones de onda) y los autovalores de energía. De hecho, una de las principales aplicaciones

---

[33]Llamado así por Wentzel, Kramers y Brillouin, que lo desarrollaron en 1926, aunque versiones equivalentes fueron desarrolladas mucho antes por Liouville y Green, por eso algunas veces se denomina método LG.

del método WKB, y que fue el principal detonante de su invención y desarrollo (teniendo por ello tan ilustres nombres en sus siglas), fue el cálculo aproximado de los niveles meca-nocuánticos de energía (ver §4.1.3.1 para otro método de perturbaciones para este cálculo aproximado). Como se verá en un ejemplo más adelante (§4.5.3), el método WKB es muy efectivo para el cálculo analítico aproximado de autovalores y autofunciones de problemas de Sturm-Liouville cuya ecuación se escribe en la forma (4.522), en aplicaciones no necesa-riamente mecanocuánticas.

Aunque el método se va a desarrollar a continuación para una EDO escrita en la forma (4.522), su aplicación es bastante más general, pues cualquier EDO lineal de segundo orden de la forma

$$\epsilon^2 u'' + P(x)u' + Q(x)u = 0\,,$$

puede ser reducida a (4.522) mediante el cambio de variable

$$u = y\, e^{-\frac{1}{2\epsilon^2}\int P dx}\,,\quad \text{con}\quad q = \frac{1}{4\epsilon^2}P^2 + \frac{1}{2}P' - Q\,, \tag{4.523}$$

cubriendo así una enorme variedad de problemas físicos. Para la aplicación del método WKB a EDOs lineales de mayor orden, así como para muchos más detalles y aplicaciones del méto-do, se puede consultar, por ejemplo, Bender y Orszag (1999), cap. 10.

Para introducir el método WKB se considera primero la solución de (4.522) con q cons-tante,

$$y(x) = a_0 e^{-\sqrt{q}\,x/\epsilon} + b_0 e^{\sqrt{q}\,x/\epsilon}\,, \tag{4.524}$$

donde a_0 y b_0 son constantes de integración. Basándose en esta solución, la idea del método WKB es buscar soluciones de (4.522), ahora con q una función de x, de la forma

$$y(x) = e^{\theta(x)/\epsilon}\left[y_0(x) + \epsilon y_1(x) + \epsilon^2 y_2(x)\dots\right]\,. \tag{4.525}$$

Solo hay que comprobar que la sustitución de esta expresión en la ecuación permite la ob-tención de una solución sistemática y coherente de la ecuación por el método de perturba-ciones. Derivando (4.525) dos veces y sustituyendo en (4.522) se obtiene, tras eliminar el factor exponencial $e^{\theta(x)/\epsilon}$ (de aquí la necesidad de que la ecuación sea lineal),

$$\theta'^2 y_0 + \epsilon\left(\theta'' y_0 + 2\theta' y_0' + \theta'^2 y_1\right) + \epsilon^2\left(\theta'' y_1 + 2\theta' y_1' + \theta'^2 y_2 + y_0''\right) + \dots$$

$$= q\left(y_0 + \epsilon y_1 + \epsilon^2 y_2 + \dots\right)\,. \tag{4.526}$$

Igualando términos del mismo orden en ϵ, en el orden más bajo se obtiene

$$O(1):\qquad \theta'^2 = q\,,^{[34]} \tag{4.527}$$

---

[34]Esta ecuación se suele llamar ecuación eikonal (comparar con la ecuación (1.125) de la óptica geométrica; ver §1.1.7). De hecho, la expansión (4.525) de la aproximación WKB se utilizó por primera vez en la mecánica ondulatoria como corrección de los resultados de la aproximación de la óptica geométrica, donde el parámetro pequeño es λ/l. Se puede apreciar la similitud entre (4.525) y (1.124) si la amplitud $a(x)$ en (1.124) se expande en potencias del parámetro pequeño.

de donde se obtienen las dos soluciones

$$\theta(x) = \pm \int^x \sqrt{q(s)}\, ds\,. \tag{4.528}$$

En el siguiente orden de (4.526), teniendo en cuenta (4.527), que cancela los términos con y_1, se tiene

$$O(\epsilon): \qquad \theta'' y_0 + 2\theta' y_0' = 0\,. \tag{4.529}$$

Esta ecuación se puede escribir como

$$\frac{y_0'}{y_0} = -\frac{1}{2}\frac{\theta''}{\theta'}\,,$$

que se integra directamente para obtener

$$y_0(x) = \frac{K_0}{\sqrt{\theta'(x)}} = \frac{K_0}{q^{1/4}(x)}\,, \tag{4.530}$$

siendo K_0 una constante de integración.

Por lo tanto, de acuerdo con (4.525), la solución WKB de (4.522) se puede escribir, en primera aproximación, como

$$y \sim \frac{1}{q^{1/4}(x)}\left[a_0 \exp\left(-\frac{1}{\epsilon}\int^x \sqrt{q(s)}\, ds\right) + b_0 \exp\left(\frac{1}{\epsilon}\int^x \sqrt{q(s)}\, ds\right)\right]\,, \tag{4.531}$$

donde se han denominado a_0 y b_0 las constantes K_0 correspondientes a cada solución (4.528), constantes que se obtendrían de las condiciones de contorno. Como era de esperar de la ecuación (4.522), esta solución es singular para $\epsilon = 0$, por lo que el método WKB es válido para $\epsilon \ll 1$, pero distinto de cero. También se hace singular la solución en los puntos donde $q(x)$ se anula, dejando de valer antes en sus proximidades (ver más adelante).

En muchas aplicaciones suele ser suficiente quedarse con esta primera aproximación (4.531) de la solución WKB. Pero no es difícil avanzar en la aproximación y obtener soluciones analíticas de los siguientes órdenes de (4.526). Por ejemplo, resolviendo el siguiente orden, $O(\epsilon^2)$, se llega a una ecuación cuya única incógnita es $y_1(x)$, pues los términos que contienen $y_2(x)$ se cancelan debido a (4.527), como ocurre en (4.529) con $y_1(x)$, y análogamente en todos los sucesivos órdenes de ϵ. Se obtiene (se deja como ejercicio):

$$y_1(x) = \pm y_0(x) \int^x \left(\frac{q''(s)}{8q^{3/2}(s)} - \frac{5q'^2(s)}{32q^{5/2}(s)}\right) ds\,. \tag{4.532}$$

Se comprueba por tanto que la expresión (4.525) permite una solución sistemática de la ecuación por el método de perturbaciones, donde cada orden en ϵ genera una ecuación para el siguiente término en la aproximación WKB.

Para establecer los límites de validez de la aproximación en cada orden es necesario escribir (4.525) formalmente como una expansión asintótica,[35]

$$y(x) = \exp\left[\frac{\theta}{\epsilon} + \ln(y_0 + \epsilon y_1 + \dots)\right] = \exp\left[\frac{\theta}{\epsilon} + \ln y_0 + \epsilon\frac{y_1}{y_0} + \dots\right].$$

Luego, en relación a los primeros órdenes de la aproximación WKB, se tiene que cumplir

$$\frac{\theta}{\epsilon} \gg \ln y_0 \gg \epsilon\frac{y_1}{y_0} \gg \quad \dots, \quad \epsilon \to 0. \tag{4.533}$$

No todas las funciones $q(x)$ van a dar lugar a una solución WKB que satisface estas condiciones para todo $\epsilon \ll 1$, por lo que, en cada caso, habrá que comprobar mediante las relaciones (4.528)-(4.532) que se cumplen estas condiciones antes de aplicar el método. En particular, el método WKB puede fallar en la proximidades de los puntos donde la función $q(x)$ se anula. Así, si $q(x)$ se anula dentro del dominio de definición de la solución $y(x)$, de manera que la solución se hace singular en esos puntos, habrá que analizar y resolver la ecuación (4.522) en sus proximidades por otros procedimientos y acoplar asintóticamente la solución obtenida con la solución WKB a ambos lados de la singularidad. Estos puntos singulares son los denominados puntos de retroceso de la ecuación de Schrödinger (o los cáusticos en la óptica geométrica; ver §1.1.7). El tratamiento de estos puntos singulares se analizará en §4.5.4.

En problemas de contorno gobernados por una EDO lineal de segundo orden, con capas límites en uno o en los dos contornos, como los considerados en §§4.3.1 y 4.3.2, la solución WKB de orden cero (4.531) suele ser más precisa que la equivalente de orden cero obtenida mediante el método de los desarrollos asintóticos acoplados, pues se basa en la estructura de la solución de este tipo de ecuaciones. De hecho, para ecuaciones con coeficientes constantes, como la considerada en §4.3.1, la solución de orden cero (4.531) es la solución exacta (ver ejercicio 2 en §4.5.6). Sin embargo, el método WKB no se puede aplicar a una EDO no lineal de segundo orden como la analizada en (4.3.3).

4.5.2. Comparación con el método de las escalas múltiples

Aunque el método WKB se aplica preferentemente a problemas de contorno, es instructivo aplicar el método al ejemplo con dos condiciones iniciales (4.412) resuelto en §4.4.3 mediante el método de las escalas múltiples.

Para ello primero se escribe (4.412) en la variable $x = \epsilon t$,

$$\epsilon^2 y''(x) + k^2(x)y(x) = 0, \quad y(0) = A, \quad y'(0) = \frac{B}{\epsilon}, \tag{4.534}$$

donde ahora las primas son derivadas con respecto a la variable *lenta* x (en §4.4.3) llamada τ). Aplicando la solución (4.527) del método WKB se tiene

$$\theta'^2(x) = -k^2(x), \quad \theta'(x) = \pm ik(x), \quad \theta(x) = \pm i\int^x k(s)ds,$$

---

[35]En algunos textos se utiliza directamente la expansión $y(x) = \exp[S_0(x)/\epsilon + S_1(x) + \epsilon S_2(x) + \dots]$, pero aquí se ha optado por la más tradicional (4.525).

$$\sqrt{\theta'(x)} = \sqrt{\pm i k(x)} = \pm \frac{1+i}{\sqrt{2}} \sqrt{k(x)} \,,$$

por lo que la solución de orden más bajo (4.531) en este caso se puede escribir como

$$y(x) = \frac{1}{\sqrt{k(x)}} \left[C \exp\left(-\frac{i}{\epsilon} \int_0^x k(s)\,ds \right) + C^* \exp\left(\frac{i}{\epsilon} \int_0^x k(s)\,ds \right) \right] + O(\epsilon)\,, \quad (4.535)$$

donde la constante arbitraria C es ahora compleja, C^* su compleja conjugada (para que la solución sea real), y se ha puesto el límite inferior de las integrales que aparecen en las exponenciales en $s = 0$ para facilitar su cálculo de las condiciones de contorno.

De la primera condición de contorno, $y(0) = A$, se obtiene $C^* = A\sqrt{k(0)} - C$. De la segunda, hallando primero la derivada de y y despreciando términos de $O(\epsilon)$ frente a términos de orden unidad en la condición $y'(0) = B/\epsilon$, se llega a $B = 2i\sqrt{k(0)}\,C - iA\,k(0)$. Es decir,

$$C = \frac{1}{2} \left(A\sqrt{k(0)} - i\frac{B}{\sqrt{k(0)}} \right) \,.$$

Tras un poco de álgebra en la variable compleja, la solución finalmente se escribe

$$y(x) = \frac{1}{\sqrt{k(x)}} \left[A\sqrt{k(0)} \cos\left(\frac{1}{\epsilon} \int_0^x k(s)\,ds \right) + \frac{B}{\sqrt{k(0)}} \operatorname{sen}\left(\frac{1}{\epsilon} \int_0^x k(s)\,ds \right) \right] + O(\epsilon)\,,$$
$$(4.536)$$

que coincide con la solución (4.432) obtenida mediante el método de las dos escalas hasta este orden.

Se ve que la obtención de la solución (4.536) por el método WKB es mucho más directa que por el método de las dos escalas utilizado en §4.4.3, pero esto es porque la solución WKB para ecuaciones de este tipo ya se ha obtenido previamente de forma general. Sin embargo, como se ha repetido anteriormente, el método WKB solo se puede aplicar a EDOs lineales de segundo orden, mientras que el método de las escalas múltiples no tiene esta limitación, pudiéndose aplicar a cualquier ecuación diferencial, lineal o no, ordinaria o en derivadas parciales.

4.5.3. Autovalores y autofunciones de un problema de Sturm-Liouville

Una de las aplicaciones más relevantes del método WKB es la obtención de las autofunciones y autovalores de un problema de Sturm-Liouville de forma aproximada.

Considérese la EDO de segundo orden (4.522), pero escrita en la forma

$$y''(x) + \lambda r(x) y(x) = 0\,. \tag{4.537}$$

Se supondrá que la solución $y(x)$ está definida en el intervalo $a \le x \le b$, con condiciones de contorno homogéneas en los extremos y que la función $r(x)$ es positiva en todo el intervalo:

$$y(a) = y(b) = 0\,, \quad r(x) > 0\,. \tag{4.538}$$

De acuerdo con lo visto en §3.2, este problema de Sturm-Liouville tendrá solución para un número infinito de autovalores λ_n, $n = 1, 2, \ldots$, con las correspondientes autofunciones $y_n(x)$ ortogonales de acuerdo con la relación

$$\int_a^b r(x)y_n(x)y_m(x)dx = 0\,, \qquad \lambda_n \neq \lambda_m\,. \tag{4.539}$$

Si λ_n es positivo y muy grande, se puede aplicar el método WKB para hallar las autofunciones y, por ende, los autovalores. En particular, haciendo $\epsilon^2 = \lambda_n^{-1} \ll 1$ y $q(x) = -r(x)$, como $\sqrt{-r(x)} = i\sqrt{r(x)}$, la primera aproximación (4.531) de la solución WKB de la ecuación (4.537) se puede escribir como

$$y_n \sim \frac{1}{r^{1/4}}\left[C\exp\left(-i\sqrt{\lambda_n}\int_a^x \sqrt{r(s)}\,ds\right) + C^*\exp\left(i\sqrt{\lambda_n}\int_a^x \sqrt{r(s)}\,ds\right)\right]\,, \qquad \lambda_n \gg 1\,,$$
$$\tag{4.540}$$

donde C es una constante compleja arbitraria y C^* su complejo conjugado. De la condición de contorno $y(a) = 0$ se obtiene que $C + C^* = 0$; es decir, C es una constante imaginaria pura, con lo que la expresión anterior se puede simplificar a

$$y_n(x) \sim \frac{A}{r(x)^{1/4}}\operatorname{sen}\left[\sqrt{\lambda_n}\int_a^x \sqrt{r(s)}\,ds\right]\,, \qquad \lambda_n \gg 1\,, \tag{4.541}$$

donde A es una constante real arbitraria. Aplicando la otra condición de contorno, $y(b) = 0$, la no trivialidad de las autofunciones ($A \neq 0$) proporciona la primera aproximación WKB de los autovalores para n suficientemente grande:

$$\lambda_n \sim \left[\frac{n\pi}{\int_a^b \sqrt{r(s)}\,ds}\right]^2\,. \tag{4.542}$$

La constante libre se suele elegir para que cada autofunción esté normalizada,

$$\int_a^b r(x)[y_n(x)]^2 dx = 1\,. \tag{4.543}$$

Utilizando la primera aproximación WKB (4.541), A_n se obtendría de

$$\int_a^b r(x)\frac{A_n^2}{r(x)^{1/2}}\operatorname{sen}^2\left[\sqrt{\lambda_n}\int_a^x \sqrt{r(s)}\,ds\right]dx \sim 1\,. \tag{4.544}$$

Para calcular la integral en x se hace el cambio de variable $u = \sqrt{\lambda_n}\int_a^x \sqrt{r(s)}\,ds$,

$$\frac{A_n^2}{\sqrt{\lambda_n}}\int_0^{n\pi}\operatorname{sen}^2(u)du \sim 1\,,$$

donde se ha hecho uso de (4.542) para el límite superior de la integral. Por lo tanto,

$$A_n^2 \sim \frac{2}{\int_a^b \sqrt{r(s)}\,ds}\,, \tag{4.545}$$

y la autofunción normalizada finalmente se escribe, en primera aproximación,

$$y_n(x) \sim \left(\frac{2}{\sqrt{r(x)}\int_a^b \sqrt{r(s)}\,ds}\right)^{1/2} \mathrm{sen}\left[n\pi \frac{\int_a^x \sqrt{r(s)}\,ds}{\int_a^b \sqrt{r(s)}\,ds}\right]. \tag{4.546}$$

En el caso particular $r(x) = 1$, $a = 0$, $b = \pi$, se tendría $y_n(x) = \sqrt{2/\pi}\,\mathrm{sen}(nx)$, que es la solución exacta del problema de Sturm-Liouville $y'' + \lambda y = 0$, $y(0) = y(\pi) = 0$. [Recuérdese que la primera aproximación de la solución WKB (4.531) de la ecuación (4.522) es su solución exacta (4.524) cuando $q(x)$ es una constante.]

Las autofunciones y autovalores anteriores no serían correctos si la función $r(x)$ se anulara en algún punto del intervalo $[a, b]$. Para solventar esta dificultad hay que analizar aparte el comportamiento de la solución de la ecuación (4.522) en el entorno de esos puntos singulares.

4.5.4. Análisis de los puntos singulares y su acoplamiento con la solución WKB

Para analizar la solución en el entorno de un punto en el que la función $q(x)$ se anula en la ecuación (4.522), se supone por simplicidad que ese punto singular está en $x = 0$ y que la solución $y(x)$ se anula en $x \to \infty$:

$$\epsilon^2 y''(x) - q(x)y(x) = 0\,, \quad y(\infty) = 0\,, \quad q(0) = 0\,, \quad \epsilon^2 \ll 1\,. \tag{4.547}$$

Para más simplicidad, se supone además que el cero de $q(x)$ es de primer orden y que $q(x) > 0$ para $x > 0$ y $q(x) < 0$ para $x < 0$:

$$q(x) \sim ax\,, \quad |x| \ll 1\,, \quad a > 0\,. \tag{4.548}$$

En la región $x > 0$, y suficientemente lejos de $x = 0$ (esta condición se cuantificará más abajo), la solución WKB (4.531) se puede escribir como

$$y \sim \frac{a_0}{q^{1/4}(x)} \exp\left(-\frac{1}{\epsilon}\int_0^x \sqrt{q(s)}\,ds\right)\,, \quad x > 0\,, \tag{4.549}$$

pues la exponencial positiva divergiría para $x \to \infty$. Como la constante a_0 es arbitraria, el límite de la integral se ha elegido en $x = 0$ por simplicidad. De acuerdo con (4.533), esta solución es válida mientras el módulo del exponente para $x \to 0^+$, $\theta/\epsilon = 2a^{1/2}x^{3/2}/(3\epsilon)$, sea mucho mayor que la unidad, pues $|\ln y_0| \sim (1/4)\ln(ax)$ crece mucho más lentamente que decrece $x^{3/2}$ para $x \to 0^+$. Por lo tanto, la solución (4.549) es válida para

$$x \gg \epsilon^{2/3}\,. \tag{4.550}$$

En la región $|x| \ll 1$ donde la solución WKB no es válida es por tanto conveniente reescalar la variable independiente para que sea de orden unidad,

$$t = a^{1/3} \frac{x}{\epsilon^{2/3}} \,. \tag{4.551}$$

La constante se ha elegido para que la ecuación (4.547) en esta región $|x| \ll 1$, $\epsilon^2 y''(x) - axy(x) = 0$, sea la ecuación de Airy (4.119),

$$\frac{d^2 y}{dt^2} = ty \,. \tag{4.552}$$

Su solución general se puede escribir como[36]

$$y(t) = C\text{Ai}(t) + D\text{Bi}(t) \,, \tag{4.553}$$

donde Ai y Bi son las funciones de Airy de primera y de segunda especie, respectivamente, definidas en $-\infty < t < \infty$ (ver Fig. 4.5). Las constantes de integración C y D se determinarán mediante el acoplamiento asintótico con la solución WKB (4.549) para $t \to \infty$ y con la correspondiente en la región $x < 0$, que se verá más abajo, para $t \to -\infty$.

Los comportamientos de las funciones de Airy para $t \to \infty$ son (F. W. J. Olver y cols., 2010, §9.7):

$$\text{Ai}(t) \sim \frac{e^{-2t^{3/2}/3}}{2\sqrt{\pi}\, t^{1/4}} \,, \quad \text{Bi}(t) \sim \frac{e^{2t^{3/2}/3}}{\sqrt{\pi}\, t^{1/4}} \,, \quad t \to \infty \,. \tag{4.554}$$

Por tanto, la solución (4.553), que es válida para $x \ll 1$ por ser solución de la ecuación de Airy que proviene de (4.547) con $q(x)$ sustituido por ax, para $t = a^{1/3}x/\epsilon^{2/3} \gg 1$ (pero con $x \ll 1$) se puede escribir como

$$y(x) \sim \frac{\epsilon^{1/6}}{\sqrt{\pi}\, a^{1/12}x^{1/4}} \left(\frac{C}{2} e^{-2a^{1/2}x^{3/2}/(3\epsilon)} + D e^{2a^{1/2}x^{3/2}/(3\epsilon)} \right) \,, \quad \epsilon^{2/3} \ll x \ll 1 \,. \tag{4.555}$$

Por otro lado, la solución WKB (4.549) en este mismo rango de x sería (sustituyendo $q(x)$ por $a\,x$)

$$y(x) \sim \frac{a_0}{a^{1/4}x^{1/4}} e^{-2a^{1/2}x^{3/2}/(3\epsilon)} \,, \quad \epsilon^{2/3} \ll x \ll 1 \,. \tag{4.556}$$

Así, comparando (4.555) con (4.556), el acoplamiento asintótico entre las dos soluciones (4.549) y (4.553) en esta región intermedia en la que ambas soluciones son válidas proporciona

$$D = 0 \,, \quad C = \frac{2\sqrt{\pi}}{(a\epsilon)^{1/6}} a_0 \,. \tag{4.557}$$

Se procede ahora de forma análoga para $x < 0$. Como $q(x) < 0$, la solución (4.531) es oscilatoria, y se puede escribir como (ver, por ejemplo, §4.5.3 para una solución similar)

$$y(x) \sim \frac{1}{[-q(x)]^{1/4}} \left[E \exp\left(-\frac{i}{\epsilon} \int_x^0 \sqrt{-q(s)}\, ds \right) + E^* \exp\left(\frac{i}{\epsilon} \int_x^0 \sqrt{-q(s)}\, ds \right) \right] \,, \quad x < 0 \,, \tag{4.558}$$

---

[36]Ver, por ejemplo, F. W. J. Olver y cols. (2010), cap. 9.

con E una constante compleja arbitraria y E^* su conjugada para que la solución sea real. Esta constante debe ser compatible con el acoplamiento de (4.558) con (4.553) para $t \to -\infty$. Teniendo en cuenta que $D = 0$ y que, de acuerdo con (4.121),

$$\text{Ai}(t) \sim \frac{1}{\sqrt{\pi}\,(-t)^{1/4}} \,\text{sen} \left[\frac{2}{3}(-t)^{3/2} + \frac{\pi}{4} \right] \quad \text{para} \quad t \to -\infty\,, \qquad (4.559)$$

E debe ser tal que (4.558) sea de la forma

$$y(x) \sim \frac{A}{[-q(x)]^{1/4}} \,\text{sen} \left(\frac{1}{\epsilon} \int_x^0 \sqrt{-q(s)}\,ds + \frac{\pi}{4} \right)\,, \quad x < 0\,, \qquad (4.560)$$

donde A es una constante real arbitraria. Es decir, $E = (1+i)A/(2\sqrt{2})$. Escribiendo la solución (4.553) con $D = 0$ para $t \to -\infty$ usando (4.559) en términos de x,

$$y(x) \sim C \frac{\epsilon^{1/6}}{\sqrt{\pi}\,a^{1/12}(-x)^{1/4}} \,\text{sen} \left(\frac{2a^{1/2}}{3\epsilon}(-x)^{3/2} + \frac{\pi}{4} \right)\,, \quad x < 0\,, \quad \epsilon^{2/3} \ll (-x) \ll 1\,,$$
$$(4.561)$$

y (4.560) para $(-x) \ll 1$ usando $q(x) = ax$,

$$y(x) \sim \frac{A}{a^{1/4}(-x)^{1/4}} \,\text{sen} \left(\frac{2a^{1/2}}{3\epsilon}(-x)^{3/2} + \frac{\pi}{4} \right)\,, \quad x < 0\,, \quad \epsilon^{2/3} \ll (-x) \ll 1\,,$$
$$(4.562)$$

la igualdad de las dos expresiones en esta región intermedia de acoplamiento asintótico proporciona

$$C = \frac{\sqrt{\pi}}{(a\epsilon)^{1/6}}\,A\,. \qquad (4.563)$$

Utilizando la relación (4.557) del acoplamiento para $x > 0$, se tiene

$$a_0 = \frac{A}{2}\,, \qquad (4.564)$$

de manera que la solución en las tres regiones se puede escribir en términos de una única constante de integración, por ejemplo A [esta constante no queda fijada porque solo se ha impuesto una condición de contorno, $y(\infty) = 0$]:

$$y \sim \frac{A}{2[q(x)]^{1/4}} \,\exp\left(-\frac{1}{\epsilon} \int_0^x \sqrt{q(s)}\,ds \right)\,, \quad x > 0\,, \quad x \gg \epsilon^{2/3}\,, \qquad (4.565)$$

$$y(t) \sim \frac{\sqrt{\pi}\,A}{(a\epsilon)^{1/6}} \,\text{Ai}\left(a^{1/3}\frac{x}{\epsilon^{2/3}} \right)\,, \quad |x| \ll 1\,, \qquad (4.566)$$

$$y(x) \sim \frac{A}{[-q(x)]^{1/4}} \,\text{sen} \left(\frac{1}{\epsilon} \int_x^0 \sqrt{-q(s)}\,ds + \frac{\pi}{4} \right)\,, \quad x < 0\,, \quad (-x) \gg \epsilon^{2/3}\,. \quad (4.567)$$

La solución cerca de $x = 0$ en términos de la función de Airy conecta asintóticamente los comportamientos oscilatorios y exponenciales a cada lado del punto de retroceso. La constante A se determinaría de alguna otra condición de contorno. Por ejemplo, si se impone $y(0) = 1$, se tendría que, en este orden más bajo de la aproximación para $\epsilon \ll 1$, $A = (ae)^{1/6}/[\sqrt{\pi}\,\text{Ai}(0)] = (ae)^{1/6}\Gamma(2/3)3^{2/3}/[\sqrt{\pi}$. Obsérvese que aunque las condiciones de contorno se imponen en $x = 0$ y en $x \to \infty$, la solución vale en todo el dominio donde esté definida la ecuación, generalmente $-\infty < x < \infty$. También se debe notar que para que la solución anterior sea válida es necesaria la condición $y(\infty) = 0$ para poder eliminar la exponencial divergente que no aparece en (4.565), y proceder con los acoplamientos asintóticos hacia valores decrecientes x para obtener las soluciones (4.566) y (4.567).

Sorprendentemente, es posible reducir las tres expresiones anteriores a una sola uniformemente válida en todo el dominio:[37]

$$y(x) \sim A\frac{\sqrt{\pi}}{[q(x)]^{1/4}}\left(\frac{3}{2\epsilon}\theta(x)\right)^{1/6}\text{Ai}\left[\left(\frac{3}{2\epsilon}\theta(x)\right)^{2/3}\right]\,,\quad \theta(x) = \int_0^x \sqrt{q(s)}\,ds\,. \quad (4.568)$$

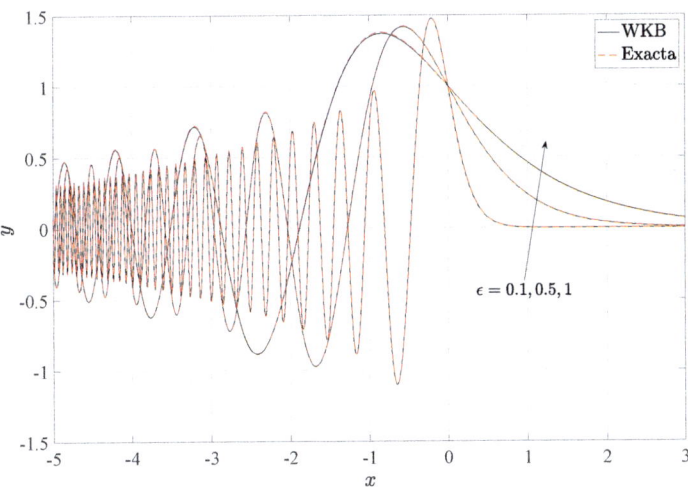

Figura 4.40: Comparación entre la solución asintótica WKB (4.568) (líneas continuas negras) y la solución analítica exacta (4.570) (líneas de trazos rojos) de la ecuación (4.569) para varios valores de ϵ.

Para apreciar la precisión de la solución WKB (4.568) se considera el problema

$$\epsilon^2 y'' - (1 - e^{-x})y = 0\,,\quad y(\infty) = 0\,,\quad y(0) = 1\,, \quad (4.569)$$

---

[37]La derivación de esta expresión, debida a Langer, no es trivial. Se basa en transformar la ecuación (4.547) en una ecuación de Airy mediante un cambio de variable dependiente e independiente. Se deja como ejercicio comprobar que coincide con (4.565)-(4.567). Ver también ejemplo a continuación.

en el que la función $q(x) = 1 - e^{-x}$ se anula en $x = 0$ con pendiente $a = 1$. La ecuación tiene solución analítica exacta en términos de las funciones de Bessel,

$$y(x) = C_1 J_{-2/\epsilon}\left(\frac{2}{\epsilon} e^{-x}\right) + C_2 Y_{-2/\epsilon}\left(\frac{2}{\epsilon} e^{-x}\right),$$

que con las condiciones de contorno queda

$$y(x) = \frac{J_{-2/\epsilon}\left(\frac{2}{\epsilon} e^{-x}\right)}{J_{-2/\epsilon}\left(\frac{2}{\epsilon}\right)}. \tag{4.570}$$

En la Fig. 4.40 se compara esta solución exacta (líneas de trazos rojos) con la asintótica (4.568) para tres valores de ϵ. Se observa que incluso para $\epsilon = 1$ la solución WKB (4.568) es muy precisa en este ejemplo. Para calcular (4.568) en el presente ejemplo hay que tener en cuenta que $q^{-1/4} = (1 - e^x)^{-1/4}$ para $x > 0$, $q^{-1/4} = e^{-i\pi/4}(e^{-x} - 1)^{-1/4}$ para $x < 0$,

$$\theta(x) = \int_0^x \sqrt{1 - e^{-s}}\, ds = 2\operatorname{arcosh}(e^{x/2}) - 2\sqrt{1 - \cosh(x) + \sinh(x)}, \quad x > 0,$$

$$\theta(x) = e^{3\pi i/2} \int_x^0 \sqrt{e^{-s} - 1}\, ds = 2e^{3\pi i/2}\left(\sqrt{e^{-x} - 1} - \arctan\sqrt{e^{-x} - 1}\right), \quad x < 0.$$

4.5.5. Autovalores y autofunciones de un problema de Sturm-Liouville con puntos singulares en el contorno: Concentración de iones en difusioforesis

Para ilustrar el cálculo aproximado de autovalores y autofunciones de un problema de Sturm-Liouville con puntos singulares en el contorno se elige el que resulta de la solución por separación de variables del problema (4.316) analizado en §4.3.6 en relación a la convección/difusión de iones en la difusioforesis de partículas.

Escribiendo

$$c(x.y) = G(x)F(y), \tag{4.571}$$

la ecuación parabólica (4.316), una vez separadas las variables, queda

$$\frac{F''}{F\left(\frac{1}{4} - y^2\right)} = \mathsf{Sh}\frac{G'}{G} = -\lambda^2. \tag{4.572}$$

Integrando la ecuación para $G(x)$, se obtiene la solución

$$G(x) = K e^{-\frac{\lambda^2}{\mathsf{Sh}} x}, \tag{4.573}$$

donde K es una constante arbitraria, mientras que para $F(y)$ se obtiene el problema de Sturm-Liouville

$$F'' + \lambda^2 \left(\frac{1}{4} - y^2\right) F = 0, \quad F\left(-\frac{1}{2}\right) = 0, \quad F'\left(\frac{1}{2}\right) = 0. \tag{4.574}$$

Si λ_n y $F_n(y)$ son los autovalores y autofunciones de (4.574), de acuerdo con los resultados generales de Sturm-Liouville descritos en §3.2 deben satisfacer la relación de ortogonalidad

$$\int_{-1/2}^{1/2} \left(\frac{1}{4} - y^2\right) F_n(y)F_m(y)dy = 0 \quad \text{si} \quad \lambda_n \neq \lambda_m\,, \tag{4.575}$$

y la solución general del problema se puede escribir como

$$c(x,y) = \sum_{n=1}^{\infty} B_n F_n(y)\, e^{-\frac{\lambda_n^2}{\text{Sh}} x}\,, \tag{4.576}$$

donde las constantes B_n vendrían dadas, utilizando la condición de contorno $c(0,y) = 1$, por

$$B_n = \frac{\int_{-1/2}^{1/2} \left(\frac{1}{4} - y^2\right) F_n(y)dy}{\int_{-1/2}^{1/2} \left(\frac{1}{4} - y^2\right) F_n^2(y)dy}\,. \tag{4.577}$$

Pero haría falta calcular analíticamente los λ_n y $F_n(y)$, que no son triviales de obtener en términos de funciones especiales conocidas.[38] Por ello se van a obtener aquí de forma aproximada suponiendo que $\lambda^2 \gg 1$. Esta aproximación proporcionaría la solución completa si el primer autovalor al cuadrado fuese ya suficientemente grande.

Para aplicar el método WKB se escribe la ecuación (4.574) en la forma (4.522),

$$\epsilon^2 F''(y) - q(y)F(y) = 0\,, \quad \text{con} \quad \epsilon^2 = \lambda^{-2} \ll 1\,, \quad q(y) = y^2 - \frac{1}{4}\,. \tag{4.578}$$

Se observa que los dos puntos del contorno son singulares al anularse $q(y)$ en $y = \pm 1/2$. Como $q(y) < 0$ en el intervalo de interés $-1/2 < y < 1/2$, la solución aproximada WKB de la ecuación (4.574) se puede escribir como [comparar con (4.540)]

$$F(y) \sim \frac{1}{[-q(y)]^{1/4}} \left[C \exp\left(-i\lambda \int_{-1/2}^{y} \sqrt{-q(s)}\,ds\right) + C^* \exp\left(i\lambda \int_{-1/2}^{y} \sqrt{-q(s)}\,ds\right)\right]\,. \tag{4.579}$$

De la primera condición de contorno en (4.574), $F(-1/2) = 0$, se tiene que $C + C^* = 0$, por lo que C es una constante imaginaria pura y la solución queda

$$F(y) \sim \frac{A}{[-q(y)]^{1/4}} \operatorname{sen}\left(\lambda \int_{-1/2}^{y} \sqrt{-q(s)}\,ds\right) =$$

$$= \frac{A}{(1/4 - y^2)^{1/4}} \operatorname{sen}\left\{\frac{\lambda}{16}\left[\pi + 4y\sqrt{1 - 4y^2} + 2\arccos\operatorname{sen}(2y)\right]\right\}\,, \tag{4.580}$$

donde A es una constante real arbitraria.

---

[38] Se pueden obtener en términos de las denominadas funciones parabólicas cilíndricas, pero igualmente habría que calcular numéricamente los autovalores y la tarea no es sencilla.

Los comportamientos de esta función y de su derivada en el entorno de los dos puntos del contorno son los siguientes (con $A = 1$):

$$F(y) \sim \frac{2}{3}\lambda\left(\frac{1}{2}+y\right)^{5/4} + O\left(\frac{1}{2}+y\right)^{9/4}, \quad y > -\frac{1}{2}, \quad \frac{1}{2}+y \ll 1, \quad (4.581)$$

$$F'(y) \sim \frac{5}{6}\lambda\left(\frac{1}{2}+y\right)^{1/4} + O\left(\frac{1}{2}+y\right)^{5/4}, \quad y > -\frac{1}{2}, \quad \frac{1}{2}+y \ll 1, \quad (4.582)$$

$$F(y) \sim \operatorname{sen}\left(\frac{\pi\lambda}{8}\right)\left[\left(\frac{1}{2}-y\right)^{-1/4} + \frac{1}{4}\left(\frac{1}{2}-y\right)^{3/4}\right] + O\left(\frac{1}{2}-y\right)^{5/4}, \quad (4.583)$$

$$F'(y) \sim \operatorname{sen}\left(\frac{\pi\lambda}{8}\right)\left[\frac{1}{4}\left(\frac{1}{2}-y\right)^{-5/4} - \frac{3}{16}\left(\frac{1}{2}-y\right)^{-1/4}\right] + O\left(\frac{1}{2}-y\right)^{1/4}, \quad (4.584)$$

estas dos últimas para el entorno de $y = 1/2$, con $y < 1/2$, $1/2 - y \ll 1$. Luego, como era de esperar, tanto F como F' son singulares en $y = 1/2$, aunque, como se aprecia en (4.581) y (4.582), no lo son en $y = -1/2$ debido a la condición de contorno $F(-1/2) = 0$ que ya satisface (4.580).

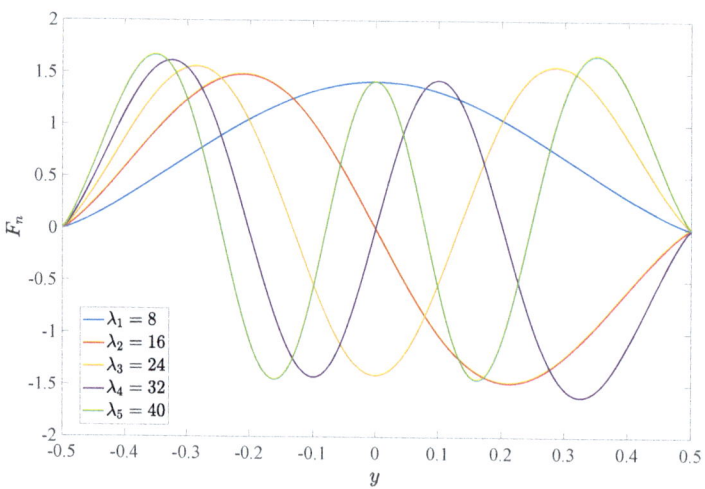

Figura 4.41: Cinco primeras autofunciones (4.586) con $A = 1$.

Para que se satisfaga la otra condición de contorno, $F'(1/2) = 0$, de (4.584) λ tiene que ser

$$\lambda = \lambda_n = 8n, \quad n = 1, 2, \ldots. \quad (4.585)$$

Sin embargo, las autofunciones correspondientes,

$$F_n(y) \sim \frac{A}{(1/4 - y^2)^{1/4}} \operatorname{sen}\left\{ \frac{\lambda_n}{16} \left[\pi + 4y\sqrt{1 - 4y^2} + 2\arccos\operatorname{sen}(2y) \right] \right\}, \qquad (4.586)$$

también se anulan en $y = 1/2$, de acuerdo con (4.583), y no corresponderían a la solución buscada con $F'(1/2) = 0$, pero con $F(1/2) \neq 0$ en general. La superficie $y = 1/2$ sería de adsorción de iones, similar a la superficie $y = -1/2$, y no de flujo nulo de iones (ver §4.3.6). En cualquier caso, dado que estas autofunciones también tienen interés para este otro problema físico con $F(-1/2) = F(1/2) = 0$, se representan en la Fig. 4.41 las 5 primeras. Obsérvese que todos los autovalores (4.585) son lo suficientemente grandes ($\lambda_n^2 \gg 1$; el caso $n = 0$ no se considera pues correspondería a la solución trivial $F \equiv 0$) para que la aproximación WKB de todas las autofunciones (4.586) sea bastante precisa. De hecho, se comprueba que las autofunciones (4.586) son exactamente ortogonales y que (con $A = 1$)

$$\int_{-1/2}^{1/2} \left(\frac{1}{4} - y^2 \right) F_n^2(y)dy = \frac{\pi}{16}, \quad \forall\, n. \qquad (4.587)$$

Para hallar las autofunciones que satisfacen $F'(1/2) = 0$ con $F(1/2) \neq 0$ utilizando la presente aproximación WKB, hay que considerar la función (4.580) como la solución exterior de un problema singular en el que existe una capa límite en el entorno de $y = 1/2$ y acoplar asintóticamente la solución interior en esta capa límite con (4.580) utilizando las técnicas consideradas en §4.3. Para hallar la solución en el interior de la capa límite se reescala la variable independiente en la forma

$$Y = \frac{y - 1/2}{\epsilon^\alpha}, \qquad (4.588)$$

donde la constante $\alpha > 0$ se elegirá para que ambos términos de la ecuación (4.578) sean del mismo orden cuando $Y = O(1)$. La variable dependiente F no es necesario reescalarla pues la ecuación es homogénea. Sustituyendo en (4.578), se tiene

$$\frac{d^2 F}{dY^2} - \epsilon^{3\alpha - 2} \left(Y + \epsilon^\alpha Y^2 \right) F = 0.$$

Por lo tanto, $\alpha = 2/3$ (como ya se sabía del análisis de un punto singular simple en §4.5.4), y la variable reescalada sería

$$Y = \frac{y - 1/2}{\epsilon^{2/3}} = \lambda^{2/3} \left(y - \frac{1}{2} \right), \qquad (4.589)$$

con lo que, en primera aproximación de la expansión asintótica $F = F_0 + \epsilon^{2/3} F_1 + \ldots$, se tendría la ecuación de Airy,

$$\frac{d^2 F}{dY^2} - YF = 0, \qquad (4.590)$$

(se omite el subíndice '0' por simplicidad) con solución general

$$F(Y) = C_1 \mathsf{Ai}(Y) + C_2 \mathsf{Bi}(Y) \,, \qquad (4.591)$$

donde C_1 y C_2 son constantes arbitrarias.

Para imponer la condición de contorno $F'(y = 1/2) = \lambda^{2/3} \, dF/dY|_{Y=0} = 0$, se tiene en cuenta que las derivadas en $Y = 0$ de las funciones de Airy de primera y segunda especie son [39]

$$\mathsf{Ai}'(0) = -\frac{1}{3^{1/3}\Gamma\left(\frac{1}{3}\right)} \,, \quad \mathsf{Bi}'(0) = \frac{3^{1/6}}{\Gamma\left(\frac{1}{3}\right)} \,;$$

es decir, $\mathsf{Ai}'(0) = -\mathsf{Bi}'(0)/\sqrt{3}$, de donde $C_1 - \sqrt{3}C_2 = 0$, y se puede elegir $C_1 = \sqrt{3}\,C$, $C_2 = C$, de manera que la solución de capa límite de orden cero que cumple la condición de contorno en $y = 1/2$ se puede escribir como

$$F(Y) = C \left[\sqrt{3}\,\mathsf{Ai}(Y) + \mathsf{Bi}(Y) \right] \,, \qquad (4.592)$$

donde la constante C (junto con el autovalor λ) habrá que obtenerla del acoplamiento asintótico con la solución exterior (4.578). Para ello se utiliza el comportamiento de (4.592) para $Y \to -\infty$, que de acuerdo con (4.121)-(4.122) y en primera aproximación se escribe

$$F(Y) \sim \frac{C}{\sqrt{\pi}(-Y)^{1/4}} \left\{ \sqrt{3}\cos\left[-\frac{2}{3}(-Y)^{3/2} + \frac{\pi}{4}\right] + \cos\left[\frac{2}{3}(-Y)^{3/2} + \frac{\pi}{4}\right] \right\}$$

$$= \frac{C}{\sqrt{\pi}\,\lambda^{1/6}\left(\frac{1}{2}-y\right)^{1/4}} \left\{ \sqrt{3}\cos\left[-\frac{2}{3}\lambda\left(\frac{1}{2}-y\right)^{3/2} + \frac{\pi}{4}\right] + \cos\left[\frac{2}{3}\lambda\left(\frac{1}{2}-y\right)^{3/2} + \frac{\pi}{4}\right] \right\} \,.$$
$$(4.593)$$

Esta expresión tiene que acoplar con el comportamiento asintótico de (4.580) para $y \to 1/2$. En vez de utilizar (4.583) directamente, se tiene en cuenta que

$$\frac{\lambda}{16}\left[\pi + 4y\sqrt{1-4y^2} + 2\arcsen(2y)\right] \sim \frac{\lambda\pi}{8} - \frac{2}{3}\lambda\left(\frac{1}{2}-y\right)^{3/2} \,, \quad y < \frac{1}{2}, \quad \frac{1}{2}-y \ll 1 \,,$$

por lo que (4.580) se puede escribir en este límite como

$$F(y) \sim \frac{A}{\left(\frac{1}{2}-y\right)^{1/4}} \sen\left[\frac{\lambda\pi}{8} - \frac{2}{3}\lambda\left(\frac{1}{2}-y\right)^{3/2}\right] \,, \quad y < \frac{1}{2}, \quad \frac{1}{2} - y \ll 1 \,. \quad (4.594)$$

Multiplicando y dividiendo (4.594) por una constante arbitraria K, la igualdad de (4.593) y (4.594) requiere que se verifiquen las siguientes relaciones:

$$\frac{C}{\sqrt{\pi}\,\lambda^{1/6}} = KA \,, \qquad (4.595)$$

---

[39]Ver, por ejemplo, F. W. J. Olver y cols. (2010), §9.2.

$$\sqrt{3}\cos\left[-\phi+\frac{\pi}{4}\right] + \cos\left[\phi+\frac{\pi}{4}\right] = \frac{1}{K}\,\mathrm{sen}\left[\frac{\lambda\pi}{8}-\phi\right], \qquad (4.596)$$

con $\phi = 2\lambda(1/2-y)^{3/2}/3$. De esta última se obtiene, igualando los factores que multiplican a $\cos\phi$ y a $\mathrm{sen}\,\phi$ tras desarrollar la relaciones trigonométricas,

$$\frac{1}{K}\,\mathrm{sen}\,\frac{\lambda\pi}{8} = \frac{\sqrt{3}+1}{\sqrt{2}}, \qquad -\frac{1}{K}\cos\frac{\lambda\pi}{8} = \frac{\sqrt{3}-1}{\sqrt{2}}.$$

Como la suma del seno cuadrado más el coseno cuadrado de $\lambda\pi/8$ debe ser la unidad, se tiene que $K = \pm 1/2$. Tomando el signo positivo, como $\mathrm{arc\,sen}\,\frac{\sqrt{3}+1}{2\sqrt{2}} = \frac{5\pi}{12}$, se tiene que $\lambda\pi/8 = 5\pi/12 + n\pi$, y resultan los autovalores

$$\lambda = \lambda_n = \frac{10}{3} + 8n, \quad n = 1, 2, \ldots, \qquad (4.597)$$

y la relación

$$A = \frac{2(-1)^n C}{\sqrt{\pi}\,\lambda^{1/6}}, \qquad (4.598)$$

donde el factor $(-1)^n$ proviene del cambio de signo de las funciones trigonométricas cada vez que se añaden π radianes al ángulo $5\pi/12 = 75°$. La constante C queda libre, como en cualquier autofunción, y se puede elegir, por ejemplo, para que $F(y=1/2)$ sea la unidad,

$$C = \frac{1}{\sqrt{3}\mathrm{Ai}(0)+\mathrm{Bi}(0)} = \frac{3^{1/6}\Gamma(2/3)}{2}. \qquad (4.599)$$

La solución compuesta de la autofunción enésima en este orden más bajo de la expansión en $\lambda_n^{-1} \ll 1$ tendría la siguiente expresión:

$$F_n(y) \sim F_{ni}(y) + F_{ne}(y) - F_{na}(y), \qquad (4.600)$$

donde

$$F_{ni}(y) = C\left\{\sqrt{3}\mathrm{Ai}\left[\lambda_n^{2/3}\left(y-\frac{1}{2}\right)\right] + \mathrm{Bi}\left[\lambda_n^{2/3}\left(y-\frac{1}{2}\right)\right]\right\} \qquad (4.601)$$

es la solución interior, con C dado por (4.599) si se quiere que $F_n(1/2) = 1$;

$$F_{ne}(y) = \frac{A_n}{(1/4-y^2)^{1/4}}\,\mathrm{sen}\left\{\frac{\lambda_n}{16}\left[\pi + 4y\sqrt{1-4y^2} + 2\,\mathrm{arc\,sen}(2y)\right]\right\}, \qquad (4.602)$$

es la solución exterior, que coincide con (4.580) pero con A_n dado por (4.598) y con $\lambda = \lambda_n$ dado por (4.597), y, finalmente,

$$F_{na} = \frac{C}{\sqrt{\pi}\lambda_n^{1/6}\left(\frac{1}{2}-y\right)^{1/4}}\left\{\sqrt{3}\cos\left[-\frac{2}{3}\lambda_n\left(\frac{1}{2}-y\right)^{3/2} + \frac{\pi}{4}\right] + \right.$$

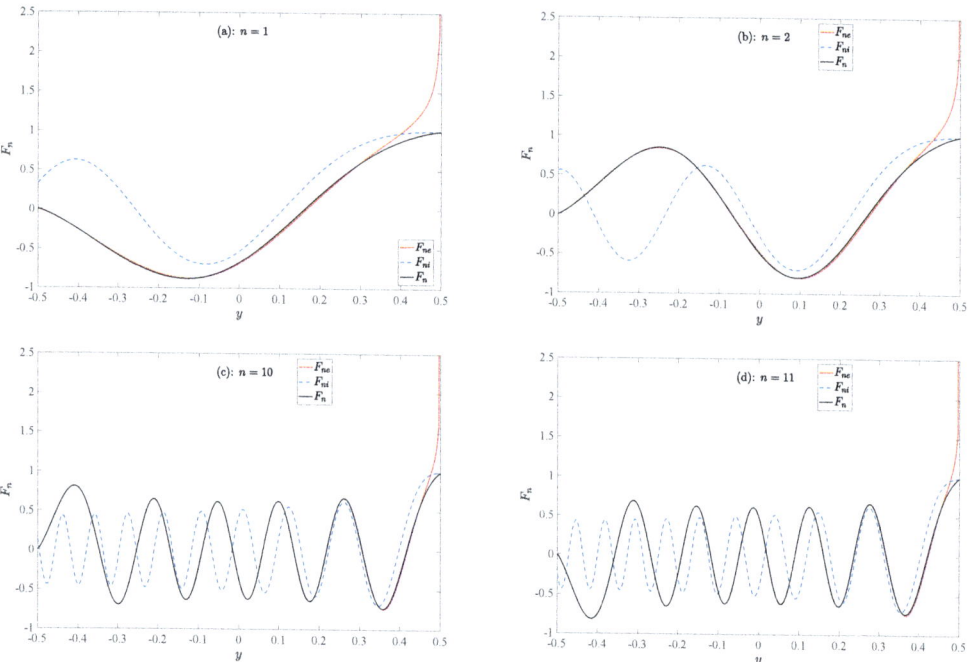

Figura 4.42: Autofunciones dadas por (4.600)-(4.603) para varios valores de n: $\lambda_1 = 34/3$ (a), $\lambda_2 = 58/3$ (b), $\lambda_{10} = 250/3$ (c) y $\lambda_{11} = 274/3$ (d).

$$+ \cos\left[\frac{2}{3}\lambda_n \left(\frac{1}{2} - y\right)^{3/2} + \frac{\pi}{4}\right]\right\},\qquad (4.603)$$

es la parte común del acoplamiento asintótico entre F_{ni} y F_{ne}. En la Fig. 4.42 se representan estas funciones para $n = 1, 2, 10$ y 11. Se observa que la solución exterior es singular en $y = 1/2$, pues λ_n viene dado por (4.597), que difiere del autovalor (4.585) que regulariza (de hecho, anula) $F_{ne}(1/2)$. Pero este comportamiento es regularizado por el acoplamiento con la solución interior, de manera que la solución compuesta es regular en $y = 1/2$ cuando λ_n viene dado por (4.597) (si λ fuese distinto, F_n sería singular en $y = 1/2$). El acoplamiento asintótico entre las funciones de Airy de la solución interior y la función senoidal exterior se aprecia mejor para valores altos de n.

Como se ha visto en los apartados anteriores, la solución WKB exterior de orden cero es muy precisa, con errores que suelen ser bastante menores que λ_n^{-1}. Sin embargo, la presente solución interior y, por tanto F_n, tienen errores mayores cerca de $y = 1/2$, del orden de $\lambda_n^{-2/3}$. Esto hace que la ortogonalidad de estas autofunciones aproximadas [que por otra parte hay que comprobar numéricamente, pues no es posible hacer las integrales analíticamente como en el caso de las autofunciones (4.586)] se verifique de forma aproximada, dificultando su uso en la expansión (4.576) para obtener una primera aproximación de la concentración $c(x, y)$. Habría que ir al orden siguiente para obtener una mejor precisión. Por este motivo la expansión (4.576) se va a usar para obtener la concentración $c(x, y)$ con las autofunciones (4.580), correspondientes al problema con condición de contorno $c(x, 1/2) = 0$, en vez de $\partial c/\partial y = 0$ en $y = 1/2$. Esta solución por separación de variables con autofunciones aproximadas mediante el método WKB se comparan en la sección siguiente con resultados numéricos de un problema de difusioforesis con condiciones de contorno diferentes a las consideradas en §4.3.6.

Tabla 4.1: Quince primeros coeficientes B_n dados por (4.577) ($B_n = 0$ si n es par).

n	1	3	5	7	9	11	13	15
B_n	0.8657	0.2386	0.1315	0.0888	0.0663	0.0525	0.0432	0.0366

4.5.5.1. Comparación con resultados numéricos: Difusioforesis

La figura 4.43 muestra la solución por separación de variables del problema gobernado por (4.316), pero sustituyendo la condición de contorno en $y = 1/2$ por $c(x, 1/2) = 0$. Es decir, la serie (4.576) con las autofunciones aproximadas (4.586) obtenidas mediante el método WKB, que con $\lambda_n = 8n$ y haciendo $A = 1$ (esta constante se incorpora a las B_n) se escriben

$$F_n(y) = \frac{1}{(1/4 - y^2)^{1/4}} \operatorname{sen} \left[\frac{n\pi}{2} + 2ny\sqrt{1 - 4y^2} + n\arcsen(2y) \right] . \qquad (4.604)$$

En particular se representa la solución para Sh$= 1/0{,}003$ en forma de perfiles de concentración adimensional c en la coordenada y para distintos valores de x. Los coeficientes B_n se obtienen mediante (4.577), cuyo denominador es el mismo para todos los valores de n [ecuación (4.587)], mientras que la integral del numerador se obtiene numéricamente. Resulta que $B_n = 0$ si n es par, lo cual es evidente de la Fig. 4.41, pues $1/4 - y^2$ es una función simétrica con respecto a $y = 0$ y las F_n con n par son antisimétricas. En la tabla 4.1 se muestran los valores de B_n para $n \leq 15$, que son los términos de la serie usados en los resultados representados en la Fig. 4.43.

Se observa en la Fig. 4.43(a) para $x = 0{,}1$ que son suficientes 5 o 6 autofunciones para que la serie (4.576) converja para todo y. Esto es debido a que el cuadrado de los autovalores que aparecen en el exponente de la expansión (4.576) crecen muy rápidamente $(64, 256, \dots)$. Por supuesto, la serie converge mucho más rápidamente a medida que el factor $x/$Sh en el exponente crece, de manera que, con el presente valor de Sh, es suficiente con un solo término de la expansión para $x \gtrsim 0{,}7$. La principal ventaja de esta solución aproximada en relación a la obtenida en §4.3.6 mediante un desarrollo asintótico de una solución de semejanza es que la presente solución vale para todo valor de $x/$Sh, mientras que aquella era válida para $x/$Sh $= x\epsilon \ll 1$.

La Fig. 4.43(b) contiene también resultados numéricos obtenidos con COMSOL Multiphysics (v: 6.2) para el mismo ejemplo de difusioforesis considerado en §4.3.6.1, pero ahora im-

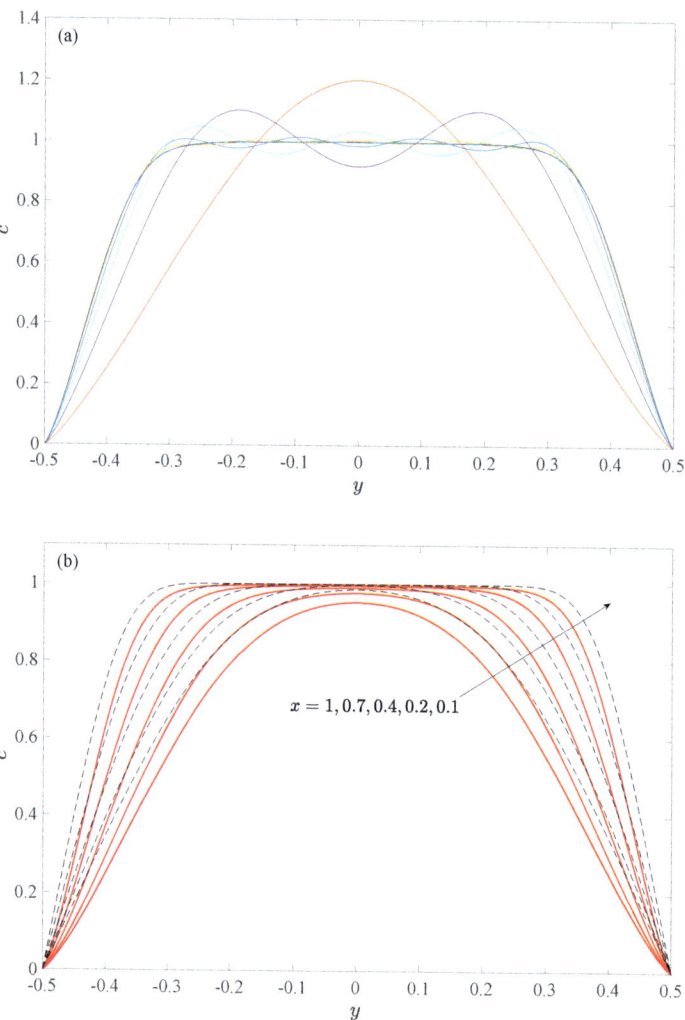

Figura 4.43: Solución para $c(x, y)$ dada por la serie (4.576) hasta $n = 15$ con las autofunciones (4.604). En (a) se representan los perfiles de c en $x = 0{,}1$ obtenidos truncando la serie con un número creciente de términos, desde $n = 1$ hasta $n = 15$. En (b) se representan los perfiles para distintos x obtenidos con los 15 términos de la serie (líneas rojas) junto con los correspondientes perfiles de la solución numérica (líneas negras a trazos) cuyos isocontornos se muestran en la Fig. 4.44.

poniendo en $y = d/2$ (este y es dimensional) la misma condición de contorno $c_{K^+} = 0$ que se impone en $y = -d/2$. Los resultados numéricos para $\text{Sh}^{-1} = 0{,}003$ se muestran en forma de isocontornos de la concentración adimensional, $c(x, y) = c_{K^+}/c_i$, en la Fig. 4.44.

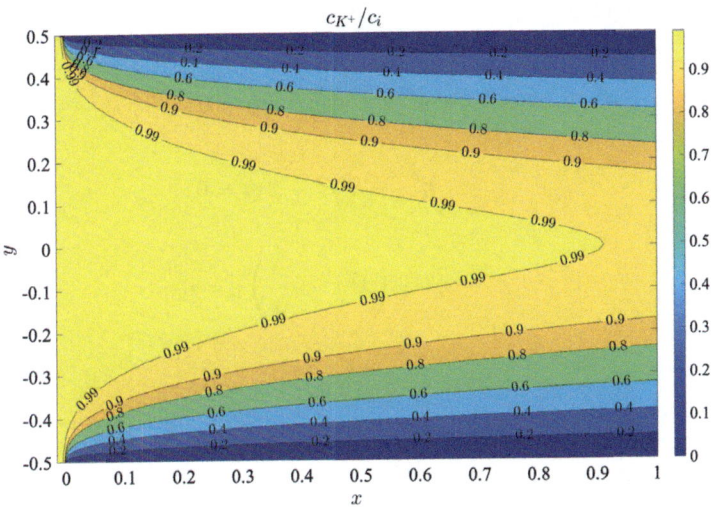

Figura 4.44: Isocontornos de c_{K^+}/c_i obtenidos numéricamente con COMSOL Multiphysics (v: 6.2) para $Sh^{-1} = 0{,}003$.

Varios perfiles de $c(y)$ de estos isocontornos son los que se comparan con los resultados WKB en la Fig. 4.43(b). Se observa que los resultados analíticos proporcionan sistemáticamente una concentración c menor que la numérica. Aparte de que el problema simulado numéricamente es físicamente mucho más complejo (como se describió en §4.3.6.1) que el descrito por la simple ecuación de difusión (4.316), la principal fuente de la discrepancia reside en la pendiente nula en $y = \pm 1/2$ de las autofunciones obtenidas mediante la aproximación WKB, que no se corresponden con la solución física. Las soluciones analíticas obtenidas en §4.3.6 por el método de semejanza tenían pendiente finita en $y = -1/2$ y por este motivo comparaban mejor con las soluciones numéricas. Pero, como contrapartida, solo valían para $x/Sh \ll 1$, de manera que c lejos de la pared nunca bajaba de la unidad, mientras que la presente solución analítica no tiene esta limitación.

4.5.6. Ejercicios propuestos

1. Hallar la solución (4.532) para $y_1(x)$ en la aproximación WKB de la solución de la ecuación de Schrödinger (4.522).

2. Resolver mediante el método WKB el problema (4.174). Para ello, pasar primeramente la ecuación (4.174) a la forma (4.522) mediante la transformación (4.523). Aplicar la solución de orden cero (4.531) y comprobar que es idéntica a la solución exacta (4.179).

3. Hallar mediante el método WKB la primera aproximación de las soluciones generales de las siguientes ecuaciones con el parámetro $\lambda \gg 1$ (tener en cuenta los puntos

singulares o de retroceso):

a)

$$y'' - \lambda^2 (\text{sen}^2 x)y = 0\,;$$

b)

$$y'' + (\lambda^2 x^2 + x)y = 0\,;$$

c)

$$y'' - \left(\lambda^2 x^2 + \frac{\lambda}{x}\right)y = 0\,;$$

d)

$$y'' + \lambda^2 (x-1)y = 0\,.$$

4. Obtener aproximadamente mediante el método WKB los autovalores E (para $E \gg 1$) del problema de Sturm-Liouville

$$y''(x) + E(x+\pi)^4 y(x) = 0\,, \quad 0 \le x \le \pi\,, \quad y(0) = y(\pi) = 0\,.$$

5. Obtener la primera aproximación de los autovalores λ, para $\lambda \gg 1$, de los siguientes problemas de Sturm-Liouville:

a)

$$y'' + \lambda^2 (1+x)^2 y = 0\,, \quad 0 \le x \le 1\,, \quad y(0) = 0\,, \quad \left.\frac{dy}{dx}\right|_{x=1} = 0\,;$$

b)

$$y'' + \lambda^2 xy = 0\,, \quad 1 \le x \le 4\,, \quad y(0) = y(4) = 0\,;$$

c)

$$y'' + \lambda^2 (2+x)^2 y = 0\,, \quad -1 \le x \le 1\,, \quad y(-1) = y(1) = 0\,;$$

d)

$$y'' + \lambda^2 e^{4x} y = 0\,, \quad 0 \le x \le 1\,, \quad y(0) = y(1) = 0\,.$$

6. Teniendo en cuenta el punto de retroceso, obtener la primera aproximación de los autovalores λ, para $\lambda \gg 1$, del siguiente problema de Sturm-Liouville:

$$y'' + \lambda^2 x(1+x)^4 y = 0\,, \quad 0 \le x \le 1\,, \quad y(0) = 0\,, \quad y(1) = 0\,.$$

A. OPERACIONES CON ∇ EN COORDENADAS CURVILÍNEAS

Se resumen a continuación las operaciones más comunes con el operador ∇ en coordenadas curvilíneas generales, que luego se particularizan para los sistemas de coordenadas no cartesianos que se utilizan en este libro. Para más detalles se puede consultar, por ejemplo, Morse y Feshbach (1953), vol. I, cap. 1, y Aris (1989), cap. 7.

A.1. COORDENADAS CURVILÍNEAS ORTOGONALES

Si el vector posición $\mathbf{x}$ de un punto genérico del espacio en relación al origen de coordenadas viene definido en términos de las coordenadas curvilíneas ortogonales arbitrarias α, β y γ, el elemento diferencial de longitud viene dado por

$$d\mathbf{x} = h_\alpha d\alpha \mathbf{e}_\alpha + h_\beta d\beta \mathbf{e}_\beta + h_\gamma d\gamma \mathbf{e}_\gamma \,, \tag{A.1}$$

$$(dl)^2 \equiv d\mathbf{x} \cdot d\mathbf{x} = h_\alpha^2 (d\alpha)^2 + h_\beta^2 (d\beta)^2 + h_\gamma^2 (d\gamma)^2 \,, \tag{A.2}$$

donde $\mathbf{e}_\alpha$, $\mathbf{e}_\beta$ y $\mathbf{e}_\gamma$ son los vectores unitarios paralelos a las líneas coordenadas en las direcciones de incremento de α, β y γ, respectivamente, en el punto en cuestión y h_α, h_β y h_γ son las respectivas funciones (o factores) de escala, definidos como sigue:

$$\mathbf{e}_\alpha = \frac{\partial \mathbf{x}/\partial \alpha}{|\partial \mathbf{x}/\partial \alpha|} \,, \quad \text{etc.} \,, \tag{A.3}$$

$$\mathbf{e}_\alpha \cdot \mathbf{e}_\beta = \mathbf{e}_\beta \cdot \mathbf{e}_\gamma = \mathbf{e}_\alpha \cdot \mathbf{e}_\gamma = 0 \,, \quad \mathbf{e}_\alpha = \mathbf{e}_\beta \wedge \mathbf{e}_\gamma \,, \quad \text{etc.} \,, \tag{A.4}$$

$$h_\alpha \equiv \left| \frac{\partial \mathbf{x}}{\partial \alpha} \right| \,, \quad h_\beta \equiv \left| \frac{\partial \mathbf{x}}{\partial \beta} \right| \,, \quad h_\gamma \equiv \left| \frac{\partial \mathbf{x}}{\partial \gamma} \right| \,, \tag{A.5}$$

de forma que

$$\mathbf{e}_\alpha = \frac{1}{h_\alpha}\frac{\partial \mathbf{x}}{\partial \alpha}\,, \quad \text{etc.} \tag{A.6}$$

Si ϕ es una función escalar, su gradiente se define

$$\boldsymbol{\nabla}\phi \equiv \frac{1}{h_j}\frac{\partial\phi}{\partial j}\mathbf{e}_j \equiv \frac{1}{h_\alpha}\frac{\partial\phi}{\partial\alpha}\mathbf{e}_\alpha + \frac{1}{h_\beta}\frac{\partial\phi}{\partial\beta}\mathbf{e}_\beta + \frac{1}{h_\gamma}\frac{\partial\phi}{\partial\gamma}\mathbf{e}_\gamma\,, \tag{A.7}$$

donde $j = \alpha, \beta, \gamma$, y se ha utilizado la notación usual de indicar suma mediante la repetición de subíndices. Por otra parte, si $\mathbf{v}$ es una función vectorial, $\mathbf{v} \equiv v_\alpha\mathbf{e}_\alpha + v_\beta\mathbf{e}_\beta + v_\gamma\mathbf{e}_\gamma \equiv v_j\mathbf{e}_j$, su divergencia viene dada por

$$\boldsymbol{\nabla}\cdot\mathbf{v} \equiv \mathbf{e}_j\cdot\frac{1}{h_j}\frac{\partial\mathbf{v}}{\partial j} = \frac{1}{h_\alpha h_\beta h_\gamma}\left[\frac{\partial}{\partial\alpha}(h_\beta h_\gamma v_\alpha) + \frac{\partial}{\partial\beta}(h_\alpha h_\gamma v_\beta) + \frac{\partial}{\partial\gamma}(h_\alpha h_\beta v_\gamma)\right]\,, \tag{A.8}$$

mientras que el rotacional de $\mathbf{v}$ es

$$\boldsymbol{\nabla}\wedge\mathbf{v} \equiv \mathbf{e}_j\wedge\frac{1}{h_j}\frac{\partial\mathbf{v}}{\partial j} = \frac{1}{h_\alpha h_\beta h_\gamma}\begin{vmatrix} h_\alpha\mathbf{e}_\alpha & h_\beta\mathbf{e}_\beta & h_\gamma\mathbf{e}_\gamma \\ \frac{\partial}{\partial\alpha} & \frac{\partial}{\partial\beta} & \frac{\partial}{\partial\gamma} \\ h_\alpha v_\alpha & h_\beta v_\beta & h_\gamma v_\gamma \end{vmatrix}\,. \tag{A.9}$$

El operador laplaciano sobre la función escalar ϕ se define como

$$\nabla^2\phi \equiv \triangle\phi \equiv \boldsymbol{\nabla}\cdot\boldsymbol{\nabla}\phi$$

$$= \frac{1}{h_\alpha h_\beta h_\gamma}\left[\frac{\partial}{\partial\alpha}\left(\frac{h_\beta h_\gamma}{h_\alpha}\frac{\partial\phi}{\partial\alpha}\right) + \frac{\partial}{\partial\beta}\left(\frac{h_\alpha h_\gamma}{h_\beta}\frac{\partial\phi}{\partial\beta}\right) + \frac{\partial}{\partial\gamma}\left(\frac{h_\alpha h_\beta}{h_\gamma}\frac{\partial\phi}{\partial\gamma}\right)\right]\,. \tag{A.10}$$

Otras dos operaciones que suelen aparecer, por ejemplo, en las ecuaciones de la mecánica de los medios continuos y en las del campo electromagnético, son la Laplaciana de un vector, $\nabla^2\mathbf{v}$, y la divergencia de un tensor, $\boldsymbol{\nabla}\cdot\mathsf{T}$, donde $\mathsf{T} = T_{ij}\mathbf{e}_i\mathbf{e}_j$, $i, j = \alpha, \beta, \gamma$. Estas dos operaciones se realizan utilizando las anteriores, es decir,

$$\nabla^2\mathbf{v} = \boldsymbol{\nabla}\cdot\boldsymbol{\nabla}(v_j\mathbf{e}_j)\,, \tag{A.11}$$

$$\boldsymbol{\nabla}\cdot\mathsf{T} = \mathbf{e}_j\cdot\frac{1}{h_j}\frac{\partial}{\partial j}(T_{ik}\mathbf{e}_i\mathbf{e}_k)\,, \tag{A.12}$$

teniendo en cuenta las relaciones

$$\frac{\partial\mathbf{e}_i}{\partial j} = \frac{1}{h_i}\frac{\partial h_j}{\partial i}\mathbf{e}_j\,, \quad i, j = \alpha, \beta, \gamma, \tag{A.13}$$

que resultan de la ortogonalidad de los vectores $\mathbf{e}_i$ (en la última expresión los subíndices repetidos no están sumados). Sin embargo, la operación $\nabla^2\mathbf{v}$ se realiza más fácilmente utilizando la identidad $\nabla^2\mathbf{v} = \boldsymbol{\nabla}(\boldsymbol{\nabla}\cdot\mathbf{v}) - \boldsymbol{\nabla}\wedge(\boldsymbol{\nabla}\wedge\mathbf{v})$ y haciendo uso de (A.7)-(A.9).

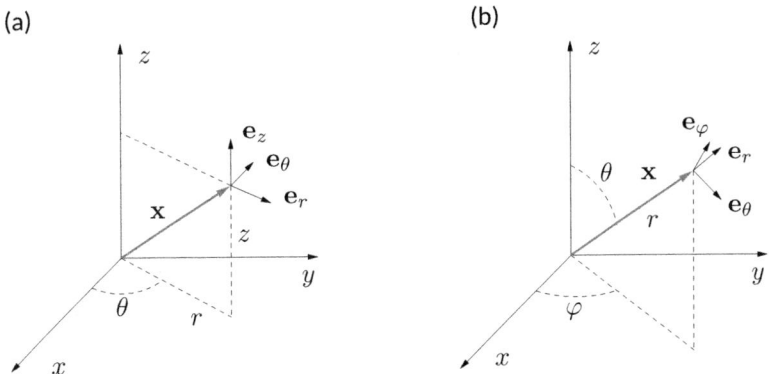

Figura A.1: (a) Coordenadas cilíndricas. (b) Coordenadas esféricas.

Por último, otra operación en algunas ecuaciones de los medios continuos es $(\mathbf{b} \cdot \nabla)\mathbf{a}$, donde a y b son dos funciones vectoriales. Al igual que $\nabla^2 \mathbf{v}$ y $\nabla \cdot \mathsf{T}$, esta operación, que es inmediata en coordenadas cartesianas (en ellas es simplemente el producto escalar del vector b y el tensor $\nabla \mathbf{a}$), presenta ciertas dificultades en coordenadas curvilíneas debido a la variación espacial de los vectores unitarios $\mathbf{e}_i$. Normalmente se realiza haciendo uso de la igualdad $(\mathbf{b} \cdot \nabla)\mathbf{a} = (\nabla \mathbf{a}) \cdot \mathbf{b} - \mathbf{b} \wedge (\nabla \wedge \mathbf{a})$. La componente α es:

$$[(\mathbf{b} \cdot \nabla)\mathbf{a}]_\alpha = \mathbf{b} \cdot \nabla a_\alpha + \frac{b_\alpha}{h_\alpha}\left(\frac{a_\alpha}{h_\alpha}\frac{\partial h_\alpha}{\partial \alpha} + \frac{a_\beta}{h_\beta}\frac{\partial h_\alpha}{\partial \beta} + \frac{a_\gamma}{h_\gamma}\frac{\partial h_\alpha}{\partial \gamma}\right)$$

$$- \left(\frac{a_\alpha b_\alpha}{h_\alpha^2}\frac{\partial h_\alpha}{\partial \alpha} + \frac{a_\beta b_\beta}{h_\alpha h_\beta}\frac{\partial h_\beta}{\partial \alpha} + \frac{a_\gamma b_\gamma}{h_\alpha h_\gamma}\frac{\partial h_\gamma}{\partial \alpha}\right), \tag{A.14}$$

donde ∇a_α es el gradiente de un escalar dado por (A.7), con expresiones similares para las componentes β y γ.

El sistema coordenado ortogonal más simple es el cartesiano, $\alpha = x$, $\beta = y$ y $\gamma = x$ en la notación habitual, en el que $h_x = h_y = h_z = 1$. A continuación se resumen las operaciones anteriores en las coordenadas no cartesianas más comunes.

A.2. COORDENADAS CILÍNDRICAS

Las coordenadas cilíndricas (r, θ, z) están relacionadas con las cartesianas (x, y, z) mediante las relaciones [ver Fig. A.1(a)]:

$$x = r \cos\theta, \quad y = r\,\mathrm{sen}\theta \quad , \quad z = z, \tag{A.15}$$

con lo que $h_r = 1$, $h_\theta = r$, $h_z = 1$. Por tanto se tiene:

$$\nabla\phi = \frac{\partial \phi}{\partial r}\mathbf{e}_r + \frac{1}{r}\frac{\partial \phi}{\partial \theta}\mathbf{e}_\theta + \frac{\partial \phi}{\partial z}\mathbf{e}_z, \tag{A.16}$$

$$\boldsymbol{\nabla} \cdot \mathbf{v} = \frac{1}{r}\frac{\partial}{\partial r}(rv_r) + \frac{1}{r}\frac{\partial v_\theta}{\partial \theta} + \frac{\partial v_z}{\partial z}, \tag{A.17}$$

$$\boldsymbol{\nabla} \wedge \mathbf{v} = \left(\frac{1}{r}\frac{\partial v_z}{\partial \theta} - \frac{\partial v_\theta}{\partial z}\right)\mathbf{e}_r + \left(\frac{\partial v_r}{\partial z} - \frac{\partial v_z}{\partial r}\right)\mathbf{e}_\theta + \left(\frac{1}{r}\frac{\partial(rv_\theta)}{\partial r} - \frac{1}{r}\frac{\partial v_r}{\partial \theta}\right)\mathbf{e}_z, \tag{A.18}$$

$$\nabla^2\phi = \frac{1}{r}\frac{\partial}{\partial r}\left(r\frac{\partial\phi}{\partial r}\right) + \frac{1}{r^2}\frac{\partial^2\phi}{\partial\theta^2} + \frac{\partial^2\phi}{\partial z^2}, \tag{A.19}$$

$$\nabla^2\mathbf{v} = \left(\nabla^2 v_r - \frac{2}{r^2}\frac{\partial v_\theta}{\partial\theta} - \frac{v_r}{r^2}\right)\mathbf{e}_r + \left(\nabla^2 v_\theta + \frac{2}{r^2}\frac{\partial v_r}{\partial\theta} - \frac{v_\theta}{r^2}\right)\mathbf{e}_\theta + \nabla^2 v_z\mathbf{e}_z, \tag{A.20}$$

$$\boldsymbol{\nabla} \cdot \mathbf{T} = \left[\frac{1}{r}\frac{\partial}{\partial r}(rT_{rr}) + \frac{1}{r}\frac{\partial T_{\theta r}}{\partial\theta} + \frac{\partial T_{zr}}{\partial z} - \frac{T_{\theta\theta}}{r}\right]\mathbf{e}_r$$

$$+ \left[\frac{1}{r}\frac{\partial}{\partial r}(rT_{r\theta}) + \frac{1}{r}\frac{\partial T_{\theta\theta}}{\partial\theta} + \frac{\partial T_{z\theta}}{\partial z} + \frac{T_{\theta r}}{r}\right]\mathbf{e}_\theta + \left[\frac{1}{r}\frac{\partial}{\partial r}(rT_{rz}) + \frac{1}{r}\frac{\partial T_{\theta z}}{\partial\theta} + \frac{\partial T_{zz}}{\partial z}\right]\mathbf{e}_z, \tag{A.21}$$

$$(\mathbf{b}\cdot\boldsymbol{\nabla})\mathbf{a} = \left(b_r\frac{\partial a_r}{\partial r} + \frac{b_\theta}{r}\frac{\partial a_r}{\partial\theta} + b_z\frac{\partial a_r}{\partial z} - \frac{b_\theta a_\theta}{r}\right)\mathbf{e}_r$$

$$+ \left(b_r\frac{\partial a_\theta}{\partial r} + \frac{b_\theta}{r}\frac{\partial a_\theta}{\partial\theta} + b_z\frac{\partial a_\theta}{\partial z} + \frac{b_\theta a_r}{r}\right)\mathbf{e}_\theta + \left(b_r\frac{\partial a_z}{\partial r} + \frac{b_\theta}{r}\frac{\partial a_z}{\partial\theta} + b_z\frac{\partial a_z}{\partial z}\right)\mathbf{e}_z. \tag{A.22}$$

A.3. COORDENADAS ESFÉRICAS

Las coordenadas esféricas (r, θ, φ) satisfacen las siguientes relaciones [Fig. A.1(b)]:

$$x = r\,\text{sen}\theta\cos\varphi, \quad y = r\,\text{sen}\theta\,\text{sen}\varphi, \quad z = r\cos\theta, \tag{A.23}$$

$$h_r = 1, \quad h_\theta = r, \quad h_\varphi = r\,\text{sen}\theta. \tag{A.24}$$

Por lo tanto, se tienen las siguientes expresiones:

$$\boldsymbol{\nabla}\phi = \frac{\partial\phi}{\partial r}\mathbf{e}_r + \frac{1}{r}\frac{\partial\phi}{\partial\theta}\mathbf{e}_\theta + \frac{1}{r\sin\theta}\frac{\partial\phi}{\partial\varphi}\mathbf{e}_\varphi, \tag{A.25}$$

$$\boldsymbol{\nabla}\cdot\mathbf{v} = \frac{1}{r^2}\frac{\partial}{\partial r}(r^2 v_r) + \frac{1}{r\sin\theta}\frac{\partial(\sin\theta v_\theta)}{\partial\theta} + \frac{1}{r\sin\theta}\frac{\partial v_\varphi}{\partial\varphi}, \tag{A.26}$$

$$\boldsymbol{\nabla}\wedge\mathbf{v} = \left(\frac{1}{r\sin\theta}\frac{\partial(\sin\theta v_\varphi)}{\partial\theta} - \frac{1}{r\sin\theta}\frac{\partial v_\theta}{\partial\varphi}\right)\mathbf{e}_r$$

$$+ \left(\frac{1}{r\sin\theta}\frac{\partial v_r}{\partial\varphi} - \frac{1}{r}\frac{\partial(rv_\varphi)}{\partial r}\right)\mathbf{e}_\theta + \left(\frac{1}{r}\frac{\partial(rv_\theta)}{\partial r} - \frac{1}{r}\frac{\partial v_r}{\partial\theta}\right)\mathbf{e}_\varphi, \tag{A.27}$$

$$\nabla^2\phi = \frac{1}{r^2}\frac{\partial}{\partial r}\left(r^2\frac{\partial\phi}{\partial r}\right) + \frac{1}{r^2\sin\theta}\frac{\partial}{\partial\theta}\left(\sin\theta\frac{\partial\phi}{\partial\theta}\right) + \frac{1}{r^2\sin^2\theta}\frac{\partial^2\phi}{\partial\varphi^2}, \tag{A.28}$$

$$\nabla^2 \mathbf{v} = \left(\nabla^2 v_r - \frac{2}{r^2} \frac{\partial v_\theta}{\partial \theta} - \frac{2v_r}{r^2} - \frac{2\cot\theta v_\theta}{r^2} - \frac{2}{r^2 \sin\theta} \frac{\partial v_\varphi}{\partial \varphi} \right) \mathbf{e}_r$$

$$+ \left(\nabla^2 v_\theta + \frac{2}{r^2} \frac{\partial v_r}{\partial \theta} - \frac{v_\theta}{r^2 \sin^2 \theta} - \frac{2\cos\theta}{r^2 \sin^2 \theta} \frac{\partial v_\varphi}{\partial \varphi} \right) \mathbf{e}_\theta$$

$$+ \left(\nabla^2 v_\varphi + \frac{2}{r^2 \sin\theta} \frac{\partial v_r}{\partial \varphi} - \frac{v_\varphi}{r^2 \sin^2 \theta} + \frac{2\cos\theta}{r^2 \sin^2 \theta} \frac{\partial v_\theta}{\partial \varphi} \right) \mathbf{e}_\varphi, \tag{A.29}$$

$$\nabla \cdot \mathsf{T} = \left[\frac{1}{r^2} \frac{\partial}{\partial r} (r^2 T_{rr}) + \frac{1}{r \sin\theta} \frac{\partial}{\partial \theta} (\sin\theta T_{\theta r}) + \frac{1}{r \sin\theta} \frac{\partial T_{\varphi r}}{\partial \varphi} - \frac{T_{\theta\theta} + T_{\varphi\varphi}}{r} \right] \mathbf{e}_r$$

$$+ \left[\frac{1}{r^2} \frac{\partial}{\partial r} (r^2 T_{r\theta}) + \frac{1}{r \sin\theta} \frac{\partial}{\partial \theta} (\sin\theta T_{\theta\theta}) + \frac{1}{r \sin\theta} \frac{\partial T_{\varphi\theta}}{\partial \varphi} + \frac{T_{\theta r} - \cot\theta T_{\varphi\varphi}}{r} \right] \mathbf{e}_\theta$$

$$+ \left[\frac{1}{r^2} \frac{\partial}{\partial r} (r^2 T_{r\varphi}) + \frac{1}{r \sin\theta} \frac{\partial}{\partial \theta} (\sin\theta T_{\theta\varphi}) + \frac{1}{r \sin\theta} \frac{\partial T_{\varphi\varphi}}{\partial \varphi} + \frac{T_{\varphi r} + \cot\theta T_{\varphi\theta}}{r} \right] \mathbf{e}_\varphi, \tag{A.30}$$

$$(\mathbf{b} \cdot \nabla)\mathbf{a} = \left(b_r \frac{\partial a_r}{\partial r} + \frac{b_\theta}{r} \frac{\partial a_r}{\partial \theta} + \frac{b_\varphi}{r \sin\theta} \frac{\partial a_r}{\partial \varphi} - \frac{b_\theta a_\theta + b_\varphi a_\varphi}{r} \right) \mathbf{e}_r$$

$$+ \left(b_r \frac{\partial a_\theta}{\partial r} + \frac{b_\theta}{r} \frac{\partial a_\theta}{\partial \theta} + \frac{b_\varphi}{r \sin\theta} \frac{\partial a_\theta}{\partial \varphi} + \frac{b_\theta a_r}{r} - \frac{\cot\theta b_\varphi a_\varphi}{r} \right) \mathbf{e}_\theta$$

$$+ \left(b_r \frac{\partial a_\varphi}{\partial r} + \frac{b_\theta}{r} \frac{\partial a_\varphi}{\partial \theta} + \frac{b_\varphi}{r \sin\theta} \frac{\partial a_\varphi}{\partial \varphi} + \frac{b_\varphi a_r}{r} + \frac{\cot\theta b_\varphi a_\theta}{r} \right) \mathbf{e}_\varphi. \tag{A.31}$$

A.4. COORDENADAS ELÍPTICAS

La relación entre las coordenadas elípticas (ξ, η) en un plano y las coordenadas cartesianas (x, z) son las siguientes (ver Fig. A.2):

$$x = \frac{1}{2} a \cosh\xi \cos\eta, \quad z = \frac{1}{2} a \sinh\xi \sin\eta, \tag{A.32}$$

donde las curvas $\xi = $ constante son elipses y las curvas $\eta = $ constante son hipérbolas ortogonales a las elipses. La constante a se puede relacionar con una elipse particular $\xi = \xi_0$, con diámetro c sobre el eje x y e sobre el eje z, mediante

$$a = \frac{c}{\cosh\xi_0} = \frac{e}{\sinh\xi_0}, \tag{A.33}$$

de manera que las relaciones (A.32) también se pueden escribir como

$$x = \frac{1}{2} c \frac{\cosh\xi}{\cosh\xi_0} \cos\eta, \quad z = \frac{1}{2} e \frac{\sinh\xi}{\sinh\xi_0} \sin\eta, \tag{A.34}$$

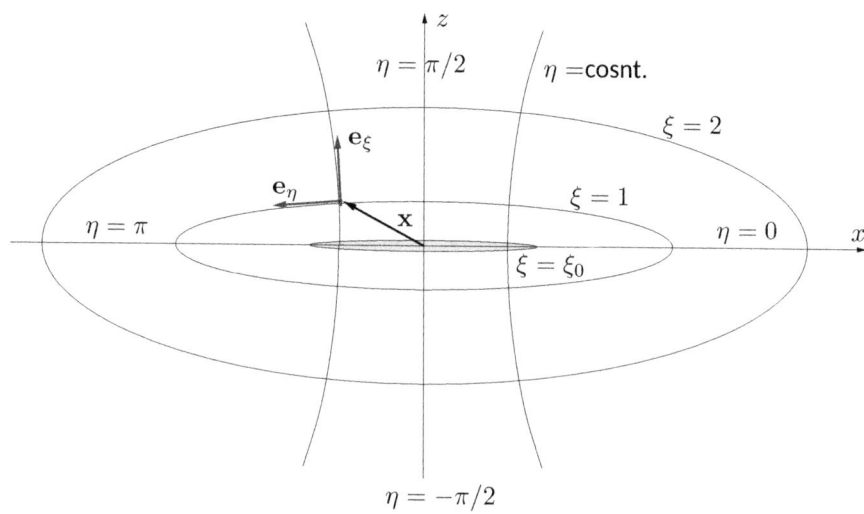

Figura A.2: Coordenadas elípticas.

con $\xi = \xi_0$ sobre una elipse de semiejes $c/2$ y $e/2$. El cociente de los semiejes solo depende de ξ_0:

$$\epsilon \equiv \frac{e}{c} = \tanh\xi_0 \,, \quad \xi_0 = \ln\sqrt{\frac{1+\epsilon}{1-\epsilon}} \,, \quad \sinh\xi_0 = \frac{\epsilon}{\sqrt{1-\epsilon^2}} \,, \quad \cosh\xi_0 = \frac{1}{\sqrt{1-\epsilon^2}} \,.$$
(A.35)

De acuerdo con §A.1, los factores de escala valen

$$h_\xi = h_\eta = \frac{1}{2}a\sqrt{\sinh^2\xi + \sin^2\eta} = \frac{1}{2}a\sqrt{\cosh^2\xi - \cos^2\eta} \,,$$
(A.36)

y el operador gradiente se escribe

$$\boldsymbol{\nabla} = \frac{2}{a\sqrt{\cosh^2\xi - \cos^2\eta}}\left(\mathbf{e}_\xi\frac{\partial}{\partial\xi} + \mathbf{e}_\eta\frac{\partial}{\partial\eta}\right) \,.$$
(A.37)

Las proyecciones de los vectores unitarios $\mathbf{e}_\xi$ y $\mathbf{e}_\eta$ en los ejes cartesianos son:

$$\mathbf{e}_\xi = \frac{1}{h_\xi}\frac{\partial x}{\partial\xi}\mathbf{e}_x + \frac{1}{h_\xi}\frac{\partial z}{\partial\xi}\mathbf{e}_z = \frac{\sinh\xi\cos\eta\,\mathbf{e}_x + \cosh\xi\sin\eta\,\mathbf{e}_z}{\sqrt{\cosh^2\xi - \cos^2\eta}} \,,$$
(A.38)

$$\mathbf{e}_\eta = \frac{1}{h_\eta}\frac{\partial x}{\partial\eta}\mathbf{e}_x + \frac{1}{h_\eta}\frac{\partial z}{\partial\eta}\mathbf{e}_z = \frac{-\cosh\xi\sin\eta\,\mathbf{e}_x + \sinh\xi\cos\eta\,\mathbf{e}_z}{\sqrt{\cosh^2\xi - \cos^2\eta}} \,.$$
(A.39)

Bibliografía

Abramowitz, M., y Stegun, I. A. (1965). *Handbook of mathematical functions.* Dover, Nueva York.

Anderson, J. D. (1990). *Modern compressible flow, with historical perspective* (2^a ed.). McGraw-Hill, Nueva York.

Anderson, J. D. (2005). Ludwig Prandtl's boundary layer. *Physics Today, 58*(12), 42–48.

Aris, R. (1989). *Vectors, tensors, and the basic equations of fluid mechanics* (Reimpresión ed.). Dover, Nueva York.

Avery, J. (1975). *Teoría cuántica de átomos moléculas y fotones.* Alhambra, Madrid.

Barenblatt, G. I. (1996). *Scaling, self-similarity, and intermediate asymptotics.* Cambridge University Press, Cambridge (R.U.).

Barenblatt, G. I. (2003). *Scaling.* Cambridge University Press, Cambridge (R.U.).

Barenblatt, G. I. (2014). *Flow, deformation and fracture.* Cambridge University Press, Cambridge (R.U.).

Beals, R., y Wong, R. (2016). *Special functions and orthogonal polynomials.* Cambridge University Press, Cambridge (R.U.).

Bender, C. M., y Orszag, S. A. (1999). *Advanced mathematical methods for scientists and engineers I. Asymptotic methods and perturbation theory.* Springer-Verlag, Nueva York.

Bird, R. B., Stewart, W. E., y Lightfoot, E. N. (1978). *Fenómenos de transporte.* Reverté, Barcelona.

Bluman, G. W., y Anco, S. C. (2002). *Symmetry and integration methods for differential equations.* Springer-Verlag, Nueva York.

Bluman, G. W., y Cole, J. D. (1974). *Similarity methods for differential equations.* Springer-Verlag, Nueva York.

Brey Abalo, J. J., de la Rubia Pacheco, J., y de la Rubia Sánchez, J. (2001). *Macánica estadística.* UNED, Madrid.

Bridgman, P. W. (1963). *Dimensional analysis* (Reimpresión ed.). Yale University Press, New Haven.

Britton, N. F. (1986). *Reaction-diffusion equations and their applications to biology*. Academic Press, Londres.

Brown, J. W., y Churchill, R. V. (2012). *Fourier series and boundary value problems* (8th ed.). McGraw-Hill, Nueva York.

Bush, A. W. (1992). *Perturbation methods for engineers and scientists*. Routledge, Nueva York.

Butkov, E. (1968). *Mathematical physics*. Addison-Wesley, Reading.

Capiński, M., y Kopp, E. (2012). *The Black-Scholes model. Mastering mathematical finance*. Cambridge University Press, Cambridge (R.U.).

Chanson, H. (2004). *The hydraulics of open channel flow: an introduction* (2^a ed.). Elsevier, Amsterdam.

COMSOL Multiphysics, t. (v: 6.2). $https://www.comsol.com$. COMSOL AB, Stockholm.

Courant, R., y Friedrichs, K. O. (1976). *Supersonic flow and shock waves*. Springer-Verlag, Nueva York.

Courant, R., y Hilbert, D. (1989). *Methods of mathematical physics*. Wiley, Nueva York.

de Bruijn, N. G. (1981). *Asymptotic methods in analysis*. Dover, Nueva York.

Drazin, P. G., y Johnson, R. S. (1992). *Solitons: an introduction*. Cambridge University Press, Cambridge (R.U.).

Dresner, L. (1995). *Stability of superconductors*. Plenum Press, Nueva York.

Erdélyi, A. (1956). *Asymptotic expansions*. Dover, Nueva York.

Falco, E. E., Schneider, P., y Ehlers, J. (1999). *Gravitational lenses*. Springer-Verlag, Berlín.

Fernández Feria, R. (2005). *Mecánica de fluidos* (2^a ed.). SPICUM Universidad de Málaga, Málaga. doi:10.24310/mumaedmumaed.214

Fernández Feria, R., y Castillo Carrasco, F. (2016). Buoyancy effects in a wall jet over a heated horizontal plate. *J. Fluid Mech.*, *793*, 21-40. doi:10.1017/jfm.2016.124

Florea, D., Musa, S., Huyghe, J. M. R., y Wyss, H. M. (2014). Long-range repulsion of colloids driven by ion exchange and diffusiophoresis. *Proc. Nat. Acad. Sci.*, *111*, 6554–6559. doi:10.1073/pnas.1322857111

Goldstein, H. (2006). *Mecánica clásica* (Reimpresión ed.). Reverté, Barcelona.

Guckenheimer, J., y Holmes, P. (1983). *Nonlinear oscillations, dynamical systems, and bifurcations of vector fields*. Springer-Verlag, Nueva York.

Ibragimov, N. H. e. (1994). *Handbook of Lie group analysis of differential equations. vol. 1*. CRC Press, Boca Raton.

Jackson, J. D. (1975). *Classical electrodynamics* (2^a ed.). Wiley, Nueva York.

Kevorkian, J., y Cole, J. D. (1981). *Perturbation methods in applied mathematics*. Springer-Verlag, Nueva York.

Lagerstrom, P. A. (1988). *Matched asymptotic expansions*. Springer-Verlag, Berlín.

Landau, L., y Lifchitz, E. (1975). *Mécanique quantique* (3^a ed.). Mir, Moscú.

Lee, H., Kim, J., Yang, J., Seo, S. W., y Kim, S. J. (2018). Diffusiophoretic exclusion of colloidal particles for continuous water purification. *Lab on a Chip*, *18*, 1713–1724.

doi:10.1039/C8LC00132D

Leveque, R. J. (2002). *Finite volume methods for hyperbolic problems.* Cambridge University Press, Cambridge (R.U.).

Liepmann, H. W., y Roshko, A. (1957). *Elements of gas dynamics.* Wiley, Nueva York.

Lighthill, M. J. (1958). *Introduction to Fourier analysis and generalised functions.* Cambridge University Press, Cambridge (R.U.).

Lighthill, M. J. (1978). *Waves in fluids.* Cambridge University Press, Cambridge (R.U.).

Liñán, A., y Williams, F. A. (1993). *Fundamental aspects of combustion.* Oxford University Press, Oxford.

López, G. (1999). *Partial differential equations of first order and their application to physics.* World Scientific, Singapur.

MATLAB, t. (R2023a). $https://www.mathworks.com$. The MathWorks, Natick.

Millán Barbany, G. (1975). *Problemas matemáticos de la mecánica de fluidos. Estructura de las ondas de choque y combustión.* Real Academia de Ciencias Exactas, Físicas y Naturales, Madrid.

Morse, P. M., y Feshbach, H. (1953). *Methods of theoretical physics.* McGraw-Hill, Nueva York.

Murray, J. D. (1984). *Asymptotic analysis* (2^a ed.). Springer-Verlag, Berlin.

Murray, J. D. (2002). *Mathematical biology. I. An introduction* (3^a ed.). Springer-Verlag, Berlin.

Newman, J. N. (1977). *Marine hydrodynamics.* The MIT Press, Cambridge (Mass.).

Olver, F. W. J., Lozier, D. W., Boisvert, R. F., y Clark, C. W. (Eds.). (2010). *NIST handbook of mathematical functions.* Cambridge University Press, Cambridge (R.U.).

Olver, P. J. (1986). *Applications of Lie groups to differential equations.* Springer-Verlag, Berlín.

Özişik, M. N. (1979). *Transferencia de calor.* McGraw-Hill, Madrid.

Païdoussis, M. P. (2014). *Fluid-structure interactions. Slender structures and axial flow. Vol. 1* (2^a ed.). Academic Press, Oxford.

Palacios, J. (1964). *Análisis dimensional* (2^a ed.). Espasa-Calpe, Madrid.

Penrose, R. (2006). *The road to reality. A complete guide to the laws of the Universe.* Knopf, Nueva York.

Rey Pastor, J., y de Castro Brzezicki, A. (1958). *Funciones de Bessel.* Dossat, Madrid.

Rovelli, C. (2021). *General relativity: The essentials.* Cambridge University Press, Cambridge (R.U.).

Schlichting, H. (1968). *Boundary layer theory* (6th ed.). McGraw-Hill, Nueva York.

Schumann, T. E. W. (1929). Heat transfer: a liquid flowing through a porous prism. *J. Franklin Inst., 208,* 405–416.

Simmons, G. F. (1977). *Ecuaciones diferenciales con aplicaciones y notas históricas.* McGraw-Hill, Madrid.

Sutton, G. W., y Sherman, A. (2006). *Engineering magnetohydrodynamics.* Dover, Nueva York.

Thompson, P. A. (1972). *Compressible-fluid dynamics.* McGraw-Hill, Nueva York.

Timoshenko, S. P., Young, D. H., y Weaver, W. (1974). *Vibration problems in engineering.*

Wiley, Nueva York.

van Dyke, M. (1975). *Perturbation methods in fluid mechanics*. The Parabolic Press, Stanford.

von Mises, R. (2004). *Mathematical theory of compressible flow*. Dover, New York.

Whitham, G. B. (1974). *Linear and nonlinear waves*. Wiley, Nueva York.

Índice alfabético

manuales

CIENCIA Y TECNOLOGÍA

de la Universidad de Málaga